中国国家标准汇编

369

GB 21367～21411

（2008 年制定）

中国标准出版社 编

中国标准出版社

北京

图书在版编目（CIP）数据

中国国家标准汇编：2008年制定．369：GB 21367～21411/中国标准出版社编．—北京：中国标准出版社，2009

ISBN 978-7-5066-5264-3

Ⅰ．中… Ⅱ．中… Ⅲ．国家标准-汇编-中国-2008 Ⅳ．T-652.1

中国版本图书馆CIP数据核字（2009）第079176号

中国标准出版社出版发行
北京复兴门外三里河北街16号
邮政编码:100045

网址 www.spc.net.cn
电话:68523946 68517548
中国标准出版社秦皇岛印刷厂印刷
各地新华书店经销

*

开本 880×1230 1/16 印张 37.25 字数 1 093 千字
2009年6月第一版 2009年6月第一次印刷

*

定价 200.00 元

ISBN 978-7-5066-5264-3

出　版　说　明

1.《中国国家标准汇编》是一部大型综合性国家标准全集。自1983年起，按国家标准顺序号以精装本、平装本两种装帧形式陆续分册汇编出版。它在一定程度上反映了我国建国以来标准化事业发展的基本情况和主要成就，是各级标准化管理机构，工矿企事业单位，农林牧副渔系统，科研、设计、教学等部门必不可少的工具书。

2.《中国国家标准汇编》收入我国每年正式发布的全部国家标准，分为“制定”卷和“修订”卷两种编辑版本。

“制定”卷收入上一年度我国发布的、新制定的国家标准，顺延前年度标准编号分成若干分册，封面和书脊上注明“20××年制定”字样及分册号，分册号一直连续。各分册中的标准是按照标准编号顺序连续排列的，如有标准顺序号缺号的，除特殊情况注明外，暂为空号。

“修订”卷收入上一年度我国发布的、被修订的国家标准，视篇幅分设若干分册，但与“制定”卷分册号无关联，仅在封面和书脊上注明“20××年修订-1，-2，-3，……”字样。“修订”卷各分册中的标准，仍按标准编号顺序排列(但不连续)；如有遗漏的，均在当年最后一分册中补齐。需提请读者注意的是，个别非顺延前年度标准编号的新制定的国家标准没有收入在“制定”卷中，而是收入在“修订”卷中。

读者配套购买《中国国家标准汇编》“制定”卷和“修订”卷则可收齐上一年度我国制定和修订的全部国家标准。

3. 由于读者需求的变化，自1996年起，《中国国家标准汇编》仅出版精装本。

4. 2008年我国制修订国家标准共5946项。本分册为“2008年制定”卷第369分册，收入国家标准GB 21367～21411的最新版本。

中国标准出版社

2009年5月

目　　录

ICS 27.010
F 01

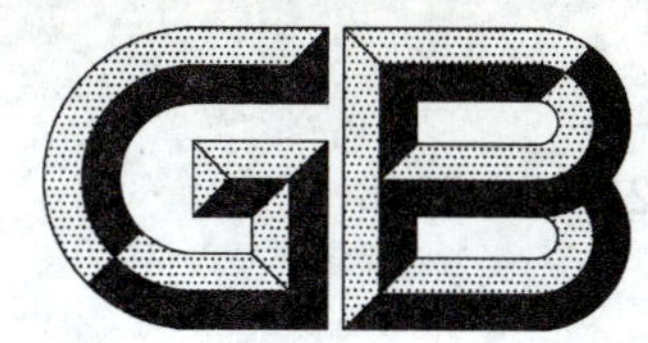

中华人民共和国国家标准

GB/T 21367—2008

化工企业能源计量器具配备和管理要求

Specification for equipping and managing of the measuring instrument of energy in chemical enterprise

2008-01-21 发布　　　　2008-07-01 实施

中华人民共和国国家质量监督检验检疫总局
中国国家标准化管理委员会　发布

前　言

本标准是在GB 17167—2006《用能单位能源计量器具配备和管理通则》的基础上，按照化工行业特点制定的。

本标准由国家发展和改革委员会资源节约和环境保护司、国家质量监督检验检疫总局计量司和国家标准化管理委员会工业标准一部提出。

本标准由全国能源基础与管理标准化技术委员会归口。

本标准主要起草单位：中国计量协会化工计量控制分会、青岛碱业股份有限公司、北京橡胶工业研究设计院、上海华谊（集团）、大化集团有限责任公司、山东世纪信诺科技发展有限公司、中国蓝星（集团）总公司。

本标准主要起草人：李世昌、刘泽樑、王克先、寿永祥、戴雪虹、闫忠勇、金剑萍、高健、姜润泉。

化工企业能源计量器具配备和管理要求

1 范围

本标准规定了化工企业能源计量器具的配备与管理要求。

本标准适用于化工行业生产性质的企业(以下简称用能单位)。

2 规范性引用文件

下列文件中的条款通过本标准的引用而成为本标准的条款。凡是注日期的引用文件,其随后所有的修改单(不包括勘误的内容)或修订版均不适用于本标准,然而,鼓励根据本标准达成协议的各方研究是否可使用这些文件的最新版本。凡是不注日期的引用文件,其最新版本适用于本标准。

GB/T 6422 企业能耗计量与测试导则

GB/T 15316 节能监测技术通则

GB 17167 用能单位能源计量器具配备和管理通则

GB/T 17471 锅炉热网系统能源监测与计量仪表配备原则

GB/T 18603 天然气计量系统技术要求

GB/T 19022 测量管理体系 测量过程和测量设备的要求(GB/T 19022—2003,ISO 10012:2003,IDT)

GB 50093 自动化仪表工程施工及验收规范

3 术语和定义

GB 17167 确立的以及下列术语和定义适用于本标准。

3.1

一级能源计量 the first class of energy measurement

进出用能单位进行结算的能源计量。

3.2

二级能源计量 the second class of energy measurement

次级用能单位进行成本或消耗结算的能源计量。

3.3

三级能源计量 the third class of energy measurement

次级用能单位内部对装置、系统、工序、工段和主要用能设备进行核算的能源计量。

4 能源计量器具配备

4.1 能源计量的种类

本标准所称能源,指煤炭、原油、天然气、电力、焦炭、煤气、热力、成品油、液化石油气、生物质能和其他直接或者通过加工、转换而取得有用能的各种资源。

4.2 能源计量的范围

a) 输入用能单位、次级用能单位和用能设备的能源及耗能工质;

b) 输出用能单位、次级用能单位和用能设备的能源及耗能工质；

c) 用能单位、次级用能单位和用能设备使用(消耗)的能源及耗能工质；

d) 用能单位、次级用能单位和用能设备自产的能源及耗能工质；

e) 用能单位、次级用能单位和用能设备可回收利用的余能资源。

4.3 能源计量器具的配置原则

4.3.1 用能单位配备的能源计量器具要充分考虑现行国家标准、行业标准和企业标准的指导作用，要满足生产工艺和相关标准的具体要求。

4.3.2 用能单位能源计量，应满足能源分类、分级和分项统计和核算的要求。

4.4 能源计量器具的配备要求

4.4.1 用能单位应加装能源计量器具。

4.4.2 用能量(或产能量、或输运能量)大于或等于表1中一种或多种能源消耗量限定值的次级用能单位为主要次级单位。主要次级单位应装能源计量器具。

4.4.3 单台设备耗能量大于或等于表1中一种或多种能源消耗量限定值的设备为主要用能设备。主要用能设备应加装能源计量器具。

表1 主要次级单位和重点用能设备能源消耗量(或功率)限定值

能源种类	电力	煤炭、焦炭	原油、成品油、石油液化气	重油、渣油	煤气、天然气	蒸汽热水	水	其他
主要次级单位限定值	10 kW	100 t/a	40 t/a	80 t/a	10 000 m^3/a	5 000 GJ/a	5 000 t/a	2 926 GJ/a
主要用能设备限定值	100 kW	1 t/h	0.5 t/h	1 t/h	100 m^3/h	7 MW	1 t/h	29.26 GJ/h

注1：表中a是法定计量单位中“年”的符号。

注2：表中m^3指在标准状态下。

注3：2 926 GJ相当于100吨标准煤。其他能源应按等价热值折算。

注4：对于可单独进行能源计量考核的用能单元(装置、系统、工序、工段等)，如果用能单元已配备了能源计量器具，用能单元中的主要用能设备可以不再单独配备能源计量器具。

注5：对于集中管理同类用能设备的用能单元(锅炉房、泵房等)，如果用能单元已配备了能源计量器具，用能单元中的主要用能设备可以不再单独配备能源计量器具。

4.4.4 各级能源计量器具配备率按下式计算：

$$R_p = \frac{N_s}{N_1} \times 100\%$$

式中：

R_p——各级能源计量器具配备率，%；

N_s——各级能源计量器具实际配备数量；

N_1——各级能源计量器具配备理论需要量。

4.4.5 用能单位能源计量器具配备率应符合表2的要求。

表 2 能源计量器具配备率要求

单位：%

能源种类		一级能源计量	二级能源计量	三级能源计量
电力		100	100	95
固态能源	煤炭	100	100	90
	焦炭	100	100	90
液态能源	原油	100	100	90
	成品油	100	100	95
	重油	100	100	90
	渣油	100	100	90
气态能源	天然气	100	100	90
	液化气	100	100	90
	煤气	100	90	80
	蒸汽	100	90	70
耗能工质	水	100	95	80
	其他耗能工质	100	80	60
可回收利用余能		90	80	—

注 1：进出用能单位的季节性供暖用蒸汽(热水)可采用非直接计量载能工质流量的其他计量结算方式。

注 2：进出主要次级用能单位的季节性供暖用蒸汽(热水)可以不配备能源计量器具。

注 3：在主要用能设备上作为辅助能源使用的电力和蒸汽、水等载能工质，其耗能量很小(低于表 1 的要求)可以不配备能源计量器具。

4.4.6 用能单位所用能源计量器具的准确度应不低于表 3 的要求。

表 3 能源计量器具的准确度要求

计量器具类别	计量项目		准确度等级要求
衡器	进出用能单位燃料的静态计量		Ⅲ
	进出用能单位燃料的动态计量		0.5
电能表	进出用能单位有功交流电能计量	Ⅰ类用户	0.5 S
		Ⅱ类用户	0.5
		Ⅲ类用户	1.0
		Ⅳ类用户	2.0
		Ⅴ类用户	2.0
	进出用能单位的直流电能计量		2.0
油流量表(装置)	进出用能单位的液体能源计量		成品油 0.2
			原油 0.5
			重油、渣油 1.0
气(汽)体流量表(装置)	进出用能单位的气体能源计量		煤气 2.0
			天然气 2.0

表 3（续）

<table>
<tr><td>计量器具类别</td><td colspan="2">计量项目</td><td>准确度等级要求</td></tr>
<tr><td>气体流量表(装置)</td><td colspan="2">进出用能单位的气体能源计量</td><td>蒸汽 2.0</td></tr>
<tr><td rowspan="2">水流量表(装置)</td><td rowspan="2">进出用能单位的水计量</td><td>管径不大于 250 mm</td><td>2.5</td></tr>
<tr><td>管径大于 250 mm</td><td>1.5</td></tr>
<tr><td rowspan="2">温度仪表</td><td colspan="2">用于液态、气态能源的温度计量</td><td>2.0</td></tr>
<tr><td colspan="2">与气体、蒸汽质量计量相关温度测量的温度传感器</td><td>0.5</td></tr>
<tr><td rowspan="2">压力仪表</td><td colspan="2">用于气体、液态能源的压力计量</td><td>2.0</td></tr>
<tr><td colspan="2">与气体、蒸汽质量计量相关压力测量的压力变送器、差压变送器</td><td>0.2</td></tr>
<tr><td colspan="4">注 1：运行中的电能计量装置按其所计量电能的多少，将用户分为五类。Ⅰ类用户为月平均用电量 500 万 kW·h及以上或变压器容量为 10 000 kV·A 及以上的高压计费用户；Ⅱ类用户为小于Ⅰ类用户用电量(或变压器容量)但月平均用电量 100 万 kW·h 及以上或变压器容量为 2 000 kV·A 及以上的高压计费用户；Ⅲ类用户为小于Ⅱ类用户用电量(或变压器容量)但月平均用电量 10 万 kW·h 及以上或变压器容量为 315 kV·A 及以上的计费用户；Ⅳ类用户为负荷容量为 315 kV·A 及以下的计费用户；Ⅴ类用户为单相供电的计费用户。
注 2：当计量器具是由传感器(变送器)、二次仪表组成的测量装置或系统时，表 3 给出的准确度应是装置或系统的准确度(装置或系统未明确给出其准确度时，可用传感器与二次仪表的准确度按误差合成方法合成)。</td></tr>
</table>

4.4.7 二级、三级能源计量所配备能源计量器具的准确度等级(电能表除外)参照表 3 的要求，三级能源计量所配备电能表可比表 3 的同类用户低一个档次的要求。

4.4.8 对有能源加工、转换、输运性质的用能单位，其所配备的能源计量器具应满足评价其能源加工、转换、输运效率的要求。

4.4.9 能源作为生产原料使用时，其计量器具的准确度应满足相应的生产工艺要求。

4.4.10 能源计量器具的性能必须满足相应的生产工艺计量要求及使用环境要求(如温度、湿度、照明、振动、粉尘、腐蚀、电磁干扰等)。

4.4.11 对天然气计量仪表的配备，应符合 GB/T 18603 的要求。

4.4.12 对锅炉热网系统，表 3 不能覆盖的计量器具，应符合 GB/T 17471 的要求。

4.4.13 用能设备的设计、安装和使用，应能满足 GB/T 6422、GB/T 15316 中关于用能设备的能源监测要求。

4.4.14 对能源计量器具配备的自动化仪表的施工及验收，应符合 GB 50093 中的要求。

4.4.15 重点用能单位应配备必要的便携式检测仪表，以满足自检自查要求。

5 能源计量管理要求

5.1 能源计量管理体系

5.1.1 用能单位应建立能源计量管理体系，按照 GB/T 19022 的要求执行，形成文件，并保持和持续改进其有效性。

5.1.2 用能单位应建立、保持和使用文件化的程序来规范人员行为、管理计量器具和进行计量数据的采集、汇总和处理。

5.2 能源计量人员

5.2.1 用能单位应设有专人负责能源计量器具和计量数据的管理。

5.2.2 用能单位的能源计量管理人员应通过相关管理部门的培训考核；用能单位应每年或定期进行考评、实际工作观察证明其可承担相应工作，持证上岗；用能单位应建立和保存能源计量管理人员的技术档案。

5.2.3 计量器具的检定、校准和维修人员，应具有相应的资质。

5.3 能源计量器具

5.3.1 用能单位应备有完整的能源计量器具配备一览表。表中应列出计量测点名称、计量器具的名称、型号规格、准确度等级、生产厂家、出厂编号、用能单位编号、安装使用地点、状态(指合格、准用、停用等)。一览表中按一级、二级、三级能源计量分级，按计量品种分类，并按类别和量程大小排序。

5.3.2 用能单位应建立能源计量器具档案，内容包括：

——计量器具使用说明书；

——计量器具出厂合格证；

——计量器具历次(或最近二个连续周期的)检定(测试、校准)证书；

——计量器具检修记录；

——计量器具其他相关的信息。

5.3.3 用能单位应建有明确的能源计量器具量值传递系统并绘制量值传递或溯源图，其中作为用能单位内部标准计量器具使用的，要明确规定其准确度、测量范围、可溯源的上级传递标准。

5.3.4 属用能单位经营贸易结算所用的能源计量器具，按国家对强制检定计量器具的管理要求进行。其他按非强制检定计量器具依法自管并按用能单位内部主要测点进行控制。

5.3.5 用能单位的能源计量器具应实行定期检定(校准)，并有确定的检定(校准)周期。属强制检定的计量器具，其使用、检定周期、检定方式应遵守有关计量法规的规定。

5.3.6 用能单位能源计量器具凡属自行校准且自行确定校准间隔的，应有现行有效的受控文件(即自校计量器具的管理程序和自校规范)作为依据。

5.3.7 用能单位应保证能源计量器具在用管理的状态标识、运行维护与维修受控有效，确保在用完好并始终处于校准受控状态，相应记录完善。

5.3.8 用能单位的能源计量器具在用时，应充分考虑封记，防止人为改变其校准状态。

5.4 能源计量数据

5.4.1 用能单位应建立能源统计报表制度，能源统计报表数据应能追溯至计量检测记录。

5.4.2 用能单位能源计量数据记录应采用规范的表格式样，计量检测记录表格应便于对数据的汇总与分析，应说明直接读数与被测量或记录量之间的转换方法或关系。

5.4.3 重点用能单位可根据需要建立能源计量数据中心，利用计算机技术实现能源计量检测数据的网络化管理。

5.4.4 重点用能设备可根据需要按生产周期及时统计计算出其单位产品的各种主要能源消耗量。

5.4.5 用能单位对能源计量检测数据的采集、处理、传递和报告，应形成文件化、程序化管理，明确归口管理职责，使计量数据形成的各环节受控、有监督核查、有计量确认，确保计量检测数据真实、准确。

5.4.6 能源计量数据及有关记录保存期限应不低于3年。

ICS 27.010
F 01

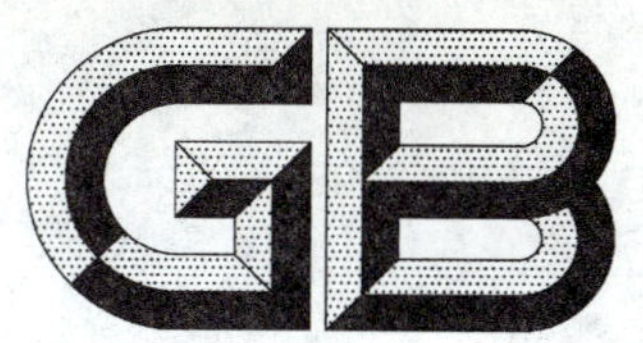

中华人民共和国国家标准

GB/T 21368—2008

钢铁企业能源计量器具配备和管理要求

Specification for equipping and managing of measuring instrument of energy in the iron and steel industry

2008-01-21 发布　　2008-07-01 实施

中华人民共和国国家质量监督检验检疫总局
中国国家标准化管理委员会　发布

前　言

本标准依据 GB 17167—2006《用能单位能源计量器具配备和管理通则》的规定和要求，结合钢铁行业特点制定的。

本标准由国家发展和改革委员会资源节约和环境保护司、国家质量监督检验检疫总局计量司和国家标准化管理委员会工业标准一部提出。

本标准由全国能源基础与管理标准化技术委员会归口。

本标准负责起草单位：中国计量协会冶金分会、首钢总公司、冶金自动化研究设计院、太原钢铁集团公司、济南钢铁集团公司、鞍山钢铁集团公司、包头钢铁集团公司、陕西龙门钢铁集团公司、中冶东方工程技术有限公司、重庆钢铁集团公司、中冶南方工程技术有限公司、酒泉钢铁集团公司。

本标准主要起草人：刘晓京、康治清、樊春刚、薛兴昌。

钢铁企业能源计量器具配备和管理要求

1 范围

本标准规定了钢铁行业用能单位能源计量的种类、范围，能源计量器具的配备原则和基本要求。

本标准适用于钢铁行业从事采矿、烧结、球团、焦化、炼铁、炼钢、连铸、轧钢，以及电力、动力等与生产主流程有关的用能企业。

2 规范性引用文件

下列文件中的条款通过本标准的引用而成为本标准的条款。凡是注日期的引用文件，其随后所有的修改单(不包括勘误的内容)或修订版均不适用于本标准，然而，鼓励根据本标准达成协议的各方研究是否可使用这些文件的最新版本。凡是不注日期的引用文件，其最新版本适用于本标准。

GB/T 6422 企业能耗计量与测试导则

GB/T 15316 节能监测技术通则

GB 17167 用能单位能源计量器具配备和管理通则

GB/T 18603—2001 天然气计量系统技术要求

3 术语和定义

GB 17167 确定的以及下列术语和定义适用于本标准。

3.1

钢铁行业用能单位 organization of energy using in the iron and steel industry

钢铁行业中具有独立法人地位的单位和具有独立结算能力的单位。

以下简称用能单位。

3.2

钢铁行业次级用能单位 sub-organization of energy using in the iron and steel industry

用能单位直属的能源核算单位，指生产厂、工程、维检、生产服务等。

以下简称次级用能单位。

3.3

钢铁行业基本用能单元 cell of energy using in the iron and steel industry

次级用能单位下属的基本生产单位，指生产工序、工段、站、工程队等。

以下简称基本用能单元。

4 能源计量器具的配备要求

4.1 计量能源种类

本标准所称能源，指煤炭、原油、天然气、电力、焦炭、煤气、热力等和其他直接或者通过加工、转换、回收而取得有用能的各种资源。

4.2 能源计量范围

a) 输入用能单位、次级用能单位、基本用能单元的能源及耗能工质；

b) 输出用能单位、次级用能单位、基本用能单元的能源及耗能工质；

c) 用能单位、次级用能单位、基本用能单元使用的能源及耗能工质；

d) 用能单位、次级用能单位、基本用能单元自产的能源及耗能工质；

e) 用能单位、次级用能单位、基本用能单元回收利用的余能资源。

4.3 能源计量器具的配备原则

4.3.1 应满足能源分类计量的要求。

4.3.2 应满足用能单位能源分级分项进行结算、核算的要求。

4.3.3 应满足节能监测的要求，并配备必要的便携式节能检测计量器具。

4.3.4 应按生产与非生产用能、自用与转供能源分别计量。

4.3.5 余能的回收量、使用量及放散量要求配备能源计量器具，包括利用高炉炉顶压差、焦炉干熄焦余能发电，回收利用高炉煤气、转炉煤气，回收余热转换为蒸汽，回收处理污水再利用等。

4.3.6 能源计量设备应随着生产能力、产品结构、工艺技术的变化和能源物质运输方式的改变及时补充完善。

4.3.7 能源计量器具应与新建、改造、检修工程项目主体同时设计、同时施工、同时验收和投入使用。

4.3.8 因施工等原因，需临时拆除计量器具及管、线、盘等附属设施时，必须经过计量、能源管理部门同意，并采取措施保证其间能源管理有效，工程完工后恢复计量装置原状。

4.3.9 对具备实行躲峰用电条件的单位，应安装峰谷电表。

4.4 能源计量器具的配备要求

4.4.1 能源计量器具配备率按下式计算：

$$R_p = \frac{N_s}{N_l} \times 100\%$$

式中：

R_p——能源计量器具配备率，%；

N_s——能源计量器具实际的安装配备数量；

N_l——计量器具配备理论需要量。

4.4.2 用能单位、次级用能单位、基本用能单元应加装能源计量器具。

4.4.3 凡未执行基本用能单元能源计量考核的，用能量（产能量或疏运能量）大于或等于表1中一种或多种能源消耗量限定值的装置，应加装能源计量器具。

表1 能源消耗量（或功率）限定值

能源种类	电力	固体燃料	原油 成品油 石油液化气	重油	煤气 天然气	蒸汽 热水	水	其他
单位	kW	t/h	t/h	t/h	m^3/h	MW	t/h	GJ /h
限定值	100	1	0.5	1	100	7	1	29.26

注1：对于可单独进行能源计量考核的基本用能单元（装置、系统、工序、工段等），如果基本用能单元已配置了能源计量器具，基本用能单元中的主要用能设备可以不再单独配置能源计量器具。

注2：对于集中管理同类用能设备的基本用能单元（锅炉房、泵房等），如果基本用能单元已配置了能源计量器具，基本用能单元中的主要用能设备可以不再单独配置能源计量器具。

4.4.4 能源计量器具配备率应符合表2的要求。

表2 能源计量器具配备率要求

单位:%

<table>
<tr><th colspan="3">能源种类</th><th>用能单位</th><th>次级用能单位</th><th>基本用能单元</th></tr>
<tr><td rowspan="3">电力</td><td colspan="2">外购电</td><td>100</td><td>100</td><td>100</td></tr>
<tr><td colspan="2">自备发电</td><td>100</td><td>100</td><td>100</td></tr>
<tr><td colspan="2">利用余能发电</td><td>100</td><td>100</td><td>100</td></tr>
<tr><td rowspan="5">固态能源</td><td rowspan="4">煤炭</td><td>原煤</td><td>100</td><td>100</td><td>95</td></tr>
<tr><td>炼焦洗精煤</td><td>100</td><td>100</td><td>95</td></tr>
<tr><td>其他洗煤</td><td>100</td><td>100</td><td>95</td></tr>
<tr><td>型煤</td><td>100</td><td>100</td><td>95</td></tr>
<tr><td colspan="2">焦炭</td><td>100</td><td>100</td><td>95</td></tr>
<tr><td rowspan="3">液态能源</td><td colspan="2">原油</td><td>100</td><td>100</td><td>95</td></tr>
<tr><td colspan="2">成品油</td><td>100</td><td>100</td><td>95</td></tr>
<tr><td colspan="2">重油</td><td>100</td><td>100</td><td>90</td></tr>
<tr><td rowspan="8">气态能源</td><td colspan="2">天然气</td><td>100</td><td>100</td><td>95</td></tr>
<tr><td colspan="2">液化气</td><td>100</td><td>100</td><td>90</td></tr>
<tr><td colspan="2">焦炉煤气</td><td>100</td><td>100</td><td>80</td></tr>
<tr><td colspan="2">转炉煤气</td><td>100</td><td>95</td><td>90</td></tr>
<tr><td colspan="2">高炉煤气</td><td>100</td><td>95</td><td>90</td></tr>
<tr><td colspan="2">混合煤气</td><td>100</td><td>95</td><td>90</td></tr>
<tr><td colspan="2">发生炉煤气</td><td>100</td><td>95</td><td>90</td></tr>
<tr><td colspan="2">蒸汽</td><td>100</td><td>90</td><td>80</td></tr>
<tr><td rowspan="10">耗能工质</td><td colspan="2">氧气</td><td>100</td><td>100</td><td>95</td></tr>
<tr><td colspan="2">氮气</td><td>100</td><td>100</td><td>90</td></tr>
<tr><td colspan="2">氩气</td><td>100</td><td>100</td><td>90</td></tr>
<tr><td colspan="2">余热回收蒸汽</td><td>100</td><td>90</td><td>80</td></tr>
<tr><td colspan="2">净水</td><td>100</td><td>100</td><td>95</td></tr>
<tr><td colspan="2">新水(工业水)</td><td>100</td><td>95</td><td>90</td></tr>
<tr><td colspan="2">软化水</td><td>100</td><td>95</td><td>90</td></tr>
<tr><td colspan="2">循环水、中水</td><td>100</td><td>90</td><td>90</td></tr>
<tr><td colspan="2">压缩空气</td><td>100</td><td>100</td><td>90</td></tr>
<tr><td colspan="2">鼓风</td><td>100</td><td>100</td><td>90</td></tr>
</table>

4.4.5 企业自备的动力、电力、制氧生产厂,其所配备的能源计量器具应满足其能源效率评价的要求。

4.4.6 用能单位的能源计量器具准确度等级应满足表3的要求。

表 3 用能单位能源计量器具准确度等级要求

<table>
<tr><th>计量器具类别</th><th colspan="2">计　量　目　的</th><th>准确度等级</th></tr>
<tr><td rowspan="2">衡　器</td><td colspan="2">进出用能单位燃料的静态计量</td><td>(Ⅲ)</td></tr>
<tr><td colspan="2">进出用能单位燃料的动态计量</td><td>0.5</td></tr>
<tr><td rowspan="6">电能表</td><td colspan="2">用能单位有功交流电能计量Ⅰ类用户</td><td>0.5 S</td></tr>
<tr><td colspan="2">用能单位有功交流电能计量Ⅱ类用户</td><td>0.5</td></tr>
<tr><td colspan="2">用能单位有功交流电能计量Ⅲ类用户</td><td>1.0</td></tr>
<tr><td colspan="2">用能单位有功交流电能计量Ⅳ类用户</td><td>2.0</td></tr>
<tr><td colspan="2">用能单位有功交流电能计量Ⅴ类用户</td><td>2.0</td></tr>
<tr><td colspan="2">用能单位的直流电能计量</td><td>2.0</td></tr>
<tr><td rowspan="2">油流量表
(装置)</td><td rowspan="2">进出用能单位</td><td>汽油、柴油</td><td>0.5</td></tr>
<tr><td>重油</td><td>1.0</td></tr>
<tr><td rowspan="2">气体流量表
(装置)</td><td rowspan="2">进出用能单位</td><td>煤气、天然气</td><td>2.0</td></tr>
<tr><td>蒸汽</td><td>1.0</td></tr>
<tr><td rowspan="2">水流量表
(装置)</td><td rowspan="2">进出用能单位</td><td>管径≤250 mm</td><td>2.5</td></tr>
<tr><td>管径>250 mm</td><td>1.5</td></tr>
<tr><td rowspan="2">温度计</td><td colspan="2">用于液态、气态能源的温度计量</td><td>2.0</td></tr>
<tr><td colspan="2">与气体、蒸汽质量计算相关的温度计量</td><td>1.0</td></tr>
<tr><td rowspan="2">压力表</td><td colspan="2">用于气态、液态能源的压力计量</td><td>2.0</td></tr>
<tr><td colspan="2">与气体、蒸汽质量计算相关的压力计量</td><td>1.0</td></tr>
</table>

注 1：当计量器具是由传感器(变送器)、二次仪表组成的测量装置或系统时，表中给出的准确度等级应是装置或系统的准确度等级。装置或系统未明确给出其准确度等级时，可用传感器与二次仪表的准确度。

注 2：运行中的电能计量装置按其所计量电能量的多少，将用户分为五类：

1) Ⅰ类用户为月平均用电量 500 万 kW·h 及以上或变压器容量为 10 000 kV·A 及以上的高压计费用户；

2) Ⅱ类用户为小于Ⅰ类用户用电量(或变压器容量)，但月平均用电量 100 万 kW·h 及以上或变压器容量为 2 000 kV·A 及以上的高压计费用户；

3) Ⅲ类用户为小于Ⅱ类用户用电量(或变压器容量)，但月平均用电量 10 万 kW·h 及以上或变压器容量为 315 kV·A 及以上的计费用户；

4) Ⅳ类用户为负荷容量为 315 kV·A 及以上的计费用户；

5) Ⅴ类用户为单项用电的计费用户。

注 3：用于成品油贸易结算的计量器具的准确度等级应不低于 0.2。

注 4：用于天然气贸易结算的计量器具的准确度等级应符合 GB/T 18603—2001 附录 A 和附录 B 的要求。

4.4.7 次级用能单位所配备能源计量器具的准确度等级(电能表除外)参照表 3 的要求，电能表可比表 3 的同类用户低一个档次的要求。

4.4.8 基本用能单元所配备能源计量器具的准确度等级(电能表除外)参照表 3 的要求，电能表可比表 3 的同类用户低一个档次的要求。

4.4.9 能源作为生产原料使用时，其计量器具的准确度等级应满足相应的生产工艺要求。

4.4.10 能源计量器具的性能应满足相应的生产工艺及使用环境(如温度、温度变化率、湿度、照明、振动、粉尘、腐蚀、电磁干扰等)要求。

5 能源计量器具的管理要求

5.1 能源计量制度

5.1.1 用能单位应建立能源计量管理体系,形成文档,保持并持续改进其有效性。

5.1.2 用能单位应建立和使用文档化的程序来规范人员行为,管理计量器具和进行数据的采集、处理和汇总。

5.2 能源计量人员

5.2.1 用能单位应设专人负责能源计量器具的管理,负责能源计量器具的配备、使用、检定(校准)、维护、修理、更新报废等管理工作。

5.2.2 用能单位应设专人负责次级用能单位和基本用能单元能源计量器具的管理。

5.2.3 用能单位的能源计量管理人员,应通过相关部门的培训考核,持证上岗;用能单位应建立和保存能源计量管理人员的技术档案。

5.2.4 能源计量器具的管理、检定、校准和维修人员,应具有相应的资格。

5.3 能源计量器具

5.3.1 用能单位应备有完整的能源计量器具一览表。表中应列出计量器具的名称、型号规格、准确度等级、测量范围、生产厂家、出厂编号、用能单位管理编码、安装使用地点、状态(指合格、准用、停用等)。次级用能单位和基本用能单元应备有独立的能源计量器具一览分表。

5.3.2 用能设备的设计、安装和使用应能满足 GB/T 6422、GB/T 15316 中关于用能设备的能源监测要求。

5.3.3 用能单位应建立能源计量器具档案,内容包括:使用说明书、出厂合格证、最近两个连续周期的检定(测试、校准)证书、计量器具维修记录;其他相关的信息。

5.3.4 用能单位应建有能源计量器具量值传递或溯源图,其中作为用能单位内部标准计量器具使用的,要明确规定其准确度等级、测量范围、可溯源的上级传递标准。

5.3.5 用能单位的能源计量器具,凡属自行校准且自行确定校准间隔的,应有现行有效的受控文件依据。

5.3.6 能源计量器具应定期检定(校准)。凡经检定(校准)不符合要求的或超过检定周期的计量器具一律不准使用。属强制检定的计量器具,其检定周期、检定方式应遵循有关计量法规的规定。

5.3.7 在用的能源计量器具,应在明显位置粘贴与能源计量器具一览表编号对应的标签,便于管理和查验。

5.4 能源计量数据

5.4.1 用能单位应建立能源统计报表制度。能源统计报表数据应能追溯至计量测试记录。

5.4.2 能源计量数据记录应采用规范的表格式样,计量测试记录表格应便于对数据的汇总与分析,应说明被测量与记录数据之间的转换方法或关系。

5.4.3 重点用能单位可建立能源计量数据中心,通过计算机网络技术,实现生产过程能源动态管理,按生产周期(班、日、月)及时获取、更新能源数据。

5.4.4 用于生产、结算、考核等的能源数据,统一由计量部门确认或提供。

5.4.5 计量数据统计时间,以计量、计划、生产、供应、经销、运输等部门共同商定的时间为准,不得提前或错后,防止数据有误。

5.4.6 各种能源计量数据,由计量部门负责保存 3 年以上。

ICS 27.010
F 01

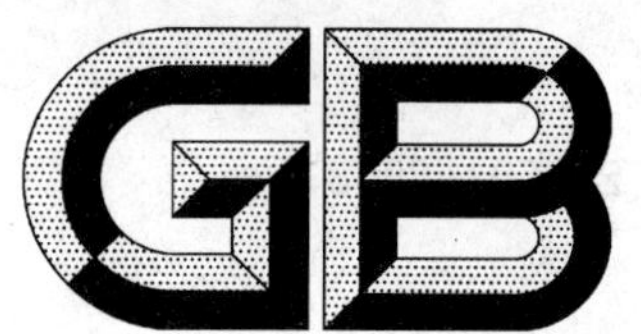

中华人民共和国国家标准

GB/T 21369—2008

火力发电企业能源计量器具配备和管理要求

Specification for equipping and managing of measuring instrument of energy in fossil power plants

2008-01-21 发布　　2008-07-01 实施

中华人民共和国国家质量监督检验检疫总局
中国国家标准化管理委员会　发布

前　言

本标准依据GB 17167—2006《用能单位能源计量器具配备和管理通则》的规定和要求，结合火力发电企业的特点制定。

本标准由国家发展和改革委员会资源节约和环境保护司、国家质量监督检验检疫总局计量司和国家标准化管理委员会工业标准一部提出。

本标准由全国能源基础与管理标准化技术委员会归口。

本标准起草单位：中国南方电网有限责任公司、广东电网公司电力科学研究院、华能威海电厂、华能汕头电厂。

本标准主要起草人：王静辉、郑龙、叶桂珍、万翟、李书杰、叶瑞贞、辜鹤瑜、李青、何宏明、石少青。

火力发电企业能源计量器具配备和管理要求

1 范围

本标准规定了火力发电企业能源计量的种类、范围，能源计量器具的配备和管理要求。

本标准适用于燃煤发电、燃油发电和燃气发电等火力发电企业(以下称用能单位)。

2 规范性引用文件

下列文件中的条款通过本标准的引用而成为本标准的条款。凡是注日期的引用文件，其随后所有的修改单(不包括勘误的内容)或修订版均不适用于本标准，然而，鼓励根据本标准达成协议的各方研究是否可使用这些文件的最新版本。凡是不注日期的引用文件，其最新版本适用于本标准。

GB/T 6422 企业能耗计量与测试导则

GB/T 15316 节能监测技术通则

GB 17167 用能单位能源计量器具配备和管理通则

GB/T 18603 天然气计量系统技术要求

3 术语和定义

GB 17167 确立的以及下列术语和定义适用于本标准。

3.1

火力发电企业用能单位 organization of energy using for fossil power plants

具有独立法人地位的或具备独立核算能力的火力发电企业。

以下简称用能单位。

3.2

火力发电企业次级用能单位 sub-organization of energy using for fossil power plants

火力发电企业用能单位下属的能源核算单位。

以下简称次级用能单位。

4 能源计量器具的配备

4.1 能源计量种类

煤炭、原油、天然气、水煤浆、煤气、电力、热力、成品油、液化石油气、生物质能和其他直接或者通过加工、转换、回收而取得有用能的各种资源。

4.2 能源计量范围

a) 输入用能单位、次级用能单位、用能设备的能源及耗能工质；

b) 输出用能单位、次级用能单位、用能设备的能源及耗能工质；

c) 用能单位、次级用能单位、用能设备使用的能源及耗能工质；

d) 用能单位、次级用能单位、用能设备自产的能源及耗能工质；

e) 用能单位、次级用能单位、用能设备回收利用的余能资源。

4.3 能源计量器具的配备原则

a) 应满足贸易结算的要求；

b) 应满足能源分类计量的要求；

c) 应满足用能单位实现能源分级分项统计和核算的要求；

d) 应满足用能单位评价其能源加工、转换、输运效率的要求；

e) 应配备必要的便携式能源检测仪表，以满足自检自查的要求。

4.4 能源计量器具的配备要求

4.4.1 能源计量器具配备率按以下公式计算：

$$R_p = \frac{N_s}{N_l} \times 100\%$$

式中：

R_p——能源计量器具配备率，%；

N_s——能源计量器具实际配备数量；

N_l——能源计量器具理论需要量。

4.4.2 用能单位应配备能源计量器具。

4.4.3 用能量（产能量或输送能量）大于或等于表1中一种或多种能源消耗量限定值的次级用能单位为主要次级用能单位。

主要次级用能单位应按表3要求配备能源计量器具。主要次级用能单位所配备能源计量器具的准确度等级参照表4的要求。

表1 主要次级用能单位配备能源计量器具的能源消耗量（或功率）限定值

能源种类	电力	固体燃料	原油成品油 石油液化气	重油	煤气天然气	蒸汽热水	水	其他
单位	kW	t/a	t/a	t/a	m^3/a	GJ/a	t/a	GJ/a
限定值	10	100	40	80	10 000	5 000	5 000	2 926

注1：表中a是法定计量单位中“年”的符号。

注2：表中的m^3指在标准状态下，表2同。

注3：2 926GJ相当于100吨标准煤。其他能源应按等同热值折算，表2同。

4.4.4 单台设备能源消耗量大于或等于表2中一种或多种能源消耗量限定值的为主要用能设备。

主要用能设备应按表3要求配备能源计量器具。主要用能设备所配备能源计量器具的准确度等级参照表4的要求。

表2 主要用能设备配备能源计量器具的能源消耗量（或功率）限定值

能源种类	电力	固体燃料	原油成品油 石油液化气	重油	煤气天然气	蒸汽热水	水	其他
单位	kW	t/h	t/h	t/h	m^3/h	MW	t/h	GJ /h
限定值	100	1	0.5	1	100	7	1	29.26

4.4.5 能源计量器具配备率应不低于表3的要求。

表3 能源计量器具配备率要求 单位：%

能源种类		进出用能单位	进出主要次级 用能单位	主要用能设备
电力		100	100	95
固态能源	煤炭	100	100	90
固液混合能源	水煤浆	100	100	90

表 3(续)

单位:%

能源种类		进出用能单位	进出主要次级用能单位	主要用能设备
液态能源	原油	100	100	90
	成品油	100	100	95
	重油	100	100	90
	渣油	100	100	90
气态能源	天然气	100	100	90
	液化气	100	100	90
	煤气	100	90	80
	蒸汽	100	80	70
耗能工质	水	100	95	80
	压缩空气及其他	100	80	60
可回收利用的余热(能)		90	80	—

注 1:对于进出用能单位的季节性供暖用蒸汽(热水)可采用非直接计量载能工质流量的其他计量结算方式。

注 2:对于进出主要次级用能单位的季节性供暖用蒸汽(热水)可以不配备能源计量器具。

注 3:对于在主要用能设备上作为辅助能源使用的电力和蒸汽、水、压缩空气等载能工质,其耗能量小于表 2 规定值的,可以不配置专用能源计量器具。

4.4.6 用能单位配备的能源计量器具准确度等级应不低于表 4 的要求。

表 4 用能单位能源计量器具准确度等级要求

计量器具类别	计 量 目 的		准确度等级
衡器	进出用能单位燃料的静态计量		0.1
	进出用能单位燃料的动态计量		0.5
电能表	交流电能计量	Ⅰ类电能计量装置	0.2S
		Ⅱ类电能计量装置	0.5S
		Ⅲ类电能计量装置	1.0
		Ⅳ类电能计量装置	2.0
		Ⅴ类电能计量装置	2.0
	直流电能计量		2.0
油流量表(装置)	进出用能单位液体能源计量	汽油、柴油	0.5
		重油、渣油	1.0
气体流量表(装置)	进出用能单位气态能源计量	天然气	1.0
		煤气	2.0
		蒸汽	1.0
水流量表(装置)	进出用能单位净水流量计量	管径 ≤250 mm	2.0
		管径>250 mm	1.5
	污水流量计量		2.5

表 4(续)

计量器具类别	计　量　目　的	准确度等级
气体流量表(装置)	空气、氮气、烟气等气态载能工质的计量	2.5
温度仪表	用于液态、气态能源的温度计量	1.5
	与气体、蒸汽质量计算相关的温度计量	1.0
压力仪表	用于气态、液态能源的压力计量	1.5
	与气体、蒸汽质量计算相关的压力计量	0.5

注 1：当计量器具是由传感器(变送器)、二次仪表组成的测量装置或系统时，表中给出的准确度等级应是装置或系统的准确度等级。装置或系统未明确给出其准确度等级时，可用传感器与二次仪表的准确度等级按误差合成方法合成。

注 2：运行中的电能计量装置按其所计量电能量的多少分为五类：

1) Ⅰ类为月平均用电量 500 万 kW·h 及以上或变压器容量为 10 000 kV·A 及以上的高压计费用户、200 MW及以上发电机、发电用能单位上网电量、电网经营企业之间的电量交换点的电能计量装置。
2) Ⅱ类为月平均用电量 100 万 kW·h 及以上或变压器容量为 2 000 kV·A 及以上的高压计费用户、100 MW及以上发电机的电能计量装置。
3) Ⅲ类为月平均用电量 10 万 kW·h 及以上或变压器容量为 315 kV·A 及以上的计费用户、100 MW以下发电机、发电企业厂(站)用电量的电能计量装置。
4) Ⅳ类为负荷容量为 315 kV·A 以下的计费用户、发供电企业内部经济技术指标分析、考核用的电能计量装置。
5) Ⅴ类为单相供电的电力用户计费用电能计量装置。

注 3：用于成品油贸易结算的计量器具的准确度等级应不低于 0.2 级。

注 4：用于天然气贸易结算的计量器具的准确度等级应符合 GB/T 18603—2001 附录 A 和附录 B 的要求。

4.4.7　能源计量器具的配备，还应能满足以下要求：

a) 满足计算和评价单台机组发电(供热)煤耗的要求；
b) 满足计算和评价单台锅炉热效率、汽轮发电机组热效率的要求；
c) 满足计算和评价单台机组厂用电率的要求；
d) 满足计算和评价生产补水率、非生产补水率、化学自用水率的要求。

4.4.8　对天然气计量仪表的安装，应符合 GB/T 18603 的要求。

4.4.9　用能设备的设计、安装和使用应能满足 GB/T 6422、GB/T 15316 中关于用能设备节能监测要求。

4.4.10　能源计量器具的性能和准确度等级应满足相应生产工艺和使用环境(如温度、温度变化率、湿度、照明、振动、噪声、粉尘、腐蚀、辐射、电磁干扰等)的要求。

5　能源计量器具的管理要求

5.1　能源计量管理制度

5.1.1　用能单位应建立能源计量管理体系，形成文件，并保持和持续改进其有效性。

5.1.2　用能单位应建立、保持和使用文件化的程序来规范能源计量人员行为、能源计量器具管理和能源计量数据的采集、处理和汇总。

5.2　能源计量人员

5.2.1　用能单位应设有专人负责能源计量器具的管理，负责能源计量器具的配备、使用、检定(校准)、维修、更新、报废等管理工作。

5.2.2　用能单位应设有专人负责能源计量数据的管理。

5.2.3 用能单位的能源计量管理人员应通过国家相关职能部门的能源计量管理培训考核,持证上岗。用能单位应建立和保存能源计量管理人员的技术档案。

5.2.4 能源计量器具的检定、校准和维修人员,应具有相应的资质。

5.3 能源计量器具

5.3.1 用能单位应备有完整的能源计量器具一览表。表中应列出计量器具的名称、型号规格、准确度等级、测量范围、生产厂家、出厂编号、用能单位管理编号、安装使用地点、状态(指合格、准用、停用等)。主要次级用能单位和主要用能设备应备有独立的能源计量器具一览表分表。

5.3.2 用能单位应建立能源计量器具档案,内容包括:

a) 计量器具使用说明书;

b) 计量器具出厂合格证;

c) 计量器具最近两个连续周期的检定(测试、校准)证书;

d) 计量器具维修记录;

e) 计量器具其他相关信息。

5.3.3 用能单位应备有明确的能源计量器具量值传递或溯源图,其中作为用能单位内部标准计量器具使用的,要明确规定其准确度等级、测量范围、可溯源的上级传递标准。

5.3.4 能源计量器具应实行定期检定(校准),并有确定的检定(校准)周期。凡经检定(校准)不合格和超过检定(校准)周期的计量器具一律不准使用。属强制检定的计量器具,其检定周期、检定方式应遵守有关计量法律法规的规定。

5.3.5 用能单位使用的能源计量器具,凡属自行校准且自行确定校准间隔的,应有现行有效的受控文件(即自校计量器具的管理程序和自校规范)作为依据。

5.3.6 新装及更新能源计量器具必须经检定(校准)合格后方能安装使用。

5.3.7 在用的能源计量器具应在明显位置粘贴与能源计量器具一览表编号对应的标签,以备查验和管理。

5.4 能源计量数据

5.4.1 用能单位应建立能源统计报表制度,能源统计报表数据应能追溯至计量测试记录。

5.4.2 能源计量数据记录应采用规范的表格式样,计量测试记录表格应便于对数据的汇总与分析,应说明被测量与记录数据之间的转换方法或关系。

5.4.3 用能单位应根据需要建立能源计量数据中心,利用计算机技术实现能源计量数据的网络化管理,并按生产周期(班、日、周)及时统计计算出其单位产品的各种主要能源消耗量。

5.4.4 对于主要用能设备可根据需要按生产周期(班、日、周)及时统计计算出其单位产品的各种主要能源消耗量。

5.4.5 能源计量数据及有关测试记录保存期限不低于4年。

ICS 27.010
F 01

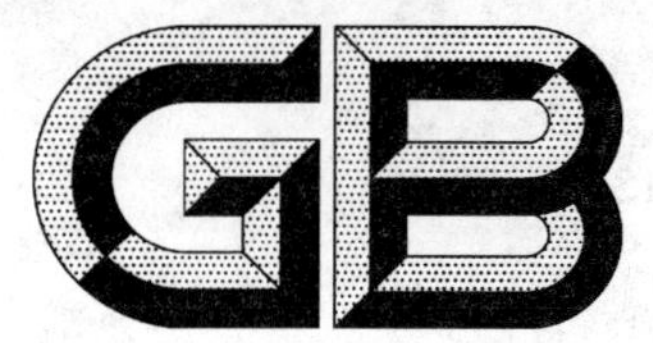

中华人民共和国国家标准

GB 21370—2008

炭素单位产品能源消耗限额

The norm of energy consumption per unit product of carbon materials

2008-01-21 发布　　2008-06-01 实施

中华人民共和国国家质量监督检验检疫总局
中国国家标准化管理委员会　发布

前　言

本标准的4.1和4.2是强制性的，其余是推荐性的。

本标准附录A为资料性附录，附录B为规范性附录。

本标准由国家发展和改革委员会资源节约和环境保护司、国家标准化管理委员会工业标准一部提出。

本标准由全国能源基础与管理标准化技术委员会归口。

本标准主要起草单位：中国钢铁工业协会，钢铁研究总院。

本标准主要起草人：王淑贤、郦秀萍、陈丽云、黄导、张春霞、兰德年、杨立新、陈国强、解治友。

炭素单位产品能源消耗限额

1 范围

本标准规定了炭素制品及其主要生产工序单位产品能源消耗(以下简称能耗)限额的技术要求、统计范围和计算方法、节能管理与措施。

本标准适用于石墨电极(普通功率石墨电极、高功率石墨电极、超高功率石墨电极)、炭电极和炭块(普通炭块、石墨质炭块、半石墨质炭块、微孔炭块)单位产品能耗及炭素生产主要工序(焙烧和石墨化工序)单位产品能耗的计算、考核,以及对新建设备的能耗控制。

2 规范性引用文件

下列文件中的条款通过本标准的引用而成为本标准的条款。凡是注日期的引用文件,其随后所有的修改单(不包括勘误的内容)或修订版均不适用于本标准,然而,鼓励根据本标准达成协议的各方研究是否使用这些文件的最新版本。凡是不注日期的引用文件,其最新版本适用于本标准。

GB 17167 用能单位能源计量器具配备和管理通则

3 术语和定义

下列术语和定义适用于本标准。

3.1

石墨电极单位产品综合能耗 the comprehensive energy consumption per unit product of graphite pole

报告期内,原料经煅烧、破碎、配料、混捏、压型、焙烧、浸渍和石墨化以及机械加工等工序生产出单位合格的石墨电极,扣除生产过程回收的能源量后实际消耗的各种能源折标准煤总量。

3.2

炭电极和炭块单位产品综合能耗 the comprehensive energy consumption per unit product of charcoal pole and carbon block

报告期内,原料经煅烧、破碎、配料、混捏、压型、焙烧、机械加工等工序生产出单位合格的炭电极、炭块,扣除生产过程回收的能源量后实际消耗的各种能源折标准煤总量。

3.3

焙烧工序单位产品能耗 the energy consumption per unit product of baking procedure

报告期内,焙烧工序生产单位合格焙烧品,扣除工序回收的能源量后实际消耗的各种能源折标准煤总量。

3.4

石墨化工序单位产品能耗 the energy consumption per unit product of graphite-making procedure

报告期内,石墨化工序生产单位合格石墨化品,扣除工序回收的能源量后实际消耗的各种能源折标准煤总量。

4 技术要求

4.1 现有炭素生产企业单位产品能耗限额限定值

4.1.1 石墨电极、炭电极和炭块单位产品综合能耗限额限定值

现有炭素企业生产的石墨电极、炭电极和炭块单位产品综合能耗限额限定值应符合表1的规定。

表 1　石墨电极、炭电极和炭块单位产品综合能耗限额限定值

产　品　名　称		单位产品综合能耗限额限定值/(kgce/t)		单位产品电耗限额限定值/(kW·h/t)
		电力折标准煤系数取等价值	电力折标准煤系数取当量值	
石墨电极	普通功率石墨电极	≤4 600	≤2 680	≤6 783
	高功率石墨电极	≤5 650	≤3 590	≤7 578
	超高功率石墨电极	≤6 600	≤4 450	≤8 068
炭电极	直径≤1 000 mm	≤1 150	≤1 850	—
	直径>1 000 mm	≤2 050	≤1 050	—
炭块	普通炭块	≤1 400	≤1 290	—
	(半)石墨质炭块	≤1 650	≤1 480	—
	微孔炭块	≤1 850	≤1 670	—

4.1.2　**炭素生产主要工序单位产品能耗限额限定值**

对于现有独立的不完全工序的炭素企业，其焙烧工序、石墨化工序单位产品能耗限额限定值应符合表 2 的规定。

表 2　炭素生产中焙烧和石墨化工序单位产品能耗限额限定值

工序名称		单位产品能耗限额限定值/(kgce/t)		单位产品电耗限额限定值/(kW·h/t)
		电力折标准煤系数取等价值	电力折标准煤系数取当量值	
焙烧工序	产品直径≤500 mm	≤580	≤560	—
	500 mm<产品直径≤1 000 mm	≤660	≤640	
	产品直径>1 000 mm	≤1 450	≤1 400	
石墨化工序	普通功率石墨电极	≤2 700	≤1 300	≤5 020
	高功率石墨电极	≤2 970	≤1 430	≤5 520
	超高功率石墨电极	≤3 100	≤1 490	≤5 770

4.2　新建炭素生产设备单位产品能耗限额准入值

4.2.1　石墨电极、炭电极和炭块单位产品能耗限额准入值

炭素企业在新建或改扩建炭素生产设备及采用炭素生产新工艺时，其石墨电极、炭电极、炭块单位产品能耗限额准入值应符合表 3 的规定。

表 3　石墨电极、炭电极和炭块单位产品能耗限额准入值

产品名称		单位产品综合能耗限额准入值/(kgce/t)		单位产品电耗限额准入值/(kW·h/t)
		电力折标准煤系数取等价值	电力折标准煤系数取当量值	
石黑电极	普通功率石墨电极	≤4 150	≤2 460	≤6 051
	高功率石墨电极	≤5 160	≤3 220	≤6 773
	超高功率石墨电极	≤5 990	≤4 030	≤7 226

表 3 （续）

产品名称		单位产品综合能耗限额准入值/(kgce/t)		单位产品电耗限额准入值/(kW·h/t)
		电力折标准煤系数取等价值	电力折标准煤系数取当量值	
炭电极	直径≤1 000 mm	≤1 050	≤900	—
	直径>1 000 mm	≤1 820	≤1 620	—
炭块	普通炭块	≤1 300	≤1 200	—
	(半)石墨质炭块	≤1 450	≤1 280	—
	微孔炭块	≤1 650	≤1 460	—

4.2.2 炭素生产主要工序单位产品能耗限额准入值

对于独立的不完全工序的炭素企业，在新建或改扩建中新增设备以及采用新的工艺时，其焙烧工序和石墨化工序单位产品能耗限额准入值应符合表 4 的规定。

表 4 炭素生产中焙烧和石墨化工序单位产品能耗限额准入值

工序名称		单位产品能耗限额准入值/(kgce/t)		单位产品电耗限额准入值/(kW·h/t)
		电力折标准煤系数取等价值	电力折标准煤系数取当量值	
焙烧工序	产品直径≤500 mm	≤480	≤470	—
	500 mm<产品直径≤1 000 mm	≤550	≤540	
	产品直径>1 000 mm	≤1 200	≤1 180	
石墨化工序	普通功率石墨电极	≤2 460	≤1 230	≤4 420
	高功率石墨电极	≤2 700	≤1 350	≤4 860
	超高功率石墨电极	≤2 830	≤1 420	≤5 080

4.3 炭素企业单位产品能耗限额先进值

4.3.1 石墨电极、炭电极和炭块单位产品能耗限额先进值

炭素企业在生产过程中，应积极推进节能技术改造，加强科学管理，尽快使石墨电极、炭电极、炭块单位产品综合能耗达到表 5 规定的单位产品能耗限额先进值。

表 5 石墨电极、炭电极和炭块单位产品综合能耗限额先进值

产 品 名 称		单位产品能耗限额先进值/(kgce/t)		单位产品电耗限额先进值/(kW·h/t)
		电力折标准煤系数取等价值	电力折标准煤系数取当量值	
石墨电极	普通功率石墨电极	≤3 960	≤2 350	≤5 807
	高功率石墨电极	≤4 860	≤3 080	≤6 505
	超高功率石墨电极	≤5 650	≤3 800	≤6 946
炭电极	直径 ≤1 000 mm	≤980	≤800	—
	直径>1 000 mm	≤1 670	≤1 470	—

表 5 （续）

产品名称		单位产品能耗限额先进值/(kgce/t)		单位产品电耗限额先进值/(kW·h/t)
		电力折标准煤系数取等价值	电力折标准煤系数取当量值	
炭块	普通炭块	≤1 200	≤1 050	—
	(半)石墨质炭块	≤1 300	≤1 130	—
	微孔炭块	≤1 520	≤1 330	—

4.3.2 炭素生产主要工序单位产品能耗限额先进值

对于独立的不完全工序的炭素企业，在未来的发展过程中，应积极推进技术改造、强化管理，使其焙烧、石墨化工序单位产品能耗达到表 6 的单位产品能耗限额先进值。

表 6 炭素生产中焙烧和石墨化工序单位产品能耗限额先进值

工序名称		单位产品能耗限额先进值/(kgce/t)		单位产品电耗限额先进值/(kW·h/t)
		电力折标准煤系数取等价值	电力折标准煤系数取当量值	
焙烧工序	产品直径≤500 mm 500 mm<产品直径≤1 000 mm 产品直径>1 000 mm	≤440 ≤510 ≤1 100	≤430 ≤500 ≤1 000	—
石墨化工序	普通功率石墨电极 高功率石墨电极 超高功率石墨电极	≤2 400 ≤2 640 ≤2 760	≤1 220 ≤1 340 ≤1 410	≤4 220 ≤4 640 ≤4 850

5 计算方法

5.1 能耗统计范围及能耗折标准煤系数取值原则

5.1.1 统计范围

5.1.1.1 石墨电极（普通功率石墨电极、高功率石墨电极、超高功率石墨电极）单位产品综合能耗包括煅烧、破碎、配料、混捏、压型、焙烧、浸渍、石墨化、机械加工等各工序生产系统、辅助生产系统和生产管理、调度指挥以及附属生产系统消耗的各种能源量，扣除生产过程中回收的能源量。不包括用于生活目的所消耗的能源量。

其中焙烧和浸渍工序能源消耗为：

a) 普通功率石墨电极能耗是按电极本体“一次焙烧”加接头“一次浸渍二次焙烧”的总能耗；

b) 高功率石墨电极能耗是按电极本体“一次浸渍二次焙烧”加接头“二次浸渍三次焙烧”的总能耗；

c) 超高功率石墨电极能耗是按电极本体“二次浸渍三次焙烧”加接头“三次浸渍四次焙烧”的总能耗。

5.1.1.2 炭电极、炭块单位产品综合能耗包括煅烧、破碎、配料、混捏、压型、焙烧和机械加工等各工序生产系统、辅助生产系统以及生产管理、调度指挥系统消耗的各种能源量，扣除生产过程中回收的能源量。不包括用于生活目的所消耗的能源量。

5.1.1.3 焙烧工序单位产品能耗包括从压型品进入该工序开始到焙烧合格品产出为止的生产全过程所消耗的全部能源总量，扣除该工序回收的能源量。不包括用于生活目的的能源量。

5.1.1.4 石墨化工序单位产品能耗包括从焙烧品进入该工序开始到石墨化合格品产出为止的生产全过程所消耗的全部能源总量，扣除该工序回收的能源量。不包括用于生活目的的能源量。

上述制品及其各工序单位产品综合能耗均不含原料消耗。

5.1.2 能源折标准煤系数取值原则

各种能源的热值以标准煤计。各种能源等价热值以企业在报告期内实测的热值为准。没有实测条件的，采用附录A中各种能源折标准煤参考系数。

5.2 石墨电极、炭电极和炭块单位产品综合能耗的计算

石墨电极、炭电极和炭块等炭素制品的单位产品综合能耗按式(1)计算，能耗分配系数按附录B取值：

$$E_{\mathrm{TS},j} = \frac{e_{\mathrm{ts},j}}{P_{\mathrm{TS},j}} = e_{jm} + \sum_{k=1}^{m-1} e_{jk} \qquad \cdots\cdots(1)$$

$$e_{jm} = \sum_{i=1}^{n} \frac{e_{im}\mu_{im}}{\sum_{i=1}^{k} P_{im}\lambda_{im}} \lambda_{jm} \qquad \cdots\cdots(2)$$

$$e_{jk} = \frac{\sum_{i=1}^{n} \frac{e_{ik}\mu_{ik}}{\sum_{i=1}^{k} P_{ik}\lambda_{ik}} \lambda_{jk}}{\eta_m \cdots \eta_{k+i} \cdots \eta_{k+1}} (k < m) \qquad \cdots\cdots(3)$$

式中：

$E_{\mathrm{TS},j}$——第 j 种炭素制品（$j=1\sim3$，分别指石墨电极、炭电极或炭块三种炭素制品，下同）单位产品综合能耗，单位为千克标准煤每吨(kgce/t)；

$e_{\mathrm{ts},j}$——第 j 种炭素制品生产过程消耗的所有能源总量，单位为千克标准煤(kgce)；

$P_{\mathrm{TS},j}$——第 j 种炭素制品合格产量，单位为吨(t)；

e_{jm}——炭素制品加工过程中第 m 道工序（加工工序）第 j 种制品的加工能源单耗，单位为千克标准煤每吨(kgce/t)；

e_{im}——炭素制品加工过程中第 m 道工序（加工工序）第 i 种能源实物量消耗，单位为吨(t)或千瓦时(kW·h)或立方米(m^3)；

e_{jk}——炭素制品加工过程中第 k 道工序（加工工序之前的某工序）第 j 种制品的加工能源单耗，单位为千克标准煤每吨(kgce/t)；

μ_{im}——炭素制品加工过程中第 m 道工序（加工工序）第 i 种能源折标准煤系数，单位为吨标准煤每千瓦时[tce/(kW·h)]或吨标准煤每吨(tce/t)或吨标准煤每立方米(tce/m^3)；

P_{im}——炭素制品加工过程中第 m 道工序（加工工序）第 i 种炭素制品产量，单位为吨(t)；

λ_{im}——炭素制品加工过程中第 m 道工序（加工工序）第 i 种炭素制品在第 m 道工序的能耗分配系数；

λ_{jm}——第 j 种炭素制品在第 m 道工序的能耗分配系数；

e_{ik}——炭素制品加工过程中第 k 道工序（加工工序之前的某工序）第 i 种能源实物量消耗，单位为吨(t)或千瓦时(kW·h)或立方米(m^3)；

μ_{ik}——炭素制品加工过程中第 k 道工序（加工工序之前的某工序）第 i 种能源折标准煤系数，单位为吨标准煤每千瓦时[tce/(kW·h)]或吨标准煤每吨(tce/t)或吨标准煤每立方米(tce/m^3)；

P_{ik}——炭素制品加工过程中第 k 道工序（加工工序之前的某工序）第 i 种炭素制品产量，单位为吨(t)；

λ_{ik}——炭素制品加工过程中第 k 道工序(加工工序之前的某工序)第 i 种炭素制品在第 k 道工序的能耗分配系数;

λ_{jk}——第 j 种炭素制品在第 k 道工序的能耗分配系数;

η_m——炭素制品加工过程中第 m 道工序(加工工序)的成品率(加工成品率);

η_{k+1}——炭素制品加工过程中第 $k+1$ 道工序(加工工序之前的某工序)的成品率。

5.3 焙烧工序、石墨化工序单位产品能耗计算

焙烧工序、石墨化工序单位产品能耗按式(4)计算,能耗分配系数按附录B取值:

$$E_{GX,k}=\sum_{i=1}^{n}\frac{e_{ik}\mu_{ik}}{\sum_{i=1}^{n}P_{ik}\lambda_{ik}}\lambda_{jk} \qquad \cdots\cdots(4)$$

式中:

$E_{GX,k}$——炭素制品加工过程中第 k 道工序(焙烧工序、石墨化工序)单位产品能耗,单位为千克标准煤每吨(kgce/t);

e_{ik}——炭素制品加工过程中第 k 道工序(加工工序之前的某工序)第 i 种能源实物量消耗,单位为吨(t)或千瓦时(kW·h)或立方米(m^3);

μ_{ik}——炭素制品加工过程中第 k 道工序(加工工序之前的某工序)第 i 种能源折标准煤系数,单位为吨标准煤每千瓦时[tce/(kW·h)]或吨标准煤每吨(tce/t)或吨标准煤每立方米(tce/m^3);

P_{ik}——炭素制品加工过程中第 k 道工序(加工工序之前的某工序)第 i 种炭素制品产量,单位为吨(t);

λ_{ik}——炭素制品加工过程中第 k 道工序(加工工序之前的某工序)第 i 种炭素制品在第 k 道工序的能耗分配系数;

λ_{jk}——第 j 种炭素制品在第 k 道工序的能耗分配系数。

6 节能管理

6.1 企业应根据 GB 17167 的要求配置能源计量器具,完善能源计量管理制度。

6.2 企业应按要求建立健全能耗统计分析、考核体系,建立能耗计算和考核结果的文件档案,并对其进行受控管理。

6.3 企业应将炭素制品的单位产品综合能耗指标落实到基层,建立用能、节能责任制。

6.4 企业应积极依靠技术进步,配置先进的节能设备和节能新工艺。最大限度地提高炭素企业三大炉窑(煅烧炉、焙烧炉、石墨化炉)的热效率,减少能源损失,降低企业能源成本。

附 录 A
（资料性附录）
各种能源折标准煤参考系数表

能源名称	平均低位发热值	折标准煤系数
原煤	20 908 kJ/kg	0.714 3 kgce/kg
无烟煤(湿)	25 090 kJ/kg	0.857 1 kgce/kg
动力煤(湿)	20 908 kJ/kg	0.714 3 kgce/kg
焦炭(灰分 13.5%)	28 435 kJ/kg	0.971 4 kgce/kg
汽油	43 070 kJ/kg	1.471 4 kgce/kg
煤油	43 070 kJ/kg	1.471 4 kgce/kg
柴油	42 652 kJ/kg	1.457 1 kgce/kg
天然气	38 931 kJ/m³	1.330 0 kgce/m³
电力(等价)	—	0.404 0 kgce/(kW·h)
电力(当量)	3 600 kJ/(kW·h)	0.122 9 kgce/(kW·h)
注 1：焦炭的灰分、水分每增减 1%，则热值减增约 334 kJ/kg。 注 2：无烟煤、动力煤热值波动范围较大，推荐值为大体平均值。		

附 录 B
（规范性附录）
工序能耗分配系数表

工序产品		煤气(重油/煤)	动力电	蒸汽	水	压缩空气	焦粒	焦粉
压型	电极	1.0	1.0	1.0	1.0	1.0	—	—
	炭块	1.0	1.1	1.05	1.0	1.0	—	—
焙烧	电极	1.0	1.0	1.0	1.0	1.0	—	1.0
	炭块	0.9	0.9	1.0	1.0	1.0	—	0.93
浸渍	电极	1.0	1.0	1.0	1.0	1.0	—	—
石墨化	电极	1.0	1.0	1.0	1.0	1.0	1.0	1.0
加工	电极	—	1.0	1.0	1.0	—	—	—
	炭块	—	1.5	1.0	1.0	1.2	—	—
注：工序单一产品不使用分配系数，直接计算。石墨化工序消耗的工艺电量，以品种单独耗量为准，不进行分配。								

ICS 91.100.10
Q 11

中华人民共和国国家标准

GB/T 21371—2008

用于水泥中的工业副产石膏

By-product gypsum used in cement

2008-01-09 发布　　2008-08-01 实施

中华人民共和国国家质量监督检验检疫总局
中国国家标准化管理委员会　发布

前　言

本标准附录 A 为规范性附录。

本标准由中国建筑材料联合会提出。

本标准由全国水泥标准化技术委员会归口。

本标准起草单位:中国建筑材料科学研究总院。

本标准参加单位:烟台山水水泥有限公司、建材工业技术情报研究所。

本标准主要起草人:肖忠明、郭俊萍、白显明、苑立平。

本标准为首次制定。

用于水泥中的工业副产石膏

1 范围

本标准规定了用于水泥中的工业副产石膏的术语和定义、技术要求、试验方法和判定规则等。

本标准适用于水泥调节凝结时间用工业副产石膏的使用。

2 规范性引用文件

下列文件中的条款通过本标准的引用而成为本标准的条款。凡是注日期的引用文件，其随后所有的修改单(不包括勘误的内容)或修订版均不适用于本标准，然而，鼓励根据本标准达成协议的各方研究是否可使用这些文件的最新版本。凡是不注日期的引用文件，其最新版本适用于本标准。

GB/T 1346 水泥标准稠度用水量、凝结时间、安定性检验方法(GB/T 1346—2001，eqv ISO 9597：1989)

GB/T 2419 水泥胶砂流动度测定方法

GB/T 5483 石膏和硬石膏

GB/T 5484 石膏化学分析方法

GB 6566 建筑材料放射性核素限量

GB 8076—1997 混凝土外加剂

GB/T 17671 水泥胶砂强度检验方法(GB/T 17671—1999，idt ISO 679：1989)

JC/T 1083 水泥与减水剂相容性试验方法

3 术语和定义

下列术语和定义适用于本标准。

3.1

工业副产石膏 by-product gypsum，chemical gypsum

是指工业生产排出的以硫酸钙为主要成分的副产品的总称，又称为化学石膏、合成石膏。

3.1.1

磷石膏 phospho gypsum

合成洗衣粉厂、磷肥厂等制造磷酸时的废渣。

3.1.2

钛石膏 titanium gypsum

是采用硫酸法生产钛白粉时，加入石灰(或电石渣)以中和大量的酸性废水所产生的以二水石膏为主要成分的废渣。

3.1.3

氟石膏 fluorogypsum

制取氢氟酸时的废渣。

3.1.4

盐石膏 salt gypsum

也称硝皮子，是沿海制盐厂制盐时的副产品。

3.1.5

柠檬酸渣　citric gypsum

又称钙泥，是化工厂生产柠檬酸的废渣。

3.1.6

硼石膏　boric gypsum

制取硼酸时的废渣。

3.1.7

脱硫石膏　flue gas desulpho-gypsum

燃料燃烧后排放的废气进行脱硫净化处理而得的一种石膏。

3.1.8

模型石膏　modeling gypsum

陶瓷等工业制备模型后的废料。

3.2

比对水泥　control cement

用天然二水石膏制成的、以评定工业副产石膏对水泥性能影响程度的空白水泥。

注：比对水泥按如下要求制备。既用符合 GB/T 5483 标准的 G 类二级（含）以上石膏配制、SO_3 含量（质量分数）在 2.0%～2.5%、80 μm 筛余（质量分数）小于 4%、比表面积在 350 m^2/kg±10 m^2/kg 的Ⅰ型硅酸盐水泥。

3.3

试验用水泥　test cement

用被评定的工业副产石膏制成的水泥。

注：试验用水泥按如下要求制备。既按比对水泥 SO_3 和细度要求，用制备比对水泥的硅酸盐水泥熟料与用 30%～100%（质量分数）被检工业副产石膏替代二水石膏制成的Ⅰ型硅酸盐水泥。最终制成的试验用水泥 SO_3 含量与比对水泥 SO_3 含量差值应控制在 0.2%之内。

4　要求

4.1　矿物组成

硫酸钙含量（质量分数）≥75%。

4.2　附着水

由买卖双方协商确定。

4.3　工业副产石膏对水泥性能的影响应符合表 1 的规定。

表 1　工业副产石膏对水泥性能的影响

试验项目	性能比对指标（与比对水泥相比）
凝结时间	延长时间小于 2 h
标准稠度需水量	绝对增加幅度小于 1%
沸煮安定性	结论不变
水泥胶砂流动度	相对降低幅度小于 5%
水泥胶砂抗压强度	3 天降低幅度不大于 5%，28 天降低幅度不大于 5%
钢筋锈蚀	结论不变
水泥与减水剂相容性	初始流动性降低幅度小于 10%，经时损失率绝对增加幅度小于 5%

4.4　粒度

产品的粒度不大于 300 mm，如有特殊要求买卖双方商定。

4.5 放射性物质限制

应符合 GB 6566 的规定。

5 试验方法

5.1 矿物组成

按 GB/T 5484 进行。品位计算按以下公式进行：

磷石膏、钛石膏、硼石膏、盐石膏和柠檬酸渣中的硫酸钙含量(质量分数)$w(CaSO_4 \cdot 2H_2O)$，数值以%表示，按下式计算：

$$w(CaSO_4 \cdot 2H_2O)=4.778\,5\times w(H_2O^+)$$

氟石膏中的硫酸钙含量(质量分数)$w(CaSO_4)$，数值以%表示，按下式计算：

$$w(CaSO_4)=1.700\,5\times w(SO_3)-3.778\,5\times w(H_2O^+)$$

脱硫石膏中的硫酸钙含量(质量分数)$w(CaSO_4 \cdot 2H_2O+CaSO_4)$，数值以%表示，按下式计算：

$$w(CaSO_4 \cdot 2H_2O+CaSO_4)=w(H_2O^+)+1.7\times w(SO_3)$$

式中：

$w(H_2O^+)$——结晶水质量分数，%；

$w(SO_3)$——SO_3 质量分数，%。

5.2 附着水

按附录 A 的规定进行。

5.3 水泥标准稠度、凝结时间、安定性

按 GB/T 1346 进行。

5.4 水泥胶砂流动度

除水泥胶砂制备按 GB/T 17671 外，操作方法按 GB/T 2419 进行。

5.5 水泥胶砂强度

按 GB/T 17671 进行。

5.6 钢筋锈蚀

钢筋锈蚀采用钢筋在新拌砂浆中阳极极化电位曲线来表示，测定方法按 GB 8076—1997 附录 B 规定进行。

5.7 水泥与减水剂相容性

按 JC/T 1083 进行。

5.8 粒度

用直尺检测，以最大数据为准。

6 使用原则

凡有一项不符合本标准第 4 章的规定时，则判为不合格品。当 4.1、4.3、4.4 不符合本标准的规定时，不能用于水泥的生产。

7 运输和储存

不同种类和硫酸钙含量不同的产品应分别装运和存放；运输工具及存放场地应保持清洁、防湿，不得混入外来杂物。

附 录 A
（规范性附录）
工业副产石膏附着水的测定

A.1 范围

本附录适用于工业副产石膏附着水的测定。

A.2 原理

将工业副产石膏放入规定温度的烘干箱内烘至恒重，以烘干前和烘干后的质量之差与烘干前的质量之比确定矿粉的含水量。

A.3 仪器

A.3.1 烘干箱

可控制温度不低于 110℃，最小分度值不大于 2℃。

A.3.2 天平

量程不小于 100 g，最小分度值不大于 0.01 g。

A.4 试验步骤

A.4.1 称取工业副产石膏试样约 50 g，准确至 0.01 g，倒入蒸发皿中。

A.4.2 将烘干箱温度调整并控制在 40℃～50℃。

A.4.3 将工业副产石膏试样放入烘干箱内烘干，取出后放在干燥器中冷却至室温后称量，准确至 0.01 g，至恒重。

A.5 结果计算

附着水按式(A.1)计算，计算结果保留至 0.1%：

$$w = \frac{(w_1 - w_0) \times 100}{w_1} \qquad \text{(A.1)}$$

式中：

w——含水量(质量分数)，%；

w_1——烘干前试样的质量，单位为克(g)；

w_0——烘干后试样的质量，单位为克(g)。

ICS 91.100.10
Q 11

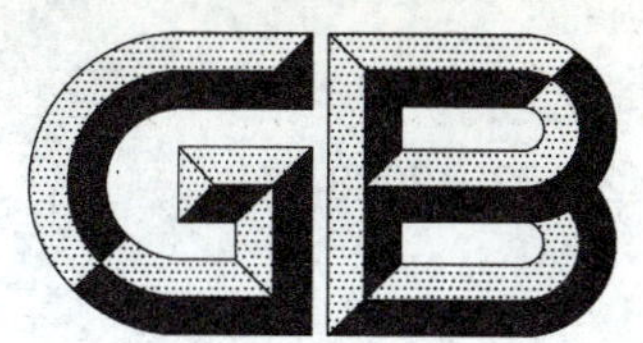

中华人民共和国国家标准

GB/T 21372—2008

硅酸盐水泥熟料

Portland cement clinker

2008-01-09 发布　　　　2008-08-01 实施

中华人民共和国国家质量监督检验检疫总局
中国国家标准化管理委员会　发布

前　言

本标准由中国建筑材料联合会提出。

本标准由全国水泥标准化技术委员会(SAC/TC 184)归口。

本标准主要起草单位:中国建筑材料科学研究总院。

本标准参加起草单位:烟台山水水泥有限公司。

本标准起草人:肖忠明、郭俊萍、张大同、苑立平。

本标准为首次制定。

硅酸盐水泥熟料

1 范围

本标准规定了硅酸盐水泥熟料的定义和分类、技术要求、试验方法和验收规则等。

本标准适用于贸易的硅酸盐水泥熟料。

2 引用标准

下列文件中的条款通过本标准的引用而成为本标准的条款。凡是注日期的引用文件，其随后所有的修改单(不包括勘误的内容)或修订版均不适用于本标准，然而，鼓励根据本标准达成协议的各方研究是否可以使用这些文件的最新版本。凡是不注日期的引用文件，其最新版本适用于本标准。

GB 175 通用硅酸盐水泥

GB/T 176 水泥化学分析方法

GB/T 750 水泥压蒸安定性检测方法

GB/T 1345 水泥细度检验方法(筛析法)

GB/T 1346 水泥标准稠度用水量、凝结时间、安定性检验方法(GB/T 1346—2001，eqv ISO 9597：1989)

GB/T 8074 水泥比表面积测定方法(勃氏法)

GB/T 17671 水泥胶砂强度检验方法(ISO 法)(GB/T 17671—1999，idt ISO 679：1989)

3 术语和定义、分类

3.1 术语和定义

硅酸盐水泥熟料(简称水泥熟料)portland cement clinker

是一种由主要含 CaO、SiO_2、Al_2O_3、Fe_2O_3 的原料按适当配比，磨成细粉，烧至部分熔融，所得以硅酸钙为主要矿物成分的产物。

3.2 分类

水泥熟料按用途和特性分为：通用水泥熟料、低碱水泥熟料、中抗硫酸盐水泥熟料、高抗硫酸盐水泥熟料、中热水泥熟料和低热水泥熟料。

4 要求

4.1 化学性能

本标准规定的各类水泥熟料应符合表 1 的基本化学性能。

低碱、中抗硫酸盐、高抗硫酸盐、中热和低热水泥熟料还应符合表 2 中相应的特性化学性能。

4.2 物理性能

水泥熟料的物理性能按制成 GB 175 中的 I 型硅酸盐水泥的性能来表达。

4.2.1 凝结时间

初凝不得早于 45 min，终凝不得迟于 390 min。

4.2.2 安定性

沸煮法合格。

表 1 基本化学性能

f-CaO（质量分数）/%	MgO[a]（质量分数）/%	烧失量（质量分数）/%	不溶物（质量分数）/%	SO_3[b]（质量分数）/%	$(3CaO \cdot SiO_2+2CaO \cdot SiO_2)$[c]（质量分数）/%	CaO/SiO_2 质量比
≤1.5	≤5.0	≤1.5	≤0.75	≤1.5	≥66	≥2.0

a 当制成Ⅰ型硅酸盐水泥的压蒸安定性合格时，允许放宽到6.0%。

b 也可以由买卖双方商定。

c $3CaO \cdot SiO_2$ 和 $2CaO \cdot SiO_2$ 按下式计算：

$$3CaO \cdot SiO_2 = 4.07CaO - 7.60SiO_2 - 6.72Al_2O_3 - 1.43Fe_2O_3 - 2.85SO_3 - 4.07f\text{-}CaO$$

$$2CaO \cdot SiO_2 = 2.87SiO_2 - 0.75 \times 3CaO \cdot SiO_2$$

表 2 特性化学性能

类 型	$(Na_2O+0.658K_2O)$[a]（质量分数）/%	$3CaO \cdot Al_2O_3$[b]（质量分数）/%	f-CaO（质量分数）/%	$3CaO \cdot SiO_2$（质量分数）/%	$2CaO \cdot SiO_2$（质量分数）/%
低碱水泥熟料	≤0.60	—	—	—	—
中抗硫酸盐水泥熟料	—	≤5.0	≤1.0	<57.0	—
高抗硫酸盐水泥熟料	—	≤3.0	—	<52.0	—
中热水泥熟料	≤0.60	≤6.0	≤1.0	<55.0	—
低热水泥熟料	≤0.60	≤6.0	≤1.0	—	≥40

a 或由买卖双方协商确定。

b $3CaO \cdot Al_2O_3$ 按下式计算：

$$3CaO \cdot Al_2O_3 = 2.65Al_2O_3 - 1.69Fe_2O_3$$

4.2.3 抗压强度

各类水泥熟料的抗压强度不低于表3的数值。

表 3 水泥熟料抗压强度

类 型	抗压强度/MPa		
	3d	7d	28d
通用、低碱水泥熟料	26.0	—	52.5
中热、中抗、高抗硫酸盐水泥熟料	18.0	—	45.0
低热水泥熟料	—	15.0	45.0

4.3 其他要求

不带有杂物，如耐火砖、垃圾、废铁、炉渣、石灰石、粘土等。

5 试验方法

5.1 化学性能

化学性能按GB/T 176进行，矿物组成按表1和表2注中的公式计算。

5.2 物理性能

水泥熟料物理性能的检验，是通过将水泥熟料在φ500 mm×500 mm化验室统一小磨中与符合GB 175规定的二水石膏一起磨细至350 m^2/kg±10 m^2/kg，80 μm筛余（质量分数）≤4%制成Ⅰ型硅酸盐水泥后来进行的。制成的水泥中 SO_3 含量（质量分数）应在2.0%～2.5%范围内（也可按双方约定）。所有的试验（除28 d强度外）应在制成水泥后10 d内完成。

注1：为了尽量保证制成水泥的颗粒级配相近，建议入磨熟料颗粒小于5 mm。

注2：为了尽量保证制成水泥的颗粒级配相近，建议经常性地检查小磨的球配。

5.2.1 细度

比表面积按 GB/T 8074 进行。

筛余按 GB/T 1345 进行。

5.2.2 凝结时间、安定性

按 GB/T 1346 检验。

5.2.3 压蒸安定性

按 GB/T 750 检验。

5.2.4 抗压强度

按 GB/T 17671 检验。

5.3 其他要求

目测检查。

6 验收规则

6.1 编号及取样

熟料出厂时的编号和取样按不超过 4 000 t 为一编号和取样单位，或双方合同约定。

熟料取样应有代表性，可连续取，亦可从 20 个以上不同部位取等量样品，总量至少 22 kg。所取熟料样品按本标准第 5 章规定的方法进行检验，检验项目包括需要对产品进行考核的全部技术要求。具体取样方法由买卖双方商定。

6.2 检验

水泥熟料出厂时应进行检验，检验项目为本标准规定的所有要求。

6.3 检验报告

检验报告内容应包括水泥熟料种类、检验项目、属旋窑立窑生产及合同约定的其他技术要求。当用户需要时，生产者应在水泥熟料发出之日起 10 d 内寄发除 28 d 强度以外的各项检验结果，32 d 内补报 28 d 强度的检验结果。

6.4 合格判定

6.4.1 除“其他要求”外，检验结果符合本标准规定的所有技术要求为合格品。

6.4.2 除“其他要求”外，检验结果不符合本标准规定的任何一项技术要求为不合格品。

7 交货和验收

交货时，熟料的质量验收可抽取熟料实物试样以其检验结果为依据，也可以生产厂出具的检验报告为依据。采取何种方法验收由买卖双方商定，并在合同或协议中注明。

以抽取实物熟料试样的检验结果为依据时，买卖双方应在发货前或交货地共同取样和签封。所取样品缩分为二等份，一份熟料由卖方密封保存 40 d，一份由买方按本标准规定的项目和方法进行检验。

以生产厂的检验报告为验收依据时，在发货前或交货时买方(或委托卖方)在同编号熟料中抽取试样，双方共同签封后保存三个月。

发生争议时，以省级以上质检机构的结果为准。

以上封存的样品和试验样品应密封并注意防潮。

8 运输和贮存

硅酸盐水泥熟料应按品种运输和贮存，防潮，不能与其他物品相混杂。

ICS 01.140.20
A 14

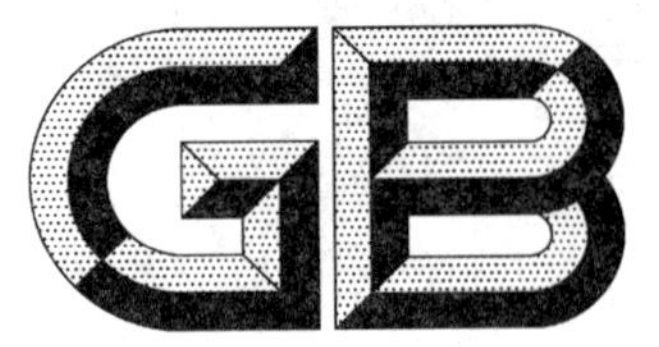

中华人民共和国国家标准

GB/T 21373—2008

知识产权文献与信息
分类及代码

Intellectual property documentation and information—Classification and codes

2008-01-14 发布　　2008-06-01 实施

中华人民共和国国家质量监督检验检疫总局
中国国家标准化管理委员会　发布

前　言

本标准由国家知识产权局提出。

本标准由国家知识产权局归口。

本标准起草单位:国家知识产权局。

本标准主要起草人:王强、王玲、章璠、曹玲玲、马利霞、李昭、张鹏、杨红菊、王一民、方克。

引　言

随着知识产权事业的发展，知识产权所涵盖的领域不断扩大，相关文献信息呈急剧增长之势。然而，现有的文献分类法不能对其进行有效分类，影响了知识产权文献信息的加工、处理、交换及利用，因此，迫切需要结合我国知识产权工作实践制定相应的分类标准。

本标准的制定及推广将为知识产权文献信息的分类提供依据，实现分类标引的规范化、标准化，为促进知识产权文献信息的高效管理和利用发挥积极作用。

知识产权文献与信息 分类及代码

1 范围

本标准规定了知识产权文献与信息的分类体系及代码。

本标准适用于知识产权文献与信息的分类和标引，不适用于专利文献、商标公报的分类。

2 规范性引用文件

下列文件中的条款通过本标准的引用而成为本标准的条款。凡是注日期的引用文件，其随后所有的修改单(不包括勘误的内容)或修订版均不适用于本标准，然而，鼓励根据本标准达成协议的各方研究是否可使用这些文件的最新版本。凡是不注日期的引用文件，其最新版本适用于本标准。

GB/T 21374—2008 知识产权文献与信息 基本词汇

GB/T 2659 世界各国和地区名称代码(GB/T 2659—2000，eqv ISO 3166-1:1997)

3 术语和定义

GB/T 21374—2008 确立的以及下列术语和定义适用于本标准。

3.1

知识产权文献与信息 intellectual property documentation and information

以文字、图形、符号、声频、视频等方式记录在各种载体上的，有关知识产权理论、制度及其相关活动的文献与信息。

3.2

分类表 classification schedule

根据类目之间的关系，将知识产权文献与信息按照一定的原则组织起来的类目一览表，其组成包括基本大类表、主表、复分表和类目注释。

3.3

类目 class

一组具有相同属性的事物的集合，又称类。

3.4

基本大类表 basic classification schedule

分类表中由一级类目组成的一览表。

3.5

主表 main schedule

分类表中全部类目组成的一览表，是知识产权文献与信息分类标引的主要依据。

3.6

复分表 subdivision schedule

将知识产权文献与信息中出现的共性内容抽取出来，单独编列成表，供主表有关类目进一步细分时使用。

注：复分表包括世界国家(地区)代码表和专用复分表。世界国家(地区)代码表适用于主表各类的进一步细分。专用复分表供主表特定类目细分时使用，附在该类中。

3.7

类目注释 class annotation

为帮助分类标引人员理解类目而对类目做出的补充说明。

示例1:说明类目内容的注释。

0101 知识产权理论 知识产权概念、属性、特征等理论研究入此

示例2:指示类目细分方法的注释。

010202 国家、地区知识产权法律法规 依世界国家(地区)代码表分

4 分类结构

本标准由基本大类表、主表、复分表和类目注释组成完整的分类体系。其中,复分表包括世界国家(地区)代码表和专用复分表,世界国家(地区)代码表参见GB/T 2659,专用复分表附在主表特定类目中。

5 编码方法

5.1 主表类目代码

本标准的主表类目代码用阿拉伯数字表示,并采用十进制分类法。主表类目层次共设三级,每一级类目用两位阿拉伯数字表示(01～99),二级及其以下类目代码由上位类代码加顺序码组成。

本标准主表类目代码结构如下:

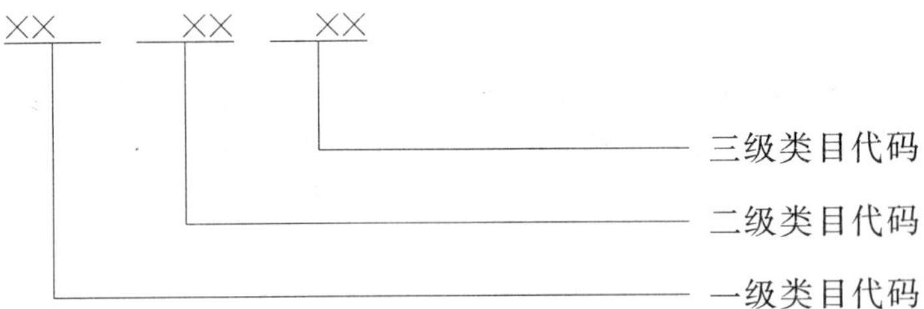

5.2 复分表代码

世界国家(地区)代码表引用GB/T 2659的阿拉伯数字代码,并在其前面加标志符号"-"。世界国家(地区)代码表代码在与主表类目代码组配使用时,应置于主表类目代码之后。

专用复分表的分类代码采用标志符号"."加一位阿拉伯数字组成。专用复分表代码在与主表类目代码组配使用时,应置于主表类目代码之后。

世界国家(地区)代码表代码与专用复分表代码组配使用时,世界国家(地区)代码表代码置于专用复分表代码之后。

6 分类表

6.1 基本大类表

知识产权文献与信息分类基本大类表(表1)。

6.2 主表

知识产权文献与信息分类主表(表2)。

6.3 复分表

知识产权文献与信息分类的专用复分表在主表的相关类目中具体列出,世界国家(地区)代码表参见GB/T 2659。

表 1 知识产权文献与信息分类基本大类表

类目代码	类目名称
01	知识产权总论
02	专利
03	商标
04	著作权
05	其他知识产权或相关保护主题

表 2 知识产权文献与信息分类主表

类目代码	类目名称	类目注释
01	**知识产权总论**	
0101	知识产权理论	知识产权概念、属性、特征等理论研究入此
010101	知识产权历史与发展	
010102	知识产权政策与战略	防止知识产权滥用等政策入此。国家知识产权战略入此，企业知识产权战略入 010403
010103	知识产权管理	知识产权宏观管理入此
010104	知识产权与其他领域的关系	知识产权与反垄断法、反不正当竞争法等的关系，以及世界贸易组织(WTO)相关事务入此
010109	知识产权总论其他	
0102	知识产权法律法规	
010201	知识产权国际公约	知识产权国际公约文本及其解释入此
010202	国家、地区知识产权法律法规	法律文本及其解释、汇编入此 依世界国家(地区)代码表分
0103	知识产权法律法规研究	
010301	知识产权国际公约研究	
010302	国家、地区知识产权法律法规研究	依世界国家(地区)代码表分
0104	知识产权保护	知识产权保护制度、体系、策略等相关论述入此
010401	知识产权司法保护	
010402	知识产权行政保护	知识产权海关保护入此
010403	行业、企业知识产权保护	
010404	高校、研究机构知识产权保护	
010409	知识产权保护其他	
0105	知识产权机构	

表 2 （续）

类目代码	类目名称	类目注释
010501	官方知识产权机构	专利局、商标局、版权局等相关机构入此
010502	非官方知识产权机构	知识产权民间组织入此。例：专利中介机构入此
0106	一般知识产权文献	
010601	知识产权词典	
010602	知识产权年鉴、年报、统计资料	地方知识产权局资料入此。依世界国家（地区）代码表分
010603	知识产权标准	世界知识产权组织（WIPO）相关标准入此
010604	知识产权书目或文献目录	
010605	知识产权会议录	与知识产权相关的会议文献入此。依年代复分
010609	一般知识产权文献其他	
02	**专利**	
	0201/0209（类目复分规定） 均可依此表分。使用本表复分时，需在类目代码之后加标志符号“.”。例如外观设计的法律法规研究为 0203.3。 1 发明 2 实用新型 3 外观设计	
0201	专利总论	总体论述专利的概念、属性、特征、种类等入此
020101	专利制度	
020102	专利战略	
020109	专利总论其他	
0202	专利法律法规	
020201	专利国际公约	专利国际公约文本及其解释入此
020202	国家、地区专利法律法规	法律文本及其解释、汇编入此。依世界国家（地区）代码表分
0203	专利法律法规研究	
020301	专利国际公约研究	
020302	国家、地区专利法律法规研究	依世界国家（地区）代码表分
0204	专利审批	
020401	专利申请	
020402	专利审查	

表 2 （续）

类目代码	类目名称	类目注释
020403	专利复审	
020404	专利权无效	专利权撤销、专利异议入此
020405	专利行政复议	
020406	专利行政诉讼	
020409	专利审批其他	
0205	专利管理	
020501	专利行政管理	专利纠纷处理与行政查处等入此
020502	企业专利管理	
020503	高校、研究机构专利管理	
020509	专利管理其他	
0206	专利实施	
020601	专利转让	
020602	专利许可	
020603	专利质押	
020604	专利信托	
020609	专利实施其他	
0207	专利权保护	专利权保护范围等入此
020701	专利司法保护	
020702	专利行政保护	
020703	行业、企业专利保护	
020704	高校、研究机构专利保护	
020709	专利权保护其他	
0208	专利代理	专利代理的内容、作用、国际交流等入此
020801	专利代理实务	
020802	专利代理资格考试	
0209	专利信息	
020901	专利信息管理	
020902	专利信息分类	

表 2 （续）

类目代码	类目名称	类目注释
020903	专利信息检索	
020904	专利信息分析与利用	
020909	专利信息其他	
03	**商标**	
0301	商标总论	总体论述商标的概念、特征、作用、种类等入此
030101	商标制度	
030102	商标战略	
030109	商标总论其他	
0302	商标法律法规	
030201	商标国际公约	商标国际公约文本及其解释入此
030202	国家、地区商标法律法规	法律文本及其解释、汇编入此。依世界国家（地区）代码表分
0303	商标法律法规研究	
030301	商标国际公约研究	
030302	国家、地区商标法律法规研究	依世界国家（地区）代码表分
0304	商标注册	地理标志的商标注册入此
030401	商标申请	
030402	商标审查	
030403	商标复审	
030404	注册商标无效	撤销注册商标、商标异议入此
030405	商标行政复议	
030406	商标行政诉讼	
030409	商标注册其他	
0305	商标使用管理	
030501	商标行政管理	
030502	企业商标管理	
030503	高校、研究机构商标管理	
030509	商标使用管理其他	
0306	注册商标转让与使用许可	
0307	商标权保护	驰名商标、域名的商标保护入此
030701	商标司法保护	

表 2 （续）

类目代码	类目名称	类目注释
030702	商标行政保护	
030703	行业、企业商标保护	
030704	高校、研究机构商标保护	
030709	商标权保护其他	
0308	商标代理	
0309	商标信息	
030901	商标信息管理	
030902	商标信息分类	商品和服务分类入此
030903	商标信息检索	
030909	商标信息其他	
04	**著作权**	
0401	著作权总论	总体论述著作权的概念、特征、发展等入此
040101	著作权制度	
040102	著作权战略	
040109	著作权总论其他	
0402	著作权法律法规	
040201	著作权国际公约	著作权国际公约文本及其解释入此
040202	国家、地区著作权法律法规	法律文本及其解释、汇编入此。计算机软件保护条例入此。依世界国家(地区)代码表分
0403	著作权法律法规研究	
040301	著作权国际公约研究	
040302	国家、地区著作权法律法规研究	依世界国家(地区)代码表分
0404	著作权登记	
0405	著作权管理	著作权集体管理制度入此
0406	著作权转让与许可	
0407	著作权保护	
040701	数字著作权保护	
040702	软件著作权保护	
0409	著作权其他	
05	**其他知识产权或相关保护主题**	以下未包括的知识产权或相关保护主题入此
0501	集成电路布图设计	

表 2 （续）

类目代码	类目名称	类目注释
0502	商业方法	
0503	地理标志	地理标志的管理入此
0504	商号	
0505	域名	域名的管理入此
0506	传统知识	
0507	民间文艺	
0508	遗传资源	
0509	植物新品种	

参 考 文 献

[1] GB/T 20001.3—2001 标准编写规则 第3部分:信息分类编码
[2] GB/T 20093—2006 中文新闻信息分类与编码
[3] 中国图书馆分类法编辑委员会.中国图书馆分类法.第四版.北京:北京图书馆出版社,1999.
[4] WIPO LIBRARY CLASSIFICATION. http://www.wipo.int

类 目 索 引

类 目 名 称	类目代码
J	
集成电路布图设计	0501
M	
民间文艺	0507
Q	
其他知识产权或相关保护主题	05
企业商标保护	030703
企业商标管理	030502
企业知识产权保护	010403
企业知识产权战略	010403
企业专利保护	020703
企业专利管理	020502
R	
软件著作权保护	040702
S	
商标	03
商标代理	0308
商标法律法规	0302
商标法律法规研究	0303
商标复审	030403
商标国际公约	030201
商标国际公约研究	030301
商标局	010501
商标权保护	0307
商标权保护其他	030709
商标申请	030401
商标审查	030402
商标使用管理	0305
商标使用管理其他	030509
商标司法保护	030701
商标信息	0309
商标信息分类	030902
商标信息管理	030901
商标信息检索	030903
商标信息其他	030909
商标行政保护	030702
商标行政复议	030405

类　目　名　称	类目代码
商标行政管理	030501
商标行政诉讼	030406
商标异议	030404
商标战略	030102
商标制度	030101
商标注册	0304
商标注册其他	030409
商标总论	0301
商标总论其他	030109
商号	0504
商品和服务分类	030902
商业方法	0502
世界贸易组织(WTO)相关事务	010104
世界知识产权组织(WIPO)相关标准	010603
数字著作权保护	040701
Y	
研究机构商标保护	030704
研究机构商标管理	030503
研究机构知识产权保护	010404
研究机构专利保护	020704
研究机构专利管理	020503
一般知识产权文献	0106
一般知识产权文献其他	010609
遗传资源	0508
域名	0505
域名的商标保护	0307
Z	
知识产权保护	0104
知识产权保护策略	0104
知识产权保护其他	010409
知识产权保护体系	0104
知识产权保护制度	0104
知识产权标准	010603
知识产权词典	010601
知识产权法律法规	0102
知识产权法律法规研究	0103

类目名称	类目代码
知识产权管理	010103
知识产权国际公约	010201
知识产权国际公约研究	010301
知识产权海关保护	010402
知识产权会议录	010605
知识产权机构	0105
知识产权理论	0101
知识产权历史与发展	010101
知识产权民间组织	010502
知识产权年报	010602
知识产权年鉴	010602
知识产权书目	010604
知识产权司法保护	010401
知识产权统计资料	010602
知识产权文献目录	010604
知识产权行政保护	010402
知识产权与反不正当竞争法	010104
知识产权与反垄断法	010104
知识产权与其他领域的关系	010104
知识产权政策与战略	010102
知识产权总论	01
知识产权总论其他	010109
植物新品种	0509
注册商标无效	030404
注册商标转让与使用许可	0306
著作权	04
著作权保护	0407
著作权登记	0404
著作权法律法规	0402
著作权法律法规研究	0403
著作权管理	0405
著作权国际公约	040201
著作权国际公约研究	040301
著作权集体管理制度	0405
著作权其他	0409
著作权战略	040102

类　目　名　称	类目代码
著作权制度	040101
著作权转让与许可	0406
著作权总论	0401
著作权总论其他	040109
专利	02
专利代理	0208
专利代理实务	020801
专利代理资格考试	020802
专利法律法规	0202
专利法律法规研究	0203
专利复审	020403
专利管理	0205
专利管理其他	020509
专利国际公约	020201
专利国际公约研究	020301
专利纠纷处理	020501
专利局	010501
专利权保护	0207
专利权保护范围	0207
专利权保护其他	020709
专利权撤销	020404
专利权无效	020404
专利申请	020401
专利审查	020402
专利审批	0204
专利审批其他	020409
专利实施	0206
专利实施其他	020609
专利司法保护	020701
专利信托	020604
专利信息	0209
专利信息分类	020902
专利信息分析与利用	020904
专利信息管理	020901
专利信息检索	020903
专利信息其他	020909

类　目　名　称	类目代码
专利行政保护	020702
专利行政查处	020501
专利行政复议	020405
专利行政管理	020501
专利行政诉讼	020406
专利许可	020602
专利异议	020404
专利战略	020102
专利制度	020101
专利质押	020603
专利中介机构	010502
专利转让	020601
专利总论	0201
专利总论其他	020109

ICS 01.140.20
A 14

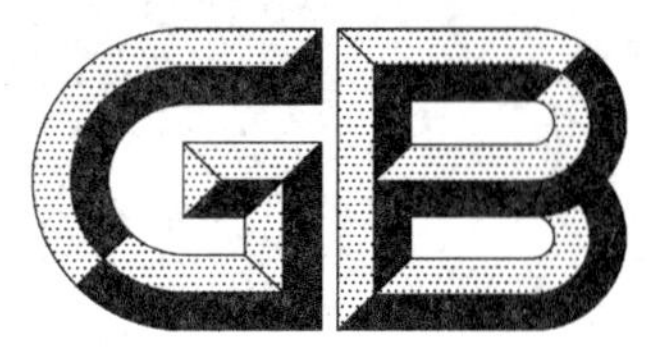

中华人民共和国国家标准

GB/T 21374—2008

知识产权文献与信息　基本词汇

Intellectual property documentation and information—Essential vocabulary

2008-01-14 发布　　2008-06-01 实施

中华人民共和国国家质量监督检验检疫总局
中国国家标准化管理委员会　发布

前　言

本标准由国家知识产权局提出。

本标准由国家知识产权局归口。

本标准起草单位：国家知识产权局。

本标准主要起草人：王强、章璠、王玲、曹玲玲、李昭、朱瑾、张鹏、杨红菊、王一民、韩晓春、方克。

引　言

随着知识产权事业的发展，知识产权所涵盖的领域不断扩大，相关文献信息数量急剧增长，知识产权文献信息术语亦在丰富和发展。然而，由于该领域的基本术语缺乏标准化，含义不统一，影响了知识产权文献信息的准确交流和使用。为规范知识产权领域基本术语的使用，亟需制定相关术语标准，明析其含义。

本标准的制定及推广将方便广大知识产权工作者理解和运用知识产权相关文献信息，为促进知识产权文献信息的交流、传播和利用发挥积极的作用。

知识产权文献与信息　基本词汇

1　范围

本标准确定了知识产权文献与信息领域中经常使用的术语。

本标准适用于知识产权文献与信息相关领域。

2　规范性引用文件

下列文件中的条款通过本标准的引用而成为本标准的条款。凡是注日期的引用文件，其随后所有的修改单（不包括勘误的内容）或修订版均不适用于本标准，然而，鼓励根据本标准达成协议的各方研究是否可使用这些文件的最新版本。凡是不注日期的引用文件，其最新版本适用于本标准。

GB/T 2659　世界各国和地区名称代码（GB/T 2659—2000，eqv ISO 3166-1:1997）

GB/T 6159.1—2003　缩微摄影技术　词汇　第1部分：一般术语（ISO 6196-1:1993，MOD）

GB/T 6159.4—2003　缩微摄影技术　词汇　第4部分：材料和包装物（ISO 6196-4:1998，MOD）

3　术语和定义

本标准按照从一般性术语到各领域专门术语的顺序排列；每个分部的术语则分别按照概念的逻辑关系和发生时序进行排序。

3.1　一般性术语

3.1.1

知识产权　intellectual property

在科学技术、文学艺术等领域中，发明者、创造者等对自己的创造性劳动成果依法享有的专有权，其范围包括专利、商标、著作权及相关权、集成电路布图设计、地理标志、植物新品种、商业秘密、传统知识、遗传资源以及民间文艺等。

3.1.2

工业产权　industrial property

知识产权的组成部分，包括发明、实用新型、外观设计、集成电路布图设计、商标、商业秘密和地理标志等。

3.1.3

申请　application

单位或个人为获得基于国务院专利行政部门、国务院工商行政管理部门商标局等部门的批准或者登记而产生的工业产权，向相关部门提出请求的行为。

3.1.4

申请人　applicant

提出申请的单位或个人。

3.1.5

申请日　filing date

申请人向国务院专利行政部门、国务院工商行政管理部门商标局等部门提交必要申请文件的日期。

3.1.6

保护期届满日　expiry date

知识产权法定保护期限届满而不再受到保护的日期。

3.1.7

优先权 priority

已在《保护工业产权巴黎公约》某个缔约方正式提出发明、实用新型、外观设计专利申请或商标注册申请的单位、个人或其权利继承人或受让人，在规定的期限内在其他缔约方提出同一主题的申请时所享有的权利，即在后申请将被视为是在在先申请之日提出的申请。

注1：根据我国《专利法》，申请人自发明或实用新型在外国第一次提出专利申请之日起十二个月内，或者自外观设计在外国第一次提出专利申请之日起六个月内，又在中国就相同主题提出专利申请时，可依照该外国同中国签订的协议或者共同参加的国际条约，或者依照相互承认的原则享有优先权；此外，申请人自发明或实用新型在中国第一次提出专利申请之日起十二个月内，又向国务院专利行政部门就相同主题提出专利申请时，可以享有优先权。

注2：根据我国《商标法》，商标注册申请人自其商标在外国第一次提出注册申请之日起六个月内，又在中国就相同商品以同一商标提出注册申请的，依照该外国同中国签订的协议或者共同参加的国际条约，或者按照相互承认优先权的原则可以享有优先权；此外，商标在中国主办或承认的国际展览会展出的商品上首次使用的，自该商品展出之日起六个月内，该商标的注册申请人可享有优先权。

3.1.8

优先权日 priority date

享有优先权的申请，其在先申请的申请日。

3.1.9

代理人 agent

在知识产权领域，受申请人委托，在其授权范围内，以申请人的名义为申请人办理有关专利、商标等事务的专业人员。

3.1.10

世界知识产权组织 World Intellectual Property Organization

旨在通过国家和地区间合作以及在适当的时候与其他国际组织合作，促进全球知识产权保护，确保知识产权联盟之间的行政合作，并管理知识产权领域多项国际条约的联合国专门机构。

3.1.11

国际局 International Bureau

世界知识产权组织秘书处，具有某些国际条约(如《专利合作条约》和《商标国际注册马德里协定》)中规定的职能，并负责收集和传播各种与知识产权保护有关的信息。

3.1.12

工业产权信息与文献手册 Handbook on Industrial Property Information and Documentation

由世界知识产权组织出版的关于工业产权文献与信息标准、建议和指南、PCT最低限度文献以及有关国际专利分类和各种计算机数据库等内容的详细信息。

3.1.13

著录数据 bibliographic data

出现在专利、商标等文献扉页或官方公报上与申请、注册或授权有关的综合性目录中的各种数据。

注1：此类数据包括文献标识数据、国内申请提交数据、优先权数据、公布数据、分类数据以及与技术内容相关的其他数据。

注2：根据GB/T 12451—2001，“著录数据”在图书出版领域是指“对图书识别特征的客观描述”。本标准对“专利相关文献期刊”的解释中提及的“著录数据”为此含义。

3.1.14

INID代码 INID codes

世界知识产权组织为专利和商标等知识产权文献制定的与其著录数据相关的国际认可的著录数据数字识别代码。

注：INID (Internationally agreed Numbers for the Identification of Data)代码印刷在工业产权文献扉页或官方公报上相应的条目之前。

3.1.15

国家代码　country code

国别代码

用以指代国家、地区或国际组织的通用代码。

参见 GB/T 2659。

3.1.16

公布　publication

根据法律规定的期限并依照法定时间和程序，以纸件、缩微品、光盘或网络等为载体使工业产权申请的内容可为公众获知。

3.1.17

登记簿　register

由国务院专利行政部门、国务院工商行政管理部门商标局等部门设置、记载不同知识产权法律状态的官方记录。

3.1.18

检索　search

查检寻找图书、资料等。在知识产权领域，系为判断发明、实用新型或外观设计的新颖性和创造性，或为确定商标是否满足注册条件，查找与其相关的现有技术、抵触申请或在先权利的行为。

3.1.19

审查　examination

国务院专利行政部门、国务院工商行政管理部门商标局等部门根据相关法律或国际条约，判断申请是否符合相关规定的行为。

3.1.20

法律状态　legal status

知识产权或知识产权申请的地域性、有效性及其与转让、变更等法律事项有关的状态。

3.1.21

官方公报　official gazette

由国务院专利行政部门、国务院工商行政管理部门商标局等部门定期出版的官方刊物，主要公布有关知识产权申请、其法律状态以及涉及发明创造的技术内容。

注：官方公报还包括报道现行知识产权法的修改、有关统计数据等信息的年报，如专利年报等。中国的官方公报有《发明专利公报》、《实用新型专利公报》、《外观设计专利公报》和《商标公告》等。

3.1.22

商业秘密　trade secret

不为公众所知悉、能为权利人带来经济利益，具有实用性并经权利人采取保密措施的技术信息和经营信息。

3.1.23

地理标志　geographical indication

标示某商品来源于某地区，该商品的特定质量、信誉或者其他特征，主要由该地区的自然因素或者人文因素所决定的标志。

3.1.24

集成电路布图设计　intergrated circuit layout design

集成电路中至少有一个是有源元件的两个以上元件和部分或全部互连线路的三维配置，或者为制造集成电路而准备的上述三维配置。

3.1.25

域名　domain name

用于识别和定位互联网上计算机的层次结构式字符，与该计算机的互联网协议(IP)地址相对应。

3.1.26

顶级域名　top-level domain name

域名体系中根节点下的第一级域的名称。

注：中国在国际互联网络信息中心(InterNIC)正式注册并运行的顶级域名是CN。

3.2　专利术语

3.2.1

专利　patent

专利权所保护的技术方案或设计，包括发明、实用新型和外观设计。

注：在特定情形下，专利也用于指代专利文献或者作为专利权的简称。

3.2.2

专利权　patent right

经申请并在满足一定法律条件的前提下由国务院专利行政部门授予的一定期限的排他性权利。

3.2.3

发明创造　inventions-creations

本领域特指发明、实用新型和外观设计。

3.2.4

发明　invention

对产品、方法或者其改进所提出的新的技术方案。

3.2.5

发明专利　patent for invention

技术方案为发明的专利。

3.2.6

实用新型　utility model

对产品形状、构造或者其结合所提出的适于实用的新的技术方案。

3.2.7

外观设计　design

对产品的形状、图案或者其结合以及色彩与形状、图案的结合所作出的富有美感并适于工业应用的新设计。

3.2.8

专利权人　patentee

获得国务院专利行政部门授予的专利权或因转让、继承等专利权发生转移并经国务院专利行政部门变更确认后拥有专利权的单位或个人。

3.2.9

发明人　inventor

对发明创造的实质性特点作出创造性贡献的人。

3.2.10

专利申请文件　patent application document

申请人或其代理人为获得专利权的授予而提交的文件。

3.2.11

分案申请　divisional application

将专利申请中的一部分另行提出的申请。

注：分案申请可以享有原申请的申请日或优先权日。

3.2.12

现有技术　prior art

专利申请日(有优先权的,为优先权日)前在国内外出版物上公开发表、在国内公开使用或者以其他形式为公众所知的技术。

3.2.13

未决　pending

国务院专利行政部门未对一件专利申请作出驳回或授权决定,且该申请也未撤回或被视为撤回的状态。

3.2.14

授权　grant

国务院专利行政部门对专利申请进行审查未发现驳回理由,向申请人授予专利权的行政行为。

3.2.15

公告　announcement

国务院专利行政部门对专利申请进行审查未发现驳回理由,授予专利权时在官方公报上作出宣告的行为。

3.2.16

发明名称　title of the invention

专利申请请求保护的主题名称。

3.2.17

申请号　application number

递交申请时由国务院专利行政部门给予申请案卷的号码。

3.2.18

专利号　patent number

专利申请经国务院专利行政部门审查合格予以公告时,该专利被赋予的号码。

3.2.19

摘要　abstract

以提供文献内容梗概为目的的短文。在专利领域,系专利文献中所公开技术内容的简明概要。

注:摘要仅以提供技术信息为目的,不考虑其他用途。

3.2.20

权利要求书　claim(s)

专利申请文件中申请人以说明书为依据主张其专利权保护范围的部分。

3.2.21

说明书　description

专利申请文件的组成部分,其主要作用是公开所要求保护的全部技术信息,通常包括专利申请的发明名称、所属技术领域、背景技术、发明内容、附图、实施例等。

3.2.22

附图　drawing(s)

专利申请文件中附加于说明书的视图,用以更清楚、更直观地说明技术特征或技术方案。

3.2.23

实施例　embodiment

说明书中对发明或者实用新型技术方案优选的具体实施方式的举例说明。

3.2.24

专利检索报告　patent search report

由国务院专利行政部门提供的关于现有技术、抵触申请及其他相关技术文献的检索结果。

注：专利检索报告的内容是用于判断要求保护的发明或者实用新型的新颖性和创造性的相关文献引文。

3.2.25

专利族　patent family

具有共同优先权的在不同的国家分别申请、公布或批准的内容相同或基本相同的一组专利文献。

注：对专利族中的每件专利文献，称为专利族成员，简称同族专利。

3.2.26

国际专利申请　international patent application

PCT国际申请　PCT international application

国际申请　international application

按照《专利合作条约》提交的要求保护发明的申请。

注：国际专利申请在进入国家阶段后分发明、实用新型两种形式，申请人可视情况自由选择。

3.2.27

登记本　record copy

由世界知识产权组织国际局保存的、按照《专利合作条约》的规定提出的国际专利申请的原始文本。

注：登记本视为国际专利申请的正本。

3.2.28

检索本　search copy

国际检索单位保存的按照《专利合作条约》提出的国际专利申请文件副本。

3.2.29

国家局　national Office

《专利合作条约》缔约方的专利主管部门，或至少有一个缔约方参加并履行条约义务的地区专利组织。

3.2.30

受理局　receiving Office

受理国际专利申请的国家局或地区专利组织。

3.2.31

指定局　designated Office

申请人按照《专利合作条约》第Ⅰ章所指定国家的国家局或代表该国的国家局。

3.2.32

选定局　elected Office

申请人按照《专利合作条约》第Ⅱ章所选定国家的国家局或代表该国的国家局。

3.2.33

国际检索单位　International Searching Authority

按照《专利合作条约》的规定，由世界知识产权组织国际局指定的、负责对国际专利申请进行检索，并为《专利合作条约》缔约方提供国际检索报告的机构。

3.2.34

国际初步审查单位　International Preliminary Examining Authority

国际初审单位

由世界知识产权组织国际局指定的负责对国际专利申请进行国际初步审查并制定国际初步审查报告的机构。

3.2.35

PCT 最低限度文献　PCT minimum documentation

PCT 最低文献量

国家局为获得国际检索单位资格所必须拥有的或可利用的、符合《专利合作条约实施细则》“最低限度文献”要求的专利文献和非专利文献的收藏。

3.2.36

国际检索报告　International Search Report

由世界知识产权组织国际局指定的国际检索单位对国际专利申请作出的可能影响申请内容可专利性的对比文献引文清单及关于申请内容可专利性的无约束力的初步意见，通常与国际专利申请一并公布。

3.2.37

国际初步审查报告　International Preliminary Examination Report

由世界知识产权组织国际局指定的国际初步审查单位对国际专利申请中请求保护的发明创造是否具有新颖性、创造性和工业实用性作出的初步的、无约束力的意见书。

3.2.38

国际专利分类　International Patent Classification

国际专利分类表

建立在《国际专利分类斯特拉斯堡协定》(1971 年)基础之上的国际通用专利分类法，将与专利有关的全部技术领域按照部、大类、小类、大组和小组的形式设立类目，并给出相应的分类号。

注：为了更好地满足各类用户的需要，目前国际专利分类已经形成包括基本版和高级版的双版本系统，分别实施不同的修订程序，从而保证两个版本之间的兼容性。

3.2.39

分类号　classification symbol

国际专利分类号　international patent classification symbol

根据国际专利分类对专利所属技术领域进行分类所得到的号码。

3.2.40

引得码　indexing codes

在国际专利分类中与分类号联合使用的技术主题信息要素标引代码，用于指明适宜的分类位置的类名不明确包含的对检索有用的某些附加方面。

注 1：在分类表中由附注指明可以采用引得码的分类位置。

注 2：引得码具有与分类号相同的格式，但通常使用一种独特的编号体系，其编号通常以 101/00 开始。

3.2.41

专利文献　patent document

国务院专利行政部门在审批专利过程中产生的公开文件及出版物的总称。

3.2.42

专利公报　patent gazette

国务院专利行政部门报道最新专利申请的公布、公告和授权情况及其业务活动和著录数据变更等信息的定期连续出版物。

参见：官方公报(3.1.21)。

3.2.43

专利数据库　patent database

发明、实用新型和外观设计信息集成数据库。

3.2.44

专利文献分类文档　classified collection of patent documents

分类文档

按照每件专利文献所属的国际专利分类号进行归档的专利文献。

3.2.45

专利文献索引　indexes of patent documents

由国务院专利行政部门公布、包含专利文献重要著录数据的目录，旨在帮助用户快速获取准确的专利文献信息。

注：最常用的是年度、半年度以及季度累计索引。索引的主要类型有：文献号索引、分类号索引和按字母顺序排列的申请人名称索引。

3.2.46

引文　citation

为提供相关文献的参考信息而在专利文献、专利检索报告或其他文献中引用的可能影响某一要求保护的发明创造能否获得授权的内容。

3.2.47

专利文献种类　kind of patent document

国务院专利行政部门按照相关法律法规对发明、实用新型、外观设计申请在法定程序中予以公布或授权公告所产生的各种专利文献。

3.2.48

专利文献种类代码　codes for kinds of patent documentation

国务院专利行政部门为标志不同种类的专利文献而规定使用的字母编码，或字母与数字的组合编码。

3.2.49

缩微品　microform

含有缩微影像的各种载体(通常是感光胶片)的统称。

[GB/T 6159.1—2003，定义 3.2]

注：在知识产权领域是专利文献的载体之一，分缩微平片和缩微胶片两种形态，可通过专门的阅读器再现文献页面。

3.2.50

缩微平片　microfiche

具有一个或多个缩微影像的矩形片状缩微品，影像通常按网格形式排列，并在上部有标头区。

[GB/T 6159.4—2003，定义 3.14]

3.2.51

缩微胶片　microfilm

条式或卷式的缩微品。

[GB/T 6159.4—2003，定义 3.10]

3.2.52

非专利文献　non-patent literature

专利文献以外的科技类文献，包括一次出版物的期刊、图书、会议录、论文、技术报告、标准、公司研究公开和二次出版物的索引、目录、文摘、手册、百科全书等。

3.2.53

专利相关文献期刊　Journal of Patent Associated Literature

世界知识产权组织国际局定期出版的刊物，以高度概括的形式提供 PCT 最低限度文献中所包含的主要科技期刊中新出版的、有益于专利检索和审查的精选文章的详细著录数据。

3.2.54

专利登记簿　register of patent

国务院专利行政部门记录对发明、实用新型和外观设计法律状态及其有关事项的文件。

注：专利登记簿上记载的事项具有法律效力，受法律的保护；其记载事项包括专利权的授予、转移等。

参见：**登记簿**(3.1.17)。

3.2.55

一次专利文献　primary patent documentation

国务院专利行政部门出版的各种类型的专利说明书和权利要求书。

3.2.56

二次专利文献　secondary patent documentation

国务院专利行政部门出版的专利公报、专利文摘出版物和专利索引，以及其他信息机构编辑出版的专利题录、专利文摘及专利索引。

3.2.57

工业品外观设计国际分类　International Classification for Industrial Designs

洛迦诺分类　Locarno Classification

建立在《建立工业品外观设计国际分类洛加诺协定》(1968 年)基础上的工业品外观设计国际分类，包括 32 个大类和一个按字母顺序排列的产品目录表。

3.2.58

工业品外观设计国际保存　international deposit of industrial designs

根据《工业品外观设计国际保存海牙协定》(1925 年)建立不要求基于在先国家保存即可直接在世界知识产权组织国际局提交保存的制度。

3.3　商标术语

3.3.1

商标　trademark

任何能够将个人、单位或者其他组织的商品或服务与他人的商品或服务区别开的可视性标志，包括文字、图形、字母、数字、三维标志和颜色组合以及上述要素的组合。

3.3.2

注册商标　registered trademark

经国务院工商行政管理部门商标局核准注册从而获得法律保护的商标。

注：我国通常用符号®或㊟表示注册商标。

3.3.3

商品商标　goods mark

商品的生产者或经营者为了将其商品与其他经营者提供的商品加以区别而使用的标志。

3.3.4

服务商标　service mark

提供服务的经营者为将其提供的服务与他人提供的服务加以区别而使用的标志。

3.3.5

集体商标　collective mark

以团体、协会或者其他组织名义注册，供该组织成员在商事活动中使用，以表明使用者在该组织中的成员资格的标志。

3.3.6

证明商标 certification mark

由对某种商品或者服务具有监督能力的组织所控制，而由该组织以外的单位或者个人使用于其商品或者服务，用以证明该商品或者服务的原产地、原料、制造方法、质量或者其他特定品质的标志。

3.3.7

商号 trade name

用于识别和区分企事业单位的包括其简称在内的象征性标记。

3.3.8

驰名商标 well-known mark

为相关公众广泛知晓并享有较高声誉的商标。

3.3.9

商标注册簿 trademark register

由国务院工商行政管理部门商标局依法设置，记载注册商标及有关注册事项的政府档案。

参见：登记簿(3.1.17)。

3.3.10

商标国际注册 international registration of marks

申请人根据《商标国际注册马德里协定》通过国家工商行政管理部门商标局提出申请以在世界知识产权组织获得注册的行为。

3.3.11

商品或服务类别 list of goods and/or services

为便于商标注册和管理，国务院工商行政管理部门商标局根据一定的标准将所有商品或服务划分的若干类别。

注：每件商标注册申请必须包括的该商标所应用的商品或服务类别。

3.3.12

商标注册用商品和服务国际分类 International Classification of Goods and Services for the Purposes of the Registration of Marks

尼斯分类 Nice Classification

建立在《商标注册用商品和服务国际分类尼斯协定》(1957 年)基础之上的分类法，由一个分类表和一个按字母顺序排列的商品和服务目录表组成。

3.3.13

商标图形要素国际分类 International Classification of The Figurative Elements of Marks

维也纳分类 Vienna Classification

建立在《建立商标图形要素国际分类维也纳协定》(1973 年)基础之上的分类法，仅适用于由图形要素组成或包含图形要素的商标。

3.3.14

商标公告 trademark publication

由国务院工商行政管理部门商标局依法编印发行，刊登商标注册及有关事项的法定政府性期刊。

3.4 著作权术语

3.4.1

著作权 copyright

版权

著作权人对其作品依法享有的权利。

3.4.2

著作权人　copyright owner

著作权的享有者，包括作者和其他依照《著作权法》享有著作权的公民、法人或其他组织。

3.4.3

作者　author

创造作品的公民，或者法律规定的特定情形下的法人或者其他组织。

3.4.4

作品　works

在文学、艺术和科学领域内创作的具有独创性并能以某种有形形式复制的智力成果。

3.4.5

相关权　related rights

邻接权　neighboring rights

作品的表演、录制、广播、出版等传播者依法对作品的传播所享有的权利。

3.4.6

合理使用　fair use

在特定情形下可以不经著作权人许可、不向其支付报酬而使用作品的制度，其适用前提是指明作者姓名、作品名称，并且不得侵犯著作权人所享有的其他法定权利。

3.4.7

版税　copyright royalty

作品的使用者根据合同的约定，从使用作品所得的收益中按一定比例付给著作权人的报酬。

参 考 文 献

[1] 《中华人民共和国民法通则》
[2] 《中华人民共和国专利法》
[3] 《中华人民共和国专利法实施细则》
[4] 《中华人民共和国商标法》
[5] 《中华人民共和国商标法实施条例》
[6] 《中华人民共和国著作权法》
[7] 《集成电路布图设计保护条例》
[8] 《中国互联网络域名管理办法》
[9] 《驰名商标认定和保护规定》
[10] 《专利合作条约》
[11] 《专利合作条约实施细则》
[12] 《商标国际注册马德里协定》
[13] 《国际专利分类表(第8版)》.知识产权出版社,2006
[14] GB/T 13143—1991 情报与文献工作词汇 传统文献(neq ISO 5127-2:1983)
[15] GB/T 12451—2001 图书在版编目数据
[16] ZC 0008—2004《专利文献种类标识代码标准》

中 文 索 引

W

X

Y

Z

英 文 索 引

F

G

H

I

J

K

L

M

N

O

P

R

S

T

U

V

W

ICS 67.100.30
X 16

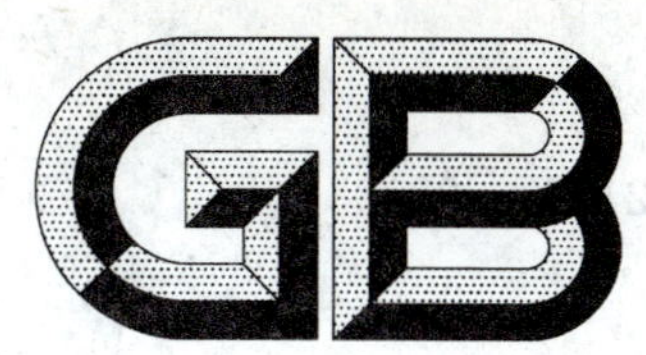

中华人民共和国国家标准

GB/T 21375—2008

干酪(奶酪)

Cheese

2008-01-07 发布　　　　2008-12-01 实施

中华人民共和国国家质量监督检验检疫总局
中国国家标准化管理委员会　发布

前　言

本标准的水分、脂肪等指标与CODEX STAN A-6—1978(Rev. 1—1999,Amended 2003)《干酪通用标准》规定的指标一致。

本标准由中国轻工业联合会提出。

本标准由全国食品工业标准化技术委员会归口。

本标准由全国乳品标准化中心负责起草,内蒙古伊利实业集团股份有限公司、黑龙江龙丹乳业科技股份有限公司、黑龙江红星集团股份有限公司参加起草。

本标准主要起草人:张春燕、李茂胜、李琴、王增礼、吕莹。

干酪(奶酪)

1 范围

本标准规定了各种干酪的技术要求、试验方法和标签的要求。

本标准适用于供消费者直接食用的各种干酪的生产、检验和销售。

2 规范性引用文件

下列文件中的条款通过本标准的引用而成为本标准的条款。凡是注日期的引用文件,其随后所有的修改单(不包括勘误的内容)或修订版均不适用于本标准,然而,鼓励根据本标准达成协议的各方研究是否可使用这些文件的最新版本。凡是不注日期的引用文件,其最新版本适用于本标准。

GB 2760 食品添加剂使用卫生标准

GB/T 5009.3 食品中水分的测定

GB/T 5009.46 乳与乳制品卫生标准的分析方法

GB 5420 干酪卫生标准

GB 7718 预包装食品标签通则

GB 14880 食品营养强化剂使用卫生标准

3 术语和定义

下列术语和定义适用于本标准。

3.1

干酪 cheese

富含乳蛋白质、乳脂肪、氨基酸、肽、胨、多种维生素、钙、磷等营养物质,比原乳更容易被人体消化吸收,具有特殊风味,组织状态细密的乳制品。

注:干酪是以乳和(或)乳制品为原料,添加或不添加辅料,经杀菌、凝乳、分离或不分离乳清、发酵或不发酵加工制成的成熟或不成熟的产品。

4 分类

4.1 按非脂物质水分含量分

4.1.1 软质干酪。

4.1.2 半硬质干酪。

4.1.3 硬质干酪。

4.1.4 特硬质干酪。

4.2 按脂肪含量分

4.2.1 高脂干酪。

4.2.2 全脂干酪。

4.2.3 中脂干酪。

4.2.4 部分脱脂干酪。

4.2.5 脱脂干酪。

5 技术要求

5.1 水分

各类干酪的非脂物质水分含量应符合表1的要求。非脂物质水分含量按式(1)计算,其数值以%表示。

表 1

项目	产品类别			
	软质干酪	半软质干酪	硬质干酪	特硬质干酪
非脂物质水分含量/%	>67	54～69	49～56	<51

$$X_1 = \frac{m_1}{m_2 - m_3} \times 100 \quad \cdots\cdots(1)$$

式中：

X_1——非脂物质水分含量，%；

m_1——干酪水分质量，单位为克(g)；

m_2——干酪总质量，单位为克(g)；

m_3——干酪脂肪质量，单位为克(g)。

5.2 脂肪

各类干酪的干物质脂肪含量应符合表2的要求。干物质脂肪含量按式(2)计算，其数值以%表示。

表 2

项目	产品类别				
	高脂干酪	全脂干酪	中脂干酪	部分脱脂干酪	脱脂干酪
干物质脂肪含量/%	≥60.0	45.0～59.9	25.0～44.9	10.0～24.9	<10.0

$$X_2 = \frac{m_4}{m_2 - m_1} \times 100 \quad \cdots\cdots(2)$$

式中：

X_2——干物质脂肪含量，%；

m_4——干酪的脂肪质量，单位为克(g)；

m_2——干酪总质量，单位为克(g)；

m_1——干酪水分质量，单位为克(g)。

5.3 卫生指标

铅、无机砷、黄曲霉毒素 M_1、大肠菌群、霉菌、酵母、致病菌应符合 GB 5420 的要求。

5.4 食品添加剂和食品营养强化剂的使用

应符合 GB 2760 和 GB 14880 的规定。

6 试验方法

6.1 水分：按 GB/T 5009.3 规定的方法测定。

6.2 脂肪：按 GB/T 5009.46 规定的方法测定。

6.3 铅、无机砷、黄曲霉毒素 M_1、大肠菌群、霉菌、酵母、致病菌：按 GB 5420 规定的方法测定和检验。

7 标签

7.1 产品标签的标示内容应符合 GB 7718 的规定。

7.2 产品应标明非脂物质水分含量和脂肪含量。

7.3 产品应按 4.1 或 4.2 标明产品种类。

ICS 03.220.40
R 04

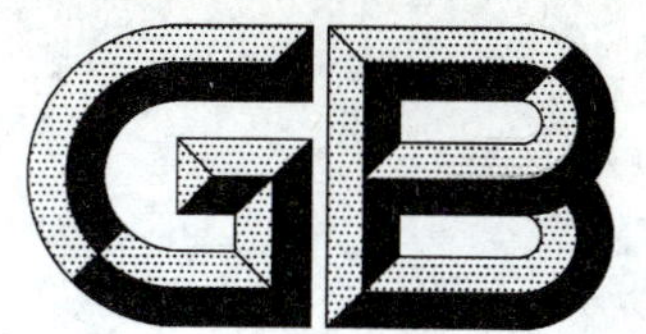

中华人民共和国国家标准

GB/T 21376—2008

水路散装水泥熟料运输损耗规定

Provisions on exhaust of bulk cement clinker in waterway transportation

2008-01-09 发布　　2008-07-01 实施

中华人民共和国国家质量监督检验检疫总局
中国国家标准化管理委员会　发布

前　　言

本标准由中华人民共和国交通部提出。

本标准由交通部水运司归口。

本标准起草单位:烟台港务局。

本标准主要起草人:邵维孝、马元乐、王勇。

引　　言

随着我国市场经济体制的逐步确立、经营方式的转变，散装水泥熟料运输损耗引起了司法、运输和货主部门的重视。为正确反映和合理确定散装水泥熟料运输装卸过程中所出现的损耗，维护司法公正性，保护当事人的合法权益，维持正常市场运输与经营秩序，特制定散装水泥熟料运输合理损耗规定的国家标准。

水路散装水泥熟料运输损耗规定

1 范围

本标准规定了散装水泥熟料在装卸、水路运输区段、储运过程中的合理损耗。

本标准适用于水路散装水泥熟料装卸、储存、运输损耗的确定。

2 术语和定义

下列术语和定义适用于本标准。

2.1

水泥熟料 cement clinker

以生料经高温煅烧而成。硅酸盐水泥熟料以适当成分的生料烧至部分熔融,所得以硅酸钙为主要成分的高温烧结产物,是一种多矿物组成的、结晶细少的人造岩石,呈灰色粒粉状,具有易扬尘、飘撒、吸湿、遇水凝结成块等特点,是生产水泥的主要半成品。

2.2

散装水泥熟料 bulk cement clinker

没有包装的水泥熟料。

2.3

运输损耗 loss occured during transportation

散装水泥熟料在整个运输、装卸、储存过程中,受到本身特性、自然条件所发生的不可避免的或非人为因素而产生零星的撒落、溢渗、漏失、飞扬,水尺公估的差异及衡器计量精度的影响等所产生的质量(重量)变化。

2.4

运输损耗核定 determination of loss occured during transportation

散装水泥熟料每经过一次装卸作业(过程)或转换运输工具(过程)进行衡重、计算和核实,称运输损耗核定。

3 对运输单位要求

3.1 托运人

在散装水泥熟料单元装船前,托运人发货时应确保散装水泥熟料单元的质量(重量)与运输单据中表明的质量(重量)是一致的。

3.2 起运港

3.2.1 散装水泥熟料进港时,起运港的库场应满足保存散装水泥熟料基本条件。

3.2.2 起运港应具备计量检测能力,集并货物应计量入港,港口按计量数据收货。

3.3 承运船舶

受载船舶应适航、适货,在航行中防止水湿。

3.4 卸货港

3.4.1 卸货港应满足散装水泥熟料储存、运输、交付等基本条件。

3.4.2 卸货港应具备计量检测能力,交付货物时按计量数据交付货物。

3.5 报损

发货单位和收货单位,在未集货进港前或提离港后的损耗率,按国家规定分系统向主管部门报损。

4 运输损耗规定

4.1 损耗率

4.1.1 散装水泥熟料港内储存损耗规定见表1。

表1 散装水泥熟料港内储存损耗规定

储存方式	储存期/天	损耗率/%
仓库	1～15	0.05
货场		0.10
仓库	16～30	0.08
货场		0.15

4.1.2 散装水泥熟料港内运输损耗规定见表2。

表2 散装水泥熟料港内运输损耗规定

运输方式	运距/km	损耗率/%
水平搬运	0～5	0.10
	5.1～10	0.12

4.1.3 散装水泥熟料港口船舶装卸损耗规定见表3。

表3 散装水泥熟料港口船舶装卸损耗规定

<table>
<tr><th colspan="2">项　　目</th><th>工　　艺</th><th>损耗率/%</th></tr>
<tr><td rowspan="5">装船</td><td rowspan="3">沿海港口</td><td>岸垛—卸船机械</td><td>0.20</td></tr>
<tr><td>(货场)装载机—自卸车—卸船机械</td><td>0.60</td></tr>
<tr><td>(岸壁)装载机—卸船机械</td><td>0.40</td></tr>
<tr><td rowspan="2">内河港口</td><td>岸垛—卸船机械</td><td>0.20</td></tr>
<tr><td>库场—皮带机—漏斗</td><td>0.50</td></tr>
<tr><td rowspan="7">卸船</td><td rowspan="4">沿海港口</td><td>卸船机械—岸壁</td><td>0.20</td></tr>
<tr><td>卸船机械—岸壁—装载机—货场</td><td>0.50</td></tr>
<tr><td>卸船机械—漏斗—自卸车(货场)</td><td>0.50</td></tr>
<tr><td>卸船机械—漏斗—皮带机—筒仓</td><td>0.50</td></tr>
<tr><td rowspan="3">内河港口</td><td>卸船机械—汽车</td><td>0.20</td></tr>
<tr><td>卸船机械—漏斗—皮带机</td><td>0.50</td></tr>
<tr><td>链斗刮板式卸船机—皮带机—仓库</td><td>0.60</td></tr>
</table>

4.1.4 散装水泥熟料水上运输区段损耗规定见表4。

表4 散装水泥熟料水上运输区段损耗规定

运输方式	运距/km	损耗率/%
水上运输	1～500	0.70
	501～1 000	1.00
	1 001 以上	1.10

4.2 计算损耗要求

4.2.1 散装水泥熟料从发货方集并港(站)开始到收货方将货提讫港(站)整个运输过程,包括储存、整车拖运、装船、水尺鉴定、航行、卸船、水尺鉴定、进场交付等工作环节，每经过一次装卸作业或转换运输工具，应按规定计算运输损耗。

4.2.2 全程是单一运输方式（水路）运输的，每增加一次过驳，增加0.40%的损耗率；中途换装的，按实际作业工艺计算损耗率。

4.2.3 每一份（提单运单）作为一个计算单位。

4.2.4 装卸、运输、储存过程各种事故造成的损失，不得混做损耗处理。

4.2.5 计量数据应认真审核、汇总，做到凭证齐全、数字准确、手续完备。

4.3 装卸损耗责任

4.3.1 认真执行港、航交接制度，分清责任，损耗发生区段应按实核算。

4.3.2 发生损耗的区段，应认真总结、寻找原因，杜绝损耗扩大的发生。

4.3.3 超出损耗规定以外的损耗应分清责任。

5 计量

5.1 发运、装卸、航运、接收单位计量数据，应认真审核、汇总，做到凭证齐全、数字准确、手续完备。计量设备应按照国家有关计量法规管理。

5.2 港口、收（发）货单位的计量器具准确度应达到国际法制计量组织（OIML）（Ⅲ）级衡器的标准。

ICS 65.060
T 54

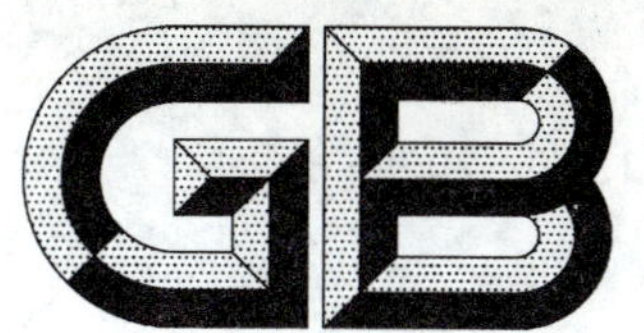

中华人民共和国国家标准

GB 21377—2008

三轮汽车　燃料消耗量限值及测量方法

Tri-wheel vehicles—Limits and measurement methods for fuel consumption

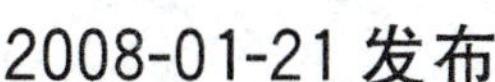

2008-01-21 发布　　　　2008-06-01 实施

中华人民共和国国家质量监督检验检疫总局
中国国家标准化管理委员会　发布

前　言

本标准的全部技术内容为强制性。

本标准的附录 A、附录 B 为规范性附录。

自本标准实施之日起，凡进行燃料消耗量型式认证的三轮汽车应符合本标准规定。在本标准实施日期之前，可以按照本标准的相应要求进行型式认证的申请和批准。

对于按本标准要求通过型式认证的三轮汽车，其生产一致性检查，自通过之日起执行。

自本标准实施日期之后一年起，所有制造和销售的三轮汽车，其燃料消耗量指标应符合本标准生产一致性检查限值的要求。

本标准由中国机械工业联合会提出。

本标准由全国农用运输车标准化技术委员会归口。

本标准起草单位：机械工业农用运输车发展研究中心、国家拖拉机质量监督检验中心、山东五征集团有限公司、机械工业拖拉机农用运输车产品质量检测中心、山东时风(集团)有限责任公司。

本标准主要起草人：张咸胜、吕树盛、郎志中、闵海涛、王侠民、林连华、薛治刚。

本标准于 2008 年首次发布。

三轮汽车　燃料消耗量限值及测量方法

1　范围

本标准规定了三轮汽车第Ⅰ阶段燃料消耗量评价指标、燃料消耗量限值、测量条件、测量方法、测量结果重复性检验和测量数据的处理规范等。

本标准适用于三轮汽车。

2　规范性引用文件

下列文件中的条款通过本标准的引用而成为本标准的条款。凡是注日期的引用文件，其随后所有的修改单(不包括勘误的内容)或修订版均不适用于本标准，然而，鼓励根据本标准达成协议的各方研究是否可使用这些文件的最新版本。凡是不注日期的引用文件，其最新版本适用于本标准。

GB 7258　机动车运行安全技术条件

GB 18320　农用运输车　安全技术要求

JB/T 7236　三轮农用运输车　技术条件

3　术语和定义

GB 7258 中确立的以及下列术语和定义适用于本标准。

3.1

等速行驶燃料消耗量　steady speed fuel consumption

在规定的行驶条件下和规定的距离内，三轮汽车按指定的车速作等速行驶时，每百千米的燃料消耗量。

3.2

多工况循环燃料消耗量　cycle for multiple working conditions fuel consumption

在规定的测量条件下和规定的距离内，三轮汽车按指定的工况和程序连续行驶时，每百千米的燃料消耗量。

3.3

测试区　test area

用于进行三轮汽车燃料消耗测量的区域。

3.4

测量路段　test road

测试区内用于测量三轮汽车燃料消耗量的路段。

4　燃料消耗量评价指标

4.1　取等速行驶燃料消耗量和多工况循环燃料消耗量为三轮汽车的燃料消耗量评价指标。

4.2　三轮汽车等速行驶燃料消耗量按公式(1)计算。

$$Q_s = \frac{\bar{q}_s}{S} \times 100 \qquad (1)$$

式中：

Q_s——三轮汽车等速行驶燃料消耗量，单位为升每百千米(L/100 km)；

$\bar{q}_s$——测得的三轮汽车各规定车速下等速行驶燃料消耗量算术平均值，单位为升(L)；

S——测量路段长，单位为千米（km）。

4.3 三轮汽车多工况循环燃料消耗量按公式（2）计算。

$$Q_d = \frac{\bar{q}_d}{S} \times 100 \quad \cdots\cdots(2)$$

式中：

Q_d——三轮汽车多工况循环燃料消耗量，单位为升每百千米（L/100 km）；

$\bar{q}_d$——测得的三轮汽车多工况循环燃料消耗量算术平均值，单位为升（L）；

S——测量路段长，单位为千米（km）。

5 燃料消耗量指标限值

5.1 在三轮汽车符合 GB 18320 和 JB/T 7236 规定要求下，三轮汽车等速行驶燃料消耗量不应超过表 1 规定的限值。

表 1 等速行驶燃料消耗量限值

最大设计总质量 M kg	装单缸柴油机的三轮汽车消耗量限值 L/100 km		装多缸柴油机的三轮汽车消耗量限值 L/100 km	
	型式认证	生产一致性检查	型式认证	生产一致性检查
M≤1 000	3.4	3.6	3.0	3.2
1 000<M≤1 500	4.0	4.2	3.5	3.7
1 500<M≤2 000	5.1	5.4	4.6	4.8
M >2 000	6.0	6.3	5.5	5.8

5.2 在三轮汽车符合 GB 18320 和 JB/T 7236 规定要求下，三轮汽车多工况循环燃料消耗量不应超过表 2 规定的限值。

表 2 多工况循环燃料消耗量限值

最大设计总质量 M kg	装单缸柴油机的三轮汽车消耗量限值 L/100 km		装多缸柴油机的三轮汽车消耗量限值 L/100 km	
	型式认证	生产一致性检查	型式认证	生产一致性检查
M≤1 000	3.8	4.0	3.5	3.7
1 000<M≤1 500	4.5	4.7	4.0	4.2
1 500<M≤2 000	5.5	5.8	5.0	5.3
M >2 000	6.5	6.8	6.0	6.3

6 测量条件

6.1 一般测量要求

6.1.1 被测三轮汽车应符合 GB 18320 和 JB/T 7236 规定要求，并与随车技术文件相符，保持清洁；测量时应关闭车窗和驾驶室通风口，只允许开启为驱动车辆所必需的设备。

6.1.2 整个测量期间，除按使用说明书的规定进行常规保养调整外，不允许做其他调整与换修。如确有需要，应经测量组织机构同意并在其监督下进行，随后重新做该测量，并将详情记入报告中。

6.1.3 测量时的轮胎不得有积泥和油污，且气压应符合随车技术文件的规定或轮胎上标注气压的要求，最大误差不超±10 kPa。

6.1.4 被测三轮汽车应保持最大设计总质量，其装载质量应均匀分布；装载物应固定牢靠，不会因气候及使用条件变化而改变其质量。车上乘员（包括驾驶员）数目应符合随车技术文件的规定，可以用重物放在相应位置代替乘员，每人按 65 kg 计(座椅上 55 kg、前面地板上 10 kg)。

6.1.5 测量应在气温为 0℃～40℃、相对湿度小于 95%、距地面 1.2 m 高处的风速不大于 3 m/s 的无雨、无雾天气下进行。各项测量均应分别在测量开始及结束时，测记气温、相对湿度、风速和气压(高原地区适用)，并报告其范围。

6.1.6 测量应在清洁、干燥、平坦的沥青或混凝土铺装的直线道路上进行。测试区长度 2 km～3 km，宽度不小于 8 m，测量路段纵向坡度不大于 0.3%，横向坡度不大于 0.3%。需往返进行的测量，应在同一路段进行。

6.1.7 被测三轮汽车应进行磨合。除另有规定外，磨合规范按该车随车技术文件规定。

6.1.8 进行测量前，被测三轮汽车均应预热，使各部分达到正常工作温度。

6.1.9 测量时采用的燃料、冷却液、润滑油(脂)和制动液等，应符合该车技术文件或现行国家标准的规定；同一次测量应使用同一批次的燃料、冷却液、润滑油(脂)和制动液等。

6.1.10 测量时发动机应处于正常工作状态，转速应符合规定要求。

6.1.11 测量所用仪器设备应按国家有关规定进行检定或校准，并在检验有效日期内。每次测量前应对测量所用仪器设备进行校验，保证符合测量准确度要求。

6.2 测量仪器精确度

各种测量仪器的精确度应分别符合下列要求：

——燃料消耗量：0.5%；

——转速：1%；

——车速：0.5%；

——时间：0.1s；

——距离：0.1%；

——质量：1%；

——风速：0.1 m/s；

——温度：1℃；

——大气压力：0.2 kPa；

——轮胎气压：10 kPa；

——其他：2%。

7 等速行驶燃料消耗量测量

7.1 测量路段长度

测量路段长度为 500 m。

7.2 测量方法

测量时，在远离测试区前起步，在最高挡使被测三轮汽车稳定在表 3 规定的某一规定测量车速。使被测三轮汽车以表 3 规定的某一测量车速等速行驶，通过 500 m 的测量路段，测量通过测量路段的时间及燃料消耗量，并将测量结果记录于附录 A 中。

三轮汽车等速行驶燃料消耗量各测量车速按表 3 规定。

表 3 等速行驶燃料消耗量测量车速

三轮汽车类型	测量车速 km/h		
装单缸柴油机的三轮汽车	15	25	35
装多缸柴油机的三轮汽车	25	35	45

注：如果被测三轮汽车最高挡车速达不到测量规定车速，则其最高设计车速作为最高测量车速，最高挡最低稳定车速为最低测量车速，最高测量车速和最低测量车速的算术平均值为另一测量车速。

同一车速下往返各进行二次，取算术平均值为测得的三轮汽车某一规定车速下等速行驶燃料消耗量。

取三个规定车速下等速行驶燃料消耗量的算术平均值为测得的三轮汽车等速行驶燃料消耗量测量值。

被测三轮汽车等速行驶车速偏差为±2 km/h。

8 多工况循环燃料消耗量测量

8.1 测量工况

三轮汽车多工况循环燃料消耗量测量工况按图1和表4的规定。

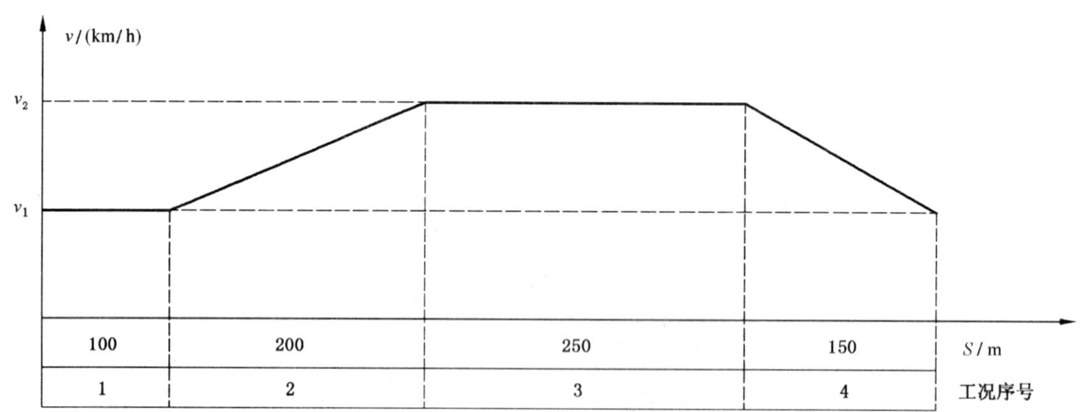

图 1

表 4 多工况循环燃料消耗量测量工况

工况序号	运行状态	行程 m	装单缸柴油机的三轮汽车		装多缸柴油机的三轮汽车	
			速度 km/h	时间 s	速度 km/h	时间 s
1	等速 v_1 行驶	100	15	24	25	14.4
2	加速行驶 $v_1 \sim v_2$	200	15～30	32	25～40	22
3	等速 v_2 行驶	250	30	30	40	22.5
4	减速行驶 $v_2 \sim v_1$	150	30～15	24	40～25	17

8.2 测量方法

测量应按图1和表4规定测量工况循环进行。

测量中尽量挂最高挡。当最高挡位达不到工况要求，超出规定偏差时，应降低一挡进行，当被测三轮汽车进入可使用最高挡位行驶的等速行驶段和减速行驶段时，再换入最高挡进行测量。换挡应迅速、平稳。

减速行驶工况中，应完全放松加速踏板，离合器仍然接合。必要时，允许使用车辆的制动器。

完成一次测量后，车辆应迅速调头，重复测量。

测量往返各进行二次。

被测三轮汽车在加速、等速行驶测量工况车速偏差为±2 km/h，在减速行驶测量工况车速偏差为±3 km/h。

在工况改变过程中允许车速的偏差大于规定值，但在任何条件下超过车速偏差的时间不大于2 s。

8.3 燃料消耗量的确定

每次个循环测量后，将测量结果记录于附录B中。

取四次循环测量结果的算术平均值为测得的三轮汽车多工况循环燃料消耗量的测量值。

9 测量结果的重复性检验和置信区间

9.1 测量结果重复性检验

等速行驶燃料消耗量和多工况循环燃料消耗量测量结果应按第95百分位分布进行重复性检验。

9.1.1 标准差

第95百分位分布的标准差 R 与重复测量次数 n 有关，见表5。

表5 第95百分位分布的标准差 R 与重复测量次数 n 的关系

n	2	3	4	5	6
R L/100 km	$0.053\bar{Q}$[a]	$0.063\bar{Q}$[a]	$0.069\bar{Q}$[a]	$0.073\bar{Q}$[a]	$0.085\bar{Q}$[a]
[a] $\bar{Q}$ 为每项测量时，n 次测量所测得燃料消耗量的算术平均值，单位升每百千米(L/100 km)。					

9.1.2 重复性检验

ΔQ_{max} 为每项测量时，n 次测量结果中最大燃料消耗量值与最小燃料消耗量值之差，单位升每百千米(L/100 km)。

当 $\Delta Q_{max} < R$ 时，认为测量结果的重复性好，不必增加测量次数。

当 $\Delta Q_{max} > R$ 时，认为测量结果的重复性差，应增加测量次数，直到测量结果的重复性好。

9.2 置信区间

测量结果的置信区间 ΔQ_v(置信度90%)按公式(3)计算。

$$\Delta Q_v = \pm \frac{0.031}{\sqrt{n}}\bar{Q} \qquad \cdots\cdots(3)$$

式中：

ΔQ_v——测量结果的置信区间(置信度90%)，单位升每百千米(L/100 km)；

$\bar{Q}$——实测的燃料消耗量的算术平均值，单位升每百千米(L/100 km)；

n——测量次数。

10 测量数据的校正

10.1 标准状态

燃料消耗量的测量值均应校正到下列标准状态下：

——气温：20℃；

——气压：100 kPa；

——柴油密度：0.830 g/mL。

10.2 校正公式

燃料消耗量测量值的校正按公式(4)计算。

$$Q_0 = \frac{\bar{Q}}{C_1 \cdot C_2 \cdot C_3} \qquad \cdots\cdots(4)$$

式中：

Q_0——校正后的燃料消耗量，单位升每百千米(L/100 km)；

$\bar{Q}$——实测的燃料消耗量的均值，单位升每百千米(L/100 km)；

C_1——环境温度校正系数，$C_1 = 1 + 0.0025(20 - t)$；

C_2——大气压力的校正系数，$C_2 = 1 + 0.0021(p - 100)$；

C_3——燃料密度的校正系数，$C_3 = 1 + 0.8(0.830 - G_m)$；

t——测量时的环境温度，单位为摄氏度(℃)；

p——测量时的大气压力，单位为千帕(kPa)；

G_m——测量用的柴油平均密度，单位为克每毫升(g/mL)。

附　录　A
（规范性附录）
三轮汽车等速行驶燃料消耗量测量记录表

测量日期：________________ 测量地点：________________

道路状况：________________ 天气：________________

气温：________ ℃　气压：________ kPa　风向：________ 风速：________ m/s　湿度：________

制造厂名称：________________ 地址：________________

车辆类型：________ 车辆识别代号(VIN)：________________ 出厂日期：________

车辆型号：________ 驾驶室型式：________ 挡位数：________

整车整备质量：________ kg　最大设计总质量：________ kg　驾驶室准乘人数：________ 人

发动机型式：________ 型号：________ 编号：________

标定功率：________ kW ________ r/min　最大功率：________ kW ________ r/min

排量：________ L　供油系统型式：________ 有无增压系统：________

测量用燃料标号：________________ 燃料密度：________________

轮胎规格型号：前轮________________ 后轮________________

前轮气压(左/右) ________/________ kPa　后轮气压(左/右) ________/________ kPa

序号	方向	速度 km/h	行驶距离 m	行驶时间 s	燃料消耗量 mL	燃料消耗量平均值 mL
1	往					
	返					
	往					
	返					
2	往					
	返					
	往					
	返					
3	往					
	返					
	往					
	返					

测得的三轮汽车各规定车速下等速行驶燃料消耗量平均值________________ L/100 km

其他说明________________________________

测量人员________________ 驾驶人员________________

附 录 B
（规范性附录）
三轮汽车多工况循环燃料消耗量测量记录表

测量日期：________________________ 测量地点：________________

道路状况：________________________ 天气：________________

气温：________ ℃ 气压：________ kPa 风向：________ 风速：________ m/s 湿度：________

制造厂名称：________________________ 地址：________________

车辆类型：____________ 车辆识别代号(VIN)：____________ 出厂日期：____________

车辆型号：____________ 驾驶室型式：____________ 挡位数：____________

整车整备质量：________ kg 最大设计总质量：________ kg 驾驶室准乘人数：________ 人

发动机型式：____________ 型号：____________ 编号：____________

标定功率：________ kW ________ r/min 最大功率：________ kW ________ r/min

排量：________ L 供油系统型式：____________ 有无增压系统：____________

测量用燃料标号：________________ 燃料密度：________________

轮胎规格型号：前轮________________ 后轮________________

前轮气压(左/右)________/________ kPa 后轮气压(左/右)________/________ kPa

序号	方向	工况序号	运行状态 km/h	行驶距离 m	行驶时间 s	燃料消耗量 mL	燃料消耗量平均值 mL
1	往						
2	返						
3	往						
4	返						

测得的三轮汽车多工况循环燃料消耗量________________________ L/100 km

其他说明____

测量人员________________________ 驾驶人员________________________

ICS 65.060
T 54

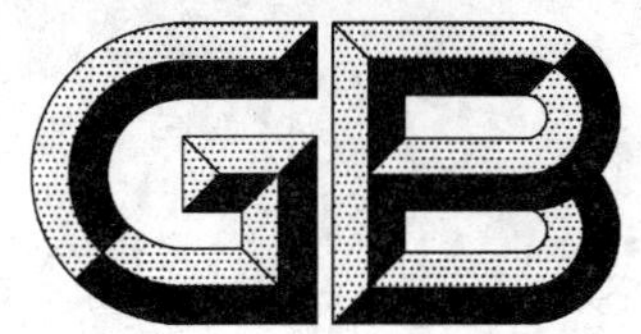

中华人民共和国国家标准

GB 21378—2008

低速货车　燃料消耗量限值及测量方法

Low-speed goods vehicles—Limits and measurement methods for fuel consumption

2008-01-21 发布　　2008-06-01 实施

中华人民共和国国家质量监督检验检疫总局
中国国家标准化管理委员会　发布

前　言

本标准的全部技术内容为强制性。

本标准的附录A、附录B为规范性附录。

自本标准实施之日起，凡进行燃料消耗量型式认证的低速货车应符合本标准规定。在本标准实施日期之前，可以按照本标准的相应要求进行型式认证的申请和批准。

对于按本标准要求通过型式认证的低速货车，其生产一致性检查，自通过之日起执行。

自本标准实施日期之后一年起，所有制造和销售的低速货车，其燃料消耗量指标应符合本标准生产一致性检查限值的要求。

本标准由中国机械工业联合会提出。

本标准由全国农用运输车标准化技术委员会归口。

本标准起草单位：机械工业农用运输车发展研究中心、国家拖拉机质量监督检验中心、山东五征集团有限公司、机械工业拖拉机农用运输车产品质量检测中心、山东时风（集团）有限责任公司、成都王牌汽车集团股份有限公司。

本标准主要起草人：张咸胜、吕树盛、郎志中、闵海涛、翁里、林连华、王侠民、薛治刚。

本标准于2008年首次发布。

低速货车　燃料消耗量限值及测量方法

1　范围

本标准规定了低速货车第Ⅰ阶段燃料消耗量评价指标、燃料消耗量限值、测量条件、测量方法、测量结果重复性检验和测量数据的处理规范等。

本标准适用于低速货车。

2　规范性引用文件

下列文件中的条款通过本标准的引用而成为本标准的条款。凡是注日期的引用文件，其随后所有的修改单(不包括勘误的内容)或修订版均不适用于本标准，然而，鼓励根据本标准达成协议的各方研究是否可使用这些文件的最新版本。凡是不注日期的引用文件，其最新版本适用于本标准。

GB 7258　机动车运行安全技术条件

GB 18320　农用运输车　安全技术要求

JB/T 7234　四轮农用运输车　通用技术条件

3　术语和定义

GB 7258 中确立的以及下列术语和定义适用于本标准。

3.1

等速行驶燃料消耗量　steady speed fuel consumption

在规定的行驶条件下和规定的距离内，低速货车按指定的车速作等速行驶时，每百千米的燃料消耗量。

3.2

多工况循环燃料消耗量　cycle for multiple working conditions fuel consumption

在规定的测量条件下和规定的距离内，低速货车按指定的工况和程序连续行驶时，每百千米的燃料消耗量。

3.3

测试区　test area

用于进行低速货车燃料消耗测量的区域。

3.4

测量路段　test road

测试区内用于测量低速货车燃料消耗量的路段。

4　燃料消耗量的评价指标

4.1　取等速行驶燃料消耗量和多工况循环燃料消耗量为低速货车的燃料消耗量评价指标。

4.2　低速货车等速行驶燃料消耗量按公式(1)计算。

$$Q_s = \frac{\bar{q}_s}{S} \times 100 \qquad \cdots\cdots(1)$$

式中：

Q_s——低速货车等速行驶燃料消耗量，单位为升每百千米(L/100 km)；

$\bar{q}_s$——测得的低速货车各规定车速下等速行驶燃料消耗量算术平均值，单位为升(L)；

S——测量路段长，单位为千米(km)。

4.3 低速货车多工况循环燃料消耗量按公式(2)计算。

$$Q_d = \frac{\bar{q}_d}{S} \times 100 \quad \cdots\cdots (2)$$

式中：

Q_d——低速货车多工况循环燃料消耗量，单位为升每百千米(L/100 km)；

$\bar{q}_d$——测得的低速货车多工况循环燃料消耗量算术平均值，单位为升(L)；

S——测量路段长，单位为千米(km)。

5 燃料消耗量限值

5.1 在低速货车符合 GB 18320 和 JB/T 7234 规定要求下，低速货车等速行驶燃料消耗量不应超过表 1 中规定的限值。

表 1 等速行驶燃料消耗量限值

最大设计总质量 M kg	装单缸柴油机的低速货车消耗量限值 L/100 km		装多缸柴油机的低速货车消耗量限值 L/100 km	
	型式认证	生产一致性检查	型式认证	生产一致性检查
M≤2 000	5.8	6.1	5.5	5.8
2 000<M≤2 500	7.0	7.4	6.8	7.1
2 500<M≤3 000	8.3	8.7	8.0	8.4
3 000<M≤3 500	9.4	9.9	9.0	9.5
3 500<M≤4 500	—	—	14.2	14.9

5.2 在低速货车符合 GB 18320 和 JB/T 7234 规定要求下，低速货车多工况循环燃料消耗量不应超过表 2 中规定的限值。

表 2 多工况循环燃料消耗量限值

最大设计总质量 M kg	装单缸柴油机的低速货车消耗量限值 L/100 km		装多缸柴油机的低速货车消耗量限值 L/100 km	
	型式认证	生产一致性检查	型式认证	生产一致性检查
M≤2 000	6.3	6.6	6.0	6.3
2 000<M≤2 500	7.5	7.9	7.3	7.7
2 500<M≤3 000	8.8	9.2	8.5	8.9
3 000<M≤3 500	10.0	10.5	9.5	10.0
3 500<M≤4 500	—	—	14.9	15.5

6 测量条件

6.1 一般要求

6.1.1 被测低速货车应符合 GB 18320 和 JB/T 7234 规定要求，并与随车技术文件相符，保持清洁；测量时应关闭车窗和驾驶室通风口，只允许开动为驱动车辆所必需的设备。

6.1.2 整个测量期间，除按使用说明书的规定进行常规保养调整外，不允许做其他调整与换修。如确有需要，应经测量组织机构同意并在其监督下进行，随后重新做该测量，并将详情记入报告中。

6.1.3 测量时的轮胎不得有积泥和油污，且气压应符合随车技术文件的规定或轮胎上标注的气压，最大误差不超±10 kPa。

6.1.4 被测低速货车应保持最大设计总质量，其装载质量应均匀分布；装载物应固定牢靠；不会因气候及使用条件改变而改变其质量。车上乘员(包括驾驶员)数目应符合随车技术文件的规定,可以用重物放在相应位置代替乘员,每人按 65 kg 计(座椅上 55 kg、前面地板上 10 kg)。

6.1.5 测量应在气温为 0℃～40℃、相对湿度小于 95%、距地面 1.2 m 高处的风速不大于 3 m/s 的无雨、无雾天气下进行。各项测量均应分别在测量开始及结束时,测记气温、相对湿度、风速和气压,并报告其范围。

6.1.6 测量应在清洁、干燥、平坦的沥青或混凝土铺装的直线道路上进行。测试区长度 2 km～3 km,宽度不小于 8 m,测量路段纵向坡度不大于 0.3%,横向坡度不大于 0.3%。需往返进行的测量,应在同一路段进行。

6.1.7 被测低速货车应进行磨合。除另有规定外,磨合规范按该车随车技术文件规定。

6.1.8 进行测量前,被测低速货车均应预热,使各部分达到正常工作温度。

6.1.9 测量时采用的燃料、冷却液、润滑油(脂)和制动液等,应符合该车技术文件或现行国家标准的规定;同一次测量应使用同一批次的燃料、冷却液、润滑油(脂)和制动液等。

6.1.10 测量时发动机应处于正常工作状态,转速应符合规定要求。

6.1.11 测量所用仪器设备应按国家有关规定进行检定或校准,并在检定或校准有效日期内。每次测量前应对测量所用仪器设备进行校验,保证符合测量准确度要求。

6.2 测量仪器精确度

各种测量仪器的精确度应分别符合下列要求:

——燃料消耗量:0.5%;

——转速:1%;

——车速:0.5%;

——时间:0.1 s;

——距离:0.1%;

——质量:1%;

——风速:0.1 m/s;

——温度:1℃;

——大气压力:0.2 kPa;

——轮胎气压:10 kPa;

——其他:2%。

7 等速行驶燃料消耗量的测量

7.1 测量路段长度

测量路段长度为 500 m。

7.2 测量方法

测量时,在远离测试区前起步,在最高挡使被测低速货车稳定在表 3 规定的某一测量车速。使被测低速货车以表 3 规定的某一测量车速等速行驶,通过 500 m 的测量路段,测量通过测量路段的时间及燃料消耗量,并将测量结果记录于附录 A 中。

低速货车等速行驶燃料消耗量各测量车速按表 3 规定。

表 3 等速行驶燃料消耗量测量车速

低速货车类型	测量车速 km/h		
装单缸柴油机的低速货车	20	30	40
装多缸柴油机的低速货车	30	40	50
注:如果被测低速货车最高挡车速达不到测量规定车速,则其最高设计车速作为最高测量车速,最高挡最低稳定车速为最低测量车速,最高测量车速和最低测量车速的算术平均值为另一测量车速。			

同一车速下往返各进行二次，取算术平均值为测得的低速货车某一规定车速下等速行驶燃料消耗量。

取三个规定车速下等速行驶燃料消耗量的算术平均值为测得的低速货车等速行驶燃料消耗量的测量值。

被测低速货车等速行驶时车速偏差为±2 km/h。

8 多工况循环燃料消耗量的测量

8.1 测量工况

低速货车多工况循环燃料消耗量测量工况按图 1 和表 4 的规定。

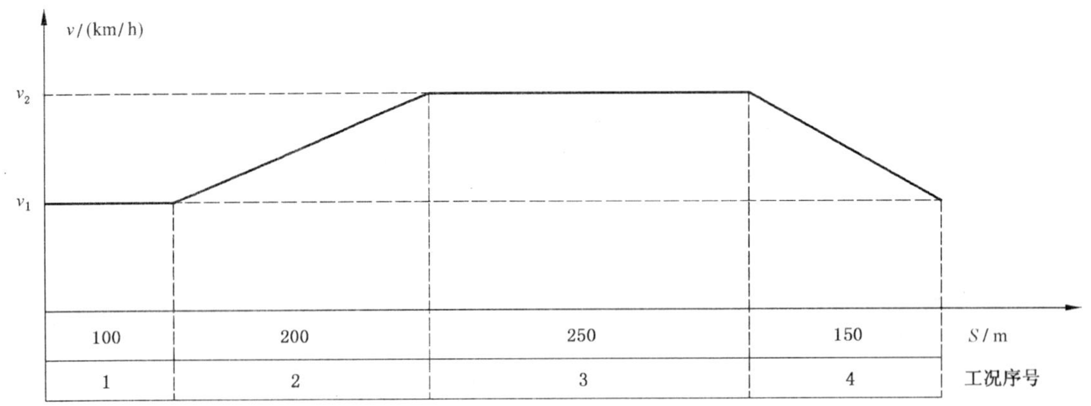

图 1

表 4 多工况循环燃料消耗量测量工况

工况序号	运行状态	行程 m	装单缸柴油机的低速货车		装多缸柴油机的低速货车	
			速度 km/h	时间 s	速度 km/h	时间 s
1	等速 v_1 行驶	100	20	18	30	12
2	加速行驶 v_1～v_2	200	20～35	26	30～45	19
3	等速 v_2 行驶	250	35	26	45	20
4	减速行驶 v_2～v_1	150	35～20	20	45～30	14

8.2 测量方法

测量应按图 1 和表 4 规定测量工况循环进行。

测量中尽量挂最高挡。当最高挡位达不到工况要求，超出规定偏差时，应降低一挡进行，当被测低速货车进入可使用最高挡位行驶的等速行驶段和减速行驶段时，再换入最高挡进行测量。换挡应迅速、平稳。

减速行驶工况中，应完全放松加速踏板，离合器仍然接合。必要时，允许使用被测低速货车的制动器。

完成一次测量后，被测低速货车应迅速调头，重复测量。

测量往返各进行二次。

被测低速货车在加速、等速行驶测量工况车速偏差为±2 km/h，在减速行驶测量工况车速偏差为±3 km/h。

在工况改变过程中允许车速的偏差大于规定值，但在任何条件下超过车速偏差的时间不大于 2 s。

8.3 燃料消耗量的确定

每次循环测量后，将测量结果记录于附录 B 中。

取四次循环测量结果的算术平均值为测得的低速货车多工况循环燃料消耗量的测量值。

9 测量结果的重复性检验和置信区间

9.1 测量结果重复性检验

等速行驶燃料消耗量和多工况循环燃料消耗量测量结果应按第 95 百分位分布进行重复性检验。

9.1.1 标准差

第 95 百分位分布的标准差 R 与重复测量次数 n 有关，见表 5。

表 5 第 95 百分位分布的标准差 R 与重复测量次数 n 的关系

n	2	3	4	5	6
R L/100 km	0.053$\bar{Q}$[a]	0.063$\bar{Q}$[a]	0.069$\bar{Q}$[a]	0.073$\bar{Q}$[a]	0.085$\bar{Q}$[a]

[a] $\bar{Q}$ 为每项测量时，n 次测量所测得燃料消耗量的算术平均值，单位升每百千米(L/100 km)。

9.1.2 重复性检验

ΔQ_{max} 为每项测量时，n 次测量结果中最大燃料消耗量值与最小燃料消耗量值之差，单位升每百千米(L/100 km)。

当 $\Delta Q_{max} < R$ 时，认为测量结果的重复性好，不必增加测量次数。

当 $\Delta Q_{max} > R$ 时，认为测量结果的重复性差，应增加测量次数，直到测量结果的重复性好。

9.2 置信区间

测量结果的置信区间 ΔQ_v(置信度 90%)按公式(3)计算。

$$\Delta Q_v = \pm \frac{0.031}{\sqrt{n}} \bar{Q} \qquad \cdots\cdots(3)$$

式中：

ΔQ_v——测量结果的置信区间(置信度 90%)，单位升每百千米(L/100 km)；

$\bar{Q}$——实测的燃料消耗量的算术平均值，单位升每百千米(L/100 km)；

n——测量次数。

10 测量数据的校正

10.1 标准状态

燃料消耗量的测量值均应校正到下列标准状态下：

——气温：20℃；

——气压：100 kPa；

——柴油密度：0.830 g/mL。

10.2 校正公式

燃料消耗量测量值的校正按公式(4)计算。

$$Q_0 = \frac{\bar{Q}}{C_1 \cdot C_2 \cdot C_3} \qquad \cdots\cdots(4)$$

式中：

Q_0——校正后的燃料消耗量，单位升每百千米(L/100 km)；

$\bar{Q}$——实测的燃料消耗量的均值，单位升每百千米(L/100 km)；

C_1——环境温度校正系数，$C_1 = 1 + 0.002\,5(20 - t)$；

C_2——大气压力的校正系数，$C_2 = 1 + 0.002\,1(p - 100)$；

C_3——燃料密度的校正系数，$C_3 = 1 + 0.8(0.830 - G_m)$；

t——测量时的环境温度，单位为摄氏度(℃)；

p——测量时的大气压力，单位为千帕(kPa)；

G_m——测量用的柴油平均密度，单位为克每毫升(g/mL)。

附　录　A
（规范性附录）
低速货车等速行驶燃料消耗量测量记录表

测量日期：＿＿＿＿＿＿＿＿ 测量地点：＿＿＿＿＿＿＿＿

道路状况：＿＿＿＿＿＿＿＿ 天气：＿＿＿＿＿＿＿＿

气温：＿＿＿＿ ℃　气压：＿＿＿＿ kPa　风向：＿＿＿＿ 风速：＿＿＿＿ m/s　湿度：＿＿＿＿

制造厂名称：＿＿＿＿＿＿＿＿ 地址：＿＿＿＿＿＿＿＿

车辆类型：＿＿＿＿＿＿ 车辆识别代号(VIN)：＿＿＿＿＿＿ 出厂日期：＿＿＿＿＿＿

车辆型号：＿＿＿＿＿＿ 驾驶室型式：＿＿＿＿＿＿ 挡位数：＿＿＿＿＿＿

整车整备质量：＿＿＿＿ kg　最大设计总质量：＿＿＿＿ kg　驾驶室准乘人数：＿＿＿＿人

发动机型式：＿＿＿＿＿＿ 型号：＿＿＿＿＿＿ 编号：＿＿＿＿＿＿

标定功率：＿＿＿＿ kW ＿＿＿＿ r/min　最大功率：＿＿＿＿ kW ＿＿＿＿ r/min

排量：＿＿＿＿ L　供油系统型式：＿＿＿＿＿＿ 有无增压系统：＿＿＿＿＿＿

测量用燃料标号：＿＿＿＿＿＿ 燃料密度：＿＿＿＿＿＿

轮胎规格型号：前轮＿＿＿＿＿＿ 后轮＿＿＿＿＿＿

前轮气压(左/右)＿＿＿＿/＿＿＿＿ kPa　后轮气压(左/右)＿＿＿＿/＿＿＿＿ kPa

序号	方向	速度 km/h	行驶距离 m	行驶时间 s	燃料消耗量 mL	燃料消耗量平均值 mL
1	往					
	返					
	往					
	返					
2	往					
	返					
	往					
	返					
3	往					
	返					
	往					
	返					

测得的低速货车各规定车速下等速行驶燃料消耗量平均值＿＿＿＿＿＿ L/100 km

其他说明＿＿＿＿＿＿＿＿

测量人员＿＿＿＿＿＿＿＿ 驾驶人员＿＿＿＿＿＿＿＿

附　录　B
（规范性附录）
低速货车多工况循环燃料消耗量测量记录表

测量日期：________________ 测量地点：________________

道路状况：________________ 天气：________________

气温：________ ℃　气压：________ kPa　风向：______ 风速：________ m/s　湿度：________

制造厂名称：________________ 地址：________________

车辆类型：__________ 车辆识别代号(VIN)：__________ 出厂日期：__________

车辆型号：__________ 驾驶室型式：__________ 挡位数：__________

整车整备质量：________ kg　最大设计总质量：______ kg　驾驶室准乘人数：________人

发动机型式：__________ 型号：__________ 编号：__________

标定功率：________ kW ________ r/min　最大功率：________ kW ________ r/min

排量：______ L　供油系统型式：__________ 有无增压系统：__________

测量用燃料标号：__________ 燃料密度：__________

轮胎规格型号：前轮__________ 后轮__________

前轮气压(左/右)______/______ kPa　后轮气压(左/右)______/______ kPa

序号	方向	工况序号	运行状态 km/h	行驶距离 m	行驶时间 s	燃料消耗量 mL	燃料消耗量平均值 mL
1	往						
2	返						
3	往						
4	返						

测得的低速货车多工况循环燃料消耗量________________ L/100 km

其他说明________________

测量人员________________ 驾驶人员________________

ICS 03.220.20
R 07

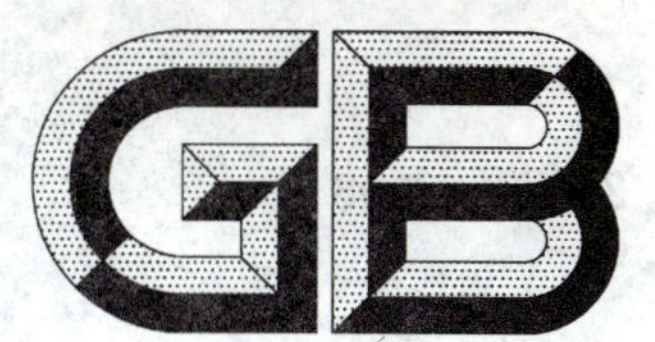

中华人民共和国国家标准

GB/T 21379—2008

交通管理信息属性分类与编码 城市道路

Classification and coding of the attribute of traffic management information—City rode

2008-02-13 发布　　2008-08-01 实施

中华人民共和国国家质量监督检验检疫总局
中国国家标准化管理委员会　发布

前　　言

本标准的附录 A 为资料性附录。

本标准由全国智能运输系统标准化技术委员会(SAC/TC 268)提出并归口。

本标准起草单位:北京市公安局公安交通管理局交通科研所、北京四通智能交通系统集成有限公司。

本标准主要起草人:隋亚刚、梁玉庆、孔涛、单海辉、关积珍、王义生、计燕翎、杨劲夫。

交通管理信息属性分类与编码 城市道路

1 范围

本标准规定了城市道路交通管理中的地理要素——路段、道路交叉口、交通设施和重点单位等实体的交通管理信息属性分类与编码。

本标准适用于城市交通管理中路段、道路交叉口、交通设施和重点单位的标识及信息处理与信息交换。

2 规范性引用文件

下列文件中的条款通过本标准的引用而成为本标准的条款。凡是注日期的引用文件，其随后所有的修改单(不包括勘误的内容)或修订版均不适用于本标准，然而，鼓励根据本标准达成协议的各方研究是否可使用这些文件的最新版本。凡是不注日期的引用文件，其最新版本适用于本标准。

GB/T 919 公路等级代码

GB/T 920 公路路面等级与面层类型代码

GB/T 21381 交通管理地理信息实体标识编码规则 城市道路

3 术语和定义

下列术语和定义适用于本标准。

3.1

主道 central lane

道路中部，由沿道路方向的隔离设施形成的仅供机动车行驶的部分。

3.2

辅道 auxiliary lane

同一道路同一方向机动车道有隔离设施的供机动车和非机动车混合行驶的车道。

4 分类编码原则

4.1 分类原则

4.1.1 按交通管理地理信息实体的属性或特征分类。

4.1.2 分类具兼容性，与有关标准协调一致。

4.2 编码原则

4.2.1 每一个信息只有一个编码，一个编码也只惟一表示一个信息。

4.2.2 编码留有扩充空间，用户可根据需要自行扩充编码。

5 路段交通管理属性分类与编码

5.1 分类

按路段交通管理属性分为：功能属性、技术等级、所属行政等级、质地、结构、走向、主辅和管理方法。

5.2 代码结构

路段交通管理属性代码由路段代码和8位管理属性代码组成，结构如下，示例参见表A.1。

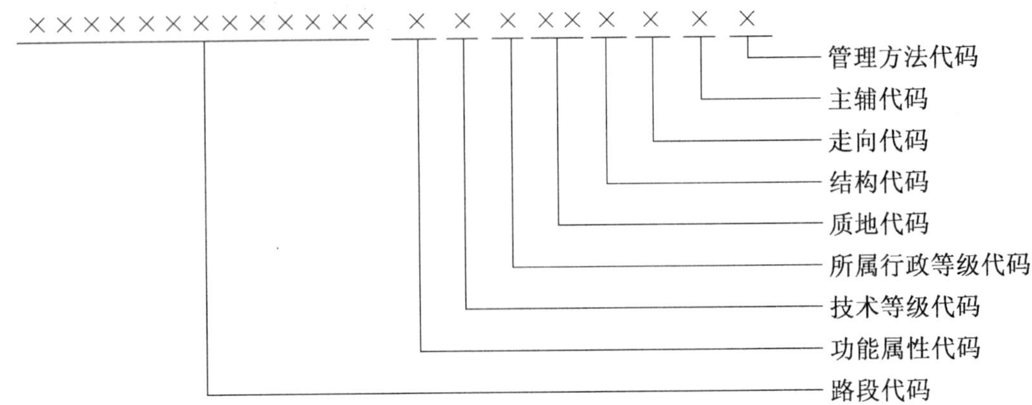

5.3 路段代码

路段代码按 GB/T 21381 的规定。

5.4 路段功能属性代码

路段功能属性分为 4 类，采用 1 位数字码表示，见表 1。

表 1 路段功能属性分类与编码

代　码	名　称
1	主干路
2	次干路
3	支路
4	其他道路

5.5 路段技术等级代码

路段技术等级代码按 GB/T 919 规定。

5.6 路段所属行政等级代码

路段所属行政等级代码按 GB/T 919 规定。

5.7 路段质地代码

路段质地代码按 GB/T 920 规定。

在同一路段存在不同质地的情况下，以占大部分路段面积的质地为该路段的路段质地。

5.8 路段结构代码

路段结构分为 4 类，采用 1 位数字码表示，见表 2。

表 2 路段结构分类与编码

代　码	名　称
1	一块板
2	二块板
3	三块板
4	四块板

5.9 路段走向代码

路段走向分为 4 类，采用 1 位数字码表示，见表 3 和图 1。

表 3 路段走向分类编码

代　　码	名　　称
1	东西方向
2	南北方向
3	东南西北方向
4	东北西南方向

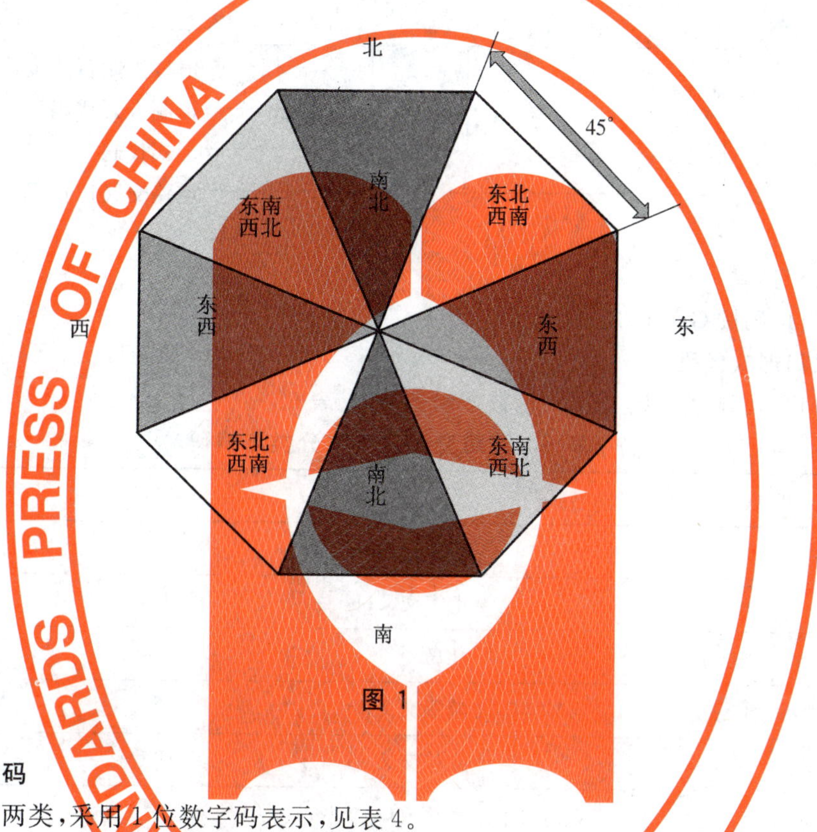

图 1

5.10 路段主辅代码

路段主辅分为两类，采用 1 位数字码表示，见表 4。

表 4 路段主辅分类与编码

代　　码	名　　称
1	区分主辅道
2	不分主辅道

5.11 路段管理方法代码

路段管理方法分为 4 类，采用 1 位数字码表示，见表 5。

表 5 路段管理方法分类编码

代　　码	分　　类
1	标线控制
2	标志控制
3	标线、标志混合控制
4	无标线、标志

6 道路交叉口交通管理属性分类与编码

6.1 分类

按道路交叉口交通管理属性分为:形式、控制方式和信号控制智能度。

6.2 代码结构

道路交叉口交通管理属性代码由道路交叉口代码和3位管理属性代码组成,结构如下,示例参见表A.2。

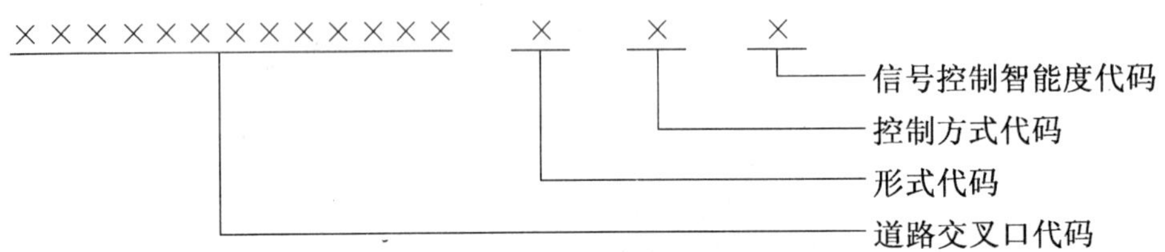

6.3 道路交叉口代码

道路交叉口代码按GB/T 21381的规定。

6.4 道路交叉口形式代码

道路交叉口形式分为7类,采用1位数字码表示,见表6。

表6 道路交叉口形式分类与编码

代码	名称
1	丁字交叉口
2	十字交叉口
3	环岛
4	畸形交叉口
5	立体交叉
6	铁路道口
9	其他

6.5 道路交叉口控制方式代码

道路交叉口控制方式按物理控制分为5类,采用1位数字码表示,见表7。

表7 道路交叉口控制方式分类与编码

代码	名称
1	无控制
2	标线控制
3	标志控制
4	标志标线控制
5	信号灯控制

6.6 道路交叉口信号控制智能度代码

道路交叉口信号控制智能度分为4类,采用1位数字码表示,见表8。

表 8 道路交叉口信号控制智能度分类与编码

代码	名　　称
1	无灯控
2	单点控制
3	干线控制
4	区域控制

7 交通标志交通管理属性分类与编码

7.1 代码结构

交通标志交通管理属性代码由交通设施代码和 4 位标志管理属性代码组成，结构如下，示例参见表 A.3～表 A.7。

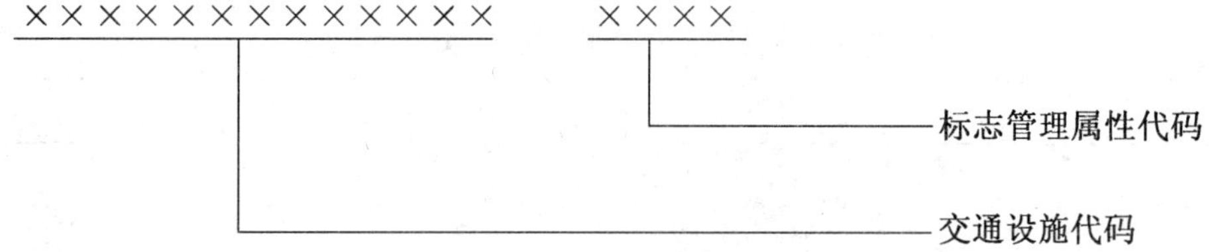

7.2 交通设施代码

交通设施代码按 GB/T 21381 的规定。

7.3 标志管理属性代码

7.3.1 分类

按交通设施特征，标志的管理属性分为 5 类：交能标志设施、违法监测设施、信息监测设施、信息显示设施和信号机。

7.3.2 交通标志设置管理属性代码

7.3.2.1 分类

按交通标志设置交通管理属性分为：功能、设置方式、发光方式和显示变动方式。

7.3.2.2 交通标志功能代码

交通标志按标志的功能分为 9 类，采用 1 位数字码表示，见表 9。

表 9 交通标志功能分类与编码

代　　码	名　　称
1	警告标志
2	禁令标志
3	指示标志
4	指路标志
5	旅游区标志
6	道路施工安全标志
7	辅助标志
8	组合标志
9	其他

7.3.2.3 交通标志设置方式代码

交通标志按设置方式分为6类，采用1位数字码表示，见表10。

表10 交通标志按设置方式分类与编码

代码	名称
1	竖立式标志
2	悬挂式标志
3	门架式标志
4	悬臂式标志
5	附着式标志
6	其他

7.3.2.4 交通标志发光方式代码

交通标志按发光方式分为3类，采用1位数字码表示，见表11。

表11 交通标志按发光方式分类与编码

代码	名称
1	不反光标志
2	反光标志
3	其他

7.3.2.5 交通标志显示变动方式代码

交通标志按显示变动方式分为两类，采用1位数字码表示，见表12。

表12 交通标志显示按变动方式分类与编码

代码	名称
1	固定标志
2	可变标志

7.3.3 违法监测设施管理属性代码

7.3.3.1 分类

按违法监测设施交通管理属性分为：监测的违法行为、仪器种类、架设方式和通讯方式。

7.3.3.2 违法监测设施按监测的违法行为代码

违法监测设施按监测的违法行为分为9类，采用1位数字码表示，见表13。

表13 违法监测设施监测的违法行为分类与编码

代码	名称
1	闯红灯监测设施
2	超速监测设施
3	进出口监控监测设施
4	单禁行监测设施
5	监测违法占用非机动车道的监测设施
6	监测长时间占用紧急停车道的监测设施
7	监测占用公交车道的监测设施
8	超载的监测设施
9	其他监测设施

7.3.3.3 违法监测设施仪器种类代码

违法监测设施按仪器种类分为8类，采用1位数字码表示，见表14。

表14 违法监测设施仪器种类分类与编码

代码	名称
1	视频
2	激光
3	红外
4	微波
5	超声波
6	环行线圈
7	组合
9	其他

7.3.3.4 违法监测设施架设方式代码

违法监测设施按架设方式分为6类，采用1位数字码表示，见表15。

表15 违法监测设施架设方式分类与编码

代码	名称
1	竖立式
2	悬挂式
3	门架式
4	悬臂式
5	附着式
6	其他

7.3.3.5 违法监测设施通讯方式代码

违法监测设施按照通讯方式分成4类，采用1位数字码表示，见表16。

表16 违法监测设施通讯方式分类与编码

代码	名称
1	有线通讯
2	无线通讯
3	综合
4	无通讯

7.3.4 信息监测设施管理属性代码

7.3.4.1 分类

按信息监测设施交通管理属性分为：监测内容、仪器种类、架设方式和通讯方式。

7.3.4.2 信息监测设施的监测内容代码

信息监测设施按信息监测的内容分为8类，采用1位数字码表示，见表17。

表 17 信息监测设施监测内容分类与编码

代 码	名 称
1	监测流量设施
2	监测车速设施
3	监测牌照设施
4	监测车型设施
5	监测排队长度设施
6	意外事件监测设施
7	多种监测内容的监测设施
8	其他监测设施

7.3.4.3 信息监测设施仪器种类代码

信息监测设施按仪器种类分为 8 类，采用 1 位数字码表示，见表 18。

表 18 信息监测设施仪器种类分类与编码

代 码	名 称
1	视频
2	激光
3	红外
4	微波
5	超声波
6	环行线圈
7	组合
8	其他

7.3.4.4 信息监测设施架设方式代码

信息监测设施按架设方式分为 7 类，采用 1 位数字码表示，见表 19。

表 19 信息监测设施架设方式分类与编码

代 码	名 称
1	竖立式
2	悬挂式
3	门架式
4	悬臂式
5	附着式
6	埋设式
7	其他

7.3.4.5 信息监测设施通讯方式代码

信息监测设施按通讯方式分为4类，采用1位数字码表示，见表20。

表20 信息监测设施通讯方式分类与编码

代码	名　称
1	有线通讯
2	无线通讯
3	综合
4	无通讯

7.3.5 信息显示设施管理属性代码

7.3.5.1 分类

按信息显示设施交通管理属性分为：内容、发光方式、安装方式和通讯方式。

7.3.5.2 信息显示设施内容代码

信息显示设施按照内容形式分为3类，采用1位数字码表示，见表21。

表21 信息显示设施内容分类与编码

代　码	名　称
1	文字
2	图形
3	组合

7.3.5.3 信息显示设施发光方式代码

信息显示设施按照发光方式分为3类，采用1位数字码表示，见表22。

表22 信息显示设施发光方式分类与编码

代　码	名　称
1	LED
2	光纤
3	其他

7.3.5.4 信息显示设施安装方式代码

信息显示设施按照安装方式分为5类，采用1位数字码表示，见表23。

表23 信息显示设施安装方式分类与编码

代　码	名　称
1	竖立式
2	悬挂式
3	门架式
4	悬臂式
5	附着式

7.3.5.5 信息显示设施通讯方式代码

信息显示设施按照通讯方式分为4类，采用1位数字码表示，见表24。

表 24 信息显示设施通讯方式分类与编码

代　码	名　称
1	有线通讯
2	无线通讯
3	综合
4	无通讯

7.3.6 信号机管理属性代码

7.3.6.1 分类

按信号机交通管理属性分为:控制对象、控制方式、通讯方式和控制相位。

7.3.6.2 信号机控制对象代码

信号机按照控制对象分成4类,采用1位数字码表示,见表25。

表 25 信号机控制对象分类与编码

代　码	名　称
1	控制机动车信号机
2	控制非机动车信号机
3	控制行人信号机
4	混合控制信号机

7.3.6.3 信号机控制方式代码

信号机按照控制方式分成2类,采用1位数字码表示,见表26。

表 26 信号机控制方式分类与编码

代　码	名　称
1	单点控制机
2	系统控制机

7.3.6.4 信号机通讯方式代码

信号机按照通讯方式分成4类,采用1位数字码表示,见表27。

表 27 信号机通讯方式分类与编码

代　码	名　称
1	有线通讯信号机
2	无线通讯信号机
3	综合通讯信号机
4	无通讯信号机

7.3.6.5 信号机控制相位代码

信号机按照控制相位分成2类,采用1位数字码表示,见表28。

表 28 信号机控制相位分类与编码

代　码	名　称
1	两相位信号机
2	多相位信号机

8 重点单位交通管理属性分类与编码

8.1 代码结构

重点单位交通管理属性代码由重点单位代码和两位重点单位属性代码组成，结构如下，示例参见表 A.8。

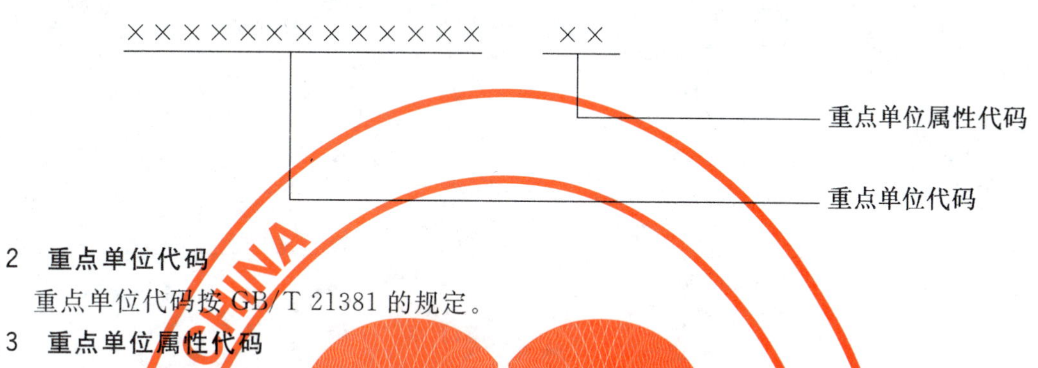

8.2 重点单位代码

重点单位代码按 GB/T 21381 的规定。

8.3 重点单位属性代码

重点单位按其属性分为 21 类，采用两位数字码表示，见表 29。

表 29 重点单位分类与编码

代码	名称	说明
01	党政机关	中央各级党政机关、民主党派机关；人民解放军、武警部队； 市各级党政机关、民主党派机关； 社会团体（包括各级工会、共青团、妇联、文联、残联、侨联、工商联、红十字会及各类学术团体、协会和宗教团体等）； 基层组织（居委会、村委会等）； 驻地机构（各外省、市、自治区政府和单位的驻地办事处等）； 国家公安部门及所属单位； 市公安局及所属业务局、处、总队、分县局； 基层科、队、所； 社区警务工作站、执法站、巡逻岗亭等； 看押场所（看守所、监狱、劳动教养所、行政拘留所、戒毒所、劳改农场、收容教育所、妇女教养所、少管所等）； 各级检察院、法院及其他司法机关
02	企事业单位	国防、军工企事业； 航空航天企事业； 大型厂矿企业； 三资企业（含驻地外商机构及分公司）； 一般企事业单位、公司（除三资）
03	新闻机构	广播电台、电视台； 新闻通讯社、报社、杂志、出版社； 影视制作中心、制片厂； 境外驻地新闻机构
04	文化场所	图书馆、档案馆、展览馆、展览中心、博物馆、艺术馆、科技馆、美术馆、纪念馆（堂、祠、碑、坛、故居等）、文物保护单位等； 群众文化场所（文化馆/站、老年活动中心、青少年宫、文化宫、武馆等）； 文艺团体（文工团、歌舞团、曲艺团、艺术团等）； 宗教场所（教堂、寺、庙、宫、观等）

表 29(续)

代码	名　称	说　明
05	医疗卫生	医院(综合医院、专科医院、中医院、门诊部、卫生院/所/站); 急救中心; 卫生防疫中心/站; 整形美容; 疗养院、康复中心; 保健所/站; 药品检验所/室/中心; 动物医院、兽医站; 药店、药房; 其他医疗卫生单位
06	教育单位	大中专院校; 中学;小学; 学前教育(幼儿园、托儿所); 成人教育、职高、技校、艺术学校等; 特殊教育学校; 民办或私立学校; 职业或语言培训学校/中心; 涉外学校(驻地使馆学校、驻地国际学校、中外联合办学学校等)
07	体育场所	体育场馆; 运动俱乐部; 健身房、健身中心; 游泳场; 其他休闲运动场所
08	科研院所	研究院、研究所、设计院
09	外国政府国际组织驻华机构	使馆; 领馆; 其他驻地国际组织、机构
10	金融证券	银行及其分支机构; 证券经纪与交易单位; 信托投资公司; 保险公司及其分支机构; 珠宝店; 涉外金融证券与保险机构
11	商业单位	商场超市(商业广场、商厦、商城、购物中心、百货商店、商场、超市等); 贸易批发市场(综合市场、农贸市场、工业品市场、家具城、建材装饰市场、汽车交易市场、小商品市场、服装批发市场等); 商业网点(专卖店、门市部、销售点、代销点、便利店等点)
12	服务场所	理发、美容美发; 家政服务、职业介绍、人才交流中心、婚介所; 摄影、照像、扩印、图片社; 日用品维修点; 干洗店、洗染店; 旅行社; 交通售票; 其他服务业

表 29(续)

代码	名　称	说　明
13	宾馆饭店	星级宾馆(星级以上的大酒店、宾馆、大饭店等); 一般宾馆(星级以下的宾馆、酒店、饭店、度假村等); 普通旅馆(旅馆、旅店、招待所等); 涉外宾馆饭店
14	餐饮服务	酒店餐馆(不提供住宿的饭店和酒店、酒楼、美食城/宫、餐馆等); 中西式快餐店、料理; 其他餐饮服务场所
15	重要场所	水、电、气、热、邮政、通信等要害部门; 生化厂、炼油厂、煤气站、液化汽站、加油站、危险品仓库等重点场所
16	特种行业	刻字印章、废旧金属收购、典当拍卖、小件物品寄存、机动车维修、印刷、旧货交易市场、彩色复印点、旧机动车交易市场、开锁公司等
17	娱乐场所	影剧院(电影院、礼堂、剧院、戏院、音乐厅、杂技场馆等); 俱乐部、夜总会; 洗浴、桑拿、按摩等; 歌舞厅、卡拉 OK 厅、迪厅; 游乐场、电子游艺厅、其他博弈场所; 录像厅、馆; 网吧; 酒吧; 茶馆、咖啡厅等
18	旅游景点	公园(各类公园、动植物园、水族馆等); 文化古迹(遗址、古建筑、陵墓等); 风景区
19	公共交通	长途汽车站、火车站、航空港; 地铁、城铁站; 公共交通汽车、电车站; 货运站; 停车场; 收费站
20	小区楼宇	小区(小区、别墅、花园等); 园区(工业园区、经济开发区、科技园区等); 家属楼、公寓、集体宿舍等; 写字楼、大厦; 平房四合院
21	其他	其他类型的单位

附 录 A
（资料性附录）
编码示例

A.1 路段交通管理属性编码示例参见表 A.1。

表 A.1 路段交通管理属性编码示例

代码	名称	说明
110108010100112S101221	北京市海淀区蓝靛厂南路八里庄桥至恩济街东口路段交通管理属性编码	北京市海滨区蓝靛厂南路八里庄桥至恩济街东口路段为快速二级省道，高级路面，一块板，南北走向，不区分主辅道，为标线控制

A.2 道路交叉口交通管理属性编码示例参见表 A.2。

表 A.2 道路交叉口交通管理属性编码示例

代码	名称	说明
1101080101006253	北京市海滨区蓝靛厂南路彰化村路交叉口交通管理属性编码	北京市海淀区蓝靛厂南路彰化村路交叉口为十字交叉口，信号灯控制，智能度为区域控制

A.3 交通设施交通管理属性编码示例参见表 A.3～表 A.7。

表 A.3 交通标志设置管理属性编码示例

代码	名称	说明
1101080101001A0011121	北京市海淀区蓝靛厂南路八里庄桥至恩济街东口路段上第一个交通标志管理属性编码	北京市海淀区蓝靛厂南路八里庄桥至恩济街东口路段上第一个交通标志为警告标志，竖立式设置，反光标志，显示变动方式为固定式

表 A.4 违法监测设施管理属性编码示例

代码	名称	说明
1101080101001B0011141	北京市海淀区蓝靛厂南路八里庄桥至恩济街东口路段上第一个违法监测设施管理属性编码	北京市海淀区蓝靛厂南路八里庄桥至恩济街东口路段上第一个违法监测设施管理的违法行为为闯红灯，采用视频设备，架设方式为悬臂式，通讯方式为有线通讯

表 A.5 信息监测设施管理属性编码示例

代码	名称	说明
1101080101001C0021141	北京市海淀区蓝靛厂南路八里庄桥至恩济街东口路段上第二个信息监测设施管理属性编码	北京市海淀区蓝靛厂南路八里庄桥至恩济街东口路段上第二个信息监测设施为监测流量，采用视频设备，架设方式为悬臂式，通讯方式为有线通讯

表 A.6 信息显示设施管理属性编码示例

代 码	名 称	说 明
1101080101001D0041141	北京市海淀区蓝靛厂南路八里庄桥至恩济街东口路段上第四个信息显示设施管理属性编码	北京市海淀区蓝靛厂南路八里庄桥至恩济街东口路段上第四个信息显示设施为文字显示，采用 LED 方式，安装方式为悬臂式，通讯方式为有线通讯

表 A.7 信号机管理属性编码示例

代 码	名 称	说 明
1101080101001E0014132	北京市海淀区蓝靛厂南路八里庄桥至恩济街东口路段上第一个信号机设施管理属性编码	北京市海淀区蓝靛厂南路八里庄桥至恩济街东口路段上第一个信号机设施控制对象为混合，采用单点控制方式，无通讯方式，实行多相位

A.4 重点单位交通管理属性编码示例参见表 A.8。

表 A.8 重点单位交通管理属性编码示例

代 码	名 称	说 明
110108010100200218	北京市海淀区蓝靛厂南路恩济街东口至徐庄路东口路段上第二个重点单位管理属性编码	北京市海淀区蓝靛厂南路恩济街东口至徐庄路东口路段上第二个重点单位为旅游景点：玲珑公园

ICS 93.080.30
R 80

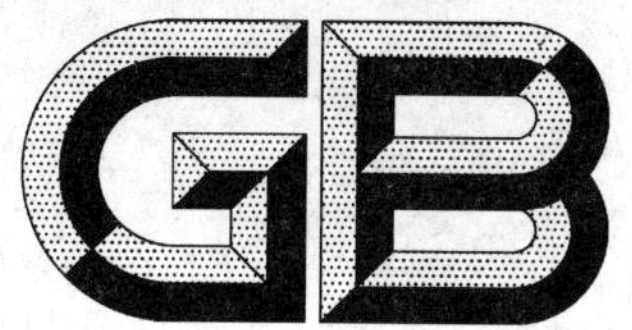

中华人民共和国国家标准

GB/T 21380—2008

行人反光标识夜间光度性能及测试方法

Nighttime photometric performance and test method of retroreflective pedestrian markings

2008-02-13 发布　　2008-08-01 实施

中华人民共和国国家质量监督检验检疫总局
中国国家标准化管理委员会　发布

前　言

本标准对应于 ASTM E 1501—2004《用于提高显著性的行人反光标识夜间光度性能标准规范》。本标准与 ASTM E 1501—2004 的一致性程度为非等效。

本标准的附录 A 为规范性附录。

本标准由全国交通工程设施(公路)标准化技术委员会(SAC/TC 223)提出并归口。

本标准负责起草单位:交通部公路科学研究院、国家交通安全设施质量监督检验中心。

本标准参加起草单位:锐飞反光材料(厦门)有限公司、北京中交华安科技有限公司。

本标准主要起草人:白媛媛、苏文英、李洪琴、高翊。

行人反光标识夜间光度性能及测试方法

1 范围

本标准规定了行人反光标识的术语和定义、夜间光度性能及测试方法。

本标准适用于行人着装及服饰等所使用的反光标识。

2 规范性引用文件

下列文件中的条款通过本标准的引用而成为本标准的条款。凡是注日期的引用文件，其随后所有的修改单(不包括勘误的内容)或修订版均不适用于本标准，然而，鼓励根据本标准达成协议的各方研究是否可使用这些文件的最新版本。凡是不注日期的引用文件，其最新版本适用于本标准。

JT/T 688 逆反射术语

JT/T 690 逆反射体光度性能测试方法

JT/T 692 夜间条件下逆反射色度性能测试方法

3 术语和定义

JT/T 688 和 JT/T 692 确立的以及下列术语和定义适用于本标准。

3.1

模拟距离 distance simulation

测试几何条件所模拟的实际距离。

3.2

颜色因数 color factor

调整发光强度系数而建立的函数。

3.3

逆反射返回量 retroreflective return

描述反光标识有效性的物理量。通过测量两个指定观测角下的发光强度系数，求和后再使用颜色因数调整得到。

4 夜间光度性能

反光标识的逆反射返回量值不应低于表 1 中的规定值。

表 1 逆反射返回量 R_R

模拟距离/m	逆反射返回量 R_R/(cd/lx)
70	0.40
230	2.30

5 测试方法

5.1 测试原理

5.1.1 测试发光强度系数(R_I)所采用的角度参考系统见图 1。

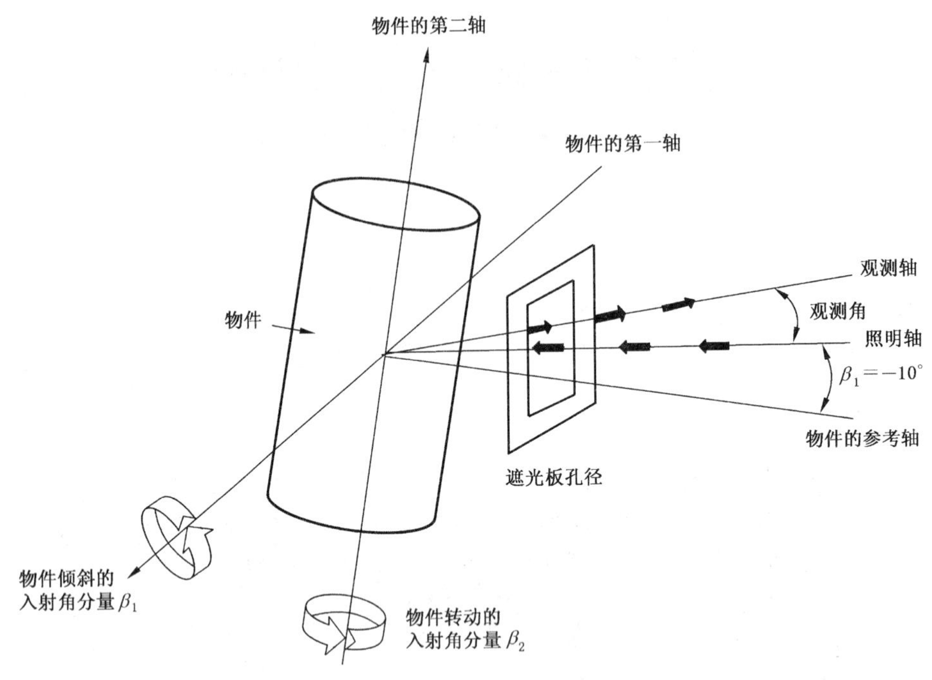

图1 角度参考系统

5.1.2 发光强度系数(R_I)的测试几何条件见表2。

表2 发光强度系数(R_I)的测试几何条件

模拟距离/m		70	230
观测角	α_1(模拟右前照灯)	1.10°	0.30°
	α_2(模拟左前照灯)	0.50°	0.15°
表示物件倾斜度的入射角分量β_1		−10°	−10°
表示物件转动的入射角分量β_2		−165°~+180°每15°测试	−165°~+180°每15°测试
最小孔径尺寸D_0/m		0.07	0.23
最小孔径面积A_0/m²		0.005	0.053

5.1.3 逆反射返回量R_R

对于每个模拟距离和入射角分量β_2,逆反射返回量(R_R)以式(1)计算:

$$R_R = F_c(R_{I1}+R_{I2})(A_0/A)^{0.6} \quad\cdots\cdots(1)$$

式中:

F_c——颜色因数,无量纲;

R_{I1}——按表2给出的观测角α_1测量得到的发光强度系数R_I值,单位为坎德拉每勒克斯(cd/lx);

R_{I2}——按表2给出的观测角α_2测量得到的发光强度系数R_I值,单位为坎德拉每勒克斯(cd/lx);

A_0——表2中每个模拟距离所对应的遮光板孔径的最小面积,单位为平方米(m²);

A——遮光板上孔径面积的总和,单位为平方米(m²)。

注:表2给出了遮光板孔径的最小面积A_0和最小尺寸D_0。

5.2 测试准备

5.2.1 试样准备

5.2.1.1 在试样准备中,试样应穿着在适当的人体模特上,以便固定且无大的褶皱和折痕,试样应从模特身上自然下垂,不接触地面,模拟正常状态下穿戴于行人身上。

5.2.1.2 按附录A的分类对试样进行准备：

a) 第1类——外套、夹克和工作服，应穿着在适当的人体模特上；

b) 第2类——背心，所使用的人体模特应无胳膊或胳膊可拆移，不妨碍测试照明和逆反射返回量；

c) 第3类——裤子，应穿着在适当的腿形上；

d) 第4类——书包和背包，应放置在适当的模型上；

e) 第5类——帽子，应放置在适当的模型上；

f) 第6类——鞋子，应穿着在平行放置的一对间隔3.8 cm的脚模型上。

5.2.2 遮光板及孔径的设置要求

遮光板及孔径的设置要求如下：

a) 测试发光强度系数(R_I)时，应在物件前放置一块布纹面的黑色遮光板。遮光板应将与测量无关部分完全遮挡，仅露出所需测量的部分；

b) 遮光板应放置在垂直于照明轴的位置，并尽可能靠近物件；

c) 遮光板可在垂直于照明轴的任何方向移动，以找到发光强度系数(R_I)的最大读数并记录测试数据；

d) 孔径应为正方形或长方形，尺寸都至少为D_0。每个模拟距离所对应的D_0值在表2中给出。如测量物件需要数个孔径，孔径可以相邻，但不可以重叠；

e) 每个逆反射返回量(R_R)值中的两个发光强度系数(R_I)，其测量时所用的孔径尺寸和位置应保持一致。

注：逆反射返回量(R_R)中的两个发光强度系数(R_I)的测量是模拟同时照射的一对汽车前照灯，因此应在相同条件下进行。

5.3 发光强度系数测试

按照JT/T 690进行测试，测试使用下列参数：

a) 最小观测距离：15 m；

b) 光度接收器最大孔径角：0.1°；

c) 光源孔径角：0.1°。

5.4 色品坐标测试

5.4.1 无色标识或标识$F_c=1$时，不必测量色品坐标。

5.4.2 按照JT/T 692进行测试，采用的角度参考系统见图2，测试使用下列参数：

a) 观测角：$\alpha=0.33°$。

b) 入射角：$\beta_1=-10°$。

c) 旋转角：$\varepsilon=72°$，取5个间隔。

d) 观测距离：不小于15 m。

e) 样品尺寸：长0.3 m、宽0.1 m的长方形。

注：如标识使用独立的小逆反射器制作，应将小逆反射器紧密排列成所需尺寸。

f) 接收器孔径角：不大于0.2°。

g) 光源孔径角：不大于0.2°。

5.5 颜色因数(F_c)计算

5.5.1 对于无色标识和特殊说明$F_c=1$的有色标识，F_c等于1。

5.5.2 以式(2)、式(3)计算色品坐标相对于CIE光源A和CIE 1931标准观察者($Y=100$)的值a和b：

$$a=185[0.9105(x/y)-1] \quad \cdots\cdots(2)$$

$$b=38[1-2.8131(z/y)] \quad \cdots\cdots(3)$$

以式(4)计算 F_c：

$$F_c = 1 + (a^2 + b^2)^{1/2}/150 \quad \cdots\cdots(4)$$

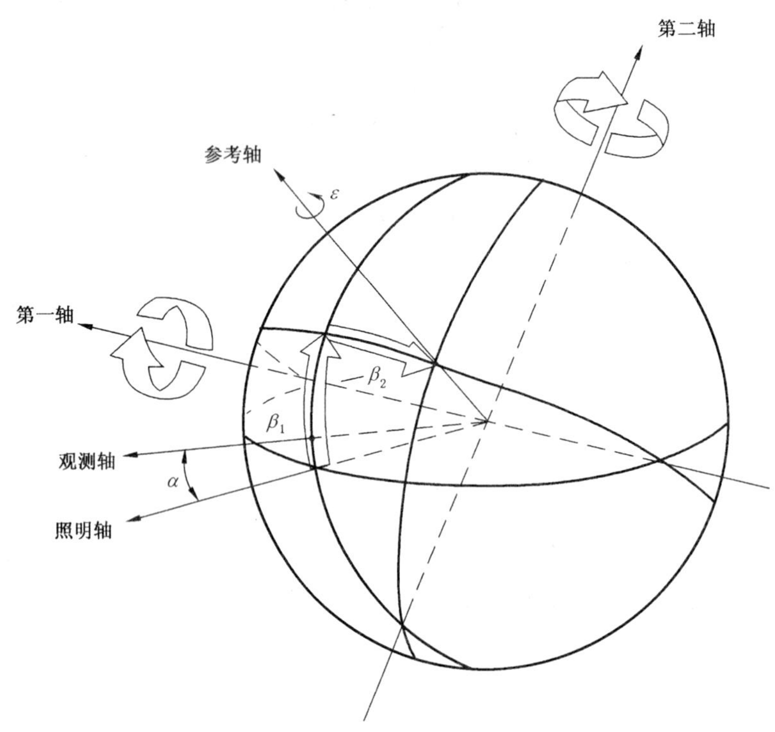

图 2 CIE 角度参考系统

5.6 逆反射返回量(R_R)计算

5.6.1 对于每个模拟距离和入射角分量 β_2，根据式(1)计算逆反射返回量 R_R 值。

5.6.2 由 $\beta_2 = -165°, -150°, -135°, \cdots, +180°$，共测得 24 个 R_R 值。

5.6.3 如 $F_c = 1$ 时 R_R 值超过表 1 中的规定值，可认为满足标准要求，不必再使用颜色因数进行调整。

附　录　A
（规范性附录）
物　件　分　类

为简化试验物件，按以下分类：

——第1类：有袖外衣，如外套、夹克和工作服，见图A.1；

——第2类：无袖外衣，如背心，见图A.2；

——第3类：腿部遮盖物，包括短裤、长裤、腿带、绑腿和短袜（跟短裤一起穿），见图A.3；

——第4类：用肩膀在后背携带的物件，如书包和背包（反光标识位于身体之外的物件表面上，如背带），见图A.4；

——第5类：戴在头上的物件，如帽子、头盔、头带和其他头部用具，见图A.5；

——第6类：穿在脚上的物件，如鞋子和其他脚件，见图A.6；

——第7类：不同于以上6类的物件类型。

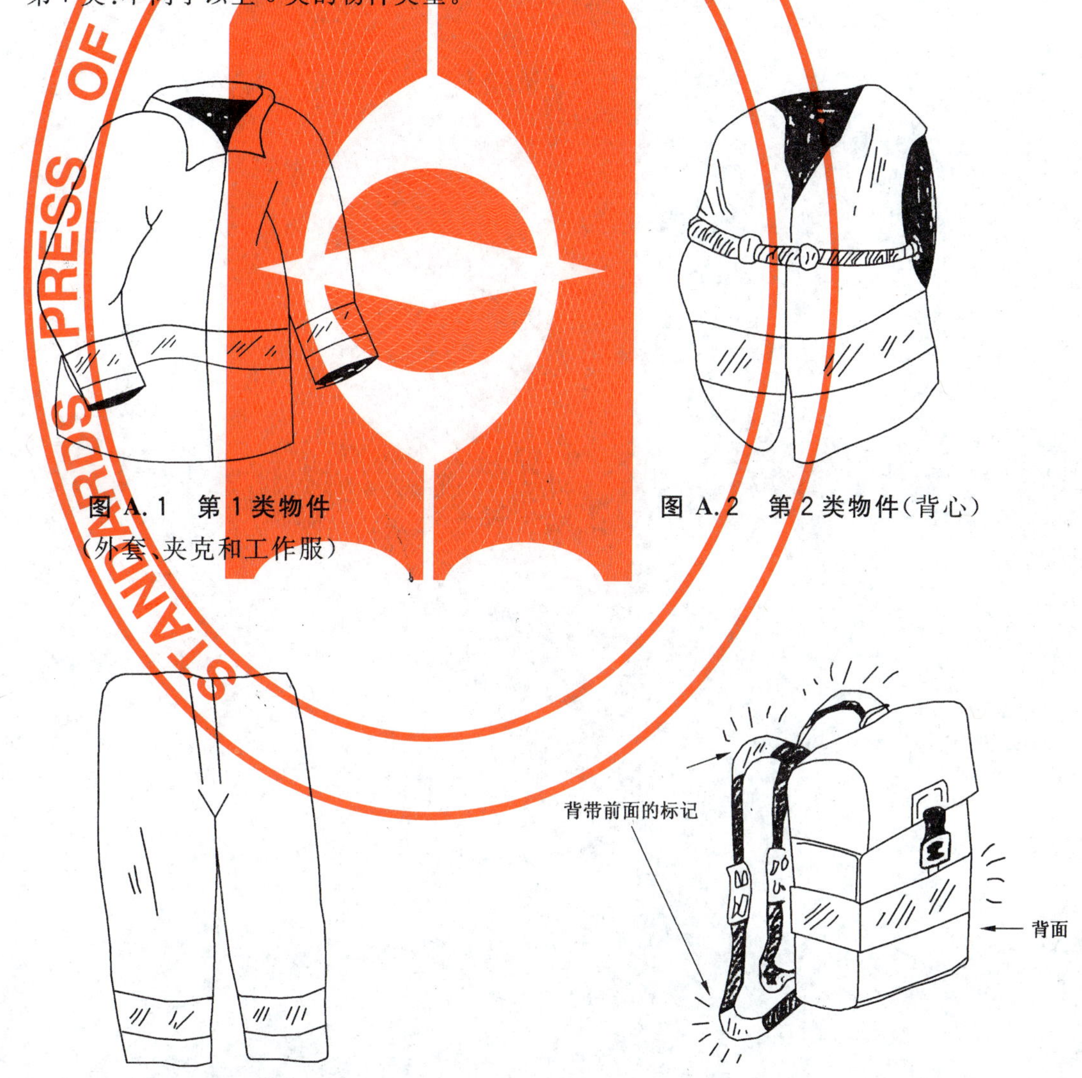

图A.1　第1类物件
（外套、夹克和工作服）

图A.2　第2类物件（背心）

图A.3　第3类物件
（裤子和其他腿部遮盖物）

图A.4　第4类物件（书包和背包）

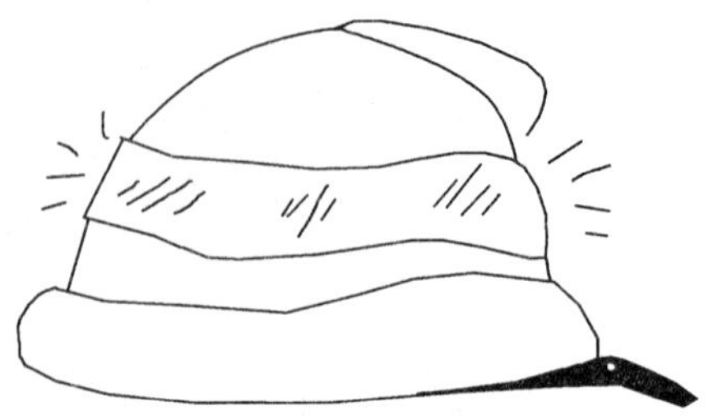

图 A.5 第 5 类物件
（帽子和其他头部用具）

图 A.6 第 6 类物件(鞋子)

ICS 03.220.20
R 07

中华人民共和国国家标准

GB/T 21381—2008

交通管理地理信息实体标识编码规则 城市道路

Coding rules for entity identification code of traffic management geographical information—City road

2008-02-13 发布　　2008-08-01 实施

中华人民共和国国家质量监督检验检疫总局
中国国家标准化管理委员会　发布

前　言

本标准的附录 A 为资料性附录。

本标准由全国智能运输系统标准化技术委员会(SAC/TC 268)提出并归口。

本标准起草单位:北京市公安局公安交通管理局交通科研所、北京四通智能交通系统集成有限公司。

本标准主要起草人:隋亚刚、梁玉庆、孔涛、单海辉、关积珍、王义生、计燕翎、杨劲夫。

交通管理地理信息实体标识编码规则 城市道路

1 范围

本标准规定了城市道路交通管理中的地理信息实体编码基本规则、编码基本结构及道路路段、交叉口、道路沿线的交通设施和重点单位等与交通控制管理密切相关的信息实体的编码规则。

本标准适用于全国大、中、小城市在城市交通管理过程中对道路路段、交叉口、道路沿线的交通设施和重点单位等实体的编码及进行标识、信息处理与信息交换。

2 规范性引用文件

下列文件中的条款通过本标准的引用而成为本标准的条款。凡是注日期的引用文件，其随后所有的修改单(不包括勘误的内容)或修订版均不适用于本标准，然而，鼓励根据本标准达成协议的各方研究是否可使用这些文件的最新版本。凡是不注日期的引用文件，其最新版本适用于本标准。

GB/T 2260 中华人民共和国行政区划代码

3 术语和定义

下列术语和定义适用于本标准。

3.1

重点单位 important unit

对交通产生较大影响的单位。

3.2

交通设施 traffic facilities

在道路上用于交通管理、控制、信息监测、违法监测和信息显示等的各种交通设备。

3.3

定位单元 locating unit

能够表明地理空间位置的地理信息实体。

4 编码编制基本规则

4.1 交通管理地理信息实体标识编码采用数字和字母。

4.2 交通管理信息实体编码的定位单元为道路。

4.3 交通管理地理信息实体和其编码之间存在一一对应关系。

5 交通管理地理信息实体标识编码规则

5.1 基本结构

交通管理地理信息实体标识编码由方位代码和信息实体代码组成。

5.2 方位代码

5.2.1 代码结构

方位代码为确定地理位置的定位单元的代码，即道路代码。

方位代码采用10位码，由6位行政区划代码和4位道路顺序代码组成。方位代码结构如下：

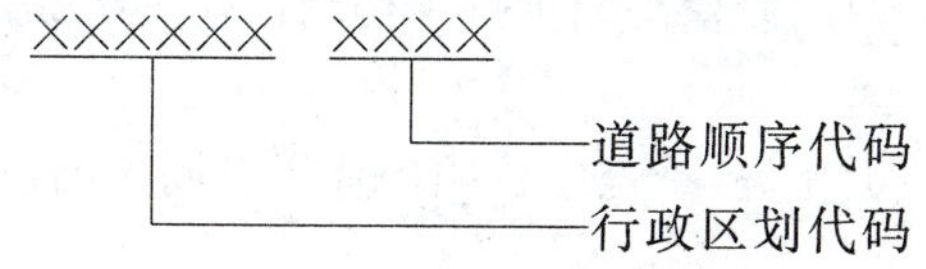

5.2.2 行政区划代码

行政区划代码按 GB/T 2260 表示。

5.2.3 道路顺序代码

5.2.3.1 在本行政区内的道路顺序代码采用 4 位数字表示，按照起点由东向西和由南向北的顺序编号。新修建道路的顺序代码在本行政区内的道路序号之后依次增加。

5.2.3.2 跨越多个行政区的道路的特殊道路，顺序代码采用 1 位字母和 3 位数字组合表示，第一位代码采用字母，不同行政区的同一条道路的顺序代号惟一，且其所在的相同级别的行政区代码用"0"表示，编码示例参见表 A.1。

5.3 信息实体代码

5.3.1 信息实体分类

城市交通管理地理信息实体包括：路段、道路交叉口、交通设施和重点单位等。

5.3.2 路段代码

5.3.2.1 代码结构

路段代码采用 13 位码，由方位代码和路段顺序代码组成。编码示例参见表 A.2。

5.3.2.2 路段顺序代码

路段顺序代码采用 3 位数字码，按同一条道路由起点至终点的路段顺序编码。

5.3.3 道路交叉口代码

5.3.3.1 代码结构

道路交叉口代码采用 13 位码，由方位代码和交叉口顺序代码组成。编码示例参见表 A.3。

5.3.3.2 道路交叉口顺序代码

5.3.3.2.1 道路交叉口顺序代码采用 3 位数字码，按同一条道路由起点至终点的交叉口顺序编号。

5.3.3.2.2 道路交叉口所属方位代码依方位代码的排序进行判定，排序在前的方位代码为道路交叉口所属的方位代码。

5.3.4 交通设施代码

5.3.4.1 代码结构

交通设施代码采用 17 位码，由路段代码、交通设施特征代码和交通设施顺序代码组成。编码示例参见表 A.4。

5.3.4.2 交通设施特征代码

交通设施特征代码采用 1 位字母码，代码见表 1。

表 1

代　码	名　称
A	交通标志设置
B	违法监测设施
C	信息监测设施
D	信息显示设施
E	信号机

5.3.4.3 交通设施顺序代码

交通设施顺序代码采用 3 位数字码，按同一路段由起点至终点的交通设施顺序编码。

5.3.5 重点单位代码

5.3.5.1 代码结构

重点单位编码采用 16 位码，由路段代码和重点单位顺序代码组成。编码示例参见表 A.5。

5.3.5.2 重点单位顺序代码

重点单位顺序代码采用 3 位数字码，重点单位顺序代码按同一路段由起点至终点的单位顺序编码。

附 录 A
（资料性附录）
编码示例

A.1 特殊道路编码示例参见表A.1。

表A.1

代 码	名 称
110100A001	北京市二环路长安街沿线

A.2 路段编码示例参见表A.2。

表A.2

代 码	名 称
1101080101001	北京市海淀区蓝靛厂南路八里庄桥至恩济街东口

A.3 道路交叉口编码示例参见表A.3。

表A.3

代 码	名 称
1101080101006	北京市海淀区蓝靛厂南路与彰化村路交叉口

A.4 交通设施编码示例参见表A.4。

表A.4

代 码	名 称
1101080101001A001	北京市海淀区蓝靛厂南路八里庄桥至恩济街东口路段上设置的第一个交通标志
1101080101001B001	北京市海淀区蓝靛厂南路八里庄桥至恩济街东口路段上第一个违法监测设施
1101080101001C003	北京市海淀区蓝靛厂南路八里庄桥至恩济街东口路段上第三个信息监测设施
1101080101001D004	北京市海淀区蓝靛厂南路八里庄桥至恩济街东口路段上第四个信息显示设施
1101080101001E001	北京市海淀区蓝靛厂南路八里庄桥至恩济街东口路段上第一个信号机

A.5 重点单位编码示例参见表A.5。

表A.5

代 码	名 称
1101080101002002	北京市海淀区蓝靛厂南路恩济街东口至徐庄路东口路段上第二个重点单位(玲珑公园)

ICS 93.080.30
R 80

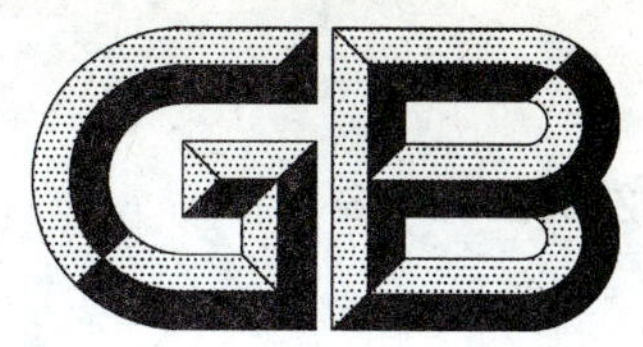

中华人民共和国国家标准

GB/T 21382—2008

光致发光(磷光)安全标记光学性能要求

Specification for optical requirements of photoluminescent(phosphorescent) safety marking

2008-02-13 发布　　　　2008-08-01 实施

中华人民共和国国家质量监督检验检疫总局
中国国家标准化管理委员会　发布

前　　言

本标准对应于 ASTM E 2072—2002《光致发光(磷光)安全标记标准技术条件》。本标准与 ASTM E 2072—2002 的一致性程度为非等效。

本标准由全国交通工程设施(公路)标准化技术委员会(SAC/TC 223)提出并归口。

本标准负责起草单位:交通部公路科学研究院、国家交通安全设施质量监督检验中心。

本标准参加起草单位:北京中交华安科技有限公司。

本标准主要起草人:郭东华、张高强。

光致发光(磷光)安全标记
光学性能要求

1 范围

本标准规定了光致发光(磷光)材料的光学性能要求。

本标准适用于主要光谱能量在515 nm～535 nm之间的光致发光(磷光)标记。

2 规范性引用文件

下列文件中的条款通过本标准的引用而成为本标准的条款。凡是注日期的引用文件,其随后所有的修改单(不包括勘误的内容)或修订版均不适用于本标准,然而,鼓励根据本标准达成协议的各方研究是否可使用这些文件的最新版本。凡是不注日期的引用文件,其最新版本适用于本标准。

ASTM E 2073 光致发光(磷光)标记光学亮度测试方法

3 光学性能要求及测试条件

3.1 实验室亮度

所有标记的亮度在激活停止10 min时应不低于20.2 mcd/m^2,在激活停止60 min时应不低于2.8 mcd/m^2。

3.2 现场亮度

通过现场光照进行激活,标记的宽度W为40 mm～100 mm,在任何时段,其单位宽度的亮度应:

a) 激活停止10 min时,不低于(1 500/W)mcd/m^2;

b) 激活停止60 min时,不低于(220/W)mcd/m^2。

注:W的单位为毫米(mm)。

3.3 测试条件

应符合ASTM E 2073。

ICS 93.080.30
R 80

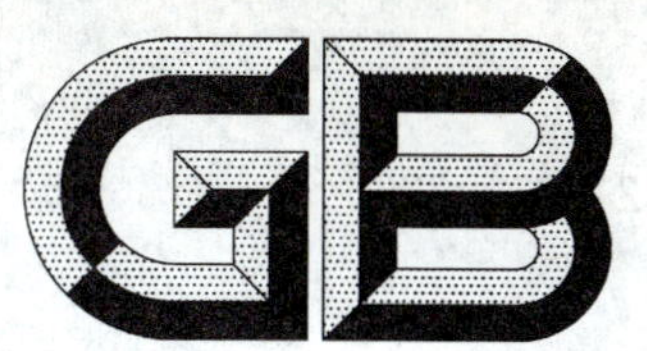

中华人民共和国国家标准

GB/T 21383—2008

新划路面标线初始逆反射亮度系数及测试方法

Coefficient of initial retroreflected luminance of newly applied pavement marking and test method

2008-02-13 发布　　2008-08-01 实施

中华人民共和国国家质量监督检验检疫总局
中国国家标准化管理委员会　发布

前　言

本标准对应于ASTM D 6359—1999《使用便携式仪器测试新划路面标线最低逆反射性能要求》。本标准与ASTM D 6359—1999的一致性程度为非等效。

本标准由全国交通工程设施(公路)标准化技术委员会(SAC/TC 223)提出并归口。

本标准负责起草单位:交通部公路科学研究院、国家交通安全设施质量监督检验中心。

本标准参加起草单位:山西长达交通设施有限公司、北京中交华安科技有限公司。

本标准主要起草人:郭艳、苏文英、白媛媛、杜利民。

新划路面标线初始逆反射亮度系数及测试方法

1 范围

本标准规定了使用便携式仪器测试新划路面标线的初始逆反射亮度系数的要求。

本标准适用于施划路面标线 14 天以内的逆反射亮度系数的测试。

2 规范性引用文件

下列文件中的条款通过本标准的引用而成为本标准的条款。凡是注日期的引用文件,其随后所有的修改单(不包括勘误的内容)或修订版均不适用于本标准,然而,鼓励根据本标准达成协议的各方研究是否可使用这些文件的最新版本。凡是不注日期的引用文件,其最新版本适用于本标准。

JT/T 612 便携式逆反射测量仪

JT/T 688 逆反射术语

3 术语和定义

JT/T 688 确立的以及下列术语和定义适用于本标准。

3.1

CEN 几何条件 CEN geometry

该几何条件是基于:被观察点与车辆中观察者水平距离 30 m,观察者眼睛距地面高度 1.2 m,车前灯在同一垂直平面内的高度 0.65 m,路面标线位于车前灯的正前方。

注:CEN 为欧洲标准化委员会。

3.2

测量范围 zone of measurement

包含被测量标线的道路范围。

3.3

核查区域 checkpoint area

每个测量范围内要被评价的标线区域。

3.4

测试点 test point

核查区域内进行测试的点。

4 要求

4.1 路面标线的逆反射色应为白色或黄色,且在夜间其白色或黄色容易视认。

4.2 白色路面标线的初始逆反射亮度系数应不低于 150 $mcd \cdot m^{-2} \cdot lx^{-1}$,黄色路面标线的初始逆反射亮度系数应不低于 100 $mcd \cdot m^{-2} \cdot lx^{-1}$。

5 取样

5.1 基本要求

应按交通流方向,选取双车道路面中心线、车道分界线、车道边缘线等进行测试。

5.2 取样方法

5.2.1 纵向实线

5.2.1.1 300 m 测量范围

沿标线长度,随机选取一个 100 m 的核查区域。在核查区域内,约每 5 m 选取一测试点进行测试,共抽取 20 个测试点,见图 1。

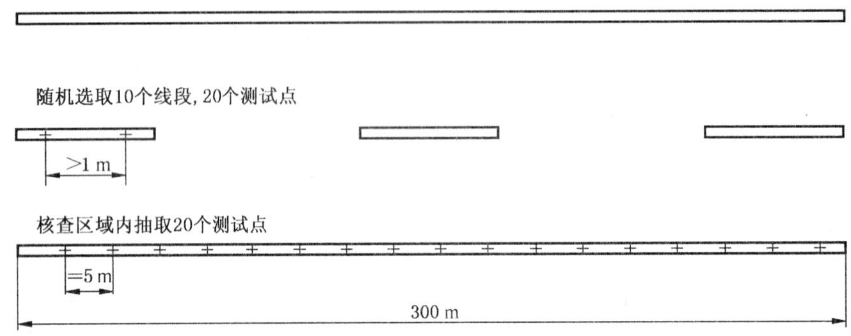

图 1 300 m 的测量范围取样示意图

5.2.1.2 300 m ~10 km 测量范围

测量范围小于 1 km 时,沿标线长度,随机选取两个 100 m 的核查区域。测量范围在 1 km~10 km 时,沿标线长度,在起点、中间及终点各选取 100 m 核查区域。在核查区域内,约每 5 m 选取一测试点进行测试,共抽取 20 个测试点,见图 2。

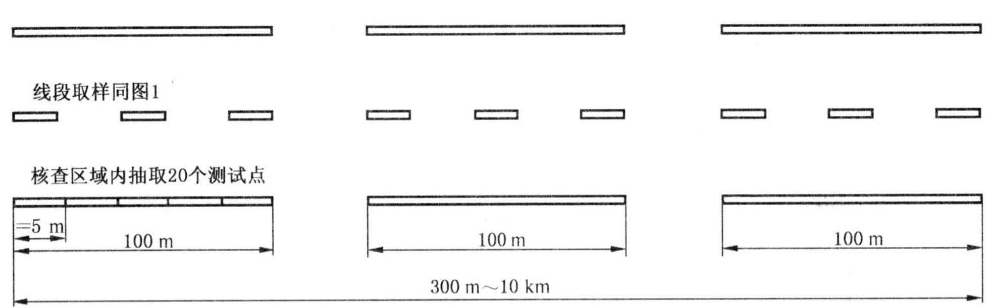

图 2 300 m~10 km 之间的测量范围取样示意图

5.2.1.3 大于 10 km 测量范围

沿标线长度,在其起点、终点及每 5 km 处选取 100 m 的核查区域。在核查区域内,约每 5 m 选取一测试点进行测试,共抽取 20 个测试点,见图 3。

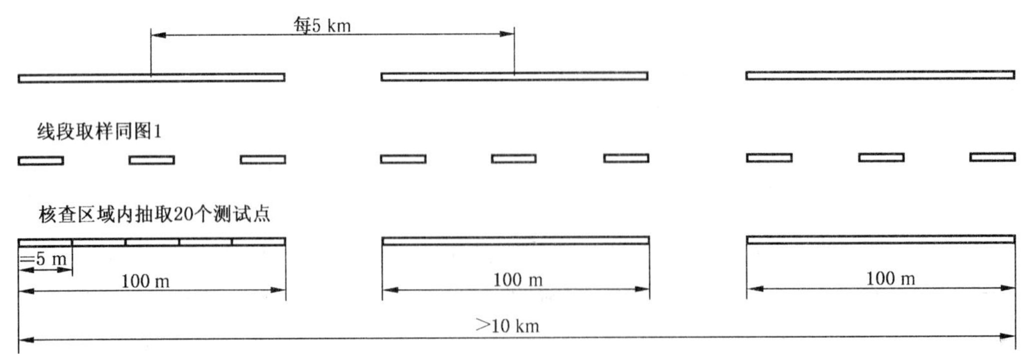

图 3 大于 10 km 的测量范围取样示意图

5.2.2 纵向间断线

5.2.2.1 300 m 测量范围

随机选取一个核查区域。在核查区域内,随机选取 10 个线段进行测量。每个线段取 2 个测试点,共抽取 20 个测试点。测试间距至少为 1 m，见图 1。

5.2.2.2 300 m～10 km 测量范围

随机选取两个核查区域。每个核查区域内，随机选取 10 个线段进行测量。每个线段取 2 个测试点，共抽取 20 个测试点。测试间距至少为 1 m，见图 2。

5.2.2.3 大于 10 km

在起点、终点及每 5 km 处选取核查区域。每个核查区域内，随机选取 10 个线段进行测量。每个线段取 2 个测试点，共抽取 20 个测试点。测试间距至少为 1 m，见图 3。

5.2.3 图形，字符，人行横道线

5.2.3.1 图形

每个图形作为一个核查区域，选取 3 个测试点。沿交通流方向进行测量，取其平均值作为测试结果。

5.2.3.2 字符或横线

选取一个核查区域。字符高度或横线宽度为 2.4 m 或以上时，选取 6 个测试点；字符高度或横线宽度小于 2.4 m 时，选取 3 个测试点。沿交通流方向进行测量，取其平均值作为测试结果。

5.2.3.3 人行横道线

随机选取 3 段作为核查区域，每段选取 6 个测试点。沿交通流方向进行测量，取其平均值作为测试结果。

6 测试方法

6.1 样品要求

6.1.1 初始逆反射亮度系数应在路面标线施划 14 日之内，去除多余的玻璃珠之后测试。

6.1.2 所测试的路面标线表面应干燥、清洁。

6.2 环境要求

测试温度应在 10℃～40℃范围内，湿度应不大于 85%。

6.3 测试仪器

符合 JT/T 612 要求的便携式逆反射标线测量仪，照明观测条件为：入射角 $\beta_1=88.76°$（$\beta_2=0°$），观测角 $\alpha=1.05°$，光源和接收器的孔径角不超过 0.33°。

6.4 测试步骤

按下列步骤测试：

a) 打开便携式逆反射标线测量仪开关，预热 10 min；

b) 用仪器自带黑板进行调零；

c) 用仪器自带校准板进行使用前的校核；

d) 将仪器按行车方向放置在所要测试的标线表面；

注：仪器测量窗孔应全部被标线表面紧密遮盖，测试光线不应到达标线表面以外的地面，外界杂散光也不应进入测试仪器内。

e) 待读数稳定后，读取数据并记录。

注：测试完毕后，应及时关闭仪器电源。

7 数据处理

数据处理如下：

a) 选取 3 个或 6 个测试点进行测量时，应计算出测量数据的平均值，如平均值不符合 4.2 的要求，则判定该核查区域为不合格；

b) 选取 20 个测试点进行测量时，如有 3 个以上数据不符合 4.2 的要求，则判定该核查区域为不合格。

8 测试报告

8.1 测试报告中应包括以下内容：

a) 测试日期；

b) 标线施划日期；

c) 标线位置(公路,路线,位置桩号,交通流方向,以及其他需指定的信息)；

d) 选用的测试仪器及检测方法；

e) 测试单位；

f) 测试数据。

8.2 应对每个车道标线的每个交通流方向都作出测试报告。

ICS 23.060.99
J 16

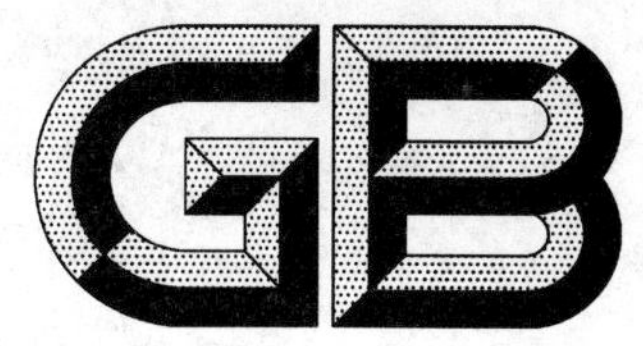

中华人民共和国国家标准

GB/T 21384—2008

电热水器用安全阀

Electric water-heater safety valve

2008-02-02 发布　　2008-07-01 实施

中华人民共和国国家质量监督检验检疫总局
中国国家标准化管理委员会　发布

前　言

本标准由中国机械工业联合会提出。

本标准由全国阀门标准化技术委员会(SAC/TC 188)归口。

本标准起草单位:浙江三峰集团有限公司。

本标准主要起草人:金阮奇、陈雪峰、徐梓荣、方郦军。

电热水器用安全阀

1 范围

本标准规定了电热水器用安全阀(以下简称安全阀)的术语、结构形式、代号、要求、试验方法、检验规则和标志、包装、运输、贮存。

本标准适用于安装在电热水器进水管路上的安全阀,其供水系统压力为0.025 MPa～1.0 MPa,安全阀的安全排放压力:封闭式为0.6 MPa～0.9 MPa,敞开式为0.15 MPa～0.35 MPa,介质温度不大于90℃。

2 规范性引用文件

下列文件中的条款通过本标准的引用而成为本标准的条款。凡是注日期的引用文件,其随后所有的修改单(不包括勘误的内容)或修订版均不适用于本标准,然而,鼓励根据本标准达成协议的各方研究是否可使用这些文件的最新版本。凡是不注日期的引用文件,其最新版本适用于本标准。

GB/T 1239.2—1989 冷卷圆柱螺旋压缩弹簧技术条件

GB/T 5231 加工铜及铜合金化学成分和产品形状

GB/T 6461—2002 金属基体上金属和其他无机覆盖层 经腐蚀试验后的试样和试件的评级(ISO 10289:1999,IDT)

GB/T 6463 金属及其他无机覆盖层 厚度测量方法评述(GB/T 6463—2005,ISO 3882:2003(E),IDT)

GB/T 7307—2001 55°非密封管螺纹(eqv ISO 228-1:1994)

GB/T 9286 色漆和清漆 漆膜的划格试验(GB/T 9286—1998,eqv ISO 2409:1992)

GB/T 10125 人造气氛腐蚀试验 盐雾试验(GB/T 10125—1997,eqv ISO 9227:1990)

YB(T) 11 弹簧用不锈钢丝

3 术语和定义

下列术语和定义适用于本标准。

3.1

敞开式安全阀 opened type safety valve

指安全阀的内排部件只带有单向止回功能,安装在敞开式电热水器上的阀门。

3.2

封闭式安全阀 enclosed type safety valve

指安全阀内排部件既带有止回功能,又能在容器内压力高于设定压力时,阀瓣自动动作释放压力,安装在封闭式电热水器上的阀门。

3.3

内排部件 relief inside parts

当供水系统停止时,使容器内介质不能回流至管道或当容器内压力高于设定压力而阀瓣动作介质能自动释放至供水系统的部件。

3.4

外排部件 relief outside parts

当供水系统或容器内压力高于外排压力时,介质能从排放口释放的部件。

3.5

内排压力 pressure relief inside

是指电热水器在加热过程中容器内压力升高,内排部件中阀瓣动作释放时的压力。

3.6

外排压力 pressure relief outside

是指当供水系统压力高于安全阀外排设定压力,外排部件动作释放时的压力。

3.7

开启压力 using pressure

是指供水系统压力进水时,安全阀内排部件动作打开的压力。

4 结构形式和参数

4.1 安全阀按用途分为敞开式和封闭式两类,典型结构分别见图1、图2。

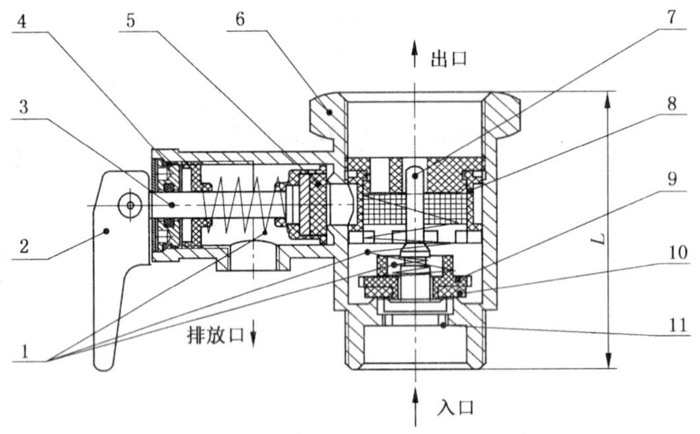

1——弹簧;
2——扳手;
3——阀杆;
4——密封部件;
5——外排密封垫;
6——壳体;
7——阀瓣;
8——过滤器;
9——阀座;
10——内排密封垫;
11——限位凸台。

图1 封闭式安全阀

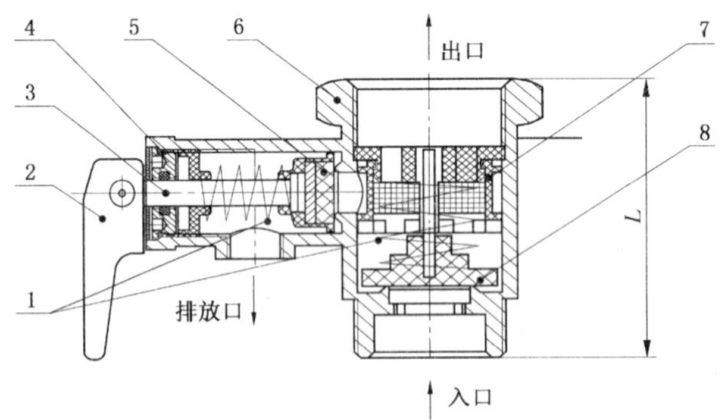

1——弹簧;
2——扳手;
3——阀杆;
4——密封部件;
5——外排密封垫;
6——壳体;
7——过滤器;
8——内排密封垫。

图2 敞开式安全阀

4.2 安全阀公称尺寸分为:DN15、DN20和DN25三档。

5 要求

5.1 总则

5.1.1 安全阀应符合本标准的规定及订货合同的要求。

5.1.2 安全阀应设有可拆卸的过滤器。

5.1.3 安全阀的排放口应保持向下倾斜位置,保持与大气相通,并应避免排放时烫伤人体。

5.1.4 安全阀的安装、调试、拆卸应由专业人员进行。

5.1.5 安全阀排放介质不得从非排放口泄漏。

5.2 端部连接

5.2.1 安全阀的入口连接形式为外螺纹,出口连接形式为内螺纹,精度不低于GB/T 7307—2001规定的B级精度。

5.2.2 螺纹表面不应有划痕、断牙等明显缺陷,表面粗糙度不大于$Ra3.2\ \mu m$,入口外螺纹长度不得少于9 mm,出口内螺纹长度不少于10.5 mm。

5.2.3 连接螺纹应能承受不低于表1规定的扭矩。

表1 连接螺纹承受的扭矩

公称尺寸 DN	承受扭矩/N·m
15	≥30
20	≥50
25	≥60

5.2.4 连接螺纹经紧固试验后,应无裂纹、损坏。

5.3 结构长度和偏差

安全阀的结构长度尺寸及偏差按表2的规定,或按订货合同的要求。

表2 结构长度尺寸及偏差

单位为毫米

公称尺寸 DN	结构长度	
	L	偏差
15	45	±1.5
20	55	±2.0
25		

5.4 壳体

5.4.1 壳体不得有缩松,裂纹和气孔等缺陷。

5.4.2 封闭式安全阀壳体入口应设有限位凸台,以控制阀瓣动作时伸张幅度。

5.5 内排部件

5.5.1 封闭式安全阀阀瓣与内排密封垫的密封面为线密封配合。

5.5.2 内排部件应平整光滑,不得有影响密封的缺陷。

5.5.3 内排部件塑料制品在1个大气压下的沸水中浸泡100 h,不得有可见变形。

5.6 外排弹簧

5.6.1 弹簧材质应符合YB(T) 11中的要求。

5.6.2 外形尺寸和偏差

5.6.2.1 弹簧的细长比(自由高度和中径之比)应小于3.7。

5.6.2.2 外排弹簧两端应各有不小于3/4圈的支承平面,支承圈末端应与工作圈并紧,弹簧轴线对两端支承平面的垂直度应达到 GB/T 1239.2—1989 中的 2 级精度要求。

5.6.2.3 弹簧指数(中径和钢丝直径之比)可在 4～24 范围内选取。

5.6.2.4 弹簧外径或内径的偏差极限应符合 GB/T 1239.2—1989 中的 2 级精度要求。

5.6.3 永久变形

将弹簧成品用试验负荷压缩三次后,其永久变形不得大于自由高度的 0.2%。

5.6.4 外观

弹簧外观应光滑,不得有肉眼可见的有害缺陷,但允许有深度不大于钢丝直径公差之半的个别小伤痕存在。

5.7 扳手

安全阀应带有手动排放扳手,且扳手设置应不影响安全阀的正常排放。

5.8 密封垫

外排密封垫硬度在 65 IRHD～75 IRHD,内排密封垫硬度在 45 IRHD～55 IRHD。

5.9 装配

5.9.1 内排结构中阀瓣与阀座轴向配合应伸缩灵活,无卡阻。

5.9.2 安全阀进水开启压力应不大于 0.025 MPa,排放压力应保证使用安全。

5.10 表面质量

5.10.1 壳体表面应镀镍处理,镀层厚度不小于 6 μm。

5.10.2 镀层应均匀,色泽一致,光度组织致密与基体结合良好,无外观缺陷。镀层经附着力试验后,不允许出现起皮或脱落现象。

5.10.3 镀层按 GB/T 10125 的规定,经 24 h 中性盐雾试验后,达到 GB/T 6461—2002 标准中 8 级的要求。

5.11 性能

5.11.1 安全阀的强度性能应符合表 3 的规定。

表 3 强度性能

部位	出口及排放口状态	介质	试验条件		技术要求
			压力/MPa	时间/s	
壳体	关闭	水	1.5	60	无渗漏,无结构损伤

5.11.2 安全阀的内外排放压力的偏差及密封性能应符合表 4 的规定。

表 4 内外排放压力的偏差及密封性能

项　　目	技　术　要　求	
	封闭式	敞开式
外排压力	排放压力的　±8%	排放压力的 ±20%
内排压力	设定压力的　±50%	—
开启压力	≤0.025 MPa	
阀杆密封性	0.9 MPa 不渗漏	0.35 MPa 不渗漏
反向密封性	8 s 频率不滴水	

5.11.3 流量

当供水系统压力在 0.3 MPa±0.02 MPa 水压下,安全阀打开时,从入口进水,其出口流量不小于 0.33 L/s;当供水系统压力在 0.05 MPa±0.01 MPa 水压下,安全阀打开时,从入口进水,其出口流量不小于 0.12 L/s。

5.11.4 寿命

安全阀的开关寿命应能正常开关 3×10^4 次后，仍符合 5.11.2 的要求。

6 材料

安全阀主要零件材料应符合表 5 的规定，允许使用性能不低于本标准规定的其他材料替代。

表 5 主要零件材料

零件名称	材料	符合标准
阀体	黄铜	GB/T 5231
弹簧	不锈钢丝	YB(T) 11
阀瓣	尼龙	本标准的 5.5.2、5.5.3
阀座	尼龙	本标准的 5.5.2、5.5.3
密封垫	硅胶	本标准的 5.8
阀杆	尼龙	本标准的 5.5.2、5.5.3

7 检验方法

7.1 结构尺寸

结构尺寸用相应精度等级的量具进行检验。

7.2 表面质量

7.2.1 外观质量采用目测检验。

7.2.2 表面镀层厚度用测厚仪按 GB/T 6463 进行试验。

7.2.3 镀层按 GB/T 10125 标准规定进行中性盐雾试验。试验结束后，用水冲净试件，用肉眼在大约 300 mm 的距离，对表面进行检查，不得借助任何放大仪器。

7.2.4 用专用硬质合金刀具进行镀层附着力试验，在安全阀表面划一个大约 15 mm×15 mm 的网格。划痕时，手与表面平行，痕迹相隔大约 3 mm，深度应完全切开镀层，在 3 处不同部位重复试验。涂层的附着力试验按 GB/T 9286 的规定进行。

7.3 性能

7.3.1 安全阀壳体强度

将安全阀壳体与测试台连接，封闭各通道口，注水排气加压，在规定的保压时间后，检查壳体应无永久性变形和渗漏。

7.3.2 安全阀内排开启压力

将安全阀出口与测试台连接，缓慢升压，当入口滴水时，其压力表读数值为内排开启压力。

7.3.3 安全阀外排压力

将安全阀出口与测试台连接，入口关闭，缓慢升压，当排放口滴水时，其压力表读数值为外排压力。

7.3.4 安全阀开启压力

将安全阀的入口与测试台连接，缓慢升压，当出口滴水时，其压力表读数值为开启压力。

7.3.5 安全阀密封性能

取开启压力检测合格的安全阀，关闭排放口和入口，通入规定的气压，保压 3 s～5 s 后检查阀杆处及阀体各部位应无渗漏。

7.3.6 流量

将安全阀按使用状态连接于供水管路上，从入口进水，测定其流量应符合 5.11.3 的要求。

7.3.7 反向密封性能

将安全阀入口朝下平放于检测台上，出口方向注水，使壳体内腔灌满水，观察其入口，应符合 5.11.2 的要求。

7.3.8 使用寿命

7.3.8.1 试验条件按表6的规定。

表6 试验条件

试验条件	技术参数		
	外排压力	内排压力	开启压力
介质	水		
介质温度	≤40 ℃		
进水压力	设定最高压力+0.05 MPa	设定最高压力+0.05 MPa	0.3 MPa±0.02 MPa
持续时间	5 s		
循环次数/周期	3×10^4		

7.3.8.2 试验方法

将压力项目检测合格的安全阀置于试验台上，通入规定的水压，试验台进水开启到关闭为一个计数循环。

8 检验规则

8.1 检验项目

8.1.1 每个产品出厂前须进行出厂检验，经检验合格后方可出厂。

8.1.2 检验项目、方法及要求按表7的规定。

表7 检验项目、方法及要求

序号	项目	出厂检验	型式试验	技术要求	检验方法
1	表面质量	√	√	5.10	7.2
2	外排压力	√	√	5.11.2	7.3.3
3	内排压力	√	√	5.11.2	7.3.2
4	阀杆密封性	√	√	5.11.2	7.3.5
5	反向密封性	√	√	5.11.2	7.3.7
6	结构尺寸	√	√	5.2、5.3	7.1
7	壳体强度	√	√	5.11.1	7.3.1
8	流量	—	√	5.11.3	7.3.6
9	盐雾试验	—	√	5.10.3	7.2.3
10	镀层附着力	—	√	5.10.2	7.2.4
11	装配质量	√	√	5.9	5.11.2
12	寿命	—	√	5.11.4	7.3.8

8.2 型式试验

8.2.1 型式试验项目按表7的规定。正常情况下，每年至少一次。

8.2.2 凡有下列情况之一，应进行型式试验：

a) 当正常生产的产品在设计、工艺、生产设备、管理等方面有较大改变而可能影响产品的性能时；

b) 出厂检验结果与上次型式检验有较大差异时；

c) 国家质量监督检验机构提出进行型式检验的要求时。

8.2.3 型式试验项目应在出厂检验合格后进行。

9 标志、包装、运输和贮存

9.1 壳体上应有明显清晰、不易涂改的厂商标记。

9.2 安全阀应采用避免摩擦、碰撞的外包装。

9.3 安全阀应贮存在干燥、无腐蚀性气体干扰的库房中。

9.4 安全阀搬运时应避免碰撞，在运输过程中不得受雨雪侵蚀。

ICS 23.060.10
J 16

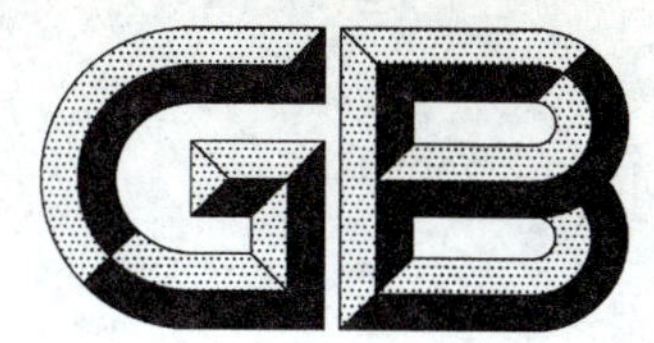

中华人民共和国国家标准

GB/T 21385—2008

金属密封球阀

Metal-seated ball valve

2008-02-02 发布　　　　2008-07-01 实施

中华人民共和国国家质量监督检验检疫总局
中国国家标准化管理委员会　发布

前　言

本标准由中国机械工业联合会提出。

本标准由全国阀门标准化技术委员会(SAC/TC 188)归口。

本标准起草单位:合肥通用机械研究院、上海耐莱斯·詹姆斯伯雷阀门有限公司、苏州纽威阀门有限公司、浙江超达阀门股份有限公司、上海开维喜阀门有限公司、浙江华东阀门有限公司、浙江五洲阀门制造有限公司、成都成高阀门有限公司。

本标准主要起草人:黄明亚、金成波、邬佑靖、高开科、邱晓来、何伟华、金公元、郑祖辉、曾品其。

本标准由全国阀门标准化技术委员会负责解释。

金属密封球阀

1 范围

本标准规定了法兰连接、焊接连接及螺纹连接金属密封球阀(以下简称“球阀”)的术语、结构形式、技术要求、材料、装配与调试、试验方法、检验规则、标记、铭牌及供货。

本标准适用于公称尺寸 DN15～DN600、公称压力 PN16～PN420 的球阀。

2 规范性引用文件

下列文件中的条款通过本标准的引用而成为本标准的条款。凡是注日期的引用文件,其随后所有的修改单(不包括勘误的内容)或修订版均不适用于本标准,然而,鼓励根据本标准达成协议的各方研究是否可使用这些文件的最新版本。凡是不注日期的引用文件,其最新版本适用于本标准。

GB/T 70.1 内六角圆柱头螺钉(GB/T 70.1—2000,eqv ISO 4762:1997)

GB/T 196 普通螺纹 基本尺寸(GB/T 196—2003,ISO 724:1993,MOD)

GB/T 197 普通螺纹 公差(GB/T 197—2003,ISO 965-1:1998,MOD)

GB/T 228 金属材料 室温拉伸试验方法(GB/T 228—2002,ISO 6892:1998(E),MOD)

GB/T 897 双头螺柱 $b_m=1d$

GB/T 898 双头螺柱 $b_m=1.25d$

GB/T 901 等长双头螺柱 B级

GB/T 4622.3 缠绕式垫片 技术条件

GB/T 5782 六角头螺栓(GB/T 5782—2000,eqv ISO 4014:1999)

GB/T 5783 六角头螺栓 全螺纹(GB/T 5783—2000,eqv ISO 4017:1999)

GB/T 6170 1型六角螺母(GB/T 6170—2000,eqv ISO 4032:1999)

GB/T 6175 2型六角螺母(GB/T 6175—2000,eqv ISO 4033:1999)

GB/T 7306 55°密封管螺纹(GB/T 7306—2000,eqv ISO 7-1:1994)

GB/T 9113.1～9113.4 整体钢制管法兰

GB/T 9124 钢制法兰 技术条件

GB/T 9128 钢制管法兰用金属环垫 尺寸(GB/T 9128—2003,ISO 7483:1991,NEQ)

GB/T 12220 通用阀门 标志(GB/T 12220—1989,idt ISO 5209:1977)

GB/T 12221 金属阀门 结构长度(GB/T 12221—2005,ISO 5752:1982,MOD)

GB/T 12224 钢制阀门 一般要求

GB/T 12228 通用阀门 碳素钢锻件技术条件

GB/T 12229 通用阀门 碳素钢铸件技术条件

GB/T 12230 通用阀门 不锈钢铸件技术条件

GB/T 13927—1992 通用阀门 压力试验(neq ISO 5208:1982)

JB/T 6899—1993 阀门的耐火试验

JB/T 7370 柔性石墨编织填料

JB/T 7928 通用阀门 供货要求

JB/T 9092—1999 阀门的检验与试验

3 术语

3.1

金属密封球阀 metal-seated ball valve

球阀密封副(即阀座密封面与球体密封面)材料配对为金属对金属的球阀。

3.2

单向密封 unidirectional sealing

只能在规定的方向即球阀上标示的密封方向密封。

3.3

双向密封 bidirectional sealing

在两个方向上都能密封。

4 结构形式

球阀的结构形式分为浮动球式和固定球式,连接形式为法兰连接、焊接连接及螺纹连接,其典型结构见图1和图2。

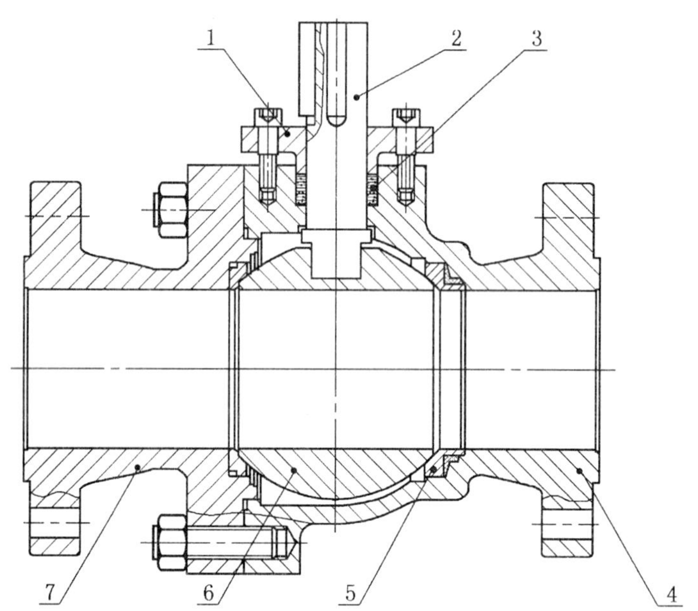

1——填料压盖;
2——阀杆;
3——阀杆密封件;
4——右阀体;
5——阀座;
6——球体;
7——左阀体。

图1 法兰连接浮动球球阀典型结构

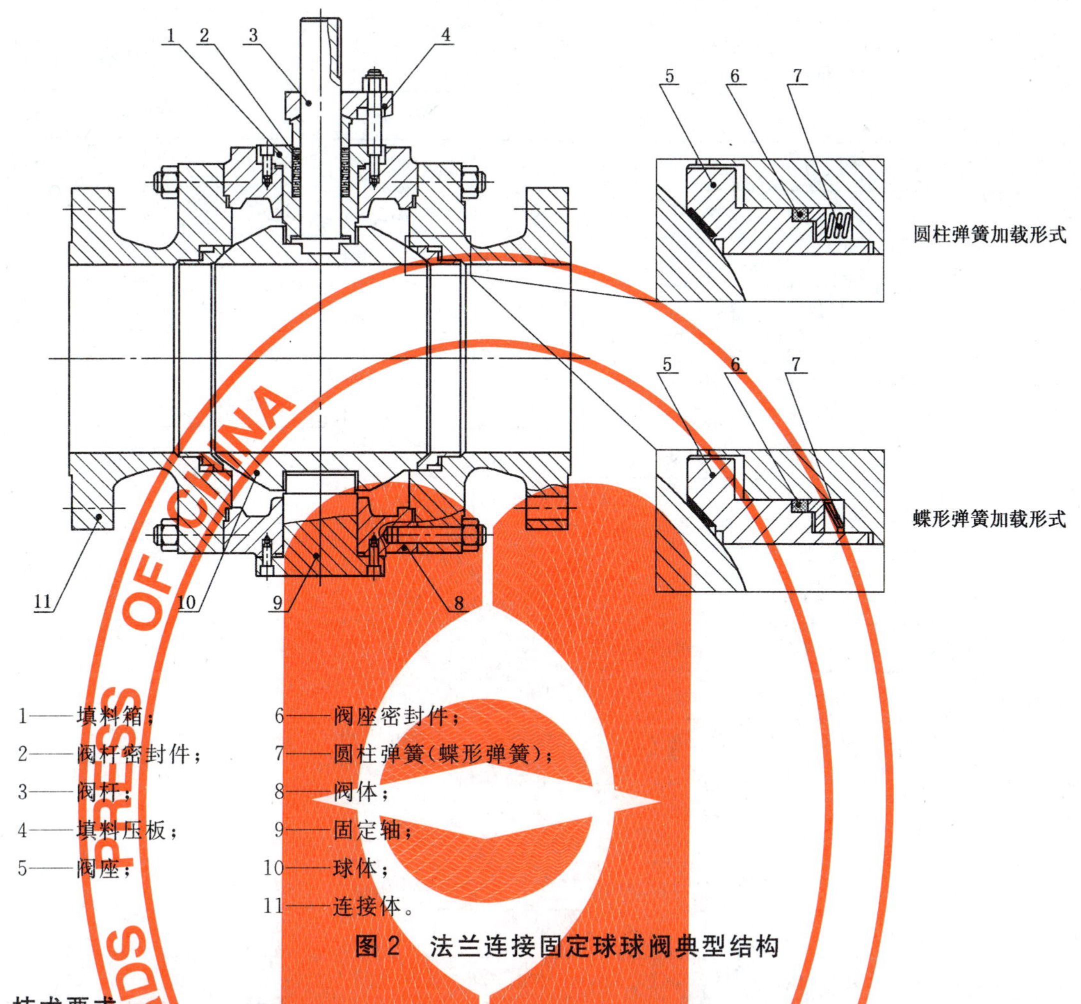

1——填料箱；
2——阀杆密封件；
3——阀杆；
4——填料压板；
5——阀座；
6——阀座密封件；
7——圆柱弹簧(蝶形弹簧)；
8——阀体；
9——固定轴；
10——球体；
11——连接体。

图 2　法兰连接固定球球阀典型结构

5　技术要求

5.1　压力-温度额定值

球阀的压力-温度额定值应不高于壳体的额定压力-温度额定值。此外阀座、阀杆及阀体连接密封处等非金属件受温度的影响，会限制球阀的压力-温度额定值。因此，球阀的压力-温度额定值应满足这些非金属件温度限制的规定。壳体的压力-温度额定值按照 GB/T 12224 的规定。

5.2　结构长度

球阀的结构长度尺寸按 GB/T 12221 的规定或按订货合同的要求。

5.3　连接端

5.3.1　平面、凸面式法兰按 GB/T 9113.1 的规定，或按订货合同的要求。

5.3.2　凹凸面式法兰按 GB/T 9113.2 的规定，或按订货合同的要求。

5.3.3　榫槽面式法兰按 GB/T 9113.3 的规定，或按订货合同的要求。

5.3.4　环连接式法兰按 GB/T 9113.4 的规定，或按订货合同的要求。

5.3.5　法兰密封连接面的表面粗糙度按 GB/T 9124 的规定。

5.3.6　焊接连接端按 GB/T 12224 的规定，或按订货合同的要求。

5.3.7　承插焊连接端按有关标准的规定，或按订货合同的要求。

5.3.8　内螺纹连接端的螺纹按 GB/T 7306 的规定，或按订货合同的要求。

5.4　球阀的流道

缩径和不缩径的阀门流道都应该是圆形的，其最小直径按表 1 的规定。

表 1　阀门通道最小直径　　单位为毫米

公称尺寸 DN	最小通道直径							
	PN16～PN100		PN150		PN250		PN420	
	全通径	缩径	全通径	缩径	全通径	缩径	全通径	缩径
15	13	9.5	13	9.5	13	9.5	13	9.5
20	19	13	19	13	19	13	19	13
25	25	19	25	19	25	19	25	19
32	32	25	32	25	32	25	32	25
40	38	32	38	32	38	32	38	32
50	49	38	49	38	49	38	42	38
65	62	49	62	49	62	49	52	42
80	74	62	74	62	74	62	62	52
100	100	74	100	74	100	74	87	62
125	125	100	125	100	125	100	112	87
150	150	125	150	125	144	125	131	112
200	201	150	201	150	192	144	179	131
250	252	201	252	201	239	192	223	179
300	303	252	303	252	287	239	265	223
350	334	303	322	303	315	287	—	—
400	385	334	373	322	360	315	—	—
450	436	385	423	373	—	—	—	—
500	487	436	471	423	—	—	—	—
600	589	487	570	471	—	—	—	—

5.5　阀体

5.5.1　除对接焊的焊接坡口区域外，阀体的最小壁厚 t_m 按 GB/T 12224 的规定。

5.5.2　法兰应与阀体整体铸造或锻造。

5.5.3　如采用上游端密封的固定球球阀，可以在阀体上开设一个 DN15 的带堵头螺纹试验孔，螺纹应按 GB/T 7306 的规定或按订货合同的规定。

5.5.4　如订货合同有规定，阀体可以设泄放孔，泄放孔螺纹尺寸按表 2 的规定。锥管螺纹应符合 GB/T 7306的规定，普通螺纹应符合 GB/T 196 的规定。

表 2　放泄孔螺纹尺寸

公称尺寸 DN	螺　纹　尺　寸	
	mm	inch
50～100	14	1/2
150～200	20	3/4
≥250	24	1

5.6　壳体的连接

5.6.1　阀门的阀体与连接体（左阀体与右阀体）的连接可以采用螺柱配螺母连接。

5.6.2　采用螺柱连接的阀门，应用螺柱配螺母。螺柱应按 GB/T 897 或 GB/T 898 或 GB/T 901 的规定，螺母应按 GB/T 6175 的规定。当螺柱不大于 M24 时，可以用粗牙螺纹；当螺柱不小于 M27 时，应用螺距不超过 3 mm 的螺纹。螺纹尺寸和公差按 GB/T 196 和 GB/T 197 的规定。

5.6.3 壳体连接之间的垫片应该采用合适的结构。装配时，严禁采用重油脂或密封剂，允许使用黏度不超过煤油的轻质润滑油。

5.7 填料箱的连接

填料箱与阀体的连接采用螺钉或螺栓连接。螺钉连接应按 GB/T 70.1 的规定，螺栓连接应符合 GB/T 5782 或 GB/T 5783 的规定。

5.8 填料压盖的连接

填料压盖的连接可采用螺柱配螺母（按 5.6.2 的规定）、螺栓连接或螺钉连接。螺母可按 GB/T 6170的规定，螺栓连接应符合 GB/T 5782 或 GB/T 5783 的规定，螺钉连接应符合 GB/T 70.1 的规定。

5.9 耐火结构

如订货合同有规定，球阀应设计成耐火结构。

5.10 阀杆防吹出结构

阀杆一般应设计成在介质压力作用下，拆开阀杆密封挡圈（如填料压盖等）时，阀杆不会被内部介质压力吹出的结构。

5.11 阀杆结构

5.11.1 阀杆若发生破坏，破坏断裂处应在阀门的压力区域外，在介质压力作用下，阀杆不会飞出。

5.11.2 与球体的连接处及在阀门的压力区域内，阀杆的抗扭强度应至少超过在阀体外阀杆抗扭强度的 20%。

5.11.3 阀杆应设计制造有足够的强度，能保证阀门在规定的使用范围内不产生永久变形或损伤。

5.12 球体

5.12.1 球体的通道应是圆形的，应是实心球，除非买方许可，可以用空心球体。

5.12.2 球阀全开时应保证球体通道与阀体通道在同一轴线上。

5.12.3 球体与阀杆的连接面应能承受最大挤压应力。

5.13 填料压盖

5.13.1 球阀的填料压盖应是可调节密封力的结构，在不拆卸球阀的任何零部件的情况下就可以调节填料的密封力。

5.13.2 高压阀门的填料压盖可做成两部分，如图 2 所示，避免由于压盖螺栓紧定不均匀引起压盖的偏斜，进而引起阀杆的卡住现象。

5.14 密封方向

对单向密封及有推荐介质流向的阀门应在阀体上标示介质流向。

5.15 操作

5.15.1 球阀的驱动可采用手动（包括直接用手柄或蜗轮驱动）、电动、液动或气动等形式。

5.15.2 驱动装置应能保证球阀在规定的使用压力及温度范围内的正常操作。

5.15.3 当球阀的工作温度较高时，在驱动装置与阀体之间应采取隔热措施，以保证驱动装置的正常工作。

5.15.4 用手柄的球阀，当球阀全开启时扳手的方向应与球体通道平行；球阀应有表示球体通道位置的指示牌或在阀杆顶部刻槽。

5.15.5 用手柄或手轮直接操作球阀的开关，以顺时针方向为关闭，手柄或手轮上应有表示开关方向的标志；球阀应有全开和全关的限位结构。

5.15.6 扳手或手轮应安装牢固，并在需要时可方便地拆卸和更换；拆卸和更换扳手或手轮时，不会影响球阀或阀杆的密封。

5.16 壳体强度性能

球阀应能经受公称压力的1.5倍的压力试验，试验后，壳体（包括填料函及阀体与阀盖连接处）不得发生渗漏或引起结构损伤。

5.17 密封性能

球阀的密封性能应符合GB/T 13927—1992的D级规定。

5.18 低压密封试验

球阀的低压密封性能应符合JB/T 9092—1999的规定。

6 材料

6.1 球阀壳体

除了订货合同另有规定外，球阀壳体（阀体、连接体、填料箱、固定球阀的底盖等）的材料按GB/T 12224、GB/T 12228、GB/T 12229或GB/T 12230的规定。

6.2 球阀的内件

6.2.1 球阀内件基体材料通常包括，不锈钢系、硬质合金系及特种合金系，因为不锈钢系、硬质合金系及特种合金系的材料有较好的高温稳定性，可根据不同的高温工况选用合适的材料。

6.2.2 球阀密封表面的硬化处理，各制造厂商可根据实际工况要求，自行制定。

6.2.3 球体和金属阀座

球体和阀座应采用抗腐蚀性能不低于阀体抗腐蚀性能的材料。

6.2.4 阀杆

阀杆是阀门中重要受力零件，阀杆材料必须具有足够的强度和韧性，能耐介质、大气及填料的腐蚀，耐擦伤，工艺性好。

6.2.5 弹簧

阀座配蝶形弹簧或圆柱弹簧材料可选用不锈钢或镍基合金。

6.2.6 填料、垫片

阀杆密封、阀体连接处和填料箱及固定轴等处密封垫片的密封材料，由制造厂按照球阀最大允许使用温度及相应的压力等级选取材料。柔性石墨编织填料应符合JB/T 7370，缠绕式垫片应符合GB/T 4622.3的规定，金属透镜垫的使用应符合GB/T 9128的规定。其他密封材料的使用可根据供需双方的约定使用。

6.3 连接螺栓和螺母

连接螺栓和螺母材料可用经调质处理的高强度合金钢制作（最低抗拉强度大于690 MPa），或采用经固溶处理后奥氏体不锈钢制作（最低抗拉强度大于585 MPa）。

7 装配与调试

7.1 阀门的所有零件在装配前应经质量检验部门检查，不合格的零件不得进行装配。

7.2 紧固件的螺纹连接表面，在装配时可涂二硫化钼脂（膏）或相当效果的涂料，防止咬死现象。

7.3 阀门应严格按图样和有关技术文件进行组装和调试，应保证运动灵活，无任何卡阻现象。

7.4 每台阀门出厂前应至少做三次带载开关试验，运行平稳、可靠。

8 试验方法

8.1 压力试验

8.1.1 每台阀门出厂前均应按照GB/T 13927—1992的规定进行压力试验。

8.1.2 试验介质

壳体强度试验及液体密封试验的介质可为淡水（可加防腐剂）、煤油或其他黏度不大于水的非腐蚀性液体，对奥氏体不锈钢、双相不锈钢的阀门，其试验水的氯离子含量不应超过100 μg/g(100 ppm)，低压气密封试验的介质为 0.4 MPa～0.7 MPa 压缩空气或氮气。

8.1.3 壳体强度试验

8.1.3.1 壳体试验的试验压力为球阀在 38℃时公称压力的 1.5 倍。

8.1.3.2 壳体试验时，阀杆填料密封应调整到能维持试验压力状态，使启闭件处于部分开启状位置；给腔体内充满试验介质，并逐渐加压到试验压力，试验压力最短持续时间按表 3 的规定，试验后应满足 5.16 的规定。

8.1.3.3 在试验过程中，不得对阀门施加影响试验结果的外力。试验压力在保压和检测期间应维持不变。用液体作试验时，应尽量排除阀门腔体内的气体。

8.1.3.4 凡经补焊的阀体均应重新进行强度试验，且试验应在补焊和热处理之后进行。对需进行无损检测的壳体，则应在无损检测后进行。

表 3 金属密封球阀压力试验持续时间

公称尺寸	壳体强度试验时间/s	静压密封试验最短持续时间/s
DN≤50	15	15
65≤DN≤200	60	30
250≤DN≤400	180	60
DN≥500	180	120
注：试验持续时间是指阀门完全准备好后，处于满载压力的检查时间。		

8.1.4 密封试验

8.1.4.1 密封试验应在壳体强度试验后进行。

8.1.4.2 高压密封试验，对金属密封的球阀，阀座的液体密封试验用 1.1 倍公称压力的试验介质进行。

8.1.4.3 密封试验时，封闭阀门两端，启闭件处于微开启状态，给体腔充满试验介质，并逐渐加压到试验压力，关闭启闭件，释放阀门一端的压力，最短持续时间按表 3 的规定。试验结果应符合 5.17 的规定。

8.1.4.4 对于双向密封球阀，对每个阀座都必须进行密封试验。

8.1.4.5 对于浮动球结构的球阀，试验时，两个阀座之间的腔体内应充满试验压力的介质。

8.1.4.6 对于固定球上游（进口侧）端密封结构的球阀，进行上游端阀座的密封试验，在球阀两个阀座间中腔的泄压螺纹孔处通过引管观察球阀的泄漏情况。

8.1.4.7 试验过程中不应使阀门受到可能影响试验结果的外力，应以设计给定的方式关闭阀门。

8.1.5 低压密封试验

低压密封试验（当客户有要求时），阀门的气密封试验用 0.4 MPa～0.7 MPa 的气体进行试验。

8.2 阀体壁厚测量

用测厚仪或专用卡尺量具测量阀体流道、中腔和阀盖部位的壁厚。

8.3 材料成分分析

在阀体、球体的本体材料上钻屑取样，取样应当在表面 6.5 mm 之下处。

8.4 阀体材质力学性能

用阀体同炉号、同批热处理的试棒按 GB/T 228 规定的方法进行。

8.5 耐火试验

对于有耐火结构要求的球阀，应按 JB/T 6899—1993 规定的方法进行耐火试验。

8.6 整机带载开关试验

在正常载荷情况下，开关三次。试验介质压力应是阀门的公称压力或根据客户具体要求各制造厂商自行确定的试验压力。

8.7 标记、铭牌检查

阀体表面铸造或打印标记内容和铭牌内容采用目测法，检查结果应符合第 10 章的要求。

8.8 防护、包装和贮运检查

球阀的防护、包装、贮存采用目测法，检查结果应符合11.2和11.3的规定。

9 检验规则

9.1 检验分类和检验项目

9.1.1 金属密封球阀的检验分为出厂检验、抽样检验和型式检验。

9.1.2 检验项目、要求和方法按表4的规定。

表4 检验项目、技术要求和检验方法

序号	检验项目	检验类别			技术要求	检验和试验方法
		出厂检验	抽样检验	型式检验		
1	结构长度	√	√	√	符合5.2	量测工具进行检测
2	阀体壁厚测量	—	√	√	符合5.5.1	按8.2
3	壳体强度试验	√	√	√	符合5.16	按8.1.3
4	密封试验	√	√	√	符合5.17	按8.1.4
5	低压气密封试验[a]	—	√	√	符合5.18	按8.1.5
6	带载开关试验	√	√	√	符合7.4	按8.6
7	耐火试验[a]	—	√	√	符合5.9	按8.5
8	材料的化学成分	—	—	√	按有关材料标准	按8.3
9	阀体材质力学性能	—	—	√	按有关材料标准	按8.4
10	阀体标志、铭牌	√	√	√	符合第10章	按8.7
11	防护、包装、贮运	√	√	√	符合11.2、11.3	按8.8
注：“√”为检验项目，“—”为不做检验的项目。						
[a] 客户有要求时进行的检验。						

9.2 出厂检验

每台阀门必须进行出厂检验，经制造商检验员检验合格后方可出厂。

9.3 抽样检验

9.3.1 抽样试验应在出厂检验合格的产品中抽取。

9.3.2 有下列情况之一时，应进行抽样检验：

a) 正式生产时，成批生产的产品应进行抽样检验，以检查生产过程的稳定性；

b) 产品交货，用户提出检验要求时。

9.3.3 抽样方法按表5的规定。

表5 抽样方案

批量数		抽样台数
DN≤150	DN≥200	
≤20	≤10	1
>20～60	>10～40	2
>60～100 [a]	>40～80 [b]	3
[a] 批量超过100台，则分为两批次，以此类推。 [b] 批量超过80台，则分为两批次，以此类推。		

9.3.4 合格判定

a) 每台球阀的抽样检验项目全部符合标准要求，该批产品全部合格。

b) 若被检阀门中有一台阀门的一项指标不符合本标准时，允许从该批中重新抽取相同数量的阀门进行检验，检验项目全部符合标准要求，则该批产品全部合格。若仍有一项不符合要求，则判定该批次为不合格品。

c) 若被检阀门中有两项以上(可以是一台阀门，也可以是两台阀门)指标不符合本标准的要求时，则判定该批次为不合格品。

9.4 型式检验

9.4.1 有下列情况之一时，一般要进行型式检验：

a) 新产品的试制、定型、鉴定；

b) 正式生产后，如结构、材料、工艺有较大改变可能影响产品性能时；

c) 产品长期停产后恢复生产时；

d) 国家有质量监督机构提出进行型式试验的要求时。

9.4.2 型式检验的产品数为一台，检验项目应全部符合标准后，方可以批量生产。

10 标记、铭牌

球阀的标记、铭牌应按 GB/T 12220 标准的规定。

11 供货要求

11.1 一般要求

11.1.1 球阀的供货要求应符合 JB/T 7928 的规定。

11.1.2 阀门必须按规定的技术标准、设计图样、技术文件及订货合同的规定进行制造，并经检验合格后方可出厂供货。当有特殊要求时，应在订货合同中规定，并按规定要求检验和供货。

11.2 防护

除奥氏体不锈钢球阀及铜制阀门外，其他金属制阀门的非加工外表面应涂漆或按合同的规定予以涂层。非涂漆或无防锈层的加工表面，必须涂易除去的防锈剂。阀门内腔及零件不得涂漆，并应无污垢锈斑。

11.3 包装、贮存、运输

11.3.1 阀门在试验合格后，应清除阀门表面的油污脏物，内腔应去除残存的试验介质。

11.3.2 阀门两端应用盲板保持法兰密封面、焊接端或螺纹端部及阀门内腔。盲板应用木质材料、木质合成材料、塑料或金属材料制成，并用螺栓、钢夹或锁紧装置固定，且应易于装拆。

11.3.3 阀门外露的螺纹(如阀杆、接管)部分应予以保护。

11.3.4 阀门应包装发运。对于公称尺寸不大于 DN40 的阀门均应装箱发运，对于公称尺寸大于 DN40 的阀门除按合同规定外，可以散装或用其他方式包装，但必须保证在正常运输过程中不破损和丢失零件。

11.3.5 阀门出厂时应有产品合格证、产品说明书及装箱单。

11.3.6 贮存

阀门应保存在干燥的室内，堆放整齐，不允许露天存放，以防止损坏和腐蚀。

ICS 23.060.99
J 16

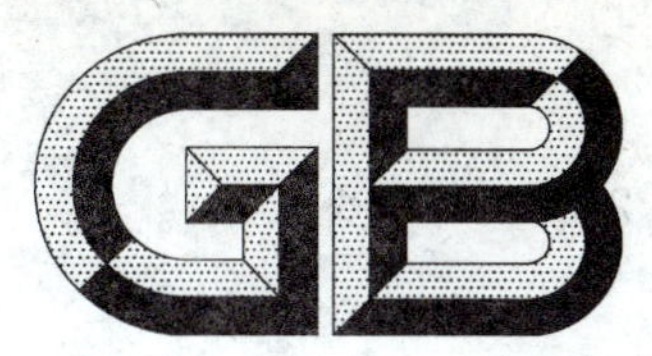

中华人民共和国国家标准

GB/T 21386—2008

比例式减压阀

Ratio pressure reducing

2008-02-02 发布　　2008-07-01 实施

中华人民共和国国家质量监督检验检疫总局
中国国家标准化管理委员会　发布

前　言

本标准由中国机械工业联合会提出。

本标准由全国阀门标准化技术委员会(SAC/TC 188)归口。

本标准起草单位:宁波埃美柯铜阀门有限公司、上海华通阀门有限公司、上海正丰阀门有限责任公司、上海开维喜阀门集团有限公司。

本标准主要起草人:郑雪珍、张永辉、陈铁钧、何伟华。

本标准由全国阀门标准化技术委员会负责解释。

比例式减压阀

1 范围

本标准规定了比例式减压阀的术语和定义、结构形式、技术要求、试验方法、检验规则、标志、包装、运输和供货要求。

本标准适用于公称压力 PN10～PN25,公称尺寸 DN15～DN300,工作温度不大于 100℃,工作介质为水或物理性质类似于水的介质。

2 规范性引用文件

下列文件中的条款通过本标准的引用而成为本标准的条款。凡是注日期的引用文件,其随后所有的修改单(不包括勘误的内容)或修订版均不适用于本标准,然而,鼓励根据本标准达成协议的各方研究是否可使用这些文件的最新版本。凡是不注日期的引用文件,其最新版本适用于本标准。

GB/T 7306　55°密封管螺纹(GB/T 7306—2000,eqv ISO 7-1:1994)

GB/T 8464—1998　水暖用内螺纹连接阀门

GB/T 9113.1　平面、突面整体钢制管法兰

GB/T 9124　钢制管法兰　技术条件

GB/T 12224　钢制阀门　一般要求

GB/T 12225　通用阀门　铜合金铸件技术条件

GB/T 12226　通用阀门　灰铸铁件技术条件

GB/T 12227　通用阀门　球墨铸铁件技术条件

GB/T 12229　通用阀门　碳素钢铸件技术条件

GB/T 13927　通用阀门　压力试验

GB/T 15530.1　铜合金整体铸造法兰

GB/T 15530.8　铜合金及复合法兰　技术条件

GB/T 17219　生活饮用水输配水设备及防护材料的安全性评价标准

GB/T 17241.6　整体铸铁管法兰(GB/T 17241.6—1998,neq ISO 7005-2:1988)

GB/T 17241.7　铸铁管法兰　技术条件(GB/T 17241.7—1998,neq ISO 7005-2:1988)

JB/T 308　阀门　型号编制方法

JB/T 7928　通用阀门　供货要求

3 术语和定义

下列术语和定义适用于本标准。

3.1

比例式减压阀　ratio pressure reducing

阀前水压和阀后水压比例相对固定的活塞式结构的减压阀。

3.2

减压比　pressure reducing ratio

比例式减压阀阀前静水压力与阀后静水压力的比值。

3.3

出口压力偏差值　deviation value of downstream pressure

出口流量一定,进口压力改变时,出口压力的变化值;或进口压力一定,出口流量改变时,出口压力

的变化值。

3.4

流量特性　flow characteristics

稳定流动状态下，当进口压力一定时，出口压力与流量的函数关系。

3.5

压力特性　pressure characteristics

出口流量一定，进口压力改变时，出口压力与进口压力之间的函数关系。

4　结构形式、型号

4.1　结构形式

4.1.1　根据比例式减压阀阀体形式、连接形式的不同，可分为内螺纹连接型、法兰连接分体型和法兰连接整体型三种类型。

4.1.2　内螺纹连接型比例式减压阀典型结构形式见图1。

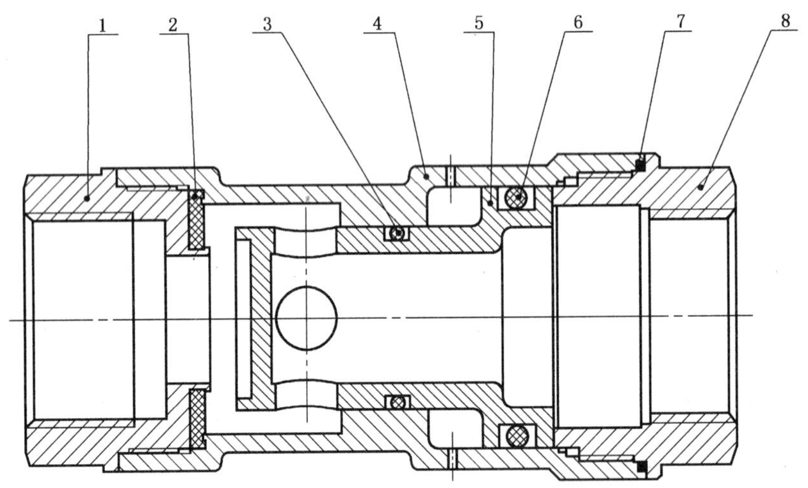

1——前阀盖；　4——阀体；　7——密封圈；
2——阀座；　5——阀芯；　8——后阀盖。
3——O形圈；　6——O形圈；

a) A型

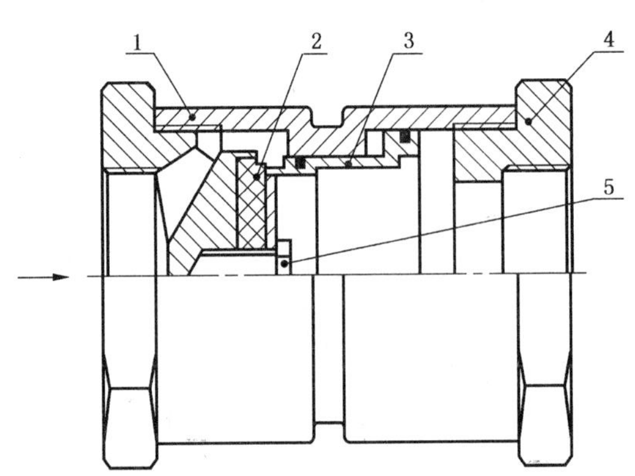

1——阀体；　4——限位套；
2——阀座；　5——螺栓。
3——活塞；

b) B型

图1　内螺纹连接型

4.1.3 法兰连接分体型比例式减压阀典型结构形式见图 2。

4.1.4 法兰连接整体型比例式减压阀典型结构形式见图 3。

4.1.5 在符合本标准技术要求的前提下,允许设计成其他结构形式。

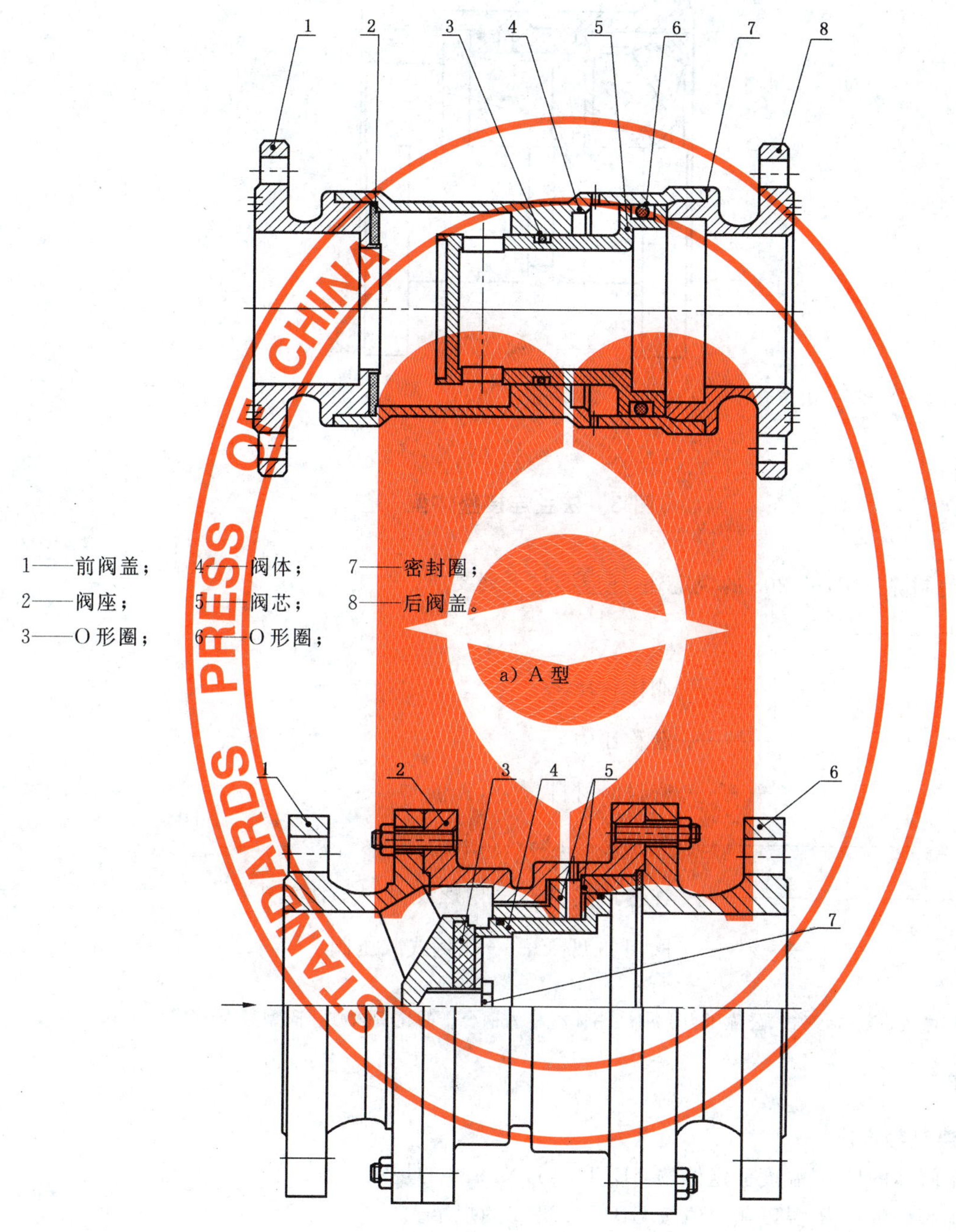

1——前阀盖;
2——阀体;
3——阀座;
4——活塞;
5——缸套;
6——后阀盖;
7——螺栓。

b) B 型

图 2 法兰连接分体型

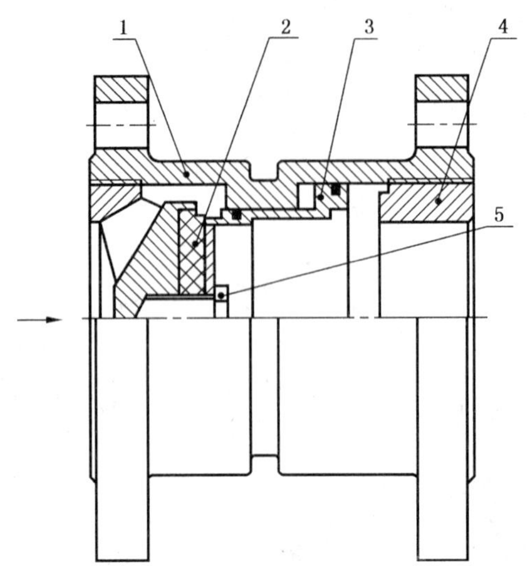

1——阀体；
2——阀座；
3——活塞；
4——限位套；
5——螺栓。

图3 法兰连接整体型

4.2 型号

型号的编制除按 JB/T 308 的规定外，还应满足下列要求：

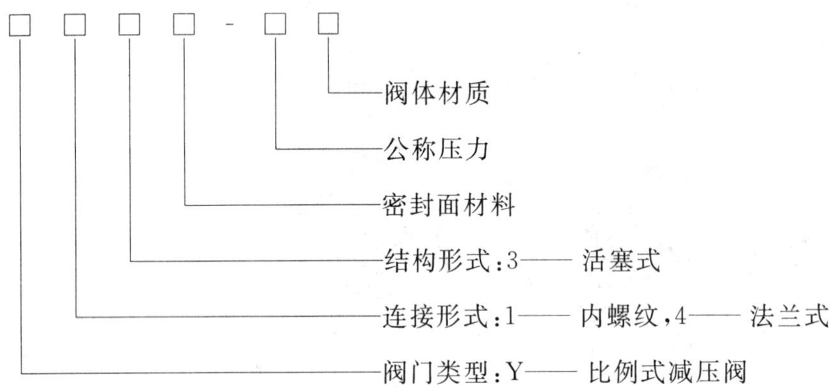

示例：

法兰连接、橡胶密封、活塞式、公称压力 PN16、阀体材料为铜合金的比例式减压阀型号为：Y43X-16T。

5 技术要求

5.1 压力-温度额定值

5.1.1 铜制阀体的压力-温度额定值按 GB/T 8464—1998 的规定。

5.1.2 钢制阀体的压力-温度额定值按 GB/T 12224 的规定。

5.1.3 铸铁阀体的压力-温度额定值按 GB/T 17241.7 的规定。

5.2 零部件要求

5.2.1 阀体

阀体最小壁厚按表 1 的规定。

5.2.2 管螺纹

管螺纹尺寸和精度应符合 GB/T 7306.1 或 GB/T 7306.2 中的规定，或符合客户要求。

5.2.3 法兰

铜制法兰的结构形式和尺寸符合 GB/T 15530.1 的规定，技术条件应符合 GB/T 15530.8 的规定；

钢制法兰的结构形式和尺寸符合 GB/T 9113.1 的规定,技术条件符合 GB/T 9124 的规定;铸铁法兰的结构形式和尺寸符合 GB/T 17241.6 的规定,技术条件应符合 GB/T 17241.7 的规定。

表 1 阀体的最小壁厚

公称尺寸 DN	铜合金	灰铸铁	球墨铸铁		铸钢		
	PN16	PN10	PN16	PN25	PN16	PN20	PN25
	最小壁厚/mm						
15	2.5	—	—	—	—	—	—
20	2.5	—	—	—	—	—	—
25	3	—	—	—	—	—	—
32	3	—	—	—	—	—	—
40	3	—	—	—	—	—	—
50	4	7	7	9	5.5	5.6	5.7
65	5	8	8	9	5.5	5.6	5.7
80	5.5	8	8	9	5.6	5.6	6.1
100	6.5	9	9	10	6.2	6.4	6.6
125	7	10	10	11	6.6	7.1	7.4
150	8	11	11	12	6.8	7.1	7.5
200	9.5	12	12	12	7.7	7.9	8.5
250	—	12	12	14	8.1	8.6	9.3
300	—	14	14	15	9.1	9.7	10.5

5.2.4 阀盖

阀体与阀盖连接处结构可靠,可以采用螺纹或法兰连接。

5.2.5 阀座

阀座可以是金属密封或弹性密封。

5.2.6 阀芯

5.2.6.1 阀芯运动灵活,阀芯与阀体密封可靠。

5.2.6.2 阀芯最小过流面积不小于公称尺寸面积的 50%。

5.2.7 导向套

5.2.7.1 对于阀体为铸钢或铸铁时应用导向套。

5.2.7.2 导向套应选用铜、不锈钢材料。

5.3 材料要求

除按本标准规定外,其他经试验证明确不降低使用性能和寿命的材料允许代用。

5.3.1 阀体材料应按表 2 选取或按订货合同的规定。

表 2 阀体材料

材料名称	牌号	执行标准号
铜合金	ZCuZn40Pb2、ZCuAl9Mn4	GB/T 12225
灰铸铁	HT200、HT250	GB/T 12226
球墨铸铁	QT400-18、QT450-10、QT500-7	GB/T 12227
碳素铸钢	WCB、WCC	GB/T 12229

5.3.2 阀盖的材料应与阀体材料相同。

5.3.3 阀芯、导向套及内部紧固件应采用抗腐蚀性能优良的材料，可用铜或不锈钢材料。也可采用其他材料，但应有可靠的防腐性能。

5.4 性能要求

5.4.1 壳体强度

比例式减压阀壳体在1.5倍的公称压力保压下，不得有可见渗漏，壳体无裂纹、变形等结构损伤。

5.4.2 密封性能

比例式减压阀在1.1倍的公称压力（水压）试验下，静态时在确保减压比保持衡定情况下无可见泄漏。

5.4.3 流量特性

出口流量在最大流量20%～100%范围内变化时，比例式减压阀不得有异常动作，其出口压力偏差值不大于出口压力的10%。

5.4.4 压力特性

进口压力变化时，减压阀不得有异常动作，其出口压力偏差值不大于理论出口压力的10%。

5.4.5 减压比

比例减压阀减压比是固定的，可按2∶1、3∶1、4∶1、5∶1、3∶2、5∶2、4∶3等，亦可根据合同的要求设计特殊的减压比。

5.4.6 减压比偏差值

在公称压力下，减压比偏差值应不大于减压比的5%。

5.4.7 最小开启压力

根据减压比不同最小开启压力应不大于0.04 MPa。

5.5 卫生性能

用于生活饮用水管道上的阀门的卫生性能应符合GB/T 17219的规定。

6 试验方法

6.1 壳体强度试验

试验系统按图4。封闭阀门进口和出口，启闭件处于开启状态。给体腔充满试验介质，并逐渐加压到1.5倍的公称压力（从阀门进口端加压），试验持续时间按GB/T 13927的规定，然后用目测法检查壳体（包括阀体与阀盖连接处）进行检查，不得有可见渗漏，壳体无裂纹、变形等结构损伤。

6.2 静态密封试验

试验系统按图4。封闭阀门进口和出口，在阀的进出口端各连接一个压力表。给体腔充满试验介质（从阀门进口端通入），并逐渐加压到1.1倍的公称压力，试验持续时间按GB/T 13927的规定。然后观察压力表量值。在试验持续时间内，确保减压比保持衡定情况下无可见泄漏。

6.3 流量特性试验

流量特性试验系统如图4。给定阀门的最高允许进口工作压力，阀1、6、7全开，记下此时流量计2的读数（最大流量），调节节流阀7使阀门的出口流量为最大流量的20%，然后再调节节流阀7，使出口流量达到最大流量，记录此时出口压力偏差值。

6.4 压力特性试验

压力特性试验系统如图4。给定阀门的最高允许进口工作压力，调节节流阀7使阀门的出口流量为最大流量，然后改变闸阀1的开度，使进口压力在80%～105%最高工作压力范围内变化，记录此时出口压力偏差值。

6.5 减压比、减压比偏差值试验

试验系统按图4。封闭阀门进口和出口，启闭件处于开启状态。从阀门进口端通入试验介质，并逐

渐加压到公称压力，然后观察出口端压力表量值。

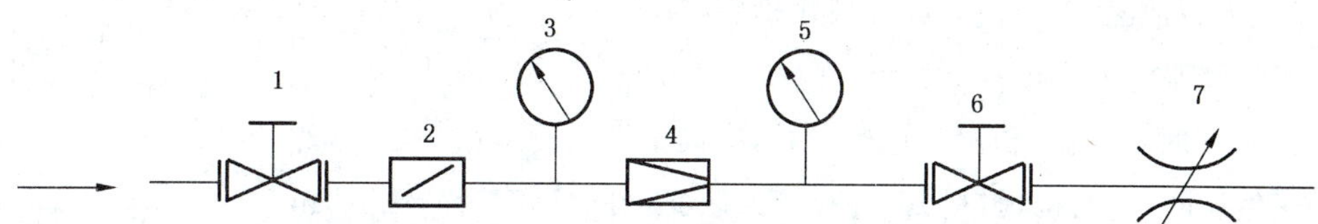

1、6——闸阀；
2——流量计；
3、5——压力表；
4——被测阀；
7——节流阀。

图 4 性能试验系统示意图

6.6 最小开启压力试验

试验系统按图 4。封闭阀门进口和出口，启闭件处于关闭状态。从阀门进口端缓缓通入试验介质，当阀门开启瞬间，观察进口端压力表量值。

6.7 卫生性能试验

阀门的卫生性能试验按 GB/T 17219 中规定执行。

7 检验规则

7.1 出厂检验

7.1.1 每台产品均应做出厂检验，检验合格后方可出厂。

7.1.2 整台产品及零、部件应符合本标准和相应标准及技术文件(与用户协议)的规定。

7.1.3 检验项目、要求及方法按表 3 规定。

表 3 检验项目、要求及方法

检验项目	检验类别		技术要求	检验和试验方法
	出厂检验	型式检验		
尺寸	√	√	按图样	测量工具进行检测
壳体试验	√	√	按 5.4.1	按 6.1
静态密封试验	√	√	按 5.4.2	按 6.2
流量特性试验	—	√	按 5.4.3	按 6.3
压力特性试验	—	√	按 5.4.4	按 6.4
减压比	√	√	按 5.4.5	按 6.5
减压比偏差值	—	√	按 5.4.6	按 6.5
最小开启压力	—	√	按 5.4.7	按 6.6
卫生性能[a]	—	√	按 5.5	按 6.7
标志、包装	√	—	按 8.1、8.2	目测
注：“√”为检验项目，“—”不做检验。				
[a] 非用于生活饮用水管道上的比例式减压阀，不需做卫生性能试验。				

7.2 型式检验

7.2.1 当遇到下列情况之一时，应进行型式检验：

a) 新产品试制定型鉴定；

b) 正式生产时，定期或积累一定产量后，应周期性进行一次检验；

c) 正式生产时，如结构、材料、工艺有较大改变，可能影响产品性能时；

d) 产品长期停产后，恢复生产时；

e) 国家质量监督机构提出进行型式检验的要求时。

7.2.2 型式检验采取抽样检验。检验样品可从生产厂质量检验部门检查合格的库存阀门中随机抽取，或从已供给用户但未使用的并且保持出厂状态的阀门中随机抽取。每一规格阀门供抽样的最少台数和抽样台数按表4的规定。到用户抽样时，供抽样的台数不受表4的限制，抽样台数仍按表4的规定。对整个系列产品进行质量考核时，根据该范围大小情况可以从中抽取2～3个典型规格进行检验，每个规格供抽样的台数和抽样台数仍按表4的规定。

表4 抽样台数

公称尺寸 DN	供抽样的最少台数	抽样台数
<50	30	3
50～300	20	

7.2.3 型式检验项目、要求、方法按表3的规定。

7.2.4 型式检验的全部检验项目都应符合表3中技术要求的规定。

8 标志、包装、贮运和供货要求

8.1 标志

8.1.1 产品上应有如下标志：

a) 商标；

b) 阀体材料；

c) 公称压力；

d) 公称尺寸；

e) 指示介质流动方向的箭头；

f) 炉号。

8.1.2 铭牌上应有如下标志：

a) 适用介质；

b) 产品名称、规格、代号；

c) 产品商标或公司名称；

d) 减压比标记。

8.1.3 产品合格证上应有检验员印记、出厂日期和产品执行标准号。

8.2 包装

8.2.1 阀门在试验后，包装前应清除内外油污、残水、杂物等。

8.2.2 包装时阀芯应处于关闭位置并固定。

8.2.3 包装件应保证产品在正常运输和保管中不受损伤。

8.3 运输

产品在运输过程中应轻搬轻放，不得雨淋、受潮。

8.4 供货要求

产品的供货要求按 JB/T 7928 的规定。

ICS 23.060.50
J 16

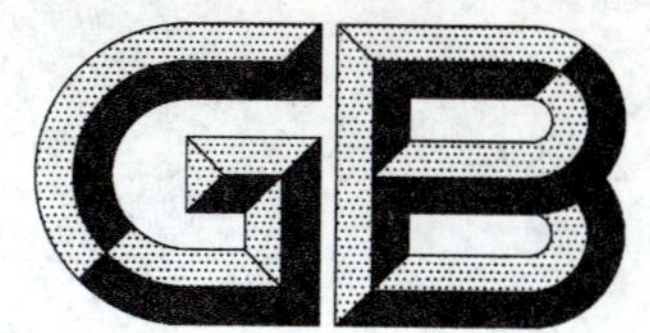

中华人民共和国国家标准

GB/T 21387—2008

轴流式止回阀

Axial flow check valve

2008-02-02 发布

2008-07-01 实施

中华人民共和国国家质量监督检验检疫总局
中国国家标准化管理委员会
发布

前　言

本标准由中国机械工业联合会提出。

本标准由全国阀门标准化技术委员会(SAC/TC 188)归口。

本标准起草单位:上海华通阀门有限公司、宁波埃美柯铜阀门有限公司、上海正丰阀门有限公司。

本标准主要起草人:张永辉、刘铁男、郑雪珍、陈铁鋆、孟爱民。

本标准由全国阀门标准化技术委员会负责解释。

轴流式止回阀

1 范围

本标准规定了轴流式止回阀的结构形式、技术要求、材料、试验方法、检验规则和供货要求等。

本标准适用于公称压力PN2.5～PN150、公称尺寸DN25～DN1800、温度不大于100℃的轴流式止回阀;其端部连接形式为法兰、焊接或螺纹连接;适用介质为水、油品、天然气等。

2 规范性引用文件

下列文件中的条款通过本标准的引用而成为本标准的条款。凡是注日期的引用文件,其随后所有的修改单(不包括勘误的内容)或修订版均不适用于本标准,然而,鼓励根据本标准达成协议的各方研究是否可使用这些文件的最新版本。凡是不注日期的引用文件,其最新版本适用于本标准。

GB 150 钢制压力容器

GB/T 4423 铜及铜合金拉制棒

GB/T 7306 55°密封管螺纹(GB/T 7306—2000,eqv ISO 7-1:1994)

GB/T 9113.1 整体钢制管法兰

GB/T 9124 钢制管法兰 技术条件

GB/T 12221 金属阀门 结构长度(GB/T 12221—2005,ISO 5752:1982,MOD)

GB/T 12224 钢制阀门 一般要求

GB/T 12225 通用阀门 铜合金铸件技术条件

GB/T 12226 通用阀门 灰铸铁件技术条件

GB/T 12227 通用阀门 球墨铸铁件技术条件

GB/T 12228 通用阀门 碳素钢锻件技术条件

GB/T 12229 通用阀门 碳素钢铸件技术条件

GB/T 12230 通用阀门 不锈钢铸件技术条件

GB/T 17241.6 整体铸铁管法兰(GB/T 17241.6—1998,neq ISO 7005-2:1988)

GB/T 17241.7 铸铁管法兰 技术条件(GB/T 17241.7—1998,neq ISO 7005-2:1988)

JB/T 5296 通用阀门 流量系数和流阻系数的试验方法

JB/T 7928 通用阀门 供货要求

JB/T 9092—1999 阀门的检验与试验

3 术语

下列术语和定义适用于本标准。

3.1

轴流式止回阀 axial flow check valve

阀体内腔表面、导流罩、阀瓣等过流表面应有流线型态,且前圆后尖。流体在其表面主要表现为层流,没有或很少有湍流。

4 结构形式

轴流式止回阀根据其阀瓣结构形式不同可分为套筒型、圆盘型、环盘型等多种形式,其基本结构形式见图1～图3所示。允许在符合本标准技术要求的前提下,设计成其他的结构形式。

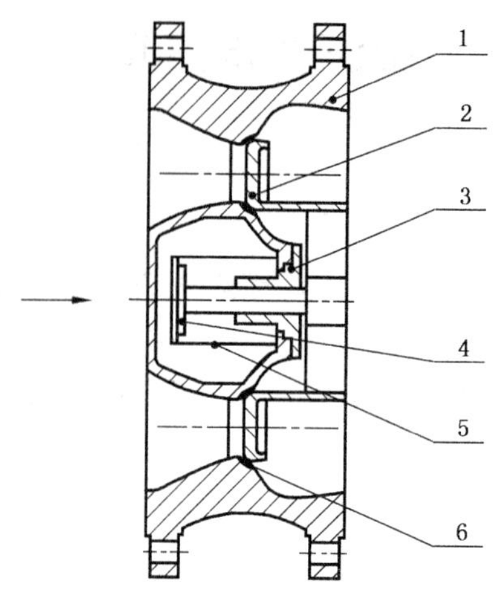

1——阀体；
2——阀瓣；
3——导向套；
4——限位座；
5——弹簧；
6——阀座。

图1　套筒型

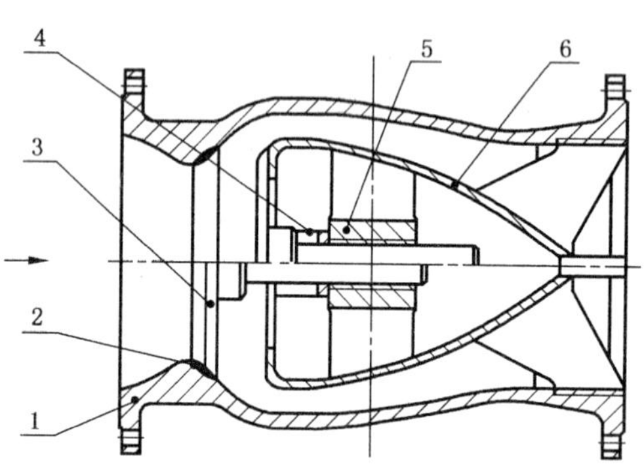

1——阀体；
2——阀座；
3——阀瓣；
4——弹簧；
5——导向套；
6——导流罩。

图2　圆盘型

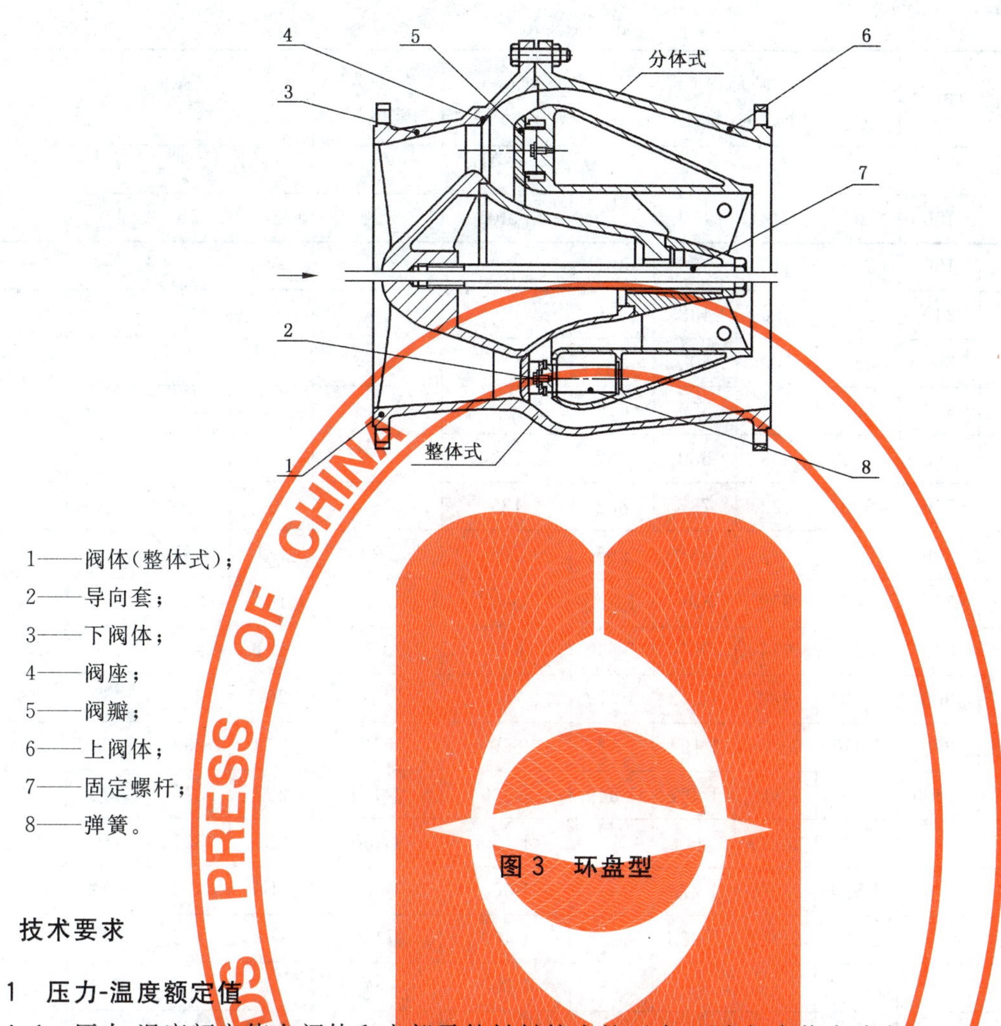

1——阀体(整体式);
2——导向套;
3——下阀体;
4——阀座;
5——阀瓣;
6——上阀体;
7——固定螺杆;
8——弹簧。

图 3 环盘型

5 技术要求

5.1 压力-温度额定值

5.1.1 压力-温度额定值由阀体和内部零件材料较小的压力-温度额定值来确定。

5.1.2 钢制阀体的压力-温度额定值按 GB/T 12224 的规定。

5.1.3 铸铁阀体的压力-温度额定值按 GB/T 17241.7 的规定。

5.2 最小开启压力

轴流式止回阀最小开启压力(水平状),应不大于 2 kPa(0.002 MPa),或按订货合同的要求。

5.3 结构长度

结构长度按表 1 的规定,或按订货合同的要求。

表 1 结构长度

单位为毫米

公称尺寸 DN	圆盘型短		圆盘型 环盘型(整体)				环盘型 (分体)	环盘型 整体短	套筒型			
	公称压力 PN ≤											
	25	150	20	50	110	150	50	150	20	50	110	150
25	100	100	127	216	216	254	—	—	—	—	—	—
32	100	100	140	229	229	279	—	—	—	—	—	—
40	120	120	165	241	241	305	—	—	—	—	—	—
50	120	120	203	267	292	368	—	—	—	—	—	—
65	150	150	216	292	330	419	—	—	—	—	—	—

表 1(续)

单位为毫米

公称尺寸 DN	圆盘型短		圆盘型 环盘型(整体)				环盘型 (分体)	环盘型 整体短	套　筒　型			
	公称压力　PN　≤											
	25	150	20	50	110	150	50	150	20	50	110	150
80	180	180	241	318	356	381	—	—	—	—	—	—
100	240	240	292	356	432	475	—	—	—	—	—	—
125	300	300	330	400	508	559	—	—	—	—	—	—
150	350	350	356	444	559	610	—	—	—	—	—	—
200	450	450	495	533	660	737	350	—	—	—	—	—
250	500	500	622	622	787	838	425	—	—	—	—	—
300	550	600	698	711	838	965	500	500	181	181	229	292
350	575	700	787	838	889	1 029	600	600	184	222	273	356
400	600	800	**864**	**914**	991	1 130	675	675	191	232	305	384
450	650	900	978	978	1 092	1 219	750	750	203	264	362	432
500	700	978	**1 016**	1 016	1 194	1 321	850	850	219	292	368	451
600	800	1 200	1 295	1 346	1 397	1 549	1 000	1 000	222	318	438	495
700	—	—	1 448	1 499	1 600	—	1 150	1 150	280	355	480	540
800	—	—	**1 650**	1 778	1 778	—	1 300	1 300	356	429	584	600
900	—	—	1 956	2 083	2 083	—	1 450	1 450	368	432	635	700
1 000	—	—	—	—	—	—	1 600	1 600	432	483	680	800
1 200	—	—	—	—	—	—	1 900	1 900	524	629	1 030	1 150
1 400	—	—	—	—	—	—	2 200	2 200	635	750	1 200	—
1 600	—	—	—	—	—	—	—	—	690	800	1 250	—
1 800	—	—	—	—	—	—	—	—	850	850	1 300	—
基本系列			10	21								

注 1：基本系列系指 GB/T 12221 中规定的系列。

注 2：黑体字数据与基本系列数据不同。

5.4　阀体

5.4.1　阀体内腔流道及导流罩应充分满足过流能力及流线型设计，以减小压力损失。

5.4.2　阀体与管道连接的法兰，应是与阀体整体铸造或锻造而成。对于钢制阀门，也可以采用焊接而成，焊接的法兰应是对焊形式，焊接要求符合 GB 150 的规定。

5.4.3　法兰连接

铜制法兰、钢制法兰的结构形式和尺寸符合 GB/T 9113.1 的规定，技术条件应符合 GB/T 9124 的规定；铸铁法兰形式和尺寸符合 GB/T 17241.6 的规定，技术条件符合 GB/T 17241.7 的规定。

5.4.4　管螺纹连接

管螺纹尺寸和精度应符合 GB/T 7306 中的规定或符合客户要求。

5.4.5　对焊连接

对焊连接仅适用于钢制阀体，焊接端尺寸应符合 GB/T 12224 的规定，或按订货合同要求。

5.5 阀瓣

5.5.1 根据需要，阀瓣可以设计成轴流式套筒型、圆盘型、环盘型（整体、分体）等不同形式，但应充分考虑流线型态。

5.5.2 阀瓣不同形式的确定，应考虑使轴流式止回阀关闭时平稳、减震、消声、减小水击等，并能承受管道内的最大压力升值。

5.6 限位导向套

5.6.1 为了保证阀瓣的可靠启闭移动，不同的阀瓣应设置相应的限位导向套，并充分考虑过流能力及流线型态，降低压力损失。

5.6.2 限位导向套在阀内设置应牢固可靠，充分考虑承受反复冲击的能力。

5.7 弹簧

为了保证阀瓣的可靠关闭，根据不同的阀瓣形式可设置相应的复位弹簧，应考虑最小开启压力要求，降低压力损失。

5.8 内部连接及紧固件

所有内部连接及紧固件，应充分考虑连接可靠及防松措施。

5.9 外观

阀门外观不应有明显伤痕、裂纹等缺陷，外表色泽基本一致。

5.10 壳体强度

止回阀应能经受公称压力的 1.5 倍的压力试验，试验后，壳体不得发生渗漏或结构损伤。

5.11 密封性能

止回阀应能经受公称压力的 1.1 倍的高压密封试验，试验后，泄漏量应符合 JB/T 9092—1999 的规定。

5.12 流阻系数

轴流式止回阀的流阻系数：公称尺寸不大于 DN300，流阻系数不大于 0.4；公称尺寸大于 DN300，流阻系数不大于 0.36。

6 材料

6.1 阀体的材料按 GB/T 4423、GB/T 12225、GB/T 12226、GB/T 12227 、GB/T 12228、GB/T 12229 、GB/T 12230 的规定。

6.2 阀瓣本体、导流罩、限位导向套等与介质接触零件，应采用抗腐蚀性能不低于阀体性能的材料。

6.3 弹簧应根据介质和用户要求选用不锈钢或弹簧钢。

6.4 密封副软面材料可选用橡胶、PTFE 等非金属材料，但应充分考虑耐温性、耐腐蚀性、耐冲刷性以保证密封可靠。

6.5 材料其他要求按 GB/T 12224 相关规定执行。

7 检验和试验方法

7.1 外观检验

外观质量检验采用目测法，其结果应符合 5.9 的规定。

7.2 材料检验

对进厂的材料按相应的标准进行检验或核对材料理化性能试验报告、合格证明书等相关资料。其结果应符合 6.1 的规定。

7.3 壳体强度、密封试验

阀门壳体强度、密封试验，按 JB/T 9092—1999 的规定进行。

7.4 最小开启压力试验

试验系统按图 4。被测阀启闭件处于关闭状态，徐徐打开截断阀 1，从阀门进口端引入试验介质，当阀门开启漏水瞬间，观察测压计的最大量值。

7.5 流阻系数试验

流阻系数的试验按 JB/T 5296 的规定进行。

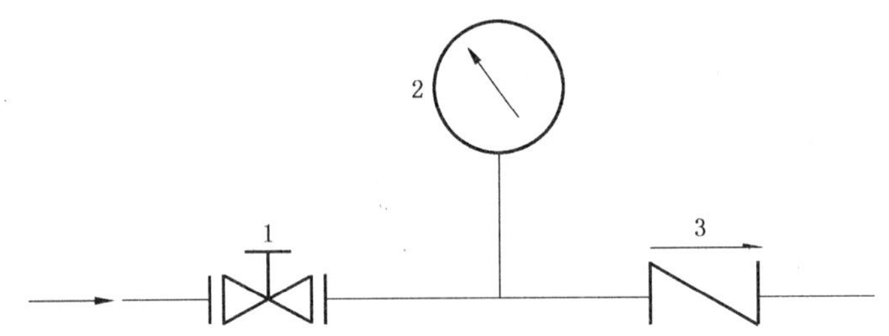

1——截断阀；

2——测压计；

3——被测阀。

图 4 最小开启压力试验系统示意图

8 检验规则

8.1 检验分类和检验项目

8.1.1 止回阀分出厂检验、抽样检验和型式检验。

8.1.2 检验项目、要求及方法按表 2 的规定。

表 2 检验项目、要求及方法

检验项目	检验类别			技术要求	检验和试验方法
	出厂检验	抽样检验	型式检验		
外观	√	√	√	符合 5.9	按 7.1
尺寸	—	√	√	按图样	测量工具进行检测
壳体试验	√	√	√	符合 5.10	按 7.3
密封试验	√	√	√	符合 5.11	按 7.3
最小开启压力	—	√	√	符合 5.2	按 7.4
流阻系数	—	—	√	符合 5.12	按 7.5
材料	—	—	√	符合 6.1	按 7.2
标志、包装	√	√	—	按 9.1、9.2	目测
注：“√”为检验项目；“—”不做检验。					

8.2 出厂检验

每台产品必须进行出厂检验，经检验合格后方可出厂。

8.3 抽样检验

8.3.1 有下列情况之一时，应进行抽样试验：

a) 正式生产时，成批生产的产品应进行抽样检验，以检查生产过程的稳定性；

b) 产品交货，用户提出检验要求时。

8.3.2 抽样方法

检验样品从出厂检验合格的产品中抽取。抽样方案按表 3 的规定。

表 3 抽样方案

批量数		抽样台数
DN50～DN600	＞DN600	
—	≤10	1
≤20	11～20	2
21～30	21～30	3
31～80	—	4

8.3.3 合格判定

a) 每台止回阀的抽样检验项目全部符合标准要求，该批产品全部合格。

b) 若被检阀门中有一台阀门的一项指标不符合本标准时，允许从供抽样的阀门中，再次抽取规定的台数进行检验，检验项目全部符合标准要求，该批产品全部合格。若仍有一项不符合要求，则判定该批次为不合格品。

c) 若被检阀门中有二项以上(可是一台也可是二台阀门)指标不符合本标准的要求时，则判定该批次为不合格品。

8.4 型式试验

8.4.1 有下列情况之一时，应进行型式试验：

a) 新产品试制、鉴定、定型；

b) 原产品结构、材料、工艺有较大改变，可能影响性能；

c) 产品停产半年后，恢复生产；

d) 国家有质量监督机构提出进行型式试验的要求时。

8.4.2 型式检验的产品数为一台，检验项目应全部符合标准后，方可以成批生产。

9 标志、包装、贮运和供货要求

9.1 标志

9.1.1 产品上应有如下标志：

a) 商标；

b) 公称压力；

c) 公称尺寸；

d) 指示介质流动方向的箭头；

e) 阀体材料代号。

9.1.2 铭牌上应有如下标志：

a) 适用介质；

b) 产品名称、规格、代号；

c) 产品商标或公司名称。

9.1.3 产品合格证上应有检验员印记、出厂日期和产品执行标准号。

9.2 包装

9.2.1 阀门在试验后，包装前应清除内外油污、残水、杂物等。

9.2.2 包装时阀瓣应处于关闭位置并固定。

9.2.3 包装件应保证产品在正常运输和保管中不受损伤。

9.3 贮运

产品在贮运过程中应轻搬轻放，不得雨淋、受潮等。

9.4 供货要求

产品的供货要求按 JB/T 7928 的规定。

ICS 17.040.30
J 42

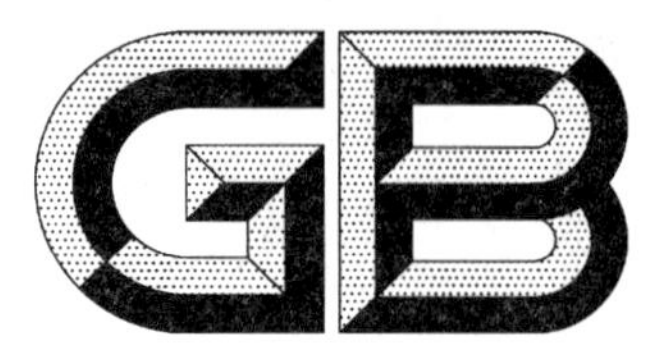

中华人民共和国国家标准

GB/T 21388—2008
代替 GB/T 1214.1—1996,GB/T 1214.4—1996

游标、带表和数显深度卡尺

Vernier,dial and digital display depth callipers

2008-02-02 发布　　2008-07-01 实施

中华人民共和国国家质量监督检验检疫总局
中国国家标准化管理委员会　发布

前　言

本标准是对 GB/T 1214.1—1996《游标类卡尺　通用技术条件》、GB/T 1214.4—1996《游标类卡尺　深度游标卡尺》和 JB/T 5608—1991《电子数显深度卡尺》3 项标准进行整合修订的。

本标准代替 GB/T 1214.1—1996《游标类卡尺　通用技术条件》、GB/T 1214.4—1996《游标类卡尺　深度游标卡尺》。

自本标准实施之日起，JB/T 5608—1991《电子数显深度卡尺》作废。

本标准与上述 3 项标准相比，主要变化如下：

——增加了带表深度卡尺品种；

——扩展了深度卡尺[1]测量范围和形式（GB/T 1214.4—1996 的第 1 章、第 3 章，JB/T 5608—1991 的第 1 章、第 4 章；本标准的第 1 章、第 4 章）；

——用"分度值"和"分辨力"术语代替"读数值"和"分辨率"术语（GB/T 1214.1—1996 的第 1 章，JB/T 5608—1991 的第 1 章；本标准的第 1 章）；

——删除了"任意两点间的误差"的术语定义及要求（JB/T 5608—1991 的 3.2 和 5.7）；

——重新确定了带测量爪的深度卡尺形式示意图（GB/T 1214.4—1996 的图 2，JB/T 5608—1991 的 4.1Ⅱ型；本标准的图 2，图 3）；

——用"标尺标记"术语代替"尺身刻线"和"游标刻线"等术语，并引入"零值误差"术语（GB/T 1214.1—1996 的 3.6、3.7；本标准的 5.5、5.6、5.7）；

——用"微视差游标深度卡尺"术语代替"无视差卡尺"和"同一平面型卡尺"术语（GB/T 1214.1—1996 的 3.6.3；本标准的 5.6.1）；

——增加了对数显深度卡尺通讯接口的要求（本标准的 5.9）；

——增加了对数显深度卡尺防护等级的要求（本标准的 5.10）；

——增加了对数显深度卡尺抗静电能力和电磁干扰能力的要求（本标准的 5.11）；

——修改了深度卡尺尺身、尺框测量面在同一平面时的平面度要求，并给出相应的检验方法（GB/T 1214.4—1996 的 4.4，JB/T 5608—1991 的 5.5；本标准的 5.12、8.9）；

——用"最大允许误差"术语代替"示值误差"术语，对深度卡尺示值指标做出规定（GB/T 1214.1—1996 的 3.9，JB/T 5608—1991 的 5.6；本标准的 5.13）；

——修改并统一规定了深度卡尺深度测量的最大允许误差要求，给出了最大允许误差的计算公式，以使标准的使用更方便、更具指导性，并按测量范围上限给出了部分计算值（GB/T 1214.1—1996 的 3.9，JB/T 5608—1991 的 5.6；本标准的 5.13）；

——增加了深度卡尺检验时平衡温度时间的检验条件（本标准的第 7 章）；

——对深度卡尺深度测量的示值检定点，改为提出对示值检测点的数量及其分布规律性的要求，对示值检定点的推荐量块尺寸作为参考资料在资料性附录中给出（GB/T 1214.4—1996 的 5.4、表 2，JB/T 5608—1991 的 A7、表 A1；本标准的 8.10.2、附录 C）；

——修改了深度卡尺相互作用（即：测量力，测量力变化）的定量要求和检验方法，并作为参考资料在资料性附录中给出（GB/T 1214.4—1996 的 5.2，JB/T 5608—1991 的 A3；本标准的附录 A）。

本标准的附录 B 为规范性附录；附录 A、附录 C 为资料性附录。

1）本标准所称"深度卡尺"系指"游标深度卡尺"、"带表深度卡尺"、"数显深度卡尺"三者的统称。

本标准由中国机械工业联合会提出。

本标准由全国量具量仪标准化技术委员会(SAC/TC 132)归口。

本标准负责起草单位:成都工具研究所和桂林量具刃具厂。

本标准参加起草单位:靖江量具有限公司、上海量具刃具厂、哈尔滨量具刃具集团有限责任公司和成都成量工具有限公司。

本标准主要起草人:陈学仁、赵伟荣、姜志刚、杨东顺、周国明、张伟、于晓霞、李隆勇。

本标准所代替标准的历次版本发布情况为:

——GB/T 1214.1—1996;

——GB/T 1214.4—1996;

——GB 1215—1975、GB 1215—1987。

游标、带表和数显深度卡尺

1 范围

本标准规定了游标深度卡尺、带表深度卡尺和数显深度卡尺的术语和定义、形式与基本参数、要求、试验方法、检验条件、检验方法、标志与包装等。

本标准适用于分度值/分辨力为 0.01 mm、0.02 mm、0.05 mm和 0.10 mm，测量范围为(0～100) mm至(0～1 000) mm 的游标深度卡尺、带表深度卡尺和数显深度卡尺(以下简称“深度卡尺”)。

2 规范性引用文件

下列文件中的条款通过本标准的引用而成为本标准的条款。凡是注日期的引用文件，其随后所有的修改单(不包括勘误的内容)或修订版均不适用于本标准，然而，鼓励根据本标准达成协议的各方研究是否可使用这些文件的最新版本。凡是不注日期的引用文件，其最新版本适用于本标准。

GB/T 2423.3—1993 电工电子产品基本环境试验规程 试验 Ca：恒定湿热试验方法(eqv IEC 60068-2-3：1984)

GB/T 2423.22—2002 电工电子产品环境试验 第 2 部分：试验方法 试验 N：温度变化(IEC 60068-2-14：1984，IDT)

GB 4208—1993 外壳防护等级(IP 代码)(eqv IEC 529：1989)

GB/T 17163 几何量测量器具术语 基本术语

GB/T 17164 几何量测量器具术语 产品术语

GB/T 17626.2—1998 电磁兼容 试验和测量技术 静电放电抗扰度试验(idt IEC 61000-4-2：1995)

GB/T 17626.3—1998 电磁兼容 试验和测量技术 射频电磁场辐射抗扰度试验(idt IEC 61000-4-3：1995)

3 术语和定义

GB/T 17163、GB/T 17164 中确立的以及下列术语和定义适用于本标准。

3.1

带表深度卡尺 dial depth calliper

利用机械传动系统，将尺框测量面与尺身测量面(或测量爪的深度测量面)相对移动转变为指针的回转运动，并借助主标尺和圆标尺对其相对移动所分隔的距离进行读数的测量器具。

3.2

响应速度 response speed

数显深度卡尺能正常显示数值时，尺框相对于尺身的最大移动速度。

3.3

最大允许误差(MPE) maximum permissible error

由技术规范、规则等对深度卡尺规定的误差极限值。

注：允许误差的极限值不能小于数字级差(分辨力)或游标标尺间隔。

4 形式与基本参数

4.1 深度卡尺的形式见图 1～图 3 所示。图示仅供图解说明，不表示详细结构。

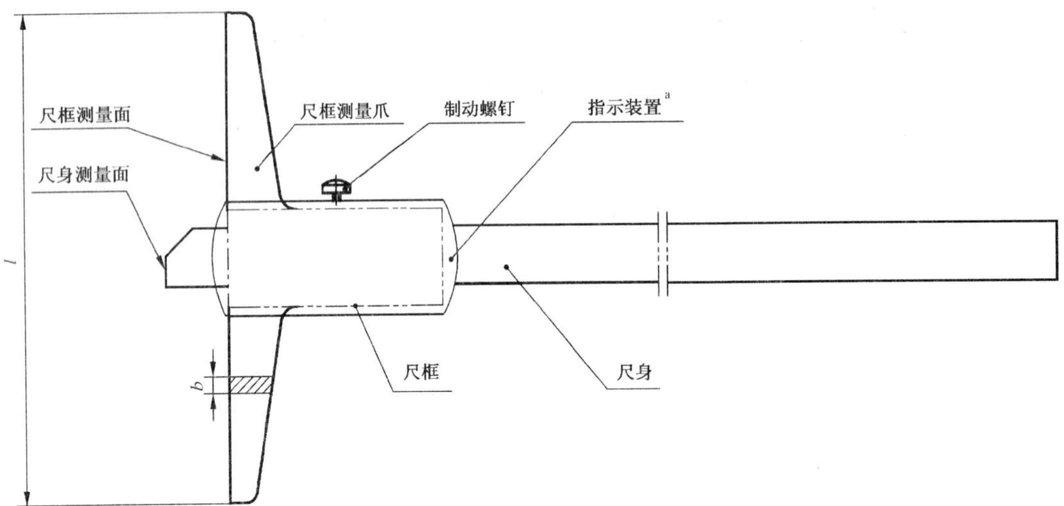

a 指示装置形式见图4所示。

图1 Ⅰ型深度卡尺

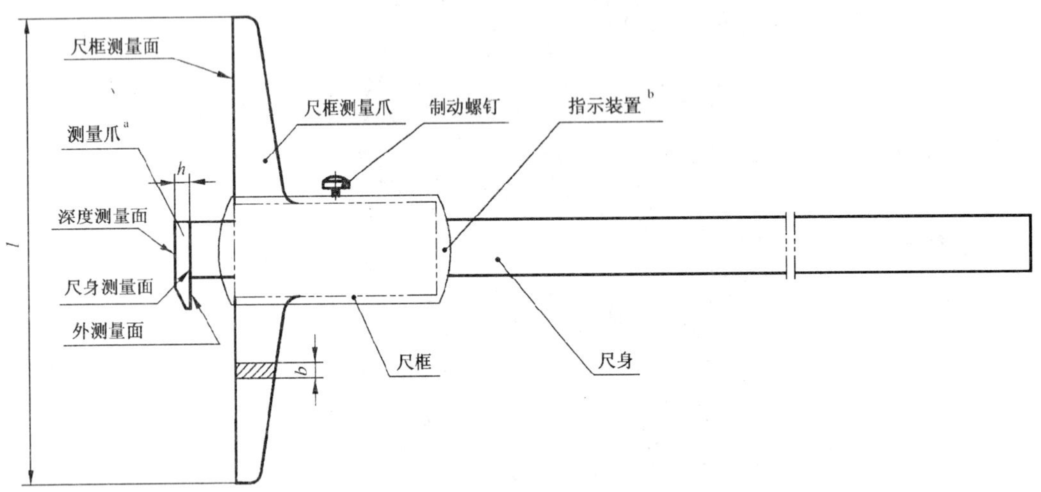

a 本形式测量爪和尺身可做成一体式、拆卸式和可旋转式。
b 指示装置形式见图4所示。

图2 Ⅱ型深度卡尺(单钩型)

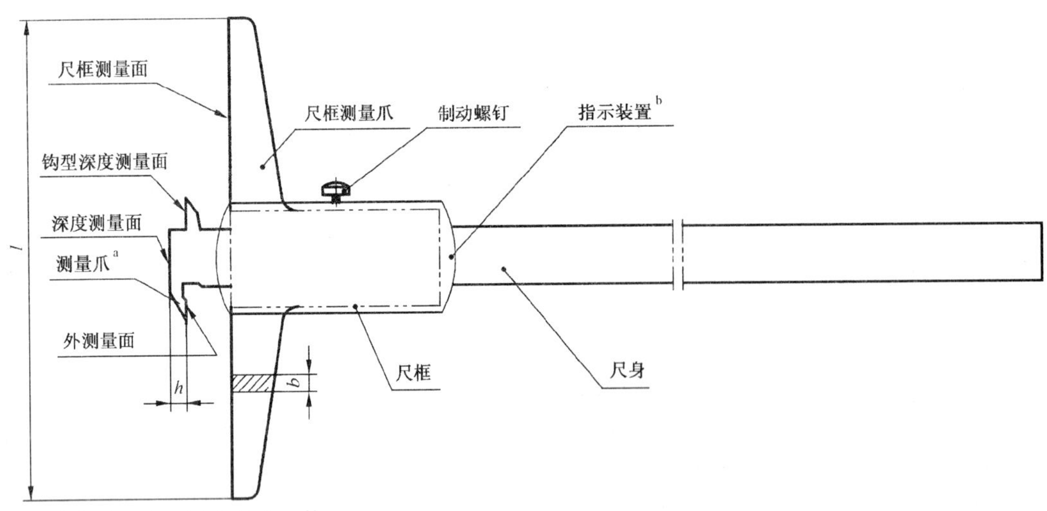

a 本形式测量爪和尺身做成一体。
b 指示装置形式见图4所示。

图3 Ⅲ型深度卡尺(双钩型)

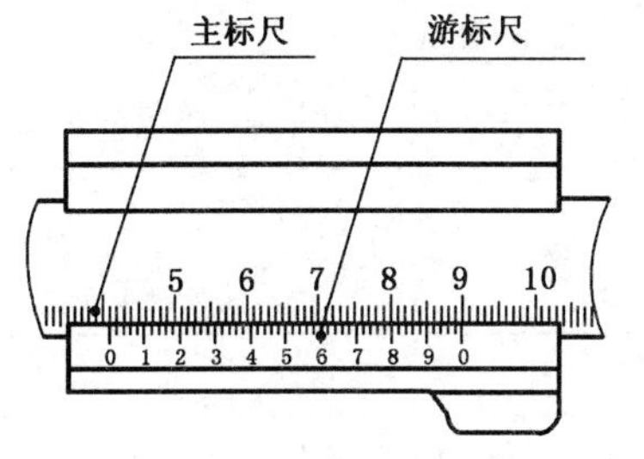

a） 游标深度卡尺的指示装置

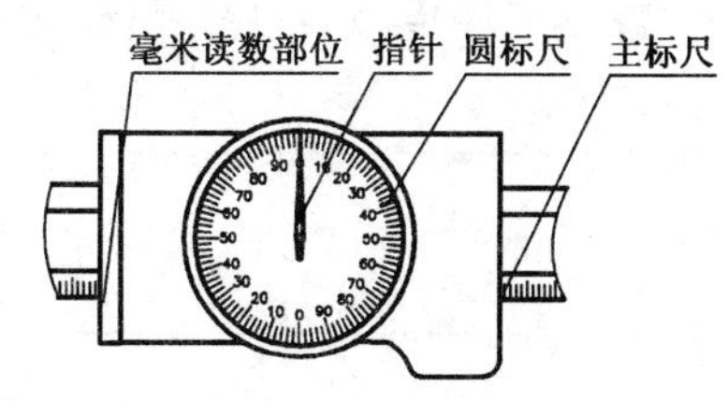

b） 带表深度卡尺的指示装置

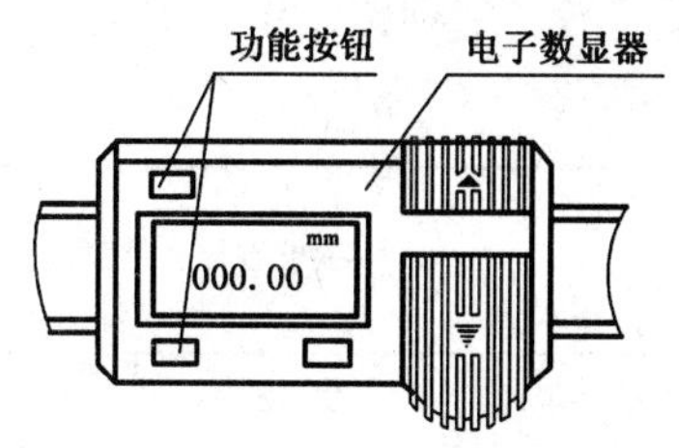

c） 数显深度卡尺的指示装置

图 4 深度卡尺的指示装置示意图

4.2 深度卡尺的尺身应有足够的长度，以保证在测量范围上限时尺框不致于伸出尺身以外，并宜具有10 mm 以上的裕量。

4.3 深度卡尺的测量范围及基本参数的推荐值见表 1。

表 1

单位为毫米

测量范围	基本参数(推荐值)	
	尺框测量面长度 l	尺框测量面宽度 b
	≥	
0～100、0～150	80	5
0～200、0～300	100	6
0～500	120	6
0～1 000	150	7
注：表中各字母所代表的基本参数见图 1～图 3。		

5 要求

5.1 外观

5.1.1 深度卡尺表面不应有影响外观和使用性能的裂痕、划伤、碰伤、锈蚀、毛刺等缺陷。

5.1.2 深度卡尺表面的镀、涂层不应有脱落和影响外观的色泽不均等缺陷。

5.1.3 标尺标记不应有目力可见的断线、粗细不均及影响读数的其他缺陷。

5.1.4 指示装置的表蒙、显示屏应透明、清洁、无划痕、气泡等影响读数的缺陷。

5.2 相互作用

深度卡尺的尺框沿尺身的移动应平稳、无卡滞和松动现象，用制动螺钉能准确、可靠地固紧在尺身上。

5.3 材料和测量面硬度

深度卡尺一般采用碳钢、工具钢和不锈钢制造，各测量面的硬度不应低于表 2 的规定。

表 2

材　　料[a]	硬　　度
碳钢、工具钢	664 HV(或 58 HRC)
不锈钢	551 HV(或 52.5 HRC)
[a] 各测量面的材料也可采用硬质合金或其他超硬材料。	

5.4 测量面的表面粗糙度

深度卡尺各测量面的表面粗糙度值不应大于 $Ra0.2$ 。

5.5 标尺标记

5.5.1 游标深度卡尺的主标尺和游标尺的标记宽度及其宽度差应符合表 3 的规定。

表 3

单位为毫米

分度值	标记宽度	标记宽度差 ≤
0.02	0.08～0.18	0.02
0.05		0.03
0.10		0.05

5.5.2 带表深度卡尺主标尺的标记宽度及其标记宽度差，圆标尺的标记宽度及标尺间距应符合表 4 的规定；指针末端的宽度应与圆标尺的标记宽度一致。

表 4

单位为毫米

标尺名称	标记宽度	标记宽度差 ≤	标尺间距 ≥
主标尺	0.10～0.25	0.05	—
圆标尺	0.10～0.20	—	0.8

5.6 指示装置各部分相对位置

5.6.1 游标深度卡尺的游标尺标记表面棱边至主标尺标记表面的距离不应大于 0.30 mm；微视差游标深度卡尺的游标尺标记表面棱边至主标尺标记表面间的距离 h，游标尺标记端面与主标尺标记端面的距离 s 不应超过表 5 的规定(见图 4)。

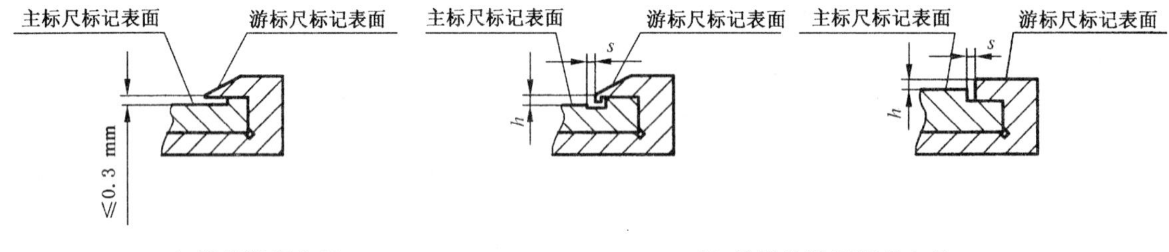

a) 游标深度卡尺　　b) 微视差游标深度卡尺

图 5 游标尺与主标尺间的相对位置

表 5

单位为毫米

分度值	游标尺标记表面棱边至主标尺标记表面间的距离 h		游标尺标记端面与主标尺标记端面的距离 s
	测量范围上限		
	≤500	>500	
0.02	±0.06	±0.08	0.08
0.05	±0.08	±0.10	
0.10	±0.10	±0.12	

5.6.2 带表深度卡尺的指针末端应盖住圆标尺上短标尺标记长度的 30%～80%；指针末端与圆标尺标记表面间的间隙不应大于表 6 的规定。

表 6

单位为毫米

分度值	指针末端与圆标尺标记表面间的间隙
0.01、0.02	0.7
0.05	1.0

5.7 零值误差

5.7.1 Ⅰ型游标深度卡尺当尺身、尺框测量面在同一平面时或Ⅱ、Ⅲ 型游标深度卡尺测量爪外测量面与尺框测量面手感接触时，游标尺上的“零”、“尾”标尺标记与主标尺相应的标尺标记应相互重合，其重合度不应超过表 7 的规定。

表 7

单位为毫米

分度值	“零”标尺标记重合度		“尾”标尺标记重合度	
	游标尺(可调)	游标尺(不可调)	游标尺(可调)	游标尺(不可调)
0.02	±0.005	±0.010	±0.01	±0.015
0.05			±0.02	±0.025
0.10	±0.010	±0.015	±0.03	±0.035

5.7.2 Ⅰ型带表深度卡尺当尺身、尺框测量面在同一平面时或Ⅱ、Ⅲ 型带表深度卡尺测量爪外测量面与尺框测量面手感接触时，指针应指圆标尺上的“零”标尺标记，并处于正上方 12 点钟方位，左右偏位不应大于 1 个标尺分度；此时毫米读数部位至主标尺上“零”标尺标记的距离不应超过标记宽度，压线不应超过标记宽度的 1/2。

5.8 电子数显器的性能

5.8.1 数字显示应清晰、完整、无闪跳现象；响应速度不应小于 1 m/s。

5.8.2 功能键应灵活、可靠，标注符号或图文应清晰且含义准确。

5.8.3 数字漂移不应大于 1 个分辨力值，工作电流不宜大于 40 μA。

5.8.4 电子数显器应能在环境温度 0℃～40℃、相对湿度不大于 80%的条件下，进行正常工作。

5.9 通讯接口

5.9.1 制造商应能够提供数显深度卡尺与其他设备之间的通讯电缆和通讯软件。

5.9.2 通讯电缆应能将数显深度卡尺的输出数据转换为 RS-232、USB 或其他通用的标准输出接口形式。

5.10 防护等级(IP)

数显深度卡尺的防护等级不应低于 IP40(见 GB 4208—1993)。

5.11 抗静电干扰能力和电磁干扰能力

数显深度卡尺的抗静电干扰能力和电磁干扰能力均不应低于 1 级(见 GB/T 17626.2—1998、GB/T 17626.3—1998)。

5.12 平面度和平行度

5.12.1 深度卡尺尺框测量面的平面度不应大于表 8 的规定。

表 8

单位为毫米

分度值/分辨力	尺框测量面平面度[a]
0.01、0.02	0.005
0.05、0.10	0.008
[a] 距测量面边缘 0.5 mm 范围内，尺框测量面的平面度不计。	

5.12.2 无论尺框紧固与否，Ⅰ型深度卡尺尺身测量面与尺框测量面在同一平面时，尺身测量面相对尺

框测量面的平行度不应大于表 9 的规定。

无论尺框紧固与否，Ⅱ、Ⅲ 型深度卡尺当测量爪外测量面与尺框测量面手感接触时，测量爪的深度测量面相对尺框测量面的平行度均不应大于表 9 的规定。此时，Ⅲ型深度卡尺的钩型深度测量面与尺框测量面应处在同一平面上，钩型深度测量面相对尺框测量面的平行度不应大于表 9 的规定。

表 9

单位为毫米

分度值/分辨力	平行度
0.01、0.02	0.005
0.05、0.10	0.008

5.12.3 Ⅱ、Ⅲ 型深度卡尺测量爪外测量面和尺框测量面手感接触时，无论尺框紧固与否，其测量面合并处的间隙不应透白光。

5.13 最大允许误差

深度卡尺测量深度时的最大允许误差应符合表 10 的规定。

表 10

单位为毫米

测量范围上限	最大允许误差					
	分度值/分辨力					
	0.01、0.02		0.05		0.10	
	最大允许误差计算公式	计算值	最大允许误差计算公式	计算值	最大允许误差计算公式	计算值
150	±(20+0.05 L)μm	±0.03	±(40+0.06 L)μm	±0.05	±(50+0.1 L)μm	±0.10
200		±0.03		±0.05		
300		±0.04		±0.06		
500		±0.05		±0.07		
1 000		±0.07		±0.10		±0.15
注：表中允许误差计算公式中的 L 为测量范围上限值，以毫米计。计算结果应四舍五入到 10 μm，且其值不能小于数字级差（分辨力）或游标标尺间隔。						

5.14 重复性

带表深度卡尺和数显深度卡尺的重复性不应大于表 11 的规定。

表 11

单位为毫米

分度值/分辨力	重复性	
	带表深度卡尺	数显深度卡尺
0.01	0.005	0.010
0.02、0.05	0.010	—

6 试验方法

6.1 温度变化试验

数显深度卡尺的温度变化试验应符合 GB/T 2423.22—2002 的规定。

6.2 湿热试验

数显深度卡尺的湿热试验应符合 GB/T 2423.3—1993 的规定。

6.3 抗静电干扰试验

数显深度卡尺的抗静电干扰试验应符合 GB/T 17626.2—1998 的规定。

6.4 抗电磁干扰试验

数显深度卡尺的抗电磁干扰试验应符合 GB/T 17626.3—1998 的规定。

6.5 防尘、防水试验

数显深度卡尺的防尘、防水试验应符合 GB 4208—1993 的规定。

7 检验条件

7.1 检验前，应将被检深度卡尺及量块等检验用设备同时置于铸铁平板或木桌上，其平衡温度时间参见表 12。

表 12

测量范围上限/mm	平衡温度时间/h	
	置于铸铁平板上	置于木桌上
≤400	1	2
>400～600	1.5	3
>600～1 000	2	4

7.2 数显深度卡尺检验时，室内温度应为 20℃±5℃；相对湿度不应大于 80%。

8 检验方法

8.1 外观

目力观察。

8.2 相互作用

目测和手感检验。如有异议，参见附录 A。

8.3 测量面硬度

在维氏硬度计(或洛氏硬度计)上检验。检查部位为测量面或离测量面 2 mm 以内的侧面且应沿测量面长度方向均匀分布的 3 点，3 点测得值的算术平均值作为测量结果。

8.4 工作面的表面粗糙度

用表面粗糙度比较样块目测比较。如有异议，用表面粗糙度检查仪检验。

8.5 标尺标记

目测。如有异议，用工具显微镜或读数显微镜检验。

8.6 指示装置各部分相对位置

目测或借助塞尺比较检验。

8.7 零值误差

目测或借助 5 倍放大镜检验。如有异议，用工具显微镜或读数显微镜检验。

Ⅰ型游标深度卡尺、带表深度卡尺，应采用一级检验平板或刀口形直尺使尺身、尺框测量面处在同一平面上。

Ⅱ、Ⅲ 型游标深度卡尺、带表深度卡尺，将测量爪外测量面移动至与尺框测量面手感接触。

8.8 电子数显器的性能

8.8.1 数字显示情况、响应速度及功能键的作用三项性能宜同时检验。试验并观察功能键的作用是否正常、灵活、可靠；用手动速度模拟，移动尺框后观察数字显示是否正常。

8.8.2 工作电流用万用表或专用芯片检测仪进行检测。

8.8.3 数字漂移采用试验方法进行检验，拉动尺框并使其停止在任意位置上，紧固尺框，观察显示数值在 1 h 内的变化。

8.9 平面度和平行度

8.9.1 深度卡尺尺框测量面的平面度的检验方法应遵照附录 B 的规定。

8.9.2 Ⅰ型深度卡尺尺身测量面与尺框测量面在同一平面时，无论尺框紧固与否，尺身测量面相对尺框测量面的平行度用刀口形直尺在尺框测量面的长边方向上以光隙法进行检验。

Ⅱ、Ⅲ 型深度卡尺测量爪外测量面与尺框测量面手感接触时，无论尺框紧固与否，测量爪深度测量面相对尺框测量面的平行度用专用检具在尺框测量面的长边方向上检验。

Ⅲ型深度卡尺测量爪外测量面与尺框测量面手感接触时，无论尺框紧固与否，其钩型深度测量面与尺框测量面应在同一平面上，钩型深度测量面相对尺框测量面的平行度用专用检具在尺框测量面的长边方向上以光隙法进行检验。

8.9.3 Ⅱ、Ⅲ 型深度卡尺测量爪外测量面与尺框测量面手感接触时，无论尺框紧固与否，观察两测量面间的间隙，用目测观察确定。

8.10 示值误差

8.10.1 以每两块同一尺寸的 3 级或 5 等量块为一量块组，平行地置于 1 级检验平板上。

Ⅰ型深度卡尺将尺框测量面与量块组工作面相接触，移动尺身使尺身测量面与平板接触，每次测得值与量块组标称值之代数差即为其示值误差。各检测点的示值误差均不应大于表 10 规定的最大允许误差(或按表 10 中相关公式计算所得的最大允许误差值)。

Ⅱ、Ⅲ型深度卡尺将尺框测量面与量块组工作面相接触，移动尺身使测量爪深度测量面与平板接触，每次测得值加上测量爪厚度尺寸 h 与量块组标称值之代数差即为其示值误差。各检测点的示值误差均不应大于表 10 规定的最大允许误差(或按表 10 中相关公式计算所得的最大允许误差值)。

Ⅲ型深度卡尺将尺框测量面与量块组工作面相接触，移动尺身使尺身上的钩型深度测量面与平板接触(平板上宜有一孔或槽或加垫一块量块以避让尺身上的测量爪部分)，每次测得值与量块组标称值之代数差(或每次测得值与量块组标称值减去平板上加垫量块标称值之差值的代数差)即为其示值误差。各检测点的示值误差均不应大于表 10 规定的最大允许误差(或按表 10 中相关公式计算所得的最大允许误差值)。

8.10.2 深度卡尺检验所需专用量块的数量和尺寸应使深度卡尺受检点分布情况满足如下要求：

a) 游标深度卡尺和带表深度卡尺受检点应在测量范围内近似均匀分布，测量范围上限小于或等于 400 mm 的，不少于 3 点；测量范围上限大于 400 mm 的，不少于 6 点。上述受检点还应满足：

   1) 游标深度卡尺受检点应在测量范围内的若干个点上选用游标尺的整个刻度长度内近似均匀分布的 3 点；

   2) 带表深度卡尺受检点应在测量范围内的若干个点上选用圆标尺一圈刻度内近似均匀分布的 3 点。

b) 数显深度卡尺受检点在测量范围内近似均匀分布，测量范围上限小于或等于 300 mm 的，不少于 8 点；测量范围上限大于 300 mm 的，不少于 10 点。上述受检点还应在测量范围内的若干个点上选用包含传感器主栅一个节距内近似均匀分布的 5 点(也可分别检查传感器主栅一个节距内近似均匀分布的 5 点及测量范围内近似均匀分布的若干检点)。

深度卡尺示值检查点参见附录 C。

8.11 重复性

Ⅰ型带表、数显深度卡尺应重复 5 次移动尺身，利用 1 级检验平板或刀口形直尺，使尺身测量面与尺框测量面处在同一平面，其 5 次测得值的最大差异即为重复性。

Ⅱ、Ⅲ型带表、数显深度卡尺应重复 5 次移动尺身，使测量爪外测量面与尺框测量面手感接触，该 5 次测得值的最大差异即为重复性。

注：此处重复性检查结果的数据处理，不采用分散性表述。仅取示值变化的特性表述。

9 标志与包装

9.1 深度卡尺上至少应标有：

a) 制造厂厂名或注册商标；

b) 分度值(数显深度卡尺除外)；

c) 产品序号；

d) 用不锈钢制造的深度卡尺，应标有识别标志。

9.2 深度卡尺的包装盒上至少应标有：

a) 制造厂厂名或注册商标；

b) 产品名称；

c) 分度值/分辨力及测量范围。

9.3 深度卡尺在包装前应经防锈处理，并妥善包装。不得因包装不善而在运输过程中损坏产品。

9.4 深度卡尺经检验符合本标准要求的，应附有产品合格证。产品合格证上应标有本标准的标准号、产品序号和出厂日期。

附 录 A
（资料性附录）
移动力和移动力变化的定量检验方法

深度卡尺尺身和尺框相对移动的移动力和移动力变化可用弹簧测力计定量检验。

将深度卡尺水平或竖直放置，用测力计钩住尺框接近尺框槽基面的测量面处，拉动测力计，当尺框开始移动后从测力计上读数，在整个测量范围内，测得的最大值和最小值即为最大移动力和最小移动力，最大值和最小值之差即为移动力变化，其允许值参照表 A.1。

表 A.1

测量范围上限/mm	移动力	移动力变化
	N	
≤200	3～7	2
＞200～400	4～8	2
＞400～600	5～10	3
＞600～1 000	6～12	3

测力计水平使用与竖直使用时零位不一致，应调整好零位后使用。

测量范围上限大于或等于 800 mm 的深度卡尺，检验时需采取适当措施，消除因深度卡尺的自重引起的尺身弯曲对移动力的影响。如：分段握住（或支承住）尺身。

附　录　B
（规范性附录）
尺框测量面平面度的检验方法

深度卡尺尺框测量面的平面度用刀口形直尺（Ⅱ、Ⅲ型深度卡尺需在刀口中间开出一凹槽以让开测量爪）以光隙法检验。

检验时，分别在尺框测量面的长边，短边方向及对角线位置上进行（见图B.1）。

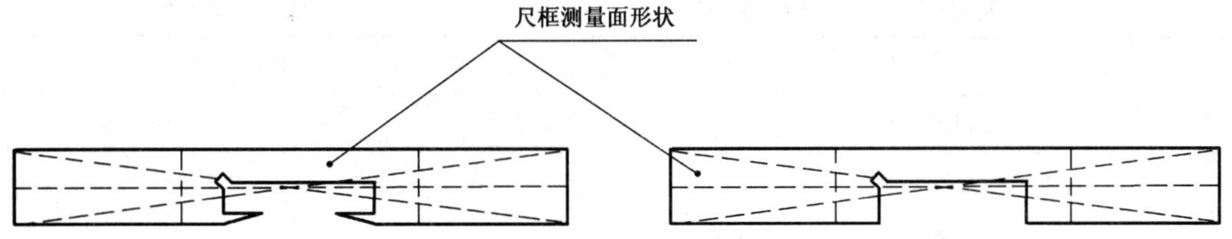

注：图中虚线为检查位置。

图 B.1　尺框测量面平面度的检验示意图

平面度根据各方位的间隙情况确定：

——当所有检查方位上出现的间隙均在中间部位或两端部位时，取其中一方位间隙量最大的作为平面度；

——当有的方位中间部位有间隙，而有的方位两端部位有间隙时，以中间和两端最大间隙量之和作为平面度；

——当掉边、掉角（即靠量面边、角处塌陷）时，以此处的最大间隙作为平面度。但在距测量面边缘0.5 mm范围内不计。

附 录 C
（资料性附录）
深度卡尺示值检验推荐量块尺寸

深度卡尺示值检查点量块尺寸推荐见表C.1。

表 C.1

单位为毫米

测量范围	深度卡尺示值检查点量块尺寸(推荐)	
	游标深度卡尺、带表深度卡尺	数显深度卡尺
0～150	41.2,92.5,123.8	11,32,53,74,95,110,130,150
0～200	51.2,123.8,192.5	25,54,83,102,131,160,180,200
0～300	101.2,192.5,293.8	35,74,113,152,171,220,260,300
0～500	101.2,180,293.8,340,422.5,500	51，102，153，204，255，300，350，400,450，500
0～1 000	161.2,340,500,663.8,822.5,1 000	101，202，303，404，505，600，700，800,900，1 000
注：表中数显深度卡尺的示值检查点量块尺寸(推荐)，是以栅距为5.08 mm为例给出的。		

ICS 17.040.30
J 42

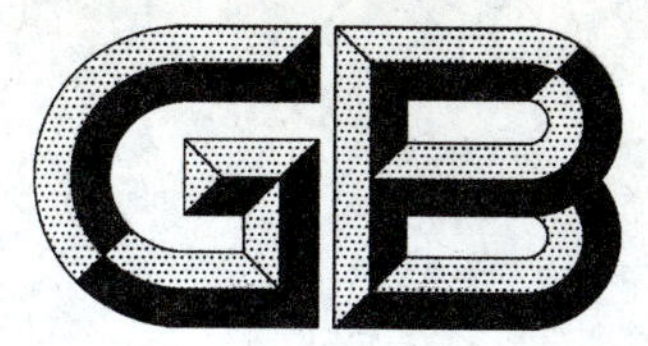

中华人民共和国国家标准

GB/T 21389—2008

代替 GB/T 1214.1—1996,GB/T 1214.2—1996,GB/T 6317—1993,GB/T 14899—1994

游标、带表和数显卡尺

Vernier, dial and digital display calipers

2008-02-02 发布 2008-07-01 实施

中华人民共和国国家质量监督检验检疫总局
中国国家标准化管理委员会 发布

前　言

本标准是对 GB/T 1214.1—1996《游标类卡尺　通用技术条件》、GB/T 1214.2—1996《游标类卡尺　游标卡尺》、GB/T 6317—1993《带表卡尺》、GB/T 14899—1994《电子数显卡尺》和 JB/T 8370—1996《游标类卡尺　游标卡尺(测量范围为 0 mm～1 500 mm、0 mm～2 000 mm)》5 项标准进行整合修订的。

本标准代替 GB/T 1214.1—1996《游标类卡尺　通用技术条件》、GB/T 1214.2—1996《游标类卡尺　游标卡尺》、GB/T 6317—1993《带表卡尺》、GB/T 14899—1994《电子数显卡尺》。

自本标准实施之日起,JB/T 8370—1996《游标类卡尺　游标卡尺(测量范围为 0 mm～1 500 mm、0 mm～2 000 mm)》作废。

本标准与上述 5 项标准相比,主要变化如下:

——扩展了卡尺[1]的测量范围及形式,增加了卡尺结构基本参数的遵循原则,修改了卡尺结构基本参数的推荐值(GB/T 1214.2—1996 的第 1 章、第 3 章;GB/T 6317—1993 的第 1 章、第 3 章;GB/T 14899—1994 的第 1 章、第 4 章;JB/T 8370—1996 的第 1 章、第 3 章;本标准的第 1 章、第 4 章);

——用"分度值"和"分辨力"术语代替"读数值"和"分辨率"术语 (GB/T 1214.1—1996 的第 1 章;GB/T 14899—1994 的第 1 章;本标准的第 1 章、表 4 等);

——删除了 "带表卡尺"、"测量范围"、"示值变动性" 、"电子数显卡尺"和"分辨率"的术语定义(GB/T 6317—1993 的第 3 章;GB/T 14899—1994 的第 3 章);

——增加了带台阶测量面卡尺的形式示意图(本标准的图 2、图 5);

——修改了卡尺测量爪伸出长度差的要求(放宽),并增加了其检验方法(GB/T 1214.2—1996 的 3.3;GB/T 6317—1993 的 4.5;GB/T 14899—1994 的 5.5;本标准的 5.3 和 8.3);

——修改并统一规定了卡尺测量面的表面粗糙度 *Ra* 的最大值(GB/T 6317—1993 的 5.6;GB/T 14899—1994 的 5.4;本标准的 5.5);

——用"标尺标记"术语代替 "尺身刻线"和"游标刻线"等术语,并引入"零值误差"术语(GB/T 1214.1—1996 的 3.6、3.7;GB/T 6317—1993 的 5.7、5.11;JB/T 8370—1996 的 4.5;本标准的 5.6 和 5.8);

——用"微视差游标卡尺"术语代替 "无视差游标卡尺"和"同一平面型游标卡尺"(GB/T 1214.1—1996 的 3.6.3;本标准的 5.7.1);

——增加了对数显卡尺通讯接口的要求(本标准的 5.10);

——增加了对数显卡尺防护等级的要求(本标准的 5.11);

——增加了对数显卡尺抗静电能力和电磁干扰能力的要求(本标准的 5.12);

——修改了卡尺外测量面平面度的要求 (GB/T 1214.1—1996 的 4.3;GB/T 6317—1993 的 5.12;GB/T 14899—1994 的 5.6;JB/T 8370—1996 的 4.3;本标准的 5.13.1);

——修改并统一规定了卡尺两外测量面合并间隙的要求及检验方法(GB/T 6317—1993 的 5.13;GB/T 14899—1994 的 5.7;本标准的 5.13.1 和 8.10.1);

——用"最大允许误差"术语代替 "示值误差"术语对卡尺示值指标做出规定(GB/T 1214.1—1996 的 3.9;GB/T 1214.2—1996 的 4.5、4.6;GB/T 6317—1996 的 5.15,GB/T 14899—1994 的

1) 本标准所称"卡尺"系指"游标卡尺"、"带表卡尺"、"数显卡尺"三者的统称。

5.10;本标准的 5.15);

——修改并统一规定了卡尺外测量的最大允许误差要求,给出了最大允许误差的计算公式,以使标准的使用更方便、更具指导性,并按测量范围上限给出了部分计算值(GB/T 1214.1—1996 的 3.9;GB/T 6317—1993 的 5.15;GB/T 14899—1994 的 5.10;JB/T 8370—1996 的 4.7;本标准的 5.15.1);

——修改并统一规定了卡尺刀口内测量爪内测量的最大允许误差要求及其检验方法(GB/T 1214.2—1996 的 4.5、5.5;GB/T 6317—1993 的 5.15、A1.2;GB/T 14899—1994 的 5.9、A10;本标准的 5.15.2 和 8.12.2);

——修改了数显卡尺深度及台阶测量的最大允许误差要求(GB/T 14899—1994 的 5.10;本标准的 5.15.3);

——增加了检验卡尺时平衡温度时间的检验条件(GB/T 14899—1994 的 A1;本标准的第 7 章);

——对卡尺外测量示值检定点,改为提出对示值检测点的数量及其分布规律性的要求,对示值检定点的推荐量块尺寸作为参考资料在资料性附录中给出(GB/T 1214.2—1996 的 5.7;GB/T 6317—1993 的 A1.1;GB/T 14899—1994 的 A11.1;JB/T 8370—1996 的 5.4;本标准的 8.12.1.3、附录 C);

——修改了卡尺的相互作用(即:移动力,移动力变化和晃动量)的要求及其定量检验方法,并作为参考资料在资料性附录中给出(GB/T 1214.2—1996 的 5.2.2; GB/T 6317—1993 的 A4; GB/T 14899—1994 的 A3.1、A3.2;JB/T 8370—1996 的 5.2;本标准的附录 A);

——增加了卡尺两外测量面平面度用刀口形直尺检查的评定细则,并作为参考资料在资料性附录中给出,删除了平晶检查法(GB/T 1214.2—1996 的 5.3; GB/T 6317—1993 的 A3; GB/T 14899—1994 的 A7;JB/T 8370—1996 的 5.3;本标准的附录 B)。

本标准的附录 B 为规范性附录;附录 A、附录 C 为资料性附录。

本标准由中国机械工业联合会提出。

本标准由全国量具量仪标准化技术委员会(SAC/TC 132)归口。

本标准负责起草单位:成都工具研究所和桂林量具刃具厂。

本标准参加起草单位:上海量具刃具厂、靖江量具有限公司、哈尔滨量具刃具集团有限责任公司、成都成量工具有限公司和桂林广陆数字测控股份有限公司。

本标准主要起草人:陈学仁、赵伟荣、姜志刚、周国明、杨东顺、张伟、于晓霞、李隆勇、彭凤平。

本标准所代替标准的历次版本发布情况为:

——GB/T 1214.1—1996;

——GB 1214—1975、GB 1214—1985、GB/T 1214.2—1996;

——GB 6317—1986、GB/T 6317—1993;

——GB/T 14899—1994。

游标、带表和数显卡尺

1 范围

本标准规定了游标卡尺、带表卡尺和数显卡尺的术语和定义、形式与基本参数、要求、试验方法、检验条件、检验方法、标志与包装等。

本标准适用于分度值/分辨力为 0.01 mm、0.02 mm、0.05 mm 和 0.10 mm，测量范围为(0～70) mm 至(0～4 000) mm 的游标卡尺、带表卡尺和数显卡尺(以下简称“卡尺”)。

2 规范性引用文件

下列文件中的条款通过本标准的引用而成为本标准的条款。凡是注日期的引用文件，其随后所有的修改单(不包括勘误的内容)或修订版均不适用于本标准，然而，鼓励根据本标准达成协议的各方研究是否可使用这些文件的最新版本。凡是不注日期的引用文件，其最新版本适用于本标准。

GB/T 2423.3—1993 电工电子产品基本环境试验规程 试验 Ca：恒定湿热试验方法(eqv IEC 60068-2-3：1984)

GB/T 2423.22—2002 电工电子产品环境试验 第 2 部分：试验方法 试验 N：温度变化(IEC 60068-2-14：1984，IDT)

GB 4208—1993 外壳防护等级(IP 代码)(eqv IEC 529：1989)

GB/T 17163 几何量测量器具术语 基本术语

GB/T 17164 几何量测量器具术语 产品术语

GB/T 17626.2—1998 电磁兼容 试验和测量技术 静电放电抗扰度试验(idt IEC 61000-4-2：1995)

GB/T 17626.3—1998 电磁兼容 试验和测量技术 射频电磁场辐射抗扰度试验(idt IEC 61000-4-3：1995)

3 术语和定义

GB/T 17163、GB/T 17164 中确立的以及下列术语和定义适用于本标准。

3.1

响应速度 response speed

数显卡尺能正常显示数值时，尺框相对于尺身的最大移动速度。

3.2

最大允许误差(MPE) maximum permissible error

由技术规范、规则等对卡尺规定的误差极限值。

注：允许误差的极限值不能小于数字级差(分辨力)或游标标尺间隔。

4 形式与基本参数

4.1 卡尺的形式见图 1～图 5 所示。图示仅供图解说明，不表示详细结构。

4.2 测量范围上限大于 200 mm 的卡尺宜具有微动装置。

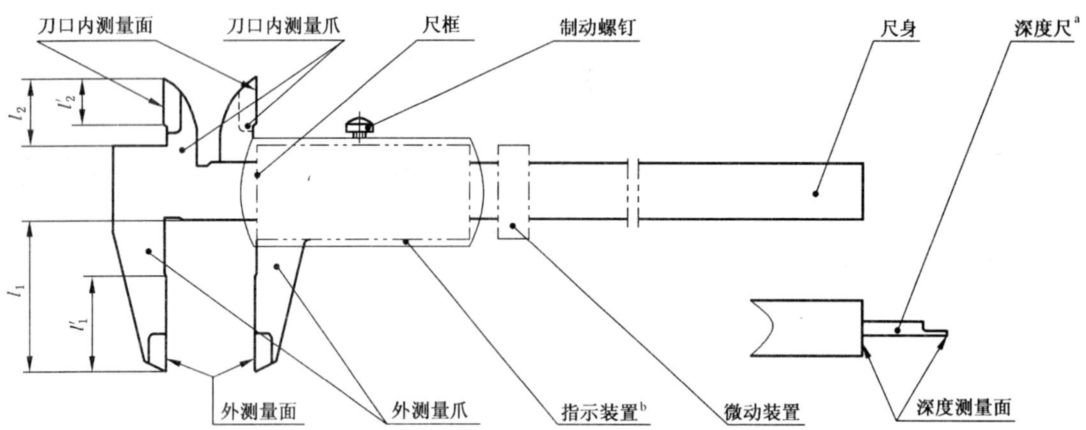

a 本形式分带深度尺和不带深度尺两种；若带深度尺，测量范围上限不宜超过 300 mm。

b 指示装置形式见图 6 所示。

图 1 Ⅰ型卡尺(不带台阶测量面)

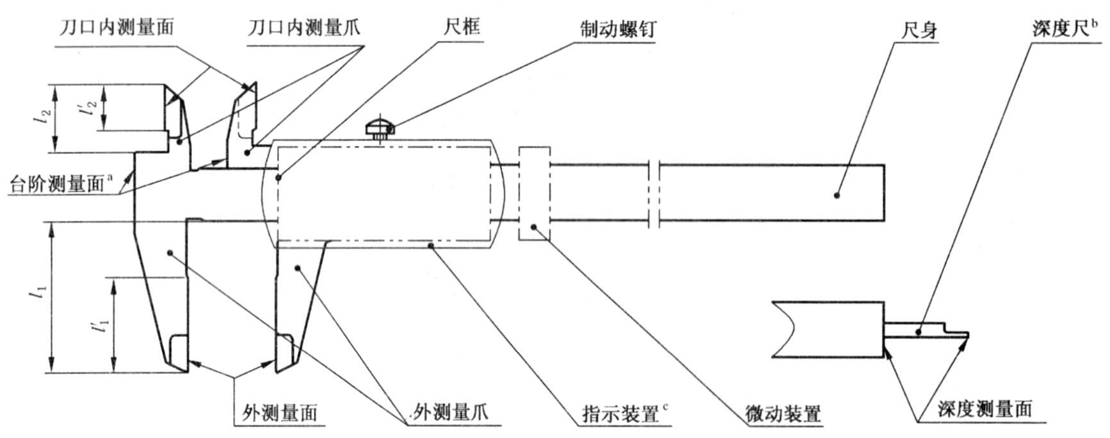

a 本形式为在Ⅰ型上增加台阶测量面。

b 本形式分带深度尺和不带深度尺两种；若带深度尺，测量范围上限不宜超过 300 mm。

c 指示装置形式见图 6 所示。

图 2 Ⅱ型卡尺(带台阶测量面)

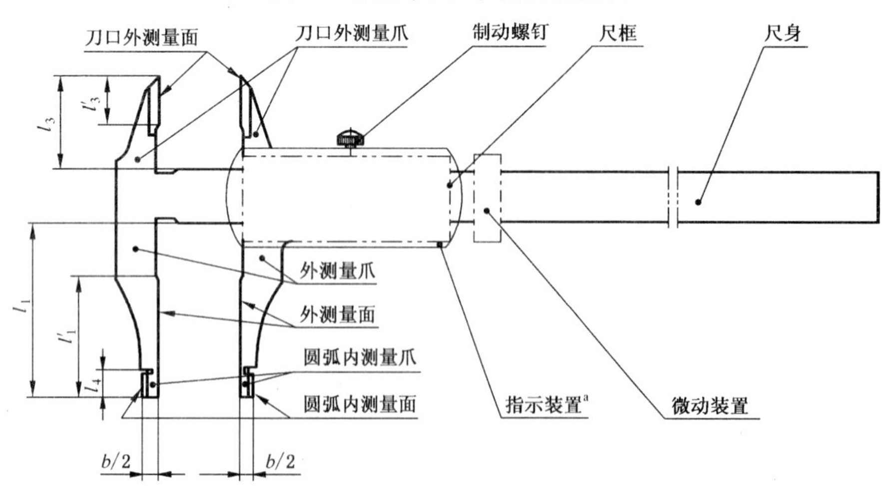

a 指示装置形式见图 6 所示。

图 3 Ⅲ型卡尺

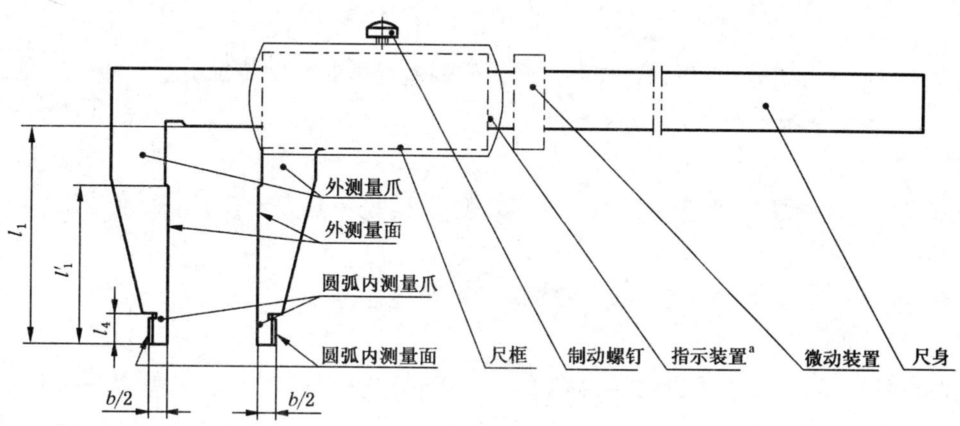

[a] 指示装置形式见图 6 所示。

图 4 Ⅳ型卡尺(不带台阶测量面)

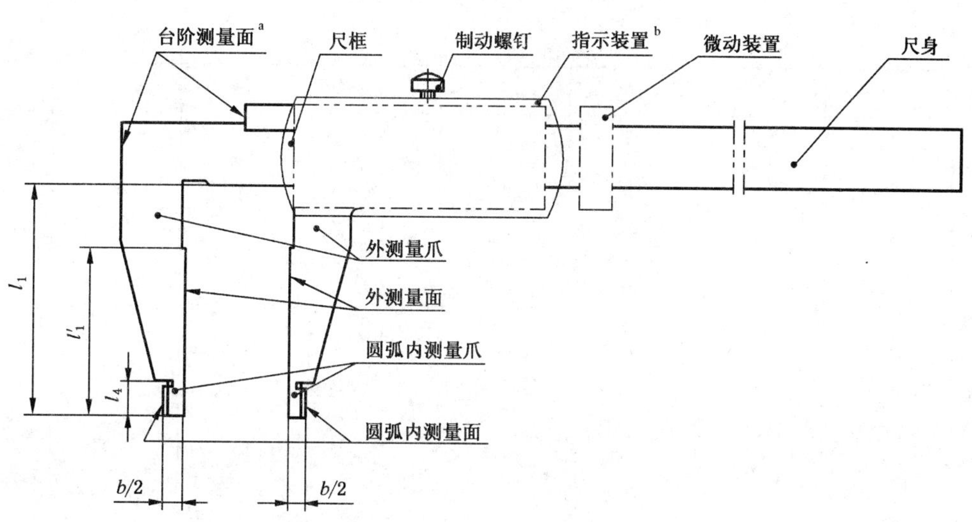

[a] 本形式为在Ⅳ型上增加台阶测量面。

[b] 指示装置形式见图 6 所示。

图 5 Ⅴ型卡尺(带台阶测量面)

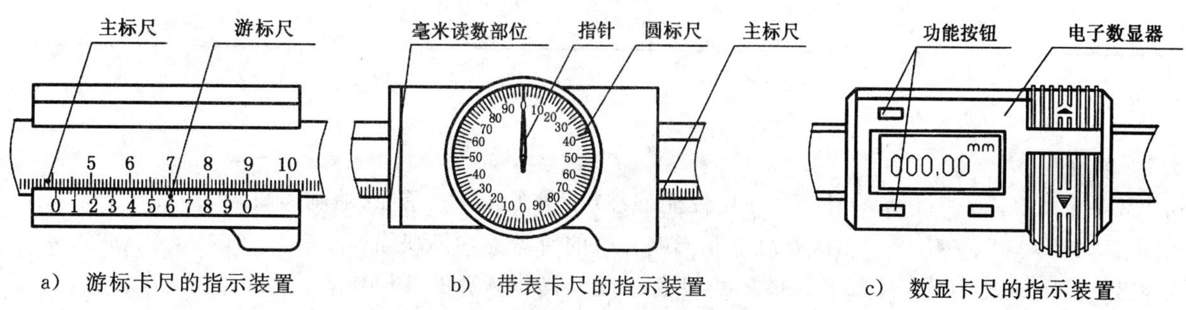

a) 游标卡尺的指示装置　b) 带表卡尺的指示装置　c) 数显卡尺的指示装置

图 6 卡尺的指示装置示意图

4.3 卡尺结构基本参数的遵循原则

4.3.1 尺身

卡尺尺身应具有足够的长度，以保证在测量范围上限时尺框及微动装置不至于伸出尺身之外，并宜具有(3～15) mm 的测量长度裕量，以方便使用。

4.3.2 测量爪

为保证规定的技术指标，外测量爪的最大伸出长度 l_1 和 l_3 不宜大于表 1 中的推荐值。

4.3.3 测量面

测量爪测量面的长度宜为测量爪伸出长度的 3/5 至 3/4。

4.3.4 圆弧内测量爪

圆弧内测量爪合并宽度的公称尺寸应为：10 mm、20 mm、30 mm、40 mm，其圆弧半径不应大于合并宽度的 1/2。

4.3.5 卡尺的测量范围及基本参数的推荐值见表 1。

表 1　　单位为毫米

<table>
<tr><th rowspan="2">测量范围</th><th colspan="8">基本参数(推荐值)</th></tr>
<tr><th>l_1^a</th><th>l_1'</th><th>l_2</th><th>l_2'</th><th>l_3^a</th><th>l_3'</th><th>l_4</th><th>b^b</th></tr>
<tr><td>0～70</td><td>25</td><td>15</td><td>10</td><td>6</td><td>—</td><td>—</td><td>—</td><td>—</td></tr>
<tr><td>0～150</td><td>40</td><td>24</td><td>16</td><td>10</td><td>20</td><td>12</td><td>6</td><td rowspan="3">10</td></tr>
<tr><td>0～200</td><td>50</td><td>30</td><td>18</td><td>12</td><td>28</td><td>18</td><td>8</td></tr>
<tr><td>0～300</td><td>65</td><td>40</td><td>22</td><td>14</td><td>36</td><td>22</td><td>10</td></tr>
<tr><td>0～500</td><td>100</td><td>60</td><td>40</td><td>24</td><td>54</td><td>32</td><td>12(15)</td><td>10(20)</td></tr>
<tr><td>0～1 000</td><td>130</td><td>80</td><td>48</td><td>30</td><td>64</td><td>38</td><td>18</td><td rowspan="6">20(30)</td></tr>
<tr><td>0～1 500</td><td>150</td><td>90</td><td rowspan="5">56</td><td rowspan="5">34</td><td rowspan="5">74</td><td rowspan="5">45</td><td rowspan="5">20</td></tr>
<tr><td>0～2 000</td><td>200</td><td>120</td></tr>
<tr><td>0～2 500</td><td rowspan="2">250</td><td rowspan="4">150</td></tr>
<tr><td>0～3 000</td></tr>
<tr><td>0～3 500</td><td rowspan="2">260</td><td rowspan="2">—</td><td rowspan="2">—</td><td rowspan="2">—</td><td rowspan="2">—</td><td rowspan="2">35</td><td rowspan="2">40</td></tr>
<tr><td>0～4 000</td></tr>
<tr><td colspan="9">注：表中各字母所代表的基本参数见图 1～图 5。</td></tr>
<tr><td colspan="9">a 当外测量爪的伸出长度 l_1、l_3 大于表中推荐值时，其技术指标由供需双方技术协议确定。
b 当 $b=20$ mm 时，$l_4=15$ mm。</td></tr>
</table>

5 要求

5.1 外观

5.1.1 卡尺表面不应有影响外观和使用性能的裂痕、划伤、碰伤、锈蚀、毛刺等缺陷。

5.1.2 卡尺表面的镀、涂层不应有脱落和影响外观的色泽不均等缺陷。

5.1.3 标尺标记不应有目力可见的断线、粗细不均及影响读数的其他缺陷。

5.1.4 指示装置的表蒙、显示屏应透明、清洁，无划痕、气泡等影响读数的缺陷。

5.2 相互作用

卡尺的尺框、微动装置沿尺身的移动应平稳、无卡滞和松动现象，用制动螺钉能准确、可靠地紧固在尺身上。

5.3 测量爪伸出长度差

卡尺两外测量面合并时，两外测量爪伸出长度 l_1 或 l_3 的差、两刀口内测量爪伸出长度 l_2 的差均不应大于 0.2 mm(见图 1～图 5)。

5.4 材料和测量面硬度

卡尺一般采用碳钢、工具钢或不锈钢制造，测量面的硬度不应低于表 2 的规定。

表 2

测量面名称	材料[a]	硬度
内、外测量面	碳钢、工具钢	664 HV(或 58 HRC)
	不锈钢	551 HV(或 52.5 HRC)
其他测量面	碳钢、工具钢、不锈钢	377 HV(或 40 HRC)
[a] 测量面的材料也可采用硬质合金或其他超硬材料。		

5.5 测量面的表面粗糙度

卡尺测量面的表面粗糙度 Ra 值不应大于表 3 的规定。

表 3

单位为微米

测量面名称	表面粗糙度 Ra
外测量面	0.2
内测量面	0.4
其他测量面	0.8

5.6 标尺标记

5.6.1 游标卡尺的主标尺和游标尺的标记宽度及其标记宽度差应符合表 4 的规定。

表 4

单位为毫米

分度值	标记宽度	标记宽度差 ≤
0.02	0.08～0.18	0.02
0.05		0.03
0.10		0.05

5.6.2 带表卡尺主标尺的标记宽度及其标记宽度差，圆标尺的标记宽度及标尺间距应符合表 5 的规定；指针末端的宽度应与圆标尺的标记宽度一致。

表 5

单位为毫米

标尺名称	标记宽度	标记宽度差 ≤	标尺间距 ≥
主标尺	0.10～0.25	0.05	—
圆标尺	0.10～0.20	—	0.8

5.7 指示装置各部分相对位置

5.7.1 游标卡尺的游标尺标记表面棱边至主标尺标记表面的距离不应大于 0.30 mm；微视差游标卡尺的游标尺标记表面棱边至主标尺标记表面间的距离 h，游标尺标记端面与主标尺标记端面的距离 s 不应超过表 6 的规定(见图 7)。

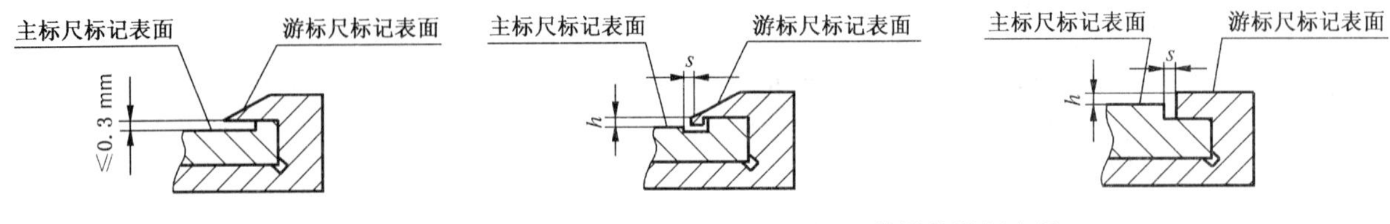

a) 游标卡尺

b) 微视差游标卡尺

图 7 游标尺与主标尺间的相对位置

表 6

单位为毫米

<table>
<tr><td rowspan="3">分度值</td><td colspan="2">游标尺标记表面棱边至主标尺标记表面间的距离 h</td><td rowspan="3">游标尺标记端面与主标尺标记端面的距离 s</td></tr>
<tr><td colspan="2">测量范围上限</td></tr>
<tr><td>≤500</td><td>>500</td></tr>
<tr><td>0.02</td><td>±0.06</td><td>±0.08</td><td rowspan="3">0.08</td></tr>
<tr><td>0.05</td><td>±0.08</td><td>±0.10</td></tr>
<tr><td>0.10</td><td>±0.10</td><td>±0.12</td></tr>
</table>

5.7.2 带表卡尺的指针末端应盖住圆标尺上短标尺标记长度的 30%～80%；指针末端与圆标尺标记表面间的间隙不应大于表 7 的规定。

表 7

单位为毫米

分度值	指针末端与圆标尺标记表面间的间隙
0.01、0.02	0.7
0.05	1.0

5.8 零值误差

5.8.1 游标卡尺两外测量面手感接触时，游标尺上的“零”、“尾”标尺标记与主标尺相应标尺标记应相互重合，其重合度不应超过表 8 的规定。

表 8

单位为毫米

<table>
<tr><td rowspan="2">分度值</td><td colspan="2">“零”标尺标记重合度</td><td colspan="2">“尾”标尺标记重合度</td></tr>
<tr><td>游标尺(可调)</td><td>游标尺(不可调)</td><td>游标尺(可调)</td><td>游标尺(不可调)</td></tr>
<tr><td>0.02</td><td rowspan="2">±0.005</td><td rowspan="2">±0.010</td><td>±0.01</td><td>±0.015</td></tr>
<tr><td>0.05</td><td>±0.02</td><td>±0.025</td></tr>
<tr><td>0.10</td><td>±0.010</td><td>±0.015</td><td>±0.03</td><td>±0.035</td></tr>
</table>

5.8.2 带表卡尺两外测量面手感接触时，指针应指向圆标尺上的“零”标尺标记，并处于正上方 12 点钟方位，左右偏位不应大于 1 个标尺分度；此时，毫米读数部位至主标尺“零”标记的距离不应超过标记宽度，压线不应超过标记宽度的 1/2。

5.9 电子数显器的性能

5.9.1 数字显示应清晰、完整、无闪跳现象；响应速度不应小于 1 m/s。

5.9.2 功能键应灵活、可靠，标注符号或图文应清晰且含义准确。

5.9.3 数字漂移不应大于 1 个分辨力值，工作电流不宜大于 40 μA。

5.9.4 电子数显器应能在环境温度 0 ℃～40 ℃、相对湿度不大于 80%的条件下，进行正常工作。

5.10 通讯接口

5.10.1 制造商应能够提供数显卡尺与其他设备之间的通讯电缆和通讯软件。

5.10.2 通讯电缆应能将数显卡尺的输出数据转换为 RS-232、USB 或其他通用的标准输出接口形式。

5.11 防护等级(IP)

数显卡尺的防护等级不应低于 IP40(见 GB 4208—1993)。

5.12 抗静电干扰能力和电磁干扰能力

数显卡尺的抗静电干扰能力和电磁干扰能力均不应低于 1 级(见 GB/T 17626.2—1998、GB/T 17626.3—1998)。

5.13 外测量面的平面度、平行度及合并间隙

5.13.1 卡尺两外测量面的平面度不应大于表 9 的规定;两外测量面手感接触时的合并间隙(无论尺框紧固与否),在宽量面处不应透光,在刀口窄量面处不应透白光。

表 9

单位为毫米

测量范围上限	外测量面的平面度[a]
≤1 000	0.003
>1 000~4 000	0.005

[a] 距外测量面边缘不大于测量面宽度的 1/20 范围内(但最小为 0.2 mm),外测量面的平面度不计。

5.13.2 卡尺两外测量面在测量范围内任意位置时的平行度(无论尺框紧固与否)均不应大于表 10 的规定。

表 10

单位为毫米

分度值/mm	平行度公差计算公式/μm
0.01、0.02	12+0.03L
0.05	30+0.03L
0.10	50+0.03L

注 1:L 为两外测量面在测量范围内任意位置时的测量长度,单位为 mm($L \neq 0$)。

注 2:计算结果一律四舍五入至 10 μm。

5.14 圆弧内测量爪合并宽度的极限偏差及圆弧内测量面的平行度

带有圆弧内测量爪的卡尺,其圆弧内测量爪的合并宽度 b(见图 3~图 5 及表 1)的极限偏差及其圆弧内测量面的平行度不应超过表 11 的规定。

表 11

单位为毫米

分度值/分辨力	合并宽度 b 的极限偏差[a]	圆弧内测量面的平行度
0.01	±0.01	0.01
0.02		
0.05	±0.02	0.02
0.10		

[a] 圆弧内测量爪合并宽度 b 的极限偏差及其圆弧内测量面的平行度,应按沿平行于尺身平面方向的实际偏差计,在其他方向的实际偏差均不应大于平行于尺身平面方向的实际偏差。

5.15 最大允许误差

5.15.1 外测量的最大允许误差

卡尺外测量的最大允许误差应符合表 12 的规定。

表 12

单位为毫米

测量范围上限	最大允许误差					
	分度值/分辨力					
	0.01;0.02		0.05		0.10	
	最大允许误差计算公式	计算值	最大允许误差计算公式	计算值	最大允许误差计算公式	计算值
70	$\pm(20+0.05L)$ μm	±0.02	$\pm(40+0.06L)$ μm	±0.05	$\pm(50+0.1L)$ μm	±0.10
150		±0.03		±0.05		
200		±0.03		±0.05		
300		±0.04		±0.06		
500		±0.05		±0.07		
1 000		±0.07		±0.10		±0.15
1 500	$\pm(20+0.06L)$ μm	±0.11	$\pm(40+0.08L)$ μm	±0.16		±0.20
2 000		±0.14		±0.20		±0.25
2 500	$\pm(20+0.08L)$ μm	±0.22		±0.24		±0.30
3 000		±0.26	$\pm(40+0.09L)$ μm	±0.31		±0.35
3 500		±0.30		±0.36		±0.40
4 000		±0.34		±0.40		±0.45

注：表中最大允许误差计算公式中的 L 为测量范围上限值，以毫米计。计算结果应四舍五入到 10 μm，且其值不能小于数字级差（分辨力）或游标标尺间隔。

5.15.2 刀口内测量爪的最大允许误差

5.15.2.1 带有刀口内测量爪的卡尺，两刀口内测量爪相对平面间的间隙不应大于 0.12 mm。

5.15.2.2 带有刀口内测量爪的卡尺，当调整外测量面间的距离到尺寸 H(见表 13)时，其刀口内测量爪的尺寸极限偏差及刀口内测量面的平行度不应超过表 13 的规定。

表 13

单位为毫米

测量范围上限	H	刀口形内测量爪的尺寸极限偏差		刀口形内测量面的平行度[a]	
		分度值/分辨力			
		0.01;0.02	0.05;0.10	0.01;0.02	0.05;0.10
≤300	10	$^{+0.02}_{0}$	$^{+0.04}_{0}$	0.010	0.020
>300～1 000	30				
>1 000～4 000	40	$^{+0.03}_{0}$	$^{+0.05}_{0}$	0.015	0.025

[a] 测量要求：刀口内测量爪的尺寸极限偏差及刀口内测量面的平行度，应按沿平行于尺身平面方向的实际偏差计；在其他方向的实际偏差均不应大于平行于尺身平面方向的实际偏差。

5.15.2.3 带有刀口内测量爪的卡尺，当用户要求保证刀口内测量的示值误差时，刀口内测量爪的尺寸不执行表 13 中有关刀口内测量爪尺寸极限偏差的规定值，以保证其示值误差为准(但仍应保证表 13 中平行度要求及脚注的测量要求)。其最大允许误差见表 12 规定。

5.15.3 深度、台阶测量的最大允许误差

带有深度和(或)台阶测量的卡尺，其深度、台阶测量 20 mm 时的最大允许误差不应超过表 14 的规定。

表 14

单位为毫米

分度值/分辨力	最大允许误差
0.01;0.02	±0.03
0.05;0.10	±0.05

5.16 **重复性**

带表卡尺和数显卡尺的重复性不应大于表 15 的规定。

表 15

单位为毫米

分度值/分辨力	重复性	
	带表卡尺	数显卡尺
0.01	0.005	0.010
0.02;0.05	0.010	—

6 试验方法

6.1 温度变化试验

数显卡尺的温度变化试验应符合 GB/T 2423.22—2002 的规定。

6.2 湿热试验

数显卡尺的湿热试验应符合 GB/T 2423.3—1993 的规定。

6.3 抗静电干扰试验

数显卡尺的抗静电干扰试验应符合 GB/T 17626.2—1998 的规定。

6.4 抗电磁干扰试验

数显卡尺的抗电磁干扰试验应符合 GB/T 17626.3—1998 的规定。

6.5 防尘、防水试验

数显卡尺的防尘、防水试验应符合 GB 4208—1993 的规定。

7 检验条件

7.1 检验前，应将被检卡尺及量块等检验用设备同时置于铸铁平板或木桌上，其平衡温度时间见表 16。

表 16

测量范围上限/mm	平衡温度时间/h	
	置于铸铁平板上	置于木桌上
≤300	1	2
>300～500	1.5	3
>500～4 000	2	4

7.2 数显卡尺检验时，室内温度应为 20 ℃±5 ℃，相对湿度不应大于 80%。

8 检验方法

8.1 外观

目力观察。

8.2 相互作用

目测和手感检验。如有异议,参见附录 A。

8.3 测量爪伸出长度差

目测或借助塞尺比较检查。

8.4 测量面硬度

在维氏硬度计(或洛氏硬度计)上检验。检查部位为测量面或离测量面 2 mm 以内的侧面且应沿测量面长度方向均匀分布的 3 点,3 点测得值的算术平均值作为测量结果。

8.5 测量面的表面粗糙度

用表面粗糙度比较样块目测比较。如有异议,用表面粗糙度检查仪检验。

8.6 标尺标记

目测。如有异议,用工具显微镜或读数显微镜检验。

8.7 指示装置各部分相对位置

目测或借助塞尺比较检验。

8.8 零值误差

目测或借助 5 倍放大镜检验。如有异议,用工具显微镜或读数显微镜检验。

8.9 电子数显器的性能

8.9.1 数字显示情况、响应速度及功能键的作用三项性能宜同时检验。试验并观察功能键的作用是否正常、灵活、可靠;用手动速度模拟,移动尺框后观察数字显示是否正常。

8.9.2 工作电流用万用表或专用芯片检测仪进行检测。

8.9.3 数字漂移采用试验方法进行检验,拉动尺框并使其停止在任意位置上,紧固尺框,观察显示数值在 1 h 内的变化。

8.10 外测量面的平面度、平行度及合并间隙

8.10.1 外测量面平面度的检验方法,见附录 B。两外测量面合并间隙的检验方法为目测观察。

8.10.2 外测量面的平行度,宜通过与外测量示值检验合并进行(见 8.12.1)。

8.11 圆弧内测量爪合并宽度的实际偏差及其圆弧内测量面的平行度

移动卡尺尺框使两外测量面合并,用外径千分尺在平行于尺身平面的方向上沿圆弧面母线于里、中、外 3 个位置检查。在外端检查时,千分尺测量面含入圆弧内测量面的长度不应大于 2 mm,所测得的实际偏差不应大于表 11 规定的极限偏差;在其他方向上测量的实际偏差均不应大于平行于尺身平面方向的实际偏差。平行度由里、中、外 3 个位置的最大与最小尺寸之差确定。

8.12 示值误差

8.12.1 外测量的示值误差

8.12.1.1 用一组 3 级或 5 等量块分别置于两外测量面根部和端部两位置检验。量块工作面的长边和卡尺外测量面长边应垂直,无论尺框紧固与否,使卡尺外测量面和量块工作面相接触并能正常滑动。每个检测点测得的卡尺读数值与量块标称值之代数差,即为卡尺的示值误差。各检测点的示值误差均不应超过表 12 规定的最大允许误差(或按表 12 中相关公式计算所得的最大允许误差值)。

在测量范围内任意位置处,两外测量面根部和端部两位置示值误差的代数差的绝对值即为其平行度,其值不应大于表 10 中平行度计算公式的计算结果。

8.12.1.2 测量范围上限较大的卡尺,检验时应消除因卡尺自重引起的尺身弯曲。为此,宜用等高垫块或专用平台在适当位置将尺身垫起(见图 8 所示)。

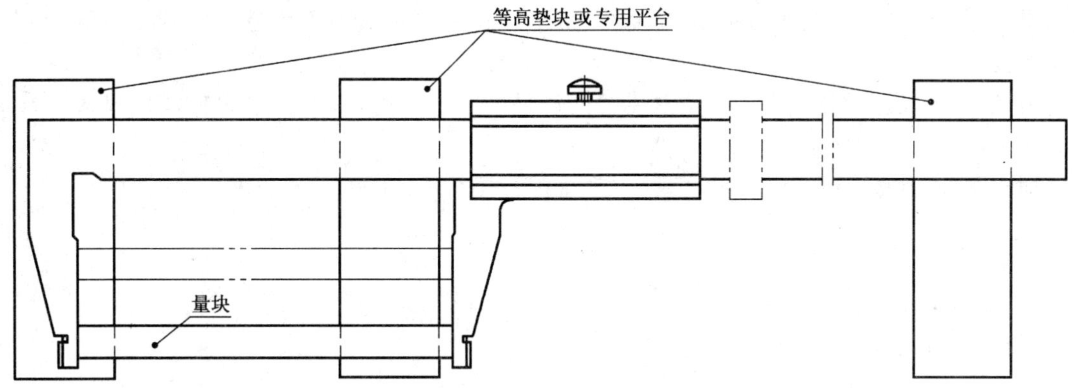

图8　测量范围上限较大的卡尺检验示意图

8.12.1.3　卡尺外测量所需专用量块的数量和尺寸应使卡尺受检点分布情况满足如下要求：

a)　游标卡尺和带表卡尺受检点应在测量范围内近似均匀分布，测量范围上限小于或等于 300 mm 的，不少于 3 点；测量范围上限大于 300 mm 的，不少于六点。上述受检点还应满足：

1) 游标卡尺受检点应在测量范围内的若干个点上选用游标尺整个刻度长度内近似均匀分布的 3 点；

2) 带表卡尺受检点应在测量范围内的若干个点上选用圆标尺一圈刻度内近似均匀分布的 3 点。

b)　数显卡尺受检点在测量范围内近似均匀分布，测量范围上限小于或等于 300 mm 的，不少于 8 点；测量范围上限大于 300 mm 至 1 000 mm 的，不少于 10 点。测量范围上限大于 1 000 mm 的，不少于 20 点。上述受检点还应在测量范围内的若干个点上选用包含传感器主栅一个节距内近似均匀分布的 5 点（也可分别检查传感器主栅一个节距内近似均匀分布的 5 点及测量范围内近似均匀分布的若干检点）。

卡尺示值检查点参见附录 C。

8.12.2　刀口内测量爪的检验

8.12.2.1　两刀口内测量爪相对平面间的间隙检验，是将卡尺外测量爪垂直向下，移动尺框使两内测量爪间的重叠区域至尽量大，用 0.12 mm 的塞尺进行检验。

8.12.2.2　刀口内测量爪尺寸实际偏差的检验，是将尺寸为 H（见表 13）的一块 3 级或 5 等量块的长边平放于两外测量爪测量面之间，移动尺框使卡尺外测量面和量块工作面相接触并能正常滑动，将尺框紧固，然后用测力为（6～7）N 的外径千分尺在平行于尺身平面方向上沿刀口内测量面的长度方向上，于测量爪的尖端、中部和根部进行检查，检查至尖端和根部时，外径千分尺测量面与刀口内测量面的接触长度不应大于 2 mm。所测得的实际偏差不应大于表 13 中规定的尺寸极限偏差；在其他方向上检查时，所测得的实际偏差均不应大于平行于尺身平面方向的实际偏差。

平行度由刀口型测量爪根部、中部、尖端 3 个位置的最大与最小尺寸之差确定。

8.12.2.3　刀口内测量爪的示值误差，可用一组 3 级或 5 等量块与量块夹子组成内尺寸进行检验，对刀口内测量爪进行示值检验时，应使刀口内测量面的全长与量块手感接触，并在两刀口内测量面间寻找最小值作为测得值，测得值与量块标称值的代数差即为刀口内测量的示值误差，其值均不应超过表 12 的最大允许误差（或按表 12 中相关公式计算所得的最大允许误差值）。

所需专用量块的数量和尺寸及卡尺受检点分布情况同 8.12.1.3 的规定。

8.12.3　深度、台阶测量的示值误差

用一块 3 级或 5 等精度的 20 mm 量块置于一级平板上，将卡尺尺身尾端深度测量面（或尺框前端台阶测量面)与量块测量面接触,然后推出深度尺深度测量面(或尺身前端台阶测量面)与平板接触。测得值与量块标称值之代数差即为深度(或台阶)测量的示值误差,其值不应超过表14的规定。

8.13 重复性

带表、数显卡尺应重复5次移动尺框使两外测量面手感接触,其5次测得值间的最大差异即为重复性。

注:此处重复性检查结果的数据处理,不采用分散性表述。仅取示值变化的特性表述。

9 标志与包装

9.1 卡尺上至少应标有:

a) 制造厂厂名或注册商标;

b) 分度值/分辨力;

c) 产品序号;

d) 用不锈钢制造的卡尺,应标有识别标志。

9.2 卡尺的包装盒上至少应标有:

a) 制造厂厂名或注册商标;

b) 产品名称;

c) 分度值/分辨力及测量范围。

9.3 卡尺在包装前应经防锈处理,并妥善包装。不得因包装不善而在运输过程中损坏产品。

9.4 卡尺经检验符合本标准要求的,应附有产品合格证。产品合格证上应标有本标准的标准号、产品序号和出厂日期。

附 录 A
（资料性附录）
相互作用的定量检验方法

A.1 移动力和移动力变化的检验

卡尺尺身和尺框相对移动的移动力和移动力变化可用弹簧测力计定量检验。

将卡尺水平放置，并保持外测量爪垂直向下，用测力计钩住尺框（或尺身）的外测量爪根部，拉动测力计，当尺框（或尺身）开始移动后从测力计上读数，在整个测量范围内，测得的最大值和最小值即为最大移动力和最小移动力，最大值和最小值之差即为移动力变化，其允许值参照表 A.1。

表 A.1

测量范围/mm	移动力	移动力变化
	N	
0～70	2～5	1.5
0～150	2～6	2
0～200	3～7	2
0～300	3～8	2
0～500	8～15	3
0～1 000	10～18	4
0～1 500	15～25	7
0～2 000		
0～2 500	20～35	10
0～3 000		
0～3 500		
0～4 000		

测力计水平使用时与竖直使用时零位不一致，应调整好零位后使用。

测量范围上限小于或等于 300 mm 的卡尺，宜钩住尺身的外测量爪根部；测量范围上限大于 300 mm 的卡尺，因尺身较重宜钩住尺框外测量爪根部；测量范围上限大于或等于 1 000 mm 的卡尺，检验时需采取适当措施，消除因卡尺的自重引起的尺身弯曲对移动力的影响。如：分段握住（或支承住）尺身。

A.2 晃动量的检验

卡尺尺框在尺身厚度方向相对尺身的晃动量，推荐以下两种检查方法：

方法一：将卡尺外测量爪竖直向上安放并将尺身紧固，用指示表（分度值为 0.01 mm）测头在距尺身下侧面（l_1-10）mm 处（l_1 等于表 1 给定的长度）与尺框外测量爪侧面垂直接触，然后在该处对尺框外测量爪正、反两个方向加力，由指示表两次读数，其最大值即为晃动量。加力值及允许晃动量参见表 A.2。

方法二：将卡尺两外测量爪合并竖直向上用手握住（或紧固住）尺身，用手对尺框外测量爪加力，使尺框外测爪产生来回晃动，晃动量的大小用塞尺比对，在距尺身下侧面（l_1-10）mm 处（l_1 等于表 1 给定的长度），最大一侧的晃动值即为晃动量，其允许晃动量参见表 A.2。

用手对尺框测量爪加力大小应合适，不应使尺身和尺框外测量爪产生弹性变形，否则需放开施力的手，使其消除弹性变形后，再用塞尺进行比对。

表 A.2

测量范围/mm	加力值/N	允许晃动量/mm
0～70	2	0.12
0～150		0.15
0～200	3	0.18
0～300		0.22
0～500	4	0.30
0～1 000	5	0.35
0～1 500	6	0.40
0～2 000	7	0.45
0～2 500、0～3 000、0～3 500、0～4 000	8	0.50

附 录 B
（规范性附录）
平面度的检验方法

测量面的平面度误差，用刀口形直尺以光隙法检验。检验时，分别在外测量面的长边，短边方向和对角线位置上进行（见图 B.1）。

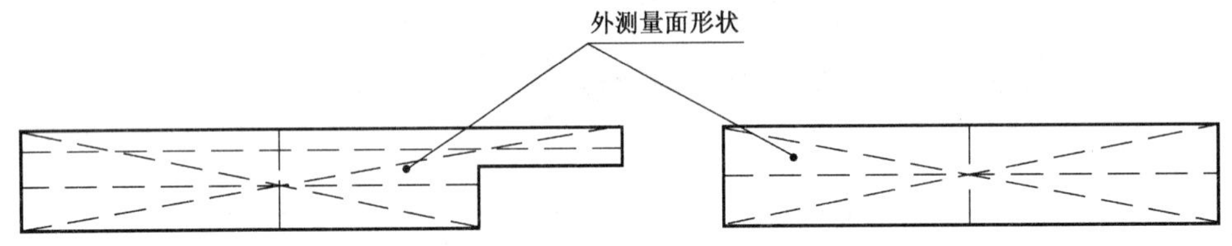

注：图中虚线为检查位置。

图 B.1 外测量面平面度的检验示意图

平面度根据各方位的间隙情况确定：

——当所有检查方位上出现的间隙均在中间部位或两端部位时，取其中一方位间隙量最大的作为平面度；

——当有的方位中间部位有间隙，而有的方位两端部位有间隙时，以中间和两端最大间隙量之和作为平面度；

——当掉边、掉角（即靠量面边、角处塌陷）时，以此处的最大间隙作为平面度。但在距测量面边缘不大于测量面宽度的 1/20（最小为 0.2 mm）范围内不计。

附　录　C
（资料性附录）
卡尺示值检验推荐量块尺寸

卡尺示值检查点量块尺寸推荐见表 C.1。

表 C.1

单位为毫米

测量范围	卡尺示值检查点量块尺寸(推荐)	
	游标卡尺、带表卡尺	数显卡尺
0～70	22.5,41.2,63.8	5,14,23,32,41,50,60,70
0～100	31.2,63.8,92.5	11,22,33,44,55,70,85,100
0～150	41.2,92.5,123.8	11,32,53,74,95,110,130,150
0～200	51.2,123.8,192.5	25,54,83,102,131,160,180,200
0～300	101.2,192.5,293.8	35,74,113,152,171,220,260,300
0～500	101.2,180,293.8,340,422.5,500	51,102,153,204,255,300,350,400,450,500
0～1 000	161.2,340,500,663.8,822.5,1 000	101, 202, 303, 404, 505, 600, 700, 800, 900, 1 000
0～1 500	251.2,500,822.5,1 000,1 263.8,1 500	101,172,243,314,385,460,535,610,685,760, 835,910,985,1 060,1 135,1 210,1 285,1 360, 1 430,1 500
0～2 000	340,663.8,1 000,1 331.2,1 692.5,2 000	101, 202, 303, 404, 505, 600, 700, 800, 900, 1 000,1 100,1 200,1 300,1 400,1 500,1 600, 1 700,1 800,1 900,2 000
0～2 500	401.2,822.5,1 263.8,1 660,2 080,2 500	131,252,373,494,615,740,865,990,1 115, 1 240,1 365,1 490,1 615,1 740,1 865,1 990, 2 115,2 240,2 370,2 500
0～3 000	663.8,1 000,1 692.5,2 000,2 531.2,3 000	151, 302, 453, 604, 755, 900, 1 050, 1 200, 1 350,1 500,1 650,1 800,1 950,2 100,2 250, 2 400,2 550,2 700,2 850,3 000
0～3 500	663.8,1 160,1 692.5,2 531.2,2 900,3 500	171,342,513,684,855,1 030,1 205,1 380, 1 555,1 730,1 905,2 080,2 255,2 430,2 605, 2 780,2 960,3 140,3 320,3 500
0～4 000	663.8,1 331.2,2 000,2 622.5,3 330,4 000	201,402,603,804,1 005,1 200,1 600,1 800, 2 000,2 200,2 400,2 600,2 800,3 000,3 200, 3 400,3 600,3 800,4 000
注：表中数显卡尺的示值检查点量块尺寸(推荐),是按栅距为 5.08 mm 为例给出的。		

ICS 17.040.30
J 42

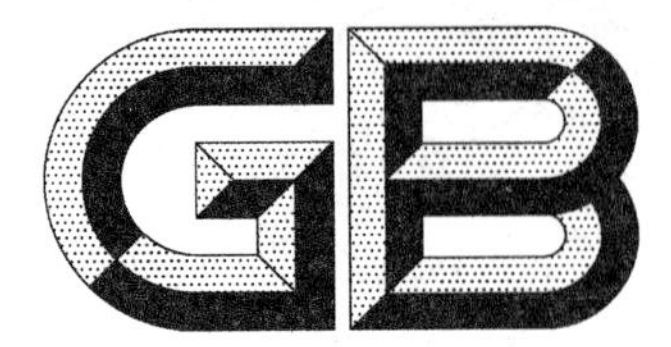

中华人民共和国国家标准

GB/T 21390—2008
代替 GB/T 1214.1—1996,GB/T 1214.3—1996

游标、带表和数显高度卡尺

Vernier,dial and digital display height callipers

2008-02-02 发布 2008-07-01 实施

中华人民共和国国家质量监督检验检疫总局
中国国家标准化管理委员会 发布

前　　言

本标准是对 GB/T 1214.1—1996《游标类卡尺　通用技术条件》、GB/T 1214.3—1996《游标类卡尺　高度游标卡尺》和 JB/T 5609—1991《电子数显高度卡尺》3 项标准进行整合修订的。

本标准代替 GB/T 1214.1—1996《游标类卡尺　通用技术条件》、GB/T 1214.3—1996《游标类卡尺　高度游标卡尺》。

自本标准实施之日起，JB/T 5609—1991《电子数显高度卡尺》作废。

本标准与上述 3 项标准相比，主要变化如下：

——增加了带表高度卡尺品种；

——扩展了高度卡尺[1]测量范围（GB/T 1214.3—1996 的第 1 章和 3.2，JB/T 5609—1991 的第 1 章和 4.2；本标准的第 1 章和 4.2）；

——用"分度值"和"分辨力"术语代替"读数值"和"分辨率"术语（GB/T 1214.1—1996 的第 1 章，JB/T 5609—1991 的第 1 章；本标准的表 1）；

——用"标尺标记"术语代替"尺身刻线"和"游标刻线"等术语，并引入"零值误差"术语（GB/T 1214.1—1996 的 3.6 和 3.7，本标准的 5.5、5.6、5.7）；

——用"微视差游标高度卡尺"术语代替"无视差卡尺"和"同一平面型卡尺"术语（GB/T 1214.1—1996 的 3.6.3；本标准的 5.6.1）；

——删除了"任意两点间的误差"的术语定义和要求（JB/T 5609—1991 的 3.2 和 5.11）；

——增加了对数显高度卡尺通讯接口的要求（本标准的 5.10）；

——增加了对数显高度卡尺防护等级的要求（本标准的 5.11）；

——增加了对数显高度卡尺抗静电能力和电磁干扰能力的要求（本标准的 5.12）；

——修改了高度卡尺测量爪工作面相对底座工作面平行度的要求（GB/T 1214.3—1996 的 3.8，JB/T 5609—1991 的 5.7 和 5.9；本标准的 5.13.2）；

——用"最大允许误差"术语代替"示值误差"术语对高度卡尺示值指标做出规定（GB/T 1214.1—1996 的 3.9，JB/T 5609—1991 的 5.10；本标准的 5.14）；

——修改并统一规定了高度卡尺测量的最大允许误差要求，给出了最大允许误差的计算公式，以使标准的使用更方便、更具指导性，并按测量范围上限给出了部分计算值（GB/T 1214.1—1996 的 3.9，JB/T 5609—1991 的 5.10；本标准的 5.14）；

——增加了高度卡尺检验时平衡温度时间的检验条件（本标准的第 7 章）；

——对高度卡尺高度测量的示值检定点，改为提出对示值检测点的数量及其分布规律性的要求，对示值检定点的推荐量块尺寸作为参考资料在资料性附录中给出（GB/T 1214.3—1996 的 5.3；JB/T 5609—1991 的 A9；本标准的 8.12.2、附录 C）；

——修改了高度卡尺相互作用（即：测量力、测量力变化）的定量要求和检验方法，并作为参考资料在资料性附录中给出（GB/T 1214.3—1996 的 5.1，JB/T 5609—1991 的 A3；本标准的附录 A）。

本标准的附录 B 为规范性附录，附录 A、附录 C 为资料性附录。

本标准由中国机械工业联合会提出。

本标准由全国量具量仪标准化技术委员会（SAC/TC 132）归口。

1）　本标准所称"高度卡尺"系指"游标高度卡尺"、"带表高度卡尺"、"数显高度卡尺"三者的统称。

本标准负责起草单位:成都工具研究所和桂林量具刃具厂。

本标准参加起草单位:靖江量具有限公司、上海量具刃具厂、哈尔滨量具刃具集团有限责任公司、成都成量工具有限公司。

本标准主要起草人:陈学仁、赵伟荣、姜志刚、杨东顺、周国明、张伟、于晓霞、李隆勇。

本标准所代替标准的历次版本发布情况为:

——GB/T 1214.1—1996;

——GB 8126—1987、GB/T 1214.3—1996。

游标、带表和数显高度卡尺

1 范围

本标准规定了游标高度卡尺、带表高度卡尺和数显高度卡尺的术语和定义、形式与基本参数、要求、试验方法、检验条件、检验方法、标志与包装等。

本标准适用于分度值/分辨力为 0.01 mm、0.02 mm、0.05 mm 和 0.10 mm，测量范围为(0～150)mm至(0～1000)mm 的游标高度卡尺、带表高度卡尺和数显高度卡尺(以下简称“高度卡尺”)。

2 规范性引用文件

下列文件中的条款通过本标准的引用而成为本标准的条款。凡是注日期的引用文件，其随后所有的修改单(不包括勘误的内容)或修订版均不适用于本标准，然而，鼓励根据本标准达成协议的各方研究是否可使用这些文件的最新版本。凡是不注日期的引用文件，其最新版本适用于本标准。

GB/T 2423.3—1993 电工电子产品基本环境试验规程 试验 Ca：恒定湿热试验方法(eqv IEC 60068-2-3：1984)

GB/T 2423.22—2002 电工电子产品环境试验 第 2 部分：试验方法 试验 N：温度变化(IEC 60068-2-14：1984，IDT)

GB 4208—1993 外壳防护等级(IP 代码)(eqv IEC 529：1989)

GB/T 17163 几何量测量器具术语 基本术语

GB/T 17164 几何量测量器具术语 产品术语

GB/T 17626.2—1998 电磁兼容 试验和测量技术 静电放电抗扰度试验(idt IEC 61000-4-2：1995)

GB/T 17626.3—1998 电磁兼容 试验和测量技术 射频电磁场辐射抗扰度试验(idt IEC 61000-4-3：1995)

3 术语和定义

GB/T 17163、GB/T 17164 中确立的以及下列术语和定义适用于本标准。

3.1

响应速度 response speed

数显高度卡尺能正常显示数值时，尺框相对于尺身的最大移动速度。

3.2

最大允许误差(MPE) maximum permissible error

由技术规范、规则等对高度卡尺规定的误差极限值。

注：允许误差的极限值不能小于数字级差(分辨力)或游标标尺间隔。

4 形式与基本参数

4.1 高度卡尺的形式见图 1～图 3 所示。图示仅供图解说明，不表示详细结构。

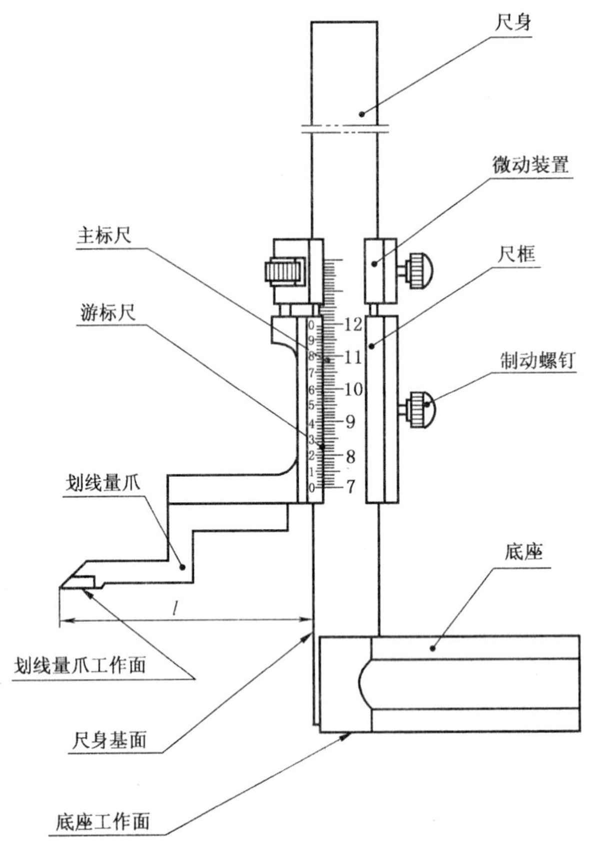

图 1　游标高度卡尺

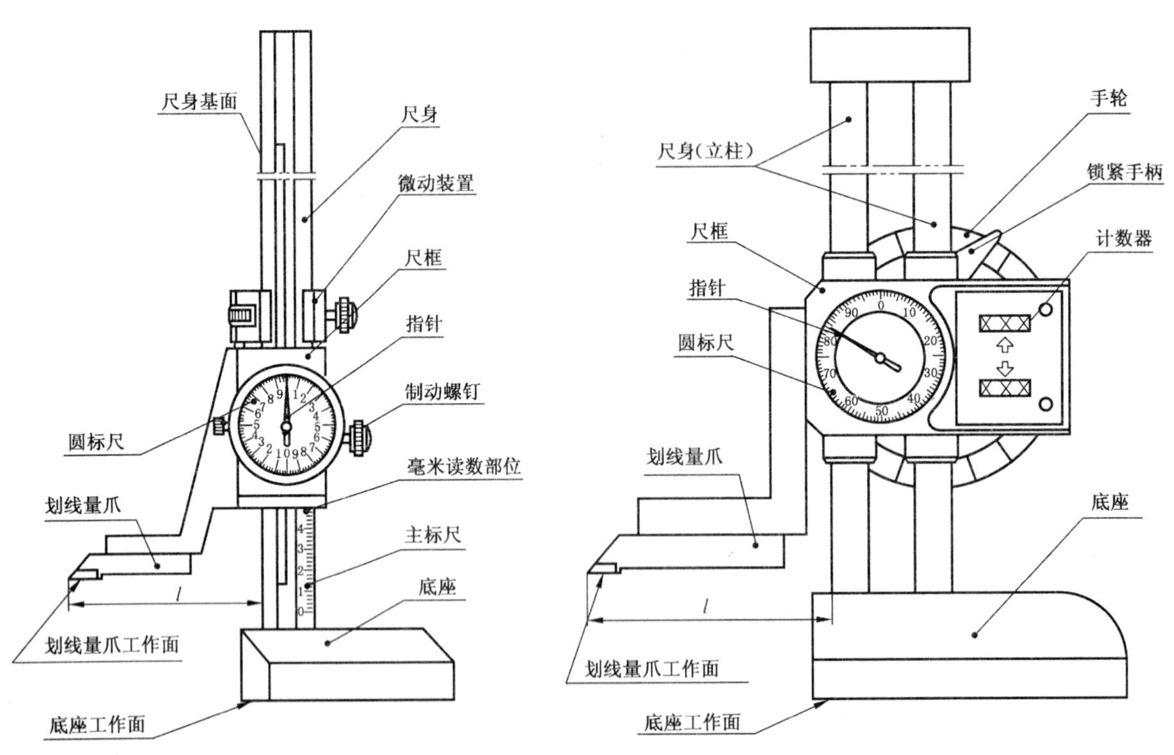

a)　Ⅰ型带表高度卡尺(由主标尺读毫米读数)　　b)　Ⅱ型带表高度卡尺(由计数器读毫米读数)

图 2　带表高度卡尺

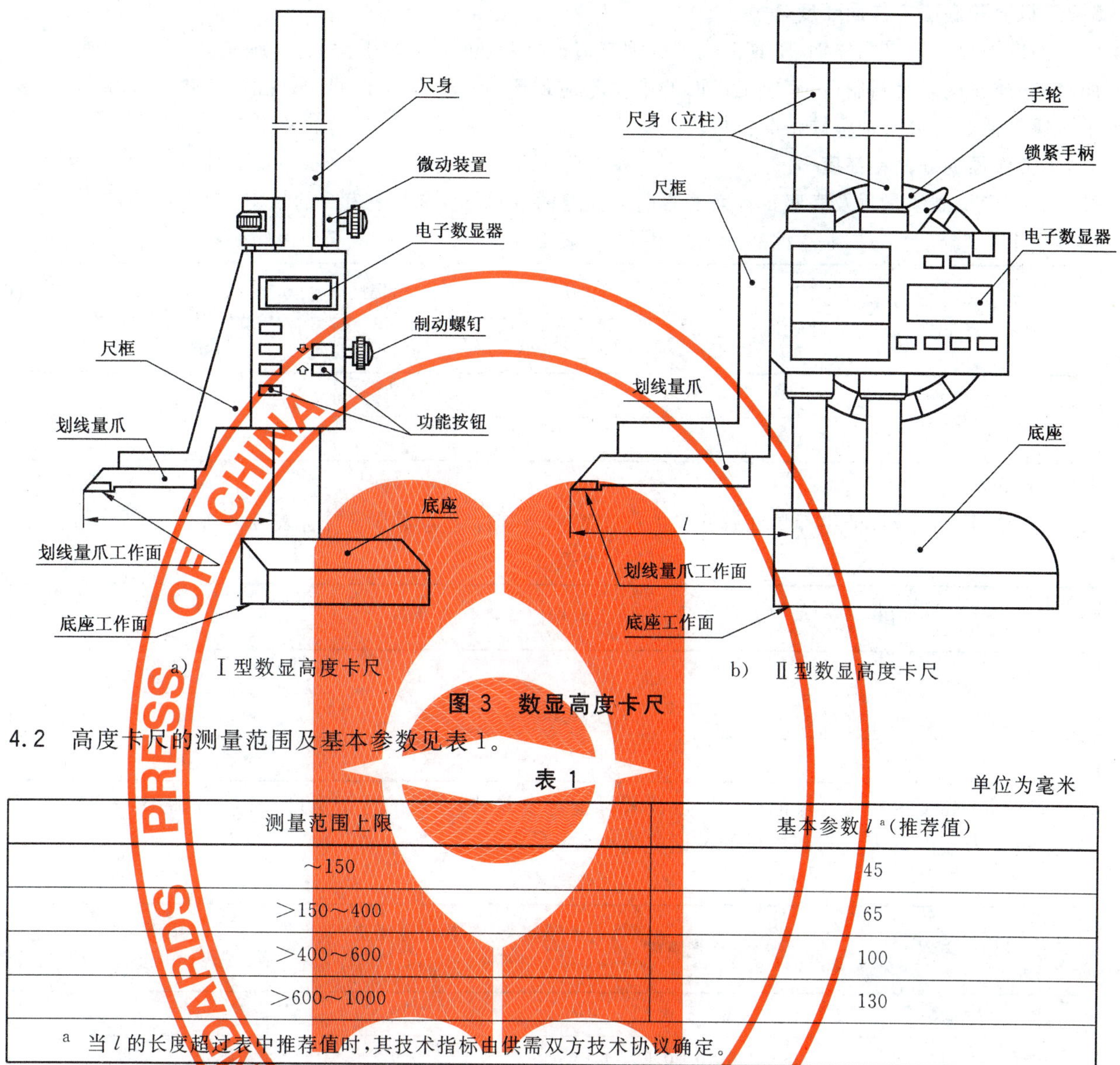

图3 数显高度卡尺

4.2 高度卡尺的测量范围及基本参数见表1。

表1

单位为毫米

测量范围上限	基本参数 l [a]（推荐值）
～150	45
＞150～400	65
＞400～600	100
＞600～1000	130
[a] 当 l 的长度超过表中推荐值时，其技术指标由供需双方技术协议确定。	

4.3 高度卡尺应具有微动装置或手轮。

4.4 根据用户需要，高度卡尺制造商可提供安装杠杆指示表的附件，其安装杠杆指示表的孔或槽的尺寸及尺寸极限偏差为4H8、6H8或8H8。

4.5 高度卡尺尺身应有足够的长度，以保证在测量范围上限时尺框及微动装置不至于伸出尺身之外，并宜具有(3～15)mm的测量长度裕量，以方便使用。

5 要求

5.1 外观

5.1.1 高度卡尺表面不应有影响外观和使用性能的裂痕、划伤、碰伤、锈蚀、毛刺等缺陷。

5.1.2 高度卡尺表面的镀、涂层不应有脱落和影响外观的色泽不均等缺陷。

5.1.3 标尺标记不应有目力可见的断线、粗细不均及影响读数的其他缺陷。

5.1.4 指示装置的表蒙、显示屏应透明、清洁，无划痕、气泡等影响读数的缺陷。

5.2 相互作用

高度卡尺的尺框、微动装置沿尺身的移动应平稳、无卡滞和松动现象；用手轮移动尺框的高度卡尺，手轮在摇动时手感力量应均匀；用制动螺钉（或锁紧手柄）能准确、可靠地将尺框固紧在尺身上。

5.3 材料和底座工作面硬度

高度卡尺一般采用碳钢、工具钢或不锈钢制造；底座也可采用球墨铸铁、可锻铸铁、灰口铸铁(工作面除外)或花岗岩材料制造，底座工作面的硬度不应低于509HV(或50HRC)；带有划线功能的划线量爪应镶硬质合金或其他坚硬耐磨材料。

5.4 工作面的表面粗糙度

高度卡尺划线量爪及底座工作面的表面粗糙度的 Ra 值不应大于表2的规定。

表 2

分度值/分辨力 mm	表面粗糙度 Ra/μm	
	划线量爪工作面	底座工作面
0.01、0.02	0.2	0.4
0.05、0.10	0.4	

5.5 标尺标记

5.5.1 游标高度卡尺的主标尺和游标尺的标记宽度及其标记宽度差应符合表3的规定。

表 3　　单位为毫米

分度值	标记宽度	标记宽度差 ≤
0.02	0.08～0.18	0.02
0.05		0.03
0.10		0.05

5.5.2 带表高度卡尺主标尺的标记宽度及其标记宽度差，圆标尺的标记宽度及标尺间距应符合表4的规定；指针末端的宽度应与圆标尺的标记宽度一致。

表 4　　单位为毫米

标尺名称	标记宽度	标记宽度差 ≤	标尺间距 ≥
主标尺	0.10～0.25	0.05	—
圆标尺	0.10～0.20	—	0.8

5.6 指示装置各部分相对位置

5.6.1 游标高度卡尺的游标尺标记表面棱边至主标尺标记表面的距离不应大于0.30mm；微视差游标高度卡尺的游标尺标记表面棱边至主标尺标记表面间的距离 h，游标尺标记端面与主标尺标记端面的距离 s 不应超过表5的规定(见图4)。

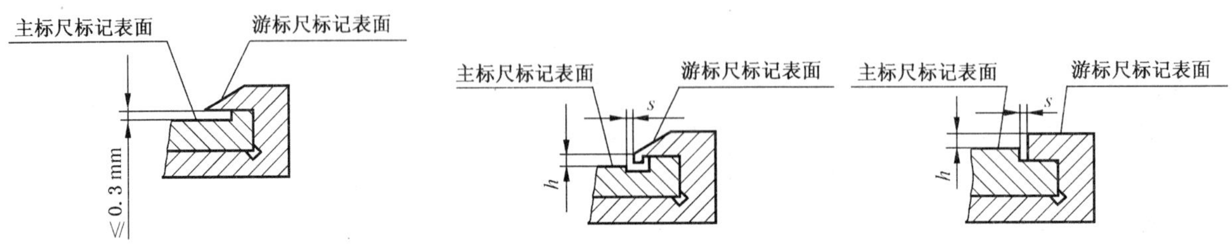

a) 游标高度卡尺　　b) 微视差游标高度卡尺

图4 游标尺与主标尺间的相对位置

表 5

单位为毫米

分度值	游标尺标记表面棱边至主标尺标记表面间的距离 h		游标尺标记端面与主标尺标记端面的距离 s
	测量范围上限		
	≤500	>500	
0.02	±0.06	±0.08	0.08
0.05	±0.08	±0.10	
0.10	±0.10	±0.12	

5.6.2 带表高度卡尺的指针末端应盖住圆标尺上短标尺标记长度的30%～80%；指针末端与圆标尺标记表面间的间隙不应大于表6的规定。

表 6

单位为毫米

分度值	指针末端与圆标尺标记表面间的间隙
0.01、0.02	0.7
0.05	1.0

5.7 零值误差

5.7.1 游标高度卡尺划线量爪工作面和底座工作面在同一平面时，游标尺上的“零”、“尾”标尺标记与主标尺相应标尺标记应相互重合，其重合度不应超过表7的规定。

表 7

单位为毫米

分度值	“零”标尺标记重合度		“尾”标尺标记重合度	
	游标尺(可调)	游标尺(不可调)	游标尺(可调)	游标尺(不可调)
0.02	±0.005	±0.010	±0.01	±0.015
0.05			±0.02	±0.025
0.10	±0.010	±0.015	±0.03	±0.035

5.7.2 带表高度卡尺划线量爪工作面和底座工作面在同一平面时，指针应指向圆标尺上的“零”标尺标记，并处于正上方12点钟方位，左右偏位不应大于1个标尺分度；此时，Ⅰ型带表高度卡尺毫米读数部位至主标尺上“零”标尺标记的距离不应超过标记宽度，压线不应超过标记宽度的1/2。

5.8 计数器的性能

计数器在测量范围内的工作应平稳而不松弛，其显示值超前和滞后不应影响正确读数，并能正确、可靠地调整。

5.9 电子数显器的性能

5.9.1 数字显示应清晰、完整、无闪跳现象；响应速度不应小于1 m/s。

5.9.2 功能键应灵活、可靠，标注符号或图文应清晰且含义准确。

5.9.3 数字漂移不应大于1个分辨力值；工作电流不宜大于40 μA。

5.9.4 电子数显器应能在环境温度0℃～40℃、相对湿度不大于80%的条件下，进行正常工作。

5.10 通讯接口

5.10.1 制造商应能够提供数显高度卡尺与其他设备之间的通讯电缆和通讯软件。

5.10.2 通讯电缆应能将数显高度卡尺的输出数据转换为RS-232、USB或其他通用的标准输出接口形式。

5.11 防护等级(IP)

数显高度卡尺的防护等级不应低于IP40(见GB 4208—1993)。

5.12 抗静电干扰能力和电磁干扰能力

数显高度卡尺的抗静电干扰能力和电磁干扰能力均不应低于1级(见GB/T 17626.2—1998、GB/T 17626.3—1998)。

5.13 平面度和平行度

5.13.1 高度卡尺划线量爪工作面、底座工作面的平面度不应大于表8的规定。

表8

单位为毫米

工作面名称	平面度
划线量爪工作面	0.003
底座工作面[a]	0.005

[a] 底座工作面只允许中间凹,距工作面边缘1 mm范围内的平面度不计。

5.13.2 高度卡尺无论尺框紧固与否,划线量爪工作面在与底座工作面位于同一平面时及在测量范围内任意位置时,其相对底座工作面的平行度不应大于表9的规定。

表9

分度值/分辨力 mm	划线量爪工作面相对于底座工作面的平行度/μm	
	划线量爪工作面与底座工作面在同一平面时	划线量爪工作面在测量范围内任意位置时
0.01,0.02	5	$12+0.03L$
0.05	8	$30+0.03L$
0.10	8	$50+0.03L$

注1:L为划线量爪工作面在测量范围内任意位置时的测量高度,单位为mm ($L\neq0$)。

注2:计算结果一律四舍五入至10 μm。

5.14 最大允许误差

高度卡尺测量高度时的最大允许误差应符合表10的规定。

表10

单位为毫米

<table>
<tr><th rowspan="4">测量范围
上限</th><th colspan="6">最 大 允 许 误 差</th></tr>
<tr><th colspan="6">分度值/分辨力</th></tr>
<tr><th colspan="2">0.01; 0.02</th><th colspan="2">0.05</th><th colspan="2">0.10</th></tr>
<tr><th>最大允许误差计算公式</th><th>计算值</th><th>最大允许误差计算公式</th><th>计算值</th><th>最大允许误差计算公式</th><th>计算值</th></tr>
<tr><td>150</td><td rowspan="5">$\pm(20+0.05L)$ μm</td><td>±0.03</td><td rowspan="5">$\pm(40+0.06L)$ μm</td><td>±0.05</td><td rowspan="5">$\pm(50+0.1L)$ μm</td><td rowspan="4">±0.10</td></tr>
<tr><td>200</td><td>±0.03</td><td>±0.05</td></tr>
<tr><td>300</td><td>±0.04</td><td>±0.06</td></tr>
<tr><td>500</td><td>±0.05</td><td>±0.07</td></tr>
<tr><td>1 000</td><td>±0.07</td><td>±0.10</td><td>±0.15</td></tr>
</table>

注:表中最大允许误差计算公式中的L为测量范围上限值,以毫米计。计算结果应四舍五入到10 μm,且其值不能小于数字级差(分辨力)或游标尺间隔。

5.15 重复性

带表高度卡尺和数显高度卡尺的重复性不应大于表11的规定。

表 11

单位为毫米

分度值/分辨力	重复性	
	带表高度卡尺	数显高度卡尺
0.01	0.005	0.010
0.02、0.05	0.010	—

6 试验方法

6.1 温度变化试验

数显高度卡尺的温度变化试验应符合 GB/T 2423.22—2002 的规定。

6.2 湿热试验

数显高度卡尺的湿热试验应符合 GB/T 2423.3—1993 的规定。

6.3 抗静电干扰试验

数显高度卡尺的抗静电干扰试验应符合 GB/T 17626.2—1998 的规定。

6.4 抗电磁干扰试验

数显高度卡尺的抗电磁干扰试验应符合 GB/T 17626.3—1998 的规定。

6.5 防尘、防水试验

数显高度卡尺的防尘、防水试验应符合 GB 4208—1993 的规定。

7 检验条件

7.1 检验前，应将被检高度卡尺及量块等检验用设备同时置于铸铁平板或木桌上，其平衡温度时间参见表 12。

表 12

测量范围上限/mm	平衡温度时间/h	
	置于铸铁平板上	置于木桌上
≤400	1	2
>400 ～600	1.5	3
>600～1 000	2	4

7.2 数显高度卡尺检验时，室内温度应为 20℃±5℃；相对湿度不应大于 80%。

8 检验方法

8.1 外观

目力观察。

8.2 相互作用

目测和手感检验。如有异议，参见附录 A。

8.3 底座工作面硬度

在维氏硬度计(或洛氏硬度计)上检验。检查部位为工作面内沿其长度方向均匀分布的 3 点，3 点测得值的算术平均值作为测量结果。

8.4 工作面的表面粗糙度

用表面粗糙度比较样块目测比较。如有异议，用表面粗糙度检查仪检验。

8.5 标尺标记

目测。如有异议，用工具显微镜或读数显微镜检验。

8.6 指示装置各部分相对位置

目测或借助塞尺比较检验。

8.7 零值误差

目测或借助5倍放大镜检验。如有异议，用工具显微镜或读数显微镜检验。

将游标高度卡尺或带表高度卡尺置于1级检验平板上，使划线量爪工作面与检验平板工作面相接触，进行观察。

8.8 计数器的性能

目测和手感检查。

注：可与示值误差检验同步进行。

8.9 电子数显器的性能

8.9.1 数字显示情况、响应速度及功能键作用的三项性能宜同时检验。试验并观察功能键的作用是否正常、灵活、可靠；用手动速度模拟，移动尺框后观察数字显示是否正常。

8.9.2 工作电流用万用表或专用芯片检测仪进行检测。

8.9.3 数字漂移采用试验方法进行检验，拉动尺框并使其停止在任意位置上，紧固尺框，观察显示数值在1 h内的变化。

8.10 平面度和平行度

8.10.1 高度卡尺划线量爪工作面和底座工作面的平面度检验方法，遵照附录B的规定。

8.10.2 将高度卡尺和装有杠杆指示表(分度值/分辨力为0.001 mm或0.002 mm)的表架放置在1级检验平板上，使划线量爪工作面位于下列位置：

——移动尺框使划线量爪工作面与平板接触，然后将其移出平板(即：划线量爪工作面与底座工作面位于同一平面上)；

——移动尺框使划线量爪工作面位于测量范围内的任意位置上(建议取3～5个点)。

在上述各位置时，分别移动表架使杠杆指示表测头与划线量爪工作面接触，无论尺框紧固与否，在划线量爪工作面长度和宽度两个方向检查，每个方向位置测得值的最大值与最小值之差，即为：该方向位置划线量爪工作面相对底座工作面的平行度，其值不应大于表9的规定。

8.11 示值误差

8.11.1 将高度卡尺和一组3级或5等量块置于1级检验平板上，使划线量爪工作面先后与各量块测量面接触，并使量块能正常滑动，无论尺框紧固与否，每次测得值与量块标称值之代数差，即为：高度卡尺在该点的示值误差，其各点的示值误差均不应大于表10规定的最大允许误差(或按表10中相关公式计算所得的最大允许误差值)。

8.11.2 高度卡尺示值检验所需专用量块的数量和尺寸应使高度卡尺受检点分布情况满足如下要求：

a) 游标高度卡尺和带表高度卡尺受检点应在测量范围内近似均匀分布；测量范围上限小于或等于400 mm的，不少于3点；测量范围上限大于400 mm的，不少于3点。上述受检点还应满足：

1) 游标高度卡尺受检点应在测量范围内的若干个点上选用游标尺整个刻度长度内近似均匀分布的3点；

2) 带表高度卡尺受检点应在测量范围内的若干个点上选用圆标尺一圈刻度内近似均匀分布的3点。

b) 数显高度卡尺受检点在测量范围内近似均匀分布，测量范围上限小于或等于300 mm的，不少于8点；测量范围上限大于300 mm至1 000 mm的，不少于10点。上述受检点还应在测量范围内的若干个点上选用包含传感器主栅一个节距内近似均匀分布的6点(也可分别检查传感器主栅一个节距内近似均匀分布的五点及测量范围内近似均匀分布的若干检点)。

高度卡尺示值检查点推荐量块尺寸参见附录C。

8.12 重复性

将高度卡尺置于1级检验平板上，重复5次移动尺框，使划线量爪工作面与平板接触，其5次测得值间的最大差异即为重复性。

注：此处重复性检查结果的数据处理，不采用分散性表述。仅取示值变化的特性表述。

9 标志与包装

9.1 高度卡尺上至少应标有：

a) 制造厂厂名或注册商标；

b) 分度值（数显高度卡尺除外）；

c) 产品序号；

d) 用不锈钢制造的高度卡尺，应标有识别标志。

9.2 高度卡尺的包装盒上至少应标有：

a) 制造厂厂名或注册商标；

b) 产品名称；

c) 分度值/分辨力及测量范围。

9.3 高度卡尺在包装前应经防锈处理，并妥善包装。不得因包装不善而在运输过程中损坏产品。

9.4 高度卡尺经检验符合本标准要求的，应附有产品合格证。产品合格证上应标有本标准的标准号、产品序号和出厂日期。

附　录　A
（资料性附录）
移动力和移动力变化的定量检验方法

A.1　移动力和移动力变化的检验

高度卡尺尺框和微动装置沿尺身最大移动力和移动力变化可用弹簧测力计定量检验。

注：用手轮移动尺框的高度卡尺除外。

将高度卡尺垂直安放在平板上且使其底座固定，用测力计钩住尺框底侧接近尺框槽基面处，拉动测力计，当尺框开始移动后从测力计上读数，在整个测量范围内，测得的最大值和最小值即为最大移动力和最小移动力，最大值和最小值之差即为移动力变化，其允许值参见表A.1。

表 A.1

测量范围上限/mm	移动力	移动力变化
	N	
≤400	5～10	2
>400～600	10～15	2
>600～1000	15～20	3

附　录　B
（规范性附录）
划线量爪工作面和底座工作面平面度的检验方法

划线量爪工作面和底座工作面的平面度用刀口形直尺以光隙法检验。检验时，分别在划线量爪工作面和底座工作面的长边、短边方向和对角线位置上进行，见图 B.1 和图 B.2。

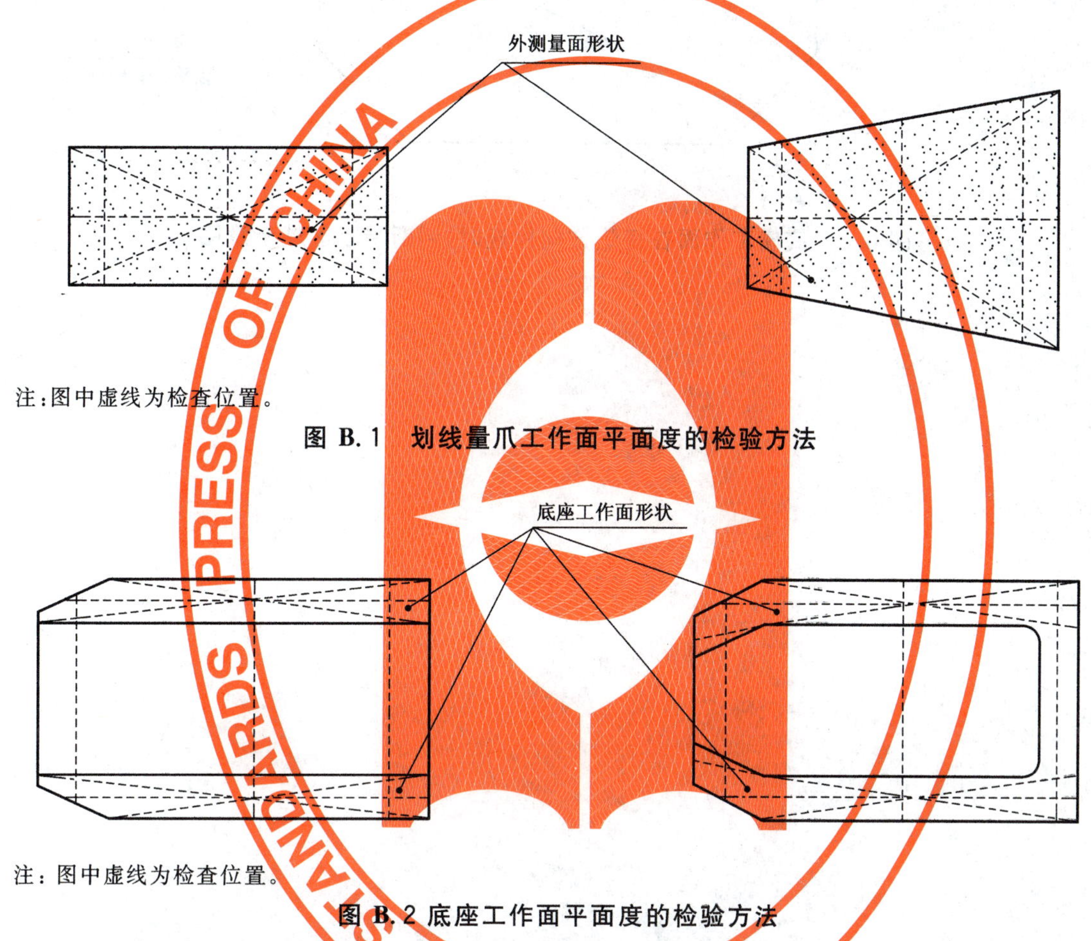

注：图中虚线为检查位置。

图 B.1　划线量爪工作面平面度的检验方法

注：图中虚线为检查位置。

图 B.2　底座工作面平面度的检验方法

高度卡尺划线量爪工作面平面度根据各方位的间隙情况确定：

——当所有检查方位上出现的间隙均在中间部位或两端部位时，取其中一方位间隙量最大的作为平面度；

——当有的方位中间部位有间隙，而有的方位两端部位有间隙时，以中间和两端最大间隙量之和作为平面度。

高度卡尺底座工作面的平面度确定方法如下：

——在底座工作面长边、对角线方位上检查时，只允许中间有间隙，其中最大间隙量作为平面度；

——在底座工作面短边方位上检查时，平面度的确定应遵照“最小条件”，即包容底座两工作面的两平行平面的区域（距离）应最小，并以此距离（即间隙）作为平面度（见图 B.3）；

——在底座工作面边缘 1 mm 范围内允许掉边，掉角。

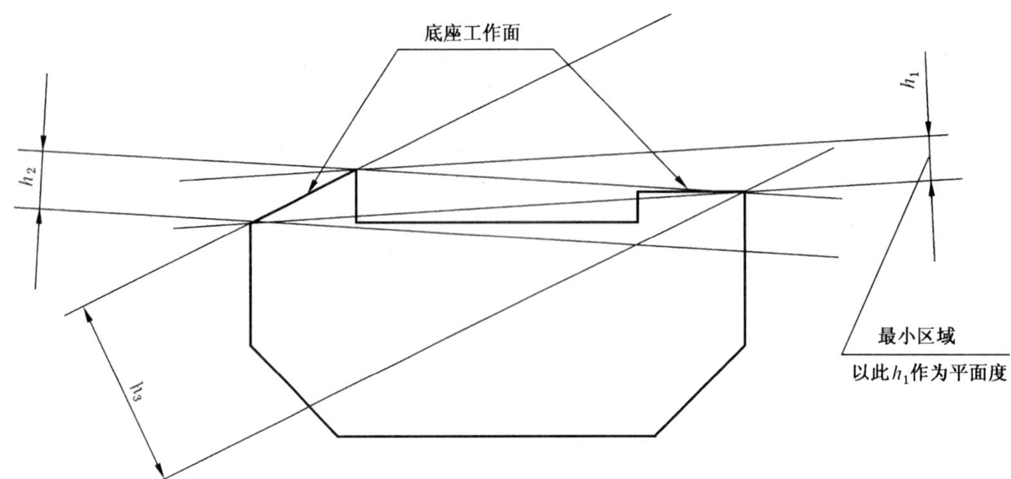

图 B.3 底座工作面在短边方向检查时，判断最小区域示意图

附 录 C
（资料性附录）
高度卡尺示值检验推荐量块尺寸

高度卡尺示值检查点量块尺寸推荐见表 C.1。

表 C.1

单位为毫米

测量范围	高度卡尺示值检查点量块尺寸(推荐)	
	游标高度卡尺、带表高度卡尺	数显高度卡尺
0～150	41.2,92.5,123.8	11,32,53,74,95,110,130,150
0～200	51.2,123.8,192.5	25,54,83,102,131,160,180,200
0～300	101.2,192.5,293.8	35,74,113,152,171,220,260,300
0～500	101.2,180,293.8,340,422.5,500	51, 102, 153, 204, 255, 300, 350, 400,450, 500
0～1 000	161.2,340,500,663.8,822.5,1 000	101, 202, 303, 404, 505, 600, 700, 800,900, 1 000
注：表中数显高度卡尺的示值检查点量块尺寸(推荐)，是按栅距为 5.08 mm 为例给出的。		

ICS 75.180.30
E 98

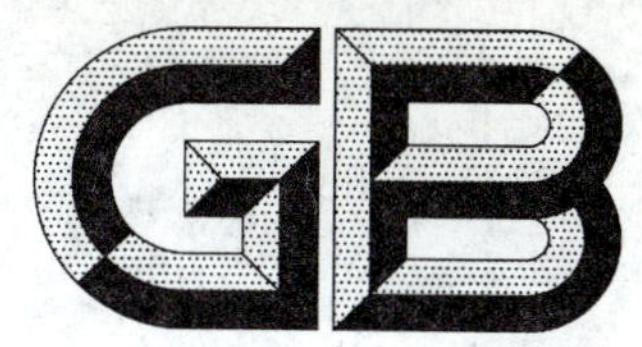

中华人民共和国国家标准

GB/T 21391—2008

用气体涡轮流量计测量天然气流量

Measurement of natural gas flow by turbine meters

2008-02-02 发布 2008-08-01 实施

中华人民共和国国家质量监督检验检疫总局
中国国家标准化管理委员会 发布

前　言

本标准与欧洲标准EN 12261:2002《气体流量计——气体涡轮流量计》的一致性程度为非等效，并参考了AGA No.7:2004《测量燃料气体用涡轮流量计》、ISO 9951:1993《密封管道气体测量——涡轮流量计》和JJG 198—1994《速度式流量计检定规程》的部分内容，同时结合现场使用的实际要求，增加了天然气气体体积和发热量计算的标准参比条件、用涡轮流量计测量天然气流量的防爆要求、一体化智能流量计要求、用涡轮流量计测量天然气流量的计算、压缩因子的计算、不确定度估算、实流校准及其校准后的应用等方面的技术规定。

本标准与EN 12261:2002相比主要差异如下：

——增加了第4章"测量原理"、第6章"流量计要求"、第7章"安装要求、使用及维护"、第8章"流量计算方法及测量不确定度估算"；

——增加了附录B"流量计的其他性能特征"、附录C"流量计的现场检验"、附录D"天然气流量计算实例"；

——删除了EN 12261第4章流量计分类、第5章和第6章中部分型式试验的内容；

——将一些适用于国际标准的表述改为适用于我国标准的表述。

本标准的附录A是规范性附录，附录B、附录C和附录D是资料性附录。

本标准由中国石油天然气集团公司提出。

本标准由油气计量及分析方法专业标准化技术委员会归口。

本标准负责起草单位：国家原油大流量计量站成都天然气流量分站。

本标准参加起草单位：中国石油西南油气田分公司。

本标准主要起草人：何衍、苏荣跃、郭绪明、任佳、罗明强、何敏、闵伟、夏寿华、赖忠泽、袁平凡。

本标准为首次发布。

用气体涡轮流量计测量天然气流量

1 范围

本标准规定了用于天然气流量测量的气体涡轮流量计(以下简称流量计)的测量条件、要求、性能、安装、实流校准和现场检查。

流量计所测量的天然气组分应在 GB 17820—1999、GB/T 17747.1—1999、GB/T 17747.2—1999 和 GB/T 17747.3—1999 所规定的范围内,天然气的真实相对密度为 0.55～0.80。

本标准规定天然气体积流量计量的标准参比条件和发热量测量的燃烧标准参比条件均为绝对压力 p_n 等于 0.101 325 MPa 和热力学温度 T_n 等于 293.15 K。也可采用合同压力和合同温度作为参比条件。

除非特别声明本标准所指的压力均为表压。

2 规范性引用文件

下列文件中的条款通过本标准的引用而成为本标准的条款。凡是注日期的引用文件,其随后所有的修改单(不包括勘误的内容)或修订版均不适用于本标准,然而,鼓励根据本标准达成的各方研究是否可使用这些文件的最新版本。凡是不注日期的引用文件,其最新版本适用于本标准。

GB 3836.1—2000 爆炸性气体环境用电气设备 第 1 部分:通用要求(eqv IEC 60079-0:1998)

GB 3836.2—2000 爆炸性气体环境用电气设备 第 2 部分:隔爆型“d”(eqv IEC 60079-1:1990)

GB 3836.4—2000 爆炸性气体环境用电气设备 第 4 部分:本质安全型“i”(eqv IEC 60079-11:1999)

GB/T 4208 外壳防护等级(IP 代码)

GB/T 11062—1998 天然气发热量、密度、相对密度和沃泊指数的计算方法(neq ISO 6976:1995)

GB/T 13610—2003 天然气的组成分析 气相色谱法

GB/T 15464 仪器仪表包装通用技术条件

GB/T 17747.1—1999 天然气压缩因子的计算 第 1 部分:导论和指南(eqv ISO 12213-1:1997)

GB/T 17747.2—1999 天然气压缩因子的计算 第 2 部分:用摩尔组成进行计算(eqv ISO 12213-2:1997)

GB/T 17747.3—1999 天然气压缩因子的计算 第 3 部分:用物性值进行计算(eqv ISO 12213-3:1997)

GB 17820—1999 天然气

GB/T 18603—2001 天然气计量系统技术要求

GB/T 18940—2003 封闭管道中气体流量的测量 涡轮流量计(ISO 9951:1993,IDT)

JJG 198 速度式流量计检定规程

SY/T 6143—2004 用标准孔板流量计测量天然气流量

3 术语、定义和符号

下列术语和定义适用于本标准。

3.1

气体涡轮流量计 turbine gas meter

在气流作用下叶轮受力旋转,其转速与气体体积流量成函数关系的测量设备。通过流量计的气体体积流量是基于叶轮旋转数得到的。

3.2

量程比　rangeability

q_{min}和q_{max}的比值,即:在最大允许误差范围内流量计的最小流量和最大流量之比。

3.3

工作压力范围　working pressure range

流量计经过校准后满足计量性能要求的压力范围。

3.4

工作温度范围　working temperature range

满足流量计计量性能要求的温度范围。

3.5

压损　pressure loss

管路中由涡轮流量计引起的不能恢复的压降。

3.6

***K* 系数　*K* factor**

单位体积流体通过流量计时,流量计输出的脉冲数。

3.7

分界流量　transition flow rate

低于该流量要采用扩展误差限的流量值。

3.8　符号

本标准中使用的符号和下标见表1。

表1　符　　号

符号	所代表的量	量纲	单位
C	流量计类型所代表的压损系数	L^{-4}	mm^{-4}
D	流量计的入口/出口管径	L	mm
E	相对示值误差	1	%
G_r	气体相对密度	1	
$\hat{H}_S$	标准参比条件质量发热量	L^2T^{-2}	J/kg
$\widetilde{H}_S$	标准参比条件体积发热量	$ML^{-1}T^{-2}$	J/m^3
K	K 系数	L^{-3}	$1/m^3$
M	摩尔质量	MN^{-1}	kg/(k mol)
M_f	流量计系数	1	
N	气体摩尔分数	1	
p	绝对静压力	$ML^{-1}T^{-2}$	MPa
q_e	瞬时能量流量	ML^2T^{-3}	MJ/s
q	体积流量	L^3T^{-1}	m^3/s
R	通用气体常数	$L^2T^{-2}N^{-1}\Theta^{-1}$	J/(k mol)
T	热力学温度	Θ	K
t	时间	T	s
u_T	热力学温度测量不确定度	1	
u_Y	绝对静压测量或热力学温度测量的不确定度	1	

表 1（续）

符号	所代表的量	量纲	单位
u_Z	压缩因子测量不确定度	1	
u_a	安装引起的附加流量测量不确定度	1	
u_q	流量测量不确定度	1	
u_s	校准用标准装置的流量测量不确定度	1	
u_r	校准数据的 A 类不确定度	1	
V	气体体积	L^3	m^3
Y_i	预定静压测量值或预定温度测量值		注 3
Y_K	静压测量仪表或温度测量仪表的刻度上限值		注 3
Z	气体压缩因子		
ρ	天然气密度	ML^{-3}	kg/m^3
ψ	测量范围	1	
ξ_Y	静压测量仪表或温度测量仪表的准确度等级	1	

注 1：量纲中的符号 L 为长度，符号 T 为时间，符号 M 为质量，符号 N 为物质的量，符号 Θ 为热力学温度。

注 2：表中未列符号在文中出现处加以说明。

注 3：Y_i、Y_K 的量纲与被测物理量相关。

注 4：下标 f 代表在操作条件下的参数，下标 n 代表在标准参比条件下的参数，下标 s 代表在规定条件下的参数，下标 max 代表最大值，下标 min 代表最小值，下标 t 代表分界点。

4 测量原理

4.1 基本原理

涡轮流量计是一种流体流量测量装置，流动流体的动力驱使叶轮旋转，其旋转速度与体积流量近似成比例。通过流量计的流体体积是基于叶轮的旋转数得到的。

4.2 影响测量准确度的因素

流量计的测量准确度主要受下列因素影响：

a) 轴承的摩擦力大小。

b) 气体黏度变化。

c) 气体密度变化：气体密度变化可能带来流量计的范围度、压力损失以及准确度的变化。

d) 流体温度、压力的变化：当工作时流体的温度、压力与校准或检定时的温度、压力有显著不同时，将引起系数的变化。

e) 介质脏污的影响。

f) 管道安装结构的影响。

g) 脉动流的影响。应尽量把流量计设置在远离脉动的地方，或者在脉动源后附加脉动衰减器。

5 计量性能

5.1 概述

每一台流量计应按第 6 章进行检验，应单独进行校准，并应遵守本标准第 7 章的技术要求。用于不同压力下天然气流量测量的流量计，宜按附录 A 进行实流校准。

5.2 误差

5.2.1 流量计误差要求

操作条件下流量计的误差应小于表 2 规定的最大允许误差。其中，分界流量参考表 3 规定。

表 2 最大允许误差

流量 q	最大允许误差
$q_{min} \leqslant q < q_t$	±2%
$q_t \leqslant q < q_{max}$	±1%

表 3 分界流量 q_t

量程比	q_t
1∶10	0.20 q_{max}
1∶20	0.20 q_{max}
1∶30	0.15 q_{max}
≥1∶50	0.10 q_{max}

5.2.2 一体化智能流量计误差要求

一体化智能流量计在其指定的流量范围内，其误差应不大于±1.5%。

5.3 重复性

每台流量计各流量点操作条件下流量的重复性应不超过流量计最大允许误差的 1/3。一体化智能流量计的重复性应不超过流量计最大允许误差的 1/2。

5.4 校准

应根据用户规定的工作压力，对流量计在一个或多个压力下进行校准。如果流量计在校准压力 p_{test} 下进行校准，那么该流量计适合的工作压力范围为 0.5 p_{test}～2.0 p_{test}。流量计 p_{test} 的选择见附录 A。

5.5 短期过载

流量计应能在 1.2q_{max} 流量下运行 30 min 不损坏，并且不影响流量计的性能。

5.6 工作温度范围

满足流量计性能要求的气流温度范围至少应为－10℃～40℃。

5.7 安装条件

安装条件对流量计的影响应不大于表 2 规定的最大允许误差的 1/3。安装条件对流量计的影响试验参见 GB/T 18940—2003 附录 E 进行。

5.8 最大允许压损

生产厂家应提供各种类型和口径的流量计或流量计组件的压损数据。更详细的内容参见附录 B。

6 流量计要求

6.1 总则

相同型号、相同压力等级和相同类型的流量计和元件应能互换。

流量计的外表面应具备防雨水、抗腐蚀和外力冲击等的能力。

与气流直接接触的流量计的轴承和机械驱动装置应采取保护措施以防止气流中的杂质进入。

流量计的所有内部元件应选用几何尺寸稳定的材料制造，并应采取保护措施以防被测气体的腐蚀。

以上的要求应通过目测来评定，必要时宜通过仪器进行检测。

6.2 耐压强度及严密性

6.2.1 耐压强度

流量计出厂前，其承压部件应按有关标准进行强度试压，并由生产厂家提供合格证书。

6.2.2 严密性

生产厂家应提供组装好的流量计按相关标准进行泄漏试验合格的证书。

6.3 流量计的连接和长度

流量计的入口和出口连接应符合认可的标准。

流量计的入口连接端和出口连接端之间的长度应不大于5D。

6.4 取压口

取压口的设计应确保连接端不伸入气流中。

流量计上任何压力测试点或取压口均应配置适当的密封件。

6.4.1 测量取压口

流量计上通常应至少提供一个测量取压口，以便能在测量条件下测量涡轮叶轮处的静压。该取压口用“p_m”标识，如果流量计上有多个“p_m”取压口，则在用常压(±10 kPa)下的空气作测试时，各取压口压力读数的差值应不超过50 Pa。

6.4.2 其他取压口

流量计上用于其他目的的取压口应用“p”标识。

6.4.3 尺寸

圆形取压口直径应在3 mm～12 mm之间，其长度最小应等于孔径。此外，其他均应符合SY/T 6143—2004的规定。

槽形取压口在流动方向上尺寸应至少为2 mm，最大尺寸为10 mm，横截面积应不超过80 mm^2，且最小横截面积为10 mm^2。

6.5 可拆卸的流量计机芯

6.5.1 完整性

具有可拆卸机芯的流量计，其拆卸和更换应不影响流量计的结构和完整性，并应符合6.2.2的严密性要求。

6.5.2 性能

流量计的可拆卸机芯在同型号和同口径的流量计上反复更换或拆卸后，仍应保证其性能。

流量计的可拆卸机芯应有唯一的编号，并被清晰地标在流量计外表面。

每一种流量计的可拆卸机芯应能密封，未经许可不得擅自拆卸。

6.6 润滑

为使流量计运行良好，其结构应使所需的任何润滑装置密封不泄漏，可采用永久性免维护方式或外部加注泵的形式。

当使用外部润滑油时，厂家应标明加注润滑油的类型和数量。当加注正确时，无论自动加注或手动加注，流量计的操作或性能不应受润滑剂的影响。

润滑油泵应能承受在流量计额定状态下的最大设计压力。

润滑系统的设计应考虑防水。

6.7 电气安全

流量计的所有电气部件应当进行严格的测试和老化处理。流量计应具备接地装置。流量计的防爆等级应符合GB 3836.1—2000的规定，隔爆型应符合GB 3836.2—2000的规定，本质安全型应符合GB 3836.4—2000的规定，其他防爆型式的流量计应符合相应的专用标准规定。

电缆护套、橡胶、塑料和其他裸露部分应当耐紫外光、油脂、高温和阻燃。

6.8 输出和显示

流量计的输出和显示应符合 GB/T 18940—2003 第 9 章的规定。

6.9 流量计标志

6.9.1 概述

下列标志和铭牌应被固定在流量计上。在正常使用条件下，这些标志应清晰可见、不易损坏。当流量计处于正常工作位置时，标志和铭牌是可见的。

6.9.2 铭牌

流量计铭牌应至少标有以下内容：

a) 名称；

b) 出厂编号；

c) 最大工作压力；

d) 公称直径；

e) 操作条件下的流量范围；

f) 防爆等级和防爆合格证标志。

6.9.3 流动方向

气体流动的方向应有明显的永久性标志。

6.9.4 安装方式

应标示出流量计的安装方式。

6.9.5 其他连接

驱动杆、电脉冲发生器、压力和温度取样口都应有清晰的、不易磨损的标志。

6.10 外观质量

流量计外表应整洁、美观，表面应有良好的处理，不应有毛刺、刻痕、裂纹、锈蚀、霉斑和涂层剥落现象；

所有文字、符号和标志应清晰、不易脱落。

6.11 适应环境的能力

流量计外壳、指示设备、铭牌和外部元件应能抵抗气候影响（阳光、湿度和温度变化）和在使用过程中的常规清洗剂的影响。

流量计外壳防护要求应符合 GB/T 4208 的规定，至少应达到 IP65 的等级要求。

6.12 运输和储存

流量计的连接端面应妥善保护，以防止在运输和储存过程中其他杂质进入流量计或损坏连接端面。

流量计包装应符合 GB/T 15464 的规定，对 DN100 或以上的带连接件的流量计，在运输中应确保将流量计固定在包装箱内。

流量计经运输和安装过程中的搬运后仍应符合第 5 章的计量性能要求和 6.2.2 的密封性要求。

6.13 流量积算

流量计应具备体积流量积算的功能。对一体化智能流量计还应具备自动采集流体压力、温度和实时计算标准参比条件下的体积流量的能力。

当天然气的真实相对密度偏离设计密度造成不能接受的偏差、组分变化较大或必须进行精确计算时，应缩短气体组分取样分析周期或采用在线组分分析仪，对计量结果进行修正。

6.14 一体化智能流量计

6.14.1 概述

一体化智能流量计是集流量测量、压力测量、温度测量、温压修正、压缩因子修正和流量积算一体的流量计。一般应具备以下功能：

——就地显示被测介质的压力、温度、标准参比条件下的瞬时流量和累计流量；

——实时远传相关数据；

——数据存储功能；

——参数设置及管理权限设置。

对用于温、压修正，压缩因子修正等的计量数学模型或软件应进行使用后确认。

6.14.2 **压力传感器**

压力传感器取压口应符合 6.4 的规定，压力传感器可直接安装在取压口上，但应确保不伸入气流中。

6.14.3 **温度传感器**

温度传感器应安装在流量计叶轮的下游端，其离叶轮的距离应小于 $5D$，伸入管道公称内径大约 1/3 处，但长度不能超过 150 mm。

6.14.4 **输出**

应能显示压力、温度、标准参比条件下的瞬时体积流量和标准参比条件下的体积累积流量。若具备远传通讯功能，则应提供通讯协议和接口形式。流量计至少应能存储一年内每个月的累积流量和最近 300 次的瞬时流量数据（一般包括时间、压力、温度、瞬时标准参比条件下的体积流量和标准参比条件下的体积累积流量）。

6.14.5 **电源**

电源可采用内电源供电或外电源供电，如果采用内电源供电则电池应能连续工作一年以上。外电源供电一般宜采用直流，其电压应不超过 24 V。

6.14.6 **其他要求**

计量性能应符合第 5 章要求。其他应符合第 6 章其他条款的规定。

7 安装要求、使用及维护

7.1 安装环境

7.1.1 **温度**

流量计使用的外界环境温度应在－25℃～55℃之间，如果超出上述温度范围，应向生产厂提出专门的要求。同时应根据安装点具体的环境及操作条件，对流量计采取必要的隔热、防冻及其他保护措施（如遮雨、防晒等）。

7.1.2 **振动及脉动**

流量计的安装应尽可能远离振动和脉动流的测量环境。

7.1.3 **其他**

在安装流量计及其相关的连接导线时，应避开可能存在电磁干扰或较强腐蚀性的环境，否则应咨询生产厂家并采取必要的防护措施。

选择的安装位置应便于流量计的维护及检修。

7.2 管道配置

7.2.1 **最小直管段长度**

7.2.1.1 直通式流量计的推荐安装方式见图 1。流量计上游宜具有最短 $10D$ 的直管段长度，流动调整器出口到流量计入口的直管段长度为 $5D$，流量计下游宜具有最短 $5D$ 的直管段。

典型计量管路的推荐安装方式见图 2。上游配管或下游配管管径减少值应不大于 $1D$。流量计运行过程中其上游阀门应全开。过滤器或过滤筛应保持清洁。

7.2.1.2 当不能满足按图 1 进行安装所需空间的情况下，可按下述方式进行安装。

——如果空间受到限制，可如图 3 所示使用短管安装方式。流量计应内置一体化流动调整器。流动调整器安装在流量计上游，最小直管段长度为 $4D$，流动调整器出口到流量计入口的直管段长度应不小于 $2D$。流量计可通过弯管或三通与立管相连，弯管和立管之间的最大缩径为立管公称直径的一倍。阀、过滤器或过滤筛可安装在立管上。

——如果空间受到限制，可如图 4 所示使用紧凑连接安装方式。流量计应内置一体化流动调整器。流量计可通过弯管或三通与立管相连。弯管和立管之间的最大缩径为立管公称直径的一倍。阀、过滤器或过滤筛可安装在立管上。

——流量计内置流动调整器如图 5 所示。其结构满足 $H/D<0.15$，$S/L<0.35$。

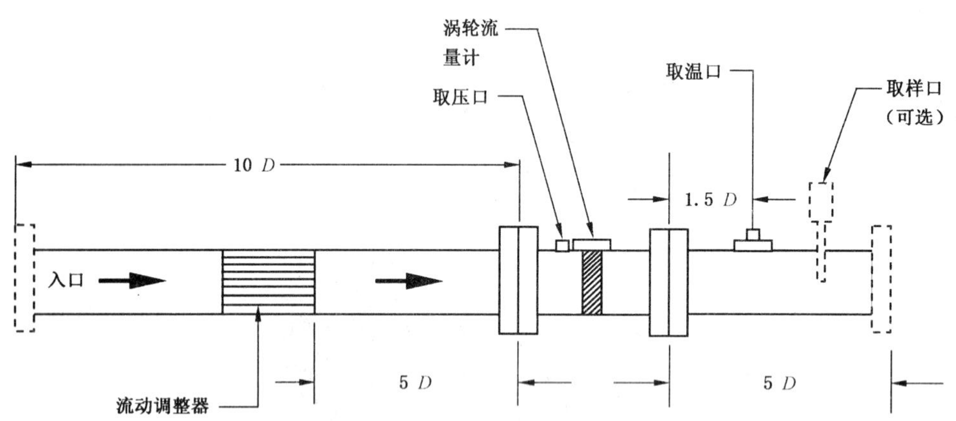

图 1　直通式流量计的安装配置

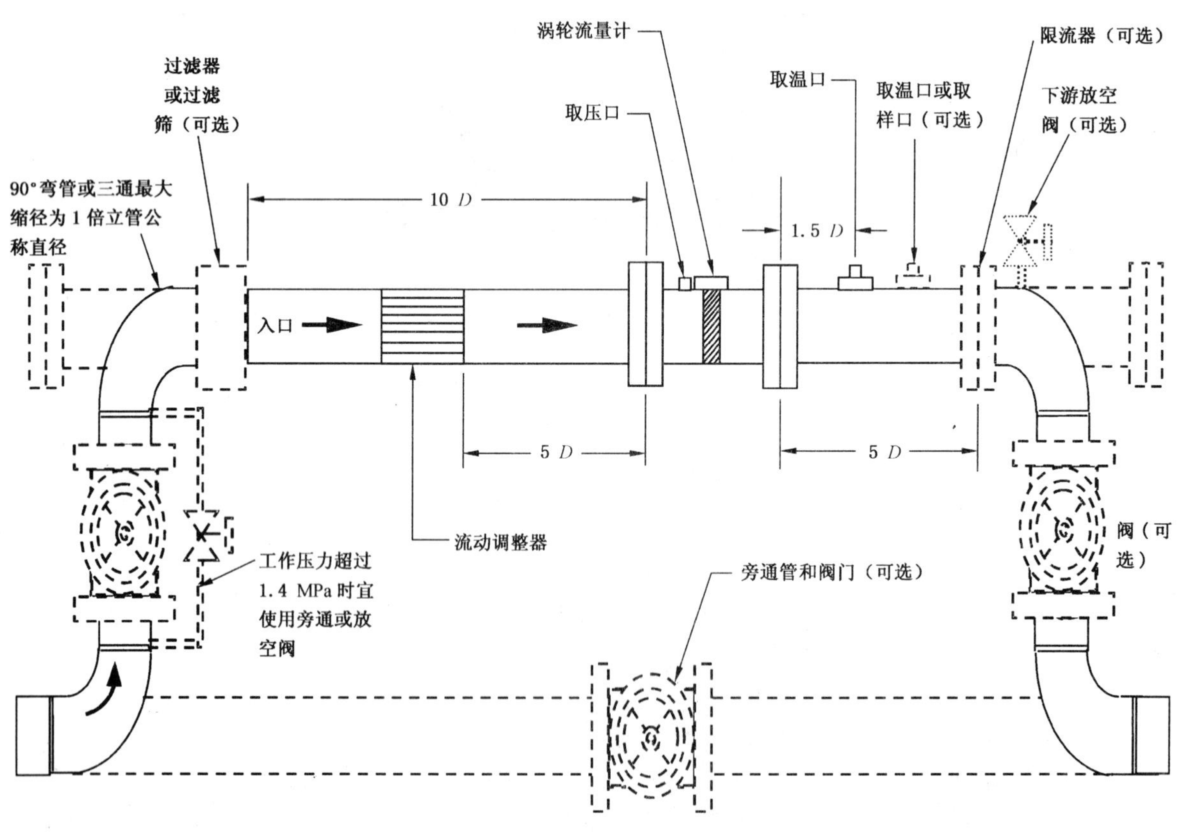

图 2　带辅助设备的直通式流量计的安装配置

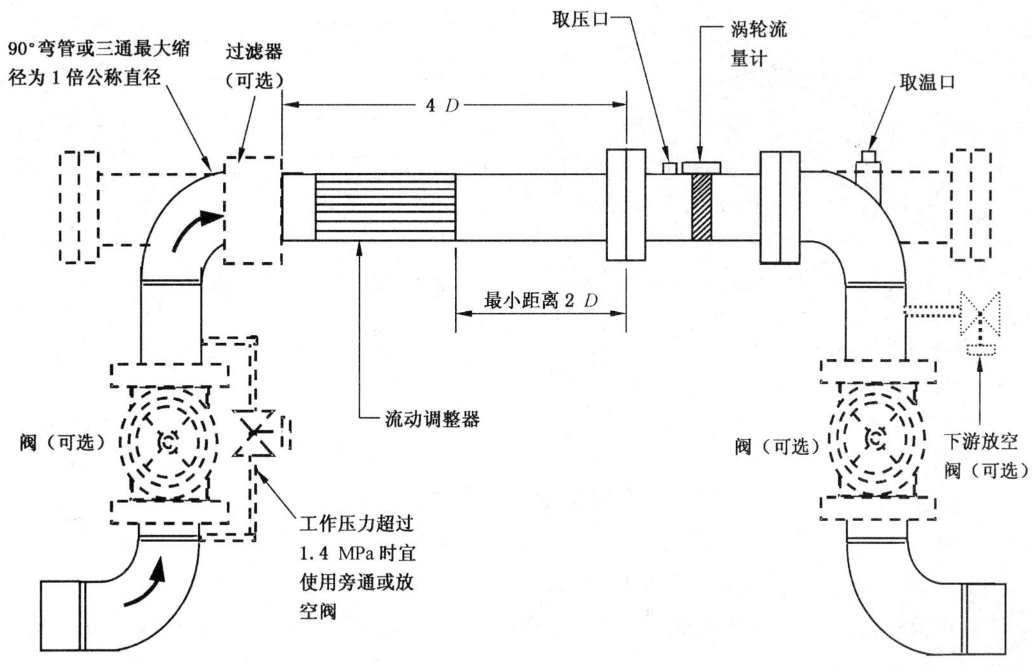

注：涡轮流量计应内置流动调整器。

图 3　短管安装方式

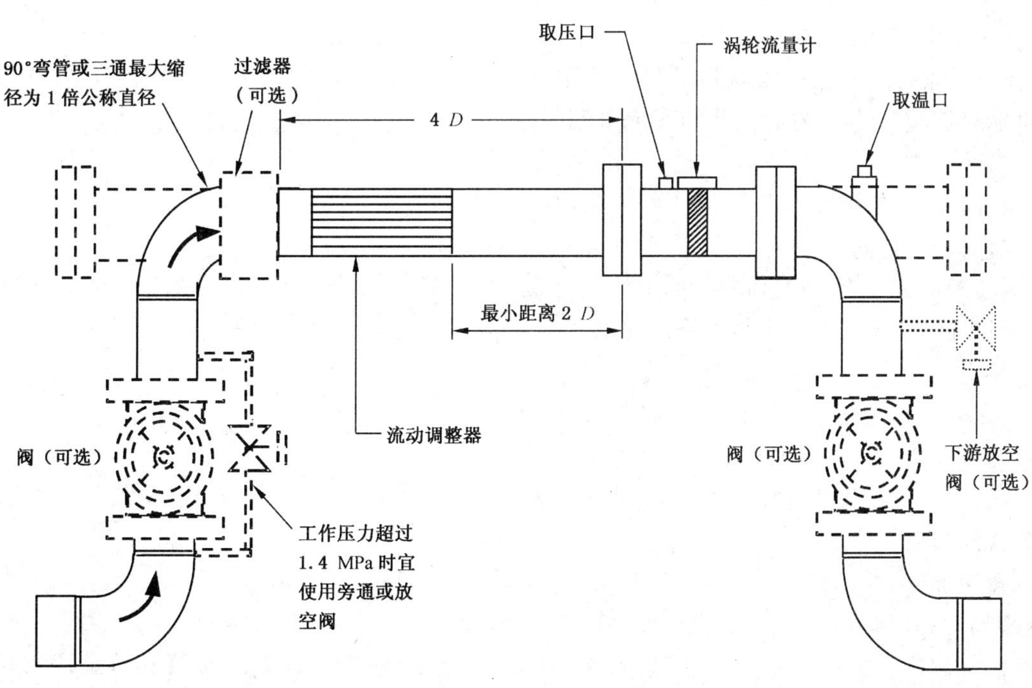

注：涡轮流量计应内置流动调整器。

图 4　紧凑连接安装方式

内置流动调整器前鼻锥

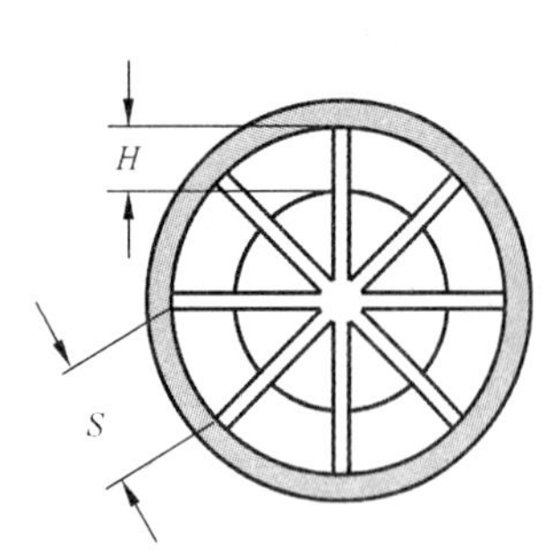

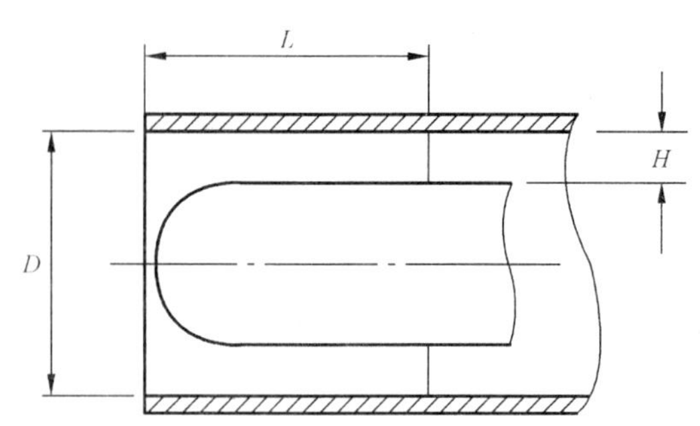

H——环形通道的径向高度；
D——流量计入口直径；
S——叶片间最大弦长；
L——叶片轴向长度。

图5 内置流动调整器的尺寸参数

7.2.2 突入物

流量计的内径、连接法兰及其紧邻的上、下游直管段应具有相同的内径，其偏差应在管径的±1%以内；流量计及其紧邻的直管段在组装时应同轴，并保证其内部流通通道的光滑、平直，不得在连接部位出现台阶及突入的垫片等扰动气流的障碍。

7.2.3 内表面

与流量计匹配的直管段，其内壁应无锈蚀及其他机械损伤。在组装之前，应除去流量计及其连接管内的防锈油或机械杂质等附属物。使用中也应保持介质流通通道的干净与光滑。

7.2.4 测温口

当流量计带有测温套、温度计套管或温度传感器时，应将其视为流量计的一部分。它们在流量计校准前应安装完毕，其插入深度按6.14.3规定。

若流量计本体上不带有测温孔，推荐在流量计下游直管段上测量温度，其离叶轮的距离宜在5D内，尽可能靠近流量计，且在任何出口阀或限流器的上游。

7.2.5 安装方式

流量计宜水平安装并且进、出口不得反装，其他安装方式应咨询生产厂家。

7.2.6 过滤器或过滤筛

在气质较脏的场合，应在流量计的上游安装效果良好的气体过滤器或过滤筛。过滤器的结构和尺寸应能保证在最大流量下产生尽可能小的压力损失，并尽可能减少流态畸变。

7.2.7 旁通

对于重要的计量回路，可设置备用计量旁通，并能够对旁通装置检漏。

7.2.8 放空阀

如果流量计下游安装有放空阀，其尺寸不得大于流量计公称直径的1/6，以避免排气时叶轮超速导致流量计的损坏。

7.2.9 限流器

在现场，当有足够的压力可以利用时，宜在流量计管线下游安装一台临界流孔板或者一台临界流文丘利喷嘴，并限制它的尺寸，使实际流速接近流量计最大额定速度的1.2倍，以避免流量计受到超高速天然气气流的冲击。

7.2.10 在线实流校准接口

在重要计量场合或供需双方有合同约定时，可预留在线实流校准接口用于在线校准。在线校准标准表宜安装在被校表的下游，并留有适宜的空间。

7.2.11 其他安装要求

安装流量计和测量管路时应尽量减小管路安装时产生的应力。

在有液体的地方，应采取措施防止液体积聚。

不应在靠近流量计的地方施焊，以防损坏流量计内部的构件。

7.3 使用

流量计在开始安装前，特别是安装在新管路或经维修的管路上时，首先应清扫管路，去除所有堆积的渣、铁锈及其他的管路碎屑。在进行所有流体静压试验和清扫管路操作期间，应拆下流量计或流量计机芯，以避免测量部件的损坏。

流量计应缓慢地加压和启动，快速打开阀门产生的冲击通常会损坏流量计的叶轮。

流量计不宜用在频繁中断和/或有强烈脉动流或压力波动的场合。

7.4 维护和检查周期

应根据生产厂家建议的润滑油加注周期，数量和品种对流量计的叶轮进行维护。

在使用过程中，宜通过监视过滤器两端的差压来防止流动异常或供气中断，并应定期进行污物排放和滤芯清洗。

流量计检查周期取决于气质状况，应结合运行情况确定适当的检查周期。

对流量计的现场检查参见附录C。

8 流量计算方法及测量不确定度估算

8.1 体积流量计算

8.1.1 操作条件下的体积流量计算实用公式[见式(1)]

$$q_f = \frac{f}{K} \quad \cdots\cdots (1)$$

式中：

q_f——操作条件下的体积流量，单位为立方米每秒(m^3/s)；

f——输出工作频率，单位为赫兹(Hz)，由频率计采集得到；

K——K 系数，单位为每立方米(m^{-3})，可按流量计铭牌上给出值，或翻查流量计参数设置值，或检定证书或校准证书给定值。

8.1.2 标准参比条件下的体积流量实用公式[见式(2)]

$$q_n = q_f\left(\frac{p_f}{p_n}\right)\left(\frac{T_n}{T_f}\right)\left(\frac{Z_n}{Z_f}\right) = q_f F_Z^2\left(\frac{p_f}{p_n}\right)\left(\frac{T_n}{T_f}\right) \quad \cdots\cdots (2)$$

式中：

q_n——标准参比条件下的体积流量，单位为立方米每秒(m^3/s)；

p_f——操作条件下的绝对静压力，单位为兆帕(MPa)；

Z_f——操作条件下的气体压缩因子；

T_f——操作条件下的气体绝对温度，单位为开(K)；

p_n——标准参比条件下的绝对静压力，单位为兆帕(MPa)；

Z_n——标准参比条件下的气体压缩因子；

T_n——标准参比条件下的气体热力学温度，单位为开(K)；

F_Z——天然气超压缩系数。

天然气超压缩系数 F_Z 是因天然气特性偏离理想气体定律而导出的修正系数，其定义式见式(3)：

$$F_Z = \sqrt{\frac{Z_n}{Z_f}} \quad \cdots\cdots (3)$$

8.1.3 天然气压缩因子计算

本标准推荐按以下方法确定天然气压缩因子 Z 或超压缩系数 F_Z 值：

8.1.3.1 当天然气计量系统符合 GB/T 18603—2001 表 A.1 准确度为 A、B 级要求时，应按 GB/T 17747.1～GB/T 17747.3—1999 计算压缩因子值，其中标准参比条件下的气体压缩因子 Z_n 也可按 GB/T 11062—1998 计算。

GB/T 17747.1～GB/T 17747.3—1999 提供了以摩尔组成数据（见 GB/T 17747.2—1999）和物性值数据（见 GB/T 17747.3—1999）为基础进行压缩因子计算的两个方程。编程用数学模型参见 GB/T 17747.2—1999或 GB/T 17747.3—1999。

标准参比条件下的气体压缩因子 Z_n 也可按 GB/T 11062—1998 确定，其值按式(4)计算：

$$Z_n = 1 - \left(\sum_{j=1}^{n} X_j \sqrt{b_j}\right)^2 \quad \cdots\cdots(4)$$

式中：

$\sqrt{b_j}$——天然气 j 成分的求和因子，可由 SY/T 6143—2004 表 A.3 查取。

8.1.3.2 当天然气计量系统为非贸易计量系统或属于符合 GB/T 18603—2001 表 A.1 准确度为 C 级要求时，可按 AGA NX-19 计算 F_Z 值。计算方法和公式可参见 SY/T 6143—2004 附录 A.1。

8.2 质量流量计算

质量流量由式(5)计算：

$$q_m = q_n \times \rho_n \quad \cdots\cdots(5)$$

式中：

q_m——瞬时质量流量，单位为千克每秒(kg/s)；

ρ_n——标准参比条件下的天然气密度，单位为千克每立方米(kg/m^3)。

8.3 能量流量计算

能量流量可以通过体积流量或质量流量与发热量 $\widetilde{H}_S$ 或 $\hat{H}_S$ 的乘积计算得到。

按体积流量计算的公式见式(6)：

$$q_e = q_n \times \widetilde{H}_S \quad \cdots\cdots(6)$$

按质量流量计算的公式见式(7)：

$$q_e = q_m \times \hat{H}_S \quad \cdots\cdots(7)$$

式中：

q_e——瞬时能量流量，单位为兆焦每秒(MJ/s)；

$\widetilde{H}_S$——标准参比条件下天然气的体积发热量，可采用直接测量或按 GB/T 11062—1998 计算，单位为兆焦每立方米(MJ/m^3)；

$\hat{H}_S$——标准参比条件下天然气的质量发热量，可采用直接测量或按 GB/T 11062—1998 计算，单位为兆焦每千克(MJ/kg)。

8.4 测量不确定度估算

8.4.1 未经实流校准的标准参比条件下的流量测量不确定度估算

根据式(2)可用式(8)和式(9)估算标准参比条件下流量测量综合不确定度：

$$u_{q_n} = \sqrt{u_{q_f}^2 + u_{p_f}^2 + u_{T_f}^2 + u_{Z_f}^2 + u_{Z_n}^2 + u_{a_n}^2} \quad \cdots\cdots(8)$$

$$U_{q_n} = 2u_{q_n}\text{（95\% 的置信概率）} \quad \cdots\cdots(9)$$

式中：

U_{q_n}——标准参比条件下的流量测量扩展不确定度；

u_{q_n}——标准参比条件下的流量测量不确定度；

u_{q_f}——操作条件下的流量测量不确定度，由流量计的准确度等级确定；

u_{p_f}——操作条件下的绝对静压测量不确定度；根据使用的静压测量仪表性能按式(12)估算；

u_{T_f}——操作条件下的热力学温度测量不确定度，根据使用的温度测量仪表性能按式(12)估算；

u_{Z_f}——操作条件下的压缩因子测量不确定度，压缩因子计算方法若采用 GB/T 17747.2—1999 或 GB/T 17747.3—1999，则取 0.1%，采用 AGA.3 NX-19 则取 0.5%；

u_{Z_n}——标准参比条件下的压缩因子测量不确定度，与天然气组分分析方法和标准气体有关，当组分分析按 GB/T 13610—2003 规定进行，并使用二级标准气体时，可取 0.3%；

u_{a_n}——安装引起的附加流量测量不确定度，取流量计最大允许误差的 1/3。

8.4.2 质量流量测量不确定度估算

根据式(8)可用式(10)估算标准参比条件下质量流量测量综合不确定度：

$$u_{q_m} = \sqrt{u_{q_{Vn}}^2 + u_{\rho_n}^2} \qquad (10)$$

扩展不确定度参照式(9)计算。

u_{ρ_n}——标准参比条件下的密度计算不确定度，按 GB/T 11062—1998 计算可取 0.3%。

8.4.3 能量流量测量不确定度估算

根据式(8)可用式(11)估算标准参比条件下能量流量测量综合不确定度：

$$u_{q_e} = \sqrt{u_{q_{Vn}}^2 + u_{\bar{H}_s}^2} \qquad (11)$$

扩展不确定度参照式(9)计算。

$u_{\bar{H}_s}$——标准参比条件下的发热量计算不确定度，按 GB/T 11062—1998 计算可取 0.05%。

8.4.4 绝对静压或热力学温度测量不确定度估算

绝对静压或热力学温度测量不确定度按式(12)估算：

$$u_Y = \frac{1}{\sqrt{3}}\xi_Y \frac{Y_K}{Y_i} \qquad (12)$$

式中：

u_Y——绝对静压测量或热力学温度测量的不确定度；

ξ_Y——静压测量仪表或温度测量仪表的准确度值等级；

Y_K——静压测量仪表或温度测量仪表的刻度上限值；

Y_i——预定静压测量值或预定温度测量值。

附 录 A
（规范性附录）
实 流 校 准

A.1 概述

用于天然气贸易计量的流量计在使用前、修理后和使用中达到检定周期时应按 JJG 198 进行检定。在流量计检定合格的基础上，对用于不同压力下天然气流量测量的流量计，可根据用户要求按本附录进行实流校准，以减少流量计的测量误差。在有条件的情况下可进行在线实流校准。

A.2 校准条件

A.2.1 标准装置的技术要求

实流校准标准装置及其辅助测量仪表都应具有有效的检定证书。

标准装置的不确定度应不大于被校流量计最大允许误差限的 1/2。

A.2.2 严密性

校准前，应将被校流量计安装在校准装置上一起进行严密性试验。试验介质为空气、天然气等气体，试验压力至少应为最高校准压力且小于被校流量计的最大工作压力。在试验压力下至少稳压 15 min，经检查无泄漏为合格。

A.2.3 安装条件

校准时的安装应符合 7.2 的要求。

流量计取压口和温度计插孔应满足 6.4 和 7.2.4 的要求。

A.2.4 实流校准流体

根据实际情况，实流校准流体可采用天然气或其他气体，流体能自由流动且没有凝液、油污和粉尘，其组分应基本稳定。校准时的雷诺数范围宜与流量计实际使用时的雷诺数范围相近。

如使用天然气进行实流校准，则其气质应至少符合 GB 17820—1999 二类气的要求，其物性参数值应采用 GB/T 17747.1～GB/T 17747.3—1999 和 GB/T 11062 中相关条款进行计算。

A.2.5 环境条件

实流校准时的环境温度一般为 －25℃ ～55℃，相对湿度一般为 5％～95％，大气压力一般为 86 kPa～106 kPa。

实流校准应在压力、温度和流量稳定后进行。

实流校准应避免外界磁场和机械振动的影响。

A.2.6 由客户提供的信息

客户宜提供流量计使用条件的相关信息，即：工作压力范围、工作温度范围以及工作介质等。

A.3 实流校准内容和方法

A.3.1 随机文件及外观检查

实流校准前应对流量计的外观进行检查。

流量计应附有说明书、出厂证书（或上一次检定证书或校准证书）和其他有关技术指标文件，流量计表体上的铭牌和流量计外观质量符合 6.9 和 6.10 的要求。

A.3.2 实流校准内容

实流校准前应首先确定校准流量和校准压力，根据校准数据确定流量计的校准系数，运用校准系数对流量计进行调整，如：更换机械输出装置的变速齿轮、修正 K 系数、提供流量计系数等，最后对校准后的结果进行验证。

A.3.3 校准流量及压力的确定

A.3.3.1 校准流量

实流校准时，应结合表 A.1 和流量计的实际工作流量范围确定测试流量点。对于大口径流量计的实流校准可能达不到上限流量值，用户与制造厂协商可指定低于 q_{max} 的实流校准流量范围，一般来说，校准雷诺数宜达到流量计实际使用雷诺数的一半。在测试过程中，每个流量点的每次测试流量与布点流量相比，其偏差应不大于±5%。

表 A.1 校准流量点

量程比	1∶10	1∶20	1∶30	1∶50
用 q_{max} 倍数表示的校准流量点				0.02
			0.03	
		0.05	0.05	0.05
	0.1	0.1	0.1	
				0.15
	0.25	0.25	0.25	0.25
	0.4	0.4	0.4	0.4
	0.7	0.7	0.7	0.7
	1.0	1.0	1.0	1.0

A.3.3.2 校准压力

a) 对用户规定的工作压力小于或等于 0.4 MPa 的流量计，可在常压(±10 kPa)下进行校准。校准结果适用于工作压力 0 MPa～0.4 MPa 范围内。

b) 对用户规定的工作压力大于 0.4 MPa 的流量计，需在一个或多个压力下进行校准。

如果用户规定的工作压力范围的上限值小于或等于 4 倍下限值，那么仅需在 p_{test} 下对流量计进行校准。校准结果适用于工作压力 $0.5p_{test}$～$2.0p_{test}$ 范围内。

这里：p_{test} 表示流量计的校准压力(表压)。

例 1：(仅需在一个压力下进行校准)

如果用户规定的工作压力为 0.5 MPa，流量计在 $p_{test}=0.5$ MPa 下进行校准，那么该校准结果适用的工作压力范围为 0.25 MPa～1.0 MPa。

例 2：(仅需在一个压力下进行校准)

如果用户规定的工作压力范围为 1.5 MPa～3.5 MPa，流量计在 $p_{test}=2.0$ MPa 下进行校准，那么该校准结果适用的工作压力范围为 1.0 MPa～4.0 MPa。

如果用户规定的工作压力范围的上限值大于 4 倍下限值，需分别在 $p_{test\ min}$ 和 $p_{test\ max}$ 两个压力下对流量计进行校准。校准结果适用于工作压力 $0.5p_{test\ min}$～$2.0p_{test\ max}$ 范围内。

这里：$p_{test\ min}$、$p_{test\ max}$ 分别表示流量计的最小和最大校准压力(表压)。

例 3：(需在两个压力下进行校准)

如果用户规定的工作压力范围为 0.3 MPa～1.5 MPa，就需在两个压力下进行校准。但是，并不止一种方式能满足这些条件。如果流量计在 $p_{test\ min}=0.4$ MPa，$p_{test\ max}=0.8$ MPa 下进行校准，那么该校准结果适用的工作压力范围为 0.2 MPa～1.6 MPa。如果用户规定的工作压力范围为 0.3 MPa～1.5 MPa，但建议该流量计通常在 1.0 MPa 下工作，那么应分别在 $p_{test\ min}=0.4$ MPa 和 $p_{test\ max}=1.0$ MPa 下进行校准，且该校准结果适用的工作压力范围为 0.2 MPa～2.0 MPa。如果用户有特殊要求，应对流量计作进一步的校准。

注：p_{test} 可根据校准装置的实际情况和用户的要求选择，只要用户规定的工作压力(或压力范围)在 $0.5p_{test}$～$2.0p_{test}$ 或 $0.5p_{test\ min}$～$2.0p_{test\ max}$ 范围内，就能满足要求。

A.3.4 测试次数及时间

在校准时，每个流量点应至少测试3次，在条件允许的情况下应测试6次，并取各次测试值的算术平均值作为该测试点的测量结果。每次数据采集时间不得小于60 s。

A.3.5 预运行

实流校准前，整个校准系统应在最大流量下预运行至少5 min，待压力、温度和流量稳定并达到A.2.2的要求后才能进行校准。

A.3.6 采集的数据

在每次测试过程中，应采集流量计和标准装置的相关参数。

A.4 校准后的修正

A.4.1 机械输出装置中齿数比的修正计算

对于带有机械输出装置的流量计，可将机械输出装置中的一对变速齿轮更换为不同齿数比的另一对变速齿轮，以修正流量计机械输出装置显示的流量值。修正后的齿数比可按式（A.1）～式（A.6）计算。

$$\text{修正后的齿数比} = \text{原齿数比}(1-\Delta E) \qquad \text{(A.1)}$$

$$\Delta E = \frac{1}{n}\sum_{i=1}^{n}(E_{ic}-E_i) \qquad \text{(A.2)}$$

$$E_{ic} = \left[\frac{q_i}{(q_s)_i \frac{1}{n}\sum\limits_{i=1}^{n}\frac{q_i}{(q_s)_i}} - 1\right]\times 100\% \qquad \text{(A.3)}$$

$$E_i = \frac{q_i-(q_s)_i}{(q_s)_i}\times 100\% \qquad \text{(A.4)}$$

$$q_i = \frac{1}{n}\sum_{i=1}^{n} q_{ij} \qquad \text{(A.5)}$$

$$(q_s)_i = \frac{1}{n}\sum_{j=1}^{n}(q_s)_{ij} \qquad \text{(A.6)}$$

式中：

ΔE——修正后流量计的相对示值误差偏移量，%；

E_{ic}——修正后，第 i 校准点流量计的流量相对示值误差，%；

E_i——第 i 校准点流量计的流量相对示值误差，%；

$(q_s)_i$——第 i 校准点标准装置的流量示值，单位为立方米每秒（m^3/s）；

q_{ij}——第 i 校准点第 j 次校准时流量计的流量示值，单位为立方米每秒（m^3/s）；

$(q_s)_{ij}$——第 i 校准点第 j 次校准时标准装置的流量示值（与流量计相同工况条件下的流量），单位为立方米每秒（m^3/s）；

n——第 i 校准点的测试总次数。

A.4.2 电子脉冲发生装置 *K* 系数的修正计算

通过校准，可以在流量计全量程范围内得到一个 K 系数（可取每个流量点 K 系数的算术平均值）或对每个流量点得到一个 K 系数，这个或这些 K 系数可被输入到流量计的二次仪表中，以对流量输出进行修正。每个流量点的 K 系数可按式（A.7）～式（A.9）计算。

$$K_i = \frac{1}{n}\sum_{j=1}^{n} K_{ij} \qquad \text{(A.7)}$$

或

$$K_i = K_0(1+E_i) \qquad \text{(A.8)}$$

式中：

K_i——第 i 校准点流量计的 K 系数，单位为每立方米(m^{-3})；

K_{ij}——第 i 校准点第 j 次校准时流量计的 K 系数，单位为每立方米(m^{-3})；

K_0——上一次检定证书或校准证书上给出的 K 系数，单位为每立方米(m^{-3})；

f_{ij}——第 i 校准点第 j 次校准的流量计输出的频率值，单位为赫兹(Hz)。

A.4.3 流量计系数的计算

校准后，也可提供流量计系数来对流量计机械装置或电子脉冲发生装置的输出进行修正，流量计系数的计算见式(A.10)。

$$(M_f)_i = \frac{q_i}{(q_s)_i} \quad \cdots\cdots(A.10)$$

式中：

$(M_f)_i$——第 i 校准点的流量计系数。

可采用算术平均法、流量加权平均法及多项式拟合法对各流量点的流量计系数进行处理，得到最终的流量计系数 M_f。

A.4.4 流量加权平均误差修正方法

根据实际情况的不同，确定校准系数有多种方法。如果流量计的流量输出在其工作流量范围内是线性的，那么采用流量加权平均误差法能有效地减小流量计的测量不确定度。如果流量计的输出是非线性的，还可采用更复杂的误差修正技术。下面介绍通过流量加权平均误差法计算单校准系数，从而对流量计的测量误差进行修正的方法。

采用式(A.4)中得到的误差值计算 E_{FWM}，并应在每一个 p_{test} 下计算一个 E_{FWM} 和单校准系数 F(流量加权平均误差法的计算实例见 A.4.9。

E_{FWM} 按式(A.11)计算：

$$E_{FWM} = \frac{\sum_{i=1}^{n}(q_i/q_{max})E_i}{\sum_{i=1}^{n}(q_i/q_{max})} \quad \cdots\cdots(A.11)$$

式中：

E_i——第 i 校准点流量计的相对示值误差，%；

q_i——第 i 校准点流量计的流量示值，单位为立方米每时 (m^3/h)；

q_{max}——流量计的最大工况流量，单位为立方米每时(m^3/h)。

注：q_i/q_{max} 为第 i 校准点权重系数，用 m_{Fi} 表示；当 $q_i = q_{max}$ 时，权重系数取 0.4。可根据流量计实际运行的流量范围对权重系数进行调整。

A.4.5 单校准系数的计算

单校准系数 F 按式(A.12)计算：

$$F = 100/(100 + E_{FWM}) \quad \cdots\cdots(A.12)$$

A.4.6 修正后的误差计算

在修正后，应以式(A.4)中得到的 E_i 值为基础计算出另一个经加权平均修正后的相对示值误差 E_{icF}，再按式(A.11)计算一个新的 E_{FWM} 值，并核查 E_{FWM} 的值是否接近零。E_{icF} 按式(A.13)计算：

$$E_{icF} = (100 + E_i) \times F - 100 \quad \cdots\cdots(A.13)$$

A.4.7 校准后 *K* 系数和流量的计算

校准后流量计 K 系数按式(A.14)计算：

$$K_i = K_{i0}\frac{(E_i + 1)}{(E_{icF} + 1)} \quad \cdots\cdots(A.14)$$

式中：

K_{i0}——流量计出厂时的 K 系数或上一次校准后的 K 系数。

通过校准得出新的 K 系数可对流量计的测量误差进行修正，修正后可再测试部分流量点以确认修正效果。确认后的 K 系数在下次校准前不得作任何修改。

校准后流量计的流量按式(A.15)计算：

$$q_i = q_{i0}\frac{(E_{icF}+1)}{(E_i+1)} \quad \cdots\cdots\cdots\cdots\cdots\cdots\cdots\cdots (\text{A.15})$$

式中：

q_{i0}——流量计，第 i 校准点的流量，单位为立方米每时（m^3/h）。

A.4.8　修正的要求

对仅需一次校准的流量计，修正后应尽可能使 E_{FWM} 趋近零。

当流量计在不同压力下进行校准后，应用在最靠近用户规定的工作压力下得到误差值进行 E_{FWM} 计算，并用于修正。在没有规定工作压力的情况下，需要用两个 E_{FWM} 的平均值进行修正，即：

利用由式(A.4)计算得出的值画出两条全雷诺数范围内的示值误差曲线，用在相同雷诺数、但不同压力下得到的两个加权平均误差的算术平均值作为用于计算单校准系数 F 的 E_{FWM} 值，以有效地消除测量误差。

A.4.9　流量加权平均误差法计算实例

以一台 DN80 的涡轮流量计的实流校准数据为例，介绍流量加权平均误差系数的误差修正方法。

表 A.2　一台 DN80 涡轮流量计的实流校准数据

推荐的测试流量点	推荐点的测试流量/(m^3/h)	标准装置实际流量/(m^3/h)	流量计实际流量/(m^3/h)	流量计误差/%
q_{min}	16	16.14	16.09	−0.29
0.25 q_{max}	40	40.89	40.77	−0.31
0.4 q_{max}	64	63.89	63.91	0.03
0.7 q_{max}	112	112.41	111.95	−0.41
q_{max}	160	158.16	158.43	0.17
注：计算时，流量值保留小数点后四位。				

将表 A.2 中测试数据代入式(A.11)，计算结果如表 A.3 所示。

表 A.3　流量计 E_{FWM} 计算汇总表

标准装置实际测试流量/(m^3/h)	$m_{Fi}=q_i/q_{max}$	E_i/%	$(m_{Fi}\times E_i)$/%
16.14	0.100 9	−0.29	−0.029 3
40.89	0.255 6	−0.31	−0.079 2
63.89	0.399 3	0.03	0.012 0
112.41	0.702 6	−0.41	−0.288 1
158.16	0.4	0.17	0.068 0
	$\sum_{i=1}^{n} m_{Fi} = 1.858\ 4$		$\sum_{i=1}^{n}(m_{Fi}\times E_i) = -0.316\ 6$

根据表 A.3 可计算得到：

$$E_{FWM}=\frac{\sum_{i=1}^{n}m_{Fi}E_i}{\sum_{i=1}^{n}m_{Fi}}=\frac{-0.3166}{1.8584}=-0.1704$$

$$F=100/(100+E_{FWM})=100/(100-0.1704)=1.0017$$

根据式(A.13)可计算得到经加权平均修正后的实流校准数据，见表 A.4。

表 A.4 经修正后的实流校准数据汇总表

E_i/%	m_{Fi}	E_{icF}	$(m_{Fi}\times E_{icF})$/%
−0.29	0.100 9	−0.120 5	−0.012 158
−0.31	0.255 6	−0.140 5	−0.035 911 8
0.03	0.399 3	0.200 1	0.079 899 9
−0.41	0.702 6	−0.240 7	−0.169 115 82
0.17	0.4	0.340 3	0.136 12
	$\sum_{i=1}^{n}m_{Fi}=1.8584$		$\sum_{i=1}^{n}(m_{Fi}\times E_i)=0.0012$

从表 A.4 可以得到：

$$E_{FWM}=\frac{\sum_{i=1}^{n}m_{Fi}E_{icF}}{\sum_{i=1}^{n}m_{Fi}}=\frac{0.0012}{1.8584}=-0.00063\text{(接近零)}$$

A.5 经实流校准后的标准参比条件下的流量测量不确定度估算

实流校准可以有离线校准和在线校准两种方式，校准方式不同，其流量测量不确定度估算方法也不同。

A.5.1 离线实流校准

标准参比条件下的流量测量不确定度 u_{qn} 按式(A.16)估算：

$$u_{q_n}=\sqrt{u_{q_{f,r}}^2+u_{p_f}^2+u_{T_f}^2+u_{Z_f}^2+u_{Z_n}^2+u_{a_n}^2}\qquad\text{(A.16)}$$

式中：

$u_{q_{f,r}}$——流量计校准后在校准条件下的流量测量不确定度，按式(A.18)估算。

其余符号与式(8)相同。扩展不确定度参照式(9)计算。

A.5.2 在线实流校准后流量测量不确定度估算

在线实流校准，其校准条件与操作条件几乎相同或相近。标准参比条件下的流量测量不确定度按式(A.17)估算：

$$u_{q_n}=\sqrt{u_{q_{f,r}}^2+u_{p_f}^2+u_{T_f}^2+u_{Z_f}^2+u_{Z_n}^2}\qquad\text{(A.17)}$$

扩展不确定度参照式(9)计算。

A.5.3 校准条件下的流量测量不确定度估算

校准条件下的流量测量不确定度按式(A.18)估算：

$$u_{q_{f,r}}=\sqrt{u_r^2+u_s^2}\qquad\text{(A.18)}$$

式中：

u_s——校准用标准装置的流量测量不确定度；

u_r——校准数据的 A 类不确定度。

A.6 校准证书

对每项测试结果，应以书面报告形式记录下来，并形成流量计的校准证书，由生产厂家或校准部门提供给用户。对每一台流量计，其校准证书应至少包含下列信息：

——生产厂家的名称；

——校准机构的名称和地址；

——流量计的型号和系列号；

——校准日期；

——校准方法；

——校准时流量计的安装条件；

——校准结果数据，包括流量计的输出值（流量或频率）、校准压力、校准温度、校准介质密度、校准装置的流量测量不确定度、K 系数等参数。

附 录 B
（资料性附录）
流量计的其他性能特性

B.1 压损

B.1.1 概述

流量计的压力损失由驱动流量计所需的能量以及包括改变流动面积和方向引起的内部通道摩檫损失所决定。压力损失应在流量计上游管道 $1D$ 与下游管道 $1D$ 间测量，上下游管道的尺寸应与流量计尺寸相同。选择和加工测量点时，应保证流动剖面的畸变不影响压力的读数。

压力损失按式(B.1)进行估算(较小的流量除外)：

$$\Delta p_f = c\rho_f q_f^2 \quad \cdots\cdots\cdots\cdots(\text{B.1})$$

式中：

Δp_f——操作条件下压力损失，单位为兆帕(MPa)；

c——取决于流量计类型的压损系数，单位为每四次方毫米(mm^{-4})；

ρ_f——操作条件下气体密度，单位为千克每立方米(kg/m^3)；

q_f——操作条件下时气体体积流量，单位为立方米每时(m^3/h)。

考虑到规定条件下的压力损失和理想气体状态方程，则压力损失按式(B.2)或式(B.3)计算：

$$\Delta p_f = \Delta p_n \left[\frac{\rho_f}{\rho_n}\right]\left[\frac{q_f}{q_n}\right]^2 \quad \cdots\cdots\cdots\cdots(\text{B.2})$$

或

$$\Delta p_f = \Delta p_n \left[\frac{d_f}{d_n}\right]\left[\frac{p_f}{p_n}\right]\left[\frac{T_n}{T_f}\right]\left[\frac{Z_n}{Z_f}\right]\left[\frac{q_f}{q_n}\right]^2 \quad \cdots\cdots\cdots\cdots(\text{B.3})$$

式中：

Δp_n——标准参比条件下压力损失，单位为兆帕(MPa)；

ρ_n——标准参比条件下气体密度，单位为千克每立方米(kg/m^3)；

q_n——标准参比条件下气体体积流量，单位为立方米每时(m^3/h)；

d_f——操作条件下气体相对密度；

d_n——标准参比条件下气体相对密度；

T_f——操作条件下气体绝对温度，单位为开(K)；

T_n——标准参比条件下气体绝对温度，单位为开(K)；

Z_f——操作条件下气体压缩因子；

Z_n——标准参比条件下气体压缩因子。

B.1.2 最大允许压损

B.1.2.1 要求

生产厂家应提供各种类型和口径的流量计或流量计组件的压损数据。

一台新制造的流量计用常压下(±10 kPa)的空气作介质、在 q_{max} 下进行测试的压损应低于表 B.1 列出的值。其中，最大流量的额定值见表 B.2 规定。

表 B.1 在 q_{max} 下用常压下的空气作介质进行测试时，流量计的最大压损

公称直径	压损/Pa
C 系列	1 000
B 系列	1 500
A 系列	2 500

注 1：A 系列系指高流速。

注 2：B 系列系指正常流速(推荐值)。

注 3：C 系列系指低流速。

表 B.2 依赖于最小流速及公称直径的最大流量的额定值

q_{max}/(m³/h)	量程比				公称直径 DN/mm		
	1∶10	1∶20	1∶30	1∶50	A 系列	B 系列	C 系列
	q_{min}/(m³/h)						
40	4	2	1.3	0.8	25		50
65	6	3	2	1.3		50	
100	10	5	3	2		50	80
160	16	8	5	3	50	80	100
250	25	13	8	5		80	100
400	40	20	13	8	80	100	150
650	65	32	20	13	100	150	
1 000	100	50	32	20		150	200
1 600	160	80	50	32	150	200	250
2 500	250	130	80	50	200	250	300
4 000	400	200	130	80	250	300	400
6 500	650	320	200	130	300	400	
10 000	1 000	500	320	200	400	500	
16 000	1 600	800	500	320	500	600	
25 000	2 500	1 300	800	500	600	750	

B.1.2.2 测试

流量计以及为满足安装条件要求附加的组件(上游直管段或流动调整器)的压损应在两个取压点之间测得。这两点应分别在流量计上游和下游与流量计相同公称通径的 $1D$ 距离内。应注意取压孔的选择和加工，以保证流态的改变不影响压力的读取。测试应在 q_{max} 下进行。该测试应在流量计的型式试验中进行。

B.2 最大和最小流量

为了不超过一定的涡轮转速和一定的压力损失，流量计通常按最大流量 q_{max} 进行设计。除另有说明外，流量计这一最大流量对于所有的操作条件都是相同的，包括到规定的最大允许工作压力。根据生产厂规定的最小流量、压力、温度和气体组分，操作条件下的最小流量可近似按式(B.4)计算：

$$q_{\mathrm{f\,min}} = q_{\mathrm{s\,min}} \sqrt{\frac{\rho_{\mathrm{s}}}{\rho_{\mathrm{f}}}} \quad \cdots\cdots\cdots\cdots\cdots\cdots\cdots\cdots\cdots\cdots (\text{B.4})$$

式中：

ρ_{s}——规定条件下的气体密度，单位为千克每立方米（kg/m^3）；

ρ_{f}——操作条件下的天然气密度，单位为千克每立方米（kg/m^3）；

$q_{\mathrm{f\,min}}$——操作条件下的最小流量，单位为立方米每时（m^3/h）；

$q_{\mathrm{s\,min}}$——规定条件下的最小流量，单位为立方米每时（m^3/h）。

B.3　范围度

由于最大流量通常不变化，而最小流量可能变化，所以气体涡轮流量计的范围度一般随气体密度的平方根而变化，见式(B.5)：

$$\psi_{\mathrm{f}} = \psi_{\mathrm{s}} \sqrt{\frac{\rho_{\mathrm{f}}}{\rho_{\mathrm{s}}}} \quad \cdots\cdots\cdots\cdots\cdots\cdots\cdots\cdots\cdots\cdots (\text{B.5})$$

式中：

ψ_{f}——操作条件下工作范围；

ψ_{s}——规定条件下工作范围。

B.4　温度和压力的影响

当流量计的工作温度和工作压力与校准条件有很大差别时，其性能可能发生变化。这些变化的原因可能是尺寸变化、轴承阻力变化或物理现象变化。

B.5　各种流态对流量计性能的影响

B.5.1　漩涡影响

如果流量计入口处的流体有大的漩涡，就会影响涡轮叶轮的转速。与涡轮叶轮旋转方向相同的旋涡使叶轮速度增加，而与旋转方向相反的漩涡则使叶轮速度减小。对于高精度的流量测量，宜通过对流量计的适当安装，把这种漩涡影响减小到轻微的程度。

B.5.2　速度分布影响

流量计是以其入口处为接近均匀速度分布的条件进行设计和校准的。当明显偏离这一速度分布时，涡轮叶轮处的实际速度分布就会影响到给定流量下的叶轮速度。对于一个给定的平均流量，非均匀速度分布与均匀速度相比，通常将产生更高的叶轮速度。在高精度流量测量时，宜通过对流量计的适当安装，确保涡轮叶轮处的速度分布基本均匀。

附　录　C
（资料性附录）
流量计的现场检验

C.1　概述

涡轮流量计最常使用的现场检验是目检法检查和旋转时间试验。对运行中的流量计，通过观测其产生的噪音或振动，常可获知流量计的工作情况。

流量计的剧烈振动通常表明涡轮叶轮已失去平衡的损坏，这会导致流量计完全失效。在较低流量时，常能听到涡轮叶轮的摩擦声和轴承工作不良的声音，这种噪音不会被正常的流动噪音所掩盖。

C.2　目检法检查

目检法检查时，应检查涡轮叶轮是否缺叶、是否积聚固体物或腐蚀以及是否有可能影响涡轮叶轮平衡和叶片组态的其他损坏。也应检查流量计的内部，以确保其中没有积聚的碎屑。

流动通道、排水孔、通气孔和润滑系统也应检查，以确保没有积聚的碎屑。

C.3　旋转时间试验

旋转时间试验是用来确定流量计机械阻力现在和过去比较的相对变化。在流量计区域干净和其内部没有损坏的情况下，如果机械阻力没有重大变化，则流量计精度应不变化。若机械阻力有较大增加，则表明流量计精度特性在小流量处已经降级。按用户要求，生产厂可以提供流量计典型的旋转时间。

旋转时间试验必须在无气流的区域内进行，而测量机构应位于其正常的工作位置。涡轮叶轮以适当的速度旋转，例如最小速度约为与 q_{max} 对应的额定速度的 1/20，时间测量应从旋转开始直至叶轮停止转动。

旋转试验应至少重复 3 次且取其平均值。旋转时间减少的原因通常是因为涡轮叶轮轴承的阻力增加。然而，应注意到还有其他影响旋转时间的机械阻力，如轴承润滑过度，环境温度低、气流和黏附物。

注：只要规定方法，也能用其他方法进行旋转时间试验。

C.4　其他检验

涡轮叶轮处装有脉冲发讯器的流量计提供了检测叶轮上叶片缺损的可能性。通过观测涡轮叶轮脉冲发讯器的输出脉冲曲线或通过该输出脉冲与连到叶轮轴的从动轮上脉冲发讯器输出脉冲的比较，有可能获悉叶片的缺损情况。

叶轮叶片或叶轮和指示器间传动轮系中任何其他位置触发的脉冲发讯器与指示器上的脉冲发讯器相结合，可以用来确定传动轮系的完整性。来自于指示器的低频脉冲与来自于甚至传动轮系中任何位置产生的高频脉冲之比应是一个与流量无关的常数。

附加在涡轮流量计上的某些体积转换装置也指示流动条件下的体积。转换装置上所记录的体积应等同于同一时间周期内涡轮流量计机械计数器所记录的体积。

附 录 D
（资料性附录）
天然气流量计算实例

D.1 已知条件

a) 涡轮流量计 K 系数：$K=2\ 548\ m^{-3}$；
b) 气流常用温度：$t_1=21℃$；
c) 气流常用表静压：$p_1=1.28\ MPa$；
d) 当地常用大气压：$p_a=0.096\ 5\ MPa$；
e) 实测频率为 50 Hz；
f) 天然气组分见表 D.1。

表 D.1 天然气的组分

组分	甲烷	乙烷	丙烷	丁烷	2-甲基丙烷（异丁烷）	氦气	氮气	二氧化碳
摩尔分数	0.966 30	0.014 66	0.001 88	0.000 24	0.000 34	0.000 14	0.005 30	0.011 14

D.2 计算

D.2.1 求涡轮流量计操作条件下的体积流量

按式(1)计算得出操作条件下的体积流量：$q_f=\dfrac{f}{K}=50/254\ 8\ m^3/s=0.019\ 62\ m^3/s$

D.2.2 确定天然气压缩因子 Z 或超压缩系数 F_Z 值

D.2.2.1 当天然气计量系统符合 GB/T 18603—2001 表 A.1 准确度为 A、B 级要求时：

D.2.2.1.1 求天然气在标准参比条件下的压缩因子 Z_n：

根据式(4)和表 D.1 计算得到：$Z_n=1-0.044\ 7^2=0.998\ 0$

D.2.2.1.2 求天然气在操作条件下压缩因子 Z_f：

按本标准 8.1.3.1 规定用 GB/T 17747.2—1999 编程计算得：$Z_f=0.973\ 9$

D.2.2.2 当天然气计量系统为非贸易计量系统或属于符合 GB/T 18603—2001 表 A.1 准确度为 C 级要求时：

按本标准 8.1.3.2 规定用 AGA NX-19 公式编程计算得到：$F_Z=1.012\ 4$

D.2.3 求天然气摩尔质量 M[见式(D.1)]

$$M=\sum_{j=1}^{n}x_jM_j \qquad \text{(D.1)}$$

根据表 D.1 可以得到：$M=(15.502\ 4+0.440\ 8+0.082\ 9+0.019\ 8+0.014\ 0+0.000\ 6+0.148\ 5+0.490\ 3)\ kg/kmol$
$=16.699\ kg/kmol$

D.2.4 求天然气标准条件下气体密度

按 GB/T 11062 规定计算得到天然气标准条件下密度，见式(D.2)：

$$\rho_n=\left(\frac{p}{RTZ_n}\right)\sum_{j=1}^{N}x_jM_j \qquad \text{(D.2)}$$

$$=\frac{0.101\ 325}{0.008\ 314\ 51\times 293.15\times 0.998\ 0}\times 16.699\ kg/m^3$$

$$= 0.6956\ \text{kg/m}^3$$

D.2.5 天然气发热量计算

D.2.5.1 天然气在标准参比条件下体积发热量计算

按规定求天然气摩尔发热量 $\overline{H}_s$，见式(D.3)：

$$\overline{H}_s = \sum_{j=1}^{n} X_j \overline{H}_{sj}^0 \qquad \text{(D.3)}$$

$$= (861.0603 + 22.8903 + 4.1738 + 0.9787 + 0.6887)\ \text{MJ/kmol}$$

$$= 889.792\ \text{MJ/kmol}$$

天然气在标准参比条件下理想体积发热量 $\widetilde{H}_s^0$，见式(D.4)：

$$\widetilde{H}_s^0 = \overline{H}_s \times \frac{p_n}{RT_n} \qquad \text{(D.4)}$$

$$= 889.792 \times \frac{0.101325}{0.00831451 \times 293.15}\ \text{MJ/m}^3 = 36.989\ \text{MJ/m}^3$$

天然气在标准参比条件下真实体积发热量 $\widetilde{H}_s$：

$$\widetilde{H}_s = 36.989/0.9980\ \text{MJ/m}^3 = 37.064\ \text{MJ/m}^3$$

D.2.5.2 天然气质量发热量计算

天然气质量发热量 $\hat{H}_s$：

$$\hat{H}_s = \frac{\overline{H}_s}{M} = 889.792/16.699\ \text{MJ/kg} = 53.284\ \text{MJ/kg}$$

D.2.6 求涡轮流量计标准条件下的体积流量

D.2.6.1 当天然气计量系统符合 GB/T 18603—2001 表 A.1 准确度为 A、B 级要求时：

按式(2)计算得到涡轮流量计标准条件下的体积流量：

$$q_n = q_f \left(\frac{p_f}{p_n}\right)\left(\frac{T_n}{T_f}\right)\left(\frac{Z_n}{Z_f}\right)$$

$$= 0.01962 \times [(1.28 + 0.0965)/0.101325] \times [293.15/294.15] \times (0.9980/0.9739)\ \text{m}^3/\text{s}$$

$$= 0.2722\ \text{m}^3/\text{s}$$

D.2.6.2 当天然气计量系统为非贸易计量系统或属于符合 GB/T 18603—2001 表 A.1 准确度为 C 级要求时：

按式(2)计算得到涡轮流量计标准条件下的体积流量：

$$q_n = q_f F_Z^2 \left(\frac{p_f}{p_n}\right)\left(\frac{T_n}{T_f}\right)$$

$$= 0.01962 \times 1.0124^2 \times [(1.28 + 0.0965)/0.101325] \times [293.15/294.15]\ \text{m}^3/\text{s}$$

$$= 0.2723\ \text{m}^3/\text{s}$$

D.2.7 求涡轮流量计的质量流量

按式(5)计算得到涡轮流量计的质量流量：

$$q_m = q_n \times \rho_n = 0.2722 \times 0.6956\ \text{kg/s} = 0.1894\ \text{kg/s}$$

D.2.8 求涡轮流量计的能量流量

在标准参比条件下天然气的体积发热量为 37.064 MJ/m³，其能量流量 q_e 按式(6)计算得到：

$$q_e = q_n \times \widetilde{H}_s = 0.2722 \times 37.064\ \text{MJ/s} = 10.0901\ \text{MJ/s}$$

天然气的质量发热量为 53.284 MJ/kg，其能量流量 q_e 按式(7)计算得：

$$q_e = q_m \times \hat{H}_s = 0.1894 \times 53.284\ \text{MJ/s} = 10.0901\ \text{MJ/s}$$

ICS 03.220.40
R 06

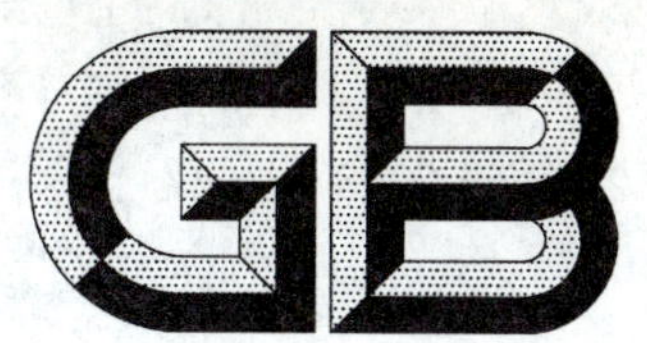

中华人民共和国国家标准

GB/T 21392—2008

船舶运输能源消耗统计及分析方法

The methods of statistics and analysis of energy consumption in shipping transportation

2008-02-03 发布　　2008-08-01 实施

中华人民共和国国家质量监督检验检疫总局
中国国家标准化管理委员会　发布

前　　言

本标准是交通能源消耗统计及分析方法系列标准之一，该系列标准包括：

——公路运输能源消耗统计及分析方法；

——船舶运输能源消耗统计及分析方法；

——港口能源消耗统计及分析方法。

本标准的附录A、附录C为规范性附录，附录B为资料性附录。

本标准由中华人民共和国交通部提出。

本标准由交通部能源管理办公室归口。

本标准起草单位：交通部水运科学研究院。

本标准主要起草人：李庆祥、王妮妮、李静、赫伟建、崔艳、冯玥、张云鹏。

船舶运输能源消耗统计及分析方法

1 范围

本标准规定了营业性船舶运输能源消耗统计的船型分类、统计指标、调查方法、指标计算及能源消耗分析等方法。

本标准适用于从事水上客、货运输活动的我国企业或个体经营的营业性机动船舶(含悬挂外国旗的营业性机动船舶),内河为在固定航道从事运输活动的营业性机动船舶;不适用于过河渡船、封闭水域内从事休闲旅游的娱乐性船舶。

2 规范性引用文件

下列文件中的条款通过本标准的引用而成为本标准的条款。凡是注日期的引用文件,其随后所有的修改单(不包括勘误的内容)或修订版均不适用于本标准,然而,鼓励根据本标准达成协议的各方研究是否可使用这些文件的最新版本。凡是不注日期的引用文件,其最新版本适用于本标准。

GB/T 2260—2002 中华人民共和国行政区划代码

GB/T 3358.1 统计术语 第一部分 一般统计术语(GB/T 3358.1—1993,neq ISO/DIS 3435-1～3435-3)

GB/T 4086.1 统计分布数值表 正态分布

3 术语和定义

GB/T 3358.1 确立的以及下列术语和定义适用于本标准。

3.1

换算周转量 converted turnover

运输船舶完成的客、货周转量按照一定的换算系数得到的换算周转量。

3.2

单位产量燃料消耗量 fuel consumption per converted turnover

船舶单位换算周转量的燃料消耗量。

4 船型分类

4.1 航区划分

船舶应按航区划分为海洋和内河 2 大类。江海直达船根据其主要航区确定。

4.2 海洋船舶

海洋船舶按照船型分为 6 大类(见表 1)。

表 1 海洋船舶分类表

航区	船型	船型代码	说明
海洋	客船	11	含客船、客货船、客滚船
	干散货船	12	
	集装箱船	13	
	件杂货船	14	
	液体散货船	15	含油船、液体化工品船、液化气船、沥青船
	其他船	16	统计范围内除上述 5 种船型外的其他有动力的海洋船舶,如半潜船、冷藏船等

4.3 内河船舶

内河船舶按照船型分为7大类(见表2),每大类按照主机功率分为5个子类(见表3);子类代码由船型代码和等级代码组成。

表2 内河船舶分类表

航　　区	船　　型	船型代码	说　　明
内河	客船	21	含高速客船、客货船
	散杂货船	22	含散货船和杂货船
	液体散货船	23	含油船、液体化工品船、液化气船、沥青船
	集装箱船	24	
	滚装船	25	
	顶推船和拖船	26	
	其他船	27	统计范围内除上述6种船型外的其他有动力的内河船舶,如多用途船等

表3 内河船舶主机功率划分表

等级划分	主机功率 P/kW	等级代码
一等船舶	$P \geqslant 1\ 500$	1
二等船舶	$441 \leqslant P < 1\ 500$	2
三等船舶	$147 \leqslant P < 441$	3
四等船舶	$36.8 \leqslant P < 147$	4
五等船舶	$P < 36.8$	5

5 燃油品种分类

船舶所用燃油分为2类:重油、柴油。重油、柴油的低位发热值及折标油(标煤)的折算系数见附录A。

6 船舶运输能源消耗统计指标

船舶运输能源消耗统计指标见表4。

表4 船舶运输能源消耗统计指标

指标类型	指标名称
调查指标	换算周转量
	燃料消耗量
推算指标	燃料消耗量合计指标
	单位产量燃料消耗量合计指标

7 船舶运输能源消耗统计调查

7.1 海洋船舶能源消耗调查

7.1.1 调查方法

海洋船舶能源消耗调查应采用全面调查的方法,以航运企业为统计单元。

7.1.2 统计时间

报告期由交通主管部门确定,宜定为一个季度。

7.1.3 调查内容

调查内容应包括：企业各类船舶数量、燃料品种、报告期内各类船舶所完成的换算周转量及燃料消耗量等。海洋船舶能源消耗调查表示例参见附录B表B.1，换算周转量的折算方法见附录C。

7.2 内河船舶能源消耗调查

7.2.1 调查方法

内河船舶宜采用抽样调查的方法，选取部分省份为调查总体，以抽样省份为子总体进行抽样。

7.2.1.1 抽样框的建立

交通管理部门应以船舶登记号、船舶名称、船舶类型、总吨、净载重吨(客)位、功率、建造年份、隶属单位、联系电话等为主要内容，形成营业性内河运输船舶名录清单，作为子总体的抽样框。

7.2.1.2 子总体最低样本量的确定

子总体最低样本量可按式(1)计算。

$$n = \frac{Nu_{1-\alpha/2}^2 Cv^2}{Nr^2 + u_{1-\alpha/2}^2 Cv^2} \qquad (1)$$

式中：

N——子总体船舶数量；

$u_{1-\alpha/2}$——标准正态分布$(1-\alpha/2)$分位数，从GB/T 4086.1的正态分布表中查得，一般取置信度95%，$u_{1-\alpha/2}=1.96$；

Cv——子总体单位燃料消耗值变异系数，一般取0.6～0.9；

r——相对误差限，一般取5%～15%。

7.2.1.3 样本量的分配

样本量的分配应采用等比例分配的原则，根据子层船舶数量占子总体的比例进行分配，且各子层的最低样本量应不少于2艘。

7.2.1.4 子层样本船舶的抽取

按照船舶库内自然顺序排队，随机起点等距抽样的方法抽取。

7.2.1.5 样本船舶编码

对确定的样本船舶进行统一编码。省级代码按GB/T 2260—2002规定编码，船型代码按照表2编码，等级代码按照表3编码，子层内样本船舶编码由调查部门自行编码。

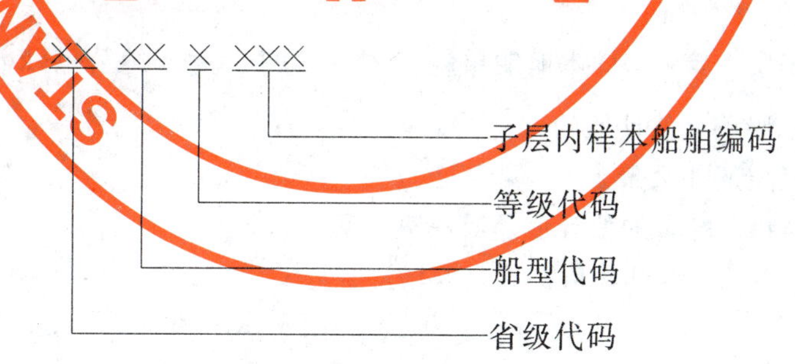

图1 样本船舶编码方式

7.2.2 统计时间

报告期由交通主管部门确定，宜定为一个季度。

调查期宜统一确定为5天，如果被调查的样本船舶在访问日前正好从事长途运输，且一个航次的时间超过5天，调查期应延长至该航次结束。

7.2.3 调查内容

内河船舶能源消耗调查内容应包括：船舶基本信息、燃料品种、调查期内所完成的换算周转量、燃料消耗量等。内河船舶能源消耗调查表示例参见附录B表B.2。

8 统计指标计算

8.1 报告期海洋船舶能耗指标的计算

报告期海洋船舶燃料消耗量为所有航运企业燃料消耗量之和。

报告期海洋船舶单位产量燃料消耗量(以下简称单耗值),按式(2)计算。

$$q_h = 1\,000 \cdot Q_h / T_h \qquad \cdots\cdots(2)$$

式中:

q_h——报告期内海洋船舶的单耗值,单位为千克每千吨公里(kg/1 000 tkm);

Q_h——报告期内海洋船舶运输的燃料消耗量,单位为吨标准油(toe);

T_h——报告期内海洋船舶所完成的换算周转量,为所有航运企业所完成的周转量之和,单位为千吨公里(1 000 tkm)。

8.2 报告期内河船舶能耗指标的计算

8.2.1 报告期样本船舶单耗值和燃料消耗量的计算

报告期内的单耗值等于调查期内的燃料消耗量除以所完成的换算周转量。

报告期内燃料消耗量等于调查期内燃料消耗量乘以报告期天数再除以调查期天数。

8.2.2 报告期子层单耗值和燃料消耗量的估计值及其精度计算

8.2.2.1 报告期子层单耗值的估计值及其精度计算

报告期 hl 子层单耗估计值按式(3)计算。

$$\hat{Y}_{hl} = \bar{y}_{hl} = \frac{1}{n_{hl}}\sum_{i=1}^{n_{hl}} y_{hli} \qquad \cdots\cdots(3)$$

报告期 hl 子层单耗估计值的方差估计按式(4)计算。

$$v(\hat{Y}_{hl}) = \frac{N_{hl} - n_{hl}}{N_{hl} \cdot n_{hl} \cdot (n_{hl} - 1)} \sum_{i=1}^{n_{hl}} (y_{hli} - \bar{y}_{hl})^2 \qquad \cdots\cdots(4)$$

式中:

$\hat{Y}_{hl}$——报告期 hl 子层单耗估计值,单位为千克每千吨公里(kg/1 000 tkm);

$\bar{y}_{hl}$——报告期 hl 子层样本船舶单耗平均值,h 为大层编号,$h=1,2,\cdots,7$;l 为等级层编号,$l=1,2,\cdots,5$(以下同),单位为千克每千吨公里(kg/1 000 tkm);

n_{hl}——hl 子层抽样船舶数量;

y_{hli}——报告期 hl 子层内第 i 艘样本船舶单耗值,单位为千克每千吨公里(kg/1 000 tkm);

$v(\hat{Y}_{hl})$——报告期 hl 子层单耗估计值的方差估计;

N_{hl}——报告期 hl 子层船舶数量。

8.2.2.2 报告期子层燃料消耗量的估计值及其精度计算

报告期 hl 子层燃料消耗量的估计值按式(5)计算。

$$\hat{Z}_{hl} = X_{hl} \cdot \bar{z}_{hl} / \bar{x}_{hl} \qquad \cdots\cdots(5)$$

报告期 hl 子层燃料消耗量的估计值的方差估计按式(6)计算。

$$v(\hat{Z}_{hl}) = \frac{N_{hl} \cdot (N_{hl} - n_{hl})}{n_{hl}} \cdot \left[s_{zhl}^2 + s_{xhl}^2 \cdot (\bar{z}_{hl}/\bar{x}_{hl})^2 - 2 \times s_{zxhl} \cdot \bar{z}_{hl}/\bar{x}_{hl}\right] \qquad \cdots\cdots(6)$$

其中:

$$\bar{z}_{hl} = \frac{1}{n_{hl}}\sum_{i=1}^{n_{hl}} z_{hli} \qquad \cdots\cdots(7)$$

$$\bar{x}_{hl} = \frac{1}{n_{hl}}\sum_{i=1}^{n_{hl}} x_{hli} \qquad \cdots\cdots(8)$$

$$s_{zhl}^2 = \frac{1}{n_{hl}-1}\sum_{i=1}^{n_{hl}}(z_{hli}-\bar{z}_{hl})^2 \qquad \cdots\cdots (9)$$

$$s_{xhl}^2 = \frac{1}{n_{hl}-1}\sum_{i=1}^{n_{hl}}(x_{hli}-\bar{x}_{hl})^2 \qquad \cdots\cdots (10)$$

$$s_{zxhl} = \frac{1}{n_{hl}-1}\sum_{i=1}^{n_{hl}}(x_{hli}-\bar{x}_{hl})(z_{hli}-\bar{z}_{hl}) \qquad \cdots\cdots (11)$$

式中：

$\hat{Z}_{hl}$——报告期 hl 子层燃料消耗量的估计值，单位为吨标准油(toe)；

X_{hl}——hl 子层所有船舶总功率，单位为千瓦(kW)；

$\bar{z}_{hl}$——报告期 hl 子层样本船舶的平均燃料消耗量，单位为吨标准油(toe)；

$\bar{x}_{hl}$——hl 子层样本船舶的平均主机功率，单位为千瓦(kW)；

$v(\hat{Z}_{hl})$——报告期 hl 子层单耗燃料消耗量估计值的方差估计；

z_{hli}——报告期 hl 子层内第 i 艘样本船舶燃油消耗量，单位为吨标准油(toe)；

x_{hli}——hl 子层内第 i 艘样本船舶的主机功率，单位为千瓦(kW)。

8.2.3 报告期大层单耗值和燃料消耗量的估计值及其精度计算

8.2.3.1 报告期大层单耗值的估计值及其精度计算

报告期 h 大层单耗值的估计值按式(12)计算。

$$\hat{Y}_h = \sum_{l=1}^{5}\frac{X_{hl}\cdot\hat{Y}_{hl}}{X_h} \qquad \cdots\cdots (12)$$

报告期 h 大层单耗估计值的方差估计按式(13)计算。

$$v(\hat{Y}_h) = \sum_{l=1}^{5}\left(\frac{X_{hl}}{X_h}\right)^2\cdot v(\hat{Y}_{hl}) \qquad \cdots\cdots (13)$$

式中：

$\hat{Y}_h$——报告期 h 大层单耗值的估计值，单位为千克每千吨公里(kg/1 000 tkm)；

X_h——h 大层所有船舶总功率，单位为千瓦(kW)；

$v(\hat{Y}_h)$——报告期 h 大层单耗估计值的方差估计。

8.2.3.2 报告期大层燃料消耗量的估计值及其精度计算

报告期 h 大层燃料消耗量的估计值 $\hat{Z}_h$，按式(14)计算。

$$\hat{Z}_h = \sum_{l=1}^{5}\hat{Z}_{hl} \qquad \cdots\cdots (14)$$

报告期 h 大层燃料消耗量估计值的方差估计，按式(15)计算。

$$v(\hat{Z}_h) = \sum_{l=1}^{5}v(\hat{Z}_{hl}) \qquad \cdots\cdots (15)$$

式中：

$\hat{Z}_h$——报告期 h 大层燃料消耗量的估计值，单位为吨标准油(toe)；

$v(\hat{Z}_h)$——报告期 h 大层燃料消耗量估计值的方差估计。

8.2.4 报告期子总体单耗值和燃料消耗量的估计值及其精度计算

8.2.4.1 报告期子总体单耗值的估计值及其精度计算

报告期子总体单耗值的估计值，按式(16)计算。

$$\hat{Y} = \sum_{h=1}^{7}\frac{X_h\cdot\hat{Y}_h}{X} \qquad \cdots\cdots (16)$$

报告期子总体单耗值的估计值的方差估计，按式(17)计算。

$$v(\hat{Y}) = \sum_{h=1}^{7}\left(\frac{X_h}{X}\right)^2 \cdot v(\hat{Y}_h) \quad \cdots\cdots(17)$$

报告期子总体单耗值的估计值的变异系数，按式(18)计算。

$$Cv(\hat{Y}) = \sqrt{v(\hat{Y})}/\hat{Y} \quad \cdots\cdots(18)$$

式中：

$\hat{Y}$——报告期子总体单耗值的估计值，单位为千克每千吨公里(kg/1 000 tkm)；

X——子总体所有船舶总功率，单位为千瓦(kW)；

$v(\hat{Y})$——报告期子总体单耗估计值的方差估计；

$Cv(\hat{Y})$——报告期子总体单耗估计值的变异系数。

8.2.4.2 报告期子总体燃料消耗量的估计值及其精度计算

报告期子总体燃料消耗量的估计值按式(19)计算。

$$\hat{Z} = \sum_{h=1}^{7}\hat{Z}_h \quad \cdots\cdots(19)$$

报告期子总体燃料消耗量的估计值的方差估计按式(20)计算。

$$v(\hat{Z}) = \sum_{h=1}^{7}v(\hat{Z}_h) \quad \cdots\cdots(20)$$

报告期子总体燃料消耗量的估计值的变异系数按式(21)计算。

$$Cv(\hat{Z}) = \sqrt{v(\hat{Z})}/\hat{Z} \quad \cdots\cdots(21)$$

式中：

$\hat{Z}$——报告期子总体燃料消耗量的估计值，单位为吨标准油(toe)；

$v(\hat{Z})$——报告期子总体燃料消耗估计值的方差估计；

$Cv(\hat{Z})$——报告期子总体燃料消耗估计值的变异系数。

注：在95%置信度下，报告期子总体内河船舶单耗值的估计值 $\hat{Y}$ 的实际极限相对误差为 $1.96 \cdot Cv(\hat{Y})$，总燃料消耗量的估计值 $\hat{Z}$ 的实际极限相对误差为 $1.96 \cdot Cv(\hat{Z})$。

8.2.5 报告期总体单耗值和总燃料消耗量的计算

8.2.5.1 报告期总体燃料消耗量的计算

报告期总体燃料消耗量按式(22)计算。

$$Q_n = \frac{1}{P_n}\sum_{i=1}^{p}Q_i \quad \cdots\cdots(22)$$

式中：

Q_n——报告期总体燃料消耗量，单位为吨标准油(toe)；

P_n——报告期抽样总体船舶总功率占总体船舶总功率的比重，可参照《交通统计年鉴》上的数据；

Q_i——报告期 i 子总体燃料消耗量(为各子总体燃料消耗量估计值 $\hat{Z}$)，单位为吨标准油，$i=1,2,\cdots,p$，p 为子总体的个数。

8.2.5.2 报告期总体单耗值的计算

报告期总体船舶单耗值按式(23)计算。

$$q_n = \sum_{i=1}^{10}P_i q_i \quad \cdots\cdots(23)$$

式中：

q_n——报告期总体船舶单耗值，单位为千克每千吨公里(kg/1 000 tkm)；

P_i——报告期 i 子总体船舶总功率占抽样总体船舶总功率的比重，数据参照上一年《交通统计年鉴》；

q_i——报告期 i 子总体船舶单耗值（为各子总体的单耗估计值 $\hat{Y}$），单位为千克每千吨公里(kg/1 000 tkm)，$i=1,2,\cdots,p$。

8.3 报告期船舶运输能耗指标的计算

8.3.1 报告期船舶运输总燃料消耗量的计算

报告期船舶运输总燃料消耗量，按式(24)计算。

$$Q = Q_h + Q_n \qquad \cdots\cdots (24)$$

式中：

Q——报告期船舶运输燃料总消耗量，单位为吨标准油(toe)。

8.3.2 报告期船舶运输单耗值的计算

报告期船舶运输单耗值，按式(25)计算。

$$q = 1\,000 \cdot \bar{Q}/T \qquad \cdots\cdots (25)$$

式中：

q——报告期船舶的单耗值，单位为千克每千吨公里(kg/1 000 tkm)；

T——报告期船舶完成的换算周转量(千吨公里)，由报告期内海洋船舶和内河船舶换算周转量相加得到，内河船舶报告期内周转量用燃料消耗量除以单耗值得到。

9 能源消耗统计分析方法

9.1 船舶运输能源消耗统计分析方法

一般采用比较分析法、结构分析法和因素分析法。

9.2 比较分析法

通过比较不同时期的船舶燃料消耗量和单位产量燃料消耗量，分析指标的变化趋势。通过单位产量燃料消耗量高低的对比，分析船舶运输燃料消耗的节能潜力。

9.3 结构分析法

通过计算海洋船舶、内河船舶的燃料消耗量，分析船舶运输能源消耗的结构组成；通过分析海洋船舶各船型的燃料消耗量，分析海洋船舶能源消耗的结构组成；通过分析内河各子层、大层、子总体、总体的燃料消耗量，分析内河船舶能源消耗的结构组成。

9.4 因素分析法

通过分析船队结构变化，具体分析高能耗船型，低能耗船型的结构变化对能源消耗的影响。

附 录 A
（规范性附录）
燃料的低位发热值及折算系数

燃料的低位发热值及折算系数见表 A.1。

表 A.1 燃料低位发热值及折算系数

能源品种	平均低位发热值	折标准煤系数	折标准油系数
柴油	42 652 kJ/kg(10 200 kcal/kg)	1.457 1 kgce/kg	1.020 0 kgoe/kg
重油	41 816 kJ/kg(10 000 kcal/kg)	1.428 6 kgce/kg	1.000 0 kgoe/kg

附 录 B
（资料性附录）
营业性运输船舶能源消耗调查表

营业性运输船舶能源消耗调查表参见表 B.1 和表 B.2。

表 B.1 营业性海洋船舶运输能源消耗调查表

填报单位（盖章） 统计期： 年第 季度

统计指标		船舶类型					
		客船	干散货船	集装箱船	件杂货船	液体散货船	其他船
船舶数量（艘）							
换算周转量（换算吨公里）							
燃料消耗量	重油（吨）						
	柴油（吨）						

数据填报人： 联系电话： 报出日期： 年 月 日

表 B.2 营业性内河船舶运输能源消耗调查表

抽样船舶编码： 调查期： 年 月 日到 月 日

船舶营运证登记号		船舶名称	船舶类型	净载重吨（客）位	主机功率	总吨	建造年份
调查期内能耗情况							
换算周转量（换算吨公里）							
燃料消耗量	重油（吨）						
	柴油（吨）						

船舶经营人： 经营人联系电话： 调查员联系电话： 报出日期： 年 月 日

附　录　C
（规范性附录）
换算周转量的计算方法

换算周转量可按下列方法折算：

货物周转量 1 吨公里＝1 换算吨公里；

铺位及海运座位客运周转量 1 人公里＝1 换算吨公里；

内河座位客运周转量 3 人公里＝1 换算吨公里；

集装箱 1 TEU 公里＝10 换算吨公里。

参 考 文 献

[1] 交通统计年鉴.

[2] 公路、水路、港口主要统计指标及计算方法规定.

ICS 03.220.20
R 06

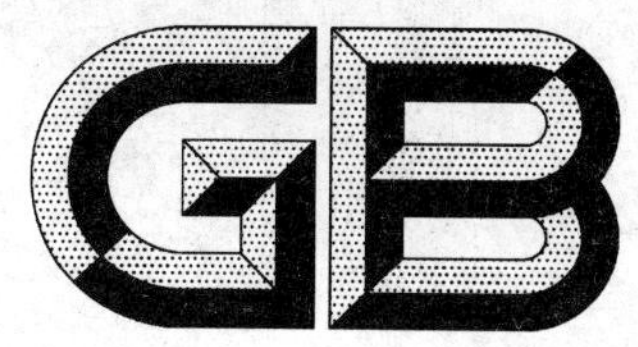

中华人民共和国国家标准

GB/T 21393—2008

公路运输能源消耗统计及分析方法

The methods of statistics and analysis for energy consumption of highway transportation

2008-02-03 发布　　2008-08-01 实施

中华人民共和国国家质量监督检验检疫总局
中国国家标准化管理委员会　发布

前　言

本标准是交通能源消耗统计及分析方法系列标准之一，该系列标准包括：

——公路运输能源消耗统计及分析方法；

——船舶运输能源消耗统计及分析方法；

——港口能源消耗统计及分析方法。

本标准附录A、附录B为资料性附录。

本标准由中华人民共和国交通部提出。

本标准由交通部能源管理办公室归口。

本标准起草单位：交通部公路科学研究院，中国交通企业协会能源管理委员会，吉林大学交通学院。

本标准主要起草人：董国亮，刘莉，王云龙，韩立波，蔡凤田，李显生，何锦淑。

公路运输能源消耗统计及分析方法

1 范围

本标准规定了营业性公路运输车辆能源消耗统计的车型分类、统计指标、调查方法、指标计算及能源消耗分析等方法。

本标准适用于公路运输业对营业性公路运输载货汽车和载客汽车的能源消耗统计及分析。

2 规范性引用文件

下列文件中的条款通过本标准的引用而成为本标准的条款。凡是注日期的引用文件，其随后所有的修改单(不包括勘误的内容)或修订版均不适用于本标准，然而，鼓励根据本标准达成协议的各方研究是否可使用这些文件的最新版本。凡是不注日期的引用文件，其最新版本适用于本标准。

GB/T 2260—2002　中华人民共和国行政区划代码

GB/T 3358.1　统计术语　第一部分　一般统计术语

GB/T 4086.1　统计分布数值表　正态分布

3 术语和定义

GB/T 3358.1 确立的以及下列术语和定义适用于本标准。

3.1

运次　transportation cycle

车辆完成的一个完整运输生产过程，即上一次货物卸空(旅客下空)开始到本次货物卸空(旅客下空)为止的整个过程。

3.2

总行程周转量　total travel distance turnover

车辆单车行驶里程与核定载质量(载客人数)乘积。

计算公式：

$$总行程周转量 = 行驶里程 \times 核定载货质量(载客人数)$$

3.3

百车公里燃料(汽油、柴油等)消耗量　fuel(gasoline, diesel)consumption of motor vehicles per 100 kilometers

车辆每行驶百公里的平均燃料消耗量。

计算公式：

$$百车公里燃料消耗量 = \frac{燃料消耗量}{行驶里程} \times 100$$

3.4

百吨(千人)公里燃料(汽油、柴油等)消耗量　fuel(gasoline, diesel)consumption of motor vehicles per 100 ton-kilometers (1 000 person-kilometers)

车辆每完成百吨(千人)公里货物(旅客)周转量的平均燃料消耗量。

计算公式：

$$百吨公里燃料消耗量 = \frac{燃料消耗量}{货物(旅客)周转量} \times 100$$

3.5

实载率　actual loading rate

车辆实际完成的货物(旅客)周转量与总行程周转量之比。

计算公式：

$$实载率(\%)=\frac{货物(旅客)周转量}{总行程周转量}\times 100$$

3.6

里程利用率　kilometers utilization

车辆的载运行程与行驶里程之比。

3.7

载质(客)量利用率　load factor

载货(客)汽车实际完成的周转量与载质(客)量达到核定载质量(载客人数)所能完成的货物(旅客)周转量之比。

计算公式：

$$载质(客)量利用率(\%)=\frac{周转量}{载运行程\times 核定载货质量(载客人数)}\times 100$$

4　车型分类

载客汽车按照核定载客数分为6个子类或按车身长度分为8个子类，载货汽车按照核定载质量分为8个子类，分类方法见表1、表2。

表1　载客汽车子类分类表

燃油种类	子类代码	车身长度 L/m	核定载客数 h/人
汽油	111	$3.5<L\leqslant 6$	$h\leqslant 15$
	112	$6<L\leqslant 9$	$16\leqslant h\leqslant 30$
	113	$9<L\leqslant 12$	$h>30$
	114	$L>12$	—
柴油	211	$3.5<L\leqslant 6$	$h\leqslant 15$
	212	$6<L\leqslant 9$	$16\leqslant h\leqslant 30$
	213	$9<L\leqslant 12$	$h>30$
	214	$L>12$	—

表2　载货汽车子类分类表

燃油种类	子类代码	核定载质量 H/t
汽油	121	$H\leqslant 2$
	122	$2<H\leqslant 4$
	123	$H>4$
柴油	221	$H\leqslant 2$
	222	$2<H\leqslant 4$
	223	$4<H\leqslant 8$
	224	$8<H\leqslant 15$
	225	$H>15$

5 公路运输能源消耗统计指标

公路运输能源消耗统计指标见表3。

表3 公路运输能源消耗统计指标

<table>
<tr><th>指标类型</th><th colspan="2">指标名称</th></tr>
<tr><td rowspan="2">调查指标</td><td colspan="2">子类汽车行驶里程</td></tr>
<tr><td colspan="2">子类汽车百车公里燃料消耗量</td></tr>
<tr><td rowspan="9">推算指标</td><td colspan="2">子类汽车百吨(千人)公里燃料消耗量</td></tr>
<tr><td rowspan="6">燃料消耗量</td><td>子类汽车燃料消耗量</td></tr>
<tr><td>汽油消耗量</td></tr>
<tr><td>柴油消耗量</td></tr>
<tr><td>载货汽车燃料消耗量</td></tr>
<tr><td>载客汽车燃料消耗量</td></tr>
<tr><td>燃料消耗总量</td></tr>
<tr><td rowspan="2">综合百吨(千人)公里燃料消耗量</td><td>载货汽车综合百吨公里燃料消耗量</td></tr>
<tr><td>载客汽车综合千人公里燃料消耗量</td></tr>
</table>

6 公路运输能源消耗统计调查

6.1 车辆行驶里程调查

6.1.1 调查方法

车辆行驶里程调查宜采用全面调查的方法。交通主管部门宜利用当地的车辆综合性能检测站进行调查。

6.1.2 调查内容

调查内容应包括:样本车辆编码、车辆号牌、燃料种类、核定载质量(载货汽车)/载客人数(载客汽车)、车身长度(载客汽车)、行驶里程等。车辆行驶里程调查表示例参见附录A中表A.1和表A.2。

6.2 车辆燃料消耗量调查

6.2.1 调查方法

车辆燃料消耗量调查宜采用抽样调查的方法。

6.2.2 抽样方法

6.2.2.1 子类汽车最低样本量的确定

按第4章的规定进行总体车辆分类,并按式(1)计算各子类汽车抽样调查的最低样本量。

$$n=\left(\frac{u_{1-\alpha/2}\times C_{v}}{r}\right)^{2} \qquad \cdots\cdots(1)$$

式中:

n——子类汽车最低样本量,单位为辆;

C_v——子类允许的变异系数,一般取0.3~0.5;

r——置信度$(1-\alpha)$下允许的最大相对误差,一般取10%~20%;

$u_{1-\alpha/2}$——标准正态分布$(1-\alpha/2)$分位数,从GB/T 4086.1的正态分布分位数表中查得,一般取置信度95%($u_{1-\alpha/2}=1.96$)。

6.2.2.2 子类汽车最低样本量的区域分配

采用分区域调查时,子类汽车最低样本量按式(2)分配到各调查区域。

$$n_i = n \cdot \frac{N_i}{N} \quad \cdots\cdots(2)$$

式中：

n_i——i 调查区域子类汽车最低样本量，单位为辆；

N_i——i 调查区域该子类汽车总数（采用已有统计数据），单位为辆；

N——子类汽车车辆总数（采用已有统计数据），单位为辆。

6.2.2.3 各子类汽车样本车辆确定

区域性调查时，可优先考虑在本地的公路运输企业中抽取样本车辆。

6.2.2.4 样本车辆编码

对确定的各子类样本车辆应采用图1所示的方式进行编码。省份代码、地市代码按 GB/T 2260—2002 规定编码，子类代码按表1、表2编码，其他部分由调查部门自行编码。

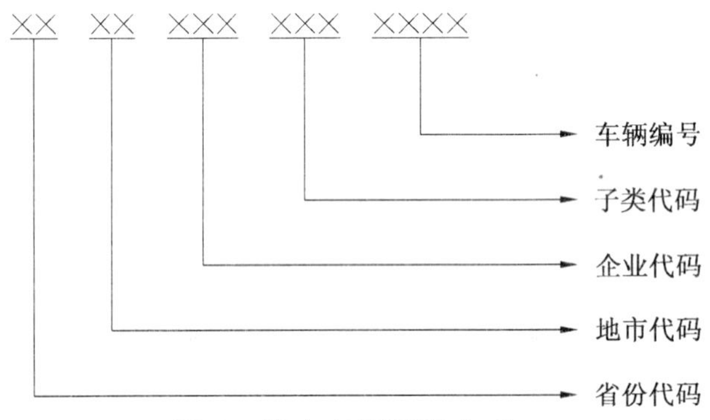

图1 样本车辆编码方式

6.2.3 调查内容

载客汽车日运行数据调查内容应包括：样本车辆编码、车辆号牌、燃料种类、总质量、核定载客人数、车身长度，以及不少于5个工作车日的单运次行驶里程、单运次空驶里程、单运次载客人数（客运量）、加油量等。载客汽车燃料消耗量调查表示例参见附录A中表A.3。

载货汽车日运行调查内容应包括：样本车辆编码、车辆号牌、燃料种类、总质量、核定载质量或最大牵引质量，以及不少于5个工作车日的单运次行驶里程、单运次空驶里程、单运次载质量、加油量等。载货汽车燃料消耗量调查表示例参见附录A中表A.4。

7 指标计算

7.1 子类汽车单辆车平均行驶里程

根据6.1调查的车辆行驶里程数据，按式(3)计算子类汽车单辆车平均行驶里程。

$$L_B = \frac{D}{N_A} \times \sum_i \left(\frac{L_{Ai} - L'_{Ai}}{D_{Ai}} \right) \quad \cdots\cdots(3)$$

式中：

L_B——子类汽车单辆车平均行驶里程，单位为公里(km)；

D——报告期的天数，单位为日(d)；

N_A——行驶里程调查中子类汽车的样本车辆数，单位为辆；

L_{Ai}——行驶里程调查中子类汽车第 i 辆样本车本次调查里程表读数，单位为公里(km)；

L'_{Ai}——行驶里程调查中子类汽车第 i 辆样本车上次调查里程表读数，单位为公里(km)；

D_{Ai}——行驶里程调查中子类汽车第 i 辆样本车本次调查距离上次调查的天数，单位为日(d)。

7.2 子类汽车百车公里燃料消耗量

7.2.1 单辆样本车百车公里燃料消耗量

根据6.2调查的车辆燃料消耗量数据，按式(4)计算子类汽车第 i 辆样本车辆百车公里燃料消耗量。

$$M_i = \sum_j \sum_k Q_{ijk} / \sum_j \sum_k L_{ijk} \times 100 \quad \cdots\cdots (4)$$

式中：

M_i——第 i 辆样本车辆百车公里燃料消耗量，单位为升每百车公里(L/100 km)；

Q_{ijk}——第 i 辆车第 j 天第 k 次加油量，单位为升(L)；

L_{ijk}——第 i 辆车第 j 天第 k 运次行驶里程，单位为公里(km)。

7.2.2 子类汽车百车公里燃料消耗量、置信区间及误差

子类汽车百车公里燃料消耗量按式(5)计算。

$$\overline{M} = \frac{1}{n}\sum_{i=1}^{n} M_i \quad \cdots\cdots (5)$$

子类汽车百车公里燃油消耗量标准差按式(6)计算。

$$s(\overline{M}) = \sqrt{\frac{1}{n \times (n-1)}\sum_{i=1}^{n}(M_i - \overline{M})^2} \quad \cdots\cdots (6)$$

$(1-a)$置信度下置信区间按式(7)计算。

$$[\overline{M} - \delta_M, \overline{M} + \delta_M] \quad \cdots\cdots (7)$$

$(1-a)$置信度下的最大绝对误差按式(8)计算，最大相对误差按式(9)计算。

$$\delta_M = u_{1-a/2}\, s(\overline{M}) \quad \cdots\cdots (8)$$

$$r_M = \delta_M / \overline{M} \quad \cdots\cdots (9)$$

子类汽车百车公里燃油消耗量变异系数按式(10)计算。

$$C_v(\overline{M}) = s(\overline{M}) / \overline{M} \quad \cdots\cdots (10)$$

式中：

$\overline{M}$——子类汽车百车公里燃料消耗量，单位为升每百车公里(L/100 km)；

n——子类汽车样本车辆数，单位为辆；

$s(\overline{M})$——子类汽车百车公里燃油消耗量标准差，单位为升每百车公里(L/100 km)；

δ_M——子类汽车百车公里燃料消耗量$(1-a)$置信度下的最大绝对误差，单位为升每百车公里(L/100km)；

$u_{1-a/2}$——标准正态分布$(1-a/2)$分位数，从 GB/T 4086.1 的正态分布分位数表中查得；

r_M——子类汽车百车公里燃料消耗量置信度$(1-a)$下的最大相对误差。

7.3 子类汽车百吨(千人)公里燃料消耗量

子类汽车百吨(千人)公里燃料消耗量按式(11)计算。

$$\overline{q} = \overline{M} \times L_B / 100 \times N / P \quad \cdots\cdots (11)$$

式中：

$\overline{q}$——子类汽车百吨(千人)公里燃料消耗量，单位为升每百吨(千人)公里(L/100 tkm 或 L/1 000 pkm)；

N——子类汽车车辆总数(采用已有统计数据)，单位为辆；

P——报告期子类汽车完成的货物或旅客周转量(采用已有统计数据)，单位为百吨(千人)公里(100 tkm或 1 000 pkm)。

7.4 子类汽车燃料消耗量

7.4.1 子类汽车燃料消耗量

子类汽车燃料消耗量按式(12)计算。

$$Q = \overline{M} \times L_B \times N / 10^6 \quad \cdots\cdots (12)$$

$(1-a)$置信度下的置信区间按式(13)计算。

$$[Q-\delta_Q, Q+\delta_Q] \quad \cdots\cdots(13)$$

(1－a)置信度下的最大相对误差为按式(14)计算，最大绝对误差按式(15)计算。

$$r_Q = r_M \quad \cdots\cdots(14)$$

$$\delta_Q = r_M \times Q \quad \cdots\cdots(15)$$

式中：

Q——子类汽车燃料消耗量，单位为万升(万 L)；

r_Q——子类汽车燃料消耗量(1－a)置信度下的最大相对误差；

δ_Q——子类汽车燃料消耗量(1－a)置信度下的最大绝对误差，单位为万升(万 L)。

7.4.2 子类汽车燃料消耗量折标准油

子类汽车燃料消耗量折标准油按式(16)计算。

$$Q_O = (Q \times \rho \times \alpha)/100/\alpha_O \quad \cdots\cdots(16)$$

(1－a)置信度下的最大相对误差为按式(17)计算，最大绝对误差按式(18)计算。

$$r_{Q_O} = r_Q \quad \cdots\cdots(17)$$

$$\delta_{Q_O} = r_{Q_O} \times Q_O \quad \cdots\cdots(18)$$

式中：

Q_O——子类汽车燃料消耗量折标准油，单位为千吨标准油(ktoe)；

ρ——燃油密度，汽油取 0.74 kg/L，柴油取 0.87 kg/L；

α——燃油折标准煤系数，1 kg 汽油等于 1.471 4 kg 标准煤，1 kg 柴油等于 1.457 1 kg 标准煤；

α_O——标准油折标准煤系数，1 kg 标准油等于 1.428 6 kg 标准煤；

r_{Q_O}——子类汽车燃料消耗量折标准油(1－a)置信度下的最大相对误差；

δ_{Q_O}——子类汽车燃料消耗量折标准油(1－a)置信度下的最大绝对误差，单位为千吨标准油(ktoe)。

7.5 汽车燃料消耗总量

7.5.1 同类燃料汽车燃料消耗总量

同类燃料汽车燃料消耗总量按式(19)计算。

$$Q_F = \sum_i Q_i \quad \cdots\cdots(19)$$

(1－a)置信度下的置信区间按式(20)计算。

$$[Q_F-\delta_{Q_F}, Q_F+\delta_{Q_F}] \quad \cdots\cdots(20)$$

(1－a)置信度下的最大绝对误差为按式(21)计算，最大相对误差按式(22)计算。

$$\delta_{Q_F} = \sqrt{\sum_i \delta_{Q_i}^2} \quad \cdots\cdots(21)$$

$$r_{Q_F} = \delta_{Q_F}/Q_F \quad \cdots\cdots(22)$$

式中：

Q_F——同类燃料汽车燃料消耗总量，单位为万升(万 L)；

Q_i——该类燃料第 i 子类汽车燃料消耗量，单位为万升(万 L)；

δ_{Q_F}——同类燃料汽车燃料消耗总量(1－a)置信度下的最大绝对误差，单位为万升(万 L)；

δ_{Q_i}——该类燃料第 i 子类汽车燃料消耗量(1－a)置信度下的最大绝对误差，单位为万升(万 L)；

r_{Q_F}——同类燃料汽车燃料消耗总量(1－a)置信度下的最大相对误差。

7.5.2 载客汽车燃料消耗总量折标准油

载客汽车燃料消耗总量折标准油按式(23)计算。

$$Q_P = \sum_i Q_{Oi} \quad \cdots\cdots(23)$$

(1－a)置信度下的置信区间按式(24)计算。

$$[Q_P-\delta_{Q_P},Q_P+\delta_{Q_P}] \tag{24}$$

(1－a)置信度下的最大绝对误差为按式(25)计算,最大相对误差按式(26)计算。

$$\delta_{Q_P}=\sqrt{\sum_i \delta_{Q_{Oi}}^2} \tag{25}$$

$$r_{Q_P}=\delta_{Q_P}/Q_P \tag{26}$$

式中：

Q_P——载客汽车燃料消耗总量折标准油,单位为千吨标准油(ktoe);

Q_{Oi}——第 i 子类载客汽车燃料消耗量折标准油,单位为千吨标准油(ktoe);

δ_{Q_P}——载客汽车燃料消耗总量折标准油(1－a)置信度下的最大绝对误差,单位为千吨标准油(ktoe);

$\delta_{Q_{Oi}}$——第 i 子类载客汽车燃料消耗量折标准油(1－a)置信度下的最大绝对误差,单位为千吨标准油(ktoe);

r_{Q_P}——载客汽车燃料消耗总量折标准油(1－a)置信度下的最大相对误差。

7.5.3 载货汽车燃料消耗总量折标准油

载货汽车燃料消耗总量折标准油按式(27)计算。

$$Q_T=\sum_i Q_{Oi} \tag{27}$$

(1－a)置信度下的置信区间按式(28)计算。

$$[Q_T-\delta_{Q_T},Q_T+\delta_{Q_T}] \tag{28}$$

(1－a)置信度下的最大绝对误差为按式(29)计算,最大相对误差按式(30)计算。

$$\delta_{Q_T}=\sqrt{\sum_i \delta_{Q_{Oi}}^2} \tag{29}$$

$$r_{Q_T}=\delta_{Q_T}/Q_T \tag{30}$$

式中：

Q_T——载货汽车燃料消耗总量折标准油,单位为千吨标准油(ktoe);

Q_{Oi}——第 i 子类载货汽车燃料消耗量折标准油,单位为千吨标准油(ktoe);

δ_{Q_T}——载货汽车燃料消耗总量折标准油(1－a)置信度下的最大绝对误差,单位为千吨标准油(ktoe);

$\delta_{Q_{Oi}}$——第 i 子类载货汽车燃料消耗量折标准油(1－a)置信度下的最大绝对误差,单位为千吨标准油(ktoe);

r_{Q_T}——载货汽车燃料消耗总量折标准油(1－a)置信度下的最大相对误差。

7.5.4 汽车燃料消耗总量折标准油

汽车燃料消耗总量折标准油按式(31)计算。

$$Q_S=Q_P+Q_T \tag{31}$$

(1－a)置信度下的置信区间按式(32)计算。

$$[Q_S-\delta_{Q_S},Q_S+\delta_{Q_S}] \tag{32}$$

(1－a)置信度下的最大绝对误差为按式(33)计算,最大相对误差按式(34)计算。

$$\delta_{Q_S}=\sqrt{\delta_{Q_P}^2+\delta_{Q_T}^2} \tag{33}$$

$$r_{Q_S}=\delta_{Q_S}/Q_S \tag{34}$$

式中：

Q_S——汽车燃料消耗总量折标准油,单位为千吨标准油(ktoe);

δ_{Q_S}——汽车燃料消耗总量折标准油(1－a)置信度下的最大绝对误差,单位为千吨标准油(ktoe);

r_{Q_S}——汽车燃料消耗总量折标准油(1－a)置信度下的最大相对误差。

7.6 综合百吨(千人)公里燃料消耗量

7.6.1 载客汽车综合千人公里燃料消耗量

载客汽车综合千人公里燃料消耗量按式(35)计算。

$$q_P = Q_P / P_P \times 10^6 \qquad \cdots\cdots(35)$$

式中:

q_P——载客汽车综合千人公里燃料消耗量,单位为千克标准油每千人公里(kgoe/1 000 pkm);

P_P——报告期载客汽车完成的旅客周转量(采用已有统计数据),单位为千人公里(1 000 pkm)。

7.6.2 载货汽车综合百吨公里燃料消耗量

载货汽车综合百吨公里燃料消耗量按式(36)计算。

$$q_T = Q_T / P_T \times 10^6 \qquad \cdots\cdots(36)$$

式中:

q_T——载货汽车综合百吨公里燃料消耗量,单位为千克标准油每百吨公里(kgoe/100 tkm);

P_T——报告期载货汽车完成的货物周转量(采用已有统计数据),单位为百吨公里(100 tkm)。

8 能耗指标分析方法

8.1 公路运输能源消耗趋势及结构分析

通过比较不同时期统计的公路运输能耗指标(见表3)的对比,分析各指标的变化趋势。

通过比较不同时期统计的子类与总体、部分(由部分子类合并后得到的指标,如载货汽车燃料消耗量等)与部分的燃料消耗量指标,分析公路运输能源消耗结构及其变化趋势。

通过比较能源利用效率指标[如百吨(千人)公里燃料消耗量等],分析公路运输的节能潜力。

8.2 公路运输能源消耗指标影响因素分析

通过比较各种相关因素对公路运输能耗指标(见表4)的影响程度,分析公路运输用能的合理性。

表 4 公路运输汽车能耗分析指标及其影响因素

序号	指标名称	主要影响因素
1	燃料消耗量	车辆构成、以及各子类车辆的百车公里燃料消耗量、行驶里程、车辆数等
2	载货汽车燃料消耗量	
3	载货汽车汽油消耗量	
4	载货汽车柴油消耗量	
5	载客汽车燃料消耗量	
6	载客汽车汽油消耗量	
7	载客汽车柴油消耗量	
8	车辆百车公里燃料消耗量	车辆技术状况、路面等级、实载率、驾驶技术、海拔高度、地区气温等
9	综合百吨(千人)公里燃料消耗量	里程利用率、载质量利用率、车辆构成、车辆百车公里燃料消耗量、运输周转量等

8.3 各子类汽车百吨(千人)公里燃料消耗量主要影响因素分析

对各子类汽车百吨(千人)公里燃料消耗量主要影响因素的分析,可利用6.2调查的数据,参照附录B建立数学模型,以确定里程利用率和载质(客)量利用率对百吨(千人)公里燃料消耗量的影响程度。

附 录 A
（资料性附录）
营业性运输车辆能源消耗情况调查表示例

营业性运输车辆能源消耗情况调查表示例见表 A.1、表 A.2、表 A.3、表 A.4。

表 A.1 营业性载客汽车行驶里程调查表示例

样本车辆编码	车辆号牌	厂牌型号	燃料类型			车身长度 m	核定载客数 p	行驶里程 km	里程表读数 km
			汽油	柴油	其他				

单位负责人： 统计负责人： 填表人： 日期： 年 月 日

表 A.2 营业性载货汽车行驶里程调查表示例

样本车辆编码	车辆号牌	厂牌型号	燃料类型			总质量 t	核定载质量/最大牵引质量 t	车辆形式			行驶里程 km	里程表读数 km
			汽油	柴油	其他			单车	挂车	其他		

单位负责人： 统计负责人： 填表人： 日期： 年 月 日

表 A.3 营业性载客汽车燃料消耗量调查表示例

样本车辆编码	车辆号牌	厂牌型号	燃料种类	总质量 t	核定载客人数 p	车身长度 m

日期	当日运次序号	单运次行驶里程 km	单运次空驶里程 km	单运次平均载客数 p	加油量 L	
	Ⅰ次				Ⅰ次	
	……				……	

单位负责人： 统计负责人： 填表人： 日期： 年 月 日

表 A.4 营业性载货汽车燃料消耗量调查表示例

样本车辆编码	车辆号牌	厂牌型号	燃料种类	总质量 t	核定载质量/最大牵引质量 t	车辆形式		
						单车	挂车	集装箱车

日期	当日运次序号	单运次行驶里程 km	单运次空驶里程 km	单运次载货质量 t	加油量 L	
	第Ⅰ次				Ⅰ次	
	……				……	

单位负责人： 统计负责人： 填表人： 日期： 年 月 日

附　录　B
（资料性附录）
汽车百吨（千人）公里燃料消耗量分析模型及参数计算

B.1　百吨（千人）公里燃料消耗量模型

建立回归模型可研究汽车的百吨（千人）公里燃料消耗量（因变量）与其里程利用率、载质（客）量利用率等因素（自变量）的相关关系。

子类汽车百吨（千人）公里燃料消耗分析模型如式（B.1）：

$$q_i = \xi_0 + \xi_1 \beta_i + \xi_2 \gamma_i + \varepsilon \qquad \text{(B.1)}$$

式中：

q_i——子类汽车第 i 辆样本车百吨（千人）公里燃料消耗量，单位为升每百吨（千人）公里（L/100 tkm 或 L/1 000 pkm）；

β_i——子类第 i 辆样本车里程利用率；

γ_i——子类第 i 辆样本车载质（客）量位利用率；

ξ_0——常数；

ξ_1——里程利用率影响因子；

ξ_2——载质（客）量位利用率影响因子；

ε——随机误差。

用矩阵表示为：

$$q = X\xi + \varepsilon \qquad \text{(B.2)}$$

式中：

$$q = \begin{bmatrix} q_1 \\ q_2 \\ \vdots \\ q_n \end{bmatrix} \qquad X = \begin{bmatrix} 1 & \beta_1 & \gamma_1 \\ 1 & \beta_2 & \gamma_2 \\ \vdots & \vdots & \vdots \\ 1 & \beta_n & \gamma_n \end{bmatrix}$$

$$\xi = \begin{bmatrix} \xi_0 \\ \xi_1 \\ \xi_2 \end{bmatrix} \qquad \varepsilon = \begin{bmatrix} \varepsilon_1 \\ \varepsilon_2 \\ \vdots \\ \varepsilon_3 \end{bmatrix} \qquad \text{(B.3)}$$

$(q_i、\beta_i、\gamma_i)\ i=1,2,\cdots\cdots,n$ 为子类汽车第 i 辆样本车百吨（千人）公里燃料消耗量、里程利用率、载质（客）量位利用率，q_i、β_i、γ_i 根据表 B.1 计算。

表 B.1 单车 q_i、β_i、γ_i 的计算方法

计算公式	备注
载货汽车： $q_i = \sum_j \sum_k Q_{ijk} / \sum_j \sum_k [(L_{ijk} - L'_{ijk}) \times m_{ijk}] \times 100$ 载客汽车： $q_i = \sum_j \sum_k Q_{ijk} / \sum_j \sum_k [(L_{ijk} - L'_{ijk}) \times m_{ijk}] \times 1\,000$	L'_{ijk}——第 i 辆车第 j 天第 k 运次空驶行程； m_{ijk}——第 i 辆车第 j 天第 k 运次载货质量(或载客人数)； h_i——第 i 辆车核定载质量(载客人数)。
$\beta_i = \sum_j \sum_k (L_{ijk} - L'_{ijk}) / \sum_j \sum_k L_{ijk}$	
$\gamma_i = \sum_j \sum_k [(L_{ijk} - L'_{ijk}) \times m_{ijk}] / \sum_j \sum_k (L_{ijk} \times h_i) / \beta_i$	

B.2 回归方程参数的确定

回归参数的最小二乘估计为：

$$\hat{\xi} = (X^{\mathrm{T}} X)^{-1} X^{\mathrm{T}} q \qquad \text{(B.4)}$$

式中：

X^{T}——矩阵 X 的转置矩阵；

$(X^{\mathrm{T}} X)^{-1}$——矩阵 $X^{\mathrm{T}} X$ 的逆矩阵。

B.3 分析模型的显著性检验——F 检验

$$令\ F = \frac{SSR/2}{SSE/(n-2-1)} \qquad \text{(B.5)}$$

式中：

SSR——回归平方和，$SSR = \sum_{i=1}^{n} (\hat{q}_i - \bar{q})^2$ ；

SSE——残差平方和，$SSE = \sum_{i=1}^{n} (q_i - \hat{q}_i)^2$ ；

$\bar{q}$——子类样本车辆百吨(千人)公里燃料消耗量平均值，单位为升每百吨(千人)公里(L/100 tkm或 L/1 000 pkm)；

$\hat{q}_i$——子类第 i 辆样本车的百吨(千人)公里燃料消耗量估计值(将第 i 辆车的 β_i、γ_i 代入式 B.1 求得)，单位为升每百吨(千人)公里(L/100 tkm 或 L/1 000 pkm)。

将调查数据代入公式(B.5)求出的 F 值记为：$F_{实}$。

根据给定的显著水平 α，从 GB/T 4086.4 的 F 分布表中查得临界值 $F_\alpha(2, n-2-1)$。

若 $F_{实} > F_\alpha(2, n-2-1)$，则认为在显著水平 α 下，能源消耗分析模型的回归方程是显著的

若 $F_{实} \leqslant F_\alpha(2, n-2-1)$，则认为在显著水平 α 下，能源消耗分析模型的回归方程是不显著的。

参 考 文 献

[1] GB/T 4086.4 统计分布数值表 *F* 分布

ICS 35.240.60
R 07

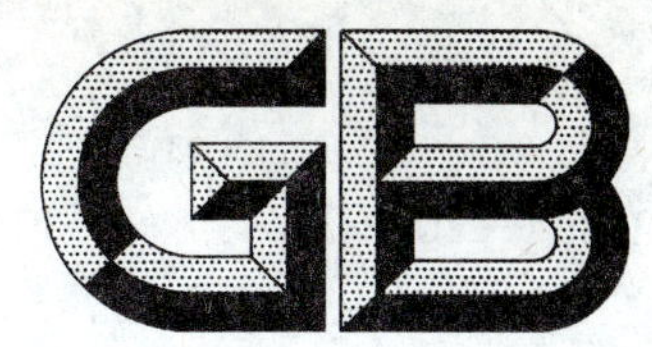

中华人民共和国国家标准

GB/T 21394—2008

道路交通信息服务　信息分类与编码

Road traffic information service—Information classifying and coding

2008-02-03 发布　　2008-08-01 实施

中华人民共和国国家质量监督检验检疫总局
中国国家标准化管理委员会　发布

前　　言

本标准由中华人民共和国交通部提出。

本标准由全国智能运输系统标准化技术委员会(SAC/TC 268)归口。

本标准起草单位:交通部公路科学研究院,河南省高速公路联网收费工作领导小组办公室。

本标准主要起草人:杨琪、鲍枫、熊奕宁、王琪琳、张洋、吕培建、赵宏。

道路交通信息服务　信息分类与编码

1　范围

本标准规定了交通信息服务中直接和道路交通相关的信息的分类原则和方法、编码方法及代码表。

本标准适用于智能交通系统及其相关领域的信息处理和信息交换。

2　规范性引用文件

下列文件中的条款通过本标准的引用而成为本标准的条款。凡是注日期的引用文件，其随后所有的修改单(不包括勘误的内容)或修订版均不适用于本标准，然而，鼓励根据本标准达成协议的各方研究是否可使用这些文件的最新版本。凡是不注日期的引用文件，其最新版本适用于本标准。

GB/T 20134　道路交通信息采集　事件信息集

3　术语和定义

下列术语和定义适用于本标准。

3.1

道路交通信息服务　road traffic information service

为出行者提供出行前或出行中有关的道路交通条件、事件及环境等信息的服务。

4　分类原则和方法

4.1　道路交通信息服务中信息按业务属性或特征分类，同时兼顾行政管理的需求。

4.2　分类方法采用线分类法。

4.3　分类应具兼容性，与有关标准协调一致，特别要与已发布的国家级分类编码标准相兼容。

5　编码方法

5.1　每一个编码对象只有一个代码，一个代码也只惟一表示一个编码对象。

5.2　代码应留有空位，当增加新的信息服务项目时，可根据需要加以扩充。

5.3　编码采用数字码。

5.4　编码结构分为两个段，分别为道路交通信息服务信息分类总代码、道路交通信息服务信息分类子代码。代码间用空格隔开。

编码形式如下：

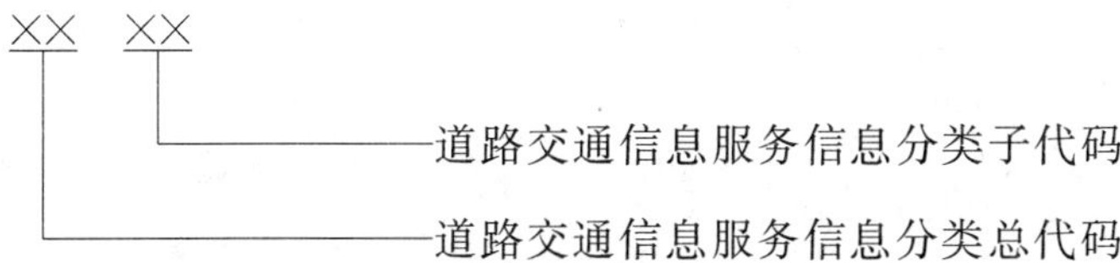

6　代码

6.1　道路交通信息服务信息分类总代码

道路交通信息服务信息分类按业务属性或特征分为道路条件信息、道路交通流信息、停车信息、事件信息、环境信息和其他信息，总代码由两位数字码组成，其代码见表1。

表 1 道路交通信息服务信息分类总代码

代码	名称	说明
01	道路条件信息	指道路作为允许社会机动车通行的地方所应满足的条件以及机动车在道路上通行应遵守的规则
02	道路交通流信息	主要描述交通流状态的定性定量特征的物理量(称为交通流参数)的相关信息
03	停车信息	主要指停车场所的相关信息
04	事件信息	主要指不可预见性较强的交通突发事件的相关信息
05	环境信息	主要指影响交通运行安全的相关环境信息
99	其他信息	

6.2 道路交通信息服务信息分类子代码

6.2.1 道路条件信息子代码对应于道路条件信息总代码,由两位数字码组成,见表 2。

表 2 道路条件信息子代码

代码	名称	说明
01	基本信息	主要包括道路名称、编号、道路位置、管理单位、技术等级、车道数、路面状况和计算行车速度等基本信息
02	交通设施信息	主要指交通信号、交通监测器等设施的相关信息,例如位置信息等
03	道路交通管理信息	主要指实施时间相对较长的交通措施。例如车辆禁限、车辆行驶规定等
04	临时道路交通管制信息	主要指实施时间相对较短、具有临时性质的交通措施。例如禁止通行、禁止某方向通行、禁止掉头、禁止超车、禁止停车、禁止鸣喇叭、限制措施、道路封闭措施等
99	其他信息	

6.2.2 道路交通流信息子代码对应于道路交通流信息总代码,由两位数字码组成,见表 3。

表 3 道路交通流信息子代码

代码	名称	说明
01	宏观交通流参数信息	描述交通流作为一个整体表现出来的运行状态特征。主要包括交通量、速度、占有率、排队长度等信息
02	微观交通流参数信息	微观交通流参数描述交通流中彼此相关的车辆之间的运行状态特征。主要包括车头时距、车头间距等信息
03	拥挤程度信息	根据宏观交通流参数和微观交通流参数得出的描述交通拥挤程度的相关信息
04	预告、预测信息/引导信息	根据历史数据得出的交通流预测信息
99	其他信息	

6.2.3 停车信息子代码对应于停车信息总代码,由两位数字码组成,见表 4。

表 4 停车信息子代码

代码	名称	说明
01	停车场基本属性信息	主要包括名称、位置、总车位数、车辆限制信息、服务时间等基本属性信息
02	停车场相关类型信息	主要指地上/地下、路内/路外等类型信息
03	停车场收费标准信息	
04	停车场动态管理信息	主要包括停车场剩余停车位、车辆驶入率、车辆驶出率等动态信息
99	其他停车信息	

6.2.4 事件信息子代码对应于事件信息总代码，由两位数字码组成，见表5。

表5 事件信息子代码

代 码	名 称	说 明
01	道路交通事故信息	具体描述见 GB/T 20134
02	抛锚信息	具体描述见 GB/T 20134
03	道路异常信息	具体描述见 GB/T 20134
04	特殊事件信息	主要指大型集会活动、大范围施工、恐怖事件等相关信息
99	其他事件信息	

6.2.5 环境信息子代码见对应于环境信息总代码，由两位数字码组成，见表6。

表6 环境信息子代码

代 码	名 称	说 明
01	大气污染信息	主要包括碳氢化合物 HC 含量、一氧化碳 CO 含量、氮氧化物 NO_x 含量、SO_x 含量等信息
02	噪声	
03	振动	
04	气象信息	主要包括能见度、温度、湿度、风向、风速、降水量、沙尘、冰雹、雨、雪、雾、结冰等气象信息
05	灾难	主要包括雪崩、泥石流、地震、洪水、火山、火灾、海啸、龙卷风等信息
99	其他环境信息	

6.2.6 其他信息子代码对应于其他信息总代码，由两位数字码组成，见表7。

表7 其他信息子代码

代 码	名 称
99	其他信息

ICS 71.080.99
G 17

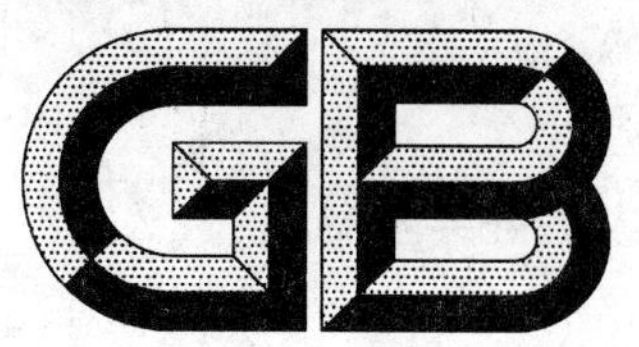

中华人民共和国国家标准

GB/T 21395—2008

二 甲 基 亚 砜

Dimethyl sulfoxide

2008-02-03 发布

2008-08-01 实施

中华人民共和国国家质量监督检验检疫总局
中国国家标准化管理委员会
发布

前 言

本标准由中国石油和化学工业协会和辽宁省质量技术监督局共同提出。

本标准由全国化学标准化技术委员会有机分会(SAC/TC 63/SC 2)归口。

本标准起草单位:盘锦远东锦星化工有限公司、盘锦市标准化协会。

本标准主要起草人:陈秀仁、姜勇、李影、刘桂娟、王玲。

二甲基亚砜

1 范围

本标准规定了二甲基亚砜的符号和缩略语、要求、试验方法、检验规则及标志、标签、包装、运输和贮存等。

本标准适用于由甲醇与二硫化碳(或甲醇与硫化氢)合成二甲基硫醚,再经纯氧氧化精制而得的二甲基亚砜。

2 规范性引用文件

下列文件中的条款通过本标准的引用而成为本标准的条款。凡是注日期的引用文件,其随后所有的修改(不包括勘误的内容)或修订版均不适用于本标准,然而,鼓励根据本标准达成协议的各方研究是否可使用这些文件的最新版本。凡是不注日期的引用文件,其最新版本适用于本标准。

GB/T 191 包装储运图示标志(eqv ISO 780:1997)

GB/T 601 化学试剂 标准滴定溶液的制备

GB/T 603 化学试剂 试验方法中所用制剂及制品的制备(ISO 6353-1:1982,NEQ)

GB/T 1250 极限数值的表示方法和判定方法

GB/T 3723 工业用化学产品采样安全通则(idt ISO 3165:1976)

GB/T 6283 化工产品中水分含量的测定 卡尔·费休法(通用方法)(eqv ISO 760:1978)

GB/T 6488 化工产品折光率测定法

GB/T 6678 化工产品采样总则

GB/T 6680 液体化工产品采样通则

GB/T 6682 分析试验室用水规格和试验方法(eqv ISO 3696:1987)

GB/T 7533 有机化工产品结晶点的测定方法(neq ISO 1392:1977)

GB/T 9721 分子吸收分光光度法通则(紫外和可见光部分)

GB/T 9722 化学试剂 气相色谱法通则

GB/T 9736 化学试剂 酸度和碱度测定通用方法(neq ISO 6353-1:1982,GM 13)

3 符号和缩略语

3.1 产品英文拼写:dimethyl sulfoxide

3.2 分子式:$(CH_3)_2SO$

3.3 缩略语:DMSO

3.4 化学分子结构式:$CH_3—\overset{\overset{\displaystyle O}{\|}}{S}—CH_3$

3.5 相对分子质量(按2005年国际相对原子质量):78.13

4 要求

4.1 外观为无色透明液体或晶体,无味或微有气味。

4.2 二甲基亚砜应符合表1的技术要求。

表 1　技术要求

项　　目		指标	
		优等品	一等品
结晶点/℃	≥	18.10	18.00
酸值(以 KOH 计)/(mg/g)	≤	0.03	0.04
透光度(400 nm)/%	≥	96.0	
折光率(20℃)		1.477 5～1.479 0	
杂质的质量分数/%	≤	0.10	0.15
水的质量分数/%	≤	0.10	

5　试验方法

5.1　警示

试验方法规定的一些试验过程可能导致危险情况，操作者应采取适当的安全和健康措施。

5.2　一般规定

除非另有说明，在分析中仅使用确认为分析纯的试剂和 GB/T 6682 规定的三级水。

分析中所用标准滴定溶液、制剂及制品，在没有注明其他要求时，均按 GB/T 601、GB/T 603 的规定制备。

5.3　气味和外观的测定

5.3.1　气味用嗅觉检测。

5.3.2　于 50 mL 具塞比色管中，加入适量液体样品，在白色背景下目视，以蒸馏水为参照，不得更深(样品若为晶体，则将样品放置至溶化同法比较)。

5.4　结晶点的测定

按 GB/T 7533 中规定的方法进行测定。

取两次平行测定结果的算术平均值为测定结果，两次平行测定结果的绝对差值不大于 0.1℃。

5.5　酸值的测定

按 GB/T 9736 中规定的方法进行测定。

5.5.1　原理

样品中的游离酸与氢氧化钾发生中和反应，根据氢氧化钾标准滴定溶液消耗量可计算出游离酸值。

$$RCOOH + KOH = RCOOK + H_2O$$

5.5.2　仪器

5.5.2.1　微量滴定管：2 mL，分刻度为 0.01 mL；

5.5.2.2　三角烧瓶：250 mL。

5.5.3　试剂

5.5.3.1　氢氧化钾标准滴定溶液：$c(KOH)=0.05$ mol/L；

5.5.3.2　酚酞指示液：0.1 g/L。

5.5.4　分析步骤

5.5.4.1　称取约 50 g 样品，精确至 0.01 g，置于预先备有 100 mL 水的三角烧瓶中，加 2～3 滴酚酞指示液，用氢氧化钾标准滴定溶液滴定，滴定到出现粉红色保持 1 min 不褪色为终点。

5.5.4.2　在测定的同时，按与测定相同的步骤，对不加试料而使用相同数量的试剂溶液做空白试验。

5.5.5　结果计算

酸值以中和 1 g 试样所需氢氧化钾的质量(毫克数)w_1 计，数值以毫克每克(mg/g)表示，按式(1)计算：

$$w_1 = (V - V_1) \times c \times M/m \qquad \cdots\cdots(1)$$

式中：

V——试料消耗氢氧化钾标准滴定溶液(5.5.3.1)的体积的数值，单位为毫升(mL)；

V_1——空白试验消耗氢氧化钾标准滴定溶液的体积的数值，单位为毫升(mL)；

c——氢氧化钾标准滴定溶液浓度的准确数值，单位为摩尔每升(mol/L)；

M——氢氧化钾的摩尔质量的数值，单位为克每摩尔(g/mol)(M=56.1)；

m——试样的质量的数值，单位为克(g)。

取两次平行测定结果的算术平均值为测定结果，两次平行测定结果的绝对差值不大于0.001。

5.6 透光度的测定

按GB/T 9721中规定的方法测定。采用5 cm光程的比色皿，以蒸馏水作参比，波长选定400 nm。

取两次平行测定结果的算术平均值为测定结果，两次平行测定结果的绝对差值不大于0.2%。

5.7 折光率的测定

按GB/T 6488中规定的方法进行测定。

取两次平行测定结果的算术平均值为测定结果，两次平行测定结果的绝对差值不大于0.000 3。

5.8 杂质含量的测定

5.8.1 方法提要

用气相色谱法，在选定的工作条件下，样品经汽化通过色谱柱，使其中各组分得到分离，用氢火焰离子化检测器检测。根据面积归一化法测定杂质的含量。

5.8.2 试剂

5.8.2.1 聚乙二醇20M(固定液)；

5.8.2.2 白色硅烷化载体：0.18 mm～0.15 mm(80目～100目)；

5.8.2.3 氢气：体积分数不低于99.9%，经硅胶与分子筛干燥、净化；

5.8.2.4 氮气：体积分数不低于99.9%，经硅胶与分子筛干燥、净化；

5.8.2.5 空气：经硅胶与分子筛干燥、净化。

5.8.3 仪器

5.8.3.1 气相色谱仪：配有火焰离子化检测器，整机灵敏度和稳定性符合GB/T 9722中的有关规定；

5.8.3.2 记录仪：色谱数据处理机或色谱工作站；

5.8.3.3 进样器：微量进样器，1 μL或5 μL。

5.8.4 色谱柱及典型色谱操作条件

推荐的色谱柱和典型色谱操作条件见表2。典型色谱图见图1。其他能达到同等分离程度的色谱柱和色谱操作条件也可使用。

色谱柱在首次使用前应进行老化处理。

表2 推荐的填充色谱柱及典型色谱操作条件

色谱柱材质	不锈钢
柱长/m	1.5
柱内径/mm	3
载体：固定液	100：10(质量比)
载气	氮气
载气流量/(mL/min)	30
空气流量/(mL/min)	300
柱温/℃	160

表 2(续)

汽化室温度/℃	230
检测器温度/℃	230
进样量/μL	1

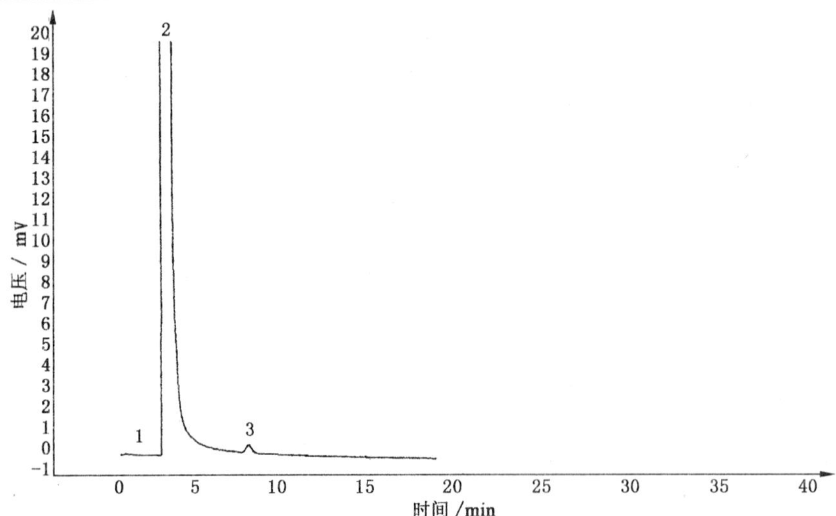

1——未知物;

2——二甲基亚砜;

3——二甲基砜。

图 1 典型色谱图

5.8.5 分析步骤

启动气相色谱仪,参照表 2 所列色谱操作条件调试仪器,稳定后准备进样分析。

用进样器进样分析,用色谱数据处理机或积分仪处理计算结果。

5.8.6 定量方法

面积归一化法。

5.8.7 结果计算

杂质的质量分数 w_2,数值以%表示,按式(2)计算:

$$w_2 = \frac{\sum A_i}{\sum A} \times 100 \qquad \cdots\cdots(2)$$

式中:

$\sum A_i$ ——各杂质组分峰面积之和;

$\sum A$ ——所有组分峰面积之和。

取两次平行测定结果的算术平均值为测定结果,两次平行测定结果的绝对差值不大于 0.01%。

5.9 水分的测定

按 GB/T 6283 规定的方法进行测定。

取两次平行测定结果的算术平均值为测定结果,两次平行测定结果的绝对差值不大于 0.01%。

6 检验规则

6.1 本标准第 4 章的所有项目均为出厂检验项目。应逐批进行检验。

6.2 二甲基亚砜产品由生产厂的质量检验部门进行检验。生产厂应保证每批出厂产品都符合本标准的要求,并附有一定格式的质量证明书,内容包括:生产厂名称和厂址、产品名称、生产日期或批号、质量等级、净含量和本标准编号等。

6.3 以每一贮罐或连续生产的实际批为一组批。

6.4 采样按 GB/T 3723、GB/T 6678 和 GB/T 6680 的规定进行。本品在 18℃以下贮存时形成晶体，此时取样检测，需将产品在适宜的温度环境中放置至溶化，再进行取样检测。所采试样总量不得少于 1 L。将样品充分混匀后，分装于两个清洁、干燥、带磨口塞的玻璃瓶中，贴上标签，注明生产厂名称、产品名称、批号、规格、采样日期和采样者，一瓶供分析检验用，另一瓶保存备查。

6.5 检验结果的判定应按 GB/T 1250 中规定的修约值比较法进行。检验结果中如有一项指标不符合本标准的要求时，桶装产品应重新自两倍量的包装单元中采样进行检验，罐装产品应重新多点采样进行检验。重新检验的结果即使只有一项指标不符合本标准要求，则整批产品为不合格。

7 标志、包装、运输和贮存

7.1 标志

产品包装容器上应涂有牢固的标志，其内容包括：生产厂名称、产品名称和本标准编号，包装容器上还应有符合 GB/T 191 规定包装运输图示标志。

7.2 包装

产品应用清洁的塑料桶或不锈钢罐密封包装，不得接触铁、胶等材料，每桶净含量为 200 kg±0.5 kg或 225 kg±0.5 kg 或按用户要求包装。

7.3 运输

运输中，必须保证密封、防水。

7.4 贮存

可在露天贮存，但要保证密封、防水。

ICS 61.060
Y 78

中华人民共和国国家标准

GB/T 21396—2008/ISO 17708:2003

鞋类 成鞋试验方法 帮底粘合强度

Footwear—Test methods for whole shoe—Upper sole adhesion

(ISO 17708:2003,IDT)

2008-02-03 发布 2008-08-01 实施

中华人民共和国国家质量监督检验检疫总局
中国国家标准化管理委员会 发布

前　言

本标准等同采用ISO 17708:2003《鞋类　成鞋试验方法　帮底粘合强度》(英文版)。

为了便于使用,本标准作了下列编辑性修改:

——删除ISO 17708:2003的前言;

——对于ISO 17708:2003所引用的国际标准ISO 7500-1,本标准直接引用与之相对应的我国国家标准GB/T 16825.1。

本标准的附录A为规范性附录。

本标准由中国石油和化学工业协会提出。

本标准由全国橡胶与橡胶制品标准化技术委员会胶鞋分技术委员会(SAC/TC 35/SC 9)归口。

本标准起草单位:温州市质量技术监督检测院、国家鞋类质量监督检验中心(温州)、康奈集团有限公司。

本标准主要起草人:黄赢、章胜、戴金清、赵子文、毛小慧、廖素荣、郭雪莹。

鞋类 成鞋试验方法 帮底粘合强度

1 范围

本标准规定了鞋帮从外底上剥离、鞋底复合层间分离、鞋帮或鞋底撕裂破坏的试验方法。本标准还规定了用于生产控制的老化条件。

本标准适用于所有需要测定鞋底和鞋帮粘合强度并且是整帮(闭合鞋)的鞋类(胶粘鞋、硫化鞋、注塑模压鞋等)。

注1:应测定最靠近粘合部位边缘处的粘合强度。

注2:钉钉装配(如用钉子或螺丝)或缝制的鞋不需要测试。

2 规范性引用文件

下列文件中的条款通过本标准的引用而成为本标准的条款。凡是注日期的引用文件,其随后所有的修改单(不包括勘误的内容)或修订版均不适用于本标准,然而,鼓励根据本标准达成协议的各方研究是否可使用这些文件的最新版本。凡是不注日期的引用文件,其最新版本适用于本标准。

GB/T 16825.1 静力单轴试验机的检验 第1部分:拉力和(或)压力试验机测力系统的检验与校准(GB/T 16825.1—2002,ISO 7500-1:1999,Metallic materials—Verification of static uniaxial testing machines—Part 1: Tension/compression testing machines—Verification and calibration of the force-measuring system,IDT)

EN 12222 鞋类 鞋和鞋部件调节和试验的标准环境

3 术语和定义

下列术语和定义适用于本标准。

3.1

帮底粘合强度 upper-sole adhesion

剥离单位宽度的帮底界面所需要的力。

4 仪器和材料

使用以下仪器和材料:

4.1 锋利刀具

用来切割试样。

4.2 拉力试验机

拉力试验机应满足GB/T 16825.1中2级精度的要求,拉伸速度为100 mm/min±10 mm/min。测力范围为0 N~600 N。拉力试验机应安装钳形夹具或平夹具(根据试样的结构类型决定),25 mm~30 mm宽,能够牢固地夹紧试样。

拉力试验机应是低惯性的,并应带有拉力自动记录装置。

4.3 游标卡尺

用来测量鞋帮粘合边缘或表面的宽度。

5 取样和调节

5.1 鞋的调节

在拆解成鞋、切割试样之前,将鞋按EN 12222进行调节24 h。如果有要求,根据附录A进行老化处理。

5.2 样品数量

对于每一种样式，样品数量至少 2 只。

5.3 试样制备

5.3.1 帮底粘合强度：结构类型 a（见图 1）

从内侧或外侧的粘合区域裁切试样。

用一个冲刀或锯（见 4.1），从 *X-X* 和 *Y-Y* 及与鞋底边缘相互成直角的方向切割，割透帮面、内底或外底，制成宽约 25 mm 的试样。鞋帮、鞋底的长度为自子口线起约 15 mm（见图 2）。除去内底。

5.3.2 帮底粘合强度：结构类型 b、c、d 和 e（见图 1）

从内侧或外侧的粘合区域裁切试样。

从 *X-X* 和 *Y-Y* 处切割鞋帮和鞋底，制成宽为 10 mm，长不小于 50 mm 的试样。除去内底。

用热刀插入粘合层将鞋帮和鞋底剥离约 10 mm（见图 3）。

注：当从 *X-X* 到内底的上表面的距离大于 8 mm 时，认为是 c 或 d 类。

5.3.3 鞋底复合层间粘合强度：结构类型 f 和 g（见图 1）

从内侧或外侧的粘合区域裁切试样。

沿着 *X-X* 处的子口线切割，除去鞋帮。如果有内底，除去内底。从 *Y-Y* 处平行并包括鞋底边缘切割，制成一条宽约 15 mm，长不小于 50 mm 的条状试样。

用热刀插入粘合层之间，将鞋底层分离约 10 mm（见图 3）。

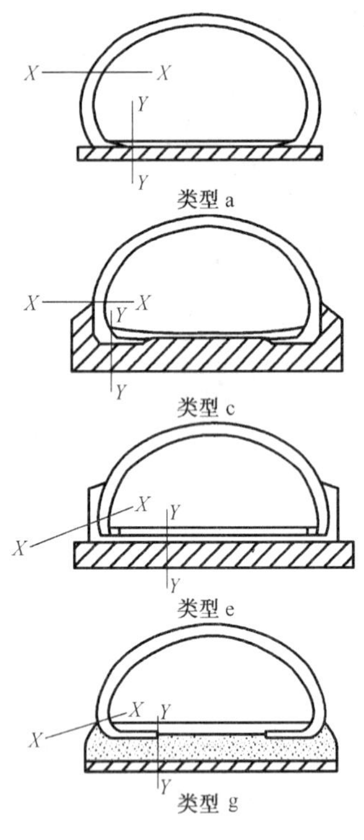

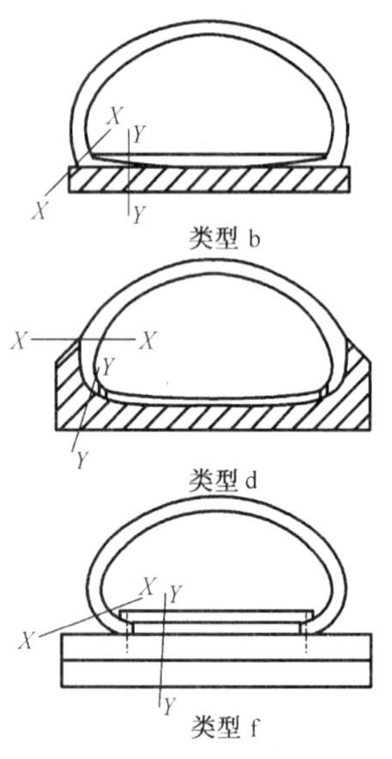

类型 a——常规绷帮，胶粘或模压外底且有一个伸出的边缘；

类型 b——常规绷帮，修剪整齐的外底；

类型 c——常规绷帮，直接注塑或硫化的外底或胶粘的中凹的外底；

类型 d——缝制类，胶粘的中凹的外底或直接注塑或硫化的外底；

类型 e——常规绷帮或缝制的，有橡胶围条和胶粘的外底；

类型 f——机器缝制或压边的，外底粘合在中底上；

类型 g——多层结构的鞋底，可以是模压的鞋底、模压的部件或结构部件。

图 1 各种结构的鞋类的粘合强度试样制备位置示意图

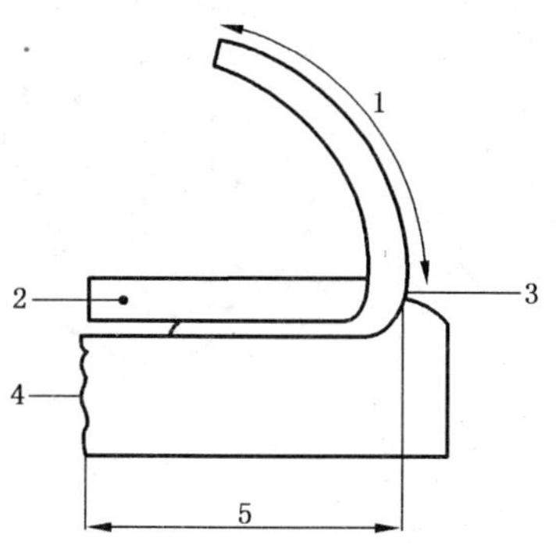

1——约 15 mm；
2——内底(除去)；
3——子口线；
4——外底；
5——约 15 mm。

图 2　试样的横截面

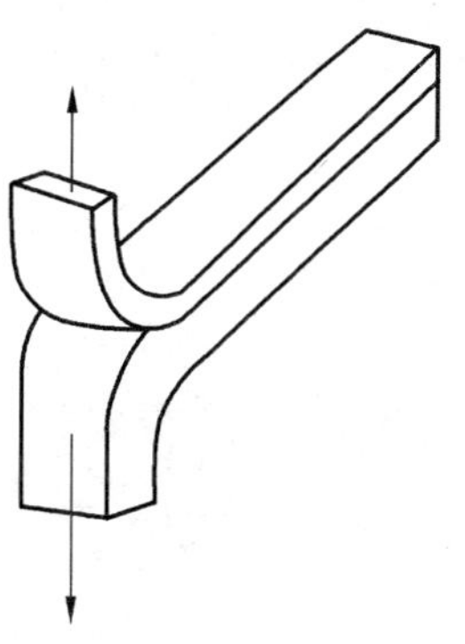

图 3　制备的试样

6　试验方法

6.1　原理

用可连续记录拉力的拉力机测量将鞋帮和鞋底剥离所需要的力。

6.2　步骤

6.2.1　在测试之前，测量试样的宽度，精确到 1 mm，用游标卡尺测量 5 点，计算平均值 A，精确到 1 mm。

6.2.2　根据下面的一种方法测量粘合强度。

6.2.2.1　帮底粘合强度：结构类型 a

将试样夹在拉力机的夹具上，用钳形夹具夹住鞋底的短边缘(见图 4)，剥离速度为 100 mm/min±20 mm/min，记录力-形变曲线图。测试后，观察剥离面的破坏情况并根据 7.2 分类。

6.2.2.2　帮底粘合强度：结构类型 b,c,d,e 和鞋底复合层间粘合强度：结构类型 f,g

用平夹具夹住试样的剥离端，剥离速度为 100 mm/min±20 mm/min，记录力-形变曲线图(见图 5)。测试后，观察剥离面的破坏情况并根据 7.2 分类。

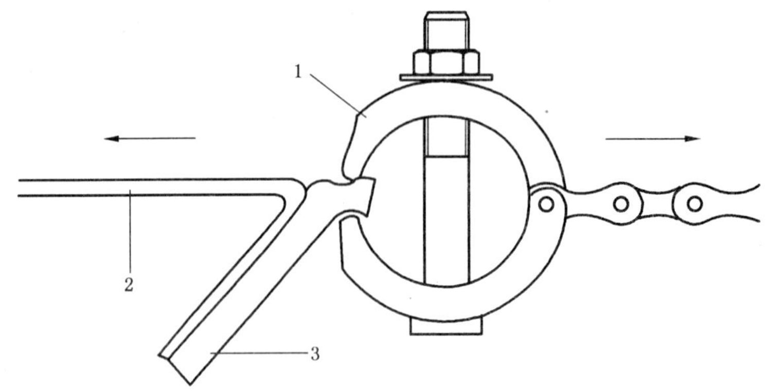

1——用于夹住鞋底边缘的钳形夹具；
2——鞋帮；
3——鞋底。

图 4 钳形夹具中的试样位置示意图

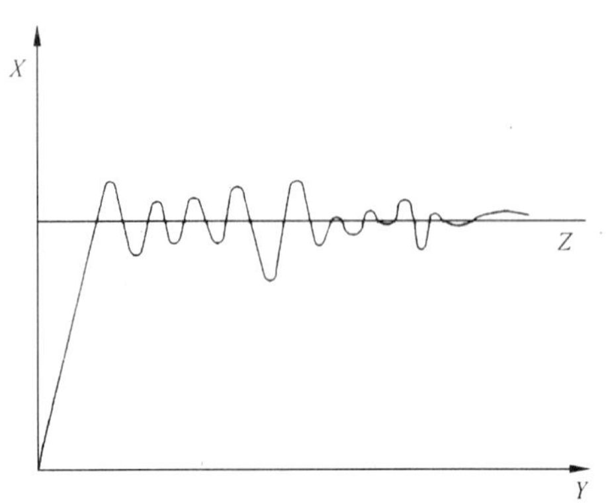

X——剥离力，N；
Y——形变；
Z——平均值。

图 5 力-形变曲线图例

7 结果表示

7.1 帮底粘合强度的测定

用以下公式计算帮底粘合强度 R(N/mm)：

$$R = \frac{F}{A}$$

式中：

F——平均力，单位为牛(N)，从依据 6.2.2.1 或 6.2.2.2 记录的力-形变曲线图中估算确定；

A——平均宽度，单位为毫米(mm)，依据 6.2.1 测定。

结果精确到 0.1 N/mm。

注：对于帮底粘合边缘有变化的鞋，进行不同的操作。在剥离 10 mm 后，记录拉力及相应的粘合边缘。计算此时的帮底粘合强度 R_i。

计算 R_i 的平均值。

7.2 测试后试样界面评定

试样剥离界面(见 6.2.2.1 和 6.2.2.2)的破坏情况应按以下代号进行分类。

7.2.1 粘合层从其中一种材料上分离(粘附破坏,见图 6):代号 A。

代号A_1　　代号A_2

图 6 粘附破坏

7.2.2 从粘合层分离但并未脱开(拉丝破坏,见图 7):代号 C。

代号C

图 7 拉丝破坏

7.2.3 两个粘合层粘合不当(内聚破坏,见图 8):代号 N。

代号N

图 8 内聚破坏

7.2.4 材料分层(见图 9):代号 S。

代号S_1　　代号S_2

图 9 材料分层

7.2.5 材料部分或全部破坏(见图 10):代号 M。

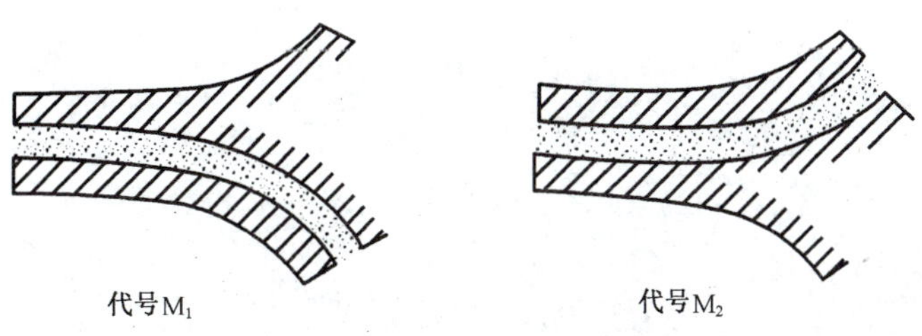

图 10 材料部分或全部破坏

8 试验报告

试验报告应包含以下信息：

a) 注明采用本标准；

b) 样品的特征(材料、鞋的类型、粘合工艺)；

c) 每一项测定所获得的值(最大值、最小值、平均值)；

d) 每一个样品的粘合边缘宽度；

e) 每一个样品的帮底粘合强度(N/mm)；

f) 剥离界面破坏类型代号；

g) 老化处理(如适用)及所有影响到结果的条件或细节，即使在标准中没有提到；

h) 与本试验方法不同的地方；

i) 试验日期。

附　录　A
（规范性附录）
帮底粘合强度测试的老化处理条件

A.1　范围

本附录规定了帮底粘合强度测试的老化处理条件。

A.2　原理

运用加速热老化处理来测定按本标准第6章测得的粘合强度的变化，以评估老化后的粘合质量。

A.3　样品

本标准第5章规定了老化样品的制备。这些样品首先应该适合老化前粘合强度的测定。

A.4　仪器

使用下列仪器：

A.4.1　老化试验箱，箱内空气强制流通，可以保持温度50℃±2℃或者70℃±2℃。

A.4.2　试样悬挂并避免接触箱壁。

A.5　加速老化条件

A.5.1　标准老化条件

将试样放置在老化试验箱（见A.4.1）中，温度为50℃±2℃，放置7 d，试样应避免与箱壁接触。

老化处理后，在进行粘合强度测试之前，试样应按EN 12222进行调节24 h。

A.5.2　生产控制

对于生产控制，可以通过以下条件快速得到结果：

将试样放置在老化试验箱（见A.4.1）中，温度为70℃±2℃，放置72 h。

老化处理后，在进行粘合强度测试之前，试样应按EN 12222进行调节24 h。

注：A.5.1和A.5.2所列出的老化条件得到的结果可能会不同。

参 考 文 献

[1] EN 344:1992 Requirements and test methods for safety,protective and occupational footwear for professional use （专业用安全鞋、防护鞋和职业鞋的要求和测试方法）.

[2] EN 1391:1998 Adhesives for leather and footwear materials—A method for evaluating the bondability of materials—Minimum requirements and material classification （皮革和制鞋材料用胶粘剂 制鞋材料的胶粘性的评价方法 最低要求和材料分类）.

[3] EN 1392:1998 Adhesives for leather and footwear materials—Solvent-based and dispersion adhesives—Test methods for measuring the bond strength under specified conditions （皮革和制鞋材料用胶合剂 溶剂胶合剂和弥散胶合剂 在特定条件下测量粘合强度的试验方法）.

ICS 65.060.50
B 91

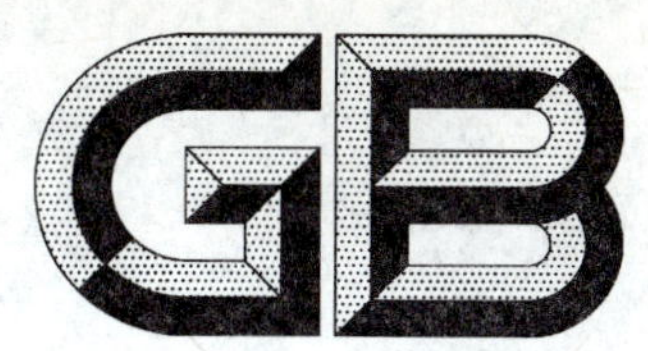

中华人民共和国国家标准

GB/T 21397—2008

棉花收获机

Cotton harvesters

2008-02-03 发布 2008-07-01 实施

中华人民共和国国家质量监督检验检疫总局
中国国家标准化管理委员会 发布

前　言

本标准附录 A 为规范性附录,附录 B、附录 C 为资料性附录。

本标准由中国机械工业联合会提出。

本标准由全国农业机械标准化技术委员会归口。

本标准起草单位:中国农业机械化科学研究院、新疆农牧机试验鉴定站、贵州平水机械有限责任公司、新疆进出口检验局、新疆质量技术监督局、新疆自治区农机局、新疆建设兵团农机局、新疆农科院农机化所。

本标准主要起草人:张咸胜、陈俊宝、张山鹰、马惠玲、陶湘伟、陈发、张茂疆、顾建、周亚立。

棉 花 收 获 机

1 范围

本标准规定了棉花收获机的术语、定义、技术要求、试验方法、检验规则、标志、贮存等。

本标准适用于摘锭滚筒式棉花收获机械(以下简称采棉机),其他型式采棉机可参照使用。

2 规范性引用文件

下列文件中的条款通过本标准的引用而成为本标准的条款,凡是注日期的引用文件,其随后所有的修改单(不包括勘误的内容)或修订版均不适用于本标准,然而,鼓励根据本标准达成协议的各方研究是否可使用这些文件的最新版本。凡是不注日期的引用文件,其最新版本适用于本标准。

GB/T 1147.1—2007 中小功率内燃机 第1部分:通用技术条件

GB/T 4269.1—2000 农林拖拉机和机械、草坪和园艺动力机械 操作者操纵机构和其他显示装置用符号 第1部分:通用符号(idt ISO 3767-1:1991)

GB/T 4269.2—2000 农林拖拉机和机械、草坪和园艺动力机械 操作者操纵机构和其他显示装置用符号 第2部分:农用拖拉机和机械用符号(idt ISO 3767-2:1991)

GB/T 5667 农业机械生产试验方法

GB/T 6499—2007 原棉含杂率试验方法

GB/T 9480—2001 农林拖拉机和机械、草坪和园艺动力机械 使用说明书编写规则(eqv ISO 3600:1996)

GB 10395.1—2001 农林拖拉机和机械 安全技术要求 第1部分:总则(eqv ISO 4254-1:1989)

GB 10395.7—2006 农林拖拉机和机械 安全技术要求 第7部分:联合收割机、饲料和棉花收获机(ISO 4254-7:1995,MOD)

GB 10396—2006 农林拖拉机和机械、草坪和园艺动力机械 安全标志和危险图形 总则(ISO 11684:1995,MOD)

GB/T 13306 标牌

GB/T 14248 收获机械制动性能测定方法(neq ISO 5697:1982)

GB 20891—2007 非道路移动机械用柴油机排气污染物排放限值及测量方法(中国Ⅰ、Ⅱ阶段)

JB/T 6268—2006 自走式收获机械噪声测定方法

JB/T 6287 谷物联合收割机可靠性评定试验方法

JB/T 9832.2—1999 农林拖拉机及机具 漆膜 附着性能测定方法 压切法

3 术语和定义

下列术语和定义适用于本标准。

3.1

吐絮棉 the opening of a boll of cotton

开放流畅舒展的籽棉。

3.2

采净率 collect rate

采收的籽棉质量占可收获吐絮棉质量的百分比。

3.3

棉株　cotton plant

种植在地表的棉花整体植株。

3.4

开裂棉铃　cracking boll

棉铃开度大于一半的棉铃。

3.5

吐絮率　the rate of boll opening

吐絮棉铃占总棉铃数百分比。

3.6

脱叶率　sheded rate

棉株上脱落到地面的棉叶数量占脱叶前棉叶数量的百分比。

3.7

自然落地棉　natural landing cotton

采收前自然落到地表的籽棉。

3.8

挂枝棉　hitched cotton

采收后挂在棉株上的籽棉。

3.9

遗留棉　leaved cotton

采收后仍遗留在棉株上铃壳内未被采收的籽棉。

3.10

撞落棉　stroken cotton

采收时由于采棉机碰撞而落地的籽棉。

3.11

含杂率　percentage of impurities

籽棉中所含杂质质量的百分比。

4　技术要求

4.1　采棉机应按照经规定程序批准的产品图样和技术文件制造。

4.2　作业条件

——棉花种植模式必须符合采棉机采收的要求，待采棉田的地表应较平坦，无沟渠、较大田埂，便于采棉机通过，无法清除的障碍物应作出明显标记。

——棉花需经脱叶催熟技术处理，经喷洒脱叶剂的棉花，采摘棉花脱叶率应在80%以上，棉桃的吐絮率应在80%以上，籽棉含水率不大于12%，棉株上应无杂物，如塑料残物、化纤残条等。

——棉花生长高度在65 cm以上，最低结铃离地高度应大于18 cm，不倒伏，籽棉产量在3 750 kg/hm^2 以上。

4.3　作业性能指标

在使用说明书规定的作业速度下，并符合4.2规定的作业条件下，采棉机作业性能指标应符合表1的规定。

表 1 作业性能指标

项目	指标
采净率/%	≥93
籽棉含杂率/%	≤11
撞落棉率/%	≤2.5
籽棉含水率增加值/%	≤3

4.4 可靠性

平均故障间隔时间不应小于 40 h;

有效度:≥92%;

摘锭使用寿命不应小于 300 h,脱棉盘、湿润板使用寿命不应小于 200 h。

4.5 安全要求

4.5.1 对操作者存在或有潜在危险的部位(如正常操作时必须外露的功能件,防护装置的开口处和维修保养时有危险的部位)应在明显位置固定耐久的安全标志。安全标志应符合 GB 10396 的规定。

4.5.2 自走式采棉机应有独立的行走制动装置,以 75%最高行驶速度制动时,制动距离不大于 10 m,且后轮不应跳起。

4.5.3 自走式采棉机应有独立的驻车制动装置,驻车制动器锁定手柄或踏板必须可靠,没有外力不能松脱,并能可靠地停在 20%(11°18′)的干硬纵向和侧向坡道上。

4.5.4 安全结构要求应符合 GB 10395.1—2001 和 GB 10395.7—2006 的有关规定(见附件 A)。

4.5.5 自走式采棉机动态环境噪声不大于 95 dB(A),驾驶员位置处噪声不大于 88 dB(A)。柴油机排气污染物排放限值应符合 GB 20891 的有关规定。

4.5.6 发动机排气管道应加隔热装置,且应装有火星熄灭装置,排气管出口处离地面高度不小于 1.5 m。

4.5.7 自走式采棉机至少应安装上下部位前照灯、转向灯、示廓灯或标识、制动灯、倒车灯、警示灯、牌照灯、仪表灯、反光标志,且显示正常。其他灯系如棉箱灯、卸棉灯、平台灯、驾驶室顶灯、手持式工作灯等应工作正常。同时可根据用户需要选装雾灯。

4.5.8 自走式采棉机各有关光、声信号指示、监视系统(如:转向、燃油表、水温表、电压表、机油压力警告灯、关机指示灯、倒车声响装置、慢速标识、回复反射器、棉箱满载光声提示信号等)应齐全,反应灵敏,工作正常。

4.6 部件质量

4.6.1 配套动力

4.6.1.1 配套动力必须保证采棉机正常作业,并应符合 GB/T 1147.1 的规定,发动机标定功率应为 12 h 功率。

4.6.1.2 发动机起动应顺利平稳,在气温−5 ℃~35 ℃时,每次起动时间不大于 30 s。怠速和最高空转转速下,运转平稳,无异响,熄火彻底、可靠;在正常工作负荷下,排气烟色正常。

4.6.2 采棉工作部件

4.6.2.1 在规定范围内机构调整应自如,并能可靠地固定在所需位置上。

4.6.2.2 采棉工作部件应做空运转试验,时间不少于 30 min,空运转期间应无异常。

4.6.2.3 采棉工作部件仿形装置应反应灵活,无停顿、滞留现象。

4.6.2.4 采棉工作部件升降应灵活、平稳、可靠,不得有卡阻等现象;提升速度不低于 0.20 m/s,下降速度不低于 0.15 m/s;静置 30 min 后,静沉降量不大于 10 mm。在运输状态状况下,升降锁定开关应锁定牢固。

4.6.3 液压系统

4.6.3.1 液压系统各机构应工作灵敏,在最高压力下,元件和管路联结处或机件和管路结合处均不得有泄漏现象,无异常噪声和管道振动。

4.6.3.2 液压转向、操纵系统的压力应符合技术文件的要求,行走时无级变速应稳定。

4.6.4 润滑系统

4.6.4.1 润滑系统油路应安装牢固,接口及管路无泄漏和阻塞现象。

4.6.4.2 油泵压力、流量应符合设计要求,工作正常,必须保证采棉机高速运转时的润滑油供应。

4.6.4.3 采棉工作部件应采用强制润滑装置,底盘系统应采用集中润滑。

4.6.5 电气系统

4.6.5.1 电气装置及线路应完整无损,安装牢固,不得因振动而松脱、损坏,不得产生短路和断路。

4.6.5.2 开关、按钮应操作方便,开关自如,不得因振动而自行接通或关闭。

4.6.5.3 发电机技术性能应良好。蓄电池应能保持常态电压,电系导线应具有阻燃性能,所有电系导线均需捆扎成束,布置整齐,固定卡紧,接头牢靠并有绝缘套,在导线穿越孔洞时应设绝缘套管。

4.7 卸棉性能

棉箱升降时应平稳,无卡滞现象。棉箱压实搅龙工作应平稳可靠,并能保证棉花向棉箱内均匀分布,且不得有明显缠绕。卸棉时,棉箱输送机构应能顺利带出,无卡滞现象,输送链条的张力应适中,工作时无碰擦声,最大卸棉高度不低于 3.5 m,且保证正常卸棉。

4.8 外观

涂层外观应色泽鲜明,平整光滑,无漏底、花脸、流痕、起泡和起皱,漆膜附着力不低于 JB/T 9832.2 中的Ⅱ级。

4.9 使用说明书

使用说明书的编制应符合 GB/T 9480 的规定。

5 试验方法

5.1 被测参数准确度及仪器设备

仪器设备的量程、准确度能满足附录 B 规定。

5.2 技术参数核测

对样机的规格型号按附录 C 进行核对与测量,确定样机与技术文件规定的一致性。

5.3 性能试验

5.3.1 试验条件

5.3.1.1 试验地和作物的选择

试验地应符合被检机型的适用范围,其作物的品种、产量以及地块大小在当地应具有一定的代表性,能够满足各检验项目的测定要求,试验地棉花种植模式必须符合采棉机采收的技术要求。

试验地应选择在地块长度 200 m,宽度 50 m 以上,试验作物符合 4.2 的要求。

5.3.1.2 试验样机准备

试验样机按照使用说明书的规定进行调整和保养,达到正常作业状态后方可进行测试。

5.3.1.3 测区选择

采棉机作业前后分别在试验地块中随机交错抽取 3 个测区,每测区取长 1 m,宽为一个采棉机作业幅宽,每个测区横向、纵向之间的距离不少于 10 m。

5.3.2 作业条件测定

5.3.2.1 地表条件:观测地表起伏情况、地势、地形、坡度,试验地面积及棉花种植方式。

5.3.2.2 棉株生长情况:在各测区内随机取10株棉株,测定棉株自然高度、自然宽度、棉株上最高棉铃高度、最低棉铃高度、棉株主径直径,计算平均最低、最高棉铃高度和棉株直径。

5.3.2.3 自然落地棉的测定:在各测区内分别收集自然落地的籽棉并称重,计算平均单位面积自然落地棉质量。

5.3.2.4 棉铃吐絮率、脱叶率、单铃重和籽棉产量测定:在各测区内沿前进方向连续测20株棉株上的吐絮棉铃、总棉铃、已脱落的叶片、总叶片的个数,计算平均吐絮率和脱叶率;采下吐絮棉并除杂称重,求平均吐絮棉单铃重;测定测区内棉株数,计算应收籽棉产量,三个测区平均。

5.3.2.5 行距测定:在各测区内连续测量相邻两行棉株之间的距离。同时在各测区依次连续测量10株棉花的株距,计算行距的一致性。

5.3.2.6 籽棉含水率的测定:用水分速测仪或烘干称重法测定籽棉含水率。

5.3.3 作业性能指标测定

5.3.3.1 作业速度:在测试区前后,应有20 m的稳定区,采棉机按正常作业速度进行采收,作业速度保持一致,测定采棉机通过20 m测区的时间并按式(1)计算。

$$v = 3.6 \times \frac{L}{t} \qquad \cdots\cdots(1)$$

式中:

v——采棉机作业速度,单位为千米每小时(km/h);

L——测区长度,单位为米(m);

t——采棉机通过测区的时间,单位为秒(s)。

5.3.3.2 采净率、撞落棉损失率测定:采棉机采收后,在各测区内分别收集遗留棉、挂枝棉和落在地上的籽棉,除杂并称重,按式(2)和式(3)分别计算采净率和撞落棉损失率。

$$y = \left(1 - \frac{G_1 + G_2 + G_3 - G_4}{G}\right) \times 100 \qquad \cdots\cdots(2)$$

$$y_1 = \frac{G_3 - G_4}{G} \times 100 \qquad \cdots\cdots(3)$$

式中:

y——采净率,%;

y_1——撞落棉损失率,%;

G_1——测区内单位面积遗留棉质量,单位为克每平方米(g/m^2);

G_2——测区内单位面积挂枝棉质量,单位为克每平方米(g/m^2);

G_3——测区内单位面积落在地上的籽棉质量,单位为克每平方米(g/m^2);

G_4——采收前自然落地棉平均单位面积质量,单位为克每平方米(g/m^2);

G——平均应收籽棉产量,单位为克每平方米(g/m^2)。

5.3.3.3 采收籽棉含杂率测定:从采棉机棉箱分层分区中分5次取不少于1 000 g籽棉,按照GB/T 6499—2007的相关规定测定含杂率。

5.3.4 驻车制动

驻车制动按GB/T 14248的规定进行测定。

5.3.5 行车制动

行车制动按GB/T 14248的规定测定冷态制动距离3次,计算其平均值。

5.3.6 噪声

噪声按JB/T 6268—2006的规定进行测定。

5.3.7 排放

柴油机排气污染物排放测量方法按 GB 20891 的规定进行。

5.3.8 采摘台升降速度测定

操纵采摘台升降控制阀手柄或操纵杆，使采摘台从最低位置提升到最高位置，然后再从最高位置下降到最低位置，测三次，分别记录采摘台提升和下降所需时间以及升降台的最低和最高位置时离地高度。取其平均值。计算升降台提升和下降速度。

5.3.9 采摘台静沉降测定

操纵采摘台控制阀手柄或操纵杆，使采摘台提升到最高位置，然后将发动机熄火，随即分别测量采摘台左、右最外缘某两点离地高度。静置 30 min 后，再次测量上述两点的离地高度，计算两者差值，取其平均值。

5.3.10 卸棉翻转性能试验

操纵卸棉控制阀，使棉箱从运输状态翻转到卸棉状态，然后再从卸棉状态返回到运输状态，测三次，分别记录所需时间，取其平均值。

5.4 安全结构要求检查

按 GB 10395.1、GB 10395.7、GB 10396 中的有关规定进行安全结构要求检查(见附件 A)。

5.5 生产查定

5.5.1 采棉机生产查定应不少于连续 3 个作业班次，每班不少于 6 h 作业时间，记录采棉机作业时间、收获面积、耗油量、故障情况，整理汇总，计算纯工作小时生产率和燃油消耗率、燃油消耗量、作业小时生产率。

5.5.2 生产试验的时间分类、纯工作小时生产率和燃油消耗率的计算按照 GB/T 5667 中的有关规定进行。

5.6 可靠性评价

5.6.1 评价方法

按 JB/T 6287 的相关规定进行可靠性试验，可靠性试验时间不少于 120 h；依据试验结果进行可靠性评价。

5.6.2 评价标准

5.6.2.1 致命故障

——导致功能完全丧失或造成重大经济损失的故障，如整机烧毁。

——危及作业安全，导致人身伤亡或引起重要总成(系统)报废的故障，如发动机报废或转向、制动系统完全失灵。

5.6.2.2 严重故障

a) 导致功能严重下降，如因发动机功率下降，导致风机转速大幅度下降，损失显著增加。

b) 主要零部件损坏，有以下情况：

1) 重要的独立部件，如发动机的增压器、液压系统的多路阀和双联泵等损坏；

2) 重要总成的内部零部件，即发动机和前桥传动的内部零部件，如发动机曲轴、活塞、缸套和轴瓦、变速箱齿轮、离合器分离轴承和分离爪。

在正常作业条件下，因监视仪表失灵引起工艺性堵塞，其一次排除时间超过 4 h 时，按一次严重故障计。发生堵塞频次较多，难以正常工作时(一天内排除时间累计超过 4 h)，也按一次严重故障计。

5.6.2.3 一般故障

——造成功能下降或损失增加，但通过调整、更换机器外部易拆卸的零件、次要的小部件以及一般标准件，如更换链轮、一般传动带或轴承等，便可修复。

——冲压零部件(运动件)开焊，不危及人身安全和结构性能的损坏。

5.6.2.4 **轻微故障**

——引起操作人员(驾驶员)操作不便，但不影响工作的故障，如因制动液压缸渗漏增加了驾驶员操作手柄的次数；如采棉机因田间杂物发生堵塞，但排除时间在 30 min 以内，可不按故障计。

——可在较短的时间内用随车工具排除、更换外部易损坏或采取应急措施修复的故障。

5.6.2.5 **评价指标**

在生产试验或生产查定中如果发生致命故障，可靠性试验结果视为不合格。

a) 平均故障间隔时间：

$$\mathrm{MTBF}=\frac{\sum t_i}{\sum r} \quad \cdots\cdots(4)$$

式中：

MTBF——平均故障间隔时间，单位为小时(h)；

t_i——采棉机的作业时间，单位为小时(h)；

r——采棉机的故障数，个。

b) 有效度：

$$A=\frac{\sum t_i}{\sum t_i+\sum t_r}\times 100 \quad \cdots\cdots(5)$$

式中：

A——有效度，%；

t_r——采棉机故障排除修复时间，单位为小时(h)。

6 检验规则

6.1 出厂检验

产品出厂前必须经检验部门按 4.5～4.9 检验合格，并附有产品合格证方能出厂。

6.2 型式检验

6.2.1 有下列情况之一时，应进行型式检验：

a) 新产品或老产品转厂生产的试制定型鉴定；

b) 正式生产后，如产品结构、材料、工艺有较大改变，可能影响产品性能时；

c) 国家质量技术监督机构提出进行型式检验要求时。

6.2.2 抽样方法

每批产品中抽检台数不少于 1 台。采用随机抽样方法。抽取的样机应是抽样前 12 个月内生产的合格产品。抽样母体量应不少于 5 台。在销售部门抽样时，母体量不受此限。

6.2.3 检验项目分类

检验项目按其对产品的影响程度分为 A 类和 B 类，检验项目分类见表 2。

6.2.4 判定规则

抽样检验的合格判定按表 3 规定进行，表中 AQL 为可接收质量限，Ac 为接收数，Re 为拒收数。被检样品的 A、B 各类项目不合格数均不超过相应的可接收质量限，方可判定被检样机合格，否则判定为不合格。

表 2 检验项目分类表

<table>
<tr><th colspan="2">项目分类</th><th colspan="3" rowspan="2">检 验 项 目</th><th rowspan="2">对应条款号</th></tr>
<tr><th>类</th><th>项</th></tr>
<tr><td rowspan="13">A 类</td><td>1</td><td rowspan="11">安全要求</td><td colspan="2">安全结构要求检查</td><td>4.5.4、附录 A</td></tr>
<tr><td>2</td><td colspan="2">安全标志</td><td>4.5.1</td></tr>
<tr><td>3</td><td colspan="2">发动机排气管</td><td>4.5.6</td></tr>
<tr><td rowspan="2">4</td><td rowspan="2">行车制动</td><td>装置</td><td rowspan="2">4.5.2</td></tr>
<tr><td>性能</td></tr>
<tr><td rowspan="2">5</td><td rowspan="2">驻车制动</td><td>装置</td><td rowspan="2">4.5.3</td></tr>
<tr><td>性能</td></tr>
<tr><td>6</td><td colspan="2">动态环境噪声</td><td>4.5.5</td></tr>
<tr><td>7</td><td colspan="2">驾驶员位置处噪声</td><td>4.5.5</td></tr>
<tr><td></td><td colspan="2">排放</td><td>4.5.5</td></tr>
<tr><td>8</td><td colspan="2">灯光信号要求</td><td>4.5.7、4.5.8</td></tr>
<tr><td>9</td><td colspan="3">采净率</td><td>表 1</td></tr>
<tr><td>10</td><td colspan="3">平均故障间隔时间</td><td>4.4</td></tr>
<tr><td rowspan="11">B 类</td><td>1</td><td colspan="3">部件质量</td><td>4.6</td></tr>
<tr><td>2</td><td colspan="3">含杂率</td><td>表 1</td></tr>
<tr><td>3</td><td colspan="3">撞落棉率</td><td>表 1</td></tr>
<tr><td>4</td><td colspan="3">含水率增加值</td><td>表 1</td></tr>
<tr><td>5</td><td colspan="3">卸棉性能</td><td>4.7</td></tr>
<tr><td>6</td><td colspan="3">外观</td><td>4.8</td></tr>
<tr><td>7</td><td colspan="3">有效度</td><td>4.4</td></tr>
<tr><td>8</td><td colspan="3">摘锭使用寿命</td><td>4.4</td></tr>
<tr><td>9</td><td colspan="3">脱棉盘、湿润板使用寿命</td><td>4.4</td></tr>
<tr><td>10</td><td colspan="3">产品标牌内容</td><td>7.1</td></tr>
<tr><td>11</td><td colspan="3">使用说明书</td><td>4.9</td></tr>
</table>

表 3 抽样判定表

不合格分类	A	B
项目数	10	11
AQL	6.5	25
Ac Re	0 1	1 2
注：购货单位检测产品质量时，抽样方法及可接收质量限 AQL 值由供需双方协商确定。		

7 标志、贮存

7.1 标志

在产品的明显位置设置标牌，并符合 GB/T 13306 的规定，标牌的内容至少包括以下内容：

a） 产品的型号、名称及产品标准编号；

b） 行数、配套功率；

c） 制造国、企业名称及详细地址；

d） 制造日期及出厂编号。

7.2 贮存

在干燥、通风的仓储条件下，制造厂应保证采棉机及其备件、附件、随机工具的防锈有效期自出厂之日起不少于12个月。露天贮存应有防雨、防水、防锈等措施。

附　录　A
（规范性附录）
采棉机安全结构要求检查项目

表 A.1　安全结构检查项目

<table>
<tr><th rowspan="2">序号</th><th rowspan="2">检验项目</th><th rowspan="2" colspan="2">合格指标说明</th><th colspan="3">检测结果</th></tr>
<tr><th>防护情况</th><th>防护距离</th><th>结构</th></tr>
<tr><td rowspan="4">1</td><td rowspan="4">危险运动件安全防护</td><td rowspan="4">各轴系、带轮、链轮、胶带和链条等运动件（对操作者无危害时可除外）应有防护装置，且防护装置的结构和危险件的安全距离应符合GB 10395.1—2001中6.7的有关规定</td><td>带轮、链轮</td><td></td><td></td><td></td></tr>
<tr><td>胶带、链条</td><td></td><td></td><td></td></tr>
<tr><td>各部位裸露的轴头</td><td></td><td></td><td></td></tr>
<tr><td>风扇</td><td></td><td></td><td></td></tr>
<tr><td>2</td><td>安全标志</td><td colspan="2">对操作者存在或有潜在危险的部位（如正常操作时必须外露的功能件，防护装置的开口处和维修保养时有危险的部位）应固定耐久的安全标志。安全标志应符合GB 10396的规定</td><td colspan="3"></td></tr>
<tr><td>3</td><td>灭火器检查</td><td colspan="2">必须在易于取卸的位置上配备有效的灭火器，并在使用说明书中说明灭火器是操作者首先考虑到的保护工具，说明其使用方法及放置位置</td><td colspan="3"></td></tr>
<tr><td>4</td><td>采棉工作部件固定机械机构检查</td><td colspan="2">采棉机应设置将采棉工作部件保持在提起位置的机械装置，使用说明书中应给出该装置的使用方法。发动机熄火后，控制机构应保持采棉工作部件不降落</td><td colspan="3"></td></tr>
<tr><td>5</td><td>挤压和剪切部位检查</td><td colspan="2">操作者坐在座位上，手或脚触及范围内不应有剪切或挤压部位。如果座位后部相邻部件具有光滑的表面、座位靠背各面交界无棱边，则认为作为靠背和其后部相邻部件间不存在危险部位</td><td colspan="3"></td></tr>
<tr><td rowspan="5">6</td><td rowspan="5">驾驶室检查</td><td colspan="2">驾驶室内部的最小空间尺寸应符合GB 10395.7—2006中图1的规定</td><td colspan="3"></td></tr>
<tr><td rowspan="3">驾驶室门道尺寸应符合GB 10395.7—2006中图3的规定</td><td>门道总高度≥1 350 mm</td><td colspan="3"></td></tr>
<tr><td>宽度≥550 mm</td><td colspan="3"></td></tr>
<tr><td>最下端宽度≥300 mm</td><td colspan="3"></td></tr>
<tr><td colspan="2">驾驶室挡风玻璃必须使用安全玻璃。设置两块足够大的后视镜，每侧一个，以保证行驶安全</td><td colspan="3"></td></tr>
<tr><td rowspan="6">7</td><td rowspan="6">座位尺寸及座位位置调整</td><td rowspan="4">座位的位置应舒适、可调，座位尺寸应符合GB 10395.7—2006中图2的规定</td><td>座位前宽≥(150+150)mm</td><td colspan="3"></td></tr>
<tr><td>座位宽≥450 mm</td><td colspan="3"></td></tr>
<tr><td>靠背斜高≥260 mm</td><td colspan="3"></td></tr>
<tr><td>座位高500 mm～600 mm</td><td colspan="3"></td></tr>
<tr><td rowspan="2">座位的调整应不使用工具手动进行，垂直方向的最小调整量为±50 mm。垂直方向调整和水平纵向调整应能独立进行</td><td>垂直方向</td><td colspan="3"></td></tr>
<tr><td>水平纵向</td><td colspan="3"></td></tr>
</table>

表 A.1(续)

序号	检验项目	合格指标说明	检测结果		
			防护情况	防护距离	结构
8	方向盘位置和安全间隙检查	方向盘应合理配置和安装，使操作者在正常操作位置上能安全方便的控制和操作采棉机；方向盘轴线最好位于座位中心轴线上，任何情况下偏置量均应不大于 50 mm。固定部件和方向盘之间的间隙应符合 GB 10395.7中图 1 的规定。方向盘最大自由行程为 30°			
		方向盘偏置量			
		最大自由行程			
9	操纵装置操纵符号安全间隙检查	采棉机的操纵符号应固定在相应的操纵装置附近，它们的位置应符合 GB/T 4269.1 和 GB/T 4269.2 规定的清晰耐久符号标出，或用适合操作者的文种描述			
		操纵力≥50 N 时≥50 mm			
		操纵力<50 N 时≥25 mm			
10	梯子的扶手或扶栏或抓手检查	门道梯子两侧应设置扶手或扶栏，以使操作者与梯子始终保持三处接触			
		扶手/扶栏的横截面尺寸 25 mm～35 mm			
		扶手/扶栏的较低端离地高度≤1 600 mm			
		扶手/扶栏的后侧的放手间隙≥50 mm			
		抓手距梯子较高级踏板高度≤1 000 mm			
		扶栏长度≥150 mm			
11	操作平台及梯子检查	梯子除符合 GB 10395.1—2001 中 10.1 的要求外，还应满足下列要求：梯子的结构应防止形成泥土层。 从梯子上下来时向下可以看到下一级梯子塔板外缘。 驾驶台地板应有防滑及排水措施。 梯子向上或向下移动时，不应造成挤压和冲击操作者现象			
		脚踏板宽度≥200 mm			
		踏板深度≥150 mm			
		阶梯间隔≤300 mm			
		最低一级踏板表面离地高度≤550 mm			
12	采棉工作部件升降控制机构	控制机构应有保护或定位措施，防止误操作引起部件危险地移动			
13	机构的分离和清理检查	维修和保养期间，意外移动会产生潜在挤压和剪切运动的机构，应留在适当间隙或进行防护或设置挡板			
14	液体排放点位置检查	发动机油(燃油、润滑油等)和液压油的排放点应设置在离地面较近处			
15	蓄电池位置检查	蓄电池应设置于便于保养和维修的位置处。电器件、电瓶的非接地端应进行防护，以防止与其意外接触及与地面形成短路			

附 录 B
（资料性附录）
被测参数准确度要求

表 B.1 被测参数准确度要求

序号	被测物理量名称	测量范围	测量准确度要求
1	长度	0 m～5 m	±1 mm
		≥5 m	±5 mm
2	噪声	37 dB～130 dB(A)	±0.5 dB(A)
3	样品质量	0 g～5 000 g	±1 g
4	损失棉花质量	0 g～200 g	±0.1 g
5	时间	0 h～24 h	±0.5 s/d
6	温度	0 ℃～50 ℃	±1 ℃
7	湿度	0%～100%	±5%
8	风速	0 m/s～5 m/s	±0.1 m/s

附 录 C
(资料性附录)
产品规格确认表

表 C.1 产品规格确认

序号	项 目	技术文件规定值	验 证
1	产品规格型号		核对
2	外形尺寸(长×宽×高)/mm		测量
3	整机质量/kg		测量
4	发动机功率/kW		核对
5	发动机额定转速/(r/min)		核对
6	采摘行驶速度/(km/h)		测量
7	采棉头个数/个		核对
8	采摘行数/行		核对
9	最小转弯半径/m		测量
10	运输行驶速度/(km/h)		测量
11	最小离地间隙/mm		测量
12	采棉滚筒个数/个		核对
13	每台采棉机上的摘锭/个		测量
14	适应采摘行距/mm		测量
15	储棉箱总容积/m^3		测量
16	最低卸棉高度/m		测量
17	卸棉方式		核对
18	轮胎型号:驱动轮		核对
19	轮辋型号:导向轮		核对

ICS 65.060
B 90

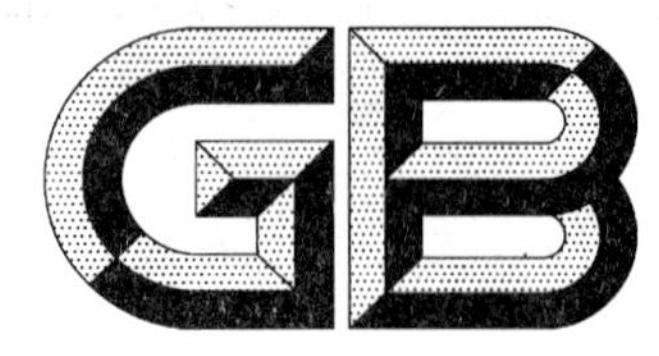

中华人民共和国国家标准

GB/T 21398—2008/ISO 14982:1998

农林机械 电磁兼容性 试验方法和验收规则

Agricultural and forestry machinery—Electromagnetic compatibility—Test methods and acceptance criteria

(ISO 14982:1998,IDT)

2008-02-03 发布 2008-07-01 实施

中华人民共和国国家质量监督检验检疫总局
中国国家标准化管理委员会 发布

前　言

本标准等同采用 ISO 14982:1998《农林机械　电磁兼容性　试验方法和验收规则》(英文版)。

本标准等同翻译 ISO 14982:1998。

本标准与 ISO 14982:1998 相比,编辑性修改如下:

——“本国际标准”一词改为“本标准”;

——删除了国际标准的前言和附录 H 参考文献;

——用小数点符号“.”代替作为小数点的逗号“,”;

——对 ISO 14982:1998 中引用的其他国际标准,有被采用为我国标准的用我国标准代替对应的国际标准。

本标准附录 A、附录 B、附录 C、附录 D、附录 E 均为规范性附录,附录 F、附录 G 为资料性附录。

本标准由中国机械工业联合会提出。

本标准由全国农业机械标准化技术委员会归口。

本标准起草单位:中国农业机械化科学研究院、洛阳拖拉机研究所。

本标准主要起草人:张咸胜、尚项绳、吕树盛。

引　言

近年来，农业机械和拖拉机设计中越来越多地采用了控制、监控和显示等各种功能的电子装置。因此，必须考虑这些装置工作时所处的电气和电磁环境。

机械装置在正常运行时会产生电气和高频干扰。这些干扰的频带很宽，且可通过传导、耦合或辐射的方式，传播到车载电子设备和系统中。

农业机械或(和)拖拉机内部或外部的干涉源所产生的窄带信号也可能在电气和电子系统中耦合，而影响电气设备的正常功能。例如，来自集成微处理器的窄带电磁干扰。

本标准是在欧盟指令 95/54/EC (1995 年 10 月 31 日)的基础上制定的。“1995 年 10 月 31 日发布的指令 95/54/EC，与指令 72/245/EEC 中其成员国的类似法规一致，该指令对抑制装到机动车上的汽油机所产生的无线电干涉进行了规定，且修正了指令 70/156/EEC 中关于成员国机动车及其挂车型式验证的规定”。选择这个程序是由于许多磁畴(机动车、拖拉机、自走式机械)、类似操作及环境条件中相似的干扰现象，以及使用相同的测量设备及测量器械的原因。指令 95/54/EC 中规定的测量程序已被与之等效的国际标准测量程序所代替。然而，该标准中并没涉及机器及 ESA 产生的辐射宽频干扰和辐射窄频干扰。因此，本标准的附录 B、附录 C、附录 D 和附录 E 规定了必要的测量方法，而适合测量所有类型机器的国际标准在未来是必须的。

静电放电和瞬态传导现象也是与农业机械和拖拉机有关的，因此(对比指令 95/54/EC)本标准也对此类现象进行了规定。

由于操纵元件可以放在驾驶室的外面，接触时就可能产生电势差，所以静电放电至关重要。农业机械由于经常是开放的系统，几台机器彼此结合在一起使用，因此瞬态传导现象也必须重视。然而，目前为止，只能处理机载 12 V 和 24 V 系统的供电电路中的瞬态传导现象。制造厂应考虑开关负载以及系统间相互作用时而发生的瞬态传导现象。内部布线和内部网络应符合这种要求。但信号线上的瞬态传导现象至今尚未涉及过。

制定本标准是为了与 EMC 指令(89/336/EEC)中的要求及指令(89/392/EEC)中的 EMC 要求一致。

农林机械 电磁兼容性 试验方法和验收规则

1 范围

本标准规定了由制造厂生产的拖拉机及各种移动式(包括手提式)农林机械、园林机械的电磁兼容性评估的试验方法和验收标准。

本标准适用于在此标准颁布日期之后生产的机器及电子电器组件(ESA)。

除功能不包含直接控制和状态调整的机器配件的抗扰性外,安装在机器上的电子电气元件或ESA都适用于本标准。

本标准不适用由公共输电线直接提供低电压电流的机器。本标准第7章规定了在例外情况下机器、电子电气系统或ESA不必进行的有关测试。

2 规范性引用文件

下列文件中的条款通过本标准的引用而成为本标准的条款。凡是注日期的引用文件,其随后所有的修改单(不包括勘误的内容)或修订版均不适用于本标准,然而,鼓励根据本标准达成协议的各方研究是否可使用这些文件的最新版本。凡是不注日期的引用文件,其最新版本适用于本标准。

GB/T 4365—2003 电工术语 电磁兼容[IEC 60050(161):1990,IDT]

GB/T 6113.1—1995 无线电骚扰和抗扰度测量设备规范(idt CISPR 16-1:1995)

GB 14023—2006 车辆、船和由内燃机驱动的装置无线电骚扰特性限值和测量方法(CISPR 12:2005,IDT)

GB/T 19951—2005 道路车辆 静电放电产生的电骚扰试验方法(ISO 10605:2001,IDT)

ISO 7637-1:2002 道路车辆 传导和耦合引起的电干扰 第1部分:定义和总则

ISO 7637-2:2004 道路车辆 传导和耦合引起的电干扰 第2部分:仅沿电源线瞬间电导

ISO 11451-1:2005 道路车辆 窄带辐射的电磁能量产生的电子干扰 车辆试验方法 第1部分:总则和术语

ISO 11451-2:2005 道路车辆 窄带辐射的电磁能量产生的电子干扰 车辆试验方法 第2部分:车外辐射源

ISO 11452-1:2005 道路车辆 窄带辐射的电磁能量产生的电子干扰 部件试验方法 第1部分:总则和术语

ISO 11452-2:2004 道路车辆 窄带辐射的电磁能量产生的电子干扰 部件试验方法 第2部分:吸波屏蔽外壳

ISO 11452-3:2001 道路车辆 窄带辐射的电磁能量产生的电子干扰 部件试验方法 第3部分:横向电磁模式(TEM)元件

ISO 11452-4:2005 道路车辆 窄带辐射的电磁能量产生的电子干扰 部件试验方法 第4部分:大容量电流注入(BCI)

ISO 11452-5:2002 道路车辆 窄带辐射的电磁能量产生的电子干扰 部件试验方法 第5部分:微波带状线

3 术语和定义

本标准采用下列术语和定义。

3.1

电磁兼容性 electromagnetic compatibility

设备或系统在其电磁环境中能正常工作且不对该环境中任何事物造成不能承受的电磁骚扰的能力。

[GB/T 4365—2003,161-01-07]

3.2

电磁骚扰 electromagnetic disturbance

任何可能引起装置、设备或系统性能降低或者对生物或非生物产生不良影响的电磁现象。

[GB/T 4365—2003,161-01-05]

注：电磁骚扰可以是电磁噪声、无用信号或传播媒介自身的变化。

3.3

抗扰度 electromagnetic immunity

装置、设备或系统面临特定的电磁骚扰不降低运行性能的能力。

[GB/T 4365—2003,161-01-20]

3.4

电磁环境 electromagnetic environment

存在于给定场所的所有电磁现象的总和。

[GB/T 4365—2003,161-01-01]

3.5

参考限值 reference limit

生产中应遵照的限值。

3.6

参考天线 reference antenna

〈频率范围 30 MHz～80 MHz〉在 80 MHz 处为半波谐振偶极子的短平衡偶极子天线。

[见 GB/T 6113.1—1995]

3.7

参考天线 reference antenna

〈频率范围在 80 MHz 以上〉调谐于测量频率的平衡半波谐振偶极子天线。

[见 GB/T 6113.1—1995]

3.8

宽带发射 broadband emission

带宽大于某一特定测量设备或接收机带宽的发射。

[GB/T 4365—2003,161-06-11]

3.9

窄带发射 narrowband emission

带宽小于某一特定测量设备或接收机带宽的发射。

[GB/T 4365—2003,161-06-13]

3.10

电子电器系统 electrical/electronic system

包括电气连接器和导线在内的电子电器设备或设备组。

3.11

电子电器组件(ESA)　electrical/electronic sub-assembly

实现一项或多项特定功能的电子电器设备或设备组,包括电气连接器和导线。

3.12

机械型式　machine type

和电磁兼容相关的机械型式要在以下方面无本质区别:

——结构形状;

——电气或电子零部件的常规布置及线路布置;

——机械组成的材料构成(例如,钢、铝或纤维玻璃覆盖的配件)。

3.13

ESA 型式　ESA type

和电磁兼容相关的 ESA 型式要在以下方面无本质区别:

——ESA 完成的功能;

——电气或电子零部件的常规布置;

——壳体的主要材料。

3.14

静电放电　electrostatic discharge(ESD)

具有不同静电电位的物体相互靠近或直接接触引起的电荷转移。

[GB/T 4365—2003,161-01-22]

3.15

瞬态传导　conducted transients

当用导线将机器、元件或独立的技术单元连接到瞬态源和漏源时,在回路中会产生瞬态电流或瞬态电压。

4　一般要求

机器(及其电子电气安装和 ESA)的操作应满足本标准的要求。生产商通过对下列选项的选择可验证其机器是否符合本标准。

a) 对于整机,如果满足第 5 章和第 6 章的要求,即认为已满足本标准的要求。如果机器生产厂选择了本项要求,则电子电气系统或 ESA 不必进行常规测试。

b) 如果机器生产厂保证所有的电子电气系统或 ESA 是按本标准生产,并按 ESA 的要求进行安装,则即认为该类型机器符合本标准的要求。

c) 当机器未安装需进行抗扰试验或干涉试验的设备时,则该类型机器也可认为符合本标准的要求。在这种情况下,不必进行有关试验(见第 7 章)。

5　试验

5.1　程序

选择“型式试验”作为试验程序,试验时应按照一定的标准从系列产品中选出一种型号(以下称为“试验样品”)(见 3.12 和 3.13 中的定义)进行测试。

生产过程应符合每一个试验程序中的参考限值。加严限值适用于发射时位于在参考限值以下 2 dB(20%),抗干扰时位于参考极限值以上 2 dB(25%)的试验样品(除了静电放电和瞬态传导)。

注 1:附加的限值是为了说明试验样品和系列产品(与试验样品等同的)之间的微小差别,以及不同试验室之间的细小差别(结果的可重复性)。

如果试验样品符合加严限值,即认为本试验样品所代表的系列产品均符合限值。

注 2：参考极限是作为 100%产品测试和抽检的基础。

对于静电放电和瞬态传导现象，参考限值对试验样品也是有效的。

注 3：静电放电和瞬态传导的试验程序受环境影响及试验样品的调整影响较小，因此不适用附加的限值。

5.2 抗扰试验的一般要求

在试验中，不应出现任何影响驾驶员对机器直接操纵的干扰。驾驶员对机器的直接操纵是依靠对转向、制动、行驶速度或发动机转速的控制来进行的。同时还涉及到机器部件的运动以及由于功能状态的调整导致的危险或误导。

6 试验/测量方法和参考限值

6.1 宽带电磁发射

6.1.1 测量方法

电磁发射应按附录 B 中的方法，对不同天线距离进行测量。具体的方法选择由本标准的使用者来选择。

6.1.2 宽带参考限值

当机器与天线之间的距离为 10 m±0.2 m 时，用附录 B 中规定的方法来测量。当频段在 30 MHz～75 MHz范围内时，发射参考限值应等于 34 dB(μV/m)(50 μV/m)；如果频段在 75 MHz～400 MHz 范围内，则发射参考限值应位于 34 dB(μV/m)～45 dB(μV/m)(50 μV/m～180 μV/m)之间。如图 A.1 所示，对于频率高于 75 MHz 的，限值呈对数(线性)增长。如果频段处于 400 MHz～1 000 MHz 范围内，则限值应保持在 45 dB(μV/m)(180 μV/m)。

当机器与天线之间的距离为 3 m±0.05 m，用附录 B 所描述的方法来测量。当频段在 30 MHz～75 MHz范围内时，发射参考限值应等于 44 dB(μV/m)(160 μV/m)；如果频段在 75 MHz～400 MHz 范围内，则发射参考限值应位于 44 dB(μV/m)～55 dB(μV/m)(160 μV/m～562 μV/m)之间。如图 A.2 所示，对于频率高于 75 MHz 的，限值呈对数(线性)增长。如果频段处于 400 MHz～1 000 MHz 范围内，则限值应保持在 55 dB(μV/m)(180 μV/m)。

以 dB(μV/m)(μV/m)为单位的试验样品的测量值应至少低于参考极限 2 dB(20%)。

6.2 窄带电磁发射

6.2.1 测量方法

电磁发射应按附录 C 中的方法，对不同天线距离进行测量。具体的方法选择由本标准的使用者来选择。

6.2.2 窄带参考限值

当机器与天线之间的距离为 10 m±0.2 m，用附录 C 的方法来测量。当频段在 30 MHz～75 MHz 范围内时，发射参考限值应等于 24 dB(μV/m)(16 μV/m)；如果频段在 75 MHz～400 MHz 范围内，则发射参考限值应位于 24 dB(μV/m)～35 dB(μV/m)(16 μV/m～56 μV/m)之间。如图 A.3 所示，对于频率高于 75 MHz 的，限值呈对数(线性)增长。如果频段处于 400 MHz～1 000 MHz 范围内，则限值应保持在 35 dB(μV/m)(56 μV/m)。

当机器与天线之间的距离为 3 m±0.05 m，用附录 C 的方法来测量。当频段在 30 MHz～75 MHz 范围内时，发射参考限值应等于 34 dB(μV/m)(50 μV/m)；如果频段在 75 MHz～400 MHz 范围内，则发射参考限值应位于 34 dB(μV/m)～45 dB(μV/m)(50 μV/m～180 μV/m)之间。如图 A.4 所示，对于频率高于 75 MHz 的，限值呈对数(线性)增长。如果频段处于 400 MHz～1 000 MHz 范围内，则限值应保持在 45 dB(μV/m)(180 μV/m)。

以 dB(μV/m)(μV/m)为单位的试验样品的测量值应至少低于参考极限 2 dB(20%)。

6.3 电磁辐射的抗扰能力

6.3.1 试验方法

机器抗电磁辐射的能力应按 ISO 11451-1 和 ISO 11451-2 的规定进行测试。参考点及操作方式的选择应因机器而异，并在试验报告上记录。除前进动力可不管系统的驻波比而用作控制装置外，抗扰试验应按 ISO 11451-1 规定的进行。试验报告中应指出使用的操纵方法，且可采用替代方法和 1 kHz 正弦波 80%的调幅(见 ISO 11451-1)作为试验方法。测试应在 20 MHz～1 000 MHz 的频率带上进行。在较差情况下，极化可以是垂直的或水平的，并记录在试验报告中。

6.3.2 抗扰参考限值

对于未经调制的信号的均方根值，参考极限应为 24 V/m。经调制的试验信号的最大值应与未经调制的试验信号的最大值一致。对于试验样品，参考限值应增加 25%。测试时应满足 5.2 中所确定的抗扰试验的一般要求。

6.4 ESA 的宽带电磁发射

6.4.1 测量方法

电磁干涉应按附录 D 中的方法进行测量。

6.4.2 ESA 的宽带参考限值

如果采用附录 D 规定的方法来测量，当频段在 30 MHz～75 MHz 范围内时，发射参考限值应位于64 dB(μV/m)～54 dB(μV/m)(1 600 μV/m～500 μV/m)之间，其中频率大于 30 MHz 时，发射参考限值应呈对数(线性)减少；如果频段在 75 MHz～400 MHz 范围内，则发射参考限值应位于 54 dB(μV/m)～65 dB(μV/m)(500 μV/m～1 800 μV/m)之间，其中频率大于 75 MHz 时，发射参考限值应呈对数(线性)减少。如图 A.5 所示，如果频段处于 400 MHz～1 000 MHz 范围内，则限值应保持在 65 dB(μV/m)(1 800 μV/m)。

以 dB(μV/m)(μV/m)为单位的试验样品的测量值应至少低于参考极限 2 dB(20%)。

6.5 ESA 的窄带电磁发射

6.5.1 测量方法

电磁干涉应按附录 E 中的方法进行测量。

6.5.2 ESA 的窄带参考限值

如果采用附录 E 规定的方法来测量，当频段在 30 MHz～75 MHz 范围内时，发射参考限值应位于54 dB(μV/m)～44 dB(μV/m)(500 μV/m～160 μV/m)之间，其中频率大于 30 MHz 时，发射参考限值应呈对数(线性)减少；如果频段在 75 MHz～400 MHz 范围内，则发射参考限值应位于 44 dB(μV/m)～55 dB(μV/m)(160 μV/m～562 μV/m)之间，其中频率大于 75 MHz 时，发射参考限值应呈对数(线性)减少。如图 A.6 所示，如果频段处于 400 MHz～1 000 MHz 范围内，则限值应保持在 55 dB(μV/m)(562 μV/m)。

以 dB(μV/m)(μV/m)为单位的试验样品的测量值应至少低于参考极限 2 dB(20%)。

6.6 ESA 的抗电磁辐射能力

6.6.1 试验方法

可使用 ISO 11452-2、ISO 11452-3、ISO 11452-4 或 ISO 11452-5 任意组合的试验方法来测试 ESA 对电磁的抗辐射能力。选择的测试方法应能涵盖 20 MHz～1 000 MHz 的频率段，且采用调幅的 80%和 1 kHz 正弦波(见 ISO 11452-1)进行测试。如果采用电波暗室测试作为标准的替代测试方法，则无论系统的驻波比如何，前进动力均可以用作控制装置。对于电子电器组件，可采用替代法或闭环法进行现场检验。试验报告中应指出使用的控制方法。

6.6.2 ESA 抗扰能力参考限值

ESA 的抗扰能力参考极限值如下：

——采用带状线法的限值为 48 V/m(ISO 11452-5)；

——采用横电磁波(TEM)小室法测试方法的限值为 60 V/m(ISO 11452-3)；

——采用大电流注入法(BCI)的限值为 48 mA(ISO 11452-4)；

——采用只有垂直极化的自由场(屏蔽室)法(ISO 11452-2)的限值为 24 V/m。

用于试验样品时，参考极限值增加 25%。参考极限值可用于未经调制的信号的均方根值。经调制的试验信号的最大值应与未经调制的试验信号的最大值一致。ESA 不应在机器上显示不可接受的任何操作的变化。不可接受的操作变化可参考 5.2。

6.7 静电放电

6.7.1 试验方法

可采用 GB/T 19951 规定的方法对安装有标准静电放电(ESD)装置的机器或 ESA 进行测量(如,通过操作者接触进行)。

6.7.2 参考限值

A 级功能状态下的试验等级Ⅰ(±4 kV)应按照 GB/T 19951 的规定。

6.8 瞬态传导

6.8.1 试验方法

应按 ISO 7637-1 及 ISO 7637-2 中规定的方法进行测试。

6.8.2 参考限值

A 级功能状态下的试验等级Ⅰ(±4 kV)应按照 ISO 7637-1 和 ISO 7637-2 的规定。表 1 列出了不同的检验脉冲在 12 V 和 24 V 机载系统中的应用范围。在测试每个不同的检验脉冲前,应说明功能执行状态。

表 1　12 V 和 24 V 机载系统的检验脉冲

试验脉冲	12 V 系统参考限值/V	24 V 系统参考限值/V	应　　用
1	−25	−50[a]	本试验脉冲模拟电源与感性负载断开连接时所产生的瞬态现象。它适用于各种被测器件(DUT)在机器上使用时,与感性负载保持直接并联的情况
2	+25	+25	本试验脉冲模拟由于与被测器件(DUT)串联的感应器内电流突然中断引起的瞬态现象
3a 3b	−25 +25	−35 +35	这些试验脉冲模拟由开关过程引起的瞬态现象。这些瞬态现象的特性受线束的分布电容和分布电感的影响
4	−4	−5	本试验脉冲模拟内燃机的起动电机电路通电时产生的电源电压的降低现象(不包括起动时的尖峰)
5	+26.5	+70	本试验脉冲是模拟抛负载瞬态现象,即模拟在断开电池的同时,交流发电机正在产生充电电流,而发电机电路上仍有其他负载时产生的瞬态;抛负载的幅度取决于断开电池连接时,发电机的转速和发电机的励磁场强的大小。抛负载脉冲宽度主要取决于励磁电路的时间常数和脉冲幅度

[a] 试验脉冲 1a 只适用 ISO 7637-2 的规定进行试验。

7 例外

除第 5 章和第 6 章的规定外,下列例外情况也适用于本标准。

a) 当机器、电子电气系统或 ESA 中的电子振动器的工作频率小于 9 kHz 时,可不必进行 6.2 和 6.5 的试验。

b) 未装有电子电气系统或 ESA,但装有直接控制和功能状态调整的机器不必进行 6.3、6.4 和 6.8 中的抗扰试验。

c) 机器 ESA 的功能如果不包含直接操纵或功能状态调整,则不必进行 6.3、6.7 和 6.8 的抗扰试验。

d) 如果机器不具备与外部电子电气系统相耦合的界面，则不必按 6.8 规定进行瞬态传导试验。如果是自走式机器，则不必按 6.8 规定的进行瞬态传导抗扰试验。

e) 未规定无线电或话筒的特定试验。每个机器制造厂应在用户手册中注明在机器内部的安装和操作无线电、电话或其他发射机时的注意事项。

8 试验报告

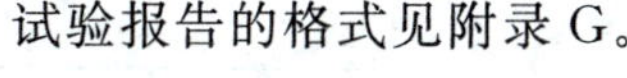
试验报告的格式见附录 G。

附　录　A
（规范性附录）
参　考　限　值

图 A.1～图 A.6 给出了参考限值。

带宽	频率 f(MHz)时的限值 L [dB(μV/m)]		
	30 MHz～75 MHz	75 MHz～400 MHz	400 MHz～1 000 MHz
120 kHz	L=34	L=34+15.13 log(f/75)	L=45

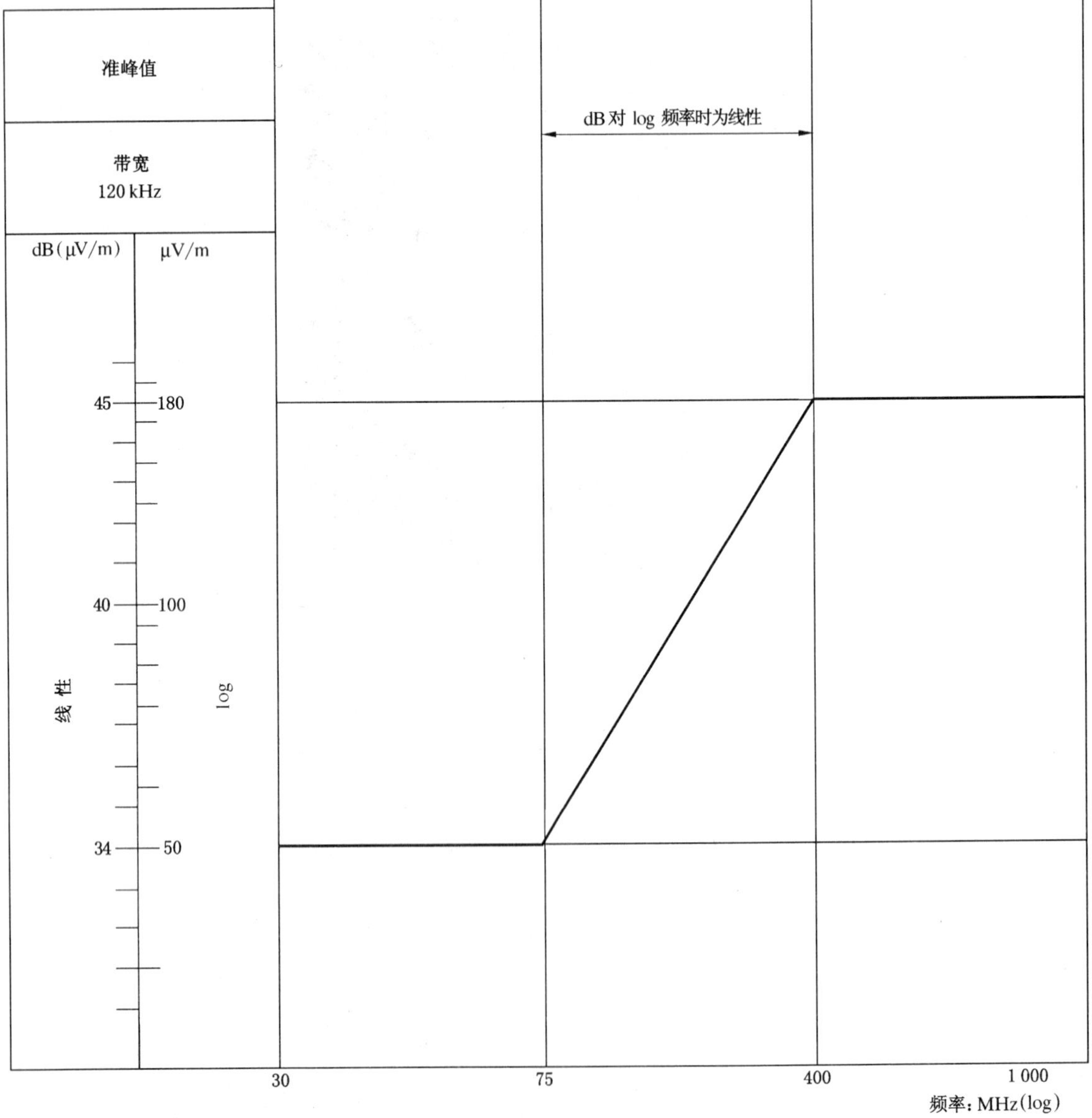

图 A.1　机器与天线之间的距离为 10 m 时的宽带参考限值

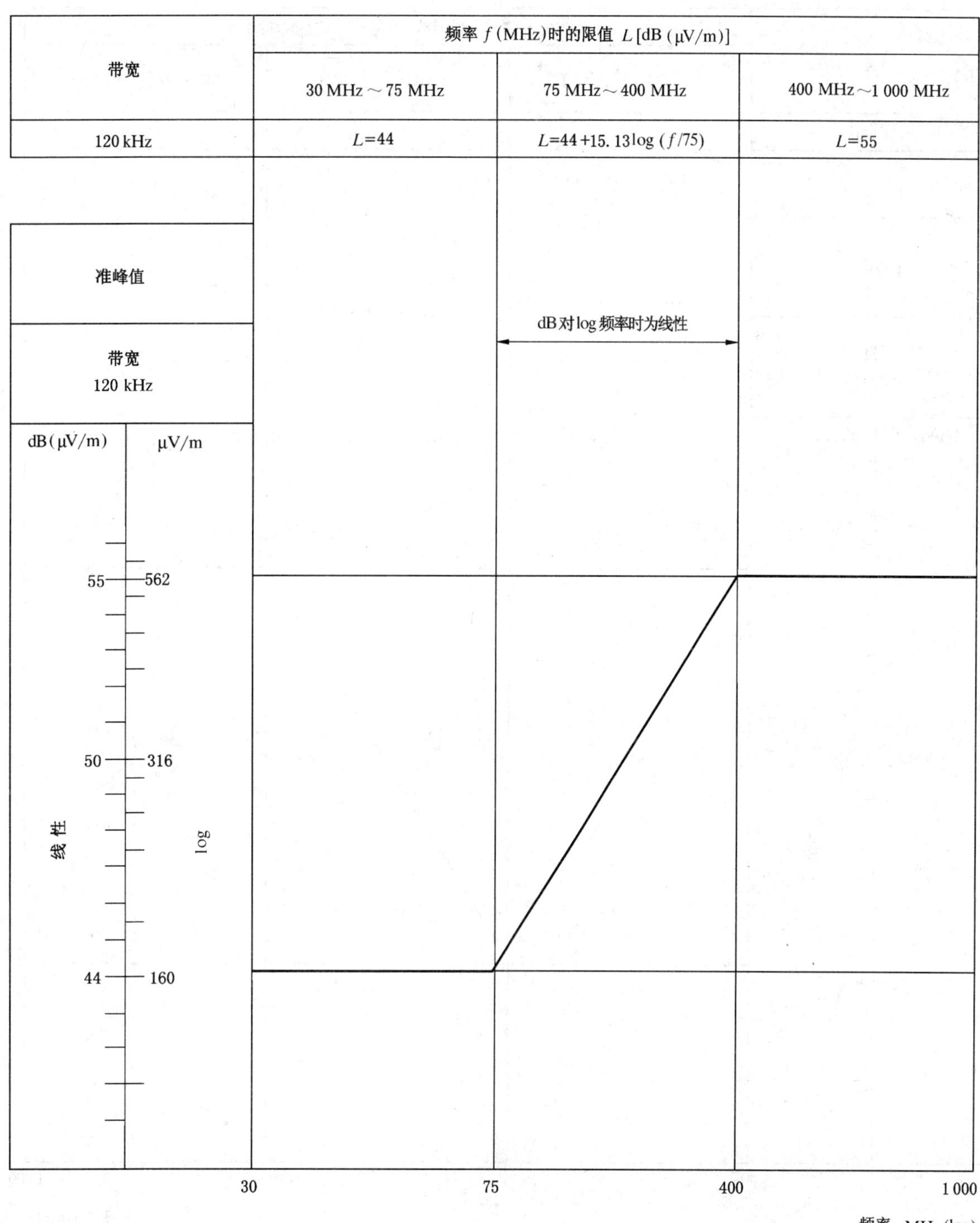

图 A.2　机器与天线之间的距离为 3 m 时的宽带参考限值

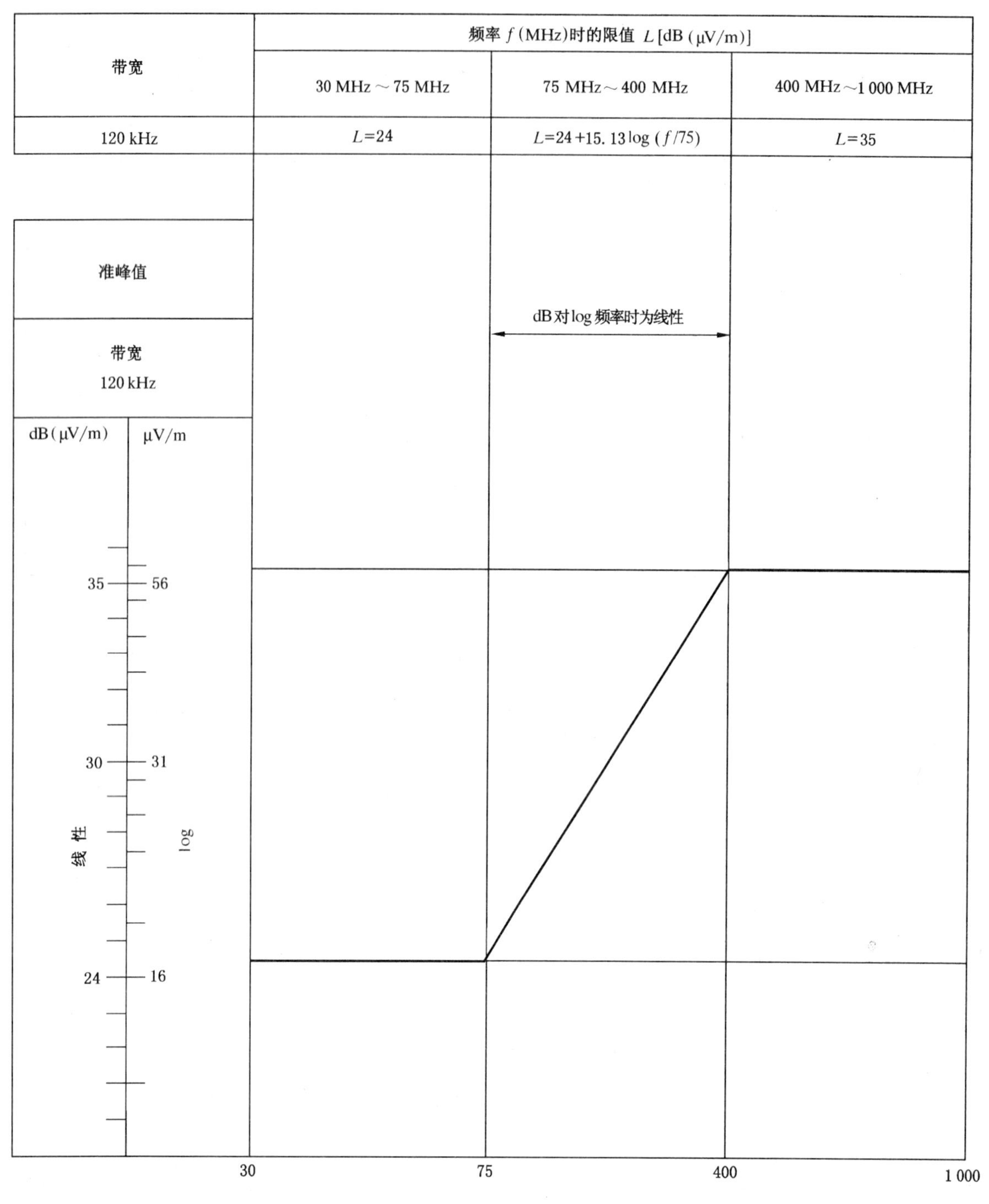

图 A.3 机器与天线之间的距离为 10 m 时的窄带参考限值

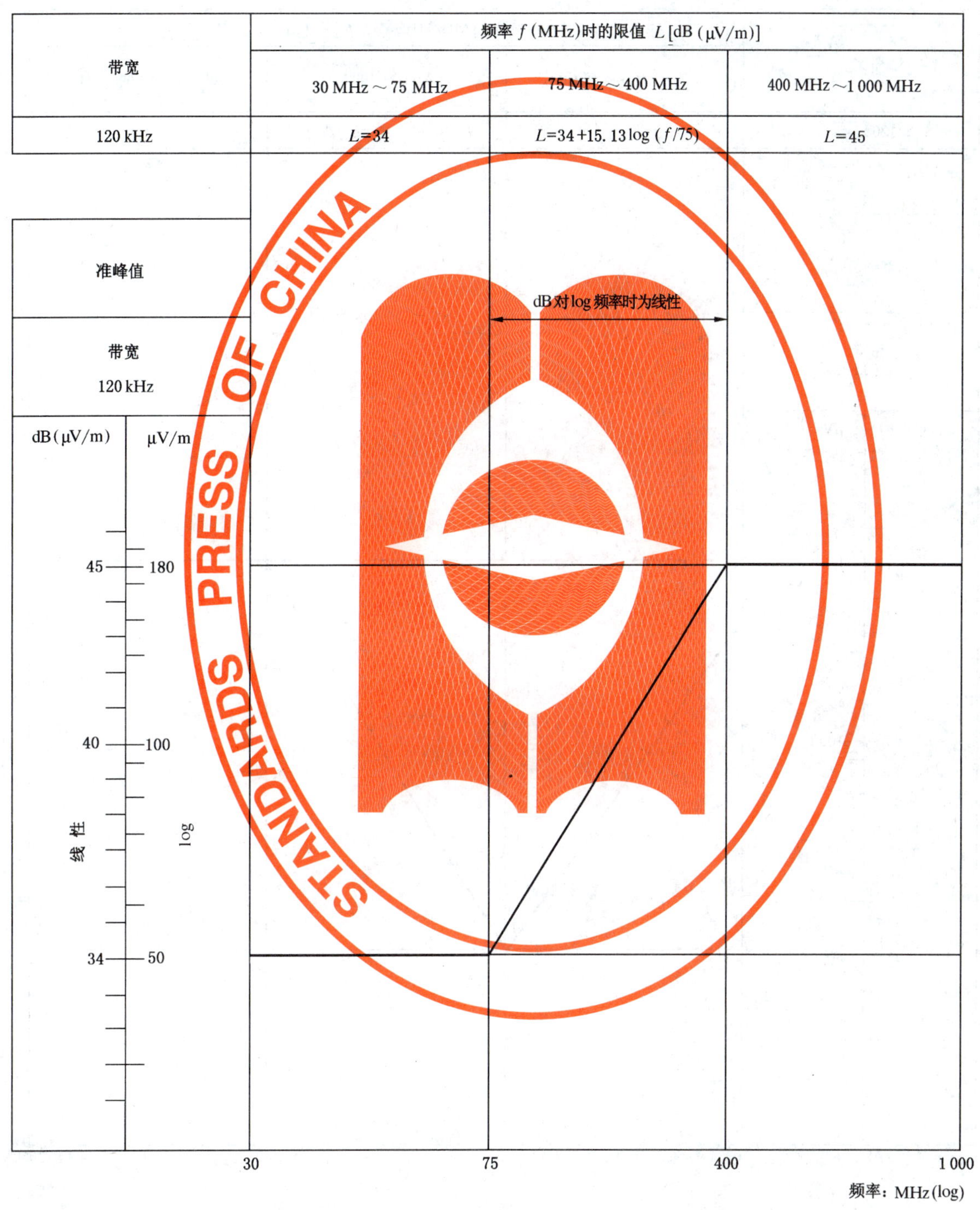

带宽	频率 *f*(MHz)时的限值 *L*[dB(μV/m)]		
	30 MHz～75 MHz	75 MHz～400 MHz	400 MHz～1 000 MHz
120 kHz	*L*=34	*L*=34+15.13 log(*f*/75)	*L*=45

图 A.4　机器与天线之间的距离为 3 m 时的窄带参考极限

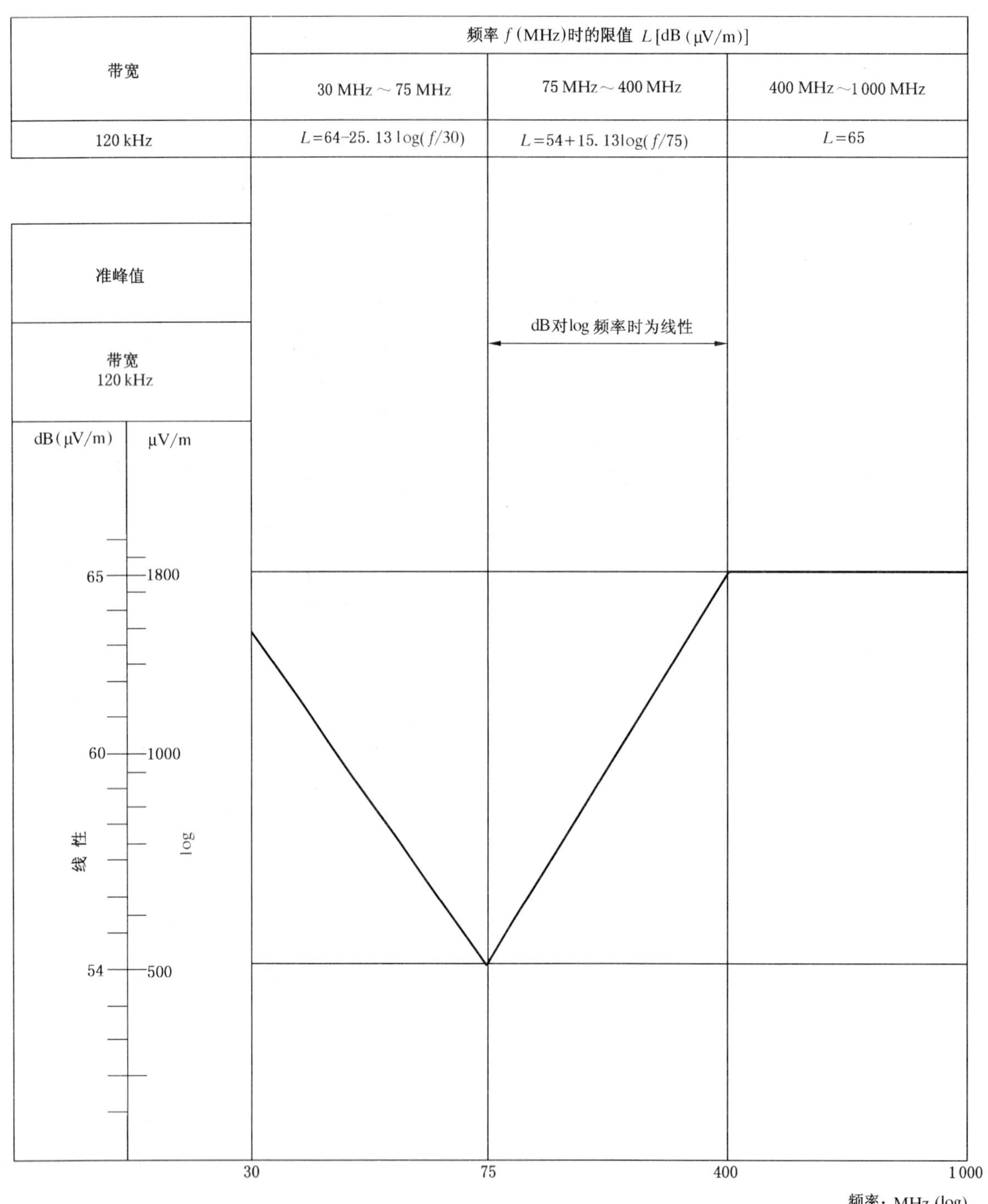

图 A.5 ESA 的宽带参考限值

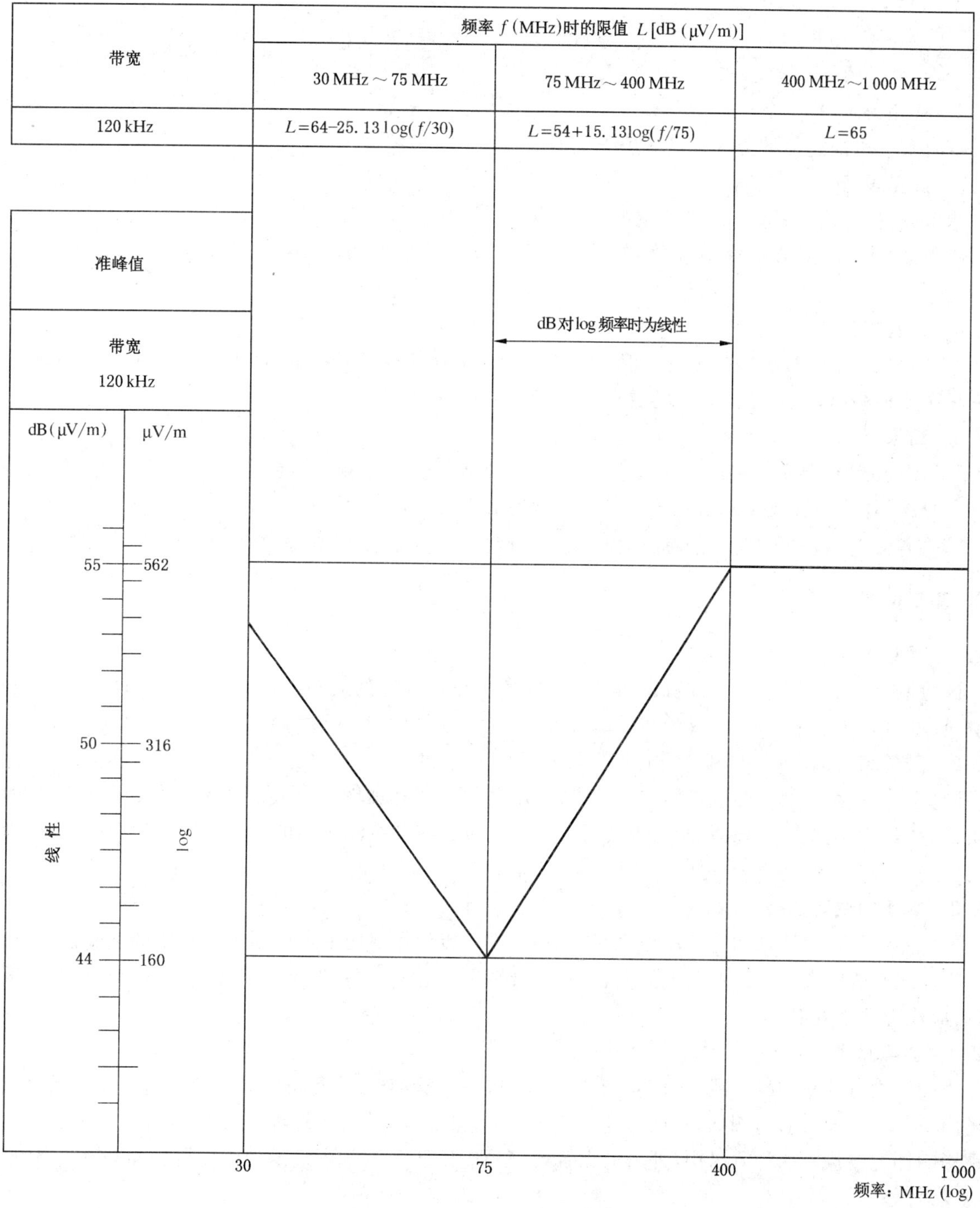

图 A.6　ESA 的窄带参考限值

附 录 B
（规范性附录）
机器宽带电磁辐射的测量方法

B.1 总则

B.1.1 应用

本附录中所描述的试验方法只适用于机器。

B.1.2 测量设备

测量设备应符合 GB/T 6113.1 的要求。

使用准峰值检测器或峰值检验器来测量带宽电磁发射时，应使用合适的校准系数（见 B.6 和 GB 14023）。

B.1.3 试验方法

本试验是为了测量机器的宽带发射。有两种可供选择的参考天线距离，分别为离机器 10 m 或3 m。无论是哪一种距离，都应符合 B.2 的要求。

B.1.4 结果

120 kHz 带宽，测量结果用 dB(μV/m)(μV/m)来表示。如果测量器械实际的带宽 B(用 kHz 表示)与 120 kHz 不同，则读数应乘以系数 120/B 来转换成 120 kHz 带宽。

注：此系数取决于干扰信号的光谱分配。对于火花式干扰电压，系数如上所述。对于谐波干扰信号，系数为 $\sqrt{120/B}$。

B.2 测量位置

B.2.1 试验地点

试验地点应干净、平整，在以机器和天线之间的中点为圆心的最小半径为 30 m 的圆内应没有电磁反射面（见图 B.1）。

B.2.2 测量场所

测量器械所在的试验棚或机器应在试验地点内，但只能在如图 B.1 所示的允许的区域内。假如能说明试验结果不会受影响，其他测量天线可以在离接收天线和待测机器的最小距离都为 10 m 的试验区域内。

B.2.3 封闭的试验器械

如果能说明试验器械和室外场地之间有关联，则可以使用封闭的试验器械。封闭的试验器械，在天线与机器之间的距离及天线的高度方面，不必符合图 B.1 中的尺寸要求，也不必如 B.2.4 所示，在试验前、后应检查环境发射。

B.2.4 环境测量

为确保没有外来的噪音或信号影响实际测量，应在试验前、后进行测量。如果进行环境测量时机器在场内，则应分步骤进行，例如，从试验场地移走机器，拿走点火钥匙，或断开电瓶，确保机器的发射不会严重影响环境测量。两种测量中，外来的噪音或信号应该低于 6.1.2 给出的干涉限值至少 10 dB（窄带环境发射除外）。

B.3 试验中机器的状态

在试验中，所有连续使用的宽带发射源应处于打开状态。

如果机器为发动机驱动，则发动机应在正常的操作温度下转动，且变速杆在中立位置。应注意确保变速机构不影响电磁辐射。在每次测量中，发动机应如表 B.1 所示进行操作。

单位为米

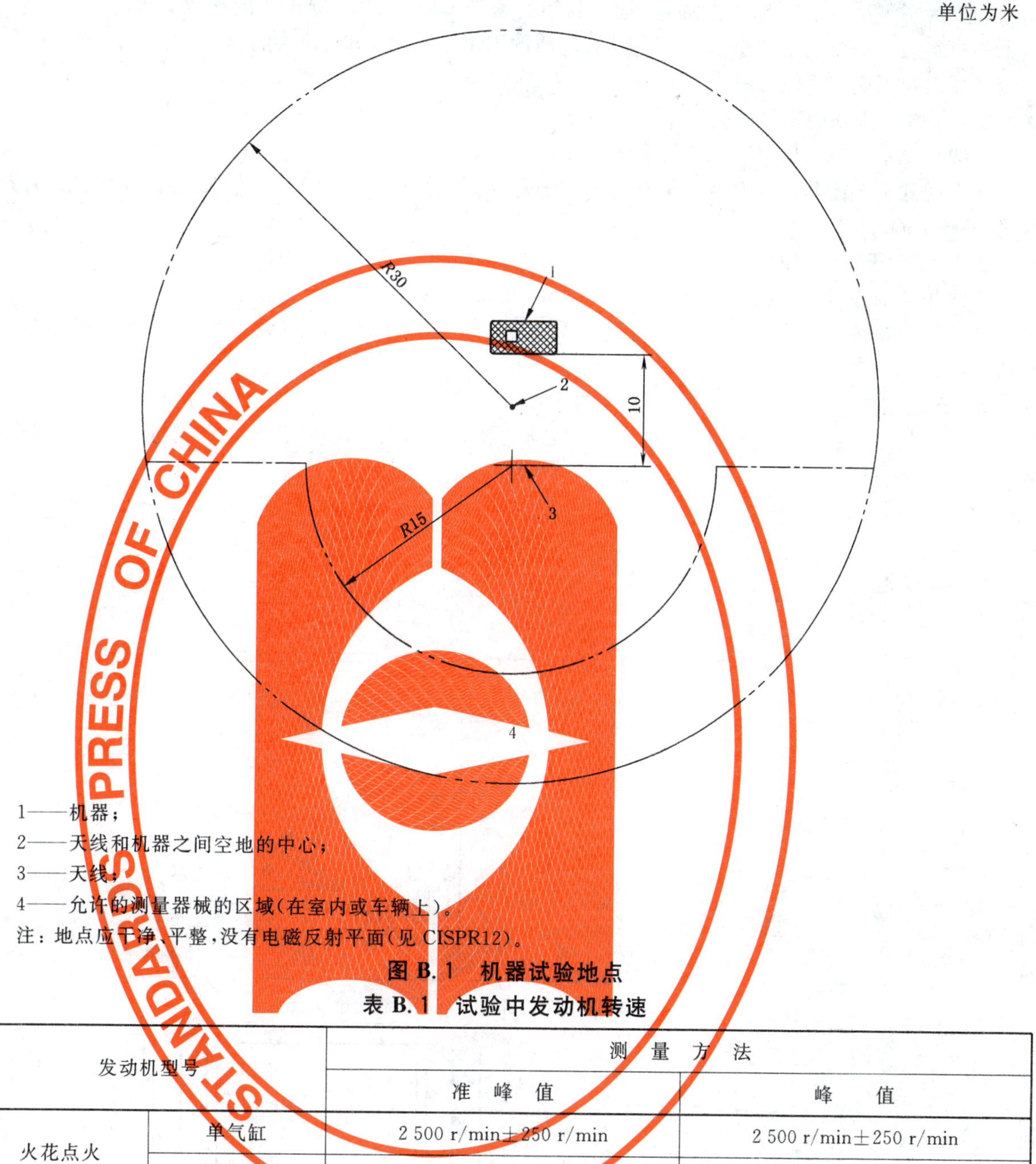

1——机器；

2——天线和机器之间空地的中心；

3——天线；

4——允许的测量器械的区域(在室内或车辆上)。

注：地点应干净、平整，没有电磁反射平面(见 CISPR12)。

图 B.1 机器试验地点

表 B.1 试验中发动机转速

发动机型号		测量方法	
		准峰值	峰值
火花点火	单气缸	2 500 r/min±250 r/min	2 500 r/min±250 r/min
	多气缸	1 500 r/min±150 r/min	1 500 r/min±150 r/min
柴油机		正常操作速度，相对公差为±10%。	

在雨、露、雪降到机器上时，或停止降水 10 min 以内，不应进行测量。

B.4 天线

B.4.1 天线型号

任何符合参考标准的天线都可以使用。可以使用 GB 14023—2006 的附录 A 中所描述的方法来调整天线。

B.4.2 天线位置

B.4.2.1 总则

天线的接收元件的任何部分与放置机器的平面之间的距离不能小于 0.25 m。

如果为了测试无线电频率电磁屏蔽而在封闭的场所中进行试验，则天线的接收元件与任何吸收无线电的材料之间的距离不能小于 1 m，与试验场所的围墙之间的距离也不能小于 1.5 m。在接收天线和待测机器之间不应有吸收材料。

B.4.2.2　10 m 天线距离的试验

天线相位中心应高出放置机器的平面 3 m±0.05 m。

从天线的顶端或其他在 B.4.1 提到的测量过程中定义的合适点到机身的外表面之间的水平距离应为 10 m±0.2 m。

B.4.2.3　3 m 天线距离的试验

天线相位中心应高出放置机器的平面 1.8 m±0.05 m。

从天线的顶端或其他在 B.4.1 提到的测量过程中定义的合适的点到机器的外表面之间的水平距离应为 3 m±0.05 m。

B.4.3　天线定向

天线应位于机器的左侧和右侧，且平行于机器的纵向对称面，与发动机的中点或与没有发动机的机器中点在一条直线上（见图 B.2）。

单位为米

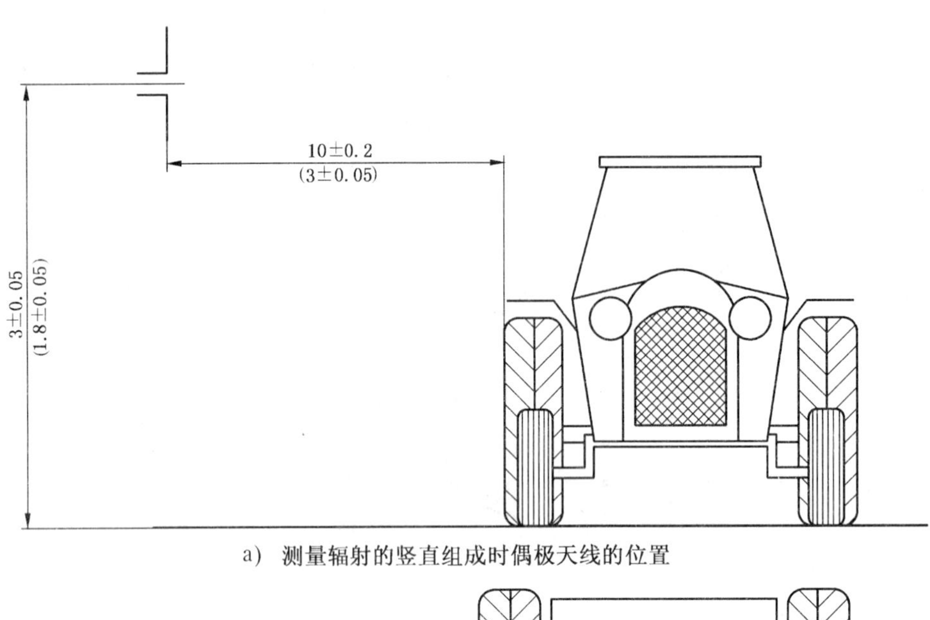

a)　测量辐射的竖直组成时偶极天线的位置

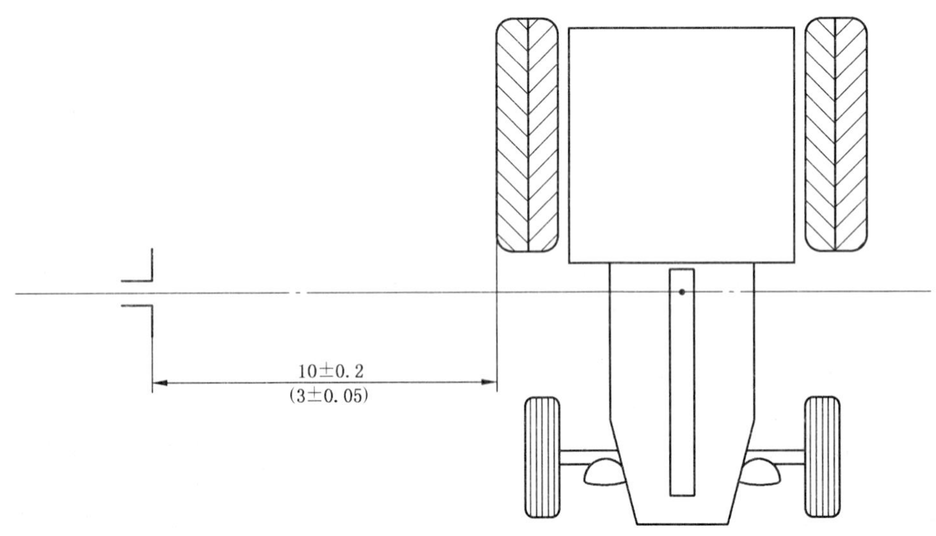

b)　测量辐射的水平组成时偶极天线的位置

图 B.2　天线相对于机器的位置

在每个测量点,都应在天线的水平和竖直两个极化方向上读数(见图 B.2)。

B.5 读数

取 B.4.3 得到的四个读数中的最大值作为测量频率上的特征读数。

B.6 频率

应在从 30 MHz 到 1 000 MHz 的频率范围上测量。最小扫描时间应与 GB 14023 的要求一致。

在试验过程中如果超出限值,则应进行调查,以确保这是机器的原因,而非背景辐射。

可以用准峰值或峰值检验器进行测量。6.1.2 所给出的界限是准峰值的。如果用峰值的,则每 1 MHz带宽加 38 dB 或每 1 kHz 减 22 dB,即:

——限值(峰值,1 MHz)=限值(准峰值,120 kHz)+38 dB;

——限值(峰值,1 kHz)=限值(准峰值,120 kHz)-22 dB。

注:根据 GB 14023,准峰值测量与峰值测量之间的校准系数在 120 kHz 带宽上为+20 dB,已包括在上述等式中。

附 录 C
（规范性附录）
机器窄带电磁辐射的测量方法

C.1 总则

C.1.1 应用

本附录中所描述的试验方法只适用于机器。

C.1.2 测量设备

测量设备应符合 GB/T 6113.1 的要求。

使用峰值检验器来测量窄带电磁发射。

C.1.3 试验方法

本试验是为测量机器的窄带发射，例如，从微处理系统或其他窄带源进行的发射。有两种可供选择的天线距离，离机器 10 m 或 3 m。无论是哪一种距离，都应符合 C.2 的要求。

C.1.4 结果

测量结果是用 dB(μV/m)(μV/m)来表示。

C.2 测量位置

C.2.1 试验地点

试验地点应干净、平整，在以机器和天线之间的中点为圆心最小半径为 30 m 的圆内应没有电磁反射表面(见图 B.1)。

C.2.2 测量场所

测量器械所在的试验棚或机器应在试验场地内，但是只在如图 B.1 所示的允许的区域内。如果可以表明试验结果不会受影响，则其他测量天线可以在离接收天线和待测机器的最小距离都为 10 m 的试验区域内。

C.2.3 封闭的试验器械

如果能表明试验器械和室外场地之间有关联，则可以使用封闭的试验器械。封闭的试验器械，在天线与机器之间的距离及天线的高度方面，不必符合图 B.1 中的尺寸要求，也不必如 C.2.4 中所指示的，在试验前、后检查环境发射。

C.2.4 环境测量

为确保没有外来的噪音或信号影响测量，应在试验前、后进行测量。如果进行环境测量时机器在场，则应分步骤进行，例如，从试验场地移走机器，拿走点火钥匙，或断开电瓶，确保机器的发射不严重影响环境测量。两种测量中，外来的噪音或信号应该低于 6.1.2 给出的干涉极限至少 10 dB(除了有意的窄带环境发射)。

C.3 试验中机器的状态

测量过程中，可能产生窄带发射的机器的电子系统应工作。如有必要，产生宽带发射的系统应关闭。

点火开关应打开。发动机应不工作。

在雨、露、雪降到机器上时，或停止降水 10 min 以内，不能进行测量。

C.4 天线

C.4.1 天线型号

任何符合参考标准的天线都可以使用。可以使用 GB 14023—2006 的附录 A 中所描述的方法来调整天线。

C.4.2 天线位置

C.4.2.1 总则

天线的接收元件的任何部分与放置机器的平面之间的距离不能小于0.25 m。

如果为了测试无线电频率电磁屏蔽而在封闭的场所中进行试验,则天线的接收元件与任何吸收无线电的材料之间的距离不能小于1 m,与试验场所的围墙之间的距离也不能小于1.5 m。在接收天线和待测机器之间不应有吸收材料。

C.4.2.2 10米天线距离的试验

天线相位中心应高出放置机器的平面3 m±0.05 m。

从天线的顶端或其他在B.4.1提到的测量过程中定义的合适的点到机器的外表面之间的水平距离应为10 m±0.2 m。

C.4.2.3 3米天线距离的试验

天线相位中心应高出放置机器的平面1.8 m±0.05 m。

从天线的顶端或其他在B.4.1提到的测量过程中定义的合适的点到机器的外表面之间的水平距离应为3 m±0.05 m。

C.4.3 天线定向

天线应相继放在机器的左面和右面,平行于机器的纵向对称面,与发动机的中点;或,如果没有发动机,就与机器的中点在一条直线上(见图B.2)。

在每个测量点,都应在天线的水平和竖直两个极化方向上读数(见图B.2)。

C.5 读数

取C.4.3得到的四个读数中的最大值作为测量频率上的特征读数。

C.6 频率

应在从30 MHz到1 000 MHz的整个频率范围上测量。最小扫描时间应与GB 14023的要求一致。

在试验过程中如果超出极限,则应进行调查,确保这是机器的原因,而非背景辐射。

附　录　D
（规范性附录）
电子电器组件的宽带电磁辐射的测量方法

D.1　总则

D.1.1　应用

本附录中所描述的试验方法只适用于ESA。

D.1.2　测量设备

测量设备应符合GB/T 6113.1的要求。

使用准峰值检验器或峰值检验器，来测量宽带电磁发射，则应使用合适的校准系数（见D.6和GB 14023）。

D.1.3　试验方法

本试验是为测量ESA的宽带发射。

D.1.4　结果

120 kHz的带宽，测量结果是用dB(μV/m)(μV/m)来表达的。如果测量器械实际的带宽B(用Hz表示）与120 kHz不同，则读数应乘以系数120/B来转换成120 kHz带宽。

D.2　测量位置

D.2.1　试验地点

试验地点应与GB/T 6113.1的要求一致（见图D.1）。

D.2.2　测量场所

测量器械所在的试验棚或机器应在如图D.1所示的边界以外。

D.2.3　封闭的试验器械

如果能说明试验器械和室外场地之间有关联，则可以使用封闭的试验器械。封闭的试验器械，在天线与ESA之间的距离及天线的高度方面，不必符合图D.1中的尺寸要求。见图D.2、图D.3。

D.2.4　环境测量

为确保没有足以影响测量的外部的噪音或信号，应在主要试验以前和以后进行测量。两种测量中，外部的噪音或信号应该低于6.4.2给出的干涉极限至少10 dB(除了有意的窄带环境发射）。

D.3　试验中ESA的状态

D.3.1　总则

待测ESA应处于正常操作方式。

在雨、露、雪降到机器上时，或停止降水10 min以内，不能进行测量。

D.3.2　ESA的设置

用木板或与不导电的桌子将待测ESA及其线束垫起来，高出金属底平面50 mm±5 mm。如果待测ESA的任何部分要与机身电连接，则此部分应放在底平面上，并与底平面电连接。

底平面应为金属板，最小厚度为0.5 mm。金属板的最小尺寸取决于待测ESA的尺寸，但应允许ESA的线束和元器件配电。底平面应与接地系统的保护性导电体相连接。底平面应在高于试验场所的地板1 m±0.1 m处，并与之平行。

待测ESA应按照要求进行安排和连接。供电线束应沿着底平面/桌子的离天线最近的边缘，且距离在100 mm±10 mm以内。

单位为米

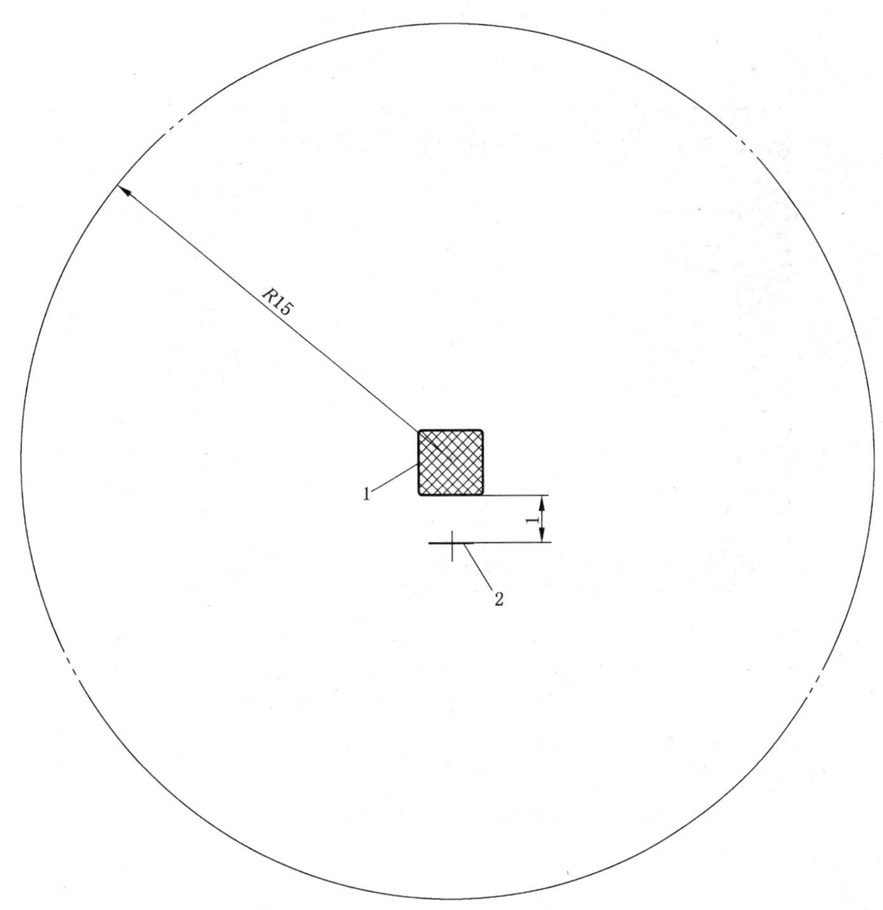

1——底平面上的试验样品；

2——天线。

注：地点应干净、平整，无电磁反射平面(见 CISPR16-1)。

图 D.1 ESA 试验地点边界

待测 ESA 应按照生产厂的安装要求与接地系统相连接，不允许有额外的接地连接。

待测 ESA 与其他所有导电结构，如屏蔽区域的围墙(试验物体下面的底平面/桌子除外)之间的最小距离为 1 m。

D.3.3 ESA 电源

通过一个与底平面电连接的 5 μH/50 Ω 的外围线路给 ESA 提供电源。供电电压应保持在系统正常操作电压的 ±10% 范围内。在外围线路监控接口测量，电压的波动应少于系统正常操作电压的 1.5%。

D.3.4 复合 ESA

如果待测 ESA 由多个单元组成，互相连接的电缆理论上应成为机器使用的线束。如果这些不可用，则电子控制元件和外围线路之间的最小长度应为 1.5 m。绝缘线束中的所有电缆应适可而止，且最好终止在实际的负载或传动装置上。如果待测 ESA 的正确操作需要有外部的设备，则在测量值中应有一定补偿量。

D.4 天线

D.4.1 天线型号

任何符合参考标准的线性极化的天线都可以使用。

单位为毫米

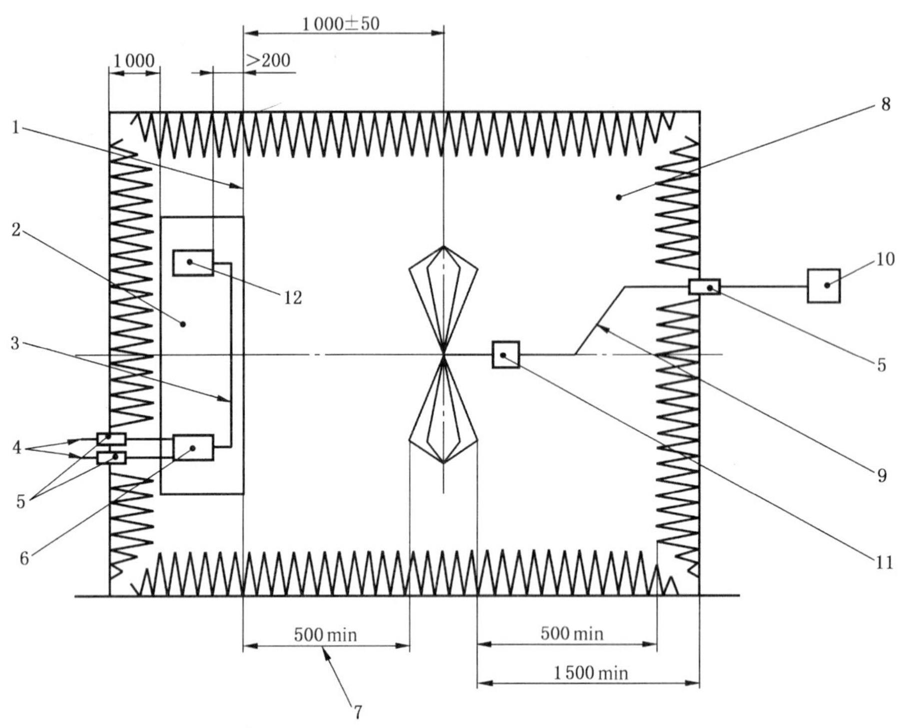

1——到天线的轴或离　最近的元件:1 000 mm±50 mm;

2——底平面与墙相连的试验台;

3——1 500 mm±75 mm 长且高于底平面 50 mm±5 mm 的试验线束;

4——待测机构的供电;

5——馈通;

6——包括外围线路的连接箱;

7——最近的辐射元件最少离底平面边缘 500 mm;

8——屏蔽的围栏;

9——双面屏蔽的同轴电缆;

10——测量接收器;

11——与天线接近的天线配套单元(必要时);

12——ESA。

图 D.2　ESA 的耦合的宽带电磁发射——试验布局(总体平面图)

D.4.2　天线位置

天线相位中心应高出底平面 150 mm±10 mm。

从天线的相位中心或顶端到底平面的边缘之间的水平距离应为 1 m±0.05 m。天线的每个部分离底平面不能近于 0.5 m。

天线应与垂直于底平面的平面平行,且与线束的主要部分所走的底平面的边缘重合。

如果为了测试无线电频率电磁屏蔽而在封闭的场所中进行试验,则天线的接收元件与任何吸收无线电的材料之间的距离不能小于 1 m,与试验场所的围墙之间的距离也不能小于 1.5 m。在接收天线和待测机器之间不应有吸收材料。

D.4.3　天线定位

在每个测量点,都应在天线的水平和竖直两个极化方向上读数。

D.5　读数

按照 D.4.3 得到的两个读数中的最大值作为测量频率上的特征读数。

单位为毫米

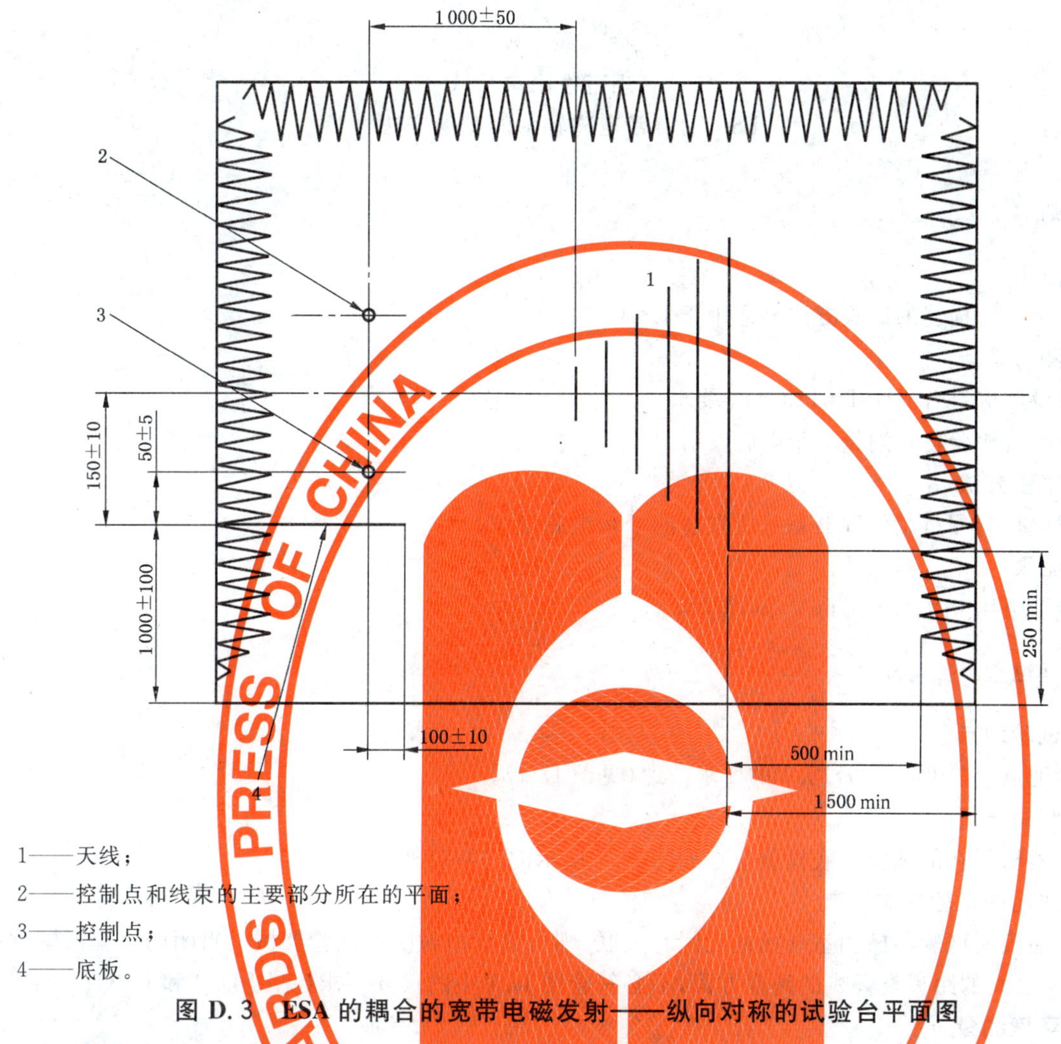

1——天线；

2——控制点和线束的主要部分所在的平面；

3——控制点；

4——底板。

图 D.3 ESA 的耦合的宽带电磁发射——纵向对称的试验台平面图

D.6 频率

应在从 30 MHz 到 1 000 MHz 的频率范围上测量。最小扫描时间应与 GB 14023 的要求一致。

在试验过程中如果超出极限，则应进行调查，确保这是机器的原因，而非背景发出的辐射。

可以用准峰值或峰值检验器进行测量。6.4.2 所给出的限值是准峰值的。如果用峰值的，则每 1 MHz带宽增加 38 dB 或每 1 kHz 减少 22 dB，即：

——限值(峰值，1 MHz)＝限值(准峰值，120 kHz)＋38 dB；

——限值(峰值，1 kHz)＝限值(准峰值，120 kHz)－22 dB。

注：根据 GB 14023，准峰值与峰值测量之间的校准系数在 120 kHz 带宽上为＋20 dB，已包括在上述等式中。

附 录 E
（规范性附录）
ESA 的窄带电磁辐射的测量方法

E.1 总则

E.1.1 应用

本附录中所描述的试验方法只适用于 ESA。

E.1.2 测量设备

测量设备应符合 GB/T 6113.1 的要求。

使用峰值检验器来测量窄带电磁发射。

E.1.3 试验方法

本试验是为测量微处理器系统所发射的窄带电磁辐射。

E.1.4 结果

测量结果用 dB(μV/m)(μV/m)表示。

E.2 测量位置

E.2.1 试验地点

试验地点应与 GB/T 6113.1 的要求一致(见图 D.1)。

E.2.2 测量场所

测量器械所在的试验棚或机器应在如图 D.1 所示的边界以外。

E.2.3 封闭的试验器械

如果能表明试验器械和室外场地之间有关联,则可以使用封闭的试验器械。封闭的试验器械,在天线与 ESA 之间的距离及天线的高度方面,不必符合图 D.1 中的尺寸要求(见图 D.2 和 D.3)。

E.2.4 环境测量

为确保没有影响测量的外部的噪音或信号,应在试验前、后进行测量。两种测量中,外部的噪音或信号应该低于 6.5.2 给出的干涉界限至少 10 dB(窄带环境发射除外)。

E.3 试验中 ESA 的状态

E.3.1 总则

待测 ESA 应处于正常操作状态。

在雨、露、雪降到机器上时,或停止降水 10 min 以内,不能进行测量。

E.3.2 ESA 设置

用木板或与不导电的桌子将待测 ESA 及其线束垫起来,离金属底平面 50 mm±5 mm。然而,如果待测 ESA 的任何部分要与机身电连接,则那部分应放在底平面上,并与之电连接。

底平面应为金属板,最小厚度为 0.5 mm。金属板的最小尺寸取决于待测 ESA 的尺寸,但应允许 ESA 的线束和元器件配电。底平面应与接地系统的保护性导电体相连接。底平面应在高于试验场所的地板 1 m±0.1 m 处,并与之平行。

待测 ESA 应按照要求布置和连接。供电线束应沿着底平面/桌子的离天线最近的边缘,且距离在 100 mm±10 mm 以内。

待测 ESA 应按照生产厂的安装要求与接地系统相连接,不允许有额外的接地连接。

待测 ESA 与其他所有导电结构,与封闭区域的围墙(试验物体下面的底平面/桌子除外)之间的最小距离为 1 m。

E.3.3 ESA 动力

通过一个与底平面电连接的 5 μH/50 Ω 的外围电路给 ESA 提供电源。供电电压应保持在系统正常操作电压的±10%。在外围电路监控接口测量，电压的波动应少于系统正常操作电压的 1.5%。

E.3.4 复合 ESA

如果待测 ESA 由多个单元组成，互相连接的电缆理论上应成为机器使用的线束。如果这些不可用，则电子控制元件和外围电路之间的最小长度应为 1.5 m。绝缘线束中的所有电缆长度应适当，且最好终止在实际的负载或传动装置上。如果待测 ESA 的正确操作需要有外部的设备，则在测量值中应有一定补偿量。

E.4 天线

E.4.1 天线型号

任何符合参考标准的线性极化的天线都可以使用。

E.4.2 天线位置

天线相位中心应高出底平面 150 mm±10 mm。

从天线的相位中心或顶端到底平面的边缘之间的水平距离应为 1 m±0.05 m。天线的每个部分离底平面不能近于 0.5 m。

天线应与垂直于底平面的平面平行，且与线束主要部分所走的底平面的边缘重合。

如果为了测试无线电频率电磁屏蔽而在封闭的场所中进行试验，则天线的接收元件与任何吸收无线电的材料之间的距离不能小于 0.5 m，与试验场所的围墙之间的距离也不能小于 1.5 m。在接收天线和待测 ESA 之间不应有吸收材料。

E.4.3 天线定位

在每个测量点，都应在天线的水平和竖直两个极化方向上读数。

E.5 读数

取 E.4.3 得到的两个读数中的最大值作为测量频率上的特征读数。

E.6 频率

应在从 30 MHz 到 1 000 MHz 的整个频率范围上测量。最小扫描时间应与 GB 14023 的要求一致。

附　录　F
（资料性附录）
“最坏情况”指南

F.1　总则

下列几段概括了根据指令 89/336/EEC 选择对 ESA 和机器进行 EMC 评估的一种可能的方法。

在指导进行“最坏情况”选择的最有效方法方面几乎没有可用的材料，而且不像汽油车的火花点火宽带干涉，有 20 年进行型式认可的经验可以参考。应考虑用近似模型，这样提交最小数量的机器或 ESA 进行试验，就可以涵盖所有规格的机器型式和电磁现象。变体应包括电子控制单元或 ESA。

指令 95/54/EC 起初是为汽油车而制定，但修订后包括了柴油机车辆。95/54/EC 所涵盖的车辆型号在 70/156/EEC 中有规定，并编号为 M、N 和 O。所有的其他车辆都要求符合 89/336/EEC（例如可移动的机械）规定。

建议根据机身和电子控制模块选择需要的型式检验的最小数量的机器参数。制造厂可能会证明装到不同机器上的类似的电子控制系统在 EMC 设计及性能方面是一致的。

机器线束的变化可以通过选择一个最大的和一个最小的线路配置来操作。如果只用一个或尽可能少线束变量，则线束的某些分支在生产中就会导致未接到终端。这就认为是一种“最坏情况”，因为未接到终端的线束可能会作为外来的电磁辐射干扰的接收器。

F.2　理由

F.2.1　总则

在 F.2.2～F.2.4 中给出了在未安装到机器和设备上的子系统进行特定的 EMC 试验的理由。如果一个机器或设备是作为整体系统进行测试，则安装的每个 EMC 性能都应进行评估。例如，如果在进行机器的宽带发射试验时，空调没有打开，则需对空调进行单独的 ESA 试验并认可。

ESA 规格的 EMC 有效性的评估可利用一个简单的列表进行，见表 F.1。在机身类别的基础上开发一个模型，涵盖所有的变量和选项，可以帮助选择待测规格。

理由编号	理　　由
F.2.2　窄带发射	
1	不具备大于 9 kHz 的振动器（大于 9 kHz 的振动器有，如微处理器钟表，脉冲宽度调制信号）
2	被电子技术委员会的官方杂志上发表的标准认可的系统，满足 95/54/EC 的要求
F.2.3　宽带发射	
3	不具备 EM 宽带发射源（宽带噪音源的例子有刮水器电动机和火花间隙）
4	不连续操作
F.2.4　抗干扰能力	
5	系统性能的降低不影响以下方面： a)　驾驶员对机器的直接操纵； b)　发动机转速控制； c)　转向； d)　制动； e)　机器部件的运动； f)　任何可能产生危险的功能； g)　误导他人
6	系统不包括半导体设施（半导体设施有晶体管和微处理器）
7	设施电源的开关或通过继电器接触
8	司机/驾驶员无法感知系统性能降低。制造厂应确定或说明机械极限，如最大变化率、机械失效方式等

F.3 要求

“最坏情况”应确定：

——待测特定型号的机器、设备或 ESA 的规格；

——试验中的操作模式(“正常的操作模式”)；

——如何监控系统性能；

——通过/未通过标准。

在审核“最坏情况”之前需要有详细的电气线路图来帮助选择有代表性的系统。

表 F.1 ESA 规格评估的例子

部件	ESA	窄带发射	防干扰能力	宽带发射	理由编号[a]
动力传动系	柴油机燃油注入	A	A	NA	3
	发动机管理	A	A	NA	3
	交流发动机	NA	NA	A	1、5
	火花点火	NA	NA	A	1、6
	制冷风扇	NA	NA	A	1、6
	电气燃油泵	NA	NA	A	1、6
传动装置	自动变速器	A	A	NA	3
	离合器操纵	A	A	NA	3
	速度限制器	A	A	NA	3
悬挂	主动的悬挂	A	A	NA	3
转向	动力转向	A	A	NA	3
	4WS	A	A	NA	3
制动	防锁定制动器	A	A	NA	4(+)
	牵引控制	A	A	NA	4(+)
机身电气	雨刷操纵	NA	NA	A	1、7
	里程计和转速表计数器	A	NA	NA	3、5
	钟表	A	NA	NA	3、5
	仪表显示总成	A	NA(*)	NA	3、5
	音响装置	NA	NA	NA	2、3、5
灯具	转向指示灯	NA	A	NA	1、3、4
	灯标	NA	NA	A	1、5
其他	RF 通讯	NA	NA	NA	2、3、5
	导航系统	A	A	NA	8

A：可用的；

NA：不可用的；

(*)：取决于显示的功能；

(+)：功能不连续操作。

[a] 见 F.2.2～F.2.4。

附　录　G
（资料性附录）
样品的电磁兼容性试验报告

机器或 ESA 的说明

机器/ESA 制造厂的名称和地址……………………………………………………………………

……

机器/ESA 型号和功能……………………………………………………………………………

……

本试验所涵盖的相近机器/ESA……………………………………………………………………

……

EMC 试验

项　　目	试验数据和位置	所用标准	结　果	意　见
宽带发射				
窄带发射				
抗干扰能力				
ESD				
瞬态传导				

ICS 65.060.99
B 91

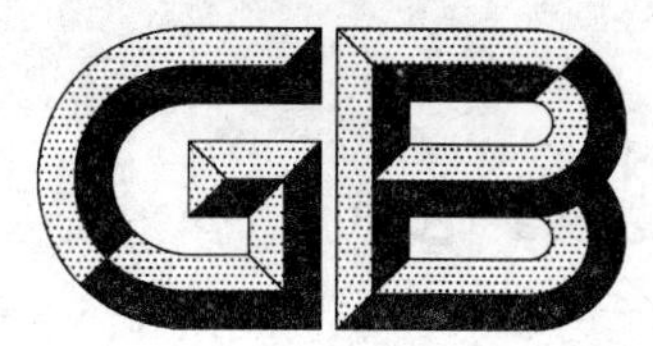

中华人民共和国国家标准

GB/T 21399—2008

粮食干燥机自动控制系统评定规则

Evaluating rule of automatic control system for grain driers

2008-02-03 发布　　2008-07-01 实施

中华人民共和国国家质量监督检验检疫总局
中国国家标准化管理委员会　发布

前　言

本标准由中国机械工业联合会提出。

本标准由全国农业机械标准化技术委员会归口。

本标准起草单位：中国农业机械化科学研究院。

本标准主要起草人：张小超、胡小安。

粮食干燥机自动控制系统评定规则

1 范围

本标准规定了粮食干燥机自动控制系统的技术性能要求、试验方法及评定方法。

本标准适用于各类粮食干燥机自动控制系统(简称控制系统)。

2 规范性引用文件

下列文件中的条款通过本标准的引用而成为本标准的条款。凡是注日期的引用文件,其随后所有的修改单(不包括勘误的内容)或修订版均不适用于本标准,然而,鼓励根据本标准达成协议的各方研究是否可使用这些文件的最新版本。凡是不注日期的引用文件,其最新版本适用于本标准。

GB/T 2423.1—2001 电工电子产品环境试验 第2部分:试验方法 试验A:低温(idt IEC 60068-2-1:1990)

GB/T 2423.2—2001 电工电子产品环境试验 第2部分:试验方法 试验B:高温(idt IEC 60068-2-2:1974)

GB/T 2423.3—2006 电工电子产品环境试验 第2部分:试验方法 试验Cab:恒定湿热试验(IEC 60068-2-78:2001,IDT)

GB 5491—1985 粮食、油料检验 扦样、分样法

GB/T 5497—1985 粮食、油料检验 水分测定法

GB/T 11605—2005 湿度测量方法

GB/T 17626.2—2006 电磁兼容 试验和测量技术 静电放电抗扰度试验(IEC 61000-4-2:2001,IDT)

GB/T 17626.3—2006 电磁兼容 试验和测量技术 射频电磁场辐射抗扰度试验(IEC 61000-4-3:2002,IDT)

GB/T 17626.4—1998 电磁兼容 试验和测量技术 电快速瞬变脉冲群抗扰度试验(idt IEC 61000-4-4:1995)

GB/T 17626.5—1999 电磁兼容 试验和测量技术 浪涌(冲击)抗扰度试验(idt IEC 61000-4-5:1995)

GB/T 17626.11—1999 电磁兼容 试验和测量技术 电压暂降、短时中断和电压变化的抗扰度试验(idt IEC 61000-4-11:1994)

GB 50054—1995 低压配电设计规范

3 一般要求

3.1 一般要求

3.1.1 控制系统应按照经规定程序批准的产品图样和技术文件制造。

3.1.2 控制系统的零、部件应符合有关标准的规定,并经检验合格后方可进行装配。

3.1.3 控制系统主机应该能在0℃~40℃环境温度及20%~80%空气相对湿度下正常工作。传感器和控制机构应该能在-20℃~40℃环境温度及20%~90%空气相对湿度下正常工作。

3.2 安全要求

控制系统应设置防火、静电接地、漏电及过载保护等安全装置。使用的电器元器件、电器导线、电器连线、控制装置安全设计应符合有关标准的规定。

4 技术性能要求

4.1 基本要求

a) 干燥机输出粮食水分控制误差:±1.5%(含水率的绝对误差);
b) 干燥机粮食含水率在线测量范围:10%~35%,误差:±1.0%(含水率的绝对误差);
c) 控制给定粮食目标含水率范围:12.0%~18.0%;
d) 热风温度测量范围:10℃~200℃,误差:±2.0℃;
e) 冷风温度测量范围:−25℃~50℃,误差:±1.0℃;
f) 塔内环境温度的测量范围:−10℃~100℃,误差:±1.5℃;
g) 环境相对湿度的测量范围:10%~90%,误差:±3.5%(相对湿度绝对误差);
h) 控制温度误差:±2.5℃;
i) 控制系统的功能指标包括:温度场的测量,热风和冷风以及混合流量测量;温度控制(分段)曲线数字给定,水分干燥控制曲线给定,温度控制的动态特性优化算法,粮食入机流量和出机流量检测,控制系统与传感器自诊断与故障报警。

4.2 主要功能要求

4.2.1 粮食干燥品质控制能力

a) 控制系统要求对干燥机温度能进行测量和控制。温度控制需有静态、动态指标。
b) 通过温度给定控制曲线,改善粮食干燥的品质。
c) 通过温度场的测量与控制能力,控制粮食水分分布的不均匀性。

4.2.2 干燥设备干燥能力辅助控制能力

a) 控制系统应具备热风、冷风温度控制能力;
b) 应对热风、冷风以及混合流量进行测量;
c) 应对环境温度和环境相对湿度进行监测。

4.2.3 粮食干燥水分测量能力

a) 控制系统要求对干燥设备输出粮食水分进行在线控制。
b) 采用近红外光谱测量方法需用微处理器进行实时分析。采用滤光片近红外测量方法的应具有多模型数字存储功能。
c) 采用微波测量方法不限制反射式或对射式,不限制频率波段,但要求采用粮食分布密度补偿技术。
d) 采用电容式测量方法应对电容式传感器的安装进行评价。采用在线式测量方法的应对粮食的流动性、通过性进行试验。采用准在线测量方法的应对取样的合理性和实时性进行评价。

4.2.4 干燥机的控制系统基本性能与可靠性

应按电气设备的技术考核指标评价控制系统的基本性能和可靠性。主要包括:控制系统平均无故障工作时间、电磁兼容性以及控制系统及传感器的温度特性。

5 试验方法

5.1 实验室试验条件

a) 环境温度:5℃~35℃。
b) 相对湿度:不大于85%。
c) 大气压力:86 kPa~106 kPa。
d) 电源电压偏差:交流220 V的±1%。
e) 电源频率偏差:50 Hz的±1%。
f) 交流电源的谐波含量:小于5%。

g) 控制系统传感器不受外部光线照射。

h) 周围无影响设备正常工作的电磁干扰。

i) 试验用仪器设备在使用前应经校验合格,并在有效周期内。

5.2 性能试验方法

5.2.1 一般规定

a) 传感器和仪表的校准应在规定的、稳定的环境条件下操作。

b) 温度、湿度传感器和仪表测试点应分布在整个测量范围内,包括量程上、下限附近10%的点,应至少测5个点,其间距应均匀。

c) 应进行重复性试验,重复次数不少于3次。

5.2.2 温度传感器和仪表试验

a) 使用标准恒温恒湿试验箱和标准二级水银温度计,将温度传感器固定在专用设备(或容器)内。

b) 应保持湿度不变,在温度测量范围内升降温度,记录标准值和测量值。

c) 按试验的一般规定升温和降温,并各测量至少5个点,记录标准值和测量值。

d) 按试验的一般规定进行重复性试验,记录标准值和测量值。

e) 每个测量点保持15 min后再次读取温度的测量值。在测试过程中读数最大的变化值即为温度漂移。记录标准值和测量值。

f) 进行测量线性度、迟滞、重复性和温度测量漂移数据处理。

5.2.3 湿度传感器和仪表试验

a) 按照GB/T 11605规定的试验方法,使用标准恒温恒湿试验箱和采用干湿球原理的精密湿度仪,将湿度传感器固定在专用设备(或容器)内。

b) 应保持温度不变,在湿度测量范围内升降温度,记录标准值和测量值。

c) 按试验的一般规定升湿和降湿,并各测量至少5个点,记录标准值和测量值。

d) 按试验的一般规定进行重复性试验,记录标准值和测量值。

e) 每个测量点保持15 min后再次读取湿度的测量值。在测试过程中读数最大的变化值即为湿度漂移。记录标准值和测量值。

f) 进行测量线性度、迟滞、重复性和湿度测量漂移数据处理。

5.2.4 在线水分传感器和仪表试验

a) 按GB/T 5497规定的试验方法,采用105℃恒重法,使用在80℃～100℃内能保持温度±1.0℃的标准电热恒温试验箱和感量0.001 g的分析天平,采用实验室用保水粉碎机以及标准铝盒。

b) 按GB 5491规定的扦样、分样法在粮食水分在线测量仪器的测量点处同时测量与取样。

c) 按试验的一般规定至少测量5个点,记录标准值和测量值。

d) 按试验的一般规定进行重复性试验,记录标准值和测量值。

e) 在每个测量点水分保持稳定后再次读取水分的测量值并同时取样。在测试过程中读数最大的变化值即为水分测量漂移。记录标准值和测量值。

f) 对测量线性度、重复性和水分测量漂移数据进行处理。

5.2.5 温度控制装置的试验

a) 使用标准二级水银温度计或误差小于0.2度的高精度的温度测量仪器,对所控制的温度进行连续测量,当设定温度恒定时,每间隔1 min进行一次测量,持续20 min。

b) 进行平均值、标准偏差和最大误差等参数的计算。

5.2.6 数据处理

5.2.6.1 测量数据的精密度分析

在至少3次以上的重复测试数据中取最大和最小值之差,作为重复性测试结果精密度指标。

5.2.6.2 测量数据的准确度分析

在至少 3 次以上的重复测试数据中，按规定公式计算平均值、标准偏差、相对标准偏差，计算公式如下：

平均值：

$$\bar{x}=\frac{1}{n}\sum_{k=1}^{n}x_k \qquad \cdots\cdots(1)$$

标准偏差：

$$S=\sqrt{\frac{1}{n-1}\sum_{k=1}^{n}(x_k-\bar{x})^2} \qquad \cdots\cdots(2)$$

相对标准偏差：

$$RSD=\frac{S}{\bar{x}}\times 100\% \qquad \cdots\cdots(3)$$

以满量程最大相对偏差作为参数准确度考核指标，最大相对标准偏差作为参考准确度指标。

5.3 安全性试验

5.3.1 对系统电源避雷装置和信号避雷或隔离装置进行检查。

5.3.2 对系统等电位接地。接地装置应满足系统抗干扰和电气安全的要求，并不得与强电的电网零线短接或混接。系统单独接地时，接地电阻不大于 4 Ω，接地导线截面积应大于 25 mm^2。

5.4 环境适应性试验

5.4.1 气候环境试验

5.4.1.1 高温负荷试验

将测量与控制装置放入符合 GB/T 2423.2 要求的试验箱(室)内，按 0.7℃/min～7℃/min 的平均速率升温至 40℃±2℃，接通控制装置持续工作 2 h，检查其工作是否正常。按 0.7℃/min～1℃/min 速率降温至正常试验大气条件。

5.4.1.2 湿热试验

将测量与控制装置放入符合 GB/T 2423.3 要求的试验箱(室)内，按 0.7℃/min～1℃/min 的平均速率逐渐升温至 40℃±2℃后，将湿度逐渐升至 90%±2%。保持 48 h。先将相对湿度在 0.5 h 内降至 75%以下，再按 0.7℃/min～1℃/min 的速率将温度降至正常试验大气条件。取出受试测量与控制装置，恢复 2 h。检查其工作是否正常。

5.4.1.3 低温负荷试验

将测量与控制装置放入符合 GB/T 2423.1 要求的试验箱(室)内，按 0.7℃/min～1℃/min 的平均速率逐渐降温至－20℃±3℃，接通电源使测量与控制装置正常工作，检查其工作是否正常。持续工作 1 h。按 0.7℃/min～1℃/min 速率升温到正常试验大气条件。取出受试测量与控制装置，恢复 2 h。

5.5 系统可靠性

5.5.1 系统所使用设备的平均无故障间隔时间(MTBF)应不小于 500 h。

5.5.2 系统验收后的首次故障时间应大于 6 个月。

5.5.3 电磁兼容性要求

测量与控制装置应能承受如下电磁干扰而正常工作：

a) 在 GB/T 17626.2 中，严酷等级 3 的静电放电干扰。

b) 在 GB/T 17626.3 中，严酷等级 3 的射频电磁场干扰。

c) 在 GB/T 17626.4 中，严酷等级 3 的电快速瞬变脉冲群干扰。

d) 在 GB/T 17626.5 中，严酷等级：交流电源线不超过 3 级；直流、信号、控制及其他输入线不超过 2 级的浪涌(冲击)干扰。

e) 在 GB/T 17626.11 中，严酷等级：40%UT10 个周期的电压暂降；0%UT10 个周期的短暂中断干扰。

6 评定方法

6.1 粮食干燥品质控制能力

考核控制系统对干燥机温度的测量能力。取5.2.6温度试验所测量的精密度、准确度、线性度三者的最大误差来衡量。

6.2 干燥能力辅助控制能力

a) 考核控制系统对干燥机温度的控制能力。按5.2.5温度控制试验数据的最大误差和标准偏差来评价系统的控制能力。

b) 按5.2.3环境湿度的试验方法,对测量数据的线性度、迟滞、重复性和湿度测量漂移数据进行综合计算,以其最大误差来评价系统性能。

6.3 粮食水分测量能力

对控制系统已安装输出粮食水分在线测量装置的,按5.2.4试验方法,对水分测量线性度、重复性和水分测量漂移数据进行处理,以其最大误差来评价系统性能。

对没有安装输出粮食水分在线测量装置的,应按降1等级的标准进行系统评价。

6.4 控制系统基本性能与可靠性

对控制系统的技术考核指标进行评价。主要包括:控制系统的平均无故障工作时间、电磁兼容性。按5.5试验方法对控制系统进行可靠性评价。

6.5 对控制系统综合评价的方法

控制系统分为5个等级。对全部符合本标准4.2规定的定为1级产品,有1项不合格的降1级,2项不合格的降2级,以此类推。对全部不符合本标准4.2规定的定为5级。

6.6 评定报告

评定报告应包括如下内容:

a) 控制系统生产企业名称、制造日期;

b) 控制系统型号和出厂编号;

c) 评定机构名称;

d) 试验日期、时间与地点;

e) 试验的数据;

f) 试验的环境条件;

g) 数据处理的方法和处理结果;

h) 评价等级结论;

i) 执行标准情况。

ICS 65.060.35
B 91

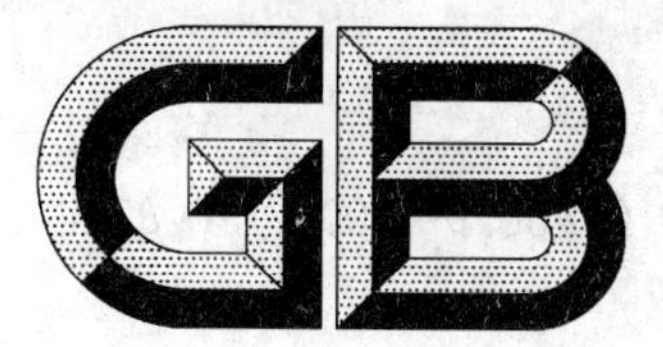

中华人民共和国国家标准

GB/T 21400.1—2008/ISO 8224-1:2003

绞盘式喷灌机 第1部分:运行特性及实验室和田间试验方法

Traveller irrigation machines—Part 1:Operational characteristics and laboratory and field test methods

(ISO 8224-1:2003,IDT)

2008-02-03 发布 2008-07-01 实施

中华人民共和国国家质量监督检验检疫总局
中国国家标准化管理委员会 发布

前　言

GB/T 21400《绞盘式喷灌机》分为如下两部分：

——第1部分：运行特性及实验室和田间试验方法；

——第2部分：软管和接头　试验方法。

本部分是GB/T 21400《绞盘式喷灌机》的第1部分，本部分等同采用ISO 8224-1:2003《绞盘式喷灌机　第1部分：运行特性及实验室和田间试验方法》(英文版)。

本部分等同翻译ISO 8224-1:2003。

为便于使用，本部分做了如下编辑性修改：

——“ISO 8224的本部分”改为“本部分”；

——删除了国际标准的前言；

——用小数点“.”代替作为小数点的“,”；

——ISO 8224-1:2003中引用的其他国际标准，有被采用为我国标准的用我国标准代替对应的国际标准。

本部分由中国机械工业联合会提出。

本部分由全国农业机械标准化技术委员会归口。

本部分起草单位：中国农业机械化科学研究院、江苏大学。

本部分主要起草人：兰才有、张咸胜、仪修堂、王洋、侯永胜。

绞盘式喷灌机 第1部分:运行特性及实验室和田间试验方法

1 范围

本部分规定了绞盘式喷灌机的运行参数及实验室试验方法和田间试验方法。所包含的内容如下:

——制造厂随机携带的产品说明书中应向用户提供指导性技术资料;

——绞盘式喷灌机在规定条件范围内灌溉条形地块的水量分布均匀性实验室试验规程,以及驱动机构在规定工作条件下所能达到的最大行走速度实验室试验规程;

——当地常见田间条件下,在规定的条形地块上的水量分布均匀性田间试验规程。

本部分仅适用于各种类型的绞盘式喷灌机,不适用于中心支轴式、平移式等其他类型的喷灌机。

2 规范性引用文件

下列文件中的条款通过GB/T 21400的本部分的引用而成为本部分的条款。凡是注日期的引用文件,其随后所有的修改单(不包括勘误的内容)或修订版均不适用于本部分,然而,鼓励根据本部分达成协议的各方研究是否可使用这些文件的最新版本。凡是不注日期的引用文件,其最新版本适用于本部分。

GB/T 18687—2002 农业灌溉设备 非旋转式喷头 技术要求和试验方法(eqv ISO 8026:1995)

GB/T 19795.2—2005 农业灌溉设备 旋转式喷头 第2部分:水量分布均匀性和试验方法(ISO 7749-2:1990,MOD)

GB/T 19797—2005 农业灌溉设备 中心支轴式和平移式喷灌机 水量分布均匀度的测定(ISO 11545:2001,IDT)

3 术语、定义和符号

下列术语、定义和符号(见表1)适用于本部分。

3.1

绞盘式喷灌机 traveller irrigation machine

采用各种卷绕技术,使装有灌水装置(旋转式喷头、喷枪、旋转式喷头和喷枪的组合、装有旋转式或非旋转式喷头的桁架等)的小车穿越田间(背离或朝向事先建好的田间供水点),依次逐条进行灌溉的喷灌机。

注:绞盘式喷灌机有三种类型,每一种都具有安装绞盘的机架和可行走的灌水装置。

——Ⅰ型绞盘式喷灌机,其特征是装有水马达的绞盘固定不动,绞盘卷绕并拖曳配水管,从而牵引灌水装置小车行走——通常称为“软管牵引绞盘式喷灌机”(见3.2);

——Ⅱ型绞盘式喷灌机,其特征是装有水马达的可行走绞盘支承灌水装置,绞盘卷绕钢索并拖曳配水软管——通常称为“钢索牵引绞盘式喷灌机”(见3.3);

——Ⅲ型绞盘式喷灌机,其特征可能是可行走绞盘支承装有自行走轮的灌水装置,并卷绕固定配水管——通常称为“自走型软管牵引绞盘式喷灌机”(见3.4)——也可由发动机驱动。

3.2

软管牵引绞盘式喷灌机 reel machine

Ⅰ型绞盘式喷灌机(见图1)。其特征是绞盘固定不动,绞盘卷绕并拖曳配水管从而牵引灌水装置(通常是喷枪)小车行走。

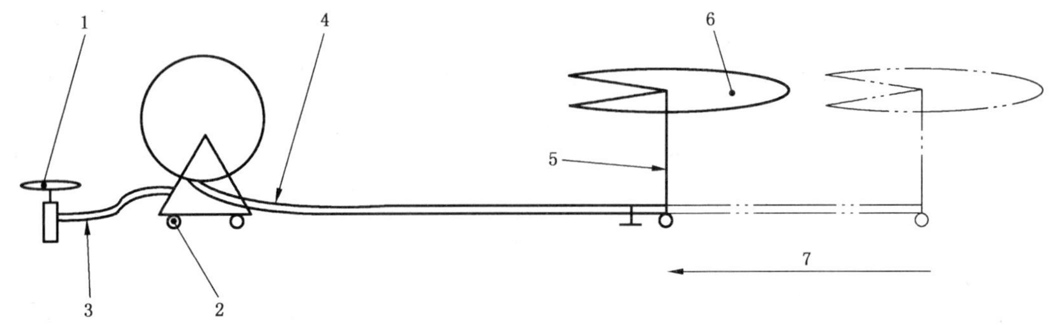

1——水源；

2——机架；

3——水源连接软管；

4——拖曳的配水管；

5——小车；

6——灌水装置(喷枪、旋转式喷头、桁架等)；

7——行走方向。

图 1 Ⅰ型(软管牵引)绞盘式喷灌机运行方式示意图

3.3

钢索牵引绞盘式喷灌机 traveller

Ⅱ型绞盘式喷灌机(见图 2)。其特征是装有水马达的可行走绞盘支承灌水装置,绞盘卷绕钢索从而拖曳配水软管。

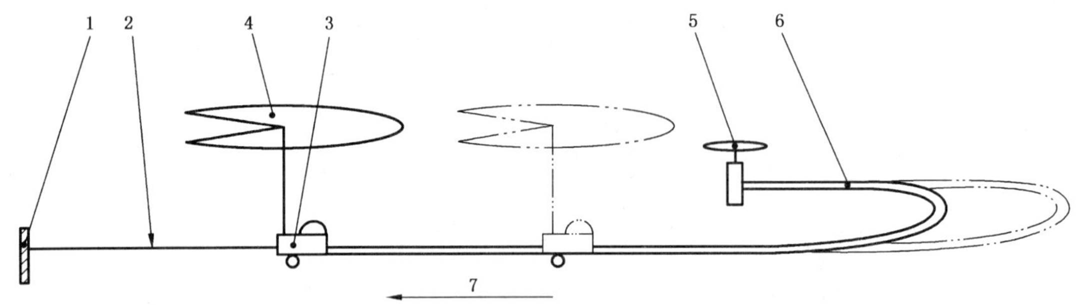

1——钢索固定装置；

2——钢索；

3——小车；

4——灌水装置(喷枪、旋转式喷头、桁架等)；

5——水源；

6——拖曳的配水软管；

7——行走方向。

图 2 Ⅱ型(钢索牵引)绞盘式喷灌机运行方式示意图

3.4

自走型软管牵引绞盘式喷灌机 self propelled reel machine

Ⅲ型绞盘式喷灌机(见图 3)。其特征是一端固定的配水管将灌溉水输送给行走机架,行走机架上安装有卷绕配水管的绞盘、传动机构、自行走轮和灌水装置。

3.5

灌水装置 water distribution system

绞盘式喷灌机的喷水和行走部分,其作用是将灌溉水洒布在灌溉条带上。

例如:旋转式喷头、喷枪、旋转式喷头和喷枪的组合、装有旋转式或非旋转式喷头的桁架等。

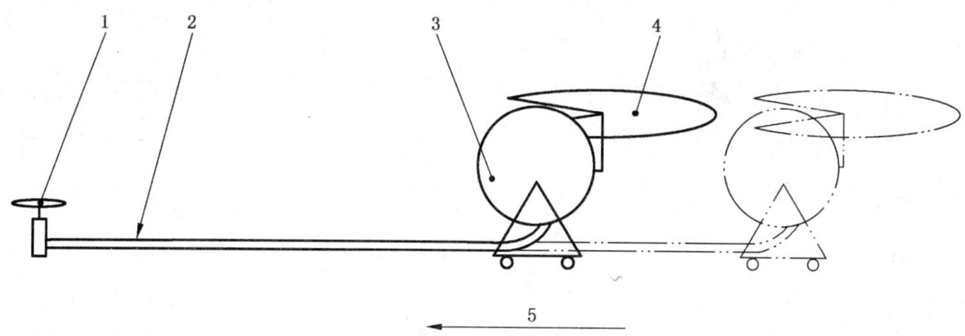

1——水源；

2——配水管；

3——自走型机架；

4——灌水装置(喷枪、旋转式喷头、桁架等)；

5——行走方向。

图3 Ⅲ型(自走型软管牵引)绞盘式喷灌机运行方式示意图

3.6

地面阻力系数 α field resistance coefficient, α

用以描述灌水装置沿灌溉条带行走时，田间地面对绞盘式喷灌机拖曳阻力特性的系数。

3.7

配水管 distribution tube

田间供水管 in-field supply tube

PE管 polyethylene tube

在Ⅰ型(软管牵引)绞盘式喷灌机和Ⅲ型(自走型软管牵引)绞盘式喷灌机中，将灌溉水沿灌溉条带输送给灌水装置或自走型机架的供水管。它可能一部分拖在地上，另一部分卷绕在绞盘上。

3.8

配水软管 distribution hose

柔性配水软管 softwall distribution hose

田间供水软管 in-field supply hose

在Ⅱ型(钢索牵引)绞盘式喷灌机中，将灌溉水从水源沿灌溉条带输送给灌水装置的供水软管。

注：为叙述方便，下文将配水管和配水软管统称为配水软管。

3.9

水源连接软管 source connection hose

水源连接管 source connection conduit

在Ⅰ型(软管牵引)绞盘式喷灌机中，用于将固定不动的机架与灌溉水源相连接的供水硬管或软管。

3.10

灌溉条带 irrigation strip, lane

绞盘式喷灌机依次灌溉的田块的一部分，典型的灌溉条带为长数百米、宽数十米的矩形有效灌溉区。为了保证整个田间得到可接受的水量分布均匀度，常要求相邻灌溉条带之间相互重叠，因此，灌水装置湿润区的尺寸(尤其是宽度)明显大于灌溉条带。

3.11

灌溉条带宽度 irrigation strip width, lane width, strip spacing

灌溉条带的间距，即绞盘式喷灌机小车相邻两次行走轨迹之间的距离。

3.12

行走轨迹 travel path

支撑灌水装置的轮子或滑撬以及配水软管或钢索等与田间地面接触或拖曳，在灌溉条带内留下的痕迹。

3.13

行走长度　length of travel

绞盘式喷灌机沿着它在灌溉条带内的行走轨迹，从起点到最终停止位置所走过的距离。对Ⅰ型和Ⅲ型绞盘式喷灌机，行走长度不大于配水软管的长度；对Ⅱ型绞盘式喷灌机，行走长度不大于配水软管长度的2倍。

3.14

绞盘　spool

绞盘式喷灌机的一个部件（见图4），它是一个绕支承轴旋转、两端带有凸缘式挡板的滚筒。对Ⅰ型和Ⅲ型绞盘式喷灌机，它用于缠放未铺放在田间地上的配水软管；对Ⅱ型绞盘式喷灌机，它用于缠放未铺放在田间地上的钢索；对某些Ⅱ型绞盘式喷灌机，它作为一个附件，在停止灌溉时，用于缠放配水软管。

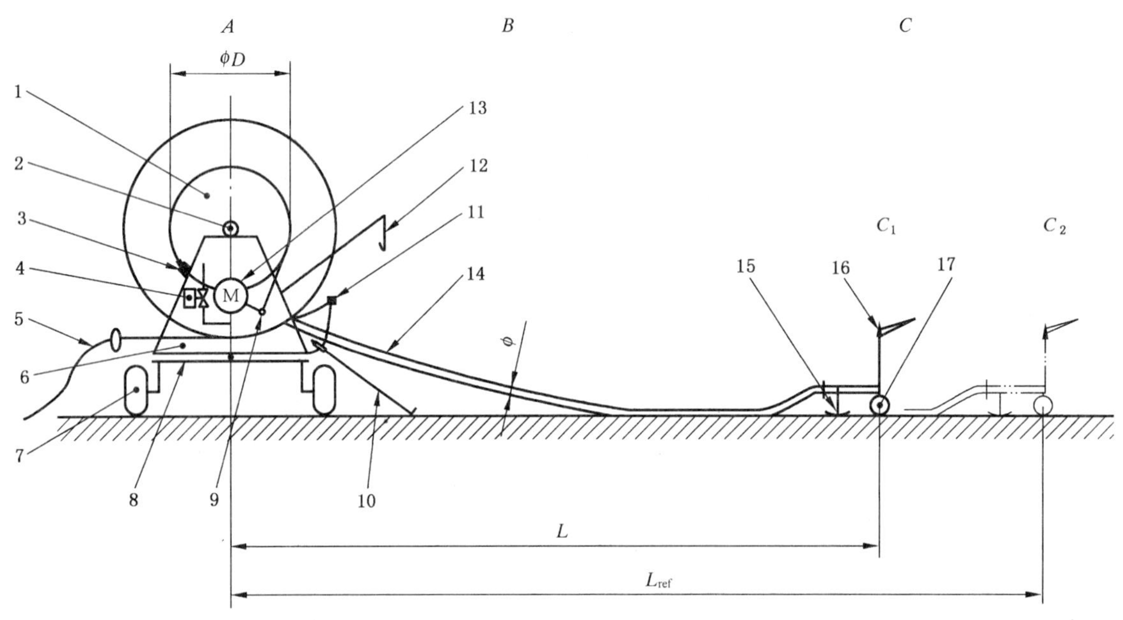

A——机架；

B——配水软管；

C——小车；

C_1——小车当前位置；

C_2——小车最远位置；

d——绞盘滚筒直径；

ϕ——配水软管外径；

L_{ref}——配水软管基准长度；

L——当前铺放在田间地上并被拖曳的配水软管行走部分的长度；

1——绞盘滚筒；

2——绞盘轴；

3——绞盘制动装置；

4——灌水装置行走控制装置；

5——水源连接软管；

6——绞盘支架（固定式或回转式）；

7——轮子；

8——底盘；

9——动力输入轴；

10——稳固支杆；

11——配水软管导向机构；

12——小车提升装置；

13——水力驱动装置（水涡轮或活塞）和传动链；

14——配水软管（通常是PE管）；

15——小车滑撬；

16——灌水装置（旋转式喷头、喷枪、桁架等）；

17——小车轮子。

图4　Ⅰ型（软管牵引）绞盘式喷灌机主要零部件示意图

3.15

偏差系数 *Cv*　coefficient of variation, *Cv*

标准偏差与多次测量所得平均偏差的比值。

表 1　符号

符　号	释　义	单　位
d	绞盘滚筒直径	m
E	灌溉条带宽度，也称灌溉条带间距	m
F	地面阻力	N
F_{bench}	试验台施加的实际阻力	N
F_{ref}	期望阻力	N
h_{Ai}	灌水装置行走区段长度等于其射程的情况下，第 i 排雨量筒收集的平均灌水深度	mm
h_{As}	整个灌溉条带上的平均灌水深度	mm
h_{GA}	毛灌水深度	mm
h_{GAseg}	一个区段的毛灌水深度	mm
I_i	第 i 排的基准灌水强度	mm/h
I_s	灌溉条带基准灌水强度	mm/h
L	对Ⅰ型和Ⅱ型绞盘式喷灌机，为当前铺放在田间地上并被拖曳的配水软管长度；对Ⅲ型绞盘式喷灌机，为当前铺放在田间地上的配水软管长度	m
L_{ref}	配水软管长度	m
L_s	灌溉条带长度	m
L_{travel}	灌水装置行走距离	(m)
P	配水软管充满水后的单位长度质量	N/m
P_{Total}	绞盘式喷灌机充满水后的总质量	N
q	试验用流量	m^3/h
R_{wet}	射程	m
s	一排雨量筒上的雨量筒间距	m
T	灌水持续时间	h
v	灌水装置行走速度	m/h
v_i	灌水装置通过第 i 排雨量筒，在行走距离等于其射程的区段内的平均行走速度	m/h
v_s	灌水装置在整个灌溉条带上的平均行走速度	m/h
α	地面阻力系数	无量纲
ΔL_{seg}	区段长度(一个区段的行走距离)	m
ΔV_{seg}	一个区段的灌水量	m^3
ϕ	配水软管外径	mm

4 功能特性和技术资料

绞盘式喷灌机的推荐运行范围以及与用户有关的其他技术资料应编入随机提供给用户的文件中。该文件至少应包含下列内容：

a) 推荐采用的喷灌机进水口连接处最小工作压力和最大工作压力；

b) 喷灌机进水口最大许用压力；

c) 推荐采用的最小流量和最大流量；

d) 推荐采用的灌水装置水量分布特性；

e) 配水软管的长度、外径和壁厚；

f) 推荐采用的最大道路拖移速度；

g) 推荐采用的最大田间地面坡度；

h) 推荐采用的最大卷绕速度；

i) 推荐采用的最大动力输入轴速度(必要时)；

j) 安全须知；

k) 操作说明。

5 试验规则

5.1 一般要求

本部分共包括下列3项试验：

——水量分布均匀性实验室试验(第6章)；

——驱动性能实验室试验(第7章)；

——水量分布均匀性田间试验(第8章)。

试验用液体、试样和试验准备应符合下列规定。

5.2 试验液体

5.2.1 一般要求

绞盘式喷灌机的设计工作介质为不经过滤或经粗过滤的灌溉水，这样的水中可能偶尔或持久夹带有各种类型、尺寸和含量的堵塞物。因此，绞盘式喷灌机的水力控制管路或水力驱动回路中通常都配备有网式过滤器或旋流水砂分离器。

5.2.2 水量分布均匀性田间试验

对标准试验液体水量分布均匀性田间试验，采用试验田块里的灌溉水，并在试验中不得变更，除非委托方提出过滤、注入化学物或其他特殊要求。

5.2.3 水量分布均匀性和驱动性能实验室试验

对标准试验液体水量分布均匀性和驱动性能实验室试验，所用灌溉水的温度应为4℃～35℃，水中的堵塞物含量应不大于1 g/L，并应经过下述网眼尺寸的过滤器过滤。

——如果灌水装置是喷枪，网眼尺寸为5 mm；

——如果灌水装置不是喷枪，网眼尺寸为0.5 mm。

根据委托方的要求，除采用标准试验液体对绞盘式喷灌机进行常规试验外，也可再采用增加堵塞物尺寸和/或含量的灌溉水或其他液体介质进行试验，以补充绞盘式喷灌机的性能资料。

5.3 地面阻力系数计算方法

灌水装置沿灌溉条带行走时，田间地面施加给绞盘式喷灌机的拖曳阻力系数 α 值按下述方法计算。

——对Ⅰ型和Ⅱ型绞盘式喷灌机，地面阻力系数为地面阻力与当前铺放在田间地上并被拖曳的那部分配水软管质量的比值，用下式计算：

$$\alpha = \frac{F}{P \times L}$$

式中：

α——地面阻力系数，无量纲；

F——地面阻力，单位为牛顿(N)；

P——配水软管充满水后的单位长度质量，单位为牛顿每米(N/m)；

L——当前铺放在田间地上并被拖曳的那部分配水软管长度，单位为米(m)。

——对Ⅲ型绞盘式喷灌机，地面阻力系数为地面阻力与绞盘式喷灌机充满水后的总质量减去当前铺放在田间地上的那部分配水软管充满水后的质量之差的比值，用下式计算：

$$\alpha = \frac{F}{[P_{\text{Total}} - (P \times L)]}$$

式中：

α——地面阻力系数，无量纲；

F——地面阻力，单位为牛顿(N)；

P——配水软管充满水后的单位长度质量，单位为牛顿每米(N/m)；

L——当前铺放在田间地上的那部分配水软管长度，单位为米(m)；

P_{Total}——绞盘式喷灌机充满水后的总质量，单位为牛顿(N)。

5.4 试样的抽取和准备

5.4.1 型式检验

a) 绞盘式喷灌机试样应由检测部门从系列产品中抽取具有代表性的一种型号，并且在试验过程中不得更换。某些灌水装置零部件(例如喷嘴)，应根据制造厂的使用说明抽取，以满足试验压力条件。

b) 制造厂提供的被检绞盘式喷灌机和随机携带的技术和操作使用资料应与其提供给用户的完全相同。

c) 检测部门应对绞盘式喷灌机样机进行目测，以检查该样机的参数是否与制造厂提供的资料中介绍的一致，并记录有哪些不同。

d) 检测部门应描述绞盘式喷灌机被设定的状态。

e) 根据制造厂的使用说明对绞盘式喷灌机进行检测试验。

5.5 特殊机型

对特殊机型的绞盘式喷灌机，是否进行水量分布均匀性田间试验或水量分布均匀性和驱动性能实验室试验，可由委托方决定。

6 水量分布均匀性实验室试验

6.1 一般要求

6.1.1 试验目的

对给定类型和灌水装置的绞盘式喷灌机进行水量分布均匀性实验室试验时，应按覆盖喷灌机运行范围的一系列规定标准条件，使灌水装置沿全长行走，对水力状况、功率状况以及灌水装置沿灌溉条带的行走情况等所有性能参数进行监测；用在无风或微风条件下得出的整个灌溉条带内的水量分布图，确定绞盘式喷灌机的基本水量分布特性。

6.1.2 试验准备

试验前,安装在喷灌机上的灌水装置应按 GB/T 18687 或 GB/T 19795.2 的规定在无风或微风条件下进行试验,并得出相应的水量分布数据。

试验用灌溉条带的长度 L_s 和宽度 E 应符合下列要求。

a) 试验用灌溉条带长度 L_s 应不小于灌水装置的行走长度 L_{travel}。对Ⅰ型和Ⅲ型绞盘式喷灌机,确保试验中的行走长度 L_{travel} 不小于配水软管长度 L_{ref} 的 90%;对Ⅱ型绞盘式喷灌机,应不小于钢索长度 L_{ref} 的 90%。确保 L_{travel} 完全落在 L_s 内。

b) 试验用灌溉条带宽度 E 根据制造厂的使用说明书确定。

6.1.3 型式试验

型式试验在 11 组实验室试验条件下进行。这 11 组实验室试验条件覆盖了制造厂声明的所有运行条件和设定状态(见 6.2.2 和表 2)。随后的试验报告及结论,应反映绞盘式喷灌机按这 11 组实验室试验条件进行试验得出的水量分布均匀性。

6.1.4 基本试验

基本试验用于为全部试验条件下的型式试验建立一个初步的水量分布性能基础。基本试验的试验条件应包括 2 号、6 号和 10 号试验条件(见表 2),以及制造厂从 11 组试验条件中选出的另一组试验条件。

试验报告及结论仅仅反映绞盘式喷灌机的水量分布均匀性是在限定的 2 号、6 号和 10 号试验条件,以及制造厂选择的另一组试验条件下进行实验室试验得出的结果,而不是全部 11 组试验条件。

表 2 灌水装置为喷枪的Ⅰ型和Ⅱ型绞盘式喷灌机的型式试验条件

<table>
<tr><th>试验条件
编 号</th><th>行走速度
m/h</th><th>地面阻力系数 α</th><th>喷灌机进水口压力
MPa</th></tr>
<tr><td>1</td><td>30(中)</td><td>0.5(中小)</td><td>0.8(中)</td></tr>
<tr><td>2(基本)</td><td>10(低)</td><td rowspan="9">0.8(中大)</td><td rowspan="3">1.0(高)</td></tr>
<tr><td>3</td><td>30(中)</td></tr>
<tr><td>4</td><td>50(高)</td></tr>
<tr><td>5</td><td>10(低)</td><td rowspan="3">0.8(中)</td></tr>
<tr><td>6(基本)</td><td>30(中)</td></tr>
<tr><td>7</td><td>50(高)</td></tr>
<tr><td>8</td><td>10(低)</td><td rowspan="3">0.6(低)</td></tr>
<tr><td>9</td><td>30(中)</td></tr>
<tr><td>10(基本)</td><td>50(高)</td></tr>
<tr><td>11</td><td>10(低)</td><td>0.5(中小)</td><td>1.0(高)</td></tr>
</table>

注:如果最大推荐速度小于表中列出的 50 m/h,采用最大推荐速度。

6.2 试验条件

6.2.1 一般要求

该试验应采用包括所有工作部件,并准备好在田间使用的完整绞盘式喷灌机(除非委托方另有要求)。实验室试验条件与下述三种不同类型的运行条件有关:

——地面阻力条件;

——喷灌机供水条件;

——直接或间接设定的灌水装置行走速度条件。

6.2.2 组合试验条件

表2中列出的11组水量分布均匀性实验室试验条件至少覆盖了制造厂推荐的喷灌机运行范围内的地面阻力(见6.2.3)、喷灌机供水压力(见6.2.4)和行走速度(见6.2.5)的部分内容。11组试验条件如下:

a) 由中小地面阻力系数、中等试验供水压力和中等行走速度组成的一组试验条件(基准条件,或1号试验条件);

b) 由中大地面阻力系数、3个试验供水压力和3个行走速度组成的9组试验条件(2~10号试验条件);

c) 由中小地面阻力系数、高试验供水压力和低行走速度组成的一组试验条件(11号试验条件)。

这些试验条件适用于灌水装置为喷枪的Ⅰ型和Ⅱ型绞盘式喷灌机。

6.2.3 假定的地面阻力条件

水量分布均匀性实验室试验应在下列假设下进行。

a) 田间地面平整无坡度,因此可假定行走轨迹的坡度在±1%范围内,灌水装置的喷嘴在整个行走长度 L_{travel} 内保持同一高程。

b) 各种类型绞盘式喷灌机运行时必须克服的地面阻力符合下述规定:

1) 对Ⅰ型(软管牵引)绞盘式喷灌机,地面阻力应与铺放在灌溉条带内的小车和绞盘之间的配水软管长度、配水软管充满水后的单位长度质量以及地面阻力系数 α 成正比;

2) 对Ⅱ型(钢索牵引)绞盘式喷灌机,地面阻力应与铺放在灌溉条带内的小车和配水软管远端折弯处之间的配水软管长度、配水软管充满水后的单位长度质量以及地面阻力系数 α 成正比;

3) 对Ⅲ型(自走型软管牵引)绞盘式喷灌机,地面阻力应与绞盘式喷灌机的质量(包括卷绕在绞盘上的配水软管及管中的水的质量)以及地面阻力系数 α 成正比。

地面阻力系数 α 包括地面产生的摩擦力和地面坡度的综合影响。试验应在两种地面阻力条件下进行。

Ⅰ型和Ⅱ型绞盘式喷灌机水量分布均匀性实验室试验的地面阻力系数 α 值应符合表3。

Ⅲ型绞盘式喷灌机的两种地面阻力系数 α 值,应考虑选择中大和中小地面阻力和坡度条件。该值应根据以往经验或相关试验文献确定。

表3 Ⅰ型和Ⅱ型绞盘式喷灌机水量分布均匀性实验室试验地面阻力系数值

地面阻力条件编号	地面阻力系数 α		备注
	Ⅰ型	Ⅱ型	地面阻力和坡度条件
1	0.8	0.8	中大
2	0.5	0.5	中小

注:实践经验得出的 α 值范围为1.0(大)~0.3(小)。

6.2.4 喷灌机供水条件

6.2.4.1 一般要求

喷灌机供水条件包括向喷灌机提供的进水口压力和灌水装置在该压力下的流量。

该试验应在3个喷灌机进水口压力下进行。这些试验压力应在制造厂推荐的工作压力范围内确定。

6.2.4.2 试验压力

6.2.4.2.1 喷灌机试验供水压力条件

与相应的灌水装置喷嘴相匹配的3个喷灌机试验供水压力条件是:

——中等试验压力,用来表示绞盘式喷灌机在典型工作压力条件下的性能;该压力通常应取制造厂推荐采用的工作压力范围内的中间值,并可能与喷灌机的设计压力一致;
——最低试验压力,用来表示绞盘式喷灌机在制造厂推荐采用的工作压力范围内的最低压力条件下的性能;
——最高试验压力,用来表示绞盘式喷灌机在制造厂推荐采用的工作压力范围内的最高压力条件下的性能。

在整个试验过程中,3 种供水压力条件均应始终保持试验所需的数值,精确度应符合 6.3.1 规定。

6.2.4.2.2 灌水装置为喷枪的绞盘式喷灌机

对灌水装置为喷枪的绞盘式喷灌机,3 个试验压力应取 0.6 MPa、0.8 MPa 和 1.0 MPa。选取的喷嘴尺寸应保证进水口压力为常用的 0.4 MPa~0.5 MPa 时喷枪能正常运行,并获得可接受的横向水量分布均匀性。

6.2.4.2.3 灌水装置为旋转式喷头或桁架的绞盘式喷灌机

对灌水装置不是喷枪的喷灌机,按下列规定设定中等试验压力。

——若灌水装置为旋转式喷头,中等试验供水压力应为 0.6 MPa。选取的喷嘴尺寸应使喷头进水口压力与制造厂的性能参数表一致。
——若灌水装置为桁架上安装非旋转式喷头,中等试验供水压力应为 0.4 MPa。选取的喷嘴尺寸应使桁架上的喷头进水口压力与制造厂性能参数表一致。

最小试验压力和最大试验压力应根据制造厂的技术资料,由委托方和检测部门协商确定。

6.2.5 行走速度条件的设定

应在灌水装置的 3 个标准行走速度条件下,根据所需的地面阻力系数条件和喷灌机供水条件进行试验。下述 3 个标准行走速度覆盖了灌水装置的行走速度设定范围。

a) 对灌水装置为喷枪的绞盘式喷灌机,行走速度应设定为:
  ——最低行走速度为 10 m/h;
  ——中等行走速度为 30 m/h;
  ——50 m/h 或制造厂技术资料中推荐采用的最高行走速度;取两个数值中较小的一个。
b) 对其他类型灌水装置的绞盘式喷灌机,行走速度应设定为:
  ——最小值,与制造厂推荐采用的最小行走速度一致;
  ——中等行走速度为 30 m/h;
  ——最大值,与制造厂推荐采用的最高行走速度一致。

6.3 试验设备

6.3.1 测量用仪器仪表

除非下文另有规定,水量分布均匀性实验室试验用仪器仪表的精确度相对于真值的偏差应为±1%。这些仪器仪表应根据被试绞盘式喷灌机的类型确定,并能保证对绞盘式喷灌机至少连续监测 40 h。由下述仪器仪表组成的检测装置应与适当的数据存储和记录装置相连。

6.3.1.1 压力表

3 个或更多;量程为 1.6 MPa;测量精确度相对于真值的偏差为±0.5%。

6.3.1.2 计时器

用作记录和存储数据的时标,精确度为±0.1 s。

6.3.1.3 流量计

6.3.1.4 拉力计

量程 70 000 N;测量精确度相对于真值的偏差为±0.5%。

6.3.1.5 **标有刻度的容器或标定过的流量计**

数量和尺寸应能适宜于测量从水力驱动装置或活塞里排出的水量(必要时)。

6.3.1.6 **转速表**

用于测量水力驱动装置或水涡轮驱动装置旋转轴的转速(必要时)。

6.3.1.7 **线性位移计**

用于测量灌水装置的行走距离。

6.3.1.8 **线速度仪**

用于测量灌水装置的行走速度。

测量灌水装置行走距离和行走速度可采用同一个传感元件。

6.3.2 **试验台**

6.3.2.1 **水源(包括加压和调压装置)**

试验台的水源应能保证在试验中向绞盘式喷灌机提供运行所需的流量和压力,并保持压力在 15 s 内的变化量不大于基准值的±1%。

6.3.2.2 **阻力装置**

6.3.2.2.1 应选择并安装一个能产生试验台阻力 F_{bench} 的阻力装置。该阻力模拟绞盘式喷灌机在灌溉作业中的阻力 F。该阻力应能反映被试绞盘式喷灌机的类型,并与灌水装置在灌溉条带内所在位置的地面阻力有关。

6.3.2.2.2 对Ⅰ型和Ⅱ型绞盘式喷灌机,阻力装置应能产生与绞盘式喷灌机配水软管施加给地面的阻力 F 相等的阻力 F_{bench}。阻力 F_{bench} 通常用拉力计测量。阻力 F_{bench} 应始终等于期望阻力 F_{ref},而与配水软管或钢索的卷绕速度无关。基准试验地面阻力用下式计算:

$$F_{ref} = \alpha \times P \times L$$

式中:

F_{ref}——期望阻力,单位为牛顿(N);

α——地面阻力系数,无量纲;

P——配水软管充满水后的单位长度质量,单位为牛顿每米(N/m);

L——配水软管铺放在田间地上并被拖曳的那部分长度,单位为米(m)。

6.3.2.2.3 该阻力装置应保持 F_{bench} 的数值等于 F_{ref},其瞬时测量值相对于 F_{ref} 最大值的偏差应不大于±10%;行走 1 m 距离的阻力平均值相对于 F_{ref} 最大值的偏差应不大于±2%。应保持响应时间小于15 s。

6.3.2.2.4 在整个 L 上应符合以下要求:

——试验中,Ⅰ型绞盘式喷灌机的配水软管从最大长度减小到零;

——试验中,Ⅱ型绞盘式喷灌机的配水软管长度从零增加到最大长度。

6.3.2.2.5 该阻力装置可全部或部分代替被试绞盘式喷灌机所需的 F_{ref};如有必要,可借助配水软管和实验室地面之间的摩擦力达到平衡。

6.3.2.3 **与计算机的连接**

传感器可与计算机或者能够记录并存储试验数据的记录分析仪连接。

6.3.2.4 **试验台的配置**

确保试验台的配置有利于正确安装传感器并正常运行,以确保按 6.5 规定的试验规程进行各种类型绞盘式喷灌机试验。灌水装置为喷枪的绞盘式喷灌机的典型试验台配置见图 5。

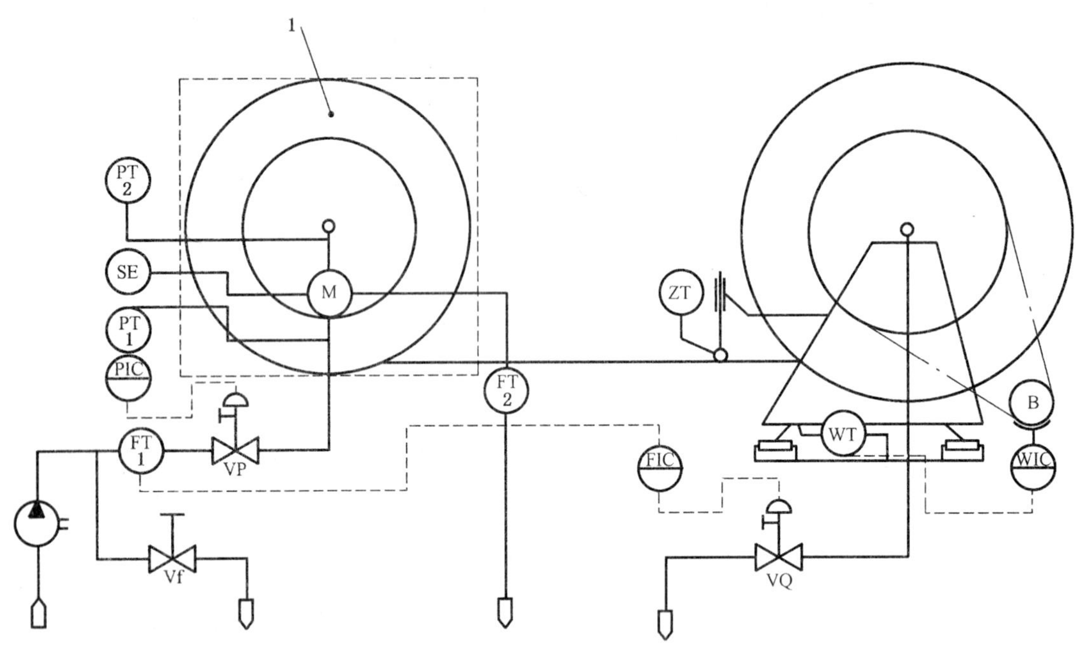

1——被试Ⅰ型(软管牵引)绞盘式喷灌机;

B——阻力装置;

FIC——流量显示和控制装置;

FT1——喷灌机进水口流量传感器;

FT2——水力驱动装置排水口流量传感器;

M——被试喷灌机水力驱动装置;

PIC——压力显示和控制装置;

PT1——喷灌机驱动装置上游压力传感器;

PT2——喷灌机驱动装置下游压力传感器;

SE——水力驱动装置转速测量仪;

Vf——手动阀;

VP——压力调节阀;

VQ——流量调节阀;

WIC——重力显示和控制仪;

WT——重力传感器;

ZT——配水软管线性位移传感器。

图5 Ⅰ型(软管牵引)绞盘式喷灌机试验台配置范例

6.4 所需的先期试验数据

6.4.1 灌水装置固定不动时的水量分布图

事先获得灌水装置固定不动时的流量和水量分布图,可为试验提供各种灌水装置期望进水口压力下适当间隔方格网上的灌水强度数据(mm/h)。

6.4.1.1 压力范围和压力级差

灌水装置先期试验的压力范围,应足以覆盖绞盘式喷灌机进行一系列性能试验所需的灌水装置进水口压力。如果处理水量分布均匀性实验室试验结果时直接采用先期得出的灌水装置水量分布图,则先期试验的压力级差应不大于 0.025 MPa；如果处理试验结果时还要对压力进行插值，则先期试验的压力级差应不大于 0.1 MPa。采用的插值方式应在试验报告中予以说明。

6.4.1.2 雨量筒间距

流量和水量分布图试验应按 GB/T 19795.2 的规定进行。采用雨量筒方格网布置法时，雨量筒间距取 1.0 m；采用雨量筒放射线布置法时，雨量筒间距取 0.5 m。

在适用于喷枪水量分布图试验的标准 GB/T 19795.2 修订以前，其他与 GB/T 19795.2 规定类似的试验方法仍可采用。例如雨量筒间距不超过 6 m，但水量分布图中的非零数据应不少于 80 个。

6.4.2 灌水装置流量与压力之间的关系

连续记录水量分布均匀性实验室试验中，灌水装置所用 3 种或 3 组喷嘴在各种进水口压力下的流量。

记录的压力级差应不大于 0.05 MPa。压力范围的最小值应小于灌水装置推荐采用的最低工作压力，最大值应大于推荐采用的最高工作压力。如果可能的话，应先采用正级差，使压力从最小值加大到最大值；然后再采用负级差，使压力从最大值减小到最小值。

在所有情况下，压力至少应从 0.2 MPa 加大到 0.7 MPa，并从 0.7 MPa 减小到 0.2 MPa。

将记录的压力和流量制成表格。如果可能的话，用拟合曲线描述表列数据之间的关系。

6.4.3 配水软管水头损失与铺放长度的关系

对Ⅰ型和Ⅲ型绞盘式喷灌机，检测部门应记录灌水装置在行走长度各个位置时的配水软管水头损失与流量的关系，以确定配水软管被卷绕过程中的水头损失变化情况。

注：对Ⅱ型绞盘式喷灌机，配水软管水头损失作为流量的函数，尚未发现其随着灌水装置在行走长度上所处位置的改变而明显变化。

6.5 试验规程

6.5.1 安装

按下列规定将绞盘式喷灌机安装在试验台上。

a) 如果使用了拉力计，将绞盘式喷灌机的拖曳部位与拉力计连接，并与固定端相连。

b) 将水源连接软管与试验台的供水接口相连。

c) 将配水软管或钢索的端部与试验台的阻力装置相连；如有必要，接一个拉力计。

d) 将测量配水软管或钢索位移和行走速度的传感器与配水软管或钢索相连。

e) 根据喷灌机类型，将压力传感器与绞盘式喷灌机上的下述测压孔相连：

  1) 对Ⅰ型绞盘式喷灌机，为绞盘式喷灌机进水口测压孔和水力驱动装置排水口测压孔；如有必要，包括灌水装置进水口测压孔；

  2) 对Ⅱ型绞盘式喷灌机，为配水软管进水口测压孔和水力驱动装置进水口测压孔；如有必要，包括灌水装置进水口测压孔；

  3) 对Ⅲ型绞盘式喷灌机，为配水软管进水口测压孔和水力驱动装置进水口测压孔；如有必要，包括灌水装置进水口测压孔。

f) 如有必要，将转速表与水力驱动装置旋转轴接触。

g) 如有必要，将带有刻度或标定过的容器或流量计与水力驱动装置的排水口相连。

6.5.2 试验参数

a) 计算配水软管充满水后的单位长度质量 P(N/m)。

b) 计算或确定被试绞盘式喷灌机和/或试验台在所有期望试验条件下的下列试验参数值：

1） 地面阻力系数 α；

2） Ⅰ型和Ⅱ型绞盘式喷灌机的最大期望地面阻力 $F_{\mathrm{ref,max}}$，按下式计算：

$$F_{\mathrm{ref,max}} = \alpha \times P \times L_{\mathrm{ref,max}}$$

式中：

$L_{\mathrm{ref,max}}$——配水软管最大长度，单位为米(m)；

3） 试验压力和喷嘴组合；

4） 灌溉条带宽度 E(必要时)；

5） 根据制造厂技术资料估算试验用流量 q；

6） 喷灌机的下列设定值：

——配水软管或钢索的行走速度 v(必要时)；

——毛灌水深度 h_{GA}(必要时)，按下式计算：

$$h_{\mathrm{GA}} = 1\,000 \times \frac{q}{(v \times E)}$$

式中：

h_{GA}——毛灌水深度，单位为毫米(mm)；

q——试验用流量，单位为立方米每小时($\mathrm{m^3/h}$)；

v——灌水装置的行走速度，单位为米每小时(m/h)；

E——灌溉条带宽度，单位为米(m)；

——灌溉持续时间 T(必要时)，按下式计算：

$$T = \frac{L_{\mathrm{travel}}}{v}$$

式中：

L_{travel}——灌水装置在当前试验条件下的行走长度；

——实施灌溉作业的时钟时间(必要时)。

6.5.3 被试喷灌机的准备

应按制造厂随机携带的使用说明书，针对每一项事先确定的试验运行条件，对绞盘式喷灌机进行下列准备。

a） 根据所需的试验参数设定喷灌机的控制装置。

b） 按需要设定延时起动和延时停止。

c） 如有必要，根据制造厂的使用说明将齿轮、齿轮副或其他机械装置设置到适当位置。

d） 记录准备过程和/或采取的修正措施。

6.5.4 试验台的准备

针对每一项事先确定好的试验运行条件，将试验台的供水源和阻力装置设定到试验参数。接通电源，起动系统。

6.5.5 试验规程

操作绞盘式喷灌机使其像在田间那样运行。

在绞盘式喷灌机运行中，利用试验台的计算机接线，连续监测、记录(记录数据的时间间隔应小于30 s)并存储下列试验参数的实测数据：

a） 时间；

b） 压力；

c） 流量；

d) 水量；

e) 水力驱动装置旋转轴的转速；

f) 被试绞盘式喷灌机铺放在地上的配水软管或钢索长度；

g) 灌水装置行走速度(或通过测量配水软管行走速度，间接测量灌水装置行走速度)；

h) 拉力计测出的阻力 F_{bench}；

i) 基准阻力 F_{ref}。

在所有情况下，灌水装置每行走 1 m，至少应记录一次试验参数平均值数据。

6.6 水量分布均匀性实验室试验的数据处理

假设行走长度 L_{travel} 由连续的 1.0 m 长的区段 ΔL_{seg} 组成。据此计算下列参数的平均值和标准偏差：

a) 在记录的行走距离上，绞盘式喷灌机的进水口压力；

b) 在记录的行走距离上，灌水装置或配水软管的行走速度；

c) 在记录的行走距离上，灌水装置每行走 1 m 在整个灌溉条带宽度上的毛灌水深度。根据记录的水量、灌溉条带宽度和距离，按下式计算：

$$h_{GAseg} = \Delta V_{seg} \times \frac{1\,000}{(E \times \Delta L_{seg})}$$

式中：

h_{GAseg}——灌水装置每个区段在整个灌溉条带宽度上的毛灌水深度，单位为毫米(mm)；

ΔV_{seg}——灌水装置在每个区段内的灌水量，单位为立方米(m^3)；

E——灌溉条带宽度，单位为米(m)；

ΔL_{seg}——区段长度，单位为米(m)。

按下列步骤计算整个灌溉条带上的灌水深度及其平均值、标准偏差、最小值和最大值。

a) 为了计算绞盘式喷灌机在整个灌溉条带内行走时田间各受水点的实验室试验灌水深度，准备一个将灌溉区域扩展，并包括灌溉条带和条带受水边缘的方格网，如图 6 所示。网格间距为 1 m×1 m，或者与先期水量分布试验数据相对应的其他网格间距，例如 3 m、5 m 或 6 m。

b) 对每一个网点，确定灌水装置距最接近的网格坐标的位置时，应考虑到灌水装置所在位置与 6.4.1 规定的先期水量分布试验在网格上的偏差，以保证每个位置都与计算方格网上的网点重合。记录受水面积上每个网点的数据。灌水深度等于先期水量分布试验的灌水强度与记录的灌水时间的乘积。

c) 对灌溉条带宽度为 E 的绞盘式喷灌机，将落在灌溉条带外面的灌水深度非零数据平移 $\pm E$，使它们落在灌溉条带内，从而计算重叠灌水深度。

计算出重叠灌水深度后，如有必要，按下列规程计算灌溉条带和灌溉条带中间部分的水量分布均匀系数。

a) 用克里斯琴森(Christiansen)法和其他水量分布均匀系数法，计算灌溉条带内与行走轨迹垂直的各网线上的横向水量分布均匀系数。

b) 用克里斯琴森(Christiansen)法和其他水量分布均匀系数法，计算灌溉条带的水量分布均匀系数，包括 $0 \sim L_s$ 和 E 范围内的网点。

c) 用克里斯琴森(Christiansen)法和其他水量分布均匀系数法，计算灌溉条带中间部分的水量分布均匀系数，包括 $0.25 \times L_s \sim 0.75 \times L_s$ 和 E 范围内的网点。

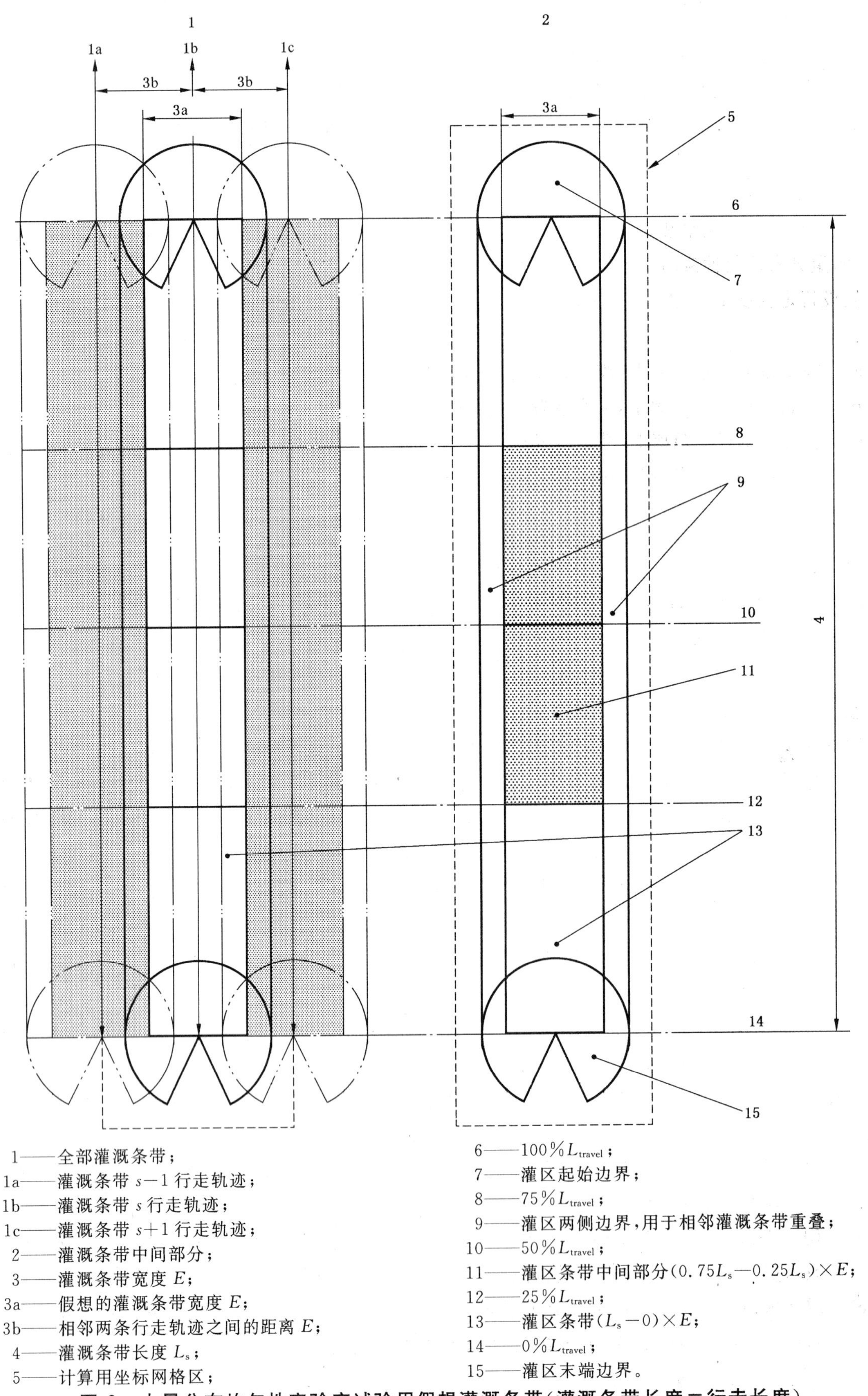

1——全部灌溉条带；
1a——灌溉条带 $s-1$ 行走轨迹；
1b——灌溉条带 s 行走轨迹；
1c——灌溉条带 $s+1$ 行走轨迹；
2——灌溉条带中间部分；
3——灌溉条带宽度 E；
3a——假想的灌溉条带宽度 E；
3b——相邻两条行走轨迹之间的距离 E；
4——灌溉条带长度 L_s；
5——计算用坐标网格区；
6——100% L_{travel}；
7——灌区起始边界；
8——75% L_{travel}；
9——灌区两侧边界，用于相邻灌溉条带重叠；
10——50% L_{travel}；
11——灌区条带中间部分 $(0.75L_s-0.25L_s)\times E$；
12——25% L_{travel}；
13——灌区条带 $(L_s-0)\times E$；
14——0% L_{travel}；
15——灌区末端边界。

图 6　水量分布均匀性实验室试验用假想灌溉条带（灌溉条带长度＝行走长度）

6.7 试验结果的提交方式

6.7.1 一般要求

水量分布均匀性实验室试验结果应根据下列条款的规定，以表格、图形、图解表和报告的形式提交。

6.7.2 表格

各组水量分布均匀性实验室试验条件下的试验参数均应列入表格。

将每组试验条件的试验结果制成一个表格。每个表格中均应列出试验参数和最终检测结果，见表 4 和表 5。

表 4 一组水量分布均匀性实验室试验条件下的试验结果汇总表

<table>
<tr><td>水量分布均匀性实验室试验条件号:……</td><td colspan="2">绞盘式喷灌机试验参数基准值:
E=灌溉条带宽度
L_s=灌溉条带长度</td></tr>
<tr><td>基准试验条件下的重叠灌水深度试验结果:
□是　　□否</td><td>整个灌溉条带
(L_s−0)×E</td><td>灌溉条带中间部分
(0.75L_s−0.25L_s)×E</td></tr>
<tr><td>根据制造厂技术文件中的喷灌机调试状态和试验参数得出的预期灌水深度值/mm</td><td colspan="2"></td></tr>
<tr><td>根据试验记录计算出的平均灌水深度/mm</td><td></td><td></td></tr>
<tr><td>根据试验记录计算出的平均灌水深度标准偏差/mm</td><td></td><td></td></tr>
<tr><td>根据试验记录计算出的最小灌水深度/mm</td><td></td><td></td></tr>
<tr><td>根据试验记录计算出的最大灌水深度/mm</td><td></td><td></td></tr>
<tr><td>根据试验记录计算出的克里斯琴森均匀系数/%</td><td></td><td></td></tr>
<tr><td>根据试验记录计算出的其他均匀系数/%</td><td></td><td></td></tr>
</table>

表 5 一组水量分布均匀性实验室试验条件下的试验结果汇总表示例

<table>
<tr><td colspan="2">水量分布均匀性实验室试验条件号:2/11
试验日期:××××××　　试验地点:××××××　　检测部门:××××××</td></tr>
<tr><td>标牌
绞盘式喷灌机:☑Ⅰ型　□Ⅱ型　□Ⅲ型
制造厂:××××××
型号:××××××
配水软管:最大有效铺放长度:350 m
序号:1
公称外径:100 mm</td><td>试验条件
喷灌机进水口压力:0.85 MPa
喷嘴直径:25.1 mm
灌溉条带间距(灌溉条带宽度):84 m
地面阻力系数:☑0.5　□0.8
对应的最大阻力:12 130 N
□ 设定行走速度:/(m/h)
☑ 设定灌水深度:14 mm
□ 设定灌水时间:/h
□ 延时启动:0 min
□ 延时停机:0 min</td></tr>
<tr><td>灌水装置
型式:☑喷枪　□桁架
配带:☑喷枪　□旋转式喷头　□非旋转式喷头
制造厂:××××××
型号:××××××
灌水装置基准均匀性试验
3923、3993、3994、3996、3997、3998、3999、4000、4001、4002、4003</td><td>试验结果
计算方格网间距:3 m×3 m
平均流量:52 m³/h
试验行走长度:312 m
<table>
<tr><td></td><td>整个灌溉条带</td><td>灌溉条带中间部分</td></tr>
<tr><td>测出的平均行走速度</td><td>45.0 m/h</td><td>47.2 m/h</td></tr>
<tr><td>平均灌水深度</td><td>13.7 mm</td><td>14.0 mm</td></tr>
<tr><td>灌水深度标准偏差</td><td>2.6 mm</td><td>1.6 mm</td></tr>
<tr><td>最小灌水深度</td><td>1.0 mm</td><td>10.9 mm</td></tr>
<tr><td>最大灌水深度</td><td>18.6mm</td><td>17.9mm</td></tr>
<tr><td>均匀系数(克里斯琴森)</td><td>86.1%</td><td>90.2%</td></tr>
<tr><td>均匀系数(1−Cv)</td><td>81.1%</td><td>88.2%</td></tr>
</table></td></tr>
</table>

6.7.3 **图形**

用等高线、黑度曲线或其他适当技术表示两组灌水深度数据：

——按 8.4.1.1 计算出的一组灌溉条带内和灌溉条带外的灌水深度数据；

——按 8.4.1.2 计算出的一组灌溉条带内的重叠灌水深度数据。

图 7a)和图 7c)是采用图形法提交试验结果的两个示例。

6.7.4 **图解表**

用图解表表示行走速度、毛灌水深度、功率状况和流量状况作为灌水装置与最终停止位置之间距离的函数在纵向的变化规律，以及毛灌水深度作为灌水装置与最终停止位置之间距离的函数在横向的变化规律，见图 7b)和图 7d)。

a) 图解行走速度和毛灌水深度在纵向的变化规律：

1) 灌水装置行走速度与该装置距最终停止位置之间距离的函数关系[图 7d)]；

2) 灌水装置每个区段在整个灌溉条带宽度上的毛灌水深度与该装置距最终停止位置之间距离的函数关系[图 7d)]。

b) 图解灌水深度在横向的变化规律：

1) 计算出的一条或多条典型横线上的重叠灌水深度(选择项)；

2) 计算出的横向重叠水量分布均匀系数或该系数与灌水装置距最终停止位置之间距离的函数关系。

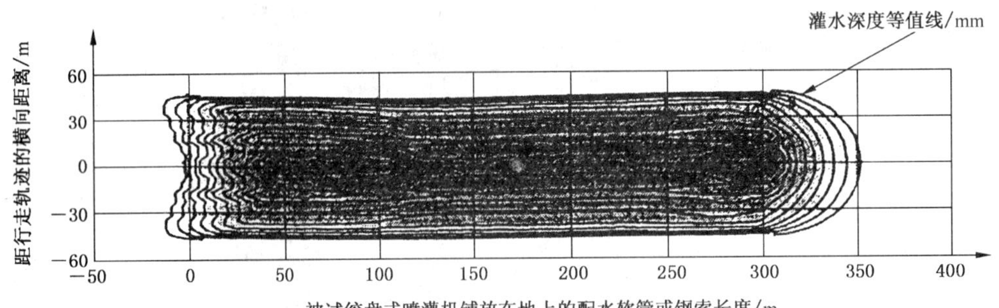

a) 单个灌溉条带灌水深度(mm)

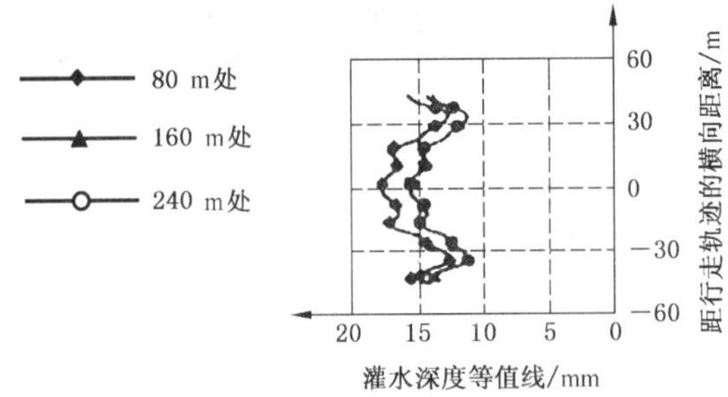

b) 选择的横线上的重叠灌水深度(mm)

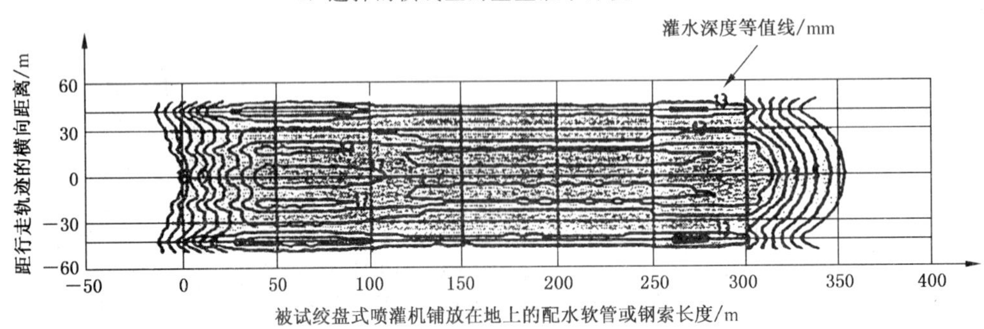

c) 灌溉条带上的重叠灌水深度(mm)

图 7 图形和图解表

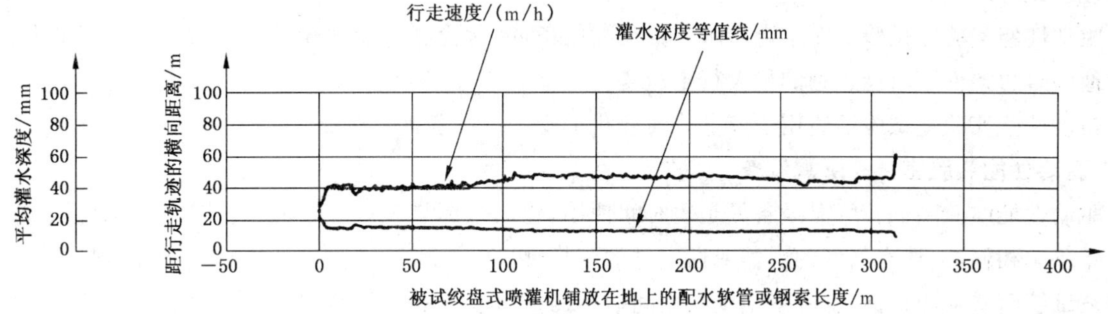

d) 灌水装置行走速度及平均灌水深度的纵向变化规律

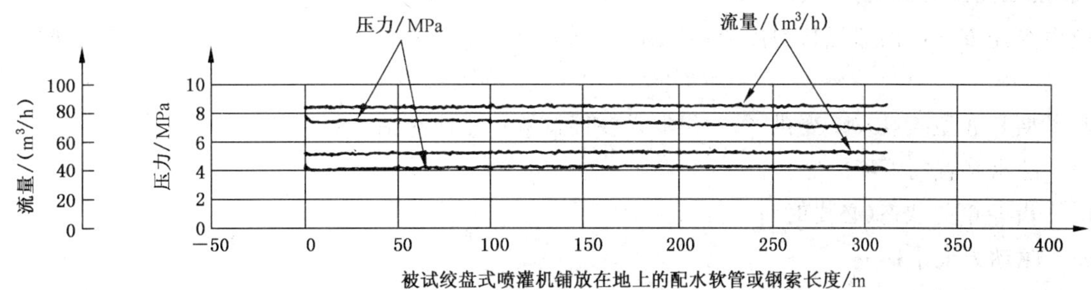

e) 压力及流量的纵向变化规律

图 7(续)

c) 图解功率状况和流量状况：

1) 绞盘式喷灌机进水口压力与灌水装置距最终停止位置之间距离的函数关系；

2) 灌水装置进水口压力与该装置距最终停止位置之间距离的函数关系；

3) 灌水装置流量与该装置距最终停止位置之间距离的函数关系；

4) 水力驱动装置水头损失与灌水装置距最终停止位置之间距离的函数关系(选择项)；

5) 水力驱动装置旋转速度或排水量与灌水装置距最终停止位置之间距离的函数关系(选择项)。

图 7e)是采用图解法的一个示例。

6.7.5 试验报告

水量分布均匀性实验室试验报告包括下列内容：

a) 表 2 列出的水量分布均匀性实验室试验条件；应明确指出哪些是试验中采用的，哪些是不采用的；

b) 检测部门对喷灌机(应由用户调试的项目)进行调试的情况摘要；

c) 各项试验条件下的表格、图形、图解表和详细报告(包括试验过程和出现的故障一览表)；

d) 试验结论。

7 驱动性能实验室试验

重要提示：与水量分布均匀性实验室试验不同，进行驱动性能实验室试验时不需要获得良好的水量分布均匀性。某些驱动性能试验条件可能与极限驱动条件一致，但在绞盘式喷灌机实际运行中并不不采用。重要的是，用户应该注意到，驱动性能试验条件可能远远超出制造厂推荐采用的、为获得可接受的横向和/或纵向水量分布均匀性的运行条件范围。

7.1 一般要求

与水量分布均匀性实验室试验一样，绞盘式喷灌机驱动机构的基本机械性能试验也可采用特定的驱动性能试验规程。

驱动性能实验室试验是在给定灌水装置喷嘴的条件下，检测绞盘式喷灌机灌水装置在各种供水压力和地面阻力条件下所能达到的最大行走速度。

驱动性能实验室试验不适用于绞盘式喷灌机的定型试验和批量试验。

7.2 驱动性能实验室试验所需设备

驱动性能实验室试验所需设备只是短时间使用，它的组成与6.3规定的水量分布均匀性实验室试验设备基本相同，但标有刻度的容器或标定过的流量计、转速表、对试验参数进行连续监测以及阻力大小与被试绞盘式喷灌机铺放和/或拖曳在田间地上的配水软管和/或钢索长度有关的试验设备和规定，不适用于该试验。

7.3 驱动性能实验室试验条件

应由委托方和检测部门共同协商，确定由一项或若干项驱动试验参数组成的驱动性能实验室试验条件。

对Ⅰ型和Ⅱ型绞盘式喷灌机，每一组驱动性能试验条件应包括下列资料：

a) 灌水装置的喷嘴尺寸；

b) 齿轮箱的状态(必要时)；

c) 驱动力大小；

d) 绞盘式喷灌机进水口的驱动性能试验压力范围。该压力范围至少应覆盖从零到绞盘式喷灌机的最高工作压力；压力级差应≤0.05 MPa。

为互相验证，应采用与各种不同地面阻力相对应的若干组驱动性能试验条件。对Ⅰ型和Ⅱ型绞盘式喷灌机，当试验中铺放在地上并被拖曳的配水软管为其全长时，取 $\alpha=0.8$ 和 $\alpha=0.5$ 计算阻力 F。

7.4 驱动性能实验室试验规程

按6.5.1规定将绞盘式喷灌机安装在试验台上，但不使用转速表、标有刻度的容器和流量计。

对喷灌机进行试验前的准备工作，检查并调整灌水装置的喷嘴。

将驱动机构设定为最高速度。

如有必要，对齿轮箱进行调整，并记录齿轮的位置。

连接灌水装置，根据6.4.2得出的灌水装置流量和压力之间关系的表格和拟合曲线，对流量进行调节。事先将绞盘式喷灌机滚筒上的配水软管或钢索放开到足够长度，以保证配水软管或钢索在卷上第一层时即能测量行走速度。

对每一组驱动性能试验条件，按下列规程进行驱动性能实验室试验。

a) 采用6.3.2.2规定的阻力装置，施加一个与根据当时实施的驱动性能试验条件确定的力相等的恒定阻力。

b) 实施下列步骤，测量与进水口压力相对应的行走速度：

   1) 在喷灌机进水口施加7.3规定的驱动性能试验压力范围内的最低试验压力；

   2) 排除所有瞬时不稳定状态后，使用6.3.1规定的线速度仪记录行走速度达到的稳定值；

   3) 按规定级差逐步把压力加大到驱动性能试验压力范围内的最高压力，每次都重复进行步骤2)。

对按7.3确定的各组驱动性能试验条件，重复上述驱动性能实验室试验规程。

7.5 驱动性能实验室试验结果

驱动性能实验室试验结果应包括在每一组驱动性能试验条件下测得的、与灌水装置类型和齿轮箱状态对应的行走速度、阻力、喷灌机进水口压力和流量的数值。试验结果可绘制成如图8所示的图形。

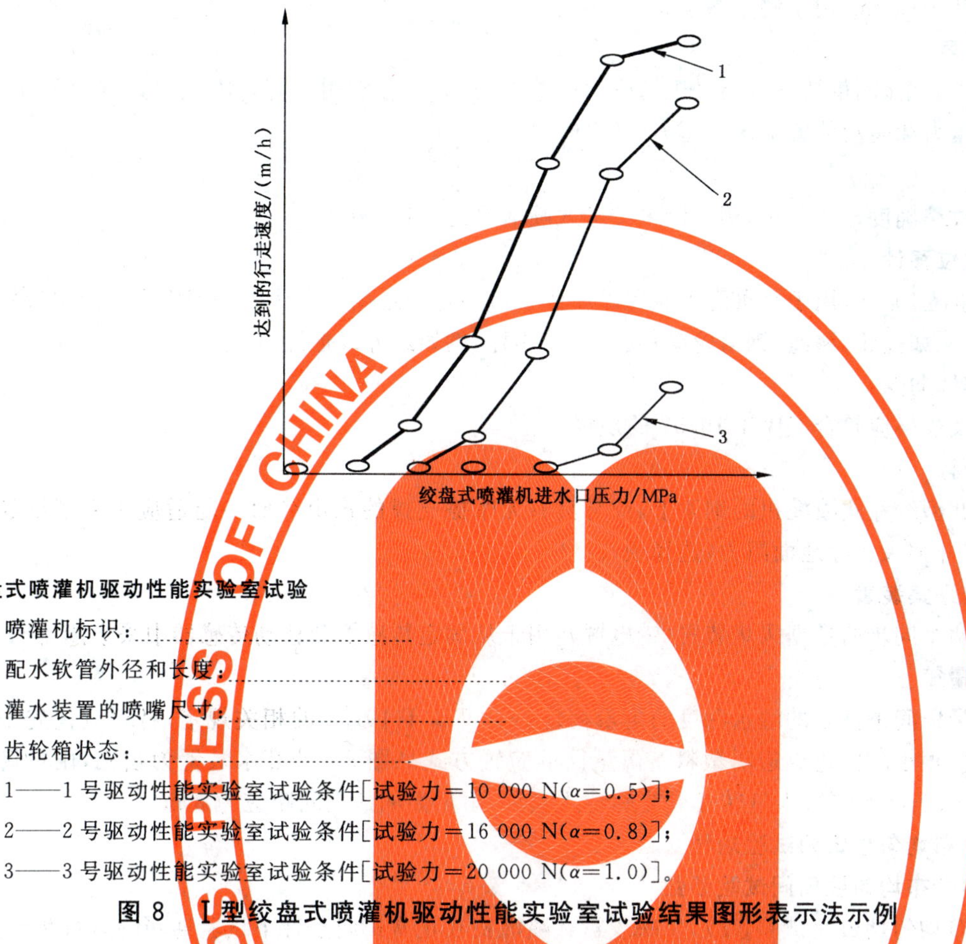

绞盘式喷灌机驱动性能实验室试验

喷灌机标识：……………………………

配水软管外径和长度：……………………………

灌水装置的喷嘴尺寸：……………………………

齿轮箱状态：……………………………

1——1 号驱动性能实验室试验条件[试验力=10 000 N(α=0.5)]；

2——2 号驱动性能实验室试验条件[试验力=16 000 N(α=0.8)]；

3——3 号驱动性能实验室试验条件[试验力=20 000 N(α=1.0)]。

图 8　Ⅰ型绞盘式喷灌机驱动性能实验室试验结果图形表示法示例

8　水量分布均匀性田间试验

8.1　一般要求

水量分布均匀性田间试验的目的是测定绞盘式喷灌机在当地常见田间条件下运行时的水量分布均匀性。

水量分布均匀性田间试验不适用于绞盘式喷灌机的定型试验或批量试验。

水量分布均匀性田间试验通常不考虑完全控制试验条件。例如，对Ⅰ型和Ⅲ型绞盘式喷灌机，很难测量田间条件下的地面阻力。水量分布均匀性实验室试验将风速控制在零或很小值，但风速与实际值有偏差，所以计算出的水量分布均匀性只是参考值。与实验室试验相比，水量分布均匀性田间试验值得注意的几个参数有：压力和流量的波动、灌溉条带坡度的变化以及实际地面阻力的偏差。

重要的是，可将水量分布均匀性田间试验结果与实验室试验结果进行对比。因此，应始终对田间试验条件进行监控。

8.2　试验设备

监测并记录绞盘式喷灌机性能的试验设备由下列仪器仪表组成。

8.2.1　压力表

测量精确度相对于真值的偏差为±1%，用于测量灌水装置进水口的压力。

8.2.2　测量喷枪的喷洒扇形角度及其相对于行走轨迹方位的装置(必要时)

测量精确度±1°。该装置可以是直接测量角度的斜角规，也可以是利用三角测量法间接测量角度的测尺。

8.2.3 50 m 测尺

最小刻度±10 cm,用于测量灌水装置的射程。

8.2.4 压力表

共 2 个或 3 个,测量精确度相对于真值的偏差为±1%。分别用于测量喷灌机进水口的压力、驱动装置进水口压力和驱动装置出水口压力(必要时)。

8.2.5 水表

最小读数精确度±0.1 m^3,用于测量绞盘式喷灌机进水口的水量。

8.2.6 线性位移计

最小刻度±10 cm,用于测量灌水装置沿灌溉条带的行走距离。应优先采用固定在灌水装置上的机械式位移计,例如拖轮、测绳、钢索轮等;或远程位移计,例如红外线遥测装置等。

8.2.7 风速风向仪

精确度及规格应符合 GB/T 19797 的规定。

8.2.8 拉力计

安装在Ⅱ型绞盘式喷灌机的钢索上,或与具有无摩擦支撑的稳定平面一起适应于Ⅰ型绞盘式喷灌机,用于监测并记录实际地面阻力(选择项)。

8.2.9 数据采集装置

一个或两个同步的数据采集装置(带电源),用于从固定传感器和移动传感器中采集测得的数据。

8.2.10 雨量筒

用于测量田间条件下的灌水深度的雨量筒应符合 GB/T 19797 的相关规定,材料应优先采用筒壁上粘水可能性很小的白色或透明塑料。雨量筒的布置方式见图 9。若灌水装置为喷枪,雨量筒的最大间距应为 6 m;若灌水装置为旋转式或非旋转式喷头,雨量筒的最大间距应为 3 m。

8.3 水量分布均匀性田间试验规程

8.3.1 水量分布均匀性田间试验参数

水量分布均匀性田间试验参数,反映绞盘式喷灌机在正常田间条件下试验期间的运行状况。

水量分布均匀性田间试验参数包括:

——喷嘴尺寸;

——试验用灌溉条带的长度和形状;

——喷灌机的设置状态(行走速度、毛灌水深度、灌水持续时间和灌水日期);

——田间供水压力。

为了保证试验中记录的地面阻力尽可能接近用户的实际使用情况,每次水量分布均匀性田间试验都应使用干燥的行走轨迹。

8.3.2 试验田块内的雨量筒布置方式

重要提示:一定要非常仔细地放置和稳固雨量筒。因雨量筒泄漏或溢出等原因造成一排雨量筒中的 1 个或 3%雨量筒的数据明显异常时,可将其剔除。

在与配水软管或钢索垂直的方向上至少放置两排雨量筒,如图 9 所示。

对Ⅰ型和Ⅲ型绞盘式喷灌机,为了记录配水软管或钢索在绞盘上每卷绕一层的田间水量分布性能,雨量筒的排数应与配水软管或钢索在绞盘上卷绕的层数相同。

雨量筒排应位于行走长度的中间部分以内,两端的雨量筒排距试验田块地头的距离应大于灌水装置的射程,以避免测量灌水深度时的边缘干扰。

确保首末端两个雨量筒排之间的距离至少为灌水装置行走长度的 50%。

确定雨量筒间距 s 时,应保证灌溉条带宽度的一半($E/2$)为雨量筒间距的整数倍。

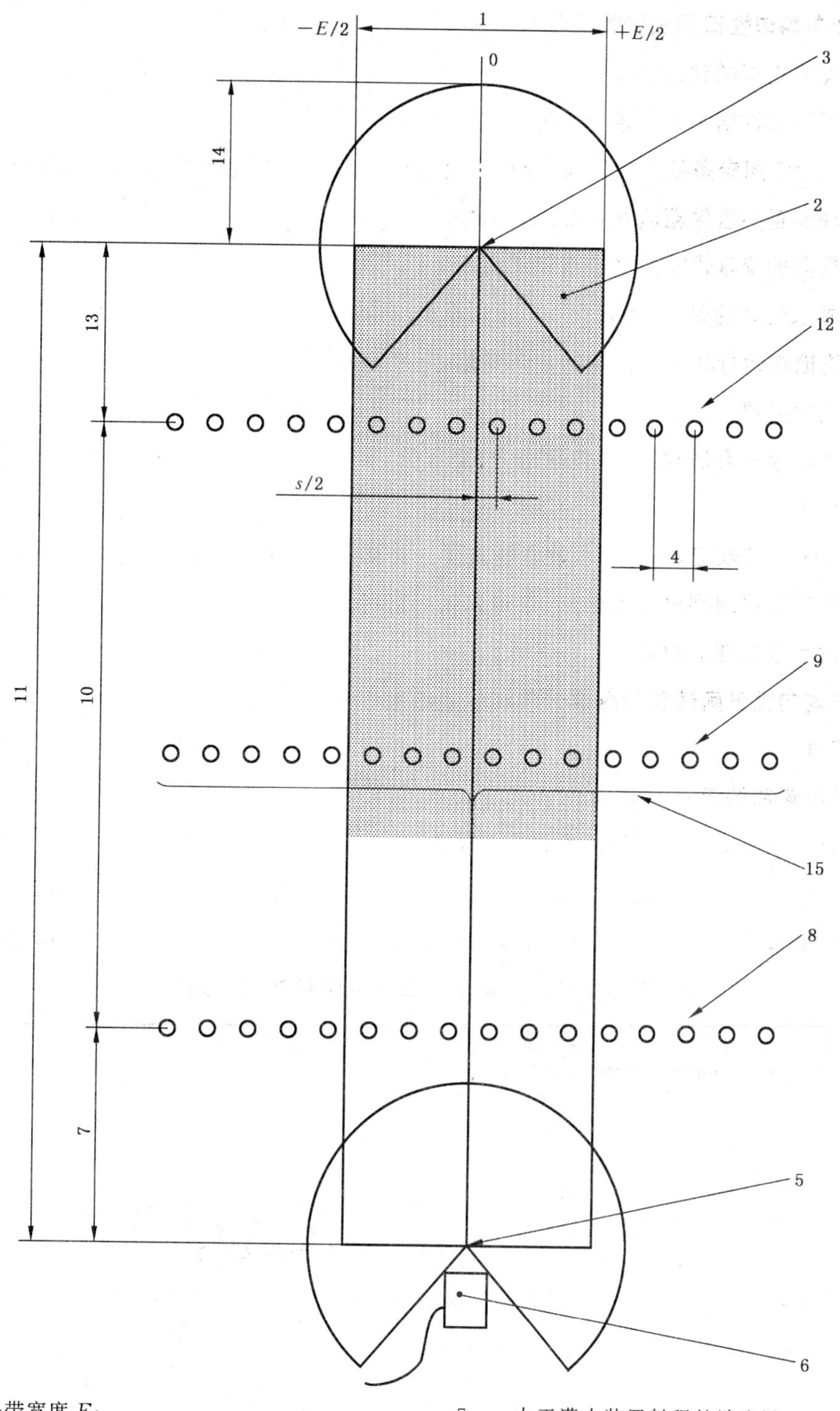

1——灌溉条带宽度 E；
2——计算重叠面积的灌溉条带；
3——灌水装置行走起始位置；
4——雨量筒间距 s(最大间距：喷枪，6 m；旋转式和非旋转式喷头，3 m)；
5——灌水装置终点停止位置；
6——装有压力、流量和灌水装置位移监测和数据采集装置的绞盘式喷灌机所处位置；
7——大于灌水装置射程的端边界；
8——第 n 排所在位置；
9——第 $i(1<i<n)$ 排所在位置；
10——大于 $50\%L_{travel}$ 的雨量筒排布置区；
11——灌溉条带长度(等于灌水装置行走长度)；
12——第 1 排所在位置；
13——大于灌水装置射程的端边界；
14——灌水装置的射程；
15——雨量筒排扩展区。

图 9 绞盘式喷灌机水量分布均匀性田间试验的雨量筒布置方式

8.3.3 水量分布均匀性田间试验的准备和实施

将绞盘式喷灌机调试到适当状态。

将所有传感器和数据采集装置与电源相连。

按 GB/T 19797 相应条款的规定，将绞盘式喷灌机进水口压力调整到试验压力，并保持该压力。

将水力驱动装置和齿轮箱脱开，继续下列试验步骤：

a) 记录测得的绞盘式喷灌机进水口的压力；

b) 测量灌水装置的射程（精确到 10 cm），至少测量 3 次，每隔 90°测量 1 次；

c) 测量喷枪在运行状态下的喷洒扇形角度（必要时）。

起动绞盘式喷灌机。

连续监测并记录所有试验变量，包括压力、灌水量、灌水装置行走距离、风速、风向以及地面阻力和水力驱动装置压力。

按 GB/T 19797 的规定，一旦灌水装置越过了一排雨量筒，应立即测量这排雨量筒收集的灌水量。如果采取了把蒸发量限制到最小的措施，也可以稍后进行测量。

记录试验过程及出现的故障。

8.4 水量分布均匀性田间试验的数据处理和试验结果

8.4.1 灌水深度

8.4.1.1 每排雨量筒的灌水深度

计算每一排上所有雨量筒收集的水量和灌水深度。

如有必要，按 GB/T 19797 的规定对收集的水量进行校正，计算校正后的灌水深度。

将灌水深度制成表格，见表 6。表中应列出配水软管或钢索的位置和灌溉条带的横向界限 $\pm E/2$。

表 6 每排雨量筒灌水深度测量值范例表

<table>
<tr><td colspan="20">绞盘式喷灌机水量分布均匀性田间试验
喷灌机标识：
试验日期和地点：
试验参数：
雨量筒排编号：　　　　相对于灌水装置终点停止位置的雨量筒排位置：
雨量筒排灌水深度(mm)　　　　灌溉条带宽度 E(m)＝　　　　雨量筒间距 s(m)＝</td></tr>
<tr><td colspan="3"></td><td colspan="2">$-E/2$</td><td colspan="5"></td><td colspan="2">配水软管或钢索</td><td colspan="4"></td><td colspan="2">$+E/2$</td><td colspan="2"></td></tr>
<tr><td>0</td><td>b1</td><td>b2</td><td>b3</td><td>a1</td><td>a2</td><td>a3</td><td>a4</td><td>a5</td><td>a6</td><td>a7</td><td>a8</td><td>a9</td><td>a10</td><td>a11</td><td>a12</td><td>c1</td><td>c2</td><td>0</td><td>0</td></tr>
</table>

8.4.1.2 每排雨量筒（含有重叠面积）的灌水深度

当灌水装置在所覆盖面积上有重叠时，例如喷枪，含有重叠面积的每排雨量筒的灌水深度的计算，可采用将灌溉条带外的数据平移 $\pm E$ 到该灌溉条带内，即将落在灌溉条带右侧外面的数据加到左侧的灌溉条带内，反之一样，见表 7。

表 7 计算重叠灌水深度示例表

绞盘式喷灌机水量分布均匀性田间试验 喷灌机标识： 试验日期和地点： 试验参数： 雨量筒排编号：　　　　相对于灌水装置最终停止位置的雨量筒排位置： **雨量筒排的重叠灌水深度**(mm) 灌溉条带宽度 E(m)=　　　　雨量筒间距 s(m)=																			
				$-E/2$					配水软管或钢索						$+E/2$				
0	b1	b2	b3	a1	a2	a3	a4	a5	a6	a7	a8	a9	a10	a11	a12	c1	c2	0	0
平移 $+E$												0	b1	b2	b3				
平移 $-E$				c1	c2	0	0												
				↓	↓	↓	↓	↓	↓	↓	↓	↓	↓	↓	↓				
叠加				a1 +c1	a2 +c2	a3	a4	a5	a6	a7	a8	a9	a10 +b1	a11 +b2	a12 +b3				

8.4.2 **横向水量分布均匀性**

8.4.2.1 **一般要求**

将横向水量分布均匀性结果制成表格。

8.4.2.2 **各排雨量筒横向水量分布均匀性试验数据**

根据灌水装置的类型，利用实测的或校正后的灌水深度(8.4.1.1)或计算出的重叠灌水深度(8.4.1.2)，计算灌溉条带宽度$[-E/2,+E/2]$内各排(第 i 排)雨量筒的下列统计数据：

a) 灌水深度平均值；

b) 灌水深度最小值；

c) 灌水深度最大值；

d) 第 i 排基准灌水强度 I_i，mm/h；

e) 用克里斯琴森(Christiansen)法或其他方法表示的各排雨量筒横向水量分布均匀系数。

第 i 排基准灌水强度 I_i 采用下式计算：

$$I_i = h_{Ai} \times \frac{v_i}{R_{wet}}$$

式中：

I_i——第 i 排的基准灌水强度，单位为毫米每小时(mm/h)；

h_{Ai}——在灌水装置行走区段长度等于其射程的情况下，第 i 排雨量筒收集的平均灌水深度，单位为毫米(mm)；

v_i——灌水装置通过第 i 排雨量筒，在行走距离等于其射程的区段内的平均行走速度，单位为米每小时(m/h)；

R_{wet}——灌水装置的射程，单位为米(m)。

在灌水装置的行走方向测量其射程。

8.4.2.3 **灌溉条带横向水量分布均匀性试验数据**

按 8.4.2.2 规定的方法，用所有雨量筒排的灌水深度确定灌溉条带的数据。

计算灌溉条带宽度$[-E/2,+E/2]$内的灌溉条带平均灌水深度、灌溉条带最小灌水深度、灌溉条带最大灌水深度和灌溉条带基准灌水强度 I_s，并用克里斯琴森(Christianen)法或其他方法表示灌溉条带水量分布均匀系数。

计算灌溉条带宽度[$-E/2$,$+E/2$]和长度[0,L_{travel}]内的下列统计数据：

a) 灌水深度平均值；

b) 灌水深度最小值；

c) 灌水深度最大值；

d) 基准灌水强度 I_s；

e) 用克里斯琴森(Christianen)法或其他方法表示的灌溉条带水量分布均匀系数。

灌溉条带基准灌水强度 I_s 采用下式计算：

$$I_s = h_{As} \times \frac{v_s}{R_{wet}}$$

式中：

I_s——灌溉条带基准灌水强度,单位为毫米每小时(mm/h)；

h_{As}——整个灌溉条带上的平均灌水深度,单位为毫米(mm)；

v_s——灌水装置在整个灌溉条带上的平均行走速度,单位为米每小时(m/h)；

R_{wet}——灌水装置的射程,单位为米(m)。

在灌水装置的行走方向上测量其射程。

8.4.3 纵向水量分布均匀性

8.4.3.1 纵向行走速度均匀性

将灌水装置行走距离 L_{travel} 分成与所记录数据相对应的若干区段,每个区段的长度约为 5 m。

计算所有区段的行走速度,每一个区段的长度 $\Delta L_{segment}$ 应与灌水装置行走通过的时间相对应。

对行走速度计算值进行分析,并将下列统计数据制成表格。

a) 平均速度,m/h；

b) 最高速度,m/h；

c) 最低速度,m/h；

d) 行走速度相对于平均速度的最大偏差率,即最大值与最小值之差与平均值之比,%；

e) 灌水装置在所有区段上的行走速度变化系数,%；称其为行走速度纵向变化系数。

如果采用了延时起动和延时停止功能,则行走速度统计表中应删除行走长度 L_{travel} 两端的区段内可能失真的数据。

8.4.3.2 毛灌水深度纵向均匀性

灌水装置在行走长度 L_{travel} 每个区段内的毛灌水深度 h_{GAseg},应根据记录的累计灌水量、灌溉条带宽度和行走距离,用下式计算：

$$h_{GAseg} = \Delta V_{seg} \frac{1\ 000}{(E \times \Delta L_{seg})}$$

式中：

h_{GAseg}——每个区段内的毛灌水深度,单位为毫米(mm)；

ΔV_{seg}——一个区段的灌水量,单位为立方米(m^3)；

E——灌溉条带宽度,单位为米(m)；

ΔL_{seg}——区段长度,单位为米(m)。

对毛灌水深度 h_{GA} 的计算值进行分析,并将下列统计数据制成表格：

a) 平均值,mm；

b) 最大值,mm；

c) 最小值,mm；

d) 毛灌水深度 h_{GA} 相对于平均值的最大偏差率,即最大值与最小值之差与平均值之比,%；

e） 毛灌水深度 h_{GA}变化系数，即毛灌水深度纵向变化系数，%。

如果采用了延时起动和延时停止功能，则毛灌水深度统计表中应删除行走长度 L_{travel}两端的区段内可能失真的数据。

8.5 水量分布均匀性田间试验结果图

8.5.1 横向均匀性

用图形表示横向灌水深度，横坐标代表雨量筒距灌水装置行走轨迹中心线的距离。

画出每一排的实测或校正后的灌水深度(8.4.1.1)和计算出的重叠灌水深度(8.4.1.2)(必要时)。

8.5.2 纵向均匀性

用图形表示记录的或根据行走长度 L_{travel}各区段计算出的纵向均匀性试验数据。横坐标代表灌水装置距最终停止位置的距离，或绞盘式喷灌机铺放在灌溉条带内田间地上的配水软管或钢索长度，采用8.2规定的线位移计记录的数据。

将行走长度 L_{travel}上每个区段的下列记录值或计算值画在图上：

a） 风速；

b） 绞盘式喷灌机进水口压力；

c） 灌水装置进水口压力；

d） 灌水装置的区段行走速度；

e） 一个区段内的毛灌水深度；

f） 地面阻力(必要时)。

ICS 65.060.35
B 91

中华人民共和国国家标准

GB/T 21400.2—2008/ISO 8224-2:1991

绞盘式喷灌机　第2部分:软管和接头试验方法

Traveller irrigation machines—Part 2: Softwall hose and couplings—Test methods

(ISO 8224-2:1991, IDT)

2008-02-03 发布　　2008-07-01 实施

中华人民共和国国家质量监督检验检疫总局
中国国家标准化管理委员会　发布

前　言

GB/T 21400《绞盘式喷灌机》分为如下两部分：

——第1部分：运行特性及实验室和田间试验方法；

——第2部分：软管和接头　试验方法。

本部分是GB/T 21400《绞盘式喷灌机》的第2部分。本部分等同采用ISO 8224-2:1991《绞盘式喷灌机　第2部分：软管和接头　试验方法》(英文版)。

本部分等同翻译ISO 8224-2:1991。

为便于使用，本部分做了如下编辑性修改：

——“ISO 8224的本部分”改为“本部分”；

——删除了国际标准的前言；

——用小数点“.”代替作为小数点的“,”；

——ISO 8224-2:1991中引用的其他国际标准，有被采用为我国标准的，用我国标准代替对应的国际标准。

本部分由中国机械工业联合会提出。

本部分由全国农业机械标准化技术委员会归口。

本部分起草单位：中国农业机械化科学研究院、江苏大学。

本部分主要起草人：兰才有、张咸胜、仪修堂、王洋、侯永胜。

绞盘式喷灌机 第2部分:软管和接头 试验方法

1 范围

本部分规定了绞盘式喷灌机用软管和接头的特殊物理性能和快速耐久试验的试验方法。

本部分适用于农业和林业用绞盘式喷灌机的软管和接头。

2 规范性引用文件

下列文件中的条款通过GB/T 21400的本部分的引用而成为本部分的条款。凡是注日期的引用文件,其随后所有的修改单(不包括勘误的内容)或修订版均不适用于本部分,然而,鼓励根据本部分达成协议的各方研究是否可使用这些文件的最新版本。凡是不注日期的引用文件,其最新版本适用于本部分。

GB/T 5563—2006 橡胶和塑料软管及软管组合件 静液压试验方法(ISO 1402:1994,IDT)

GB/T 9573—2003 橡胶、塑料软管及软管组合件尺寸测量方法(ISO 4671:1999,IDT)

GB/T 14905—1994 橡胶和塑料软管各层间粘合强度测定(eqv ISO 8033:1991)

ISO 1421 橡胶或塑料涂覆织物 拉伸强度和断裂伸长的测定

ISO 7326 橡胶软管和塑料软管 静态条件下耐臭氧性能的评定

ASTM D 412 橡胶抗拉性能标准试验方法

ASTM D 3389 涂层织物耐磨性的标准试验方法(旋转平台双头磨蚀机)

3 术语和定义

下列术语和定义适用于本部分。

3.1

软管 hose

柔性增强输水软管。在额定工作压力下充满水时,其横截面形状近似为圆形;泄掉水后,可以卷起来。该软管由外层、纤维织物增强层和不透水的内层组成。

3.2

伸长量 elongation

因压力增加而引起的软管长度的增加量。

3.3

蛇曲 snaking

软管被绞盘式喷灌机铺放在地上时,由伸长量引起的软管位置相对于原始直线状态的偏离。

3.4

褶皱 kinking

承压软管相对于正常圆形的纵横向折叠。

3.5

压力 pressure

在软管进口处测得的压力,单位为MPa。

4 试验设备

4.1 量程0 MPa~3.3 MPa,读数精确度±2%的压力表或其他测压装置。

4.2 量程 0 kN～250 kN 的拉力计或其他测力装置。

4.3 能保证水压达到 3.3 MPa 的试压泵。

4.4 用于快速磨损试验的磨损试验设备。

4.5 能提供至少 250 kN 拉力的拉伸试验设备。

4.6 读数精确度±1mm 的长度测量设备。

5 试验条件

试验应在 23 ℃±3 ℃的常温下进行；试验介质应采用与气温相同温度的清水。

6 试验规程

6.1 外层与纤维织物之间的粘着力

6.1.1 应按 GB/T 14905 规定的规程进行软管外层与纤维织物之间的机械或化学粘着力试验。

6.1.2 应按 GB/T 14905 的规定记录试验结果。

6.2 内层与纤维织物之间的粘着力

6.2.1 应按 GB/T 14905 规定的规程进行软管内层与纤维织物之间的机械或化学粘着力试验。

6.2.2 应按 GB/T 14905 的规定记录试验结果。

6.3 耐臭氧性能

6.3.1 应按 ISO 7326 中规定的第 2 种或第 3 种方法进行软管外涂层的耐臭氧性能试验，但需作以下修正：

a) 外层的伸长率应为 20%；

b) 臭氧的浓度应为 50 pphm±5 pphm，并且环境温度为 40 ℃±2 ℃；

c) 试样应在拉伸条件下分别静置 2 h、4 h、24 h、48 h、72 h、96 h 后进行检测。

6.3.2 记录放大 2 倍情况下可目测到产生裂纹的时间。如果在 96 h 内没有产生裂纹，则记为＞96 h。

6.4 内部水压引起的伸长量

6.4.1 应按 GB/T 5563 的规定进行伸长量试验，但试样长度应至少为 3 m。应使软管在 6.4.2 和 6.4.3规定的压力下稳定 1 min 后测量伸长量。

6.4.2 当初始压力达到 0.07 MPa 时，在试样上作两个标记，两个标记之间的距离至少应是软管外径的 5 倍。测量两个标记之间的直线距离 l_1，测量精度应为±1 mm。

6.4.3 将施加给试样的压力加大到 0.7 MPa，再次测量两个标记之间的距离 l_2。试验中应对试样进行约束，防止出现蛇曲，以保证沿中心线测量。

6.4.4 用公式 $100[(l_2-l_1)/l_1]\%$ 计算伸长率并做记录。

6.5 爆破压力

爆破压力的测定，可采用伸长量试验(见 6.4)使用过的同一个试样。应按 GB/T 5563 的规定进行试验。软管试样的自由长度应为 1 m，该长度不包括端部的加固部分或接头。

按 GB/T 5563 的规定，以恒定速率加大水压，直到软管爆破或压力达到 2.5 MPa。如爆破压力小于 2.5 MPa，应记录实际爆破压力；否则，记为＞2.5 MPa。

6.6 扯断拉伸力和扯断伸长量

6.6.1 应按 ISO 1421 的规定进行软管的扯断拉伸力和扯断伸长量试验，但应做以下修正：

试样应是沿软管纵轴线切成的条带。条带的长度应保证在试验装置两个夹紧端之间的长度不小于 0.3 m。试样的宽度应保证软管圆周方向设计经线数的至少 10%在试样的整个长度上完好无损。

6.6.2 记录试样扯断拉伸力。将试样的单位宽度(根据试验装置夹紧端宽度确定)扯断拉伸力乘以软管周长，即得出软管扯断拉伸力。

6.6.3 记录试样扯断时的伸长量。扯断伸长率应按下式计算：

$$100[(l_2 - l_1)/l_1]$$

式中：

l_1——加力前试验装置两个夹紧端之间的距离；

l_2——试样扯断时试验装置两个夹紧端之间的距离。

6.7 褶皱

6.7.1 一般要求

该试验仅适用于软管被拖曳的绞盘式喷灌机的软管。

应取三个软管试样进行试验。试样应从不同批次产品中随机抽取。

6.7.2 试验的准备

6.7.2.1 将随机抽取的至少 60 m 长的软管试样在水平、光滑的露天土地上放置成一条直线，一端与压力水源相连，另一端堵上。

6.7.2.2 向试样中充水，并使压力达到 0.7 MPa，排除其中的空气。

6.7.2.3 移动试样的自由端，使其形成与田间实际使用情况类似的"J"形。"J"形两边的软管应平行，其间距为软管外径的 15 倍，且不大于 2 m。

6.7.3 试验规程

6.7.3.1 试验应在水不流动的情况下进行。

6.7.3.2 沿着与试样"J"形长管部分平行的直线，以 0.01 m/s 的恒定速度拖曳试样的自由端，移动的距离至少为 6 m。观察软管弯曲部分的褶皱现象。

6.7.3.3 如果未观察到褶皱现象，在规定静水压(见 6.7.2.2)基础上每次降低 0.05 MPa，多次重复上述试验，直到出现褶皱现象。

6.7.3.4 记录出现褶皱现象时的静水压力，此即试样的褶皱压力。

6.7.3.5 计算三个试样褶皱压力的平均值。记录该平均值并作为软管的褶皱压力。

6.8 快速磨损

6.8.1 该试验模拟软管在田间的磨损条件，仅应看作是一种对比试验。

6.8.2 按 ASTM D 3389 规定的方法进行软管耐磨损试验。

磨轮应采用 H-22 型磨粒。

每个磨轮上应加 10 N 的铅直重力。

6.8.3 记录磨掉软管外层，刚好露出纤维织物增强层时所需要的磨轮旋转圈数。

6.9 内径

6.9.1 按 GB/T 9573 规定的试验规程，用圆柱塞规测量软管的内径。

6.9.2 按 GB/T 9573 的规定报告软管内径。

6.10 残余变形

6.10.1 应按 ASTM D 412 进行软管内层弹性混合物的残余变形试验。

6.10.2 按 ASTM D 412 的规定计算并报告残余变形。

6.11 软管和接头组合件

当软管和接头作为一个组合件供货时，应采用 6.11.1～6.11.3 的试验规程。

6.11.1 对软管和接头组合件进行爆破压力和拉伸试验。接头试验可以和软管试验同时进行。

6.11.2 软管和接头组合件的耐压试验按 6.5 进行。记录软管和接头组合件的爆破压力。

6.11.3 软管和接头组合件的抗拉试验按 6.6 进行。记录软管和接头组合件的扯断拉伸力。

7 试验报告

试验报告应包括7.1和7.2的数据和资料。

7.1 制造厂提供的数据

a) 制造厂名称和地址;

b) 软管的描述(结构和组分);

c) 单位长度质量,kg/m;

d) 软管的工作压力,MPa;

e) 伸长率,%;

f) 拉伸强度,MPa;

g) 不承压时的外径,mm;

h) 不承压时的内径,mm;

i) 0.7 MPa压力下的外径,mm。

7.2 试验结果

章条号	试验内容	单　位	试验结果
6.1	外层与纤维织物之间的粘着力	kN/m	
6.2	内层与纤维织物之间的粘着力	kN/m	
6.3	耐臭氧性能	h	
6.4	内部水压引起的伸长率	%	
6.5	爆破压力	MPa	
6.6.2	扯断拉伸力	kN	
6.6.3	扯断伸长率	%	
6.7	褶皱压力	MPa	
6.8	快速磨损	旋转圈数	
6.9	内径	mm	
6.10	残余变形	%	
6.11.2	软管和接头组合件的爆破压力	MPa	
6.11.3	软管和接头组合件的扯断拉伸力	kN	

ICS 65.060.35
B 91

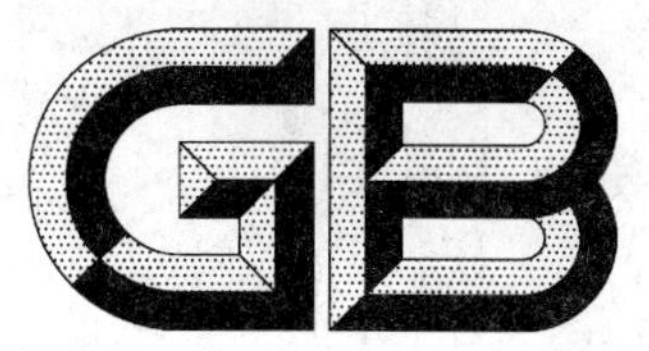

中华人民共和国国家标准

GB/T 21401—2008

农业灌溉设备　铝灌溉管

Agricultural irrigation equipment—Aluminium irrigation tubes

(ISO 11678:1996,MOD)

2008-02-03 发布　　　　2008-07-01 实施

中华人民共和国国家质量监督检验检疫总局
中国国家标准化管理委员会　发布

前　言

本标准修改采用ISO 11678:1996《农业灌溉设备　铝灌溉管》(英文版)。

本标准根据ISO 11678:1996重新起草。

考虑到我国国情和便于使用,在采用ISO 11678:1996时,作了如下修改:

——“本国际标准”一词改为“本标准”;

——删除了国际标准的前言,增加了国家标准前言;

——根据GB/T 3190《变形铝及铝合金化学成分》增加了对应的材料化学成分;

——对ISO 11678:1996中引用的其他国际标准,凡已被采用为我国标准的用我国标准代替相对应的国际标准;

——用小数点“.”代替作为小数点的逗号“,”。

本标准由中国机械工业联合会提出。

本标准由全国农业机械标准化技术委员会归口。

本标准起草单位:江苏大学流体机械工程技术研究中心、中国农业机械化科学研究院。

本标准主要起草人:王洋、张咸胜、袁寿其、汤跃、李红、施卫东。

本标准为首次制定。

农业灌溉设备　铝灌溉管

1　范围

本标准规定了用于农业灌溉系统中输水铝管的性能要求和试验方法，适用温度不超过 50℃。

本标准适用于手动牵引管，固定或临时安装的管道。

本标准不适用于整体联接式管道，适用于这种管道的标准是本标准今后的研究内容。

2　规范性引用文件

下列文件中的条款通过本标准的引用而成为本标准的条款。凡是注日期的引用文件，其随后所有的修改单(不包括勘误的内容)或修订版均不适用于本标准，然而，鼓励根据本标准达成协议的各方研究是否可使用这些文件的最新版本。凡是不注日期的引用文件，其最新版本适用于本标准。

GB/T 2828.1—2003　计数抽样检验程序　第1部分：按接收质量限(AQL)检索的逐批检验抽样计划(ISO 2859-1:1999，IDT)

GB/T 3190—1996　变形铝及铝合金化学成分(neq ISO 209-1:1989)

ISO 209-1:1989　加工铝和铝合金　化学成分和产品形式　第1部分：化学成分

3　术语和定义

下列术语和定义适用于本标准。

3.1

镀层铝管　alclad tube；cladded tube

在管的内外表面都有金属粘和的铝或铝合金镀层，它相对于核心金属来说是阳极，因而可以保护核心金属不至于被腐蚀。

3.2

铝管的平均外径　average outside diameter of aluminium tube

两相互垂直的外部直径的算术平均值，在其中一个垂直截面处测得。

3.3

铝管的平均壁厚　average wall thickness of tube

在一个垂直截面的圆周上均匀布置 8 个点，取 8 点壁厚测量值的算术平均值，但对于焊接铝管，不要把点取在焊缝上。

3.4

凹凸指数　denting factor

名义直径(mm)除以产品的最小抗拉强度(MPa)和壁厚(mm)的平方，评估铝管承受外部机械载荷而不发生永久变形的指数。

3.5

管路的名义直径 D_{nom}　nominal diameter of tube D_{nom}

常规上其数值大致等于铝管的外径。

3.6

名义压力 PN　nominal pressure PN

正常工作情况下管道所能承受的最大工作压力。

4 分类

铝管有如下分类。

4.1 按名义压力分

4.1.1 名义压力不大于 0.4 MPa 的管道。

4.1.2 名义压力不大于 1 MPa 的管道。

4.1.3 名义压力不大于 1.6 MPa 的管道。

4.2 按制造方法分

4.2.1 焊接管,标明符号“W”。

4.2.2 挤压管,标明符号“E”。

4.3 按类型分(见表 6)

4.3.1 A 型管。

4.3.2 B 型管。

5 标志

5.1 所有铝管上应压印有明显清晰且耐久的标志,包含下列内容:

a) 制造厂名称或其注册商标;

b) 生产日期;

c) 名义压力(见 4.1);

d) 辨别化学成分的标识,详见制造商的产品目录;

e) 制造方法的说明;

f) A 型管或 B 型管。

这些标志应该压印在管道末端附近,距离末端 0.2 m～0.5 m 之间,其深度在 0.05 mm～0.15 mm 之间。

6 技术要求

6.1 一般要求

管壁末端应与轴平行,而且末端断面应垂直于管轴。对于有加强衬的铝管,管的接头处要与衬的接头重叠。插入加强衬应不增加管的外径。在距管末端 200 mm 的距离处,如果有焊缝,不应超出管的内部和外部表面的 0.3 mm。

6.2 材料

6.2.1 焊接管

其材料应为铝合金,其化学成分见表 1 中,或其他已经被验证适用的材料。

表 1 锻造铝管用合金的化学成分

合金		管壁	化学成分[a]/%							
ISO 名称[b]	牌号[c]		Cr	Ti	Zn	Mg	Mn	Si	Fe	Cu
Al Mn1Cu	3003 (3A21)	—	—	—	≤0.10	—	1.0～1.5	≤0.6	≤0.7	0.05～0.20
Al Mn1Mg1	3004	核心	—	—	≤0.25	0.8～1.3	1.0～1.5	≤0.30	≤0.7	≤0.26
		覆层	—	—	0.8～1.3	≤0.1	≤0.1	—	≤0.7	≤0.1
Al Mg1.5(C)	5050	—	≤0.1max	—	≤0.25	1.1～1.8	≤0.1	≤0.4	≤0.7	≤0.20

表 1（续）

<table>
<tr><th colspan="2">合　金</th><th rowspan="2">管壁</th><th colspan="8">化学成分[a]/%</th></tr>
<tr><th>ISO 名称[b]</th><th>牌号[c]</th><th>Cr</th><th>Ti</th><th>Zn</th><th>Mg</th><th>Mn</th><th>Si</th><th>Fe</th><th>Cu</th></tr>
<tr><td rowspan="2">Al Mg2.5</td><td rowspan="2">5052
(5A02)</td><td>核心</td><td>0.15～0.35</td><td>—</td><td>≤0.10</td><td>2.2～2.8</td><td>≤0.10</td><td>≤0.25</td><td>≤0.40</td><td>≤0.10</td></tr>
<tr><td>覆层[d]</td><td>—</td><td>—</td><td>0.8～1.3</td><td>≤0.10</td><td>≤0.10</td><td>≤0.70</td><td>—</td><td>≤0.10</td></tr>
<tr><td>Al Mg1SiCu</td><td>6061</td><td>—</td><td>0.04～0.35</td><td>≤0.10</td><td>≤0.25</td><td>0.8～1.2</td><td>≤0.15</td><td>0.40～0.8</td><td>≤0.7</td><td>0.15～0.4</td></tr>
</table>

[a] 合金的其他组成成分的百分比不超过 0.05%，其他合金成分的总量不超过 0.1%，合金的主要部分由铝组成。

[b] 依照 ISO 209-1。

[c] 牌号中的四个阿拉伯数字是合金化学成分代号，括号内的代号是 GB/T 3190 与 ISO 209-1 不同，主要对于锻造铝和锻造铝合金进行规定。

[d] 镀层的厚度最少达到管厚的 10%。

6.2.2 挤压管

其材料应为铝合金，其化学成分见表 2，或用其他已经被验证适用的材料。

表 2　挤压铝管用合金的化学成分

合　金		化 学 成 分[a]/%							
ISO 名称	牌号	Cr	Ti	Zn	Mg	Mn	Si	Fe	Cu
Al Mg1SiCu	6061	0.04～0.35	≤0.15	≤0.25	0.8～1.2	≤0.15	0.4～0.8	≤0.7	0.15～0.4
Al Mg0.7Si	6063	≤0.10	≤0.10	≤0.10	0.45～0.9	≤0.10	0.2～0.6	≤0.35	≤0.10

[a] 合金的其他组成成分的百分比不超过 0.05%，总量不超过 0.1%，合金的主要部分由铝组成。

6.3 尺寸

6.3.1 管外径

管外径和其允许偏差见表 3。为了确定铝管的平均外径，必须在两相互垂直的管路的垂直截面处测得两个数值。

表 3　灌溉用铝管的外径和其允许的偏差

<table>
<tr><th colspan="2">名义直径 D_{nom}</th><th rowspan="2">外径/mm</th><th colspan="2">外径平均直径/mm</th><th colspan="2">允许偏差任意直径/mm</th></tr>
<tr><th>mm</th><th>(in)</th><th>A 型</th><th>B 型</th><th>A 型</th><th>B 型</th></tr>
<tr><td>25</td><td>(1)</td><td>25.4</td><td>—</td><td>±0.2</td><td>—</td><td>±0.45</td></tr>
<tr><td>32</td><td>(1.25)</td><td>31.75</td><td rowspan="2">±0.2</td><td>—</td><td>±0.2</td><td>—</td></tr>
<tr><td>40</td><td>(1.5)</td><td>38.1</td><td>±0.3</td><td>±0.4</td><td>±0.65</td></tr>
<tr><td>50</td><td>(2)</td><td>50.8</td><td rowspan="2">±0.25</td><td rowspan="2">±0.4</td><td rowspan="2">±0.5</td><td rowspan="2">±0.8</td></tr>
<tr><td>75</td><td>(3)</td><td>76.2</td></tr>
<tr><td>100</td><td>(4)</td><td>101.6</td><td>±0.3</td><td>±0.65</td><td>±0.6</td><td>±1.3</td></tr>
<tr><td>125</td><td>(5)</td><td>127</td><td rowspan="3">±0.4</td><td>±0.8</td><td rowspan="3">±0.8</td><td>±1.65</td></tr>
<tr><td>150</td><td>(6)</td><td>152.4</td><td>±0.9</td><td>±1.95</td></tr>
<tr><td>200</td><td>(8)</td><td>203.2</td><td>±1.3</td><td>—</td></tr>
<tr><td>250</td><td>(10)</td><td>254</td><td>—</td><td>±2</td><td>—</td><td>—</td></tr>
</table>

6.3.2 **管长**

管长不应比制造商要求的长度短 20 mm 以上，采用准确度不大于 5 mm 的量具测量。

6.3.3 **壁厚**

壁厚要在同一垂直截面的圆周上均布 8 点进行测量，但是对于焊接管路，要避开焊缝进行测量。

在任意一点上壁厚不要超过制造商要求的允许范围(见表 4)。

而且，对于挤压管，平均壁厚不应超过制造商要求的允许范围，见表 4。

表 4 灌溉用铝管的壁厚

<table>
<tr><td colspan="2" rowspan="3">名义直径 D_{nom}</td><td colspan="6">壁厚公差/mm</td></tr>
<tr><td colspan="2">焊接管</td><td colspan="4">挤压管</td></tr>
<tr><td colspan="2">任意一点</td><td colspan="2">平 均</td><td colspan="2">任意一点</td></tr>
<tr><td>mm</td><td>(in)</td><td>A 型</td><td>B 型</td><td>A 型</td><td>B 型</td><td>A 型</td><td>B 型</td></tr>
<tr><td>≤75</td><td>(≤3)</td><td rowspan="6">+0.1
0</td><td rowspan="6">+0.16
0</td><td rowspan="2">+0.4
0</td><td rowspan="2">±0.2</td><td rowspan="2">+0.6
0</td><td rowspan="2">±0.3</td></tr>
<tr><td>100</td><td>(4.5)</td></tr>
<tr><td>125</td><td>(5)</td><td rowspan="2">+0.5
0</td><td rowspan="2">±0.25</td><td rowspan="2">+0.7
0</td><td rowspan="2">±0.35</td></tr>
<tr><td>150</td><td>(6)</td></tr>
<tr><td>200</td><td>(8)</td><td>+0.6
0</td><td>±0.31</td><td>+0.8
0</td><td>±0.41</td></tr>
<tr><td>250</td><td>(10)</td><td>+0.8
0</td><td>±0.4</td><td>+1
0</td><td>±0.5</td></tr>
</table>

6.3.4 **凹凸指数 DF**

DF，单位为牛每毫米(N/mm)，由下面公式计算：

$$DF = \frac{R_p t^2}{D_{nom}}$$

式中：

R_p——铝管材料的屈服强度(见表 5)，单位为兆帕(MPa)；

t——极限壁厚，单位为毫米(mm)；

D_{nom}——管路名义直径，单位为毫米(mm)。

表 5 不同合金的屈服强度

<table>
<tr><td colspan="2">合 金</td><td rowspan="2">屈服强度 R_p/MPa</td></tr>
<tr><td>ISO 名称</td><td>牌号</td></tr>
<tr><td>Al Mn1Cu</td><td>3003</td><td>147</td></tr>
<tr><td>Al Mn1Mg1</td><td>3004</td><td>168</td></tr>
<tr><td>Al Mg1.5(C)</td><td>5050</td><td>140</td></tr>
<tr><td rowspan="2">Al Mg2.5</td><td>5052</td><td>182</td></tr>
<tr><td>Alclad 5052</td><td>172</td></tr>
<tr><td>Al Mg1SiCu</td><td>6061</td><td>112</td></tr>
<tr><td>Al Mg0.7Si</td><td>6063</td><td>176</td></tr>
</table>

为了避免野外操作时超过凹凸指数范围，管路的 DF 应等于或大于表 6 中列出的不同尺寸的最小 DF 值。

表 6 灌溉用铝管的最小凹凸指数

名义直径 D_{nom}		最小凹凸指数/(N/mm)	
mm	(in)	A 型	B 型
≤40	(≤1.5)	1.6	6
50	(2)		4.5
75	(3)		3
100	(4)		2.2
125	(5)		2
150	(6)		
200	(8)		1.9
250	(10)	—	1.5

7 机械试验

7.1 抽样和验收要求

7.1.1 型式检验

检验所需的样本应由检测部门从 20～50 根具有代表性的同一名义直径的管中随机抽取，每次检验项目的样本大小应符合表 7 的规定。

如果检验中有缺陷的样品数小于或等于表 7 中列出的合格判定数，则这批管子就通过验收，否则拒收。

表 7 样本大小和合格判定数

章　　节	检验项目	检验样本数	合格判定数
6.3	尺寸检验	5	1
7.2	气密性试验		0
7.3	爆破压力试验		0
7.4	平直度检验		1

7.1.2 验收检验

对一批铝管进行验收时，确保抽样按 GB/T 2828.1—2003 的规定进行，采用可接收质量限(AQL)2.5 和检验水平 S-4。

所有测试样品的抽取都是根据 GB/T 2828.1—2003 中表Ⅱ-A 的规定随机抽取。

7.2 气密性试验

对一根整管进行测试，用适当的密封方式堵死管子的一端，另一端通过某种密封与一个动力源相联，在管内充满水，保证没有空气留在管中。

逐渐对管内加压，直到达到厂方标明的名义压力的 1.6 倍，并保持该压力 2 min。没有渗漏、冒汗、滴水或者损坏现象即通过验收。

7.3 爆破压力

计算其理论爆破压力 p_t，单位为兆帕(MPa)，公式如下：

对 A 型管：

$$p_t = 1.6PN + 0.2$$

对 B 型管：

$$p_t = 3PN$$

式中：

PN——是管子的名义压力，单位为兆帕(MPa)。

取一段铝管，把一端用适当的形式封死，测试段要有0.6 m长的自由段，通过某种密封使这段管子与一动力源相联，把管子充满水，确保没有空气留在里面，分四次平均加压到理论的爆破压力。在达到爆破压力前管子不能压破。

7.4 管子的平直度

把一根管子放在平坦的平面上，并通过旋转管子360°来检测其平直度。这个试验也可以通过把管子放在地上来进行。通过平面来给管子定位，测量其与地面的距离，直到找到最大的距离 h(见图1)，计算最大允许偏移量 e(以百分形式表示)，公式如下：

$$e=h/l\times 100$$

式中：

h——平面与管子外表面的最大距离，单位为毫米(mm)；

l——管长，单位为毫米(mm)。

管子应该有一个最大允许偏差量 e，不应超过其0.2%。

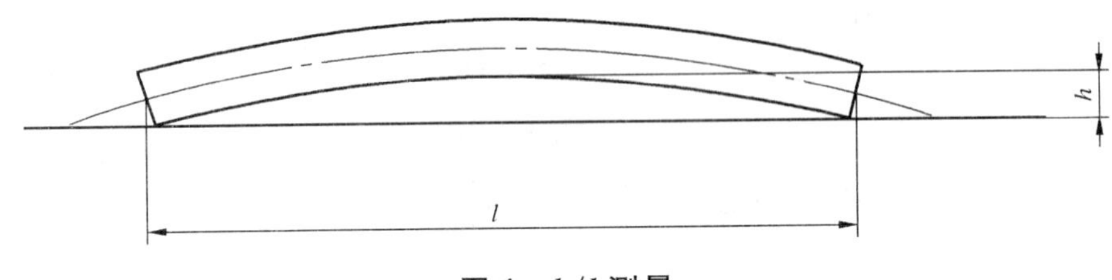

图1 h/l 测量

8 制造厂应提供的资料

8.1 制造厂应提供下列资料：

a) 制造商或供应商的名称和地址；

b) 名义压力，单位兆帕(MPa)；

c) 按不同制造方法进行的分类，标明E或W；

d) 按不同型式的分类，标明A或B型；

e) 管子的尺寸：名义直径、壁厚、管长；

f) 管子的化学成分；

g) 其他有关的技术信息。

ICS 65.060.35
B 91

中华人民共和国国家标准

GB/T 21402—2008/ISO 11738:2000

农业灌溉设备 水头控制器

Agricultural irrigation equipment—Control heads

(ISO 11738:2000,IDT)

2008-02-03 发布

2008-07-01 实施

中华人民共和国国家质量监督检验检疫总局
中国国家标准化管理委员会 发布

前　言

本标准等同采用 ISO 11738:2000《农业灌溉设备　水头控制器》(英文版)。

本标准等同翻译 ISO 11738:2000。

为便于使用,在采用 ISO 11738:2000 时,作了如下编辑性修改:

——“本国际标准”一词改为“本标准”;

——删除了国际标准的前言;

——对 ISO 11738:2000 中引用的其他国际标准,凡已被采用为我国标准的用我国标准代替相对应的国际标准。

本标准的附录 A 为资料性附录。

本标准由中国机械工业联合会提出。

本标准由全国农业机械标准化技术委员会归口。

本标准起草单位:江苏大学流体机械工程技术研究中心、中国农业机械化科学研究院。

本标准主要起草人:王洋、张咸胜、汤跃、袁建平、袁寿其、李红。

本标准为首次制定。

农业灌溉设备　水头控制器

1　范围

本标准规定了压力灌溉系统中水头控制器的零部件要求以及安装方法(简称为灌溉水头控制器,其标准尺寸不大于200 mm)。

本标准仅适用于喷灌和微灌(小型喷灌、滴灌等)系统中水头控制器的地上零部件。也可适用于一般性的灌溉水头控制器。在一般性的灌溉水头控制器上可安装其他的灌溉控制和指令元件(例电气、电子、水力),但不能用于额外元件。

本标准不适用于系统和/或元件中的灌溉水头控制器有防冻要求的情况,例如干筒式水栓或其他形式的水栓。

本标准没有给出组成灌溉水头控制器的单个元件的特殊设计及操作要求的说明,在其各自相关标准给出详细说明。

对于包含喷射农药部件系统的灌溉水头控制器,应设有防回流的元件及喷射检测阀和其他安全设备(根据当地标准和条款要求),但本标准中没有包含此类设备要求。

2　规范性引用文件

下列文件中的条款通过本标准的引用而成为本标准的条款。凡是注日期的引用文件,其随后所有的修改单(不包括勘误的内容)或修订版均不适用于本标准,然而,鼓励根据本标准达成协议的各方研究是否可使用这些文件的最新版本。凡是不注日期的引用文件,其最新版本适用于本标准。

GB/T 778.1—1996　冷水水表　第1部分:规范(eqv ISO 4064-1:1993)

GB/T 778.3—1996　冷水水表　第3部分:试验方法和试验设备(idt ISO 4064-3:1993)

GB/T 7306.1—2000　55°密封管螺纹　第1部分:圆柱内螺纹与圆锥外螺纹(eqv ISO 7-1:1994)

GB/T 9114—2000　突面带颈螺纹钢制管法兰(neq ISO 7005-1:1992)

GB/T 10002.1—2006　给水用硬聚氯乙烯(PVC-U)管材(ISO 4422-1:1996,NEQ;ISO 4422-2:1996,NEQ)

GB/T 13663—2000　给水用聚乙烯(PE)管材 (neq ISO 4427:1996)

GB/T 17241—1998(所有部分)　铸铁管法兰(neq ISO 7005-2:1988)

GB/T 18689—2002　农业灌溉设备　小型手动塑料阀(eqv ISO 9911:1993)

GB/T 18690.2—2002　农业灌溉设备　过滤器　网式过滤器(eqv ISO 9912-2:1992)

GB/T 18690.3—2002　农业灌溉设备　过滤器　自动清洗网式过滤器(eqv ISO 9912-3:1992)

GB/T 18691—2002　农业灌溉设备　止回阀(eqv ISO 9952:1993)

GB/T 18692—2002　农业灌溉设备　直动式压力调节器(eqv ISO 10522:1993)

GB/T 18693—2002　农业灌溉设备　浮子式进排气阀(eqv ISO 11419:1997)

GB/T 19793—2005　农业灌溉设备　水动灌溉阀(ISO 9635:1990,MOD)

GB/T 19794—2005　农业灌溉设备　定量阀　技术要求和试验方法 (ISO 7714:1995,MOD)

GB/Z 19798—2005　农业灌溉设备　自动灌溉系统　水力控制(ISO/TR 8059:1986,MOD)

ISO 9625:1993　灌溉用聚乙烯管接头

3　术语和定义

下列术语和定义适用于本标准。

3.1

启动阀　activating valve

是用来开启和关闭流过灌溉水头控制器的水流，有手动阀、水动阀、电动阀、定量阀或其他型式的阀。

3.2

自动清洗滤网式过滤器　automatic self-cleaning strainer-type filter

过滤器有自动清洗的功能，可通过压差、过滤时间、过滤水容量或其他物理量或它们的组合进行控制。

3.3

进排气阀　air release valve

管路泄水时自动开启使大气中的空气通过排水设备进入管路，或管路充水和有压情况下正常运行时将管路中的空气排放到大气中的阀门。

3.4

回流阻隔器　backflow preventer

一种用来防止意外水流回流到供水系统管路的机械装置，避免有害物质的进入造成对健康或环境的侵害。

3.5

止回阀　check valve

仅允许单向流动，并借助自动止回机构阻断反向水流的阀。该阀借助水流打开，水流停止时借助止回机构的重力或机械力(例如弹簧力)关闭。

3.6

化肥喷射罐　fertilizer injector tank

用于管路和接头连接至灌溉系统上的压力容器，以实现向灌溉系统喷射化肥的目的。

3.7

水动化学喷射泵　water-driven chemical injector pump

用来向灌溉系统喷射化学介质的水泵，由单一能量通过水力机械提供动力(如柱塞或涡轮机)。

3.8

灌溉水头控制器　irrigation control head

由一些元件和管路组成，安装在灌溉区的前部，通过启动/关闭水流、压力调节、水流测量、过滤以及化学介质的喷射来控制灌溉。

3.9

灌溉系统　irrigation system

由一系列的场地安装设备(管路、元件、设备)组成，用来灌溉特定的区域。

3.10

灌溉用水　irrigation water

温度不超过 60 ℃的可饮用水、含有化学物质(通常用于农业灌溉)的水、符合国家或当地标准能用于灌溉的水。

3.11

灌溉水头控制器的公称尺寸　nominal size of irrigation control head

是指水头控制器在管路进、出口中最小直径的数值。

3.12

元件的公称尺寸　nominal size of a component

与水头控制器直接相连(不需其他中间接头)管路的公称直径，相当于水头控制器的尺寸。

注：如果进、出口尺寸一样，有一个公称尺寸即可。

3.13

压力调节器 pressure regulator

直动式压力调节器。

进口压力或流量变化时，其流道自动变大或变小，使出口保持一个相对恒定压力的调节阀。

3.14

连接器 union

用来连接两管的一种螺纹耦合件，在安装或拆卸时不需旋转管子。

3.15

介质过滤器 media filter

深度过滤器 depth filter

介质深度过滤器 media depth filter

用来阻隔某些三维介质的过滤器，例如沙子、沙砾、纺织品、纤维或多孔介质。

3.16

滤网式过滤器 strainer-type filter

由孔板、筛网、网眼或几种形式组合构成的过滤元件，用于阻止大于某一给定尺寸的悬浮颗粒通过的装置。

3.17

定量阀 volumetric valve

一种事先设定灌溉用水量，通过计量流经阀的水量自动调节的阀。

3.18

压力调节 pressure regulation

灌溉系统中通过减少供水线路压力，使之接近事先设定值。

3.19

过滤 filtration

通过一个可渗透的中间部件或旋转元件，从水中分离出可能阻塞灌溉系统的任何物质，通常这类中间部件应能清除过滤出的杂质，以保持其过滤功能。

3.20

化学灌溉 chemigation

在灌溉水中添加农药、肥料等，以灌溉农作物。

3.21

自动化 automation

可以自动开启或关闭，用来改变灌溉状态的方法。

3.22

流量调节 flow regulation

控制水流量到灌溉所需要的值，并保持在一个相对(固定值)稳定范围内。

4 分类

按灌溉水头控制器的主要功能，可以分为4.1～4.6的几类。

注：大多数水头控制器具有多功能，本标准中主要按这些功能进行分类。

4.1 过滤用灌溉水头控制器

滤网式过滤器、自动过滤器、介质过滤器等，见附录A中的图A.1、图A.3和图A.4。

4.2 自动调节用灌溉水头控制器

计量控制阀，水动、电动、电子控制，计算机水头控制器等，见附录A中的图A.2和图A.3。

4.3 压力或流量调节用灌溉水头控制器

见附录 A 中的图 A.2 和图 A.3。

4.4 化学灌溉用灌溉水头控制器

含农药喷射罐或电动或水动农药喷射泵，见附录 A 中的图 A.5。

4.5 测流量或计量用灌溉水头控制器

含水表、流量计，见附录 A 中的图 A.2 和图 A.3。

4.6 安全装置用灌溉水头控制器

有止回阀、回流阻隔器、真空解除阀或进排气阀的装置，见附录 A 中的图 A.5。

5 一般要求

5.1 灌溉水头控制器各元件应符合本标准的规定。

5.2 灌溉水头控制器应安装在便于操作、无杂草或其他植物、不易造成意外机械损伤的地方(如运输工具，卡车等)。

在中等疏密和致密的土壤或者灌溉条件差的场所，要在水头控制器周围区域放置一些砾石(或类似的物质)，以阻止在水头控制器周围堆积泥土并保持一个稳定的土壤状况，或者将水头控制器安装在由混凝土或其他类似材料制成的坚固平台上。

在灌溉水头控制器控制区域内必须有排水设备，尤其在有过滤装置，有农药喷射的泵或罐，或有回流阻隔器的水头控制器周围。

排水管应满足：在环境中的布置要合理，不能将泄漏的农药或含喷撒农药的灌溉水直接排到地面或供水设备表面。

灌溉水头控制器应安装在不能被儿童或非专业人员触及的地方，以防被损坏。可以通过在周围加栏杆或在各种元件上加锁来阻止。

5.3 安装高度要满足清洗、维修和更换拆卸(为防止灰尘或碎片进入灌溉系统)的方便。组件应安装在离地面至少 0.4 m 以上。这个要求不适用于竖立在地面上的系统元件，例如介质过滤器。

5.4 水头控制器应支撑放置，以防止或减少元件间的结构压力，同时防止运转时的振动。

保证稳定性可通过在管子进出口处加一推力阻隔板，如果需要，对灌溉水头控制器底下较重的元件加适当的支撑。

5.5 灌溉水头控制器不同的元件间距，应能保证仪器设备的使用方便，要便于系统的操作，维护过滤器的清洁及元件的更换。安装后暴露在外面的螺纹长度应足够放一个管子把柄。

水表的安装应满足相关要求。

5.6 灌溉水头控制器的元件应通过螺纹、法兰或其他适当的连接方式与管路连接。

螺纹连接应满足 GB/T 7306.1 的规定，其他连接可参照 GB/T 7306.1。

法兰连接应符合 GB/T 9114 或 GB/T 17241 的规定。

6 材料

6.1 组成灌溉水头控制器的元件与管路材料应能防止灌溉水的腐蚀，其具体要求按相关标准进行。

6.2 在条件允许下，元件与管路尽可能采用非电解和相同金属材料，避免发生电解作用和腐蚀。

6.3 塑料元件和管子应不透明，暴露在紫外线下的元件应外加防护或材料内部加添加剂，以在正常运转时提高其抗紫外线的能力。

6.4 对水动农药喷射泵或罐、阀，喷撒肥料的管路或其他直接与高浓度肥料接触的管路和元件应采取防腐蚀措施。

7 安装方法

7.1 灌溉水头控制器元件应根据其功能，按照一定的原则和顺序进行安装。

各种灌溉水头控制器元件应按附录A中的图A.1～图A.5顺序或按制造商的使用说明书进行安装。

7.2 对于水头控制器进口通常在压力下运行的灌溉系统，过滤用的和/或农药用灌溉水头控制器应包括一个冲洗过滤器的阀和/或用于充满农药喷射罐的阀(见第8章)，见附录A中的图A.5所示。

阀安装的位置应满足：允许水流流经阀，但不流经过滤器、农药喷射泵或肥料喷撒罐。

阀的出口应配有螺纹或其他装置使其可以与软管连接。

7.3 有农药喷射罐的灌溉水头控制器，除了非直接农药喷射罐元件，都应贴有警告标志以提醒用户，在喷撒过程中喷射农药的混合比是一直变化的，这种变混合比的喷射器不适用于移动的灌溉系统，例如横向移动的或绕中心旋转的灌溉机械。

7.4 用于农药喷撒的水头控制器应在化肥或其他农药的喷射点下游安装一个过滤器。在灌溉水头控制器和喷射头之间的某个位置上已装有过滤器的除外。

7.5 当水头控制器包含有两个过滤器时，通常是为了阻隔不同类型的固体杂质，第一层过滤器应安装在农药喷射口上游处，第二层(上流过滤器)应安装在喷射口下游并接近水头控制器出口处。

7.6 安装不同过滤功能的过滤器时，要使过滤能力较低的过滤器放在过滤能力较高的过滤器的上游。

7.7 对所有的水头控制器至少在其出口处安装一个压力测量仪表，对有调节压力用的水头控制器，应有两个压力测量仪表，一个在进口处，一个在出口处。

7.8 压力测量仪表应安装在过滤器进口和出口处，可与农药喷射元件配合使用。

7.9 含介质过滤器的水头控制器也应该配有用于回流冲洗过滤器的管路与阀。水头控制器应包含一个管子或软管使冲洗液流出水头控制器，流出的冲洗液应按当地要求进行处理。

平行安装两个或两个以上介质过滤器，使通过一个过滤器出来的液体可再用于冲洗另一个过滤器。

7.10 用于农药喷射的灌溉水头控制器应包含一个或多个元件和系统互锁装置，以阻止含农药的液体发生反向流即回流。这种元件和防止回流的互锁装置应根据农药的有害程度、所提供的灌溉水类型以及灌溉系统的情况确定，并要符合防止回流灌溉系统的标准要求。

除标准允许，用于防回流的元件可以是减压区的回流阻隔器或一个气囊，图A.5给出了它们合理的布置。

对于包含喷射农药元件的灌溉水头控制器，如果农药不是通过灌溉系统水压力注入的，则应包含一些设备。当水流被阻断或回流时，该设备能阻止农药持续注入灌溉系统。

用于农药喷射并配有自动过滤冲刷设备的水头控制器，应能同时过滤冲洗和农药喷射。

7.11 除农药灌溉系统已经安装有真空调节阀外，其水头控制器都要含有一个真空解压阀，用以防止在灌溉水头控制器中形成真空而导致农药通过水动注入泵或喷射罐，从农药注入罐排到供水系统或灌溉系统中。

7.12 如果灌溉水头控制器被安装在高处，需要配有一个真空解压阀或进排气阀，而且这个阀要安装在灌溉水头控制器上部。

7.13 用于压力调节的灌溉水头控制器应在其出口处装有压力调节器，作为灌溉水头控制器最下游的元件。若此调节阀的功能是防止灌溉水头控制器元件压力高于承受设计值时除外。

7.14 为便于拆装各元件，一个灌溉水头控制器至少有一个法兰或其他耦合件。如果灌溉水头控制器的某个元件是一个整体，就不需要一个分隔的连接件。

7.15 灌溉水头控制器要按照标准中各个元件具体的安装要求进行安装。

7.16 安装灌溉水头控制器应考虑每个元件具体的安装要求，这些会在元件制造商手册以及他们提供的安装操作指南中给出。

7.17 在用于调节压力的元件两侧，如压力调节器、过滤器、水动农药喷射泵以及农药喷射罐等地方的压力的元件，应安装用于测量或计算压力的活栓或水龙头。

7.18 为便于设备维修，在所有灌溉水头控制器的上部或下部，应安装隔离阀。有隔离阀则不需要对主线排水，达到对灌溉水头控制器的部件进行排水。

8 试验方法和要求

8.1 目测检测

8.1.1 目测检测灌溉水头控制器。

8.1.2 灌溉水头控制器元件的安装，包括管路，见第7章。

8.1.3 不同元件的安装要符合元件上标记的流动方向。

8.1.4 对安装位置影响功能的元件，例如流量计、容积表、压力调节器、压力水龙头以及其他元件，应按不同元件的距离要求及安装顺序进行安装。

8.1.5 灌溉水头控制器中含喷洒农药的元件时，回流阻隔器及安装应满足灌溉系统要求的有害程度以及相关的当地权威要求。流体流过回流阻隔器是不允许的。

8.1.6 安装方法要保证灌溉水头控制器的稳定性。

8.1.7 安装方法应保证灌溉水头控制器周围排水管路的畅通，保证从过滤器排出的水能排出或存储，能使水进出农药喷射泵、水力阀以及回流阻隔器。冲洗液按相关要求进行处理。

8.2 耐压和密封性能的测试

8.2.1 开启阀门，使水进入所有元件，并排出系统空气。

关闭灌溉水头控制器出口阀或用其他方法封闭灌溉水头控制器出口，不与管路系统相连，测试密封性。

缓慢打开阀门，避免水锤和压力冲击造成损坏。

8.2.2 在灌溉水头控制器进口处加压，并使之高于以下两种情况之一：

a) 灌溉水头控制器所有元件中标定压力的最低值；

b) 由灌溉水头控制器上游限制的最大设计压力。例如从蓄水箱中抽水的情况。

如果有必要，可借助辅助系统获得所需压力，施压持续15 min。

灌溉水头控制器任何元件处和进出口管路连接处都不应存在渗漏和明显缺陷。

8.2.3 在灌溉水头控制器进口处施加8.2.2要求压力的1.6倍持续5 min。任何元件不允许有损坏。

8.3 操作检测

启动所有元件，在以制造商或系统设计给定的用水压力和流量范围内，从进口流入，从出口流出。

注：整个水头控制器由一个厂制造或组装。

通过试运行各元件，对不同元件在其操作范围内操作(例：通过压力调节)，对农药喷射泵使之在不同扬程下运行。操作自动滤网式过滤器和半自动冲洗过滤器(这种过滤器手动清洗或由灌溉系统供水回流冲洗实现一个清洗循环)。

所有的水头控制器元件都要有满足相关的功能要求。

9 标志

9.1 灌溉水头控制器上应具有清晰耐久的标志，且包含下列内容：

a) 制造厂名称；

b) 型号及名称；

c) 最大设计压力；

d) 流动方向的箭头，应标记在灌溉水头控制器进口段的管路上。

这个标记可以作为单独的附件形式给出，以便更新修改。

9.2 过滤器和农药喷洒罐元件上应标记：

a) “危险——高压工作”；

b) 或根据具体情况给出类似警告。

9.3 任何可用再生水的灌溉水头控制器应通过颜色分辨，如添加红色或紫色条纹或把整个灌溉水头控制器漆成红色或紫色。

附 录 A
（资料性附录）
灌溉水头控制器——图例

A.1 图 A.1～图 A.5 是示意图，仅是提供参考和信息。安装时，可不按图中的次序。

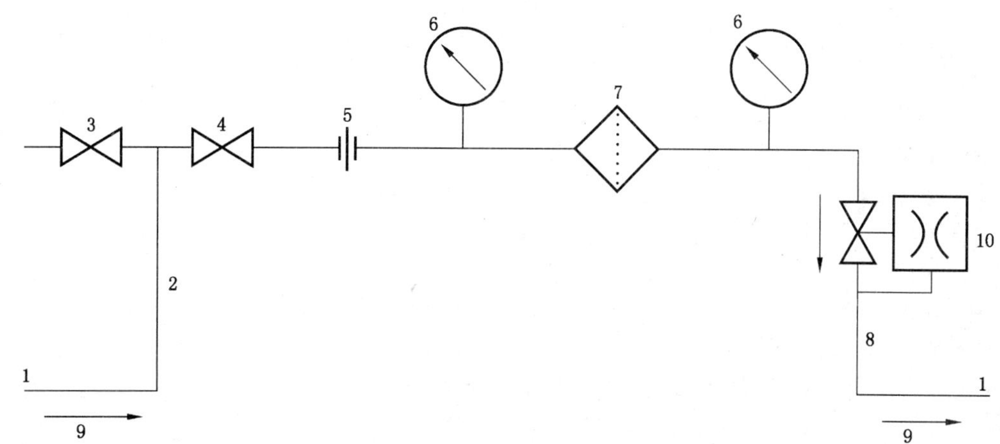

1——主管路；
2——水头控制器进口；
3——冲洗阀；
4——启动阀；
5——连接器；
6——压力表；
7——过滤器；
8——水头控制器出口；
9——流向；
10——压力调节器。

图 A.1 过滤用灌溉水头控制器

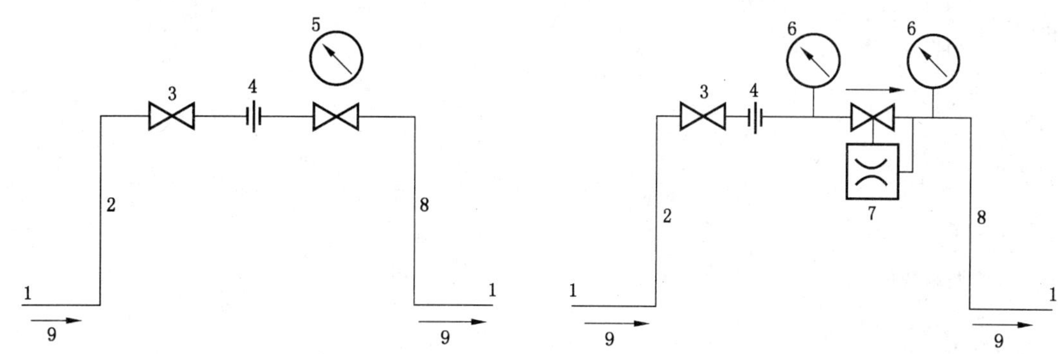

a) 带定量阀(或水表)的自动灌溉水头控制器
1——主管路；
2——水头控制器进口；
3——启动阀；
4——连接件；
5——定量阀(或水表)；

b) 带压力调节器的灌溉水头控制器
6——压力表；
7——压力调节器；
8——水头控制器出口；
9——流向。

图 A.2 自动和压力调节用灌溉水头控制器

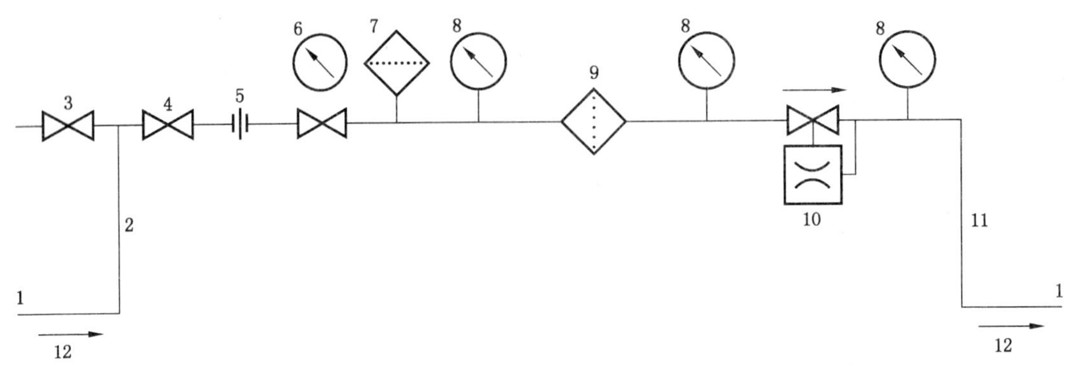

1——主管路；
2——水头控制器进口；
3——冲洗阀；
4——启动阀；
5——连接件；
6——定量阀(或水表)；
7——进排气阀；
8——压力表；
9——过滤器；
10——压力调节器；
11——水头控制器出口；
12——流向。

图 A.3 过滤和压力调节用灌溉水头控制器

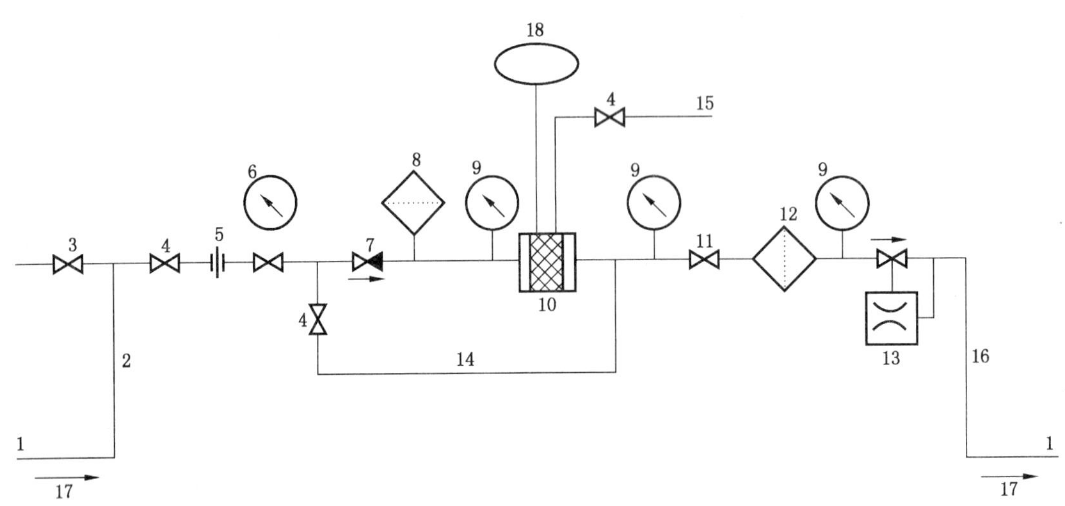

1——主管路；
2——水头控制器进口；
3——冲洗阀；
4——启动阀；
5——连接件；
6——定量阀(或水表)；
7——止回阀；
8——进排气阀；
9——压力表；
10——间隔阀；
11——启动阀；
12——过滤器；
13——压力调节器；
14——冲洗管；
15——排水管；
16——水头控制器出口；
17——流向；
18——电控冲洗阀。

图 A.4 带间隔阀的过滤用灌溉水头控制器

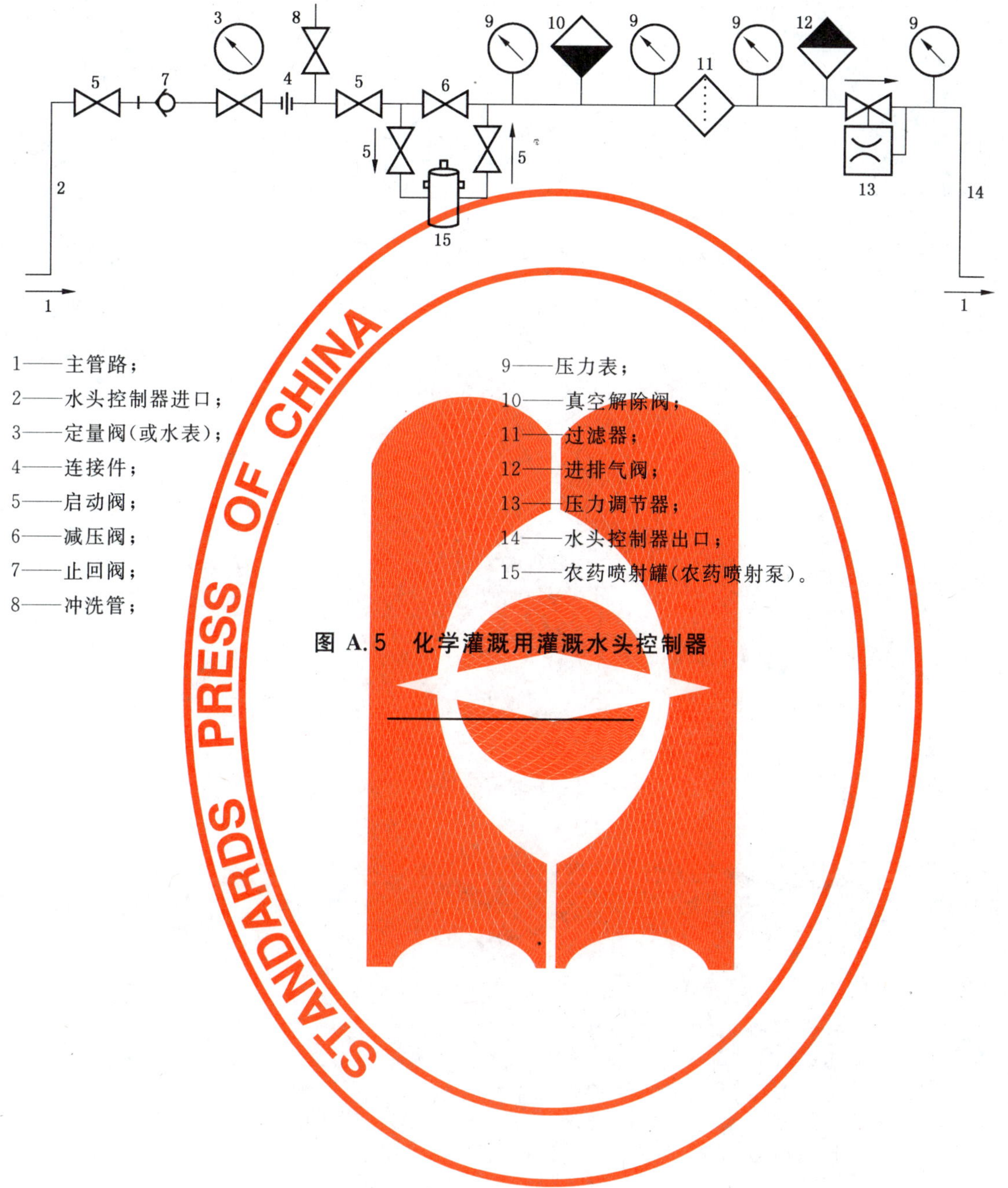

1——主管路；
2——水头控制器进口；
3——定量阀(或水表)；
4——连接件；
5——启动阀；
6——减压阀；
7——止回阀；
8——冲洗管；
9——压力表；
10——真空解除阀；
11——过滤器；
12——进排气阀；
13——压力调节器；
14——水头控制器出口；
15——农药喷射罐(农药喷射泵)。

图 A.5 化学灌溉用灌溉水头控制器

ICS 65.060.35
B 91

中华人民共和国国家标准

GB/T 21403—2008/ISO 15873:2002

喷灌设备 文丘里式差压液体添加射流器

Irrigation equipment—Differential pressure Venturi-type liquid additive injectors

(ISO 15873:2002,IDT)

2008-02-03 发布　　2008-07-01 实施

中华人民共和国国家质量监督检验检疫总局
中国国家标准化管理委员会　发布

前 言

本标准等同采用ISO 15873:2002《喷灌设备 文丘里式差压液体添加射流器》(英文版)。

本标准等同翻译ISO 15873:2002。

为便于使用,在采用ISO 15873:2002时,作了如下编辑性修改:

——“本国际标准”一词改为“本标准”;

——删除了国际标准的前言;

——对ISO 15873:2002中引用的其他国际标准,凡已被采用为我国标准的用我国标准代替相对应的国际标准;

——用小数点“.”代替作为小数点的逗号“,”。

本标准由中国机械工业联合会提出。

本标准由全国农业机械标准化技术委员会归口。

本标准起草单位:江苏大学流体机械工程技术研究中心、中国农业机械化科学研究院。

本标准主要起草人:王洋、张咸胜、袁寿其、李红、汤跃、魏东。

本标准为首次制定。

喷灌设备
文丘里式差压液体添加射流器

1 范围

本标准规定了“文丘里式差压液体添加射流器”的设计、操作须知及测试方法。这种“文丘里式差压液体添加射流器”是灌溉系统中用来向系统注入可溶性化学物，包括液体肥料、水溶性液体肥料、酸类、腐蚀性溶液、杀虫剂、除草剂以及其他液态添加剂。本标准不含向饮用水供水系统中回流防止装置，接近文丘里式射流器的安装装置被包含在防水措施细则中。

2 规范性引用文件

下列文件中的条款通过本标准的引用而成为本标准的条款。凡是注日期的引用文件，其随后所有的修改单(不包括勘误的内容)或修订版均不适用于本标准，然而，鼓励根据本标准达成协议的各方研究是否可使用这些文件的最新版本。凡是不注日期的引用文件，其最新版本适用于本标准。

GB/T 2828.1—2003 计数抽样检验程序 第1部分：按接收质量限(AQL)检索的逐批检验抽样计划(ISO 2859-1:1999,IDT)

GB/T 7306.1—2000 55°密封管螺纹 第1部分：圆柱内螺纹与圆锥外螺纹(eqv ISO 7-1:1994)

3 术语和定义

下列术语和定义适用于本标准。

3.1

添加剂溶液 additive solution

含液态添加剂或非溶解性固态添加剂的溶液。

3.2

文丘里式差压射流器 differential pressure Venturi injector

用于使灌溉水通过压差流注射添加剂(满管流或侧管流)进入设备进口，在此过程中压缩水流使得腔内液体速度增大，压力减小，从而使注射添加剂进入吸进口端口与主流混合后流出。

3.3

注射流速 injection rate

在某一给定的进口和出口压力下，液体添加剂被注射到主流中的流速。

3.4

注射添加剂的浓度 injection ratio

被注入的添加剂的容积与主流容积和添加剂容积之和的比值。

例：添加1 L添加剂到99 L水流中，可得注射液的浓度为：

$$1/(1+99)=1/100=0.01$$

3.5

灌溉水流速 irrigation water flow rate

文丘里式肥料添加射流器进口处灌溉水的流速，或是流过该射流器和其旁置侧管道的速度(如果此射流器安装有旁设管路时)，或是流经该射流器和侧管流设备主管路的速度。

3.6

液体添加剂　liquid additive

由射流器注射到主管水流的化学物质包括液态肥料、水溶性肥料、酸类、腐蚀性溶液和杀虫剂或除草剂。

3.7

最大注射速度　maximum injection rate

在任何已设定的进、出口压力下，液体添加剂能注入主流中的最大流速。

3.8

最大差压的百分比　maximum percent pressure differential

为获得最大注射速度所需的差压百分比。

3.9

最大工作压力　maximum working pressure

制造厂家给定的射流器启动水压。

3.10

最小差压百分比　minimum percent pressure differential

为启动射流器所需的最低差压百分比。

3.11

启动水　motive water

引入射流器进口处的水。

3.12

启动水流量　motive water flow rate

在某一给定的压力条件下，单位时间内为运行射流器需要注入的水容积。

例：在进口压力 0.1 MPa 和出口压力 0.05 MPa 下启动水流量为 10 L/min。

3.13

启动水流量范围　motive water flow rate range

在最大和最小工作压力范围内，启动射流器所需要的所有启动水流量。

3.14

公称尺寸　nominal size

射流器直径，等于射流器直接相连的管路直径。

3.15

差压百分比　percent pressure differential

进口压力除以射流器的差压，乘以 100。

3.16

差压　pressure differential

进口和出口的压力之差，或为进口和注入端口处的压差。

4　分类

文丘里式差压射流器按安装方式分类如下：

4.1　轴线安装：使全管主流作为启动水引入射流器进口中(见图 1)。

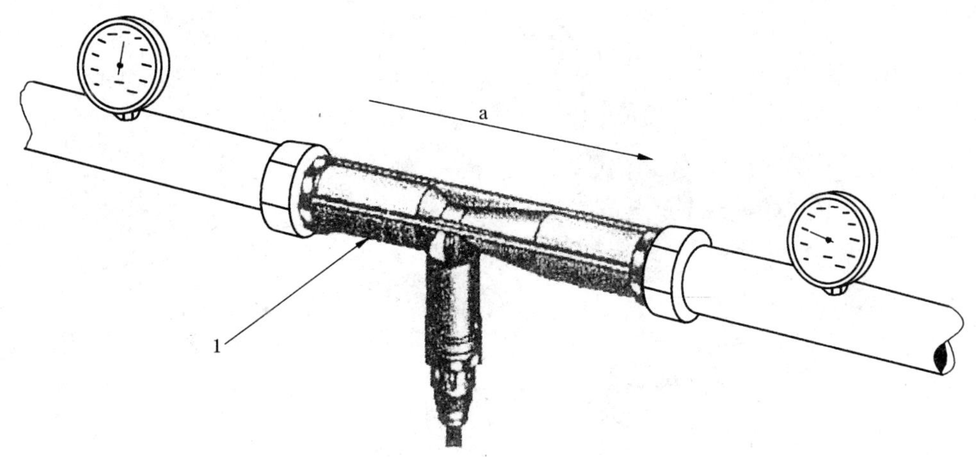

1——射流器；

a——流向。

图 1 轴线安装射流器

4.2 旁路安装：只有主流的一部分被引入射流器进口作为启动水(见图 2)。

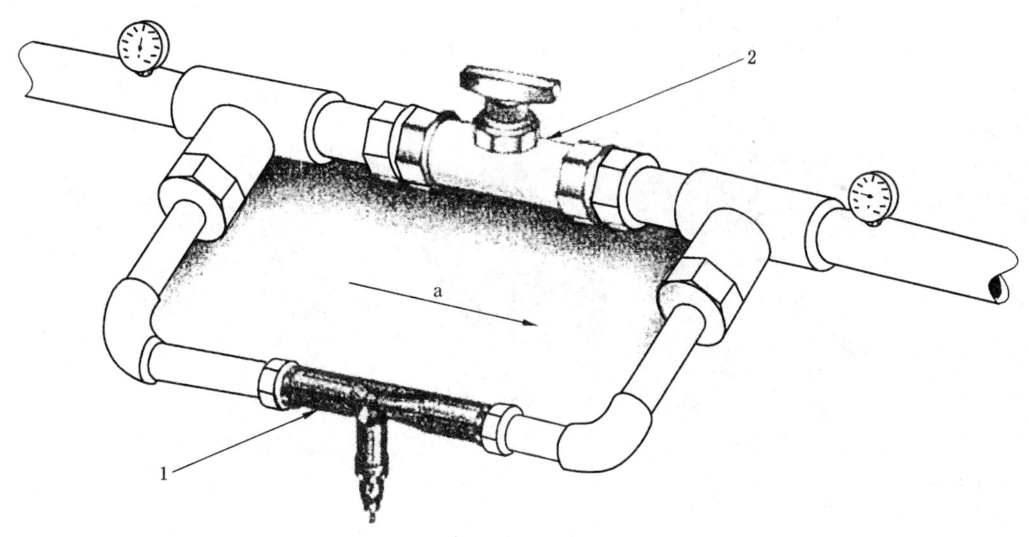

1——射流器；

2——流量控制阀；

a——流向。

图 2 旁路安装射流器

4.3 在减压阀周围旁路安装：只有一小部分灌溉水引入注射水作为启动水流，所有经旁路的水流由减压阀控制(见图 3)。

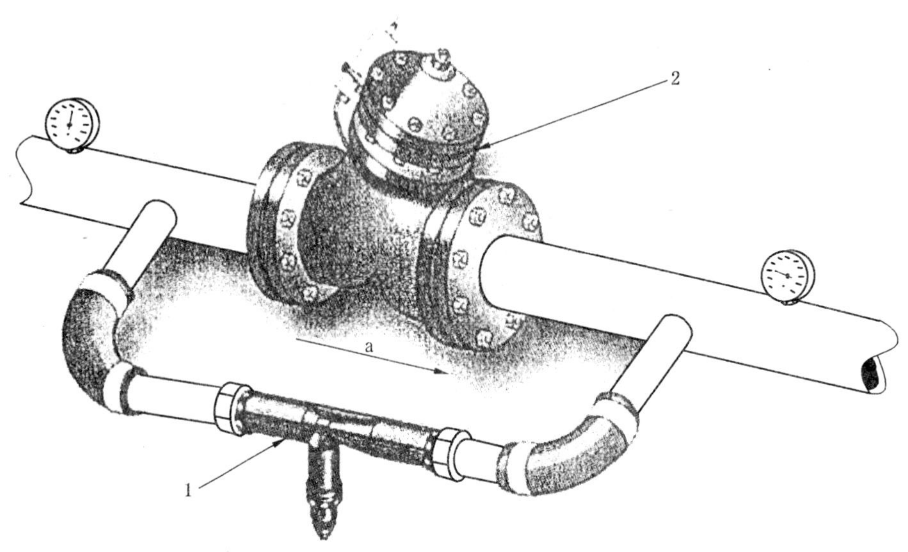

1——射流器；

2——减压阀；

a——流向。

图 3 在减压阀周围旁路安装的射流器

4.4 在侧管路安装：带有增压泵，用来给主流中的部分水增压，引入射流器作为启动水(见图 4)。

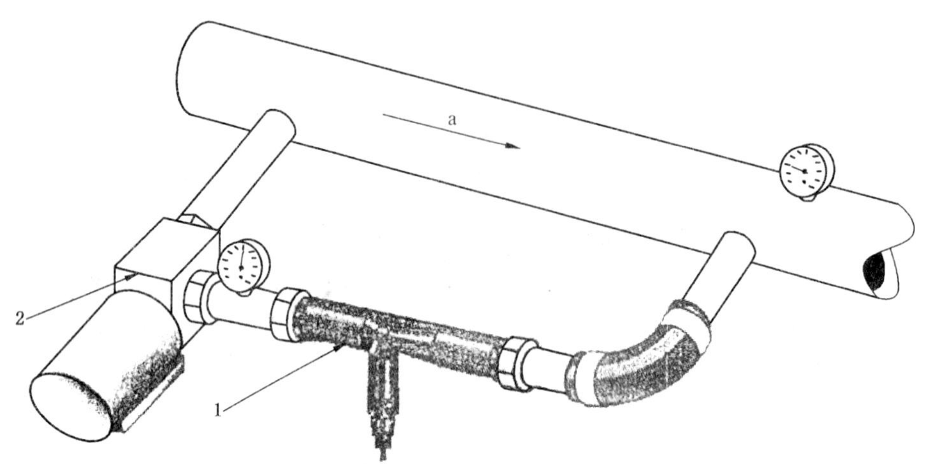

1——射流器；

2——增压泵；

a——流向。

图 4 安装在侧管路的射流器

5 标志

文丘里式差压射流器应具有清晰永久的标志，且包含下列内容：

a) 制造厂名称；

b) 型号；

c) 在射流器外标明水流进出射流器的方向，以及液态添加剂进入射流器的方向；

d) 公称尺寸和螺纹设计形式；

e) 生产日期。

6 技术要求

6.1 一般要求

文丘里式差压液体添加射流器不应有可能影响其寿命及功能的缺陷。

6.2 材料

射流器的材料应能耐腐蚀和防化学侵蚀。

6.3 耐化学腐蚀及防紫外线辐射性

射流器中与水接触的地方都应有防水和耐农业中常用的化学添加剂侵蚀的性能。这些化学添加剂包括肥料、酸、碱和类似的化合物，在正常工作条件下暴露在紫外线下的射流器表面材料应有抗紫外线辐射侵蚀的性能。

6.4 螺纹连接

射流器的螺纹连接应符合 GB/T 7306.1 的规定。对于可能用到的其他螺纹型式，要在每个连接处提供螺纹备用件。

7 机械性能和功能特性试验

7.1 一般要求

所有的测试应用水替代液态添加剂，启动水和注射水温应在 23 ℃±2 ℃。两种水流都要按文丘里式差压液体添加射流器生产厂规定的标准用滤网过滤器过滤。

7.2 准确度

测试设备仪表的准确度应在真实值±1%范围内。

7.3 抽样和验收规则

7.3.1 选择抽样检测样品

保证检测随机抽样的代表性，每个检测应按表 1 规定进行。当需要对批次生产或批次装运进行验收时，确保抽样按 GB/T 2828.1 的规定进行，采用可接收质量限(AQL)2.5 和特殊检查水平 S-4。按 GB/T 2828.1—2003 表 2，保证测试用样品随机抽取。

表 1 样本大小和合格判定数

章条号	检验项目	样本大小	接收数
7.4.1	耐压试验	5	0
7.4.2	耐温试验	5	0
7.4.3	耐负压试验	5	0
7.4.4.1	通用(功能)	2	0
7.4.4.2	启动水流测试	2	0

7.3.2 判定

如果样品在检验中没有不合格项，可以认为该样品符合本标准。

对生产批次或装运批次进行验收时，检验中发现的不合格数不大于 GB/T 2828.1 规定的接收数，则判定该生产批或装运批符合本标准的规定。

7.4 测试方法和要求

7.4.1 耐压试验

对射流器施加 3 倍最大工作压力的静压 60 min，加压设备应能连续不间断地对样品增压，测试样品不能出现裂缝，变形和泄漏以及其他损坏现象。

7.4.2 耐温试验

对射流器施加最大工作压力，且引用水温为 66 ℃±2 ℃，持续 5 min。样品不能出现开裂、变形、泄漏以及其他损坏现象。

7.4.3　耐负压试验

对射流器施加 0.9 MPa(表压)压力,持续 5 min。样品不能出现开裂、变形、泄漏以及其他损坏现象。

7.4.4　功能测试

7.4.4.1　通用功能

对每个射流器都进行功能测试,用水作为启动液和注射液,保证进口处的相对高度和进口水的表面高度一致,并在测试中保持不动。对每个射流器在最小进口压力到最大进口压力之间进行操作。用标定过的流量计测量启动水和注射水的流速。用标定过的压力表测量射流器进、出口压力,计算差压。

7.4.4.2　启动水测试

至少对射流器分别施加 5 种进口压力,保证其中最小和最大的压力值是制造厂家产品说明书给定的最小和最大进口压力。对每个进口压力应保证出口压力是不断变化的,至少产生 5 种不同的差压。在差压百分比为 20%、40%、60%、80%和 100%时,分别测试启动水流速和注射流速。测得的注射流速应不低于相同条件下制造厂家给定值的 90%。

对每个进口压力测试,使射流器出口压力减小到添加剂射流器被启动,记录得到的差压,这个值应不超过相同进口压力下制造厂家给定值的 5%。

8　制造厂商应提供的资料

制造厂产品样本或技术文件中应提供下列资料,并注明公布日期:

a)　文丘里式差压液体添加射流器产品号;

b)　射流器的连接尺寸和型号;

c)　射流器的尺寸和重量;

d)　每个射流器在规定使用条件下的启动流和注射流的性能参数(也应给出设定条件下启动液体添加剂的流速);

e)　最大允许工作压力;

f)　推荐零部件;

g)　现有类似设备;

h)　操作和贮存的温度范围。

ICS 27.020
J 90

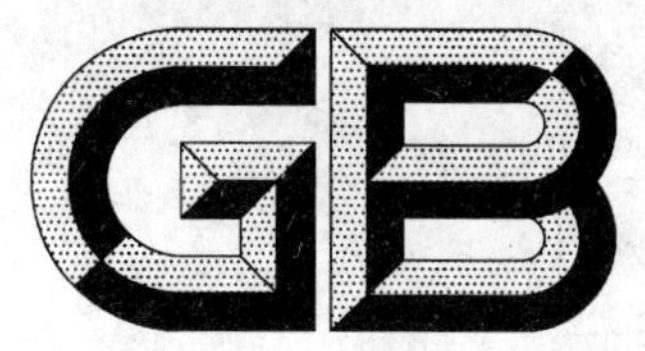

中华人民共和国国家标准

GB/T 21404—2008/ISO 15550:2002

内燃机　发动机功率的确定和测量方法
一般要求

**Internal combustion engine—
Determination and method for the measurement of engine power—
General requirements**

(ISO 15550:2002,IDT)

2008-02-03 发布　　2008-07-01 实施

中华人民共和国国家质量监督检验检疫总局
中国国家标准化管理委员会　发布

前　言

本标准是ISO发动机功率测量标准体系中的“核心”标准，用以规定各种发动机的共同要求。

本标准系根据ISO/IEC指令第3部分的相关规定制定而成。

本标准等同采用ISO 15550:2002《内燃机　发动机功率的确定和测量方法　一般要求》(英文版)。

本标准等同翻译ISO 15550:2002。

为便于使用，本标准作了如下编辑性修改：

——“本国际标准”改为“本标准”；

——删除了国际标准前言。

——本标准对ISO 15550:2002中引用的其他国际标准，凡已被采用为我国标准的，用我国标准代替相对应的国际标准，未被采用为我国标准的，仍直接引用国际标准。

本标准由中国机械工业联合会提出。

本标准由全国内燃机标准化技术委员会归口。

本标准起草单位：上海内燃机研究所、潍柴动力股份有限公司、宁波雪龙集团有限公司、广西玉柴机器股份有限公司、上海柴油机股份有限公司、浙江新柴动力有限公司。

本标准主要起草人：谢亚平、唐金池、胡惠祥、葛红、庄国钢、谢正良、杜海明、陆寿域、计维斌、陈云清、瞿俊鸣、宋国婵、毕晔。

本标准为首次制定。

引　言

本标准确立了ISO发动机功率测量标准体系的框架。应用这一体系框架可以避免在发动机功率定义和确定方面出现许多似是而非的ISO标准的缺点。

本体系采用"核心"-"卫星"原理。"核心"标准包含了范围中所述各种用途发动机的共同要求,"卫星"标准则包含有适于某一特定用途发动机功率测量和标定所必须满足的要求。

本标准只有与某一"卫星"标准一起使用才能全面规定该特定用途发动机的要求。因此,"核心"标准不是一个能单独存在的文件,而仅仅只能作为某一"卫星"标准的补充,以便与该"卫星"标准一起形成一个完整的标准。

采用这一方法的优点是对相同或同类发动机用于不同用途时可以合理地使用标准,并能确保各标准在制修订过程中取得协调一致。

本标准为"核心"标准。

本标准是作为发动机功率测量的"核心"标准而制定的 。该标准在起草过程中与ISO/TC 22道路车辆、ISO/TC 23农林机械、ISO/TC 127土方机械和ISO/TC 188小型船舶等技术委员会进行了密切合作。今后如要对本标准进行任何修订,事先均须征得上述各技术委员会的正式批准。本"核心"标准将与各种用途发动机用的"卫星"标准一起,可以作为发动机功率标定和测量的基础。各技术委员会将全面负责管理各自的"卫星"标准。

如需满足任何其他主管部门(例如检测和/或立法机构)的法规要求,客户在订货前须确认该相关部门。

任何进一步的要求须由制造厂与客户共同商定。

内燃机　发动机功率的确定和测量方法　一般要求

1　范围

1.1　本标准规定了使用液体或气体燃料的商用内燃机的标准基准状况和功率、燃油消耗和机油消耗的标定及试验方法。可适用于：

a)　往复式内燃机(火花点燃式或压燃式发动机)，但不包括自由活塞式发动机；

b)　旋转活塞式发动机。

这些发动机可以是自然吸气式发动机或使用机械增压器或涡轮增压器的增压式发动机。

1.2　本标准适用于下列用途的发动机：

a)　GB/T 6072.1 中定义的陆用、轨道牵引和船用发动机；

b)　ISO 1585 和 ISO 2534 中定义的车用发动机；

c)　ISO 4106 中定义的摩托车用发动机；

d)　ISO 2288 中定义的农用拖拉机和机械用发动机；

e)　ISO 9294 中定义的土方机械用发动机；

f)　ISO 8665 中定义的游艇等船体长度不大于 24 m 的小型船舶用发动机。

本标准也可适用于筑路机械、工业卡车和目前尚无合适标准可以使用其他用途发动机。

1.3　相关“卫星”标准给出了对某一特定用途发动机的单独要求。只有将本“核心”标准与相关“卫星”标准一起使用才能全面规定某一用途发动机的相关要求。

2　规范性引用文件

下列文件中的条款通过本标准的引用而成为本标准的条款。凡是注日期的引用文件，其随后所有的修改单(不包括勘误的内容)或修订版均不适用于本标准，然而，鼓励根据本标准达成协议的各方研究是否可使用这些文件的最新版本。凡是不注日期的引用文件，其最新版本适用于本标准。

GB/T 1883.1—2005　往复式内燃机　词汇　第 1 部分：发动机设计和运行术语(ISO 2710-1:2000,IDT)

GB/T 6072.4—2000　往复式内燃机　性能　第 4 部分：调速(idt,ISO 3046-4:1997)

GB/T 6072.5—2003　往复式内燃机　性能　第 5 部分：扭转振动(ISO 3046-5:2001,IDT)

GB/T 6072.6—2000　往复式内燃机　性能　第 6 部分：超速保护(idt,ISO 3046-6:1990)

GB/T 21405—2008　往复式内燃机　发动机功率的确定和测量方法　排气污染物排放试验的附加要求

ISO 1585:1992　道路车辆　发动机试验规范　净功率

ISO 2288:1997[1)]　农用拖拉机和机械　发动机试验规范　净功率

ISO 2534:1998　道路车辆　发动机试验规范　总功率

ISO 3104:1994　石油制品　透明和不透明液体　运动粘度测定法和动力粘度计算法

ISO 3675:1998　原油和液体石油产品　密度的实验室测定 石油密度计法

ISO 4106:1993　摩托车　发动机试验规范　净功率

ISO 5163:1990　汽车和航空用燃料　抗爆性的确定　马达法

1)　已废止。

ISO 5164:1990　汽车燃料　爆震特性的测定　研究法
ISO 5165:1998　石油制品　柴油着火性能的测定　十六烷值法
ISO 8665:1994　小型船舶　船用发动机和系统　功率测量和标定
ISO 9249:1997　土方机械　发动机试验规范　净功率
ISO 11614:1999　往复压燃式内燃机　排气消光度测量仪及光吸收系数测定仪
ASTM D 240-00　采用弹式量热器测定液烃燃料燃烧热值的标准试验方法
ASTM D 3338-00　估算航空燃料低热值的标准试验方法

3　术语和定义

本标准采用下列术语和定义。

注：本标准还包含有 GB/T 1883.1、GB/T 6072.4 和 ISO 7876-1 中的某些定义。

3.1

辅助装置和设备　auxiliaries and equipment

3.1.1

从属辅助装置　dependent auxiliary

装或不装将影响发动机终端轴功率输出的装备件。

3.1.2

独立辅助装置　independent auxiliary

由发动机以外能源提供动力的装备件。

3.1.3

基本辅助装置　essential auxiliary

发动机持续或重复使用所必需的装备件。

3.1.4

非基本辅助装置　non-essential auxiliary

发动机持续或重复使用并非必需的装备件。

3.1.5

标准量产设备　standard production equipment

SPE

制造厂为某一特定用途发动机规定的、作为标准件配置在发动机上的设备。

3.2

发动机　engine

3.2.1

发动机调整　engine adjustment

为了提供与不同环境状况相适应的功率而对发动机进行修改的具体步骤，诸如移动油量限制器、重新匹配涡轮增压器、改变喷油定时或其他结构变动。

注：一旦修改完毕，发动机就成为已调整的发动机。

3.2.2

非调整发动机　non-adjusted engine

已预先调定好，无需再为适应不同环境状况而采取具体步骤进行修改的发动机。

3.2.3

发动机转速　engine speed

在一定时间内曲轴旋转的转数。

[GB/T 1883.1]

3.2.4

发动机标定转速　declared engine speed

相应于标定功率的发动机转速。

[GB/T 1883.1]

注：在某些用途，发动机的标定转速称为“额定转速”。

3.2.5

发动机标定中间转速　declared intermediate engine speed

制造厂考虑到相关“卫星”标准中规定的具体要求，而标定的小于100%标定转速的发动机转速。

3.2.6

发动机低怠速　low idle engine speed

怠速　idling speed

发动机空载最低稳定转速。

[GB/T 1883.1]

3.2.7

发动机最大扭矩转速　engine speed at maximum torque

发动机在最大油量限制位置(包括附加的扭矩油量校正，如有)，按最大扭矩运行时的转速。

[GB/T 6072.4]

3.3

功率和负荷　power and load

3.3.1

标定功率　declared power

由制造厂标定的，发动机在一定环境条件下所能发出的功率值。

注：在某些用途，标定功率亦称为“额定功率”。

3.3.1.1

标定螺旋桨轴功率　declared propeller shaft power

由制造厂标定的，在随成套推进装置一起销售的螺旋桨轴处或随减速装置和/或倒车机构一起销售的螺旋桨轴的联轴器上所输出的功率值。

3.3.1.2

标定曲轴功率　declared crankshaft power

由制造厂标定的，销售时不带减速装置或倒车机构、船尾驱动装置或航行驱动装置的发动机，在其功率输出轴上所输出的功率值。

3.3.2

指示功率　indicated power

在工作气缸中由工质压力作用在活塞上所发出的总功率。

[GB/T 1883.1]

3.3.3

有效功率　brake power

当装有相关“卫星”标准所需设备和辅助装置时，在曲轴或其相当零件端部所输出的功率或功率之和。

发动机功率试验应安装的设备和辅助装置见表1。

表 1 发动机功率试验应安装的设备和辅助装置

1	2	3	4	5
序号	设备和辅助装置	根据 ISO 1585、ISO 2288、ISO 8665、ISO 9249 和 ISO 4106 在发动机净功率试验时安装	根据 ISO 2534 在发动机总功率试验时安装	根据 GB/T 21405—2008 在发动机功率试验时安装
1	进气系统:进气歧管	装,如为 SPE	装,如为 SPE	装,如为 SPE
	曲轴箱排放控制装置	装,如为 SPE	任选	装,如为 SPE
	双进气控制装置	装,如为 SPE	装,如为 SPE	装,如为 SPE
	进气歧管系统:空气流量计	装,如为 SPE	装,如为 SPE	装,如为 SPE
	进气导管	装,如为 SPE[a]	任选[a]	装[a]
	空气滤清器	装,如为 SPE[a]	任选[a]	装[a]
	进气消声器	装,如为 SPE[a]	任选[a]	装[a]
	限速装置	装,如为 SPE[a]	不装	装[a]
2	进气加热装置(进气歧管用)	装,如为 SPE。如有可能,应设置在最佳状况。		
3	排气系统:废气净化装置	装,如为 SPE	装,如为 SPE	装,如为 SPE
	排气歧管	装,如为 SPE	装,如为 SPE	装,如为 SPE
	增压装置	装,如为 SPE	装,如为 SPE	装,如为 SPE
	连接管	装,如为 SPE[b]	任选,可使用损失最小的试验台装置[b]	装[b]
	消声器	装,如为 SPE[b]		装[b]
	尾管	装,如为 SPE[b]		装[b]
	废气制动装置	装,如为 SPE[c]	不装[c]	不装[c]
4	输油泵	装,如为 SPE[d]	装,如为 SPE[d]	装,如为 SPE[d]
5	化油器装置:化油器	装,如为 SPE	装,如为 SPE	装,如为 SPE
	电控装置,空气流量计等	装,如为 SPE	装,如为 SPE	装,如为 SPE
	燃气发动机设备:减压装置	装,如为 SPE	装,如为 SPE	装,如为 SPE
	汽化器	装,如为 SPE	装,如为 SPE	装,如为 SPE
	混合器	装,如为 SPE	装,如为 SPE	装,如为 SPE
6	燃油喷射装置[火花点燃式(汽油)和压燃式(柴油)]:粗滤器	装,如为 SPE	任选	装,如为 SPE 或试验台设备
	滤清器	装,如为 SPE	任选	装,如为 SPE
	喷油泵	装,如为 SPE	装,如为 SPE	装,如为 SPE
	高压油管	装,如为 SPE	装,如为 SPE	装,如为 SPE
	喷油器	装,如为 SPE	装,如为 SPE	装,如为 SPE[e]
	进气门	装,如为 SPE[e]	装,如为 SPE[e]	装,如为 SPE
	电控装置,空气流量计等	装,如为 SPE	装,如为 SPE	装,如为 SPE

表 1(续)

1	2	3	4	5
序号	设备和辅助装置	根据 ISO 1585、ISO 2288、ISO 8665、ISO 9249 和 ISO 4106 在发动机净功率试验时安装	根据 ISO 2534 在发动机总功率试验时安装	根据 GB/T 21405—2008 在发动机功率试验时安装
6	调速器/控制装置	装,如为 SPE	装,如为 SPE	装,如为 SPE
	全负荷自动油量限制器(根据大气状况调节齿条)	装,如为 SPE	装,如为 SPE	装,如为 SPE
7	液冷装置:散热器	装,如为 SPE[f]	不装	不装
	风扇	装,如为 SPE[f,g]	不装[f]	不装
	风扇防护罩	装,如为 SPE[f]	不装	不装
	水泵	装,如为 SPE[f]	装,如为 SPE	装,如为 SPE[f]
	节温器	装,如为 SPE[f,h]	任选[h]	装,如为 SPE[h]
8	风冷:风扇罩	装,如为 SPE[f]	不装	不装
	风扇或鼓风机	装,如为 SPE[f,g]	不装[f]	不装[i]
	温度调节装置	装,如为 SPE	不装	不装
9	电器设备:发电机	装,如为 SPE[j]	装,如为 SPE[j]	装,如为 SPE[j]
	分电器	装,如为 SPE	装,如为 SPE	装,如为 SPE
	点火线圈或线圈组	装,如为 SPE	装,如为 SPE	装,如为 SPE
	连接导线	装,如为 SPE	装,如为 SPE	装,如为 SPE
	火花塞	装,如为 SPE	装,如为 SPE	装,如为 SPE
	电控装置,包括爆震传感器/点火延迟装置	装,如为 SPE[k]	装,如为 SPE[k]	装,如为 SPE[k]
10	增压设备:压气机(直接由发动机和/或排气驱动)	装,如为 SPE	装,如为 SPE	装,如为 SPE
	增压控制装置	装,如为 SPE[l]	装,如为 SPE[l]	装,如为 SPE[l]
	增压中冷器	装,如为 SPE[f,g,m]	装,如为 SPE[f,g,m]	装,如为 SPE 或试验台设备[i,m]
	冷却泵或风扇(由发动机驱动)	装,如为 SPE	装,如为 SPE	不装[i]
	冷却液流量调节装置	装,如为 SPE	装,如为 SPE	装,如为 SPE
11	试验台辅助风扇	装,如必要	装,如必要	装,如必要
12	净化装置	装,如为 SPE[n]	装,如为 SPE[n]	装,如为 SPE[n]
13	机油泵	装,如为 SPE	装,如为 SPE	装,如为 SPE

注:“装,如为 SPE”是指如为标准量产设备(SPE),则在确定发动机功率时必须安装该设备。

[a] 对净功率/总功率试验:如用于总功率试验,并且不存在对发动机功率有显著影响的风险时,则可以使用效果相当的系统。此时,应检查以确保进气负压与制造厂规定的、在使用清洁空气滤清器时的限值之差不超过 0.1 kPa。

表 1(续)

1	2	3	4	5
序号	设备和辅助装置	根据 ISO 1585、ISO 2288、ISO 8665、ISO 9249 和 ISO 4106 在发动机净功率试验时安装	根据 ISO 2534 在发动机总功率试验时安装	根据 GB/T 21405—2008 在发动机功率试验时安装

对 GB/T 8190 规定的发动机功率试验:在下列情况时应装有预定用途的整套进气系统:

—存在对发动机功率有显著影响的风险时;

—自然吸气火花点燃式发动机;

—制造厂要求这样安装。

在其他情况下则可使用效果相当的系统,并应检查以确保进气压力与制造厂规定的、在使用清洁空气滤清器时的上限值之差不超过 0.1 kPa。

[b] 对净功率试验:在不存在对发动机功率有显著影响的风险时,则可使用效果相当的系统。此时,应检查以确保发动机排气系统背压与制造厂规定的上限值之差不超过 1 kPa。

对总功率试验:如用于总功率试验,并且不存在对发动机功率有显著影响的风险时,则可以使用效果相当的系统。此时,应检查以确保进气负压与制造厂规定的在使用清洁空气滤清器时的限值之差不超过 0.1 kPa。但也可使用损失最小的系统。

对 GB/T 8190 用发动机功率试验:在下列情况时应装有预定用途的整套进气系统:

—存在对发动机功率有明显影响的风险时;

—自然吸气火花点燃式发动机;

—制造厂要求这样安装。

在其他情况下,则可采用效果相当的系统,只要测得的压力与制造厂规定的上限值之差不超过 1 kPa 即可。

[c] 若发动机装有排气制动器,则应将节流阀固定在全开位置。

[d] 必要时,可调节供油压力使其达到该特定用途发动机现有的燃油压力(尤其当使用比如流向油箱或滤清器等的"回油"系统时)。

[e] 进气阀是喷油泵气动调速器的控制阀。调速器或喷油装置可以含有能影响喷油量的其他装置。

[f] 对净功率试验:散热器、风扇、风扇罩、水泵和节温器在试验台架上的安装位置应与车辆或机器上的相对位置相同。冷却介质循环应只靠发动机水泵驱动。

冷却介质既可通过发动机散热器也可通过外部循环来冷却,只要该循环的压力损失及水泵进口处的压力与发动机冷却系统的数值保持基本相同即可。若装有散热器百叶窗,则应处于全开位置。

若风扇、散热器和风扇罩系统不能方便地安装在发动机上,则应通过标准特性曲线计算或由实际试验,按照在发动机功率测量时与发动机转速相对应的转速,确定当风扇单独安装在与散热器和风扇罩(如有)保持正确位置时所吸收的功率,然后将该功率按第 5 章规定修正至标准大气状况后从发动机修正功率中扣除。

对总功率试验:若发动机冷却风扇或鼓风机是固定式,亦即既不是可分离式,也不是渐进式地安装在发动机上进行试验,则应将所吸收的功率加入试验结果里。这应根据标准特性曲线计算或由实际试验,按照在发动机功率测量时与发动机转速相对应的转速,确定风扇或鼓风机所吸收的功率。

对 GB/T 8190 规定的发动机功率试验:冷却介质循环应只靠发动机水泵驱动。冷却介质也可通过外部循环来冷却,只要该循环的压力损失及水泵进口处的压力与发动机冷却系统的保持基本相同即可。

[g] 对净功率试验:若装有可分离式或渐进式风扇或鼓风机,则试验时应将可分离式风扇或鼓风机脱开,或将渐进式风扇置于最大滑移下运行。

对总功率试验:若增压中冷器用装有可分离式或渐进式风扇或鼓风机,则试验时应将可分离式风扇或鼓风机脱开,或将渐进式风扇置于最大滑移下运行。

[h] 节温器应固定在全开位置。

[i] 若试验时装有冷却风扇或鼓风机,则应将吸收的功率加入试验结果里。这应通过标准特性曲线计算或实际试验,按照试验所用转速确定风扇或鼓风机所吸收的功率。

[j] 发电机的电功率应最小,应仅限于使发动机运行所必需的辅助装置能进行工作所需的功率。

表 1(续)

1	2	3	4	5
序号	设备和辅助装置	根据 ISO 1585、ISO 2288、ISO 8665、ISO 9249 和 ISO 4106 在发动机净功率试验时安装	根据 ISO 2534 在发动机总功率试验时安装	根据 GB/T 21405—2008 在发动机功率试验时安装

k 点火提前角应是在燃用制造厂推荐的最小辛烷值燃料时所确立的在用条件下的典型值。

l 若发动机装有可随增压或进气空气温度、辛烷值和/或发动机转速变化的增压器，则增压压力应是在燃用制造厂推荐的最小辛烷值燃料时所确立的在车内或机内条件下的典型值。

m 对净功率/总功率试验：增压中冷发动机试验时，无论增压中冷系统是液冷还是风冷，均应处于工作状态。如果制造厂愿意，也可用试验台系统来代替风冷中冷器。无论何种情况，在测量每一转速功率，均应使试验台架上通过增压中冷器的发动机空气的压力降和温度降与制造厂为该系统在整车或整机上所规定的数值保持相同。

对 GB/T 8190 用发动机功率试验：增压中冷发动机试验时，无论增压中冷系统是液冷还是风冷，均应处于工作状态。如果制造厂愿意，也可用试验台系统来代替风冷中冷器。无论何种情况，在测量每一转速功率，均应使试验台架上通过增压中冷器的发动机空气的最大压力降和最小温度降与制造厂所规定的数值保持相同。

n 净化装置可包括，诸如：排气再循环(EGR)系统、催化转化器、热反应器、二次空气供应系统和燃油蒸发控制系统等。

3.3.3.1

净功率　net power

在试验台架上，当发动机装有表 1 第 2 列所列并且是第 3 列要求的发动机净功率试验所需装用设备和辅助装置时，在相应的发动机转速下，在曲轴末端或其相当零件处所测得的功率。

注：若功率测量时必须装有变速箱，则应将变速箱功率损失加上实测功率才是发动机的净功率。

3.3.3.2

总功率　gross power

在试验台架上，当发动机装有表 1 第 2 列所列并且是第 4 列要求的发动机总功率试验所需装用设备和辅助装置时，在相应的发动机转速下，在曲轴末端或其相当零件处所测得的功率。

注：若功率测量时必须装有变速箱，则应将变速箱功率损失加上实测功率才是发动机的总功率。

3.3.3.3

按 GB/T 8190 确定的发动机功率　engine power for ISO 8178

在试验台架上，当发动机仅装有表 1 第 2 列所列、并且是第 5 列要求按 GB/T 8190 进行发动机功率试验时所需装用的设备和辅助装置时，在制造厂规定的标定功率、标定转速下，在曲轴末端或其相当零件处所测得的功率。

3.3.4

持续功率　continuous power

在制造厂规定的正常维护保养周期内，在规定转速和规定环境状况下，按照制造厂规定进行维护保养，发动机能够持续发出的功率。

3.3.5

超负荷功率　overload power

在规定的环境状况下，在按持续功率运行后，立即根据使用情况，以一定的使用持续时间和使用频次，按照每 12 h 运行 1 h 的运行条件，可以允许发动机发出的功率。

3.3.6

油量限定功率　fuel stop power

在对应于发动机用途的规定时期内，在规定转速和规定环境状况下，限定发动机油量，使其功率不能再超出时所能发出的功率。

3.3.7

ISO 功率　ISO power

在制造厂试验台的运转工况下，按制造厂规定调整或修正到第 5 章规定的标准基准状况下所测得的功率。

3.3.7.1

ISO 标准功率　ISO standard power

按发动机制造厂标定，在制造厂规定的正常维修周期内和下列条件下，只使用基本从属辅助装置，发动机所能发出的持续有效功率：

a)　在发动机制造厂试验台的运转工况下按规定转速运转；

b)　按制造厂规定将标定功率调整或修正到第 5 章规定的标准基准状况；

c)　按制造厂规定进行维护保养。

3.3.8

使用功率　service power

在发动机使用的环境状况和运转工况下所发出的功率。

3.3.8.1

使用标准功率　service standard power

按发动机制造厂标定，在制造厂规定的正常维修周期内和下列条件下，只使用基本从属辅助装置，发动机所能发出的持续有效功率：

a)　在发动机使用的环境状况和运转工况下按规定转速运转；

b)　按制造厂规定将标定功率调整或修正到发动机使用的规定环境状况和运转工况；

c)　按制造厂规定进行维护保养。

3.3.9

功率调整　power adjustment

将某一环境状况下的功率值修正到预计在另一环境状况下的功率值所采用的计算程序，以便使发动机关键零部件的热负荷和/或机械负荷近似保持不变。

3.3.10

功率修正　power correction

将发动机在试验状况下测得的功率值修正到预计在其他运转工况或基准状况下的功率值而无需对发动机进行任何调整所采用的计算程序。

注：在这种情况下，功率和性能参数可随环境状况而变化（见第 7 章）。

3.3.11

负荷　load

用以描述从动机械要求发动机发出“功率”或“扭矩”大小的通称。通常是用标定功率或扭矩的相对值来表示。

[GB/T 1883.1]

注：术语“负荷”实际上并不确切，应避免使用。当用于定量表示时，应使用术语“功率”或“扭矩”来代替“负荷”，同时需要表明转速。

3.3.12

净扭矩　net torque

在试验台架上，当发动机装有表 1 第 2 列所列并且是第 3 列要求的发动机净功率试验所需装用设备和辅助装置时，在相应的发动机转速下，在曲轴末端或其相当零件处所输出的扭矩。

3.4

消耗和供给 consumption and delivery

3.4.1

燃料消耗量 fuel consumption

发动机在规定环境状况和规定功率下，每单位时间内所消耗的燃料量。

3.4.1.1

燃料消耗率 specific fuel consumption

发动机每单位功率和单位时间内所消耗的燃料量。

3.4.1.2

ISO燃料消耗率 ISO specific fuel consumption

在ISO标准功率时的燃料消耗率。

3.4.2

供油量 fuel delivery

燃料喷射系统在每一工作循环内供给的计量燃料量（质量）。

[ISO 7876-1]

3.4.2.1

供油率 specific fuel delivery

燃料喷射系统在每一工作循环内向发动机每升工作容积供给的计量燃料量（质量）。

3.4.3

机油消耗量 lubricating oil consumption

发动机每单位时间内所消耗的机油量。

[GB/T 1883.1]

3.5

试验 tests

3.5.1

验收试验 acceptance test

对制造质量进行全面检查，以确认已履行合同承诺的试验。

3.5.2

定型试验 type test

对某种机型的代表性发动机，为确认其主要性能参数，以及尽可能对其使用可靠性和耐久性进行评定而进行的试验。

3.5.3

特种试验 special test

为满足检测和立法机构、船级社或客户要求，在进行验收试验或定型试验时附加的试验，如：型式认证试验。

3.5.4

生产一致性试验 production conformity test

为检验量产发动机是否符合公示设计规范或认证要求而进行的试验。

4 符号

本标准公式(1)～公式(11)及相关“卫星”标准中所用符号列于表2内。其脚注在表3中列出。

本标准中所用测量参数的符号和脚注列于表4内。

表 2 符号

符号		名称	单位
常用表示	电子数据处理(EDP)表示		
a	A	湿度系数	1
b_r	BR	标准基准状况下的燃料消耗率	kg/(kW·h)
b_x	BX	现场环境状况下的燃料消耗率	kg/(kW·h)
b_y	BY	试验环境状况下的燃料消耗率	kg/(kW·h)
f_a	FA	大气系数	1
f_m	FM	发动机系数(每种机型的特性参数)	1
k	K	指示功率比	1
m	M	干空气压力比或总气压比的指数	1
n	N	环境空气热力学温度比的指数	1
p_d	PD	试验环境干气压	kPa
p_r	PR	标准基准总气压	kPa
p_{ra}	PRA	替代基准总气压	kPa
p_{sr}	PSR	标准基准饱和蒸汽压力	kPa
p_{sx}	PSX	现场环境饱和蒸汽压力	kPa
p_{sy}	PSY	试验环境饱和蒸汽压力	kPa
p_x	PX	现场环境总气压	kPa
p_y	PY	试验环境总气压	kPa
P	PP	在曲轴末端或其相当零件处测得的功率	kW
P_o	PPO	修正净功率,即:标准基准状况下在曲轴末端的功率	kW
P_r	PPR	标准基准状况下的有效功率	kW
P_{ra}	PPRA	替代基准状况下的有效功率	kW
P_x	PPX	现场环境状况下的有效功率	kW
P_y	PPY	试验环境状况下的有效功率	kW
q	Q	发动机每循环升排量的燃料质量	mg/(L·循环)
q_c	QC	每循环升空气燃用的燃料质量	mg/(L·循环)
r	R	增压比(压气机出口与进口绝对空气压力之比)	1
r_r	RR	标准基准状况下的增压比	1
$r_{r,max}$	RRMAX	标准基准状况下的最大允许增压比	1
S	S	增压中冷介质绝对温度比的指数	1
t_{cr}	TCR	标准基准状况下增压中冷介质温度	℃
t_{cx}	TCX	现场环境增压中冷介质温度	℃
t_r	TR	标准基准状况下环境空气温度	℃
t_x	TX	现场环境空气温度	℃
T_{cr}	TTCR	标准基准状况下增压中冷介质绝对温度	K
T_{cra}	TTCRA	替代基准增压中冷介质绝对温度	K
T_{cx}	TTCX	现场环境增压中冷介质绝对温度	K
T_{cy}	TTCY	试验环境增压中冷介质绝对温度	K

表 2(续)

符号		名称	单位
常用表示	电子数据处理(EDP)表示		
T_r	TTR	标准基准状况下环境空气绝对温度	K
T_{ra}	TTRA	替代基准环境空气绝对温度	K
T_x	TTX	现场环境空气绝对温度	K
T_y	TTY	试验环境空气绝对温度	K
α	ALP	功率调整系数	1
α_a	ALPA	火花点燃式发动机功率修正系数	1
α_c	ALPC	压燃式发动机(柴油机)功率修正系数	1
α_m	ALPM	传动效率用功率修正系数	1
α_s	ALPS	烟度光吸收系数用修正系数	1
β	BET	燃料消耗量换算系数	1
η_i	ETAI	各元件传动效率	1
η_m	ETAM	机械效率	1
η_t	ETAT	曲轴与测点间的传动效率	1
ϕ_r	PPHIR	标准基准状况下的相对湿度	%
ϕ_x	PPHIX	现场环境相对湿度	%
ϕ_y	PPHIY	试验环境相对湿度	%

表 3 脚注

下标	含义
a	大气的
c	压燃式发动机[a] 冷却介质[a] 修正的[a]
d	干的
i	每个元件
m	机械的
max	最大的
o	标准基准状况下曲轴末端
P	最大功率
r	标准基准状况
ra	替代基准状况
s	饱和的[a] 烟度[a]
t	总的
T	最大扭矩
x	现场状况
y	试验状况

[a] 取决于用途。

表 4 参数表

序号	参 数	定 义	符号	单位	允差
1	一般参数				
1.1	发动机有效扭矩[a]	在发动机传动轴末端测得的、由发动机输出的平均扭矩	T_{tq}	kN·m	±2%
1.2	发动机转速[b]	在一定时间内曲轴旋转的转数	n	s^{-1} min^{-1} r/min	±2%
1.3	发动机传动轴转速	在一定时间内发动机传动轴的旋转转数	n_d	s^{-1} min^{-1} r/min	±2%
1.4	涡轮增压器转速	在一定时间内涡轮增压器轴旋转的转数	n_t	s^{-1} min^{-1} r/min	±2%
1.5	有效功率[c]	在传动轴处测得的功率或功率之和	P^d	kW	±3%
2	压力[e,f]				
2.1	环境压力[g]	在发动机进气口附近测得的大气压力值	p_a	kPa	±0.5%
2.2	气缸压缩压力[h]	在关闭燃料时气缸内工作介质的最大压力	p_{co}	kPa	±5%
2.3	最大气缸压力[h]	在一个工作循环内气缸中工作介质达到的最大压力	p_{max}	kPa	±5%
2.4	进气负压	发动机或增压器进口处的算术平均进气负压	Δp_d	kPa	±5%
2.5	压力	发动机或增压器进口处的算术平均绝对压力	p_d	kPa	±1%
2.6	增压压力	增压器后的算术平均增压空气压力	p_b	kPa	±2%
2.7	气缸进气口前的增压压力	气缸进气口前空气压力的算术平均值	p_{ba}	kPa	±2%
2.8	通过增压中冷器的增压压力降		Δp_{ba}	kPa	±10%
2.9	涡轮或其他排气辅助增压器(仅适用于恒压系统的发动机)进口处的排气压力	涡轮前排气管中排气压力的算术平均值	p_{g1}	kPa	±5%
2.10	排气背压	涡轮后排气管中排气压力的算术平均值	p_{g2}	kPa	±5%
2.11	冷却介质压力	液冷系统中规定点的压力	p_d	kPa	±5%
2.12	机油压力	在润滑系统规定位置处的机油压力(在各润滑油回路中滤清器、冷却器等的前后处)	p_o	kPa	±5%
2.13	燃油供油压力	喷油泵进口处燃油压力的算术平均值	p_t	kPa	±10%

表 4(续)

序号	参　　数	定　　义	符号	单位	允差
3	温度[i,j]				
3.1	环境温度	发动机在规定点或位置处的环境大气温度值	T_a	K	±2K
3.2	进气温度	在发动机或增压器进口处的空气温度	T_d	K	±2K
3.3	增压器后增压空气温度		T_b	K	±4K
3.4	中冷器后增压空气温度	气缸进气口前的空气温度	T_{ba}	K	±4K
3.5	气缸出口处排气温度	在某一规定气缸处用热传感器测得的排气平均温度	$T_{g,cyl}$	K	±25%
3.6	涡轮或其他排气辅助增压器进口处排气温度	在涡轮前用热传感器测得的排气平均温度	T_{g1}	K	±25K
3.7	排气管中或涡轮及其他排气辅助增压器后排气温度	在排气歧管中或涡轮后用热传感器测得的排气平均温度	T_{g2}	K	±15K
3.8	冷却介质温度	在液冷系统规定位置处的温度	T_d	K	±2K
3.9	机油温度	在润滑系统规定位置处的机油温度	T_o	K	±2K
3.10	燃料温度	在燃料系统中某一规定位置处的燃料温度	T_t	K	±5K
4	消耗[k]				
4.1	燃料消耗量	发动机每单位时间内所消耗的燃料质量	B	g/s kg/s kg/h	±3%
4.2	燃料消耗率	每单位功率的燃料消耗	b	g/(kW·h) g/MJ	±3%
4.3	气缸机油消耗量	机油注油器每单位时间内供给气缸的机油质量	C_{cyl}	g/s kg/s kg/h	±10%
4.4	气缸机油消耗率	每单位功率的气缸机油消耗量	c_{cyl}	g/(kW·h) g/MJ	±13%
4.5	空气消耗量	每单位时间内从大气中吸入发动机的空气质量	A	kg/s kg/h	±5%
4.6	空气消耗率	每单位功率的空气消耗量	a	kg/(kW·h) kg/MJ	±5%
5	流量				
5.1	冷却介质流量	单位时间内流过发动机冷却系统的冷却介质质量	m_{cl}	kg/s kg/h	±10%
5.2	润滑油流量	单位时间内流过发动机润滑系统的机油质量	m_o	kg/s kg/h	±10%

表 4(续)

序号	参数	定义	符号	单位	允差
6	排气污染物排放特性				
6.1	烟度指数[l]	滤纸被未稀释排气染黑的程度(用光反射率的函数来表示)[m]	r	烟度值	满量程为10个单位[n]时±0.3
6.2	烟气消光度[l]	a) 光线被未稀释排气遮挡的程度[o] b) 光吸收系数[p]	N k	% m^{-1}	±5% ±5%
6.3	碳烟含量[l]	碳的重量浓度[q]	C_c	g/m^3	±10%
6.4	气体排放组分[r]	气体各组分的体积浓度	C_B^s	%或10^{-6}	AMC[t]
6.5	排放率[u]	每单位时间内排放的各组分质量	E_B^s	g/h	AMC[t]
6.6	比排放	每单位功率的排放率	E_B^a	g/(kW·h)	AMC[t]

a 用水力测功器、电力测功器或类似设备测量。

b 用转速计、转数表、手提式转速计或类似设备测量。

c 根据发动机传动轴扭矩和转速的实测值计算。

d 必要时应按照 GB/T 1883.1 规定使用下标“e”来区别有效功率和其他功率。

e 每种压力允差(序号 2.1 和 2.5 除外)均以表压的百分数表示。

f 可用 bar 代替 kPa 或 MPa。

g 用弹簧气压表、液体气压表或类似设备测量。

h 用最大压力记录仪、机械式示功器通过示功图或类似方法测量。

i 用电气方法(电阻温度计或带测量仪的热电偶)或液体温度计来测量。

j 可用℃来代替 K。

k 可用质量法或体积法(本标准以质量为单位),通过测定消耗一定量液体所用时间,或用通常的压差装置或其他类型的流量计来测量消耗量。

l 发动机制造厂可根据现有设备选用 6.1 或 6.3 中所示非消光度测量参数,或 6.2 中所示消光度测量参数。

m 使一已知量的排气通过一规定面积的(白色)滤纸,测定光从滤纸反射后的衰减量。

n 对自动连续测量,6.1 中的允差在满量程为每 10 个单位时可±0.6。

o 在接近排气管出口处的整个排烟横截面上或沿排气烟柱的规定长度上进行测量,每种情况下的线性尺寸用 L 表示,单位为 m。

p k 值由下列公式求得:

$$k = \frac{1}{L}\log_e\left(1 - \frac{N}{100}\right)$$

式中:N 是线性满量程为 0～100 单位的消光烟度计读数。

q 使一已知量的未稀释排气通过滤纸后,测量该滤纸增加的质量,然后修正到标准基准温度和压力。

r 采用适合于各种组分(和/或其浓度)的化学或物理方法来测量。

s “B”是排气各组分的下标。

t 由发动机制造厂与客户共同商定。

u 根据测得的排放浓度和所计算的排气流量来计算。

5 标准基准状况

为了确定发动机的功率和燃油消耗量，应采用下列标准基准状况：

总气压： $p_r = 100$ kPa；

空气温度： $T_r = 298$ K($t_r = 25$℃)；

相对湿度： $\phi_r = 30\%$；

增压中冷介质温度： $T_{cr} = 298$ K($t_{cr} = 25$ ℃)。

注：在温度为 298 K，相对湿度为 30%时，相应的水蒸气分压为 1 kPa。相应的干气压为 99 kPa。

6 试验

6.1 总则

有两种不同的发动机试验规程分别称为方法 1 和方法 2。根据发动机的特定用途，在相关“卫星”标准中规定有应采用的适宜方法。

6.2 试验方法 1

6.2.1 序言

本试验方法用以按合同要求检验单独发动机的标称参数。本方法确定了发动机安装在制造厂试验台架上或现场时进行验收试验、定型试验和/或特种试验的要求。

必要时，应将验收试验包含在合同中。定型试验和/或特种试验须经制造厂与客户共同商定。

6.2.2 试验名称

试验方法 1 给出两类试验，有关试验类别可标注如下：

a) 验收试验(见 3.5.1)ISO ________ A；

b) 定型试验(见 3.5.2)ISO ________ T。

6.2.3 试验内容

6.2.3.1 验收试验和定型试验大纲应由制造厂制定。

6.2.3.2 制造厂应负责确定测量项目并须征得客户同意。

表 5 可作为对应一览表 A(见表 6)所列试验测量项目，选择发动机系组的指南。

表 5 选择测试项目用发动机系组分类

发动机系组号	发动机系组典型特性
1	最高设计转速通常大于 1 800 r/min、使用时不测量运行工况的发动机
2	最高设计转速约为 1 500 r/min 及以上的自然吸气式发动机
3	最高设计转速约为 1 500 r/min 及以上的增压式发动机
4	最高设计转速约为 250 r/min~1 500 r/min 的发动机
5	最高设计转速小于等于 250 r/min 的发动机

6.2.3.3 对不是全部带负荷试验的批量生产发动机，可以选用合适检测程序来代替全套验收试验。

6.2.3.4 根据试验类别和发动机系组号，6.2.6 给出了包括推荐测试项目、计算值和功能检查的 5 张一览表(一览表 A、B、C、D、E)。

下列要求不包含在采购合同中，由制造厂与客户共同商定：

a) 在试验过程中由客户或其代表要求补充的测量或试验项目；

b) 必要时，补充计算所需的资料来源和日期。

6.2.3.5 是否可以将早先试验结果的部分或全部作为验收试验的一部分，须由制造厂与客户共同商定。

6.2.4 测量技术

6.2.4.1 测量方法

6.2.4.3 阐述了验收试验和定型试验时所用测量方法、测量参数符号和单位等。

6.2.4.2 数据储存

试验时应显示打印和/或存储的实测或记录数据。

6.2.4.3 试验测量

6.2.4.3.1 测量准确度

测量准确度取决于许多因素。因此，对于每个测量参数必须规定允许的偏差，以涵盖导致测量不确定度的下列因素：

a) 仪器准确度；

b) 测量仪器位置的正确性；

c) 测量仪器的使用条件；

d) 读数的准确度；

e) 测量期间测量仪器读数的离散性。

允许偏差规定了所测发动机每次单独测量极值间的允许范围。

6.2.4.3.2 工况

在进行一系列测量前，发动机应在特定负荷和转速下运行足够长时间，以确保发动机达到制造厂规定的稳定工况。

在一系列测量期间应使扭矩、转速和所有液体的温度及压力均稳定在表4所规定的允差范围内。

6.2.4.3.3 测量方法

测量方法应由发动机制造厂选择，必要时，可由发动机制造厂与客户和/或检测机构通过合约确定。

测点位置应由发动机制造厂规定。

6.2.4.3.4 参数的允差

表4第6列所规定的试验发动机每种测量参数的允差仅适用于相关"卫星"标准中所示的标定功率。

所列允差对大多数验收试验均已足够，对下列试验发动机制造厂可以减小允差：

a) 定型试验；

b) 特殊合同或法规要求。

除非另有商定，试验时所用测量仪器和仪表都应在发动机制造厂规定的时限内，对预计的读数范围定期进行测试和校正。

如果总的测量不确定度包括许多量，每个量都有自己的测量不确定度，或者如果单次测量值取决于几个参数，而每个参数又有自己的测量不确定度，则总的测量不确定度为各个测量不确定度乘以与公式中参数指数相等的相应因子后的平方和的均方根值。

如果在接着的计算中还要用到这些测量项目，则应选择所测参数的测量不确定度，使最终计算参数的偏差符合相应的允差。

6.2.4.4 参数一览表

表4中规定了发动机性能参数及其允差。

注：所有脚注见表4末尾。

6.2.5 试验条件

6.2.5.1 经制造厂与客户共同商定，发动机在试验前，制造厂应提交有关发动机型号和用途的必要技术文件。

6.2.5.2 在任何验收试验或定型试验之前，制造厂应对发动机进行足够时间的磨合和预试验。

6.2.5.3 验收试验或定型试验只有当发动机达到制造厂规定的稳定工况时才能进行测量。

6.2.5.4 除非制造厂与客户另有商定,试验应在制造厂试验台架上进行。

——如果验收试验在现场进行,试验应在发动机处于运行工况并在客户和制造厂共同商定的时间内进行。如有必要,采购协议中应写明验收试验时发动机制造厂或其代表及其主管部门必须到场。应给发动机制造厂或其代表提供机会,以便指导现场工作人员操作发动机组和使用测试设备。

——如果验收试验在现场进行,客户应提供足够的燃料、机油、冷却液和辅助人员以协助试验项目的进行,除非发动机制造厂另有商定。

——对不是由发动机制造厂提供的有关机械,应由客户根据发动机制造厂的指示来确定测点。

6.2.5.5 发动机试验时应带有保证其运行所必需的从属辅助装置,这些从属辅助装置可以由发动机随机提供或属试验台设备所装用。

6.2.5.6 如能满足合同要求,则可使用试验台设备(例如:进气装置、排气装置和诸如水泵、机油滤清器、热交换器等独立辅助装置)。

6.2.5.7 带有内置式传动装置(例如:液压机构、换向联轴节)或发电机的发动机,如不能与这些设备分开进行试验,则应和所装传动装置或发电机一起进行试验。

若发动机试验时带有可拆式从动机械或传动装置,则应从根据本标准标定的功率中扣除由这些连接件引起的功率变化。

6.2.5.8 如果验收试验在现场进行,并且由于特殊环境和/或安装情况,无法检验或达到相应转速时的标定功率,制造厂和客户应承认在制造厂试验台架上所做试验报告为有效,并且只需检验,a)在某一功率而不是标定功率时的标定转速,或 b)在发动机某一转速而不是在标定转速时的标定功率。

无论哪种情况,均不测量燃油耗。

6.2.5.9 发动机试验时,除了为保持试验工况和按照使用说明书规定为维持正常运行所需采取的措施外,不得再采取任何额外措施。

6.2.5.10 试验期间只允许按使用说明书规定对发动机进行保养性停车。如果因发动机或试验设备发生故障而造成停车,则是否需要部分或全部重试,应由制造厂与客户共同商定。

6.2.5.11 标准基准状况、功率、燃料消耗和机油消耗的标定应按第 5 章和相关“卫星”标准的规定。

6.2.5.12 如果验收试验或定型试验时不能维持规定的环境状况和燃料或液体性质,则由不同环境状况和/或性质所产生的影响以及必须对试验结果进行的修正应由制造厂与客户共同商定。

对于双燃料发动机,验收试验应使用液体燃料。如果制造厂试验车间能提供的气体燃料与现场使用的气体燃料的着火特性大致相同,则经制造厂与客户商定,可规定使用气体燃料再补充进行一次验收试验。

对于火花点燃式和引燃喷射式燃气发动机,只要所提供的气体燃料成分和着火性能与现场所用气体燃料的大致相同,就可在制造厂试验车间进行验收试验。

如果经制造厂与客户共同商定,验收试验是在制造厂试验车间用化学成分和性质均与现场有很大差别的气体燃料进行的,则可通过重新调定发动机,按照商定的标定功率、标定转速和燃料消耗值进行试验。在此情况下,为了使用与现场不同性质的燃料而要达到正常运行,允许对发动机重新进行调整。

6.2.6 试验程序

6.2.6.1 验收试验

6.2.6.1.1 验收试验包括规定的一系列功率调整、测量项目和计算值,具体列于一览表 A 内(见表 6)。

6.2.6.1.2 验收试验项目的持续时间取决于发动机功率和用途。

6.2.6.1.3 一览表 A(见表 6)所示测量项目应根据规定的每一相应工况下的系组发动机和发动机具备的测试结构进行测量。在检验功率、发动机转速和燃料消耗量的标定值时,应至少测量两次。如果发动机的有效扭矩和转速相对于运行调定值的变化不超过±2%时,应认为测量有效。测量期间输出功率的变化不得超过±3%。这一要求不适用于有效功率小于 50 kW 的火花点燃式发动机。

一览表A(见表6)中所列测量项目是根据试验测量的复杂性按递增顺序排列的,可用作制造厂与客户签订合同时的指南。任何一方均可通过协商增减一览表A中的测量项目,以适应具体机型的发动机。当发动机不具备测试某一项目的结构时,制造厂应予以说明。

表6 一览表A:试验测量项目

编号	测量参数	发动机系组号(见表5)				
		1	2	3	4	5
A1	大气压、湿度和环境温度	×	×	×	×	×
A2	发动机转速或循环频次	×	×	×	×	×
A3	发动机有效扭矩和/或燃料泵或调速器的调定值	×	×	×	×	×
A4	节气门控制杆的调定值					
A5	燃料消耗量		×	×	×	×
A6	机油压力		×	×	×	×
A7	排气离开发动机时的温度和压力		×	×	×	×
A8	发动机或增压器进口处进气压力和温度		×	×	×	×
A9	涡轮进口处排气温度			×	×	×
A10	进气歧管中增压压力			×	×	×
A11	涡轮增压器转速			×	×	×
A12	机体进出口处冷却介质平均温度			×	×	×
A13	发动机进出口处机油温度			×	×	×
A14	通过中冷器的增压压力降			×	×	×
A15	每台中冷器后的增压压力			×	×	×
A16	每台中冷器后的增压空气温度			×	×	×
A17	中冷器进出口处冷却介质平均温度			×	×	×
A18	最大气缸压力				×	×
A19	涡轮进口处排气压力			×	×	×
A20	每缸排气温度				×	×
A21	各冷却介质回路中的温度和压力				×	×
A22	各回路中机油压力,例如:涡轮增压器、活塞冷却等				×	×
A23	滤清器和冷却器前后机油压力				×	×
A24	热交换器进出口处次级冷却介质和机油温度				×	×
A25	燃料供给压力和温度				×	×
A26	压缩压力					×
注:经制造厂与客户商定,可再补充测量项目。						

6.2.6.1.4 如合适,制造厂应以一览表A(见表6)的试验测量项目为基础,提供一览表B(见表7)中列出的计算值。

燃料消耗量的测量应在功率测量期间进行。

对于有效功率等于和大于200 kW的发动机,如果两次燃料消耗量的测量结果相差大于2%,则应在该运行工况下重新测量。

测量时应考虑供给发动机但未消耗的燃料。

表7 一览表B:试验结果

编　　号	待计算参数
B1	有效功率
B2	燃料消耗率

6.2.6.1.5 一览表C(见表8)所示功能检查项目可作为表5中系组2～系组5发动机的补充测量项目。选择一览表C中的项目应由制造厂与客户共同商定。

6.2.6.2 定型试验

6.2.6.2.1 定型试验包括按规定的一系列功率/转速组合、换向和停车所进行的发动机试验。

6.2.6.2.2 只要适用,定型试验应尽可能包括一览表A中系组5发动机(见表6)、一览表B和一览表C(见表7和表8)以及一览表D(见表9)中所示的全部测量、计算和功能检查项目。

表8 一览表C:功能检查项目

编号	检　验　功　能
C1	根据GB/T 6072.6规定,超速限制装置功能正确
C2	根据GB/T 6072.4规定,调速系统功能正确
C3	所有故障保护和报警装置对运行中出现的故障情况(例如:机油压力过低、机油温度过高、冷却介质温度过高、发动机曲轴箱压力升高等情况)应对正确
C4	所有压力和温度的自动控制功能正确
C5	在达到制造厂与客户商定的发动机验收试验条件前和/或后,起动系统运转正常
C6	换向机构、内置式倒车减速机构和联轴节功能正确
C7	重要零部件的温度符合要求
C8	曲柄臂的偏转未超过规定限值
C9	发动机在支座上的稳定性良好
C10	试验后随机抽检一个或几个活塞气缸组件和轴承的状况正常
注:经制造厂与客户商定,可再补充检查项目。	

表9 一览表D:补充试验项目

编　　号	参数/测量
D1	空气消耗
D2	机油消耗
D3	拆机检查并测量产生磨损的重要零部件

6.2.6.3 特种试验

特种试验项目是指一览表E(见表10)中所列的各种可能由检测部门、船级社、立法机构或客户要求进行的试验。

表 10　一览表 E:特种试验项目(示例)

编　号	参数或功能
E1	根据 GB/T 6072.5 规定,发动机按合同要求与从动机械配套试验时,在规定功率/转速组合工况下的扭振频率和振幅
E2	发动机热平衡
E3	噪声水平
E4	排气污染物排放特性
E5	与合同要求的从动机械配套试验
E6	内燃发电机组并车运行及其他电气试验
E7	船用发动机紧急换向试验
E8	船用发动机最低稳定转速测定
E9	双燃料发动机燃料切换
E10	在制造厂规定的时间内嫩黄进行维护保养的能力
E11	在规定故障下运行时,例如一台或几台涡轮增压器失效时的机动性及发出规定功率的能力

6.3 试验方法 2

6.3.1 总则

本试验方法适用于检验某一机型发动机在标定值下的净功率和/或总功率。通过绘制功率和燃油耗曲线,可以显示发动机在最大功率/扭矩下随发动机转速变化的性能。

本试验方法也适用于根据 GB/T 8190 要求进行排气污染物排放测量时的功率测定。

当实测值与标定值的偏差处于相关"卫星"标准规定的公差范围时,就认为该机型发动机合格。

6.3.2 测量设备和仪器的准确度

6.3.2.1 扭矩

测功器扭矩测量装置在试验[2]要求的量程范围内应具有±1%的准确度。

6.3.2.2 发动机转速

发动机转速测量装置应具有±0.5%的准确度。

6.3.2.3 燃料流量

燃料流量测量装置应具有±1%的准确度。

6.3.2.4 燃料温度

燃料温度测量装置应具有±2 K 的准确度。

6.3.2.5 发动机进气空气温度

空气温度测量装置应具有±2 K 的准确度。

6.3.2.6 大气压力

大气压力测量装置应具有±100 Pa[3]的准确度。

6.3.2.7 排气系统背压

用于测量排气系统背压的装置应具有±200Pa 的准确度。测量时应符合表 1 脚注 b 的要求。

6.3.2.8 进气系统负压

按照表 1 脚注 a 的要求,压力准确度应达到±50 Pa。

6.3.2.9 进气管道绝对压力

用来测量进气管道绝对压力的装置准确度应达到实测压力的±2%。

2) 考虑到摩擦损失,应对扭矩测量装置进行校正,测功器试验台下半量程的精度可以是实测扭矩的±2%。

3) 1 Pa=1 N/m^2。

6.3.3 调整条件

为了测定发动机的功率，试验所需调整的条件见表 11。

表 11 调整条件

<table>
<tr><td>1</td><td>化油器调整</td><td rowspan="6">按制造厂规范进行调整，对特定用途发动机，使用时不再作进一步变动</td></tr>
<tr><td>2</td><td>喷油泵出油阀调整</td></tr>
<tr><td>3</td><td>点火或喷油定时(定时曲线)</td></tr>
<tr><td>4</td><td>调速器调整</td></tr>
<tr><td>5</td><td>净化装置</td></tr>
<tr><td>6</td><td>增压控制</td></tr>
</table>

6.3.4 试验条件

6.3.4.1 功率试验应包括火花点燃式发动机在节气门全开时的运行和压燃式(柴油)发动机将喷油泵调定在全负荷固定油量下的运行，此时发动机应装有标准量产设备(SPE)及表 1 规定的设备。

6.3.4.2 应向发动机提供足够的新鲜空气并在稳定工况下测取性能数据。

试验前，应按照制造厂建议对发动机进行磨合运行。燃烧室可以留有积碳，但不得超过限定量。应选择试验条件，诸如进气空气温度等，使其尽可能接近标准基准状况(见第 5 章)，以便使修正系数达到最小。

6.3.4.3 应在进气管路中测量发动机的进气空气温度，并在同一地点测量进气负压。

温度计或热电偶应加以防护，以免受飞溅燃油及辐射热的影响，并应将其插入气流中。应选用足够数量的测量位置，以便能测得有代表性的进气温度平均值。

6.3.4.4 应在进气管道、空气滤清器、进气消声器或限速装置(如有)的下游测量进气负压。

6.3.4.5 应在进气歧管和其他为计算修正系数而必须测量压力的地方测量压气机和热交换器(如有)下游发动机进口处的绝对压力。

6.3.4.6 应在排气歧管出口法兰下游至少 3 倍管径距离处和涡轮增压器(如有)下游处测量排气背压。应指明测点位置。

6.3.4.7 只有当扭矩、转速和温度基本达到制造厂规定的稳定状态后才能测取数据。

6.3.4.8 试验运行或读数期间，发动机转速与所选转速偏差不得超过±1%或±10 r/min，取两者之最大值。

6.3.4.9 应同时测取有效负荷、燃料流量和进气温度的数据，并且每个数据至少应取两个连续稳定读数的平均值。在读数期间不得对发动机进行任何调整。

6.3.4.10 发动机出口冷却介质温度应保持在按制造厂规定、用恒温器控制的上限温度±5 K 之内。若制造厂没有规定，则应使温度保持在 353 K±5 K 范围内。

对于风冷发动机，制造厂指定点的温度应在制造厂作为基准状况所规定的最高温度值的$_{-20}^{\ 0}$ K 之内。

6.3.4.11 燃料温度应如下：

a) 对于火花点燃式发动机，应在尽可能接近化油器或喷油器燃油分配器部件的进油口处测量。燃料温度应维持在制造厂规定温度的±5 K 范围内。但是，允许的最低试验燃料温度应为环境空气温度。若制造厂未规定试验燃料温度，则该温度应为 298 K±5 K。

b) 对于压燃式(柴油)发动机，应在喷油泵进油口处测量燃料温度。也可按照制造厂的要求，在能代表发动机使用工况的喷油泵其他位置处或在回油入口处上游滤清器与喷油泵之间的输油管位置处测量燃料温度。

   燃料温度应维持在制造厂规定温度的±3 K 范围内。在任何情况下，油泵进油口处允许的最低燃料温度为 303 K。若制造厂对试验燃料温度未作规定，则对于馏分燃料该温度应为 313 K±3 K。

6.3.4.12 应在机油道进口、机油冷却器(如有)出口或制造厂规定的位置处测量机油温度。机油温度应维持在制造厂规定的限值范围内。

6.3.4.13 必要时,可使用辅助调节装置使温度维持在6.3.4.10、6.3.4.11和6.3.4.12所规定的限值范围内。

6.3.4.14 选择功率试验用燃料应征得有关各方同意,并应根据表12的要求进行选择。

表12 试验燃料

试验目的	有关各方	燃料选择
定型试验(认证)	认证机构、制造厂或供应商	如限定用基准燃料,则选用基准燃料; 如未限定用基准燃料,则选用商用燃料
验收试验	制造厂或供应商、客户或检测人员	按制造厂规定的商用燃料

6.3.5 试验程序

应按照制造厂建议,在发动机最低转速与最高转速之间选择足够多的转速进行测量,以便能完整地确定功率和扭矩曲线。选取的转速范围应包含发动机输出最大功率和最大扭矩点的转速。

6.3.6 待测数据

应记录的数据见9.2.1或按有关"卫星"标准规定。

7 功率修正方法

7.1 总则

本功率修正方法已经在一批有代表性的转速大于等于2 000 r/min的预调整发动机上进行了试验验证。制造厂若认为合适,可以将本修正方法扩大到其他发动机,或根据经验判断对其进行限制使用。

本功率修正方法用以将试验环境状况下的实测(测定)功率换算到第5章规定的标准基准状况下的功率。

功率修正时应将实测(测定)功率乘以下列系数:

对火花点燃式发动机:

$$P_r = \alpha_a \times P_y \quad \cdots\cdots (1)$$

或,对压燃式(柴油)发动机:

$$P_r = \alpha_c \times P_y \quad \cdots\cdots (2)$$

注:关于对预调整发动机功率修正系数的使用示例见附录A。

7.2 试验大气状况

试验时的大气状况应在下列规定范围内:

——对火花点燃式发动机温度 T_y:288 K≤T_y≤308 K;

——对压燃式(柴油)发动机温度 T_y:283 K≤T_y≤313 K;

——对所有发动机干空气压 p_d[4]:90 kPa≤p_d≤110 kPa。

7.3 自然吸气和增压(带和不带增压中冷)火花点燃式发动机的修正系数 α_a

修正系数 α_a 由下式求得:

$$\alpha_a = \left(\frac{p_r - \phi_r p_{sr}}{p_y - \phi_y p_{sy}}\right)^{1.2} \left(\frac{T_y}{T_r}\right)^{0.6} \quad \cdots\cdots (3)$$

公式(3)适用于带化油器和其他设计有随环境状况变化能使燃/空比保持相对不变的燃料控制装置的发动机。对于其他类型的发动机,见7.5。

4) $p_d = p_y - \phi_y p_{sy}$。

公式(3)仅适用于：

$$0.96 \leqslant \alpha_a \leqslant 1.06$$

如果超出该限值范围，应给出求得的修正功率值，并在试验报告中确切说明试验状况(温度和压力)。

7.4 压燃式(柴油)发动机的修正系数 α_c

7.4.1 总则

对于按恒定供油量调定(预调定供油量)的压燃式(柴油)发动机，功率修正系数(α_c)可由下式求得：

$$\alpha_c = (f_a)^{f_m} \quad \cdots\cdots(4)$$

式中：

f_a——大气系数(见7.4.2)；

f_m——每种机型发动机和燃料调定下的特性参数(见7.4.3)。

公式(4)的使用限制规定见7.4.4。

7.4.2 大气系数 f_a

本系数用以表示环境状况(压力，温度和湿度)对发动机吸入空气的影响，并随发动机机型的不同而不同，可由公式(5)、公式(6)和公式(7)求得。

对自然吸气和机械增压式发动机：

$$f_a = \left(\frac{p_r - \phi_r p_{sr}}{p_y - \phi_y p_{sy}}\right)\left(\frac{T_y}{T_r}\right)^{0.7} \quad \cdots\cdots(5)$$

对不带增压中冷和带空/空增压中冷的涡轮增压发动机：

$$f_a = \left(\frac{p_r - \phi_r p_{sr}}{p_y - \phi_y p_{sy}}\right)^{0.7}\left(\frac{T_y}{T_r}\right)^{1.2} \quad \cdots\cdots(6)$$

对带空/液增压中冷的涡轮增压发动机：

$$f_a = \left(\frac{p_r - \phi_r p_{sr}}{p_y - \phi_y p_{sy}}\right)^{0.7}\left(\frac{T_y}{T_r}\right)^{0.7} \quad \cdots\cdots(7)$$

7.4.3 发动机系数 f_m

发动机系数 f_m 取决于发动机机型和相应燃料调定下的实际空/燃比。

发动机系数 f_m 是修正供油率 q_c 的函数，可由公式(8)求得：

$$f_m = 0.036q_c - 1.14 \quad \cdots\cdots(8)$$

式中：

$$q_c = \frac{q}{r_r} \quad \cdots\cdots(9)$$

式中 q 是供油量参数，单位为毫克每循环每升排量[mg/(L·循环)]，等于：

$$q = \frac{(Z)\times[\text{燃料流量}(g/s)]}{[\text{排量}(L)]\times[\text{发动机转速}(r/min)]} = \frac{z(1)\times \dot{V}(g/s)}{v_H(L)\times n(r/min)} \quad \cdots\cdots(10)$$

式中：

对四冲程发动机 Z=120 000，对二冲程发动机 Z=60 000。

r_r是标准基准状况下压气机出口与进口绝对静压之比(对于自然吸气式发动机 r_r=1)。对于两级涡轮增压，r 是总压力比。

q_c(mg/L·循环)在下列范围时公式(8)才有效：

$$37.2 \leqslant q_c \leqslant 65$$

当 q_c值小于37.2时，f_m取恒定值0.2(f_m=0.2)。当 q_c值大于65时，f_m取恒定值1.2(f_m=1.2)(见图1)。

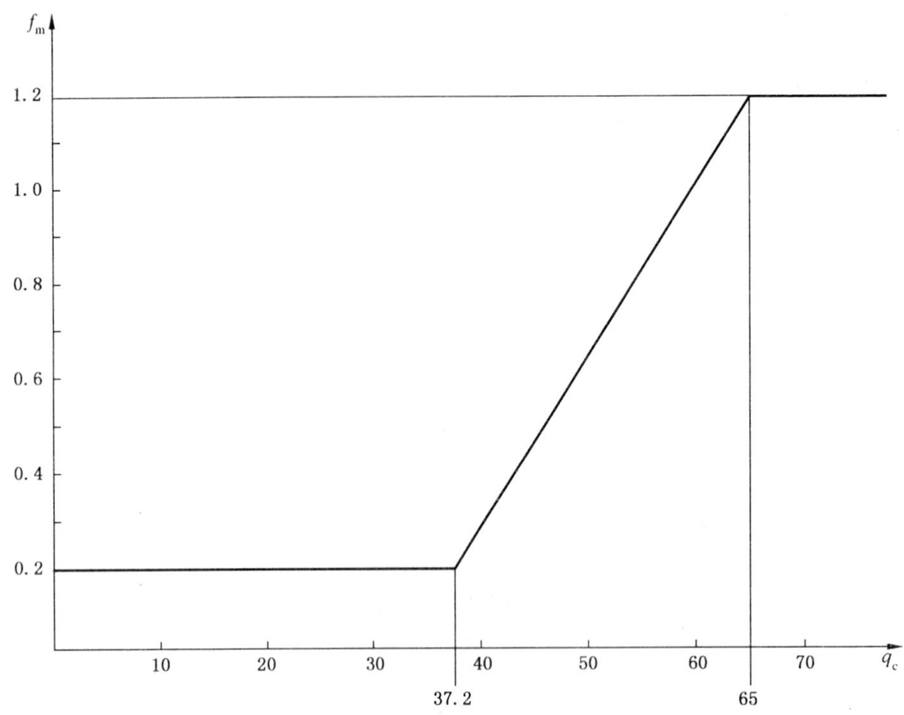

图 1　发动机系数 f_m 随修正供油量 q_c 的变化

7.4.4　修正系数公式的应用限制

只有当 $0.96 \leqslant \alpha_c \leqslant 1.06$ 时，修正系数公式(4)才适用。

如果超出该限值范围，应给出求得的修正功率值，并在试验报告中确切说明试验状况（温度和压力）。

7.5　其他机型发动机

对于不包含在 7.3 和 7.4 中的发动机，当环境空气密度与标准基准状况下的空气密度相差不超过 ±2% 时，修正系数可取为 1。当环境空气密度超出该限值范围时，则不适用于修正，但应在试验报告中说明试验状况。

8　压燃式（柴油）发动机烟度测量和修正

8.1　总则

若有必要，应测量和记录烟度值。应按 ISO 11614 的规定使用和安装消光烟度计。

8.2　烟气光吸收系数的修正

为了确定发动机在第 5 章规定的标准基准状况下排烟的光吸收系数，应将用绝对单位表示的烟气光吸收系数 k 乘以修正系数，并由下式求得：

$$k_r = \alpha_s k \qquad \cdots\cdots(11)$$

式中：

α_s 是修正系数（见 8.3）；

k 是测得的烟气光吸收系数，用米的倒数表示（实测烟度）。

8.3　确定烟气光吸收系数的修正系数

对于按恒定供油量调定的压燃式（柴油）发动机，修正系数由下式求得：

$$\alpha_s = 1 - 5(f_a - 1) \qquad \cdots\cdots(12)$$

式中：

f_a——大气系数(见 7.4.2)。

8.4 应用限制

本修正系数只适用于：

$0.92 \leqslant f_a \leqslant 1.08$；

$283\ K \leqslant T_y \leqslant 313\ K$；

$80\ kPa \leqslant p_d \leqslant 110\ kPa$。

9 试验报告

9.1 试验方法 1

9.1.1 总则

对于应用 6.2 试验方法 1 的发动机，试验报告要求如下。

9.1.2 定型试验报告

制造厂应提供试验报告。通常，只有系组号为 3、4 和 5 的发动机(见表 5)才需要提供验收试验报告。

所有系组的发动机都应提供定型试验报告。

试验报告应包含发动机的标识号和下列试验信息：

a) 执行标准号，即 GB/T 21404。

b) 试验日期、地点和名称以及检测机构。

c) 试验期间使用的燃料和机油型号。

注 1：如果所用燃料符合国家或国际标准规范，应按制造厂与客户明确商定的协议来检验燃料的性能。

注 2：如果所用燃料不符合国家或国际标准规范，应说明按制造厂与客户商定的燃料性能和成分。

注 3：应说明燃料的低热值及其测定方法。

d) 所安装的从属辅助装置、发动机调整装置和专有设备。

e) 试验期间所测数据表。

f) 试验期间的计算参数。

g) 功能检查结果。

h) 若有要求，附加试验或特种试验的结果。

9.2 试验方法 2

9.2.1 总则

对于应用 6.3 试验方法 2 的发动机，试验报告要求如下。

9.2.2 定型试验报告

制造厂应提供包含下列发动机标识号和试验信息的试验报告。

注：本试验报告中不适用处注明“无”，或删除。

9.2.2.1 压燃式发动机——基本特性[5)]

9.2.2.1.1 发动机说明

牌号：……………………………………………………………………………………………

型式：……………………………………………………………………………………………

循环：四冲程/二冲程[6)]

缸径：……………………………………………………………………………………………

行程：……………………………………………………………………………………………

5) 对于非常规发动机和装置，制造厂应提供此处所涉及的特殊设备。

6) 删掉不适用者。

气缸数:……………………………………………………………………………………
气缸排列:…………………………………… 着火顺序:…………………………………
发动机排量:………………………………………………………………………………… L
压缩比[7]:…………………………………………………………………………………

9.2.2.1.2 **冷却系统**

a) 液冷
冷却液性质:…………………………………………………………………………………
循环泵:装/不装[6] ……………………………………………………………………
特性或牌号:…………………………………………… 型式:……………………………
传动比:……………………………………………………………………………………
节温器设定值:………………………………………………………………………………
散热器 图纸或牌号[6]:……………………………… 型式:………………………………
安全阀 压力设定值:…………………………………………………………………………
风扇 特性或牌号[6]:………………………………… 型式:………………………………
传动比:……………………………………………………………………………………
风扇罩:……………………………………………………………………………………
b) 风冷
鼓风机特性或牌号[6]:……………………………… 型式:………………………………
传动比:……………………………………………………………………………………
导风管(标准生产):…………………………………………………………………………
温度调节装置:装/不装[6]:……………………………………………………………………
简要说明:…………………………………………………………………………………

9.2.2.1.3 **制造厂规定温度**

a) 液冷
冷却液出口处最高温度:……………………………………………………………………… K
b) 风冷
基准点(说明):………………………………………………………………………………
基准点最高温度:……………………………………………………………………………… K
最高排气温度:………………………………………………………………………………… K
燃料温度 最低:…………………………………K 最高:……………………………… K
润滑油温度 最低:………………………………K 最高:……………………………… K

9.2.2.1.4 **增压器:带/不带[6]**

装置说明:…………………………………………………………………………………
牌号:……………………………………………… 型式:………………………………………
压气机装置 牌号:………………………………… 型式:……………………………………
增压中冷装置 牌号:……………………………… 型式:……………………………………

9.2.2.1.5 **进气系统**

空气进气系统及其辅助装置(加热装置、进气消声器等)的说明和简图 :
进气歧管:………………………………………… 说明:……………………………………
空气滤清器:……………………………… 牌号:……………………………… 型式:……………………
进气消声器:……………………………… 牌号:……………………………… 型式:……………………

---

7) 注明公差。

9.2.2.1.6 **附加净化装置(若有,且未包含在其他项目中)**

说明和简图:………………………………………………

9.2.2.1.7 **燃料供给系统**

燃料供给:………………………………………………

输油泵:………………………………………………

压力:……………………………………………… kPa

或特性曲线[6),7)]:………………………………………………

喷油系统:………………………………………………

喷油泵

牌号:………………………………………………

型式:………………………………………………

供油量:………… mm^3 行程:[7)] ………………… 喷油泵转速:……… r/min[7)]

油门全开时,或供油特性曲线[7)]:………………………………………………

指出所用方法:在发动机上/油泵试验台上[6)]

喷油提前角[7)]:………………………………………………

喷油提前曲线:………………………………………………

定时:………………………………………………

高压油管

长度:……………………………………………… mm

内径:……………………………………………… mm

喷油器

牌号:………………………………………………

型式:………………………………………………

开启压力:……………………………………………… kPa

或特性曲线[6),7)]:………………………………………………

调速器

牌号:………………………………………………

型式:………………………………………………

全负荷停油转速:……………………………………………… r/min

空载最高转速:……………………………………………… r/min

怠速转速:……………………………………………… r/min

冷起动装置

牌号:………………………………………………

型式:………………………………………………

说明:………………………………………………

9.2.2.1.8 **配气定时**

气门最大升程和相对止点的开启角和关闭角:………………………………………………

………………………………………………

基准和/或设定范围[6)]:………………………………………………

9.2.2.1.9 **排气系统**

排气歧管说明:………………………………………………

如果试验时带有制造厂提供的整套排气装置,应对排气装置的其他零部件加以说明,或注明最大功率时制造厂[6]规定的最大背压。

9.2.2.1.10 **润滑系统**

系统说明:……………………………………………………………………………………

机油箱位置:……………………………………………………………………………

机油供油系统(用泵循环、喷入进气口、与燃料混合等):……………………………………

循环泵[7]

牌号:……………………………………………………………………………………

型式:……………………………………………………………………………………

与燃料混合使用[7]:……………………………………………………………………

百分比:…………………………………………………………………………………

机油冷却器:带/不带[6]

图纸或牌号[6]:……………………………… 型式:………………………………………

9.2.2.1.11 **电器设备**

直流发电机/交流发电机[6]:……………………………………………………………

特性或牌号[6]:……………………………… 型式:………………………………………

9.2.2.1.12 **由发动机驱动且试验时不拆下的辅助设备**

(必要时,列出一览表并简要说明):…………………………………………………………

9.2.2.2 **火花点燃式发动机——基本特性[5]**

9.2.2.2.1 **发动机说明**

牌号:……………………………………………………………………………………

型式:……………………………………………………………………………………

循环:四冲程/二冲程[6]

缸径:……………………………………………………………………………………

行程:……………………………………………………………………………………

气缸数:…………………………………………………………………………………

气缸排列:……………………………… 点火顺序:…………………………………………

发动机排量:…………………………………………………………………………… L

压缩比[7]:………………………………………………………………………………

9.2.2.2.2 **冷却系统**

a) 液冷

液体性质:………………………………………………………………………………

循环泵:装/不装[6] …………………………………………………………………………

特性或牌号:……………………………… 型式:…………………………………………

传动比:…………………………………………………………………………………

节温器设定值:……………………………………………………………………………

散热器;图纸或牌号[6]:……………………………… 型式:………………………………

安全阀:…………………………………………………………………………………

风扇 特性或牌号[6]:……………………………… 型式:…………………………………

风扇传动系统:……………………………………………………………………………

传动比:…………………………………………………………………………………

风扇罩:…………………………………………………………………………………

b) 风冷

鼓风机特性或牌号[6]:……………………………… 型式:…………………………………

传动比：……………………………………………………………………………………

导风管(标准生产)：…………………………………………………………………………

温度调节装置:装/不装[6)]：……………………………………………………………………

简要说明：……………………………………………………………………………………

9.2.2.2.3 **制造厂规定温度**

液冷

冷却液出口处最高温度：……………………………………………………………… K

风冷

基准点(说明)：……………………………………………………………………………

基准点最高温度：……………………………………………………………………… K

最高排气温度：………………………………………………………………………… K

燃料温度 最低：……………………………K 最高： ……………………………………… K

机油温度 最低：……………………………K 最高： ……………………………………… K

9.2.2.2.4 **增压器:带/不带[6)]**

装置说明：……………………………………………………………………………………

牌号：……………………………………… 型式：…………………………………………

压气机装置:牌号：………………………… 型式：…………………………………………

增压中冷装置:牌号：……………………… 型式：…………………………………………

9.2.2.2.5 **进气系统**

空气进气系统及其辅助装置(减速缓冲器、加热装置、进气消声器等)的说明和简图 ：

……………………………………………………………………………………………………

进气歧管：……………………………… 说明：……………………………………………

空气滤清器：…………………………… 牌号：…………………………… 型式：…………………

进气消声器：…………………………… 牌号：…………………………… 型式：…………………

9.2.2.2.6 **附加净化装置(若有,且未包含在其他项目中)**

说明和简图：…………………………………………………………………………………

9.2.2.2.7 **燃料供给系统**

燃料供给

采用化油器[6)]：……………………………… 编号：……………………………………………

牌号：…………………………………………………………………………………………

型式：…………………………………………………………………………………………

调整(或提供供油量随空气流量变化的特性曲线以及为满足该曲线要求的设定值[7)])：

量孔：…………………………………………………………………………………………

喉管：…………………………………………………………………………………………

浮子室油面：…………………………………………………………………………………

浮子质量：……………………………………………………………………………………

浮子针阀：……………………………………………………………………………………

手动/自动阻风门[6)]：……………………………………………………………………………

闭合设定值[7)]：………………………………………………………………………………

输油泵

压力：……………………………kPa 或特性曲线[6)]：……………………………………………

采用燃油喷射[6)]

牌号：………………………………………………………………………………………

型式：……………………………………………………………………………………………………

(一般)说明：…………………………………………………………………………………………

校正：…………………………kPa 或特性曲线[6]：……………………………………………

9.2.2.2.8 **气门正时**

气门最大升程和相对止点的开启角和关闭角：

………

基准和/或设定范围[6]：…………………………………………………………………………

9.2.2.2.9 **点火系统**

分电器

爆燃传感器：装/不装[6]

控制方式：仅延迟或提前/延迟[6]

牌号：…………………………………………………………………………………………………

型式：…………………………………………………………………………………………………

点火提前曲线[7]：……………………………………………………………………………………

点火定时[7]：…………………………………………………………………………………………

触点间隙[7]和触点闭合角[7]：……………………………………………………………………°

火花塞

牌号：…………………………………………………………………………………………………

型式：…………………………………………………………………………………………………

火花塞间隙设定值：…………………………………………………………………………………

点火线圈

牌号：…………………………………………………………………………………………………

型式：…………………………………………………………………………………………………

点火电容器

牌号：…………………………………………………………………………………………………

型式：…………………………………………………………………………………………………

无线电干扰抑制器

牌号：…………………………………………………………………………………………………

型式：…………………………………………………………………………………………………

9.2.2.2.10 **排气系统**

说明和简图：…………………………………………………………………………………………

9.2.2.2.11 **润滑系统**

系统说明

润滑油箱位置：………………………………………………………………………………………

润滑油供油系统(用泵循环、喷入进气口、与燃料混合等)：…………………………………

循环泵[7]

牌号：…………………………………………………………………………………………………

型式：…………………………………………………………………………………………………

与燃料混合使用[7]：…………………………………………………………………………………

百分比：………………………………………………………………………………………………

机油冷却器：带/不带[6]

图纸或牌号[6]：…………………………… 型式：……………………………………………

9.2.2.2.12 **电器设备**

直流发电机/交流发电机[6]：……

特性或牌号[6]：…… 型式：……

9.2.2.2.13 **由发动机驱动且试验时不拆下的辅助设备**

(必要时，列表并简要说明)：……

9.2.2.3 **测量净功率和总功率时的试验状况**[7]

发动机商标或标志：……

发动机型式和标识号：……

试验状况

最大功率时实测压力：……

总大气压：…… kPa

水蒸气分压：…… kPa

排气背压：…… kPa

排气背压测点位置：……

进气负压：…… Pa

进气管路中绝对压力：…… Pa

最大功率时实测温度

进气空气：…… K

在发动机增压中冷器处：…… K

冷却介质

发动机冷却介质出口处：…… K[6]

风冷基准点处：…… K[6]

机油测量点处：…… K

燃料

化油器/喷油器燃油分配器进口[6]：…… K

在燃料流量测量装置中：…… K

测功器特性

牌号：…… 型号：……

型式：……

额定值：……

消光烟度计特性

牌号：…… 型号：……

型式：……

燃料流量测量仪：重量法/容积法[6]

燃料

对于燃用液体燃料的火花点燃式发动机

牌号和型式：……

规格：……

研究法辛烷值(RON)：…… (根据 ISO 5164)[8]

马达法辛烷值(MON)：…… (根据 ISO 5163)[8]

含氧百分比和型式：……

---

8) ASTM 也有标准。

密度：………………………………………… g/cm^3 在 288K 时(根据 ISO 3675)[8]
实测[5]低热值：………………………………………… kJ/kg(根据 ASTM D 240)
或估计[5]低热值：………………………………………… kJ/kg(根据 ASTM D 3338)
燃料温度：……………………………………………………………………………… K

对于燃用气体燃料的火花点燃式发动机
牌号：……………………………………………………………………………………
规格：……………………………………………………………………………………
储存压力：…………………………………………………………………………… kPa
使用压力：…………………………………………………………………………… kPa
低热值：……………………………………………………………………………… kJ/kg

对于燃用气体燃料的压燃式发动机
输气装置：………………………………………………………………………………
所用气体规格：…………………………………………………………………………
燃油/燃气比例：…………………………………………………………………………
低热值：……………………………………………………………………………… kJ/kg

对于燃用液体燃料的压燃式发动机
牌号：……………………………………………………………………………………
所用燃料规格：…………………………………………………………………………
十六烷值：…………………………………………………………… (根据 ISO 5165)[8]
黏度：………………………………………… mm^2/s 在 40 ℃时(根据 ISO 3104)[8]
密度：………………………………………… g/cm^3 在 288 K 时(根据 ISO 3675)[8]
实测低热值：………………………………………… kJ/kg(根据 ASTM D 240)
或估计的低热值：………………………………………… kJ/kg(根据 ASTM D 3338)
燃料温度：……………………………………………………………………………… K

润滑油
牌号：……………………………………………………………………………………
技术规范：………………………………………………………………………………
SAE 黏度：………………………………………………………………………………

9.2.2.4 发动机性能随转速[9]变化的试验结果报告

应按表 13 格式提交试验结果报告。

表 13 试验结果报告

参 数	结果	单位
发动机转速		r/min
实测扭矩		N·m
实测功率		kW
实测燃料流量		g/s[a]
实测烟度		m^{-1}
大气压力		kPa

9) 净功率或总功率曲线、净扭矩或总扭矩曲线、燃料消耗率曲线或排气烟度值曲线应绘制成与发动机转速成函数关系。

表 13(续)

参　　数		结果	单位
水蒸气分压			kPa
进气空气温度			K
辅助装置超过表 1 范围所需增加的功率(见 9.2.2.1.12 和 9.2.2.1.13)	No. 1		kW
	No. 2		kW
	No. 3		kW
功率修正系数			1
修正燃料流量			g/s[a]
修正有效功率(带/不带[b]风扇或鼓风机)			kW
风扇或鼓风机的功率(如果没有装风扇或鼓风机,应扣除)[b]			kW
总功率中的风扇或鼓风机功率(如果装有风扇或鼓风机,应加上)[b]			kW
净功率或总功率			kW
净扭矩或总扭矩			N·m
油耗率			g/kW·h[c]
烟度修正系数			1
修正烟度			m^{-1}
出口/基准点[b] 的冷却介质温度			K
测量点机油温度			K
增压器后空气温度			K[b]
喷油泵进油口燃料温度			K
增压中冷器后空气温度			K[b]
增压器后压力			kPa[b]
增压中冷器后压力			kPa[b]

a 对于火花点燃式发动机,修正燃料流量由实测燃料流量乘以功率修正系数得到。引入修正燃料流量这一概念仅供计算用。对于压燃式发动机,除恒定功率发动机以外,修正燃料流量等于实测燃料流量。

b 划掉不适用者。

c 用修正净功率和修正燃料流量来计算。

参 考 文 献

[1] GB/T 6072.1 往复式内燃机 性能 第1部分:功率、燃料消耗和机油消耗的标定及试验方法 通用发动机的附加要求

[2] GB/T 8190.1 往复式内燃机 排放测量 第1部分:气体和颗粒排放物的试验台测量

[3] GB/T 8190.2 往复式内燃机 排放测量 第2部分:气体和颗粒排放物的现场测量

[4] GB/T 8190.3 往复式内燃机 排放测量 第3部分:稳态工况下排气烟度的定义和测量方法

[5] GB/T 8190.4 往复式内燃机 排放测量 第4部分:不同发动机用途的试验循环

[6] GB/T 8190.5 往复式内燃机 排放测量 第5部分:试验燃料

[7] GB/T 8190.6 往复式内燃机 排放测量 第6部分:测量结果和试验报告

[8] GB/T 8190.7 往复式内燃机 气排放测量 第7部分:发动机系族的确定

[9] GB/T 8190.8 往复式内燃机 排放测量 第8部分:发动机系组的确定

[10] GB/T 8190.9 往复式内燃机 排放测量 第9部分:压燃式发动机瞬态工况排气烟度试验台测量用试验循环和测试规程

[11] GB/T 8190.10 往复式内燃机 排放测量 第10部分:压燃式发动机瞬态工况排气烟度现场测量用试验循环和测试规程

[12] GB/T 10826.1—2007 喷油装置 词汇 第1部分:喷油泵

[13] ISO 3833:1977 道路车辆 型号 术语和定义

ICS 27.020
J 90

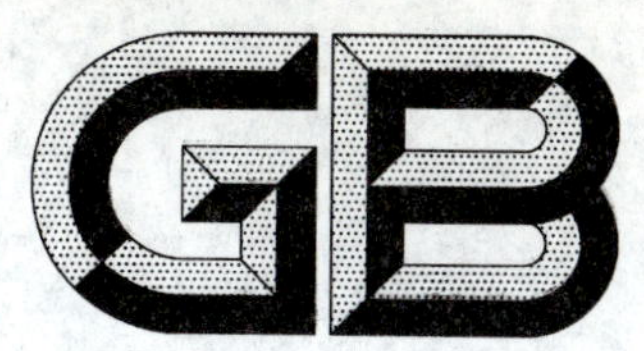

中华人民共和国国家标准

GB/T 21405—2008/ISO 14396:2002

往复式内燃机　发动机功率的确定和测量方法　排气污染物排放试验的附加要求

Reciprocating internal combustion engines—Determination and method for the measurement of engine power—Additional requirements for exhaust emission tests in accordance with ISO 8178

(ISO 14396:2002,IDT)

2008-02-03 发布　　2008-07-01 实施

中华人民共和国国家质量监督检验检疫总局
中国国家标准化管理委员会　发布

前　言

本标准是ISO发动机功率测量标准体系中的“卫星”标准，用以在发动机排放试验前确定发动机的功率。

本标准系根据ISO/IEC指令第3部分的相关规定制定而成。

本标准等同采用ISO 14396:2002《往复式内燃机　发动机功率的确定和测量方法　ISO 8178排气污染物排放试验的附加要求》(英文版)。

本标准等同翻译ISO 14396:2002。

为便于使用，本标准作了如下编辑性修改：

——“本国际标准”改为“本标准”；

——删除了国际标准前言；

——本标准对ISO 14396:2002中引用的其他国际标准，凡已被采用为我国标准的，用我国标准代替相对应的国际标准，未被采用为我国标准的，仍直接引用国际标准。

本标准由中国机械工业联合会提出。

本标准由全国内燃机标准化技术委员会归口。

本标准起草单位：上海内燃机研究所、潍柴动力股份有限公司、广西玉柴机器股份有限公司、北汽福田汽车股份有限公司、上海柴油机股份有限公司、宁波雪龙集团股份有限公司。

本标准主要起草人：谢亚平、葛红、王辉、张丽丽、邱国平、杨剑、段耀龙、计维斌、王宏、陈云清、瞿俊鸣、宋国婵、毕晔。

本标准为首次制定。

引　言

本标准确立了 ISO 发动机功率测量标准中的一个卫星标准，使用该标准可以避免在发动机功率定义和确定方面出现许多似是而非的 ISO 标准的缺点。本标准采用“核心”-“卫星”的原理。

GB/T 21404—2008“核心”标准包含了各种用途发动机的共同要求，而本标准作为一个“卫星”标准则包含了第 1 章中所规定的特定用途发动机功率测量和标定所必需的要求。

本标准只有与 GB/T 21404—2008“核心”标准一起使用，才能全面规定特定用途发动机的要求。因此，“卫星”标准不是一个能单独存在的文件，而是要通过 GB/T 21404—2008“核心”标准所规定的要求才能形成一个完整的标准。

为了确保使用的方便性，在制定“核心”标准和“卫星”标准时采用了极其相似的结构。

采用这种方法的优点是对相同或同类发动机用于不同用途时可以合理地使用标准，并能确保各标准在制、修订过程中取得协调一致。

与道路用发动机相比，非道路用发动机由于用途广泛，因此具有宽广的功率范围和众多的结构形式。

GB/T 8190 的目的是要使非道路用发动机气体和颗粒排放物的试验规程合理化，以便能简化手续、更加经济有效地起草法规、制定发动机规格和开展发动机认证。

为实现这一目的而采用的一个概念是：根据发动机在仅仅装有基本从属辅装置时所发出的功率来计算发动机的比排放（g/kW · h）。

GB/T 8190 已经用于立法中，并且管理机构已经根据发动机的功率规定了不同的限值。本标准规定了按照 GB/T 8190 要求进行试验时需要用于确定发动机功率的程序。

按照 GB/T 8190 规定计算比排放，是以不修正的功率测量值为依据，因为发动机的排放会随环境状况而变化，但是在测量时却无法对此进行修正。因此，本标准将环境状况的允许范围规定得很小，以便使其影响减到最少。

本标准为满足宽广环境试验条件而使用的功率修正程序，可用以在发动机进行排放试验前确定发动机的功率。

往复式内燃机　发动机功率的确定和测量方法　排气污染物排放试验的附加要求

1　范围

本标准规定了在满足 GB/T 21404—2008"核心"标准所确定的基本要求下，为按照 GB/T 8190 规定进行排气污染物排放试验时需要确定往复式内燃机(RIC)功率的附加要求和方法。

本标准也规定了确定预调整发动机在可变大气条件下的功率修正法。该修正法不适用于确定排气污染物的排放值，因为这在所有情况下仅与不修正的发动机功率有关。

本标准适用于陆用、轨道牵引和船用往复式内燃机，但不包括主要用于道路车辆的发动机。本标准适用于驱动诸如筑路机械、土方机械、工业卡车和其他用途的发动机。

本标准是"卫星"标准，只有与 GB/T 21404—2008"核心"标准一起使用，才能全面规定特定用途发动机的技术要求。

2　规范性引用文件

下列文件中的条款通过本标准的引用而成为本标准的条款。凡是注日期的引用文件，其随后所有的修改单(不包括勘误的内容)或修订版均不适用于本标准，然而，鼓励根据本标准达成协议的各方研究是否可使用这些文件的最新版本。凡是不注日期的引用文件，其最新版本适用于本标准。

GB/T 21404—2008　内燃机　发动机功率的确定和测量方法　一般要求(ISO 15550:2002,IDT)

ISO 3104:1994　石油产品　透明和不透明石油液体　运动黏度的测定和动力黏度的计算

ISO 3675:1998　原油和液体石油产品　密度的实验室测定　石油密度计法

ISO 5164:1990　车用燃料　爆震特性的测定　研究法

ISO 5165:1998　石油产品　柴油着火性能的测定　十六烷值法

ASTM D 240-00　采用弹式量热器测量液烃燃烧热值的标准试验方法

ASTM D 3338-00　估算航空燃料低热值的标准试验方法

3　术语和定义

本标准采用 GB/T 21404—2008 所给出的术语和定义，见表 1。

表 1

术　　语	定　　义 (GB/T 21404—2008 条款号)
发动机标定转速	3.2.4
标定的发动机中间转速	3.2.5
标定功率	3.3.1
发动机调整	3.2.1
按 GB/T 8190 确定的发动机功率	3.3.3.3
发动机转速	3.2.3

表 1(续)

术　语	定　义 (GB/T 21404—2008 条款号)
发动机最大扭矩转速	3.2.7
供油量	3.4.2
负荷	3.3.11
功率修正	3.3.10
生产一致性试验	3.5.4
特种试验	3.5.3

在标定发动机中间转速时应考虑下列要求：

——对用于在全负荷扭矩曲线某一特定转速范围内运行的发动机，如果标定的最大扭矩转速在标定转速的60%～75%之间，则发动机的中间转速应为标定的最大扭矩转速。

如果标定的最大扭矩转速小于标定转速的 60%，则发动机的中间转速应为 60%标定转速。

如果标定的最大扭矩转速大于标定转速的 75%，则发动机的中间转速应为 75%标定转速。

——对不是在稳定工况下用于在全负荷扭矩曲线某一转速范围内运行的发动机，中间转速一般为 60%～75%的标定转速。

4 符号

本标准所用符号见 GB/T 21404—2008 中的表 2，脚注的含义见 GB/T 21404—2008 中的表 3。

5 标准基准状况

本标准采用 GB/T 21404—2008 中第 5 章的要求。

6 试验

6.1 试验方法

按照 GB/T 21404—2008 中 6.3 所述的试验方法 2。

6.2 试验条件

除采用 GB/T 21404—2008 中 6.3.4.1～6.3.4.14 中的条件外，还需符合下列要求：

a) 发动机功率试验的调整取决于发动机是否已经“预调整”，并且在所有工况下均按最大供油量运行，或者发动机是否可调整，并且可将发动机调整到规定的输出功率。

对于可调压燃式(柴油)发动机，发动机的功率试验应能在按要求调定燃油系统的条件下达到制造厂规定的功率，此时，发动机应配备有按 GB/T 21404—2008 中表 1 第 5 列所规定的设备。

试验前应将 GB/T 21404—2008 中表 1 第 5 列所不需要的设备和辅助装置全部拆除。

试验时应将仅供发动机配套机械使用而安装在发动机上的某些附件拆除，例如：

——制动用压气机；

——动力转向泵；

——悬置压气机；

——空调压缩机；

——悬置式变速箱等。

如果这些附件不能拆除，则应测出其在空载状况下所吸收的功率，然后将其加到实测的发动机功率上。如果该值在试验转速下大于最大功率的 3%，则应由试验主管部门进行检验。

b) GB/T 8190 功率试验所选用的燃料应与 GB/T 8190 排放试验所用燃料相同。除非有关各方另有商定，否则应根据 GB/T 21404—2008 中表 12 的要求选择燃料。

对燃用馏分燃料的压燃式(柴油)发动机,不采用GB/T 21404—2008中6.3.4.11b)所规定的燃料温度值,而应为313^{+3}_{-7}K[1),2)]。

6.3 试验程序

采用下列方法代替GB/T 21404—2008中6.3.5的要求。

对变速发动机,应在制造厂推荐的发动机最低转速和最高转速之间选取足够多的转速进行测量,以便能完整地确定发动机的功率曲线。在每一转速点的读数至少应取两次稳定测量值的平均值。

对恒速发动机以及用以驱动螺旋桨等具有扭矩-转速特性设备的发动机,应在标定转速和标定功率下进行测量。

7 功率修正方法

7.1 本标准采用GB/T 21404—2008中第7章所规定的功率修正方法。

7.2 试验也可在可控大气条件的空调试验室内进行,以便使修正系数尽可能接近1。当发动机装有自动空气温度控制装置时,如该装置在298 K(25 ℃)全负荷时不会向进气空气输入加热空气,则试验时该装置通常仍在运行,而按照GB/T 21404—2008中7.3或7.4.2有关修正系数的温度项的指数应取为0(无温度修正)。

8 排气污染物排放测量

采用下列方法代替GB/T 21404—2008中第8章的要求。

对发动机功率测量完成后的气体和颗粒排放物的测量,应采用GB/T 8190所示方法进行测量。

9 试验报告

9.1 总则

除需按GB/T 21404—2008中9.2.2.1和9.2.2.2所示对试验报告的要求外,还需符合9.2的要求。

发动机功率测量的试验条件:

总则		
发动机商品名称或型号		
发动机型式和标识号		
发动机系族		
试验条件		
在标定转速时测得的压力		
a) 总气压		kPa
b) 水蒸气压		kPa
c) 排气背压		kPa
排气背压测量点位置		
进气负压		Pa
进气管绝对压力		Pa
在标定转速时测得的温度		
a) 进气空气		K
b) 发动机增压中冷器出口		K

1) 所示公差与非道路用发动机排放法规要求保持一致。

2) 如果所用燃料不是柴油,则燃料温度可以改变。

c） 冷却液		K
—在发动机冷却液出口[3]		K
—风冷发动机基准点[3]		K
d） 润滑油		
测量点		K
e） 燃油		
在化油器进口/燃油喷射系统进口[3]		K
在燃油流量测量装置中		K
测功器特性		
牌号		
型号		
型式		
额定		
燃用液体燃料的火花点燃式发动机用燃料		
牌号和型式		
规格		
研究法辛烷值(RON)(按 ISO 5164[4])		
马达法辛烷值(MON)(按 ISO 5164[4])		
含氧有机化合物含量及型式		%
288 K 时密度(按 ISO 3675)[4]		g/cm³
实测低热值(按 ASTM D240-00)[3]或估算低热值(按 ASTM D D3388-00)[3]		kJ/kg
燃用气体燃料的火花点燃式发动机用燃料		
牌号		
规格		
储存压力		kPa
使用压力		kPa
低热值		kJ/kg
燃用液体燃料的压燃式发动机用燃料		
牌号		
所用燃料规格		
十六烷值(按 ISO 5165)[4]		
40 ℃时黏度(按 ISO 3104)		mm²/s
288 K 时密度(按 ISO 3675)		g/cm³
实测低热值(按 ASTM D240-00)[3]或估算低热值(按 ASTM D3388-00)[3]		kJ/kg

3） 如不适用则划掉。

4） 也有 ASTM 标准。

燃用气体燃料的压燃式发动机用燃料		
供给系统燃气		
所用燃气规格		
燃油/燃气比例		
低热值		kJ/kg
润滑油		
牌号		
规格		
SAE 黏度		

9.2 试验结果随发动机转速变化的表述

应按表 2 格式整理试验结果。

表 2

参　　数		试验结果	单位
发动机转速			r/min
实测扭矩			N·m
实测功率			kW
实测燃料流量[a]			g/s
大气压力			kPa
水蒸气分压			kPa
进气空气温度			K
大气系数(f_a)			
功率修正系数			
修正燃油流量[a]			g/s
	小计(A)		kW
发动机所装设备和辅助装置超出 GB/T 21404—2008 中表 1 所列范围而需增加的功率(见 GB/T 21404—2008 9.2.2.1.12 和 9.2.2.2.13)	No. 1		kW
	No. 2		kW
	No. 3		kW
	小计(B)		kW
不是装在发动机上的，而是因 GB/T 21404—2008 中第 4 章(表 1)要求辅助装置的设备和辅件所需扣除的功率	No. 1		kW
	No. 2		kW
	No. 3		kW
	小计(C)		kW
GB/T 8190 功率	(A)+(B)−(C)		kW
GB/T 8190 扭矩			N·m
比油耗[b]			g/kW·h
冷却液出口/基准点[c] 温度			K
测点处润滑油温度			K

表 2(续)

参　　数	试验结果	单位
增压器[c]后空气温度		K
喷油泵进口燃料温度		K
增压中冷器[c]后空气温度		K
增压器[c]后压力		kPa
增压中冷器[c]后压力		kPa
进气负压		Pa
排气背压		kPa
每行程或每循环[c]供油量		mm^3

a　对火花点燃式发动机,修正燃油流量为实测燃油流量乘上功率修正系数。引入修正燃油流量的概念仅为计算用。对压燃式发动机,修正燃油流量等于实测燃油流量。

b　用修正功率和修正燃油流量进行计算。

c　划掉不适用者。

10　功率测量公差

10.1　定型试验(特种试验)时发动机的实测功率与制造厂的标定功率的允差在标定转速时为±2%或±0.3 kW,取两者之较大者。在所有其他转速时为±4%。

10.2　生产一致性试验时发动机的实测功率与制造厂在定型试验时的标定功率的允差为±5%,除非另有规定。

参 考 文 献

[1] GB/T 8190-1 往复式内燃机 排放测量 第1部分:气体和颗粒排放物的试验台测量

[2] GB/T 8190-2 往复式内燃机 排放测量 第2部分:气体和颗粒排放物的现场测量

[3] GB/T 8190-3 往复式内燃机 排放测量 第3部分:稳态工况排气烟度的定义和测量 方法

[4] GB/T 8190-4 往复式内燃机 排放测量 第4部分:不同用途发动机的试验循环

[5] GB/T 8190-5 往复式内燃机 排放测量 第5部分:试验燃料

[6] GB/T 8190-6 往复式内燃机 排放测量 第6部分:试验报告

[7] GB/T 8190-7 往复式内燃机 排放测量 第7部分:发动机系族的确定

[8] GB/T 8190-8 往复式内燃机 排放测量 第8部分:发动机系组的确定

[9] GB/T 8190-9 往复式内燃机 排放测量 第9部分:压燃式发动机瞬态工况排气烟度试验台测量用试验循环和测试规程

[10] GB/T 8190-10 往复式内燃机 排放测量 第10部分:压燃式发动机瞬态工况排气烟度现场测量用试验循环和测试规程

[11] ISO 5163:1990 汽车和航空燃料 爆震特性的测定 马达法

ICS 27.020
J 91

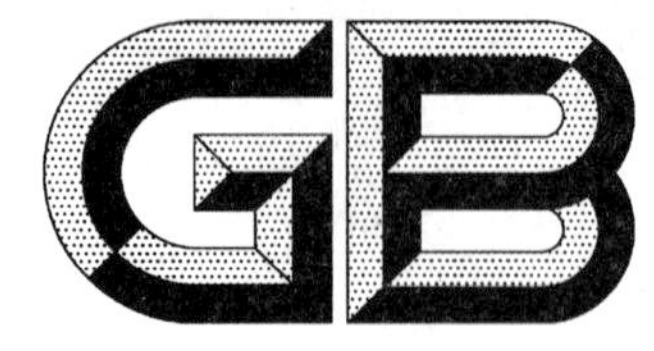

中华人民共和国国家标准

GB/T 21406—2008/ISO 21006:2006

内燃机　发动机的重量(质量)标定

Internal combustion engines—Engine weight(mass) declaration

(ISO 21006:2006,IDT)

2008-02-03 发布　　2008-07-01 实施

中华人民共和国国家质量监督检验检疫总局
中国国家标准化管理委员会
发布

前　言

本标准等同采用 ISO 21006:2006《内燃机　发动机重量(质量)的标定》(英文版)。

本标准等同翻译 ISO 21006:2006。

为便于使用,本标准作了如下编辑性修改:

——“本国际标准”一词改为“本标准”;

——删除了国际标准的前言;

——本标准对 ISO 21006:2006 中引用的其他国际标准,凡已被采用为我国标准的,用我国标准代替相对应的国际标准;未被采用为我国标准的,仍直接引用国际标准。

本标准的附录 A 为规范性附录。

本标准由中国机械工业联合会提出。

本标准由全国内燃机标准化技术委员会归口。

本标准起草单位:常州亚美柯机械设备有限公司、上海内燃机研究所、宁波雪龙集团有限公司、广西玉柴机器股份有限公司、上海柴油机股份有限公司。

本标准主要起草人:谢亚平、史永康、计维斌、贺财霖、罗志坚、邱国平、何旭培、王秀娣、陈云清、瞿俊鸣、宋国婵、毕晔。

本标准为首次制定。

引　言

制定本标准是为了帮助制造厂对内燃机重量(质量)进行标定。

本标准可用作：

a) 和按ISO“核心”-“卫星”原理制定的有关发动机功率标准(例如：GB/T 21405—2008，GB/T 6072.1)一起，组成一完整标准。

注：GB/T 21404—2008为“核心”标准，包括对各种用途发动机的共性要求。

b) 单独的标准文本。

GB/T 6072.1和GB/T 21405—2008已作为“卫星”标准出版。

新版ISO 1585、ISO 2288、ISO 2534、ISO 8665、ISO 9249和ISO 4106将作为“卫星”标准，也属于ISO“核心”-“卫星”的系族标准。

在科技领域内，在某一特定参照系中，一物体的重量是指该物体在参照系中产生相当于自由落体加速度的力(见ISO 31-3:1992，3-9.2)。用这种方法规定的参数重量的国际单位是牛顿(N)。

但在商用和日常生活中，特别是通俗地说，重量一般都用作是质量的同义词。从这种意义上讲，所用参数重量的国际单位制是千克(kg)，而动词“称重”是指“测量重量”。

因此，常常会对重量和质量之间的区别产生混淆。重量是重力场作用于物体上的力，用牛顿来度量，而质量是物体所含物质的量，用千克(kg)来度量。

按照牛顿运动第二定律：

$$F = kma \qquad (1)$$

对某一特定参照系(例如地球)，可以选择单位，使 $k=1$。此时，公式就成为：

$$F = ma \qquad (2)$$

式中：

F——施加于物体上的力，单位为牛(N)；

m——物体的质量，单位为千克(kg)；

a——(重力)加速度，单位为米每二次方秒($m \cdot s^{-2}$)。

因此，根据牛顿第二定律，可以通过方程(2)将重量和质量直接联系起来：

$$w = mg \qquad (3)$$

式中：

w——物体的重量，单位为牛(N)；

m——物体的质量，单位为千克(kg)；

g——重力加速度，为 $9.8\ m/s^2$。

内燃机　发动机的重量(质量)标定

1　范围

本标准规定了内燃机的重量(质量)标定方法。

本标准中所用名词重量直接等效于名词质量。

本标准适用于：

a)　往复内燃式(RIC)发动机(火花点燃式或压燃式发动机)但不包括自由活塞式发动机；

b)　旋转活塞式发动机；

这些发动机可以是自然吸气式发动机或采用机械增压器或涡轮增压器的增压发动机。

本标准适用于下列用途的发动机：

c)　陆用、轨道牵引和船用；

d)　车用；

e)　驱动(或作为动力)的非道路移动机械用；

f)　摩托车用；

g)　农用拖拉机和农业机械驱动用；

h)　ISO 6165 标准中定义的土方机械用；

i)　总长不超过 24 m 的游艇等小型船舶用。

本标准也适用于筑路机械、工业卡车以及目前尚无合适标准使用的其他用途的发动机。

2　规范性引用文件

下列文件中的条款通过本标准的引用而成为本标准的条款。凡是注日期的引用文件，其随后所有的修改单(不包括勘误的内容)或修订版均不适用于本标准，然而，鼓励根据本标准达成协议的各方研究是否可使用这些文件的最新版本。凡是不注日期的引用文件，其最新版本适用于本标准。

GB/T 21404—2008　内燃机　发动机功率的确定和测量方法　一般要求(ISO 15550:2002,IDT)

ISO 6165:2001　土方机械　基本型式　词汇

3　术语和定义

本标准采用 GB/T 21404—2008 标准中所给出的术语和定义。

4　符号

发动机的重量(质量)符号为 EW，单位为千克(kg)。

注：也可使用其他国际单位制和在 GB/T 21404—2008 中使用的符号和脚注。

5　发动机的重量(质量)标定

发动机制造厂应负责提供确定发动机重量(质量)的方法。

应采用下列两种方法之一种来标定发动机的重量(质量)。

a)　发动机的重量(质量)是发动机所有零部件及其所装附加辅助装置的重量(质量)之总和，向客户提供的液体除外。

　　标定发动机重量(质量)时，应注明执行标准号，如下所示：

　　EW(GB/T 21406—2008)=... kg

b) 发动机的重量(质量)按在功率测试时所装发动机来确定。试验台设备、液体(例如机油、燃油、冷却液)及发动机按用途配套的零件(例如车用发动机的悬置)除外。

标定发动机重量(质量)时,应注明执行标准号和发动机测试用ISO卫星标准,如下所示:

EW(GB/T 21406—2008)=...kg/ISO...

示例:一台车用发动机的重量(质量)为500 kg,按ISO 1585进行功率测试:

EW(GB/T 21406—2008)=500 kg/ISO 1585

如没有相关"卫星"标准(例如GB/T 6072.1)规定安装的设备零件清单时,制造厂应在表A.1中说明受试发动机装用的、但不是"卫星"标准规定需要的所有零部件和辅助装置,以及整套发动机的总重量(质量)。

如有相关"卫星"标准规定安装的设备零件清单时,制造厂应在表A.2中说明发动机装用的、但不是"卫星"标准规定需要的所有零部件和辅助装置。如果发动机的同一功能零件有几种可供选用的零件时(例如钢、铝或合成材料油底壳),允许用最轻零件来确定发动机的重量(质量)。如果发动机供货时的零部件重量比称重时的重量重,则应在表A.2中说明该零件增加的重量(质量)。

注1:在检验发动机的重量(质量)时,通常允许有±5%的制造公差。

注2:进一步的要求须经制造厂和客户共同商定。

附 录 A
（规范性附录）
重量（质量）标定

表 A.1 零部件和/或辅助装置的重量（质量）标定

零部件和/或辅助装置	重量（质量）/kg
“核心”发动机重量（质量）	
整套发动机重量（质量）	

表 A.2 附加的零部件和/或辅助装置的重量（质量）标定

附加的零部件和/或辅助装置	重量（质量）/kg

参 考 文 献

[1] GB/T 6072.1 往复式内燃机 性能 第1部分:功率、燃油消耗和机油消耗的标定及试验方法 通用发动机的附加要求

[2] GB/T 21405—2008 往复式内燃机 发动机功率的确定和测量方法 排气污染物排放试验的附加要求

[3] ISO 31-3:1992 量和单位 第3部分:力学

[4] ISO 1585:1992 道路车辆 发动机试验规范 净功率

[5] ISO 2534:1998 道路车辆 发动机试验规范 总功率

[6] ISO 4106:2004 摩托车 发动机试验规范 净功率

[7] ISO 8665:1994 小型船舶 船舶驱动用发动机和装置 功率测量和标定

[8] ISO 9249:1997 土方机械 发动机试验规范 净功率

ICS 27.180
F 11

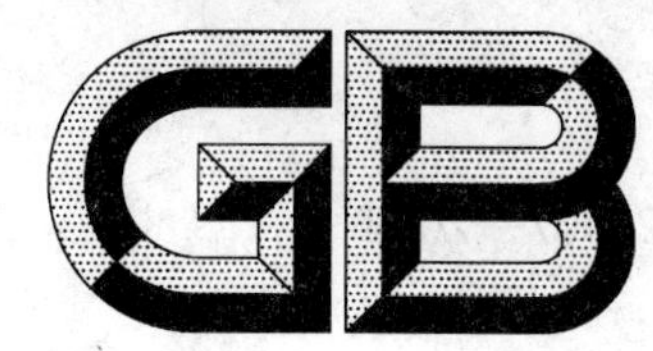

中华人民共和国国家标准

GB/T 21407—2008

双馈式变速恒频风力发电机组

Doubly fed variable speed constant frequency wind turbine

2008-02-03 发布　　　　2008-07-01 实施

中华人民共和国国家质量监督检验检疫总局
中国国家标准化管理委员会　发布

前　　言

本标准的附录 A、附录 B 为资料性附录。

本标准由中国机械工业联合会提出。

本标准由全国风力机械标准化技术委员会归口。

本标准起草单位:沈阳工业大学风能技术研究所。

本标准主要起草人:姚兴佳、邓英、王湘明。

双馈式变速恒频风力发电机组

1 范围

本标准规定了双馈式变速恒频风力发电机组的技术要求、试验方法、检验规则、标志、包装、保管、运输与贮存等。

本标准适用于风轮扫掠面积大于或等于40 m^2 的双馈式变速恒频风力发电机组。

2 规范性引用文件

下列文件中的条款通过本标准的引用而成为本标准的条款。凡是注日期的引用文件，其随后所有的修改单(不包括勘误的内容)或修订版均不适用于本标准，然而，鼓励根据本标准达成协议的各方研究是否可使用这些文件的最新版本。凡是不注日期的引用文件，其最新版本适用于本标准。

GB/T 2900.18 电工术语 低压电器(GB/T 2900.18—1992,eqv IEC 50-441:1984)

GB/T 2900.53 电工术语 风力发电机组(GB/T 2900.53—2001,IEC 60050-415:1999,IDT)

GB/T 5080.7 设备可靠性试验 恒定失效率假设下的失效率与平均无故障时间的验证试验方案(GB/T 5080.7—1986,idt IEC 60605-7:1978)

GB/T 16935.1 低压系统内设备的绝缘配合 第一部分:原理、要求和试验(GB/T 16935.1—1997,idt IEC 60664-1:1992)

GB/T 17626.2 电磁兼容 试验和测量技术 静电放电抗扰度试验(GB/T 17626.2—2006,idt IEC 61000-4-2:2001)

GB/T 17949.1 接地系统的土壤电阻率、接地阻抗和地面电位测量导则 第1部分:常规测量

GB 18451.1—2001 风力发电机组 安全要求(idt IEC 61400-1:1999)

GB/T 18451.2 风力发电机组 功率特性试验(GB/T 18451.2—2003,IEC 61400-12:1998,IDT)

GB/T 19069 风力发电机组 控制器 技术条件

GB/T 19070 风力发电机组 控制器 试验方法

GB/T 19071.1 风力发电机组 异步发电机 第1部分:技术条件

GB/T 19072 风力发电机组 塔架

GB/T 19073 风力发电机组 齿轮箱

GB/T 19568—2004 风力发电机组装配和安装规范

JB/T 10194 风力发电机组 风轮叶片

JB/T 10300—2001 风力发电机组 设计要求

JB/T 10425.1 风力发电机组 偏航系统 第1部分:技术条件

IEC 61400-11:2002 风力发电机组 第11部分:噪声测量方法

3 术语和定义

GB/T 2900.53和GB/T 2900.18确立的以及下列术语和定义适用于本标准。

3.1

变速恒频风力发电机组 variable speed constant frequency wind turbine

风轮转速变化，功率输出频率恒定的风力发电机组(其基本特性见附录A)。

3.2

双馈式绕线转子异步发电机　double-fed wound-rotor asynchronous generator

双馈式绕线转子异步发电机是交流异步电机运行的一种方式，除定子向电网馈电外，转子也可以向电网馈电，并从电网中吸收能量的交流异步发电机。

3.3

亚同步速发电　low-synchronous speed generation

发电机的转子在低于同步速以下运行时，变速恒频装置向绕线转子提供能量，从而实现发电机低于同步转速的变速恒频发电运行。

3.4

超同步速发电　over-synchronous speed generation

发电机转子在高于同步速状态下运行时，发电机转子经变速恒频装置向交流电网馈送能量，从而实现发电机超同步转速的变速恒频发电运行。

3.5

电机侧变流器　rotor side control converter

连接于发电机转子侧用于控制电机转子励磁电流的变流器。

3.6

网侧变流器　gird side converter

连接于电网侧(或变压器侧)实现转子和电网能量传递的变流器。

3.7

设计转速　design speed

对额定频率为 50 Hz 的电网，双馈式变速恒频风力发电机组的设计转速是风力机、交流异步发电机和变速恒频装置的综合性能优化的转速。

4　缩略语

双馈式变速恒频风力发电机组缩略语为机组。

5　技术要求

5.1　一般要求

5.1.1　机组气动设计、结构设计和载荷计算应符合 JB/T 10300 规定的要求。

5.1.2　机组的风轮叶片应符合 JB/T 10194 规定的要求。

5.1.3　机组的安全和保护应符合 GB/T 19069 和 GB 18451.1—2001 第 8 章规定的要求。

5.1.4　机组的控制器应符合 GB/T 19069 规定的要求。

5.1.5　机组的电气系统应符合 GB 18451.1—2001 第 10 章及 JB/T 10300 规定的要求。

5.1.6　机组的偏航系统应符合 JB/T 10425.1 规定的要求。

5.1.7　机组的塔架应符合 GB/T 19072 规定的要求。

5.1.8　机组的齿轮箱应符合 GB/T 19073 规定的要求。

5.1.9　机组的双馈绕线转子异步发电机应符合 GB/T 19071.1 规定的要求。

5.1.9.1　双馈绕线转子异步发电机系统连接：

a)　定子绕组可接成 Y 形或△形，除非另有规定，一般宜接成 Y 形。不论 Y 形或△形，均应引出 6 个以上(9 个或 12 个)出线端。

b)　转子绕组采用滑环连接(无刷转子励磁除外)一般宜接成 Y 形。应引出 3 个以上(6 个或 12 个)出线端。在系统中，转子发电应经滤波器与电网连接。定子与电网连接采用同步发电机并网方式。

5.1.9.2 应根据设计要求采取适当的措施防止有害的轴电流,并将转轴和轴承进行绝缘处理,然后良好接地,电机在运行时应能测试出对地绝缘电阻值,对发电机驱动端轴承进行特殊的绝缘处理,绝缘电压应超过 2 500 V。对发电机如有特殊绝缘要求应由厂家和用户确定。

5.1.10 风轮、传动链、发电机和机座振动的固有频率应避开风力发电机组激振频率。

5.2 正常环境条件

5.2.1 机组运行的环境温度范围为-20℃~+40℃。

5.2.2 相对湿度小于等于 90%。

5.2.3 机组运行的海拔高度不大于 1 000 m。

5.2.4 机组额定工况的空气密度为 1.225 kg/m^3。

5.3 其他环境条件

5.3.1 除风况之外,下列环境因素都会影响机组的安全性和完整性:

a) 阳光辐射;
b) 雨、冰雹、雪和冰;
c) 化学活性物质;
d) 风沙;
e) 外物损伤;
f) 雷电;
g) 地震;
h) 盐雾。

5.3.2 电网条件

正常的电网条件如下:

a) 对电网电压波动范围为电网电压额定值 1±10%;
b) 对电网频率波动范围为电网频率额定值 1±2%;
c) 对电压不稳定性要求电压负序分量与正序分量的比率应小于 2%;
d) 对于停电要求是在假定电网停电每年 20 次,应按最长停电持续时间设计风力机,最长停电持续时间应不超过一周。

5.4 性能要求

5.4.1 机组的启动风速应不大于 5.5 m/s,切出风速应不小于 20 m/s。

5.4.2 机组在额定工况时,其输出的功率应不小于设计的额定功率。额定风速以上时要求目标功率与实测功率偏差不超过 3%。

5.4.3 机组在寿命期内应能承受的起动次数不少于 40 000 次。

5.4.4 机组年可利用率应大于 97%。

5.4.5 机组设计寿命应大于等于 20 年。

5.4.6 机组的噪声应不能造成环境的影响,在机组安装点 500 m 以外噪声应不高于 60 dB。

5.5 总装配要求

5.5.1 总装前检查

总装前应对主要零部件的产品合格单和外观等进行复查;应对要总装的发电机、齿轮箱、塔架、机舱底盘及配套附件进行复查,复核制造商提供有关的产品合格单及检验或试验报告。

5.5.2 机组总装配

机组总装应符合 GB/T 19568—2004 中第 3 章的要求。

5.5.3 关键部件装配的检查

5.5.3.1 偏航驱动齿轮啮合检查

偏航驱动齿轮副装配后,应检测齿侧间隙和齿面接触斑点,使其符合总装技术要求。对于圆柱齿轮,沿齿高方向接触斑点应不小于20%,沿齿长方向接触斑点应不小于30%。接触斑点的分布位置应趋近于齿面中部,不允许在齿顶和齿根有接触斑点。

5.5.3.2 主轴承装配检查

主轴承为滚动轴承,装配时应检查轴向游隙是否符合总装技术要求。装配后应注入相当于轴承空腔容积约50%的符合规定的清洁润滑脂(采取稀油润滑的轴承不准加润滑脂)。轴承装配按照GB/T 19568—2004中第3章的要求进行。

5.5.3.3 联轴器装配检查

刚性联轴器装配时,两轴线的径向位移应不大于0.03 mm;挠性、齿式、轮胎联轴器装配时,其装配同轴度允许偏差应不大于0.2 mm,角度偏差应不大于0.25°。

5.5.3.4 制动器间隙检查

制动器在自由状态时,用塞尺检查制动块与制动盘之间的间隙,应符合设计要求。摩擦片与制动盘的工作表面必须干燥、清洁。试车时应检验制动器的功能,要求制动可靠,无任何卡阻现象。

5.5.3.5 密封及动作检查

液压缸、密封件、润滑系统和管路装配后应进行密封及动作试验,并满足如下要求:

a) 行程符合要求;

b) 运行平稳,无卡阻和爬行现象;

c) 无外部渗漏现象,内部渗漏应符合产品技术要求。

5.5.3.6 电气接线检查

电气接线应符合总装技术要求。

5.6 台架模拟试验要求

5.6.1 液压系统功能试验

对液压系统进行模拟现场运行工况的试验,应满足设计要求。

5.6.2 发电系统并网试验

对机组进行并网原理性试验和机组满负荷的并网试验,检验双馈绕线转子发电机性能和变速恒频装置的功能应满足机组的设计要求。

5.6.3 发电系统速度调节试验

根据风力发电机组变速运行的范围要求,进行小于额定风速时的变速控制和大于额定风速时的恒转矩调节试验,应满足机组设计工作特性要求。

5.6.4 发电系统功率因数调节试验

变速恒频装置的功率因数调节试验,应满足机组发电质量的设计要求。发电系统感性和容性功率因数均应大于0.96。

5.6.5 发电系统的转矩调节试验

通过拖动机模拟风轮在规定的不同风速条件下,起动风力发电机组进入并网运行发电试验,观察转矩的动态变化,应满足机组设计的转矩-风速变化要求。

5.6.6 控制器性能试验

通过计算机模拟机组的现场风速、风向及机组的发电运行条件,在控制器投入自动运行时,检验控制器性能是否满足设计要求。

5.6.7 传动系统试验

用专用拖动设备使安装到机舱底盘上的双馈绕线转子异步发电机在工作范围内转动,发电机定子接电网,转子接专用调速装置,分别检查轮毂、主轴和轴承、齿轮箱、联轴器、发电机等传动系统部件的连接和运转情况,观察传动系统是否平稳,检验主传动链是否满足设计要求。

5.6.8 安全保护试验

在试验台上,将控制系统、液压系统、安全系统按设计图纸正确连接,人为地设置可能产生的不同故障及紧急停机状态,观察机组的控制响应功能,是否达到机组的安全设计要求。检查控制器和安全保护系统的超速保护功能应达到 GB/T 18451.1—2001 中第 8 章的规定。

5.6.9 变距机构试验

机舱总装完成后,在变距轴承上对变距机构模拟加上变距推拉载荷,试验变距机构的动作灵敏度及对载荷的推拉能力,应符合设计要求。

5.7 机组外场试验要求

5.7.1 电气安全检验

电气安全检验主要包括对控制柜、发电机和控制箱等电气设备的绝缘水平、防雷接地系统和耐压等级检查,同时检查电器零件、辅助装置的安装、接线等,其相应的具体质量应符合相关标准或图纸的规定。

5.7.2 控制功能试验

在现场机组发电运行条件下,当控制器投入自动运行时,检验控制功能应满足设计要求。

5.7.3 并网试验

在现场机组发电运行条件下,进行满负荷的并网试验,检验双馈绕线转子发电机和变速恒频装置的功能是否满足机组的设计要求。应达到同步 6 s 以内并入电网;找同步过程不超过 5 s;并网电流冲击不超额定值的 50%。

5.7.4 功率调节试验

在机组平稳并网后,通过改变桨距角的大小实现调功和辅助调速,检查功率的输出变化,应满足机组的设计要求。

5.7.5 风轮转速超临界试验

双馈变速恒频风力发电机组在并入电网处于发电状态时,调整转速上限值,使其超过机组自身的临界转速,观察超速保护开关动作的情况、机组停机过程和故障报警状态,应满足设计要求。

5.7.6 脱网停机试验

机组运行在工作风速范围内(任意一点),分别设置紧急停机、故障停机、小风停机和大风停机状态,使机组进入脱网停机程序。观察停机过程、状态及桨距角的变化,应满足设计要求。

5.7.7 抗电磁干扰试验

当存在高频电磁波干扰的情况下,检查各类传感器应不误发信号,执行部件应不产生误动作。

6 试验方法

6.1 试验台试验

在实验室或总装厂的试验台上对机组变速恒频发电系统进行模拟试验。试验前测试变速恒频试验台和风力发电机组总装试验平台应处于正常状态;总装试验时,除叶片、塔架和机舱罩,机组其他的所有零部件均应安装在机舱底盘上;变速恒频风力发电系统的试验电源不小于系统容量的 10%;系统接线应正确,试验设备及连接导线应符合试验要求;试验和检测所用仪器、仪表及量具应满足测量精度要求,并在检定周期内。

以原动机(如变频调速的电动机或直流调速机)代替自然风况下产生的风轮扭矩,用人工气流改变风速传感指示值。由原动机改变发电机转速,电机侧变流器接发电机转子输出。根据系统的控制要求,对试验的双馈式绕线转子异步发电机,进行并网发电、调速、调功和转矩控制的试验。

6.1.1 发电系统并网试验

将机组的变速恒频装置与双馈式风力发电机在变速恒频试验台上连接,进行发电机的并网试验。并网前,不带负载,使发电系统在低于同步转速的 20% 转差附近运行;利用转子侧变流器的软件监控装置,对电网和发电机的频率、相位和电压进行同步化调节,在没有异常的情况下,首先找同步,达到同步后并网。记录并网和找同步的试验过程。

6.1.2 速度调节试验

根据风力发电机组变速运行范围要求，给定不同风速对应的转速目标，拖动发电机在工作转速范围内转动，模拟风轮输出的转矩和功率，变速恒频装置控制发电机的转速，由测试仪测试和显示转速和转矩的动态变化，并每隔 50 r/min 记录转速和转矩的输出值，绘出转矩-转速曲线。

6.1.3 功率因数调节试验

将变速恒频装置(电机侧变频器和网侧逆变器)与双馈发电机连接在变速恒频试验台上，由主控器分别对转子侧变流器和电网侧变流器给定有功和无功分量参考值或功率因数控制目标，起动拖动机运行，使双馈发电机组并网运行，用功率和功率因数表测试电网和发电机定子的输出功率，改变拖动机的转矩输出，测试发电机有功和无功输出并记录。

6.1.4 转矩调节试验

变速恒频风力发电系统在实验模拟装置安装完成后，拖动机模拟风轮在风速 5 m/s～25 m/s 之间转矩变化情况，起动风力发电机进入并网运行发电，设定机组风速-转矩目标曲线，并整定为模拟信号，送入变速恒频装置，作为转矩控制的目标给定，调整转子侧变流器输出电流，观察转矩和电机功率输出的变化情况，记录对应的转矩和功率输出值，并绘出转矩-功率曲线。

6.1.5 控制器性能试验

在风力发电机组试验台上，用计算机模拟现场风速、风向及机组的发电运行情况。将控制器投入自动运行，并向控制器发送输入状态表确定的数字信号和模拟信号，模拟试验机组的各种工况时的逻辑控制输出，输出逻辑和状态按系统总体设计要求确定，输入状态表由设计的机组运行工况确定。

将控制器输出接中间继电器，并用发光二极管指示；连续自动运行上述各工况，观察控制输出结果，检验控制输出是否完全达到设计要求。试验时，根据 JB/T 10300—2001 中 5.3.4 设计工况自行设定输入和输出。

6.1.6 传动系统试验

6.1.6.1 旋转试验

用专用拖动设备与传动系统对接，逆时针方向或顺时针方向拖动传动链转动，调节转速在零至安全转速上限范围内变化，每升高 100 r/min 做一个测试点，每点连续运转 30 min，检查轮毂、主轴和轴承、齿轮箱、联轴器等传动系统部件的连接，传动系统是否平稳，观察响声和振动情况，检查齿轮箱、主轴承运转部件运转情况，并测定其温度变化，在完成上述试验检查的同时，检查控制器和安全保护系统的超速保护功能，并作记录。

6.1.6.2 机组发电机转动

将机组的双馈绕线转子发电机按总装要求与联轴器对接安装在机舱底盘上，发电机定子接到电网，转子接专用调速装置(接线图见图 A.3)，使发电机变速转动，每升高 100 r/min 做一个测试点，每点连续运转 10 min，从 100 r/min 到机组的最高运行转速，至少做 20 点测试；分别检查轮毂、主轴和轴承、齿轮箱、联轴器、发电机等传动系统部件的连接情况，观察传动系统是否平稳，检查齿轮箱、主轴承运转部件运转情况并记录。

6.1.7 安全保护试验

在总装厂的风力发电机试验平台上，控制系统、液压系统、安全系统按设计图纸正确连接，人为设置下述状态，观察机组的控制响应功能，是否达到机组的安全设计要求。安全保护的试验状态包括：

a) 风轮转速超临界值；
b) 机舱振动超极限值；
c) 过度扭缆；
d) 紧急停机；
e) 二次电源失效；
f) 电网失效；

g) 制动器闸片磨损；

h) 风速信号丢失；

i) 风向信号丢失；

j) 变速恒频装置故障；

k) 变距机构故障；

l) 主控制器故障；

m) 机械制动器故障。

6.1.8 变距机构试验

机舱总装完成后，利用自制机械结构将重力矩加在变距轴承上，使变距机构模拟加上变距推拉载荷，利用驱动装置带动变距轴承运动，分别加载荷的40%、80%、120%、160%、200%进行开桨(推力)和关桨(拉力)试验，分别测试开桨、关桨的调节速度和有效行程的时间，变距调节动作的响应时间，从桨距角0°开始每1°测对应的桨距角和速度，收桨达到30°后，每5°测对应的桨角和速度，直到收桨极限(机械卡死位置)。液压驱动式变距机构要测出推、拉桨距位移-角度曲线，电动驱动式变距机构要测出推、拉桨距的转矩-桨角曲线。

推行程载荷试验　分别将载荷计算所对应的重物加到变距轴承上，从零负荷开始由小到大按比例取5点试验，然后再从200%负荷开始从大到小按比例取5点试验；观察变距机构运动情况，记录桨距推行程时间和调桨速度，画出载荷-桨距角运动曲线。

拉行程载荷试验　分别将载荷计算所对应的重物加到变距轴承上，从零负荷开始由小到大按比例取5点试验，然后再从200%负荷开始从大到小按比例取5点试验；观察变距机构运动情况，记录桨距拉行程时间和调桨速度，画出载荷-桨距角运动曲线。

6.2 机组外场试验

6.2.1 电气安全检验

电气安全检验主要包括对控制柜和发电机、控制箱等电气设备的绝缘水平、防雷接地系统和耐压等级检验和检查，同时检查电器零件、辅助装置的安装、接线以及具体质量是否符合相关标准和图纸的规定。检查与试验分别遵照GB/T 16935.1和GB/T 17949.1的要求进行。

6.2.2 控制功能试验

依照变速恒频装置“操作说明”的要求和步骤，进行逐项功能试验和测试；变速恒频风力发电机组运行状态参数的显示、查询、设置及修改可通过面板显示屏查询或修改机组的运行状态参数。具体按GB/T 19070的规定进行。

6.2.3 并网试验

在机组电气接线完好，变距机构灵活可靠，现场风速小于8 m/s，机组从停机转入启动状态时，使启动过程中的机组自动进入并网程序。观察桨距角变化的情况，用专用设备测试和记录电网和发电机频率、相位、幅值，观察其输出波形，完全达到同步条件后，自动并网，测量并网瞬间的电网参数变化，作好记录。与台架试验进行对比做出是否满足要求的判定。

6.2.4 功率调节试验

变速型机组由变桨距机构实现调功和调速，变桨距角调功试验通常在机组安装现场进行，当机组平稳并网后，按GB /T 18451.2中规定的方法，记录平均风速值和对应的桨距角度值和功率值，并按要求剔出不合理的数据。在现场由运行机组的监控软件，观察和记录机组的功率随风速变化和桨距角调节输出，记录和画出机组的桨距角-功率输出曲线。

6.2.5 风轮转速超临界试验

在风速低于7 m/s的情况下，启动双馈变速恒频风力发电机组，使机组并入电网处于发电状态，用专用计算机监控调试软件，给定不同风速下的目标转速信号，调整转速上限值，使其超过机组自身的临界转速，观察超速保护开关动作的情况、机组停机过程和故障报警状态。

6.2.6 脱网停机试验

机组运行在工作风速范围内的任意一点，分别设置紧急停机、故障停机、小风停机和大风停机状态，使机组进入脱网停机程序。观察测试停机过程、状态及桨距角的变化情况。

6.2.7 抗电磁干扰试验

机组控制系统的抗电磁干扰试验按照 GB/T 17626.2 的规定进行，当存在电磁干扰的情况下，各传感器应不误发信号，执行部件应不产生误动作。

6.2.8 噪声测试

机组的噪声测试方法按照 IEC 61400-11 的规定进行。

6.3 试验报告

6.3.1 对测试中所得的数据应及时进行整理、分析。试验结束后应核实试验结果，整理汇总，编写试验报告。

6.3.2 试验报告的格式见附录 B。

7 检验规则

7.1 检验类别

机组产品检验分为出厂检验和型式检验。

7.2 检验规则

每台机组均应进行出厂检验，检验合格后签发合格证，产品才能出厂。

有下列情况之一时应进行型式检验：

——新产品定型鉴定时；

——产品的设计、工艺等方面有重大改变时；

——出厂检验的结果与上次型式检验有较大差异时；

——国家质量监督机构要求进行型式检验时等。

7.3 检验项目

出厂检验项目按 5.1 和 5.6 的要求进行。

型式检验项目按 5.1、5.4、5.5、5.6 和 5.7 的要求进行。

7.4 抽样

对于批量生产的产品应按 GB/T 5080.7 规定的方法对机组进行抽样。

7.5 合格判定

7.5.1 失效率判定

对于参加试验的样机，在现场进行连续运行试验，累计每台运行到发生失效的时间；在试验方案规定的时间 T 内，发生失效的台数小于 r(规定的失效数)，则该批产品为合格，准予验收，否则为不合格。

试验方案的选取参照 GB/T 5080.7 的规定，或根据用户的期望值选取。

7.5.2 检验结果判据

检验分析：将检测的数据进行整理分析，对比，结果全部符合要求的判为合格。如有不合格的项目，可进行更换、调整、修复直到合格为止。

试验分析：测试所得的数据进行计算、分析。将整理的数据结果与技术要求进行比较，结果符合设计要求的判为合格。如有不符合技术要求的试验结果，应作设计制造调整，采取补救措施，达到用户满意为止。

8 标志、包装、保管、运输及贮存

8.1 标志

标牌与出品编号包含：

a) 产品名称；

b) 产品型号；

c) 技术条件编号；

d) 制造厂出品编号；

e) 制造商名称、地址；

f) 出厂日期；

g) 额定频率(Hz)；

h) 额定转速(r/min)；

i) 额定功率(MW)；

j) 定子电压(V 或 kV)；

k) 额定定子电流(A)；

l) 额定功率因数(cosϕ)；

m) 产品执行标准编号。

8.2 包装、保管

8.2.1 包装

根据不同需要，有两种不同的包装等级：一般包装和密封包装。长时间海运和在湿热气候下运输时，发电机定子、转子，系统电气设备应采用密封包装或有防潮措施的包装。

包装箱上应有下列标记：

a) 名称和型号；

b) 总质量(kg 或 t)；

c) 制造商名称及产地；

d) 收货单位和到站；

e) 注意事项及起吊位置标志。

随机技术文件包括：

a) 随机文件清单；

b) 产品合格证；

c) 产品说明书(包括使用、原理、维护等项)；

d) 机组装配图(包括安装图)；

e) 电气接线图；

f) 电气安装图；

g) 交货明细表；

h) 出厂试验记录。

8.2.2 保管

控制系统装箱后密封保管，塔架应采取防锈措施，装配完整的机舱应在室内保管，封闭包装置于室外的时间不要超过 12 个月。

8.3 运输与贮存

8.3.1 产品运输过程中，不应有激烈振动、撞击和倒置。某些部件对运输有特殊要求时应注明，以便运输时采取措施。

8.3.2 产品运到工地后，应按制造厂规定贮存。长期存放时应按产品技术条件进行维护。

8.4 用户的特殊要求

若用户对机组有特殊要求时，应与制造商协商确定。

附　录　A
（资料性附录）
变速恒频风力发电机组的基本特性

A.1　机组的工作特性曲线

机组在不同的工作风速区运行时，其输出功率、转速和桨距角曲线如图 A.1 所示。

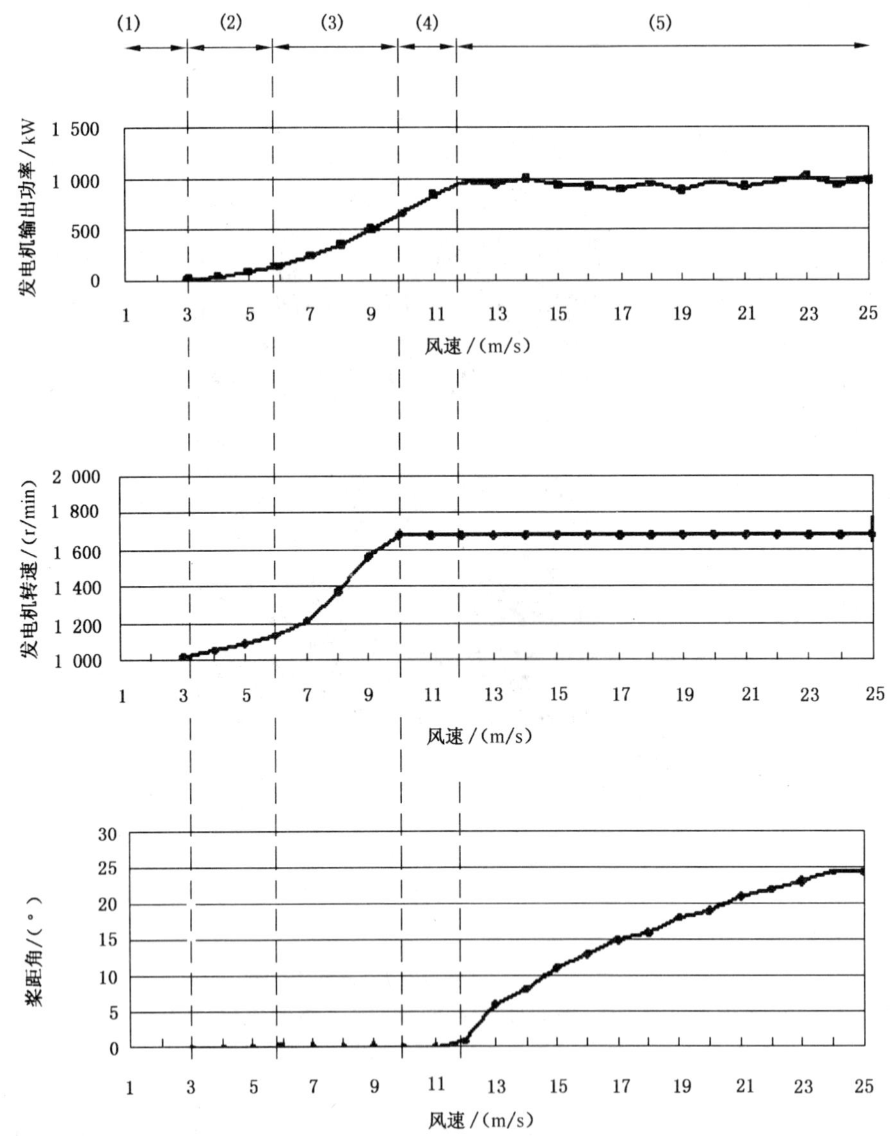

(1)——小风停机风速区；

(2)——切入风速区；

(3)——变速区；

(4)——恒速变功率区；

(5)——额定功率区。

图 A.1　变速恒频风力发电机组特性曲线

A.2 双馈式变速恒频发电机装置结构框图

双馈式变速恒频发电机装置结构框图见图 A.2。

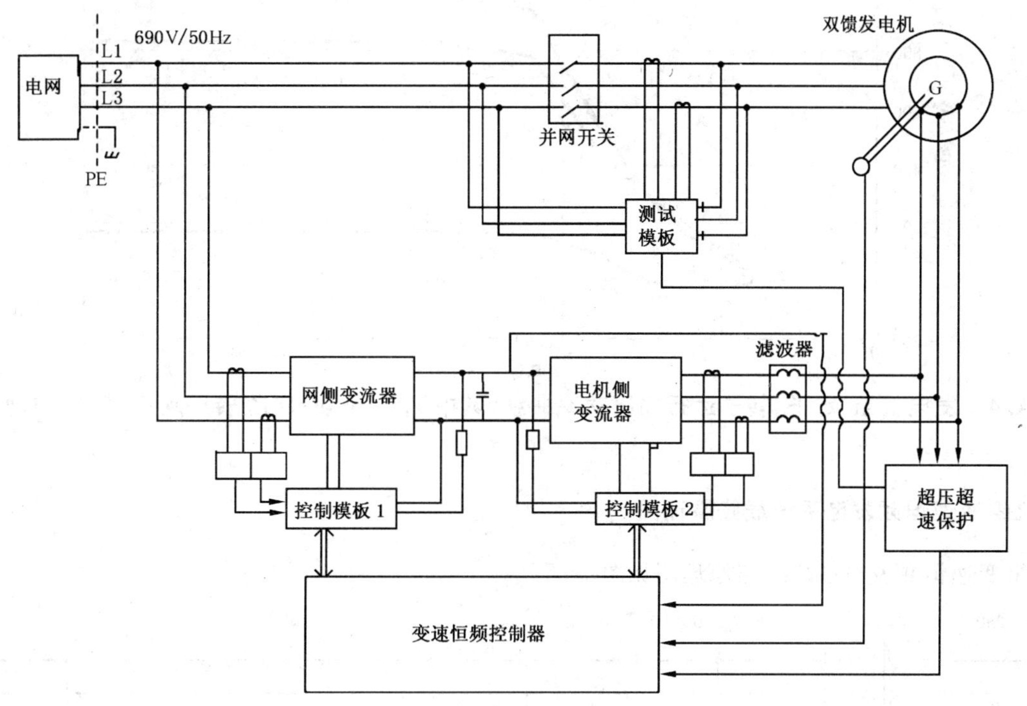

图 A.2 变速恒频装置结构框图

A.3 机组的功率分配

风力机、双馈绕线转子交流异步发电机与变速恒频装置组成变速恒频风力发电机组，其输出功率随风速变化，如图 A.3 和图 A.4 所示。风力发电机组的功率总是等于定子功率加转子功率再加上损耗功率。

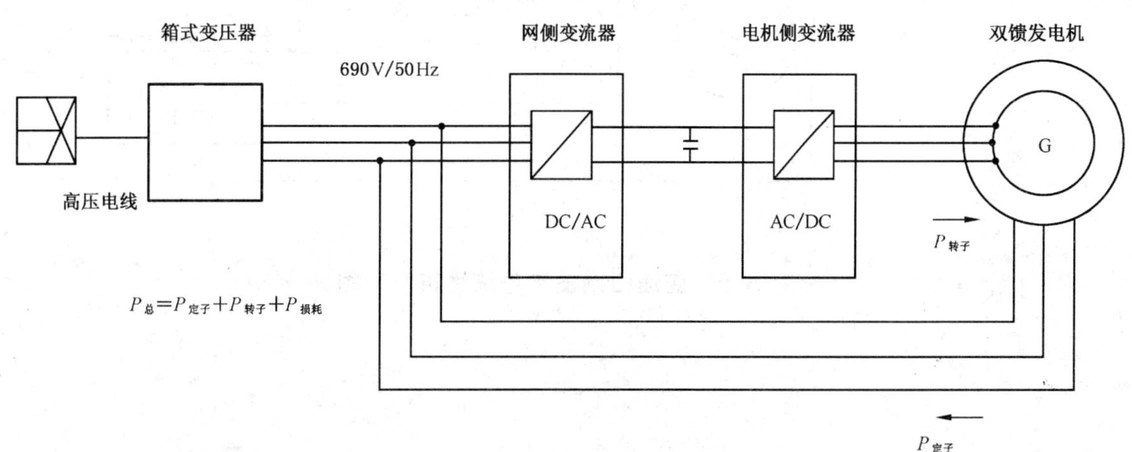

图 A.3 双馈式变速恒频风力发电机组、定子、转子功率分配图

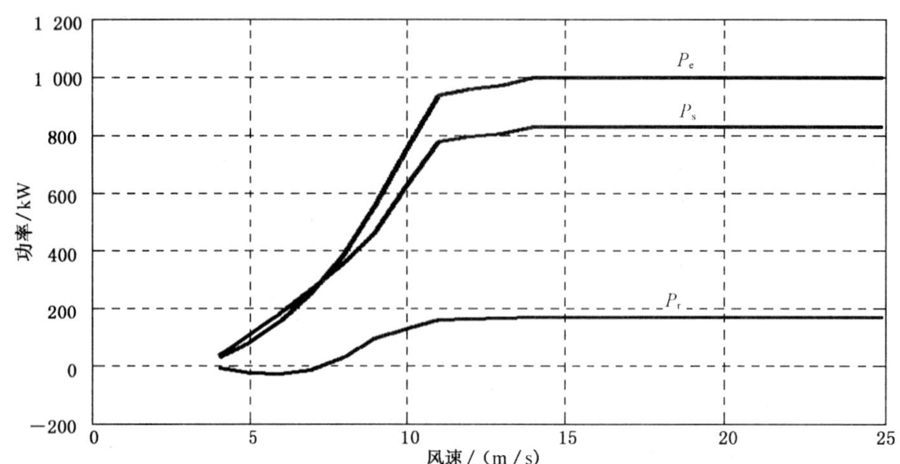

图 A.4 发电机组、定子、转子运行输出功率曲线(其中 P_s 定子功率，P_t 转子功率，P_e 发电功率)

A.4 机组变速恒频发电系统线路原理图

机组变速恒频发电系统线路原理图见图 A.5。

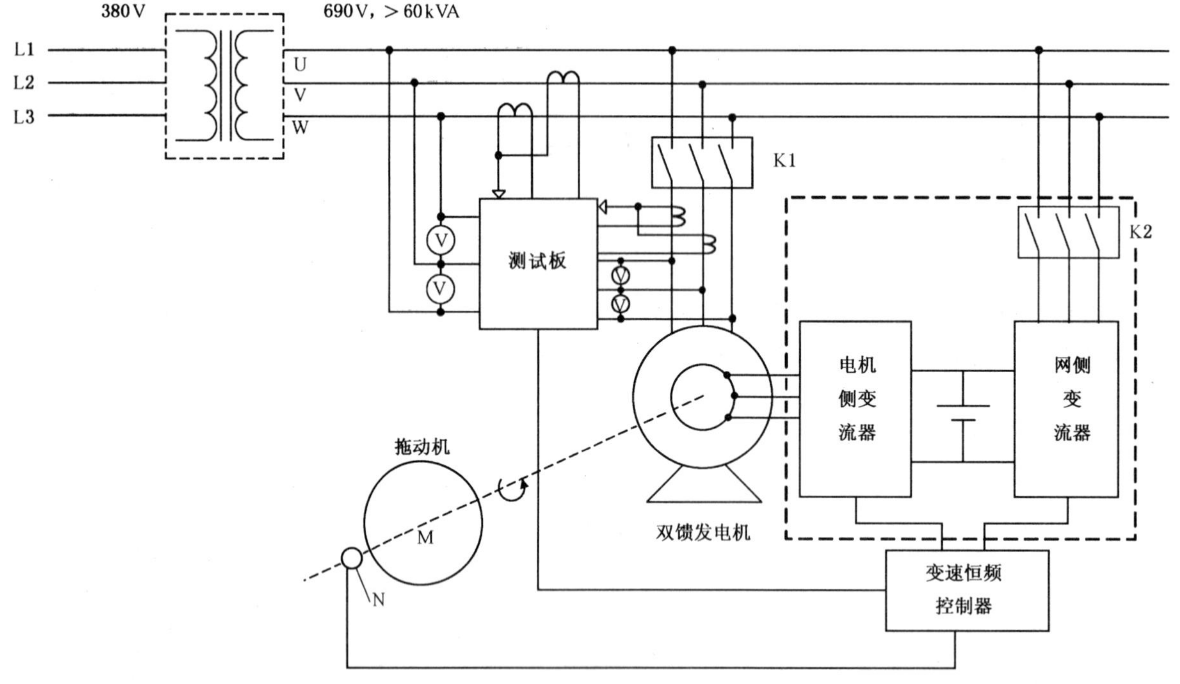

图 A.5 变速恒频发电系统线路原理图

附 录 B
（资料性附录）
试 验 报 告

B.1 格式

B.1.1 封面 1

封面 1 应包括试验报告名称、编写报告单位和日期等。编写报告单位应署全称，与日期一起位于封面正下方。

B.1.2 封面 2

封面 2 应包括以下内容：报告名称、报告编号、试验地点、试验负责人、试验日期、主要参试人员、报告编写日期、报告编写人（职务或职称）、校对人（职务或职称）、审核人（职务或职称）、批准人（职务或职称）等。

B.2 报告内容

B.2.1 前言

任务来源、试验目的、试验时间等。

B.2.2 试验机组

试验机组简介，依据设计或制造厂商说明书列出主要技术参数和特点。

B.2.3 试验设备

试验台简介，主要仪器、仪表、装置的名称、型号、规格、精度等级及检验日期等。

B.2.4 试验项目

试验项目名称、试验条件等。

B.2.5 试验方法

试验方法及有关标准代号、名称。

B.2.6 试验结果

分别列出必要的原始数据和经整理得出的结果，对试验结果进行必要的分析和讨论。

B.2.7 结论

结论要科学、真实、可靠。对机组性能、指标和技术参数按有关技术文件进行认真评价，并对试验过程中所发生的问题进行分析，提出改进意见和建议。

B.3 其他

报告中一般应附有试验照片。

试验发生中断时，必须在报告中明确中断原因，继续试验的时间和情况。试验发生重要故障时应较详细地分析说明情况和处理办法。

ICS 71.120;81.040.30
G 94

中华人民共和国国家标准

GB/T 21408—2008

玻璃设备、管道和管件 15 mm～150 mm 口径管道和管件的通用性和互换性

Glass plant, pipeline and fittings—Pipeline and fittings of nominal bore 15 to 150 mm—Compatibility and interchangeability

(ISO 3587:1976(2005),NEQ)

2008-02-01 发布　　2008-07-01 实施

中华人民共和国国家质量监督检验检疫总局
中国国家标准化管理委员会
发布

前　言

本标准与 ISO 3587:1976(2005)《玻璃设备、管道和管件——15 mm～150 mm 口径管道和管件的通用性和互换性》(英文版)的一致性程度为非等效。

本标准的附录 A、附录 B 为规范性附录。

本标准与 ISO 3587:1976(2005)相比较,主要作了如下修改:

——增加了产品尺寸偏差的分等级别;

——增加了产品的主要物理机械性能;

——修改了附录 B,删去了附录 C。

本标准由中国石油和化学工业协会提出。

本标准由全国非金属化工设备标准化技术委员会归口(SAC/TC 162)。

本标准起草单位:北京玻璃仪器厂、天华化工机械及自动化研究设计院。

本标准主要起草人:吴文玲、张俊科、刘柏军。

玻璃设备、管道和管件 15 mm～150 mm 口径管道和管件的通用性和互换性

1 范围

本标准规定了公称直径为 15 mm～150 mm 的硼硅酸盐玻璃管和管件的产品分类、规格尺寸、技术要求、试验方法、检验规则、标志、包装、运输、贮存的方法以及管道和管件的通用性和互换性。

本标准适用于输送腐蚀性气、液体的硼硅酸盐玻璃管和管件(以下简称管和管件)。

2 规范性引用文件

下列文件中的条款通过本标准的引用而成为本标准的条款。凡是注日期的引用文件，其随后所有的修改单(不包括勘误的内容)或修订版均不适用于本标准，然而，鼓励根据本标准达成协议的各方研究是否可使用这些文件的最新版本。凡是不注日期的引用文件，其最新版本适用于本标准。

GB/T 19738—2005　玻璃设备、管道和配件　玻璃设备组件

HG/T 2436　玻璃管和管件耐压试验方法

ISO 3585　硼硅酸盐玻璃 3.3 的性能

3 名词和术语

下列名词和术语的定义适用于本标准。

3.1

端头　buttress end

特殊造型的管端。

3.2

调整垫　gasket

在两端头之间调整长度的玻璃垫片。

4 产品分类

4.1 管和管件按密封结构形式分为球型端面和平型端面两大类。

4.2 管件按使用功能又可分为下列几类：调整垫、异径管、弯管、三通、四通和阀门。

5 要求

5.1 管和管件的规格尺寸及偏差

5.1.1 玻璃管的长度及其偏差应符合图 1 和表 1 的规定。

5.1.2 管和管件(弯管除外)的外径和壁厚及其偏差应符合图 1 和表 2 的规定。

5.1.3 端头与管的过渡区(约 60 mm～80 mm)的厚度可大于表 2 的规定。

5.1.4 玻璃管的直线度不得大于 4%。

5.1.5 调整垫的长度应符合图 2 和表 3 的规定。

5.1.6 异径管的长度及其偏差应符合图 3 和表 4 的规定。

5.1.7 弯管的壁厚和长度及其偏差应符合图 4 和表 5 的规定。

5.1.8　三通的长度及其偏差应符合图 5 和表 6 的规定。

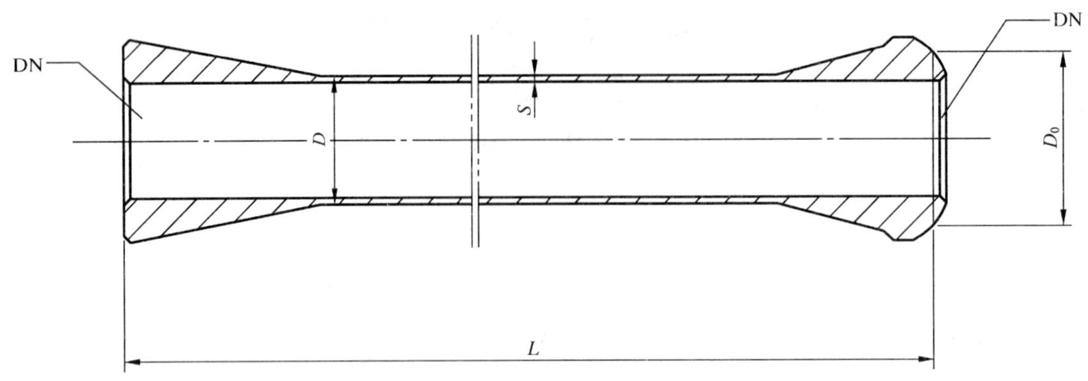

图 1　玻璃管(扩凸)

表 1　玻璃管的长度及其偏差

单位为毫米

DN	玻璃管长度 L								
	100　125　150	175　200　300　400	500　700　1 000	1 500	2 000	2 500	3 000		
	极限偏差			极限偏差			极限偏差		
	优等品	一等品	合格品	优等品	一等品	合格品	优等品	一等品	合格品
15	±1	±2	±3	±2	±3	±5			
20	±1	±2	±4	±2	±3	±6	±3	±4	±8
25	±1	±2	±4	±2	±3	±6	±3	±4	±8
32	±1	±2	±4	±2	±3	±6	±3	±4	±8
40	±1	±2	±4	±2	±3	±6	±3	±4	±8
50	±2	±3	±6	±2	±3	±6	±3	±4	±8
65	±2	±3	±6	±3	±4	±8	±4	±5	±10
80	±2	±3	±6	±3	±4	±8	±4	±5	±10
100	±2	±3	±6	±3	±4	±8	±4	±5	±10
125	±2	±3	±6	±3	±4	±8	±4	±5	±10
150	±2	±3	±6	±3	±4	±8	±4	±5	±10

表 2　管和管件(弯管除外)的外径和壁厚及其偏差

单位为毫米

DN	玻璃管外径 D				玻璃管壁厚 S			
	尺寸	优等品偏差	一等品偏差	合格品偏差	尺寸	优等品偏差	一等品偏差	合格品偏差
15	22.0	±0.3	±0.5	±0.8	3.0	±0.3	±0.4	±0.7
20	27.0				3.5			
25	33.0	±0.5	±0.8	±1.0	4.0	±0.4	±0.5	±0.8
32	40.0	±0.8	±1.0	±1.5	4.5			
40	50.0				5.0			
50	60.0							
65	75.0	±1.0	±1.5	±2.0	5.5	±0.7	+1.0 −0.5	±1.2
80	90.0							
100	110.0	±1.5	±2.0	±2.5	6.0			
125	135.0				6.5	±0.8	±1.0	±1.5
150	165.0				7.5			

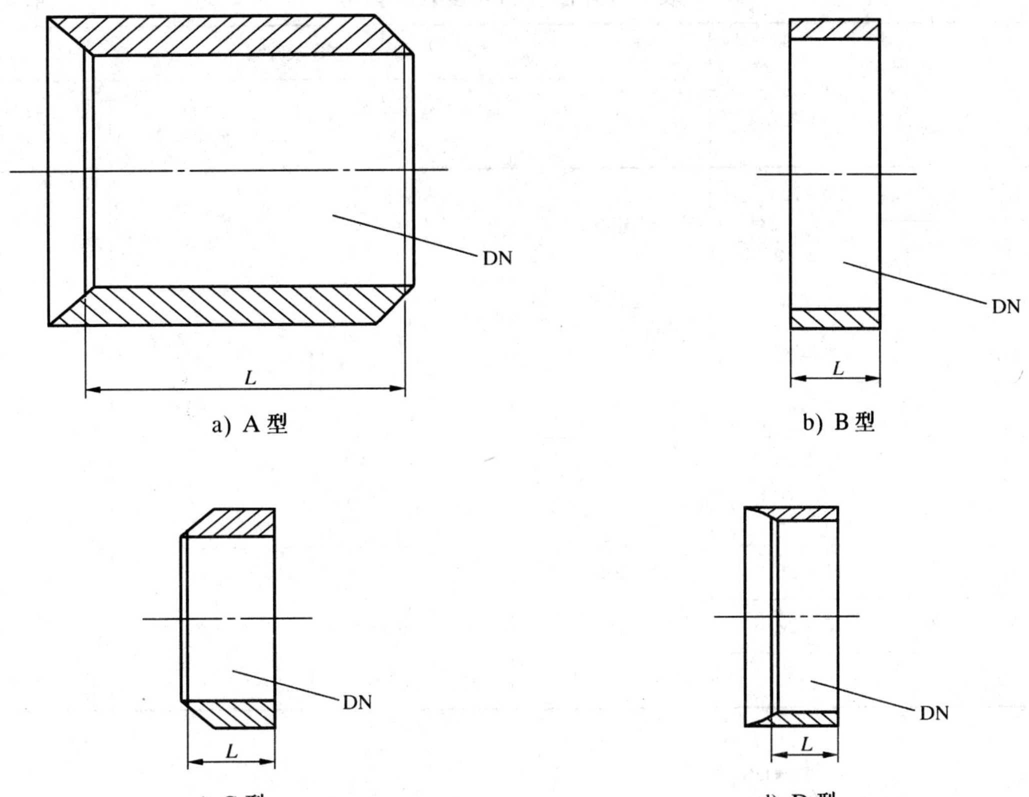

a) A型　b) B型　c) C型　d) D型

图2　调整垫

表3　调整垫的长度

单位为毫米

<table>
<tr><th rowspan="2">DN</th><th colspan="3">调整垫的长度 L</th></tr>
<tr><th colspan="2">A型、B型</th><th>C型、D型</th></tr>
<tr><td>15
20
25
32
40
50
65</td><td>25</td><td rowspan="2">50</td><td>25</td></tr>
<tr><td>80
100
125
150</td><td>—</td><td>50</td></tr>
</table>

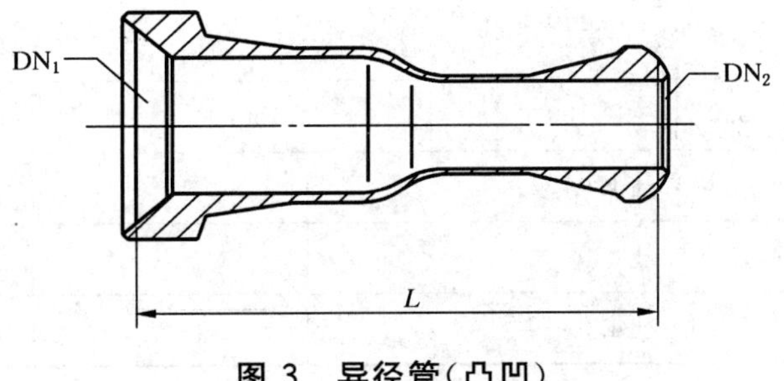

图3　异径管(凸凹)

表 4 异径管的长度及其偏差

单位为毫米

<table>
<tr><th rowspan="2">DN₁</th><th rowspan="2">DN₂</th><th colspan="4">异径管长度 L</th></tr>
<tr><th>尺寸</th><th>优等品
偏差</th><th>一等品
偏差</th><th>合格品
偏差</th></tr>
<tr><td>150</td><td>25～125</td><td rowspan="2">200</td><td rowspan="7">±2</td><td rowspan="7">±3</td><td rowspan="7">±6</td></tr>
<tr><td>125</td><td>20～100</td></tr>
<tr><td>100</td><td>15～80</td><td>150</td></tr>
<tr><td>80</td><td>15～65</td><td rowspan="2">125</td></tr>
<tr><td>60</td><td>15～50</td></tr>
<tr><td>50</td><td>15～40</td><td rowspan="5">100</td></tr>
<tr><td>40</td><td>15～32</td></tr>
<tr><td>32</td><td>15～25</td><td rowspan="3">±1</td><td rowspan="3">±2</td><td rowspan="3">±4</td></tr>
<tr><td>25</td><td>15～20</td></tr>
<tr><td>20</td><td>15</td></tr>
</table>

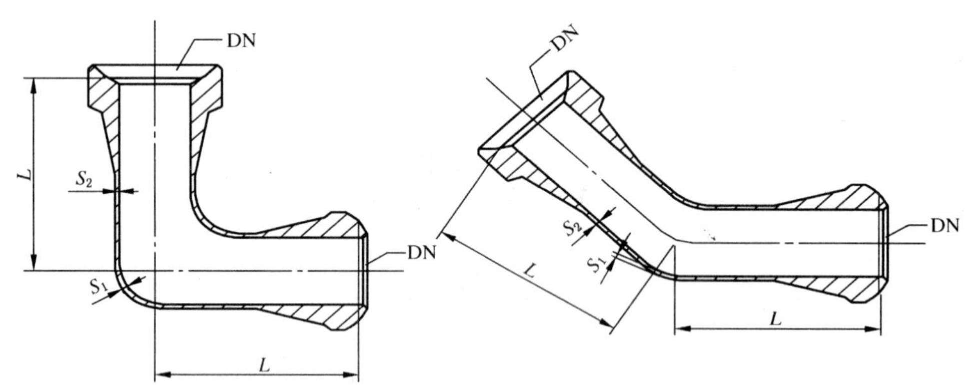

图 4 弯管(凸凹)

表 5 弯管的壁厚和长度及其偏差

单位为毫米

<table>
<tr><td colspan="2">DN</td><td>15</td><td>20</td><td>25</td><td>32</td><td>40</td><td>50</td><td>65</td><td>80</td><td>100</td><td>125</td><td>150</td></tr>
<tr><td colspan="2">S_1 ></td><td colspan="2">2.2</td><td colspan="4">3.0</td><td colspan="2">3.5</td><td colspan="2">4.0</td><td>4.5</td></tr>
<tr><td rowspan="2">S_2</td><td>尺寸</td><td>3.5</td><td>4.0</td><td colspan="3">5.5</td><td>6.0</td><td colspan="2">6.5</td><td colspan="3">7.0</td></tr>
<tr><td>偏差</td><td colspan="6">±0.5</td><td>±1.0
−0.5</td><td>±1.0
−0.5</td><td colspan="3">±1.0</td></tr>
<tr><td>L</td><td>尺寸</td><td>50.0</td><td>75.0</td><td colspan="2">100.0</td><td colspan="3">150.0</td><td>200.0</td><td colspan="3">250.0</td></tr>
<tr><td rowspan="3">偏差</td><td>优等品</td><td colspan="5">±1.0</td><td colspan="6">±2.0</td></tr>
<tr><td>一等品</td><td colspan="5">±2.0</td><td colspan="6">±3.0</td></tr>
<tr><td>合格品</td><td colspan="5">±4.0</td><td colspan="6">±6.0</td></tr>
</table>

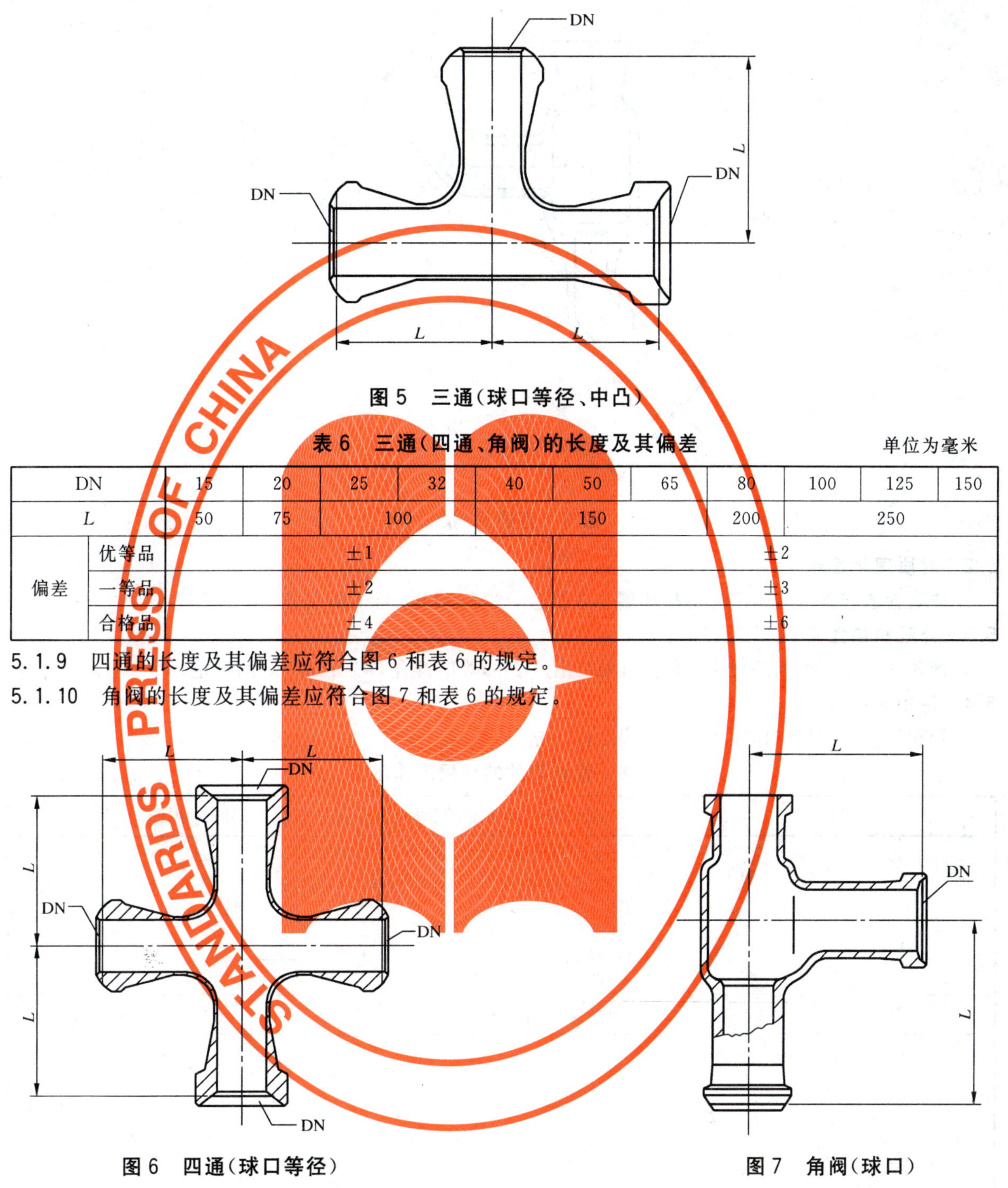

图 5 三通(球口等径、中凸)

表 6 三通(四通、角阀)的长度及其偏差

单位为毫米

DN		15	20	25	32	40	50	65	80	100	125	150
L		50	75	100		150			200	250		
偏差	优等品	±1					±2					
	一等品	±2					±3					
	合格品	±4					±6					

5.1.9 四通的长度及其偏差应符合图 6 和表 6 的规定。

5.1.10 角阀的长度及其偏差应符合图 7 和表 6 的规定。

图 6 四通(球口等径)

图 7 角阀(球口)

5.1.11 直通阀的长度及其偏差应符合图 8 和表 7 的规定。

表 7 直通阀的长度及其偏差

单位为毫米

DN		15	20	25	32	40	50	65	80	100	125	150
L		125	150	200		300			400	500		
偏差	优等品	±2					±3				±4	
	一等品	±3					±4				±5	
	合格品	±6					±8				±10	

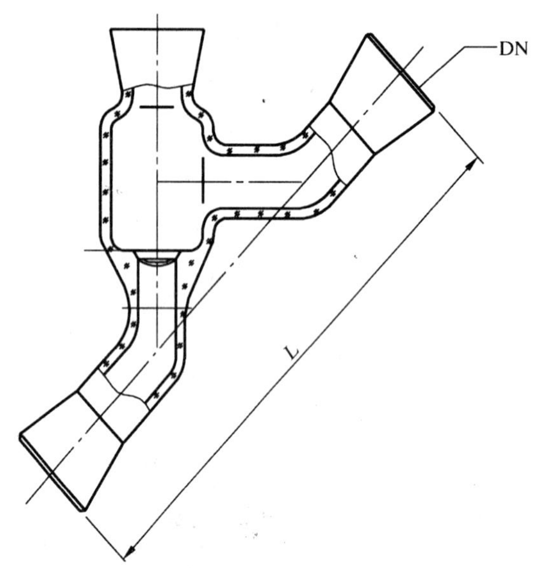

图 8 直通阀(扩口)

5.2 材质理化性能

玻璃管道和管件采用硼硅酸盐玻璃 3.3 制造,并符合 ISO 3585 的规定。

5.3 外观和热性能

管和管件制品的的外观和热性能(除许用压力外)等应符合 GB/T 19738 的规定。

5.4 许用工作压力

管和管件的许用工作压力应符合表 8 的规定。

表 8 管和管件的许用工作压力

单位为兆帕

<table>
<tr><th>DN</th><th>管和管件许用工作压力</th><th>阀门许用工作压力</th></tr>
<tr><td>15
20
25
32
40</td><td rowspan="2">0.40</td><td>0.30</td></tr>
<tr><td>50</td><td>0.20</td></tr>
<tr><td>65
80</td><td>0.30</td><td>0.15</td></tr>
<tr><td>100
125
150</td><td>0.25</td><td>0.10</td></tr>
</table>

6 试验方法

6.1 玻璃管道和管件的材质理化性能按 ISO 3585 的规定测定。

6.2 管和管件制品的的外观、热性能等按 GB/T 19738 的规定测定。

6.3 管和管件的耐压性能按 HG/T 2436 的规定试验。

6.4 球面型端头管的长度检测方法见附录 A。

6.5 玻璃管直线度的试验方法见附录 B。

7 检验规则

检验规则及抽样按 GB/T 19738 的规定进行。

8 标志、包装、运输、贮存

标志、包装、运输、贮存按 GB/T 19738 的规定进行。

附　录　A
（规范性附录）
球面型端头管的长度检测方法

A.1　测量球面型端头管长度的仪器如图 A.1 所示，上下量规的直径应选择符合所测件的量程范围。

A.2　测量长度时，移动游标即可在标尺上得到读数。

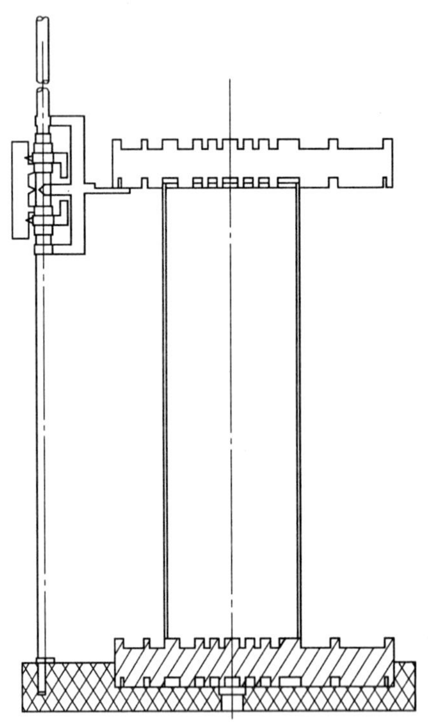

图 A.1

附　录　B
（规范性附录）
玻璃管直线度的检测方法

B.1　测量装置

测量装置如图 B.1 所示，由三角形支架、滑轨、V 形支架、滑架及百分表组成。百分表的分度值为 0.01 mm。

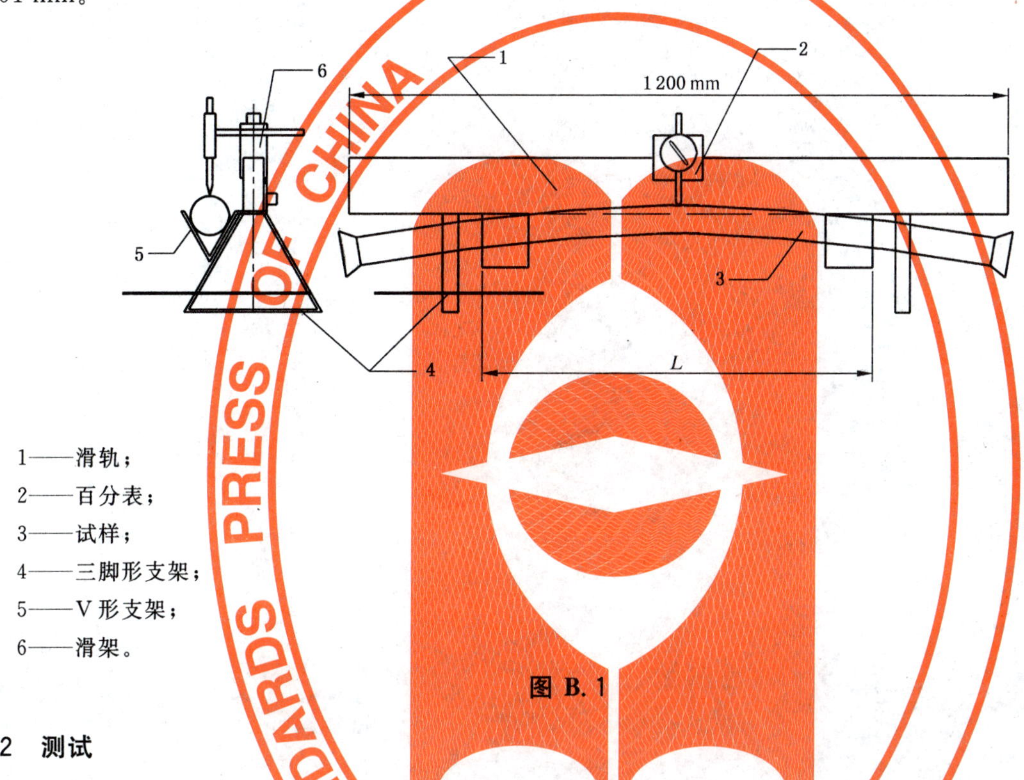

1——滑轨；
2——百分表；
3——试样；
4——三脚形支架；
5——V 形支架；
6——滑架。

图 B.1

B.2　测试

B.2.1　左右移动 V 形支架，使两只 V 形支架之间的距离比所测玻璃管的长度短一些。再把 V 形支架下边的定位固定螺钉拧紧。记录两只 V 形支架之间的距离 L。

B.2.2　把试样放在两只 V 形支架上，移动滑架，使百分表位于 V 形支架的一端，调整百分表，使其示值为 0。

B.2.3　将滑架移到另一只 V 形支架的上部，调整 V 形支架，使百分表示值为 0。反复调节试样，直至百分表在两只 V 形支架处试样上方的示值均为 0。使试样的弓背向上。

B.2.4　把百分表从一端移向另一端，记录百分表的最大变动值。

B.3　计算

玻璃管的直线度按式(B.1)计算。

$$W = x/L \cdot 1\,000 \qquad \cdots\cdots(B.1)$$

式中：

W——直线度，‰；

x——百分表最大变动值，单位为毫米(mm)；

L——两只 V 形支架之间的距离，单位为毫米(mm)。

ICS 71.120;81.040.30
G 94

中华人民共和国国家标准

GB/T 21409—2008/ISO 3586:1976(2005)

玻璃设备、管道和管件检验、安装和使用的一般规则

Glass plant, pipeline and fittings—General rules for testing, handling and use

(ISO 3586:1976(2005), IDT)

2008-02-01 发布　　2008-07-01 实施

中华人民共和国国家质量监督检验检疫总局
中国国家标准化管理委员会　发布

前　言

本标准等同采用ISO 3586:1976(2005)《玻璃设备、管道和管件——检验、安装和使用的一般规则》(英文版)。

本标准等同翻译ISO 3586:1976(2005)。

为便于使用，本标准做了下列编辑性修改：

——“本国际标准”改为“本标准”；

——删除国际标准的前言；

——将一些适用于国际标准的表述改为适用于我国标准的表述；

——删除了“规范性引用文件”中ISO 4704《玻璃设备、管道和管件——玻璃组件》和ISO 3587《玻璃设备、管道和管件——15 mm～150 mm口径管道和管件的通用性和互换性》两个文件，因为这两个文件在标准正文中事实上没有引用。

本标准由中国石油和化学工业协会提出。

本标准由全国非金属化工设备标准化技术委员会归口(SAC/TC 162)。

本标准起草单位：北京玻璃仪器厂、天华化工机械及自动化研究设计院。

本标准主要起草人：吴文玲、张俊科、刘柏军。

玻璃设备、管道和管件检验、安装和使用的一般规则

1 范围

本标准规定了对玻璃设备、管道和管件的检验安装和使用的一般规则。

本标准不涉及玻璃管件的设计。

安装设备或管道时，应遵守有关安全操作规程，对于带压设备还应遵守有关压力容器的操作规程。

2 规范性引用文件

下列文件中的条款通过本标准的引用而成为本标准的条款。凡是注日期的引用文件，其随后所有的修改单(不包括勘误的内容)或修订版均不适用于本标准，然而，鼓励根据本标准达成协议的各方研究是否可使用这些文件的最新版本。凡是不注日期的引用文件，其最新版本适用于本标准。

ISO 3585　硼硅酸盐玻璃 3.3 的性能

3 材料

玻璃设备的结构材料的理化性能应符合 ISO 3585 的规定。

接触工作流体的垫圈所用材料，应按制造厂说明书所述使用。

4 检验

4.1 出厂检验

作为压力容器的设备所有零件，制造厂应进行常规压力检验。

压力检验应采用液压试验。

所有压力检验应详细记录，以便审核过去的检验和向用户提供检验合格证。

4.2 由用户进行检验

玻璃设备和所装配的系统，其最高工作温度和最大工作压力不得超过制造厂所建议的数据。

4.2.1　没有供货厂家或双方认可的部门参加时，用户不得进行现场压力检验。

4.2.2　管件的组装体进行现场压力检验时，也应采用液压试验。设备连接时，应注意排净系统中的空气，以确保该装置不受因组装或因连接压力检验设备而引起的各种应力影响。加到整个组装体上的总压力不得超过它的最大工作压力。设备还应有适当的屏护层，保护操作人员。

注意：在某个点测量整个系统的压力时，指示压力值与整个系统的压力有偏差，其差值为液体的静压头值。因此，如果压力测量不是在组装体的最低点进行，则估计该处的压力将高于指示的值。

4.2.3　用组装体上方竖管中的液体静压头作为液压源。如果实际中做不到这一点，为了可靠，可采用液压泵。

4.2.4　实际上如果不能采用液压检验方法，则可采用带水封的空气压力装置来检验，其空气压力为 10 kPa(如图 1 所示)，同时检查接点有无泄漏现象。如果查出泄漏处，在设备开始工作之前应该降低压力。在真空条件下使用时，设备要抽真空，通过相对于已知内部容积的压力升高就可测出任何泄漏点。

4.2.5　检验方法应有详细的书面报告，其目的是为了进行检验工作和以后的安全操作，便于用户和制造厂都能对此检验过程做出记录。在检验后，任何设备必要的变动或调整都必须记录在报告中。

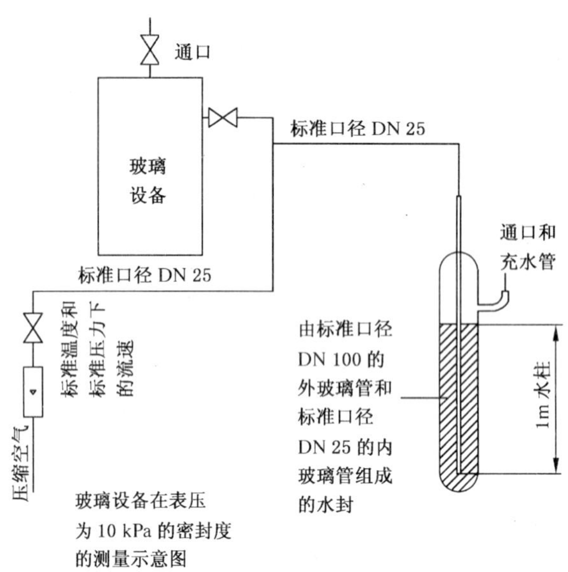

图 1　液压检验装置

5　安装

从用户验收观点出发，本标准对有关玻璃设备的安装做了说明。玻璃表面的损伤会影响组件的强度，应注意防止。

5.1　验收和储存

5.1.1　玻璃设备应由用户验收，妥善保护以备存放。玻璃设备在打开包装后不得置于任何硬的表面上，以免损坏，切勿让圆柱形组件滚动。

5.1.2　较大型组件太重，一个人不能搬运，应由几个人或用适当的机械来搬运。许多较大较重的组件是放在专门设计、便于机械装卸的包装内交付的。

5.1.3　所有的管件都应分开存放，不可将重的组件存放在较轻组件的上面。

5.2　装配

5.2.1　玻璃设备应放在安装现场，便于辨认各个管件和避免不必要的搬运。在搬运带有凸出部分例如侧管的玻璃设备时，如果可能，应使所有的凸出部分显露可见，从而减少同障碍物意外碰撞的危险。不能用侧管或任何其他凸出部分来吊起玻璃件。

5.2.2　通常应该将玻璃设备直立搬运，否则细长组件遇到拐弯处构筑钢架等障碍时会有危险。安装现场应清除一切不必要的障碍物，并应该检查现场，以确保电气设备和其他辅助设施不致妨碍安装工作。还注意与安装现场有关的法定必要设施，应有有效的安全保护装置。

5.2.3　设备和管道的支座都应符合制造厂的要求。

5.2.4　必须认识到：不受限制的软连接在升压或降压情况下会产生力，这种力会使相联的组件破裂。当管道的软连接在安装后固定了它的最终位置时，应该避免设备在受压力之前再有移动。

在搬运和安装设计为直立使用的组件（如热交换器之类）时，应该注意切勿使它们颠倒。

5.3　拆卸

5.3.1　在拆卸偶联组件时，应把附属组件的适当支座卸去。还应注意剩下的设备有它应有的支座，在完成全部拆卸工作之前，应小心放置这些附属组件。所有拆下来的组件都得用适当的洗涤剂加以仔细地清洗，并彻底检查有无损伤或表面缺陷。

5.3.2　热交换器的蛇形管或蒸气管应该清洗干净，可先用稀盐酸，然后用水循环冲洗蛇形管及套管外壁，采用何种清洗方式应视所用工作流体而定。

5.3.3　如果有某一组件需要由制造厂修理，用户必须书面保证已经对组件进行过清洗，并且没有残留工作物质。

6 使用

6.1 操作

任何设备或管道系统的操作都要符合该系统设计所规定的范围。当某用户在没有同制造厂签订合同而使用制造厂产品目录中的部件来设计一个系统时，它的工作条件范围不应超过制造厂产品目录中对各部件规定的范围。操作说明书应有操作程序说明，包括设备的启动、运行和停车。停车和应急措施的临界参数应有明确规定。

当工艺过程可能使压力超过设计压力时，在设备的适当位置应有减压阀、防爆隔膜、报警装置等以便保护。

6.2 安全措施

在制造厂设计规定的极限范围内，玻璃设备和管道组件是非常坚固耐用的。只要不在特殊的腐蚀性环境中，其寿命是很长的。安装和使用不当，结构或支座的设备不合理都可能造成组件的损坏。在安装设备的工作进行之前，在适当的情况下，应该出示合格证。

对任何可能发生异常危险的组件或装置应加设防护装置，以防意外危险和人身事故，为此要采用透明的或其他适应的屏蔽。

6.3 维修

对每个装置都应制订一个预防性维修计划，其中对定期的维修、检查要有详细规定。玻璃设备的维修保养通常是很少的。

在输送腐蚀玻璃的流体时，必须检查关键部位玻璃的厚度。输送其他有腐蚀性或危险性的流体时，还应经常检查重要部位连接点的情况。

在设备安装地点可能遇到静电现象时，检查接地系统的连续性是很重要的。

6.4 热条件

除了特别为满足较大温差而设计的设备(如热交换器)，设备内的工作条件造成的温差，即在玻璃两侧表面测定的流体温差不得超过 120℃。

玻璃能经得住比冷却速率快得多的加热速率，通常不必限制加热速率。应该避免突然冷却，例如必须防止冷水洒溅到一个热的设备上。在冰冻的条件下，水冷却的热交换器和其他盛水设备与用其他材料制造的设备一样会遇到危险。

6.5 机械条件

玻璃管件的总强度与它的表面条件有关，机械损伤会降低它的强度。有机械损伤的组件只允许短期使用。对长期使用的玻璃管件应注意防止表面损伤。表面损伤可能由多种因素引起，包括以下几点：

a) 草率的运输引起的撞击损伤；

b) 操作人员接触设备或靠近设备进行工作；

c) 由于玻璃组件同其他材料接触装配时造成碰撞或擦伤；

d) 靠近玻璃组件进行金属焊接；

e) 由于从玻璃表面刮去沉积物造成划伤或搅拌器插入管的位置不合适从而磨擦玻璃容器壁而造成擦伤。

6.6 静电作用

用硼硅酸盐玻璃制造的化工设备中由静电造成的危害远比用导电设备少。

如果保持流体速度低于 1 m/s，通常可以防止产生静电荷。当使用的工作流体电阻低于 10^{10} Ωcm 时，也不会出现静电现象。管道系统中出现阻塞以及工作流程的流体中存在污染物包括空气和水时，则有可能增加静电荷。

在因静电作用引起危险的情况下，应采取预防措施，包括所有关联的和附近的金属构件的接地，每个玻璃组件外表面的接地，以及穿工作服之类的一般防护。

接地系统的电阻不应超过 $10^6\,\Omega$，凡国家颁布的有关防止静电危险的规定都必须遵守。

7 制造厂的说明书

标准中确定的各项组件的技术指标须由制造厂做出说明。这些组件的使用规则应认真执行。制造厂的厂名或注册商标应耐久地印在每一个玻璃管件上。

ICS 75.180.10
E 92

中华人民共和国国家标准

GB/T 21410—2008/ISO 16070:2001

石油天然气工业
井下工具　锁定心轴和定位接头

**Petroleum and natural gas industries—
Downhole equipment—Lock mandrels and landing nipples**

(ISO 16070:2001,IDT)

2008-02-21 发布　　　　2008-07-01 实施

中华人民共和国国家质量监督检验检疫总局
中国国家标准化管理委员会　发布

前　　言

本标准等同采用 ISO 16070:2001《石油天然气工业　井下工具　锁定心轴和定位接头》(英文版)。

本标准等同翻译 ISO 16070:2001。

本标准的附录 A 和附录 B 为资料性附录。

本标准由全国石油钻采设备和工具标准化技术委员会(SAC/TC 96)提出并归口。

本标准起草单位:北京石油化工学院、石油工业井下工具质量监督检验中心。

本标准主要起草人:戴静君、张虎林、何伟、时文刚。

本标准为首次发布。

引 言

本标准是由锁定心轴与定位接头的用户/采购商和供应商/制造商共同制定的，广泛地用于全世界的石油和天然气工业中。本标准为双方给出了锁定心轴与定位接头的选择、加工、试验和使用方面的要求和信息。此外，本标准还给出了供应商/制造商的最低要求，供应商/制造商应遵守本标准。

本标准在结构上提高了质量控制和设计确认的等级要求，这些变化允许用户/采购商为某种特殊用途选择等级要求。

本标准为用户/采购商提供三种设计质量控制等级，用户/采购商可以根据其特殊的使用要求加以选择。质量控制等级 Q3 是本标准中的最低质量等级。质量控制等级 Q2 提供附加的检验和验证步骤。质量控制等级 Q1 是最高等级。

本标准为用户/采购商提供三种设计确认等级，用户/采购商可以根据其特殊的使用要求加以选择。设计确认等级 V3 是最低等级和设备要求，并且确认方法已经被供应商/制造商确定了。确认试验的复杂性和精确性越高，等级数字就越小。

本标准的用户应意识到在本标准中上述大纲的要求可能作为个别用途的需要。本标准的目的不在于限制供应商/制造商的卖价，或限制用户/采购商的买价，而是在设备和工程解决方案上提供选择。这种情况尤其适用于创新性和发展中的技术领域。在有其他设备或工程解决方案可选的情况下，供应商/制造商应确认与本标准的所有差别并且提供详细说明。

石油天然气工业
井下工具　锁定心轴和定位接头

1　范围

本标准规定了石油和天然气工业中用于油井生产(注水)管柱中安装流量控制或其他工具的锁定心轴与定位接头的功能、技术和制造要求。本标准适用于与流量控制或其他工具的接口连接，而不适用于与油管的连接。

2　规范性引用文件

下列文件中的条款通过本标准的引用而成为本标准的条款。凡是注日期的引用文件，其随后所有的修改单(不包括勘误的内容)或修订版均不适用于本标准。然而，鼓励根据本标准达成协议的各方研究是否使用这些文件的最新版本。凡是不标注日期的引用文件，其最新版本适用于本标准。

GB/T 228—2002　金属材料　室温拉伸试验方法(ISO 6892:1998,MOD)

GB/T 230.1—2004　金属洛氏硬度试验　第1部分:试验方法(A、B、C、D、E、F、G、H、K、N、T 标尺)

GB/T 231.1—2002　金属布氏硬度试验　第1部分:试验方法(eqv ISO 6506-1:1999)

GB/T 2828.1—2003　计数抽样检验程序　第1部分:按接收质量限(AQL)检索的逐批检验抽样计划(ISO 2859-1:1999,IDT)

GB/T 3452.1　液压气动用O形橡胶密封圈　第1部分:尺寸系列及公差

GB/T 3452.2　O型橡胶密封圈外观质量检验标准

GB/T 4340.1—1999　金属维氏硬度试验　第1部分:试验方法(eqv ISO 6507-1:1997)

GB/T 9253.2—1999　石油和天然气工业　套管、油管和管线管螺纹的加工、测量和检验

GB/T 9445—2005　无损检测　人员资格鉴定与认证

ISO 13628-3　石油和天然气工业　海底开采系统设计与操作　第3部分:过出油管(TFL)系统

ISO 13665　承压无缝与焊接钢管　管体表面缺陷的磁粉检验

ASME Ⅴ:1998　无损检测

ASME Ⅷ:1998　压力容器

ASME Ⅸ:1998　焊接和钎焊规范

ASTM A 388/A 388M　重型钢锻件超声波检验的推荐作法

ASTM A 609/A 609M　铸钢、碳钢、低合金钢和马氏体不锈钢超声波检验

ASTM D 395　橡胶压缩变形性能的标准试验方法

ASTM D 412　硫化橡胶和热塑性弹体拉伸性能的试验方法

ASTM D 638　塑料拉伸性能的标准试验方法

ASTM D 1414　O型橡胶圈的标准试验方法

ASTM D 1415　橡胶性能　国际硬度的标准试验方法

ASTM D 2240　橡胶性能　计示硬度的标准试验方法

ASTM E 94　射线检验标准手册

ASTM E 140　金属材料标准硬度换算表(布氏硬度、维氏硬度、洛氏硬度、洛氏表面硬度、克氏硬度和肖氏硬度之间的关系)

ASTM E 165　液体渗透检验的标准试验方法

ASTM E 186　厚壁 51 mm 至 114 mm(2 in 至 4½ in)铸钢件射线照相参考底片

ASTM E 280　厚壁 114 mm 至 305 mm(4½ in 至 12 in)铸钢件射线照相参考底片

ASTM E 428　超声波检验用钢试块的制造与质量控制方法

ASTM E 446　厚度等于或小于 51 mm(2 in)铸钢件射线照相参考底片

BS 2M 54:1991　金属热处理温度控制规范

NACE MR 0175:1999　油田设备用抗硫化物应力开裂的金属材料

SAE-AMS-H-6875:1998　钢材的热处理

3　术语和定义

下列术语和定义适用于本标准。

注：对于本标准用到的但没有定义的质量体系术语，参见 GB/T 19000。

3.1

环境温度　ambient temperature

试验现场的当前温度。

3.2

设计验收准则　design acceptance criteria

制造商为确保与产品设计一致而对材料、产品或使用等方面的特性所规定的极限。

3.3

全寿命周期　full life cycle

产品的功能与制造商规范相符的预期时间。

3.4

定位接头　landing nipple

内含有为安装锁定心轴而设计的内插孔的短节。

3.5

锁定心轴　lock mandrel

用于流体控制或其他工具的锁紧装置。

3.6

加工　manufacturing

由设备制造商(供应商)实施的，提供满足用户(采购商)要求并符合制造商(供应商)标准的成品零件、部件和相关文件的必要过程和活动。

注：加工过程在制造商(供应商)收到订单时开始，在将成品零件、部件和相关文件交付给运输商时完成。

3.7

模型　model

有别于同类型其他锁定心轴或定位接头，具有独特构件和工作特点的锁定心轴或定位接头。

3.8

操作环境　operating environment

产品在其寿命周期内所处的生产条件。

3.9

内孔段　profile

设计用于容纳锁定心轴锁紧机构的零件。

3.10

生产(注水)管柱　production/injection conduit

在油层与采油树以及海底隔水管之间提供流体通道的所有管状物和装置。

3.11

密封装置 sealing device

阻止液体(气体)通过定位接头与锁定心轴之间界面(例如串流)的装置。

3.12

尺寸 size

定位接头密封孔直径或相关的锁定心轴直径。

3.13

试验压力 test pressure

依据所有相关设计准则对工具进行试验的压力。

注:参见6.5.1试验压力要求。

3.14

试验温度 test temperature

基于所有相关设计准则下的设备试验温度。

3.15

类型 type

在油井内用不同的操作方法坐放和回收锁定心轴和(或)定位接头。

4 缩略语

下列缩略语适用于本标准:

AQL 接受质量限 acceptance quality limit

NDE 无损检测 non-destructive examination

TFL 过油管 through flowline

5 功能规范

5.1 总则

用户(采购商)为定购产品应提供一份功能规范,明确规定要求和工作条件,并用来识别制造商(供应商)的产品。这些要求和工作条件可以通过图纸、数据清单或其他适当的文件说明。

5.2 锁定心轴和定位接头的功能特点

锁定心轴和定位接头应确定下列功能特性(如适用):

a) 起下方法;

b) 锁紧机构;

c) 不宜事项;

d) 选择性;

e) 密封装置;

f) 尺寸;

g) 在仅限于定位接头环空内的管线通道(电气或液压)。

5.3 油井参数

锁定心轴和定位接头应确认下列油井参数(如适用):

a) 套管和油管的尺寸、质量[1]、材料和等级;

b) 锁定心轴和定位接头安装处的油井深度和井斜角;

c) 锁定心轴和(或)定位接头通过套管和油管的结构、偏差和限制;

---

1) 术语“重量”过去通常错误地用于表达质量的意思,不应使用此惯例用法。

d) 可能施加在锁定心轴和定位接头的预期载荷状况。

5.4 工作参数

锁定心轴和定位接头应规定下列工作参数(如适用):

a) 酸化,包括酸的成分、压力、温度、速度、接触时间和在油井增产措施中使用的其他化学物质;

b) 压裂,包括压力支撑剂的种类、压裂液的流通速度、支撑剂与压裂液的比率;

c) 砂层固结作业;

d) 修井类型,包括修井设备,诸如:电缆、钢丝、辫状线、挠性油管或强行下钻设备。

5.5 环境的兼容性

为确保锁定心轴和定位接头的环境兼容性,应对下列事项作出识别:

a) 采出(注入)流体的组分、质量、化学和/或物理组成以及流体和(或)其组分的状态,即在锁定心轴和定位接头全寿命周期的接触过程中,存在的固态(出砂、垢等)、液态和(或)气态;

b) 可预期的生产(注入)压力、压差、温度和流量的最小值与最大值;

c) 当用户(采购商)已经获知腐蚀特性的历史数据和(或)可适用于功能规范的研究结果时,用户(采购商)应向制造商说明哪种材料具备在腐蚀环境下所要求的工作能力。

5.6 与相关油井装置的兼容性

5.6.1 锁定心轴

为确保锁定心轴与相关油井设备的兼容性,应对下列信息作出明确规定:

a) 安置在定位接头上的流体控制设备所要求的锁定心轴的尺寸和(或)类型;

b) 用于安装锁定心轴的定位接头的尺寸、型式和类型;

c) 流量控制设备和锁定心轴之间的连接装置的尺寸、类型、材料、构造和配合尺寸;

d) 和锁定心轴一起使用的其他产品的尺寸、类型和构造。

5.6.2 定位接头

为确保定位接头与相关油井装置的兼容性,应对下列信息作出明确规定:

a) 顶部和底部的管柱连接,与油管相连的定位接头的材料和尺寸;

b) 插孔内轮廓、密封筒尺寸、外径、内径及其各自的位置;

c) 和定位接头一起使用的锁定心轴和其他产品的尺寸、类型和结构。

5.7 质量控制

质量控制等级(即 7.4 中给出的 Q1、Q2 或 Q3)应由用户(采购商)明确规定。

5.8 设计确认

设计确认等级(即 6.5 中给出的 V1、V2 或 V3)应由用户(采购商)确定。用户(采购商)提出要求时,应提供锁定心轴和密封装置确证等级 V1 的工作范围曲线。附录 A 为一个工作范围曲线的示例。

6 技术规范

6.1 总则

制造商(供应商)应提供与功能规范中规定要求相对应的技术规范。制造商(供应商)还应向用户(采购商)提供 7.2.1 中规定的产品数据。

6.2 锁定心轴和定位接头的技术特性

6.2.1 锁定心轴的技术特性

锁定心轴的技术特性应符合下列准则:

a) 锁定心轴应在指定位置安装和(或)密封,并始终保持在该位置,除非有意改变;

b) 安装后,锁定心轴应完成功能规范的要求;

c) 在其使用的位置,锁定心轴应不影响 5.4 规定的修井作业。

6.2.2 **定位接头的技术特性**

在使用中，定位接头应满足功能规范的要求。

6.3 **设计准则**

6.3.1 **材料**

6.3.1.1 **总则**

材料和(或)服务应由制造商(供应商)提供，并且适合于功能规范规定的环境。制造商应为锁定心轴和定位接头材料制定规范，所有使用的材料都应与制造商书面规范一致。

用户(采购商)可以在功能规范中规定用于特定腐蚀性环境中的材料。如果制造商建议使用其他材料，制造商应说明这种材料的使用性能符合油井和开采(注入)所有规定参数。这同样适用于金属和非金属零部件。

只要制造商的选择准则已形成书面规范，并符合本标准中所有其他要求，可以不通过设计确认试验，允许锁定心轴和定位接头采用替代材料，但不包括密封件。

6.3.1.2 **金属**

6.3.1.2.1 制造商的规范应规定：

a) 化学成分的规定；

b) 热处理状态；

c) 力学性能的规定：

1) 抗拉强度；

2) 屈服强度；

3) 伸长率；

4) 硬度。

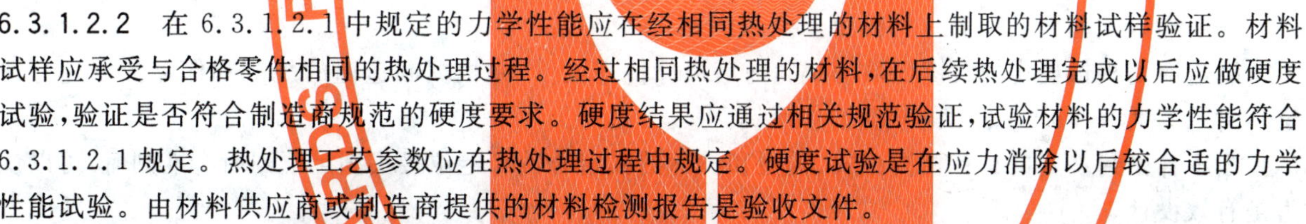

6.3.1.2.2 在6.3.1.2.1中规定的力学性能应在经相同热处理的材料上制取的材料试样验证。材料试样应承受与合格零件相同的热处理过程。经过相同热处理的材料，在后续热处理完成以后应做硬度试验，验证是否符合制造商规范的硬度要求。硬度结果应通过相关规范验证，试验材料的力学性能符合6.3.1.2.1规定。热处理工艺参数应在热处理过程中规定。硬度试验是在应力消除以后较合适的力学性能试验。由材料供应商或制造商提供的材料检测报告是验收文件。

6.3.1.2.3 每一个焊接元件都应按照制造商的书面规范进行应力消除，可依照ASME Ⅷ:1998第1册，C小节，UCS-56和UHA-32规定。

6.3.1.3 **非金属**

6.3.1.3.1 对工具极限条件下的密封材料试验，制造商应提供试验程序和试验结果文件。

6.3.1.3.2 制造商在其非金属组分说明书中应对下面的材料重要特性作出明确说明：

a) 化合物类型；

b) 力学性能(最小值)：

1) 抗张强度(断裂时)；

2) 伸长率(断裂时)；

3) 抗伸模量(50%或100%时，可用状态下)。

c) 压缩应变；

d) 计示硬度。

6.3.1.3.3 制造商的说明书应包括每一种化合物的使用、储存和标识要求，其中包含生产日期、批号、化合物标识以及保存期限。

6.3.2 **额定指标**

制造商(供应商)应指明适用于产品的压力、温度和轴向载荷额定值。这些信息可以在工作性能范围曲线中提供；附录A为一个锁定心轴的工作范围曲线示例。

6.3.3 过油管装置

对过油管系统中使用产品的附加要求，见 ISO 13628-3。

6.4 设计验证

为确保每一个锁定心轴和定位接头的设计都符合制造商(供应商)的技术规范，应进行设计验证。设计验证包括设计评审、设计计算、物理性能试验、类似设计和确定工作条件下的历史记录等过程。

6.5 设计确认

6.5.1 总则

本标准为产品规定了可以采用的三个设计确认等级。用户(采购商)应明确所要求的设计确认等级。提供的产品应符合规定的设计确认等级。定位接头只有 V2 或 V3 两个等级。

在本标准公布之前，已符合 ISO 10432 或 API Spec 14A 的合格产品，应认为符合本标准中相关等级的设计确认要求。

设计确认等级分类如下：

——V3 适用于除确认试验以外的满足本标准中所有其他要求的工具；

——V2 适用于满足包括 6.5.2 和 6.5.3 试验要求的工具。所有 V2 等级的工具均满足 V3 等级的要求；

——V1 适用于满足包括 6.5.4 试验要求的工具。所有 V1 等级的工具满足 V2 和 V3 等级的要求。

制造商应提供确认试验程序和结果的文件。确认试验压力应高于制造商所规定的额定工作压力。

制造商还应在文件中提供下列资料：

——材料说明书；

——出厂证明和表明所有使用尺寸的图示；

——确认试验产品零件的材料和公差。

制造商要提供确定的关键区域的试验前后尺寸检查文件，并根据制造商的规范和保存数据进行评定。附录 B 为一个记录数据的核查清单示例。

当不含密封装置的具有相同型式、类型和设计的锁定心轴和定位接头满足下列所有准则时，可以认为是有效设计。

a) 尺寸允许偏差应在已确认的实际直径的±5%以内。

b) 制造商应对确认试验产品的关键受力部件和应力形式做出标识。制造商应根据试验中的最大载荷计算被标识零件的极限应力水平。在计算过程中应使用材料最低许用极限和材料最小许用屈服极限，在计算中还应考虑温度极限对材料性能的影响。这些数据应在设计记录中明确说明。

c) 以材料屈服极限百分比表示的极限应力水平不应超过相同条件下有效设计中的数值。

d) 采用相同的应力形式和计算方法。

当其尺寸允许偏差在确认试验设计的实际直径的 0～10%范围内时，相同类型、设计和材料的密封装置被认为是有效设计。

6.5.2 定位接头的确认试验——V2 等级

定位接头应经过如下 V2 等级确认试验：

a) 制造商应对每一种尺寸、类型和型式的定位接头进行额定试验压力的内压试验。

b) 试验设备应能提供和记录定位接头额定试验压力。

c) 试验压力稳定之后，试验压力保持时间至少应为 15 min。压力变化不应超过试验压力的±1%。

d) 所有试验都应在环境温度下进行。

e) 单密封段控制的安全阀定位接头(SVLN)应进行压力试验，以确定其控制能力的最大额定压力。在内压试验时，应对控制线端口进行泄漏监测。如果从控制线端口监测到泄漏，则认为安全阀定位接头试验失败。

f) 每一个包含控制流体换向装置的 SVLN 应在其每个换向位置进行内压试验,试验压力为额定工作压力。该试验可以在标准零部件上进行,试验零部件具有与 SVLN 产品相同的设计、尺寸和间隙,并且制造材料相同。在内压试验过程中,应对控制线端口进行泄漏监测。如果监测到控制线端口泄漏,则说明 SVLN 试验失败,控制线端口的设计目的是用于隔离 SVLN 腔体(依据 SVLN 操作手册)。制造商应验证产品在额定温度下的工作性能。

6.5.3 锁定心轴的确认试验——V2 等级

锁定心轴应经过如下 V2 等级确认试验:

a) 制造商应对每一种尺寸、类型和型式的锁定心轴进行确认试验。锁定心轴应按照制造商规定的送入工具和方法安装在典型的定位接头或试验装置中。锁定心轴应承受额定试验压力的上下压差(与使用情况相同)试验。

b) 稳定之后,试验压力的保持时间至少应为 15 min。压力变化不应超过试验压力的 1%。当达到保持时间,应释放压力。

c) 从定位接头或试验装置中取出锁定心轴时,应采用制造商规定的提升工具和方法。

d) 所有压力试验都应在环境温度下进行。

6.5.4 锁定心轴的确认试验——V1 等级

锁定心轴应承受如下 V1 等级确认试验:

a) 制造商应对每一种尺寸、类型和型式的锁定心轴进行确认试验。锁定心轴应按照制造商规定的送入工具和方法安装在典型的定位接头或试验装置中。锁定心轴在额定温度下应承受额定试验压力的上下压差(与使用情况相同)试验。

b) 稳定之后,试验压力的保持时间至少应为 15 min。压力变化不应超过试验压力的 1%。当达到保持时间,应释放压力。

c) 从定位接头或试验装置中取出锁定心轴时,应采用制造商规定的提升工具和方法。

d) 所有压力试验都应在锁定心轴的额定温度下进行。

6.5.5 密封装置的确认试验

6.5.5.1 总则

制造商(供应商)应对每一种尺寸、设计和材料的密封装置进行确认试验并提供文件。如果密封装置成功通过确认试验,在试验温度和压差范围内该密封装置可用于同样尺寸的不同产品上。在本标准发布之前,已符合 ISO 10432 或 API Spec 14A 的合格产品,应认为符合本标准中相关等级的设计确认要求。

所有密封装置都应在其使用或设计规定的方向上进行试验。

6.5.5.2 密封装置的确认试验装置

用于密封装置确认试验的仪器应符合如下要求:

a) 进行试验的密封装置、压盖、心轴和密封腔表面应具有与生产产品相同的结构、尺寸和公差。确认试验中可以使用锁定心轴和定位接头或试验装置。

b) 当使用试验装置时,应设计为可以提供与产品在使用中相似的压力、温度和载荷形式。

c) 试验部件(流体)应设计为可以完成规定参数范围内的试验程序。

d) 密封装置的设计、材料、试验结果以及所有试验压力、温度、流体描述都应提供文件。

6.5.5.3 密封装置的确认试验程序

密封装置的确认试验采用如下程序:

a) 按照制造商的程序要求把密封装置安装在试验装置上,确定所有的装置和流体都能满足要求的压力、温度和精度;

b) 调整和稳定试验装置,在密封装置的最小额定温度的±5%范围以内。调整和稳定试验装置,并在密封试验装置最大额定试验压力的25%±2%。保持至少15 min并连续记录温度、压力值。当压力和温度的测量值保持在规定的容许误差范围内时，认为试验成功；

c) 使用相同参数，在最大额定试验压力100%～105%下，重复b)过程。当压力和温度的测量值保持在规定的容许误差范围内时，可以认为试验成功；

d) 释放压力；

e) 使用相同参数，在最大额定试验温度的±5%状态下，重复b)过程；

f) 在最大额定试验压力的100%～105%状态下，重复e)过程；

g) 释放压力；

h) 目测检查密封装置，以确定试验是否符合制造商的验收准则。

6.6 设计更改

所有的设计更改都应提供文件，并且可依据设计验证和设计确认参数进行复查。如果设计更改超出了设计验收准则的限制条件，可能影响产品在预定使用条件下的性能而导致一个新的设计，需要进行6.4规定的设计验证和6.5规定的设计确认。对于不影响设计验收准则的设计变化理由也应提供文件说明。制造商(供应商)至少应考虑以下内容：

a) 更改或变化后零件的应力水平；

b) 材料变化；

c) 功能变化。

6.7 功能试验参数

每个锁定心轴和定位接头都根据7.5进行功能性试验。

6.8 可选的确认试验

在用户(采购商)和制造商(供应商)双方同意的基础上，针对某些应用情况可以进行附加试验。

7 供应商或制造商要求

7.1 文件和数据控制

制造商(供应商)应建立并遵守与本标准要求相关的所有文件和数据的书面控制程序。这些文件和数据应加以保存，以证明其符合规范要求。所有文件和数据应清晰，方便获取，还要提供适宜的保存环境，防止损坏、变质或丢失。文件和数据可以采用任何媒体形式，例如复印件或电子媒体保存。用户/采购商应可以获得和审核所有文件和数据。

设计验证和确认文件以及下列信息，在最后一次制造之后应保留五年：

a) 功能与技术规范；

b) 制造商的质量手册与7.4中所要求的质量控制(QC)文件；

c) 质量控制(QC)要求等级与5.7和5.8中分别规定的设计确认；

d) 一套完整的图集、书面规范与标准；

e) 操作规程，锁定心轴(定位接头)的安全装配与拆卸方法，允许操作方法和故障排除方法；

f) 锁定心轴和定位接头端部连接的材料类型、屈服强度以及连接标识；

g) 操作手册与产品数据清单。

7.2 用户(采购商)文件

7.2.1 产品数据清单

在提供产品的同时，应向用户(采购商)提供6.1内容中所要求的产品数据清单，其中至少应包括以下信息：

a) 制造商(供应商)的名称与地址；

b) 制造商的装配编号；

c) 制造商的产品名称；

d) 产品类型；

e) 产品特性；

f) 金属材料；

g) 非金属材料；

h) 通径；

i) 总长度；

j) 最大外径(OD)；

k) 最小内径(ID)；

l) 温度范围；

m) 额定工作压力；

n) 顶部连接；

o) 底部连接；

p) 运输方式；

q) 入井时最大外径；

r) 回收方法(若可回收)；

s) 质量控制等级；

t) 设计确认等级；

u) 额定轴向载荷。

7.2.2 操作手册

所有产品都应附有技术或操作手册。

技术或操作手册中至少应包括以下信息：

a) 手册编号；

b) 材料清单；

c) 技术规范；

d) 操作步骤；

e) 安装检查程序；

f) 推荐的储存方式；

g) 标注主要尺寸(外径、内径、长度)的代表性图纸；

h) 特殊注意事项与操作要求；

i) 装配与拆卸说明。

7.3 产品标识

加工完成的产品应根据制造商的文件规范进行永久标识，这些标识应包括：

a) 制造商(供应商)的名称与商标；

b) 零件和(或)装配件编号；

c) 尺寸、类型和型号；

d) 惟一的标识序列号；

e) 额定工作压力；

f) 最初生产日期。

7.4 质量控制

7.4.1 质量控制等级

本标准将产品分为三个质量控制等级，用户(采购商)应指定所要求的质量控制等级。产品应符合指定的质量控制等级。

质量控制等级分类如下：

——Q3　符合性认证；

——Q2　符合性认证以及制造商指定的关键零部件的无损检测和制造合格认证；

——Q1　符合性认证以及对有零部件的无损检测和制造合格认证，其中不包括常用标准件如螺母、螺栓、定位螺钉和剪切销钉(螺钉)等(除非这些零件是工具操作功能的关键件)。

7.4.2　原材料

7.4.2.1　认证

关于零部件制造过程中使用的原材料要求如下：

a)　符合性认证，以表明原材料符合供应商规范要求；

b)　材料检测报告，制造商可以验证原材料是否符合供应商的规范要求。

7.4.2.2　理化性能

7.4.2.2.1　金属材料

金属材料的力学性能应使用以下试验方法：

——按照 GB/T 228 进行拉伸试验。

——按照 GB/T 231.1 进行硬度试验；若因尺寸、结构或其他限制条件不适用 GB/T 231.1 时，则可按照 GB/T 4340.1 进行试验。

——按照 ASTM E 140 进行其他硬度测量单位换算，NACE MR 0175 中用于油井中含有腐蚀性物质作用可能会导致腐蚀应力裂纹的材料除外。

7.4.2.2.2　非金属材料

对于非金属材料，应测定以下力学特性：

a)　张力、伸长率、模量：

　1)　O 型圈按照 ASTM D 1414 进行试验；

　2)　其他材料按照 ASTM D 412 进行试验(在适当条件下，可用其他方法替代)；

　3)　非弹性体按照 ASTM D 638 进行试验(在适当条件下，可用其他方法替代)。

b)　压缩形变(仅限于均质弹性体化合物)：

　1)　O 型圈按照 ASTM D 1414 进行试验；

　2)　其他材料按照 ASTM D 395 进行试验。

c)　计示硬度：

　1)　O 型圈按照 ASTM D 1415 进行试验，含 M 支撑的 O 型圈按照 ASTM D 2240 进行；

　2)　其他材料按照 ASTM D 2240 进行试验(在适当条件下，可用 ASTM 洛氏硬度试验规程对塑料和其他材料进行试验)。

7.4.3　经附加工艺处理的零件

7.4.3.1　认证

经热处理、焊接或涂层等附加工艺处理的零件作如下要求：

a)　符合性认证，表明材料与工艺符合制造商规范要求；

b)　材料检测报告，制造商能够验证材料与工艺符合供应商的规范要求。

7.4.3.2　涂层与镀层

涂层与镀层的质量控制和施工应按照含验收标准在内的规程进行。

7.4.3.3　焊接和钎焊

关于焊接和钎焊作如下要求：

a)　焊接和钎焊的工艺过程和人员资格应符合 ASME 锅炉与压力容器标准的第Ⅸ部分；

b)　未在 ASME Ⅸ中列出的材料和操作，其焊接规程应符合 ASME Ⅸ部分规定。

7.4.3.4 **热处理设备要求**

7.4.3.4.1 **热处理炉校准**

对产品零件的热处理炉作如下要求：

a) 在对产品零件进行热处理的设备，应校准和检验；

b) 热处理炉检定期为一年。对于维修或改造后的热处理炉，应在热处理操作之前进行新的检验；

c) 应按照下列工艺规程对分批式和连续式热处理炉的校准：

  1) SAE-AMS-H-6875:1998 第五部分中的工艺规程；

  2) BS 2M 54:1991 第七章中的工艺规程；

  3) 制造商书面规范中的验收标准应高于上述规程。

7.4.3.4.2 **热处理炉仪表**

对热处理炉仪表作如下要求：

a) 应采用自动控制和记录仪表；

b) 热电偶传感器应安装在热处理炉工作区，并被炉内气氛包围；

c) 用于热处理过程的自动控制和记录仪器应具有整个刻度范围的±1%的精度；

d) 温度控制和记录仪器应至少每三个月校准一次，除非检定周期有文件规定，标定历史记录可根据重复性、使用程度以及标定历史记录确定校准时间间隔；

e) 用来标定生产设备的仪表精度应为全刻度量程的±0.25%。

7.4.4 **可追溯性**

7.4.4.1 **批量生产的可追溯性**

提供的每批工具的所有零件、焊接件和部件应可追溯。零件和焊接件的热处理批或炉次应做出标识。经过多次热处理或多炉次的所有零件和焊接件，若其中任一热处理批或炉次不符合规定要求，则认为不合格。

7.4.4.2 **可追溯性项目**

应按照7.4.1规定的等级对零件、焊接件、部件以及装配件的可追溯性。

7.4.4.3 **文件保存**

可追溯性所要求的文件应从初始日期开始，至少保留五年。

7.4.5 **校准系统**

7.4.5.1 质量验收用的试验设备应按照制定的时间间隔进行标识、控制、标定和校准，该时间间隔应符合国际认证标准和制造商规范，并可由国家注册认证机构进行可追溯性。

7.4.5.2 压力测量装置应：

a) 可读精度至少为全刻度的±0.5%；

b) 校准精度保持全刻度的±2%。

7.4.5.3 如使用压力表，则其压力测量区间应限制在压力表全刻度范围的25%～75%。

7.4.5.4 压力测量装置应使用标准压力测量装置或压力表检验仪在全刻度范围的25%、50%和75%位置进行定期校准。

7.4.5.5 压力测量装置应至少每三个月校准一次，除非检定周期有文件规定，标定历史记录可根据重复性、使用程度以及标定历史记录确定校准时间间隔。

7.4.6 **无损检验(NDE)要求**

7.4.6.1 **总则**

无损检验(NDE)要求应符合以下要求：

a) 所有NDE规程应经过具有Ⅲ级证的检验人员批准，检验人员的资格应符合GB/T 9445；

b) 所有主要弹簧应经过磁粉或液体渗透检验，应符合制造商规范；

c) 所有承压焊缝应用磁粉或液体渗透检验表面缺陷，并用射线或超声波体检验内部缺陷，验证是否符合制造商规范；

d) 所有承压铸件和锻件应用磁粉或液体渗透检验表面缺陷，并用射线或超声波检验内部缺陷，验证是否符合制造商规范。制造商可根据历史记录的变化制定接收质量（AQL）等级。

7.4.6.2 检验方法和验收标准

7.4.6.2.1 液体渗透检验

对液体渗透检验的规定如下：

a) 方法应符合 ASTM E 165 规定；

b) 验收准则应符合 ASME Ⅷ：1998 压力容器中第一册的附录 8。

7.4.6.2.2 湿式磁粉检验

对湿式磁粉检验的规定如下：

a) 方法应符合 ISO 13665 规定；

b) 缺陷分类如下：

1) 相关显示：仅将主尺寸大于 1.6 mm(1/16 in)的显示作为相关显示，而与表面裂纹无关的内在显示（如磁渗透性变化等）被认作非相关显示；

2) 线状缺陷：其长度大于或等于三倍宽度的显示；

3) 圆状缺陷：圆或椭圆形，其长度小于三倍宽度的显示。

c) 验收标准：

1) 相关显示大于或等于 4.8 mm(3/16 in)时，认为不合格；

2) 焊接件中不允许出现线状缺陷；

3) 在 39 cm^2 (1/16 in^2)区域中的允许相关显示不得大于 10；

4) 在一连线上出现间隔小于 1.6 mm(1/16 in)的 4 个或更多圆状相关缺陷时，应认为不合格。

7.4.6.2.3 焊接件的超声波检验

对焊接件的超声波检验规定如下：

a) 方法应符合 ASME Ⅴ：1998 无损检验中第 5 章规定要求；

b) 验收准则应符合 ASME Ⅷ：1998 第 1 章的附录 12 规定要求。

7.4.6.2.4 铸件的超声波检验

对铸件的超声波检验规定如下：

a) 方法应符合 ASTM E 428 和 ASTM A 609 规定；

b) 验收准则不低于 ASTM A 609 中超声波质量检验等级 1 规定要求。

7.4.6.2.5 锻件和锻制产品的超声波检验

对锻件和锻制产品的超声波检验规定如下：

a) 方法应符合 ASTM E 428 和 ASTM A 388 规定；

b) 校准方法：

1) 底波反射法：将探头置于锻件或锻制产品的无缺陷区域，调整仪器，使第一次底波高度调整到满刻度的 75%±5%；

2) 平底孔法：当金属厚度小于 101.6 mm(4 in)时用 3.2 mm(1/8 in)的平底孔试块绘制距离-波幅曲线(DAC)；当金属厚度大于 101.6 mm(4 in)时用 6.4 mm(1/4 in)的平底孔试块绘制距离-波幅曲线(DAC)；

3) 横波法：用槽深等于 9.5 mm(3/8 in)或公称截面厚度的 3%[最大值为 9.5 mm(3/8 in)]中的较小值，槽长约为 25.4 mm(1 in)，槽宽不大于 2 倍槽深的试块，绘制距离-波幅曲线(DAC)。

c) 验收准则：下述锻件和锻制产品缺陷作为不合格产品的评判依据：

1) 底波反射法：缺陷回波高度大于校准高度的50%，并且没有底波反射；
2) 平底孔法：缺陷回波高度大于或等于校准高度——波幅曲线(DAC)；
3) 横波法：缺陷回波距离大于或等于校准距离——波幅曲线(DAC)。

7.4.6.2.6 焊接件射线检验

焊接件的射线检验应按以下规定：

a) 方法应符合 ASTM E 94 的规定；
b) 验收准则应符合 ASME Ⅷ：1998 压力容器中第 1 部分的 UW-51 的规定。

7.4.6.2.7 铸件射线检验

铸件的射线检验应按以下规定：

a) 方法应符合 ASTM E 94 的规定；
b) 验收准则：
   1) 符合 ASTM E 186；
   2) 符合 ASTM E 280；
   3) 符合 ASTM E 446。

用于1)、2)、3)的最大缺陷分级见表1。

表 1 铸件的最大限度缺陷

缺陷类型	最大缺陷分级
A	3
B	2
C	2(所有类型)
D	不合格
E	不合格
F	不合格
G	不合格

7.4.6.2.8 锻件射线检验

锻件的射线检验应按如下规定：

a) 方法应符合 ASTM E 94；
b) 验收准则：下列缺陷之一作为不合格产品的评判依据：
   1) 任何形式的裂纹；
   2) 与下列壁厚 t 对应的任何条状缺陷长度 L：
      ——$L>6.4$ mm(¼ in)　　$t \leqslant 19$ mm(¾ in)
      ——$L>1/3t$　　19 mm$<t\leqslant$57.2 mm(¾ in$<t\leqslant$2¼ in)
      ——$L>19$ mm(¾ in)　　$t>57.2$ mm(2¼ in)
   3) 任一组缺陷在 $12t$ 长的直线上累计长度不大于 t。

7.4.7 人员资格

7.4.7.1 无损检验(NDE)与分析的人员至少具备如 GB/T 9445—2005 或 SNT-TC-1A 等国际标准或国家标准的Ⅱ级资格。

7.4.7.2 目视检验的人员应每年进行视力检查，并按照 GB/T 9445—2005 或 SNT-TC-1A 等国际标准或国家标准的规定执行。

7.4.7.3 所有其他检验人员应按规定进行资质认证。

7.4.8 零件尺寸检测

应对所有零件进行尺寸检测以确保其正常性能并符合设计准则与规范。检测应在零件制造过程中或完成之后的装配前进行，要求装配时测量的除外。

7.4.9 表面缺陷检测

在装配锁定心轴和/或定位接头之前，制造商(供应商)应对所有可检测表面进行裂纹与损伤检测，确保符合技术规范。

7.4.10 非金属材料检测

7.4.10.1 批量产品验收与拒收的抽样程序和依据应符合 GB/T 2828.1—2003 中的正常检查水平Ⅱ级，O 型圈的接收质量(AQL)为 2.5，其他密封元件接收质量(AQL)为 1.5，除非有文件规定，抽样程序应根据规定改变化。

7.4.10.2 O 型圈目视检测应符合 GB/T 3452.2，其他密封元件目视检测应符合制造商制定的规范。

7.4.10.3 O 型圈的尺寸公差应符合 GB/T 3452.1，其他密封元件的公差应符合制造商的规范要求。

7.4.10.4 O 型圈或其他弹性密封元件的硬度计硬度应按照 ASTM D 2240 或 ASTM D 1415 的规定测得，采用的试验样品取自每一批量产品。

7.4.11 螺纹检测

7.4.11.1 API 锥管螺纹的公差、检测要求、测量、量规检验、量规校准以及量规认证均应符合 GB/T 9253.2 的规定。

7.4.11.2 所有其他螺纹的公差、检测要求、测量、量规检验、量规校准以及量规认证均应符合螺纹制造商的规范。

7.4.12 不符合规范的生产

生产不符合规范时应按照制造商的质量规范加以纠正。焊接修补仅限用于焊件中。

7.5 功能试验

7.5.1 锁定心轴

锁定心轴的功能试验按如下规定进行：

a) 每一锁定心轴的安装和取出应在定位接头或试验装置上进行，试验装置的主要尺寸代表实际定位接头。在功能试验过程中密封装置可装或不装。如锁定心轴不能恰当地装入或取出，则表明其功能试验失败。

b) 制造商应记录功能试验的步骤与结论。

7.5.2 定位接头

定位接头的功能试验按如下规定进行：

a) 按照制造商技术规范对每一定位接头进行 100%检测。

b) 每一个带有控制流体换向机构的安全阀定位接头按照操作手册进行功能试验。最低限度上，试验最低限度应包括在额定工作压力下壳体的整体压力试验。任何泄漏的发生都表明安全阀定位接头试验失败。

8 维修

对锁定心轴与定位接头的维修应使产品恢复符合本标准规定的所有要求，或符合最初制造时本标准有效版本的要求。

附 录 A
（资料性附录）
锁定心轴的工作范围曲线

图 A.1 表示 V1 等级确认的单个零件的工作范围曲线示例。X 轴代表压力值，Y 轴代表温度值。当多个工作范围曲线被确定以后，相交的区域定义为总装后的全部工作范围曲线。

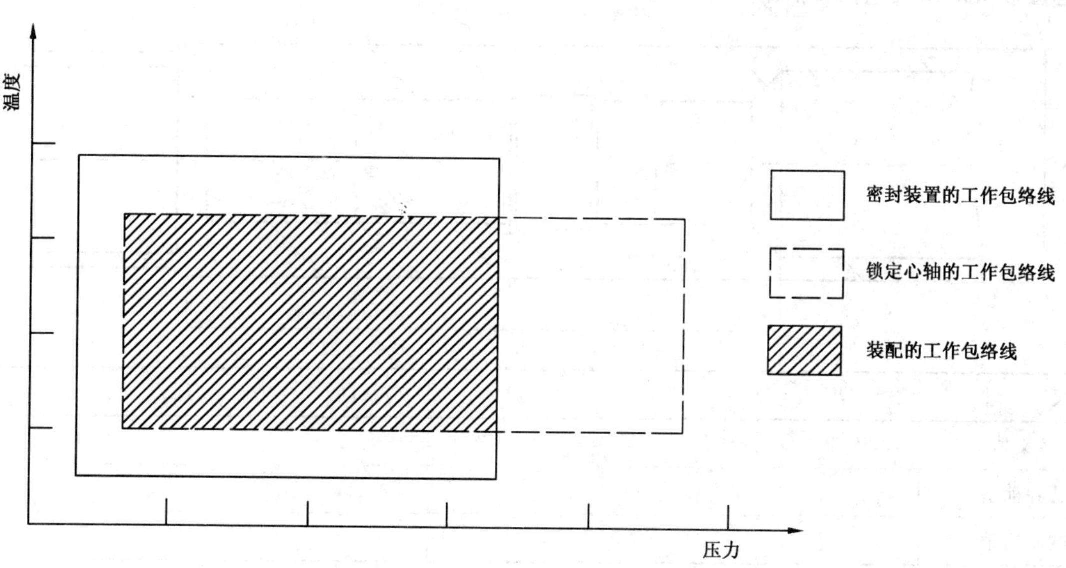

图 A.1 锁定心轴的工作范围曲线示例

附　录　B
（资料性附录）
定位接头确认试验尺寸检查清单示例

工作订单号：________________________

序号：____________________________　试验工序：______________________________

定位接头确认尺寸检查清单见图B.1。

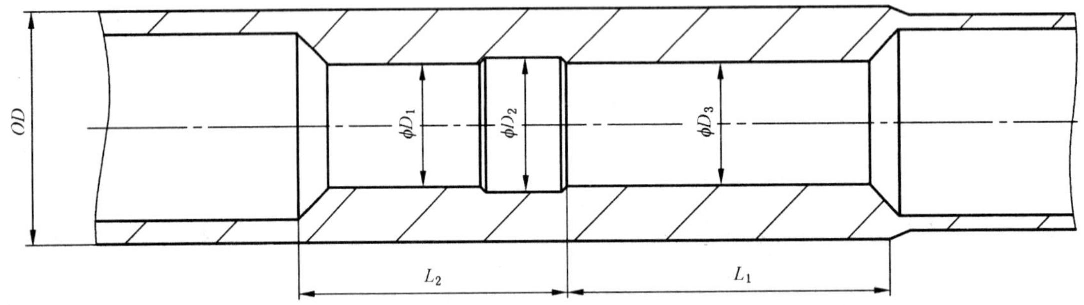

尺　　寸	OD	D_1	D_2	D_3	L_1	L_2
名义值						
试验前值						
试验后值						

图B.1　定位接头确认尺寸检查清单

注释：

检验员：____________________　工程师：____________________

日　期：____________________　日　期：____________________

参 考 文 献

[1] GB/T 19000 质量管理体系 基础和术语
[2] ISO/IEC 手册 22:1996 供应商一致性声明的一般准则
[3] ISO/IEC 手册 44:1985 ISO 或 IEC 国际第三方产品认证纲要的一般章程
[4] ISO 9712 无损检验 人员资格与认证
[5] SY/T 6194 石油天然气工业 油井套管或油管用钢管
[6] ISO 10432 石油天然气工业 井下设备 井下安全阀设备
[7] API Spec 14A 井下安全阀设备规范
[8] ASNT SNT-TC-1A 无损检验人员资格与认证

ICS 75.180.10
E 92

中华人民共和国国家标准

GB/T 21411.1—2008

石油天然气工业井下设备 人工举升用螺杆泵系统 第1部分:泵

Downhole equipment for petroleum and natural gas industries—Progressing cavity pump systems for artificial lift—Part 1:Pumps

(ISO 15136-1:2001,MOD)

2008-02-21 发布　　　　2008-07-01 实施

中华人民共和国国家质量监督检验检疫总局
中国国家标准化管理委员会　发布

前　言

本部分修改采用 ISO 15136-1:2001《石油天然气工业井下设备　人工举升用螺杆泵系统　第 1 部分:泵》(英文版)。

GB/T 21411《石油天然气工业井下设备　人工举升用螺杆泵系统》分为二个部分:

——第 1 部分:泵;

——第 2 部分:地面驱动系统。

本部分为 GB/T 21411 的第 1 部分。

本部分是根据 ISO 15136-1:2001 重新起草,考虑到我国的实际情况,对 ISO 15136-1:2001 进行了下列技术性修改:

——国际标准 5.5.1 条中,"应用水介质在 500 r/min 的转速下进行以下试验,若为大排量、高压头的泵,其转速可以根据消耗的电力适当降低,并在用户和制造商之间达成一致。"改为"试验介质宜采用 ISO 黏度等级为 32 的液压油,有特殊要求时,也可以采用水为试验介质。试验转速规定为 150 r/min±7 r/min,也可以按特殊要求的转速进行试验。""漏失量指标为 15%(最大为 20%,最小为 10%)"改为"漏失量指标为 20%(最大为 30%,最小为 10%)";

——国际标准 5.5.2.1 条中,"试验介质是水,水通过一个密闭的循环回路"改为"油通过一个密闭的循环回路";"……先进行空载试验,以确定泵在零压头时的效率"改为"……先进行空载试验,以确定泵在零压头时的排量";

——国际标准 5.5.2.3 条中,"在 500 r/min 的转速下"改为"在 150 r/min±7 r/min 的转速下";

——国际标准 6.3.1 和 6.3.2 条中,"vvv——在 500 r/min,出口压力为零时每天的产液量,单位:m^3/d"改为"vvv——泵的排量,单位:mL/r";

——国际标准中附录 A"规范性附录"改为"资料性附录"。

为了便于使用,本部分对 ISO 15136-1:2001 还做了以下编辑性修改:

——用小数点"."代替作为小数点的逗号",";

——删除国际标准的封面、PDF 声明、引言以及 ISO 前言;

——国际标准中的压力单位"kPa"均改为"MPa";

另外,ISO 15136-1:2001 国际标准中的若干失误之处在翻译和修改标准时予以改正:

——国际标准附录 D 中,图 D.2 说明中,1——空心轴,图中指的是光杆而不是空心轴;

——国际标准附录 D 中,"螺旋副的横向截面由两条共轭的内摆线合成的轮廓线构成,生成圆(滚圆)的直径等于两个螺旋件纵轴之间的距离"修改为"螺旋副的横向截面由两条共轭的内摆线合成的轮廓线构成,生成圆(滚圆)的半径等于两个螺旋件纵轴之间的距离";

——国际标准附录 F 中"图 F.1　螺杆泵的理论几何形状"改为"图 F.2　螺杆泵的理论几何形状"。

本部分附录 B 是规范性附录,附录 A、附录 C、附录 D、附录 E 和附录 F 是资料性附录。

本部分由全国石油钻采设备和工具标准化技术委员会(SAC/TC 96)提出并归口。

本部分由北京石油机械厂负责起草,华北石油管理局钻井工艺研究院、大庆油田有限责任公司采油工程研究院、大庆石油管理局力神泵业有限公司等参加起草。

本部分主要起草人:唐夕庭、郁文正、范育昭、王兴燕、黎勤、刘合、张连山。

本部分为首次发布。

石油天然气工业井下设备 人工举升用螺杆泵系统 第1部分:泵

1 范围

本部分确立了石油天然气工业中使用的井下螺杆泵的规范及要求。螺杆泵系统是一种单相或多相流的采油系统,并遵循第2章中所给出的定义。

本部分适用于井下螺杆泵系统。它提及但并不包括组成一个完整的泵系统所必需的中间部件和附件。本部分未涵盖对装卸、海上运输及陆地运输的要求。

2 术语和定义

下列术语和定义适用于本部分(举例说明参见附录D、附录E和附录F)

2.1

空腔 cavity

在螺杆泵的定子与转子装配时二者间所形成的透镜状螺旋形的密闭腔室

2.2

排量 displacement

转子在定子中旋转一周所排出流体的体积。

2.3

驱动杆柱 drive string

在驱动头和螺杆泵之间用来传递动力的装置(通常是指抽油杆柱)。

2.4

动液面 dynamic level

在标准状况下,螺杆泵运转过程中的液面深度。

注:无特殊说明,标准状况通常指15℃和0.101 3 MPa。

2.5

流量 flowrate

泵在单位时间内所排出的流体体积。

2.6

额定压头 head rating

螺杆泵允许的最大压差。

2.7

螺旋线 helix

有固定螺距的连续螺旋线。

2.8

插入式泵 insert pump

用抽油杆柱将定子插入油管的泵。

2.9

过盈 interference

螺杆泵的定子和转子在径向的配合。

2.10

导程长度　pitch length

同一密封线的两波峰之间的距离。

注：转子和定子的导程不同，分别为 P_r、P_s（见图 E.1 和 E.2）。

2.11

螺杆泵　progressive cavity pump

螺杆泵是由定子和转子组成，二者配合形成了两个或多个透镜状螺旋形的相互隔离的空腔。

2.12

转子　rotor

螺杆泵的转轴，外表面呈一条或多条螺旋线，且一端与抽油杆柱相连。

2.13

转子限位器　rotor stop

螺杆泵安装过程中用来限制转子位置的装置（见图 D.1）。

2.14

密封线　sealing line

定子和转子的接触线所形成的螺旋线。

2.15

漏失量　slippage

空腔之间通过动态密封线所漏失的流体。

2.16

静液面　static level

在标准状况下，螺杆泵在停机时稳定的液面深度。

2.17

定子　stator

由壳体和内衬组成，内衬通常是弹性体，并且内部呈现双条或多条螺旋线。定子比转子多一条螺旋线，并与生产管柱相连。

2.18

沉没度　submergence

泵挂深度与动液面之差。

2.19

油管送入式泵　tubing-conveyed pump

定子连接到油管下端的泵。

3　符号

d_r——转子小径，即转子的内凹瓣正切圆直径；

D_r——转子大径，即转子的外凸瓣正切圆直径；

d_s——定子小径，即定子的内凸瓣正切圆直径；

D_s——定子大径，即定子的外凹瓣正切圆直径；

P_r——转子导程长度；

P_s——定子导程长度；

n_r——转子头数；

N——螺杆泵每分钟的转数。

图解说明见图 E.1、E.2 和 E.3。

4 性能规范

4.1 总述

用户应根据本部分4.2～4.6中对螺杆泵及其工作环境的规范提出具体的要求，或者指定制造商的某一具体型号的产品(参见附录C中的数据表范例)。

对螺杆泵及其工作环境的要求应以图纸、数据表或其他适当的文件形式来表达。

4.2 螺杆泵的类型

螺杆泵的类型可分为以下两种：

——油管送入式泵；

——插入式泵。

4.3 井况参数

井况参数包括：

——套管、尾管及油管的尺寸、级别、重量以及螺纹；

——井深(实测垂直深度)；

——射孔段深(实测垂直深度)；

——井斜；

——封隔器、锚的参数，调整短管接头及其他可能的限制。

4.4 工作参数

工作参数包括：

——泵挂深度；

——当前生产系统和产液量；

——计划产液量；

——静液面和动液面，或静液面和产液指数，或动液面和井底压力；

——正常生产时的套管压力和油管压力；

——要求的井口压力；

——化学处理；

——井的监测点与报警点。

4.5 环境适应性

环境适应性参数包括：

——油水比重；

——油液或乳化液黏度；

——泡点压力；

——井液气油比；

——含水率；

——芳香烃熔剂(如苯、甲苯和二甲苯)的质量分数；

——气体相对密度；

——H_2S 和 CO_2 的体积分数；

——固体含量(包括种类、大小、形状和质量分数)；

——腐蚀性物质(包括种类、浓度)；

——螺杆泵入口处温度或油藏温度及温度梯度；

——井口的温度范围；

——pH值；

——完井液特性；

——转子材料,镀层或涂层材料;

——合成橡胶的材料。

4.6 与油井设备的兼容性

与油井设备的兼容性需要考虑以下的参数:

——油管螺纹及其尺寸;

——井口连接形式;

——抽油杆柱(包括类型、尺寸、性能及连接螺纹);

——动力源;

——电源(电压、频率、电网区域分类);

——环境温度(最高值、最低值)。

4.7 质量控制要求

质量控制的要求由用户来指定。

4.8 设计有效性文件

用户可以要求提供如附录A、附录B所示的产品的特性曲线和试验报告。

5 技术规范

5.1 总述

在设计、使用螺杆泵的过程中,应考虑5.2～5.7中所叙述的各项内容(参见附录C)。

5.2 螺杆泵的特点

螺杆泵的结构尺寸是选择泵的一个很重要的因素。其中,对定子的要求:

——能通过套管和套管柱的任何部分;

——给工具(如打捞器、冲洗管)留出环形空间;

——留出环形空间用于气体分离;

——如果螺杆泵下到射孔段以下,给液体留出环形通道。

转子应能通过油管和油管柱的任何部分。

油管应有足够大的内径,以保证转子的偏心旋转运动。如果油管内径不够大,应在定子上端接一段内径合适的过渡油管。

5.3 设计准则

5.3.1 压头要求

通过螺杆泵的压差不应超过泵的额定压头,否则会影响泵的效率,也会导致泵部件的过早损坏。

考虑到气体和不同液体的密度,通过螺杆泵的压差为以下几方面之和:

——油管内液体压头与螺杆泵入口处环形空间内压头之差;

——螺杆泵出口与井口之间的油管内摩擦损失,该值是以下参数的函数:

- 油管内径;
- 抽油杆外径;
- 通过接箍和扶正器等处的压力降;
- 液体的粘度和流速。

——出油管线的回压。

5.3.2 排量要求

在额定压头下和5.3.3.6所限定的转速范围内,螺杆泵应达到所要求的排量。对排量要求,应考虑到自由气体的存在、砂粒的输送以及螺杆泵的冷却等方面的因素。

5.3.3 材料

5.3.3.1 温度对合成橡胶的影响

在实际使用之中,应考虑到井下的温度和流体的特性。

螺杆泵在工作中所产生的热量将导致橡胶的热膨胀，热膨胀又会导致定子内径的减小。因此，转子尺寸应适应这种变化，以保证它们具有合适的过盈配合。螺杆泵的实际最高工作温度应低于橡胶生产厂商对橡胶所规定的最高额定工作温度。

螺杆泵的工作温度受以下因素影响：

——螺杆泵周围的流体温度；

——由过盈量、转速和压差所产生的摩擦效应；

——弹性变形；

——气体压缩；

——流体的润滑性；

——热传递效应。

5.3.3.2　化学作用对合成橡胶的影响

化学制剂，芳香烃溶剂(如苯、甲苯和二甲苯)、环烷与水都会对定子橡胶起有害作用，导致橡胶膨胀或硬化等。转子与定子尺寸应据此做适当调整。

当应用于采用化学处理的环境时，选择材料应予以注意。

5.3.3.3　合成橡胶数据

要求对合成橡胶命名是为了区分不同的制造商生产线所生产的橡胶。橡胶名称应包括对橡胶类型的总体描述。除非在原始特性参数所允许范围内，否则，制造商不能改变某一指定类型的合成橡胶配方。每一种新的或经修改过的配方都应有一个新的名称。但每个制造商都有权对其配方保密。

每种合成橡胶都应包括如下的总体特性：

——粘合过程控制(抗剪切、抗拉伸)；

——耐温性；

——压力作用下的耐气性；

——耐芳香烃性；

——耐急速减压性；

——耐磨性；

——膨胀试验和计算；

——计算不同的温度、膨胀和橡胶类型时的转子尺寸。

5.3.3.4　磨蚀

在选择转子与定子材料时，磨蚀作用应考虑在内。磨蚀是以下参数的函数：

——固体的含量(类型、大小、形状与质量分数)；

——颗粒运动速度；

——每级压差；

——转子转速。

5.3.3.5　入口工况

为了保证螺杆泵能够正常工作，螺杆泵入口应为正压。

制造商应向用户推荐螺杆泵所需要的最小沉没度或入口压力。

5.3.3.6　转速

当需要确定螺杆泵正常运转的转速时，应考虑如下参数：

——在考虑漏失量的情况下，泵所要输送的液体总体积；

——磨蚀性固体含量；

——液体黏度和泵的入口压力；

——泵的沉没度；

——考虑谐波速度、井斜的影响所造成的抽油杆和油管的振动；

——泵部件的磨损；

——整个系统部件的最大额定转速。

应根据实际情况，调整泵的转速，达到油井的最佳产液量。

5.3.3.7 尺寸数据及主要参数

泵的尺寸数据及主要参数应具体说明以下参数：

——定子与转子的外径；

——转子的螺旋线部分长度；

——定子橡胶长度；

——从定子橡胶到限位器之间距离；

——定子与转子的螺纹规格；

——泵的最大转速；

——额定压头；

——排量。

5.3.3.8 泵零部件材料加工及后续工序

选择泵的材料应考虑如下因素：

——泵零部件材料的加工；

——转子抛光程度(表面粗糙度)；

——转子涂层或镀层的特点(表面硬度、粗糙度和耐磨性)；

——转子大径处涂层或镀层的最小厚度。

当应用于采用化学处理的环境时，选择材料应予以注意。

5.4 设计验证

应当进行设计验证工作，以保证泵的设计满足制造商的技术规范。设计验证工作包括设计检查、设计计算、物理试验以及把该设计与类似设计在规定工作条件下的历史记录相比较等。

设计验证至少应包括以下几方面的内容：

——考虑转子与定子的尺寸，验证泵的额定流量；

——考虑定子的级数，验证泵的额定压头；

——在不同温度下，验证定子与转子配合的松紧度。

5.5 设计有效性

5.5.1 有效参数

为了验证每台螺杆泵的流量和压头，试验介质宜采用 ISO 黏度等级为 32 的液压油，有特殊要求时，也可以采用水为试验介质。试验转速规定为(150±7)r/min，也可以按特殊要求的转速进行试验：

——在零压差和零漏失量的工况下泵的排量(即泵空载时的排量)；

——在最大工作压差下，漏失量指标为 20%(最大为 30%，最小为 10%)。

试验得出的特性曲线是测试泵的可用性能的基准。在做橡胶的溶胀试验过程中，应考虑把合成橡胶的样品放入一定量的原油或其他的替代物中。

5.5.2 有效性测试

5.5.2.1 试验程序

在试验台上安装并固定螺杆泵，通过驱动装置为转子提供动力，油通过一个密闭的循环回路，流经螺杆泵和出口管线。另外使用阀来控制出口压力，这样在泵内将产生一定压差，并用压力测量装置来测量压差或进出口压力，另外还需要一个装置来测量流量。然后利用这些数据就可以计算出泵的容积效率 η_v(见附录 B)。

记录不同设定点的流量、压差(或进出口压力)、功率、扭矩以及介质温度，直到达到最大压力和转速。

试验报告说明见附录B,特性曲线参见附录A,曲线图形上应标明螺杆泵编号与试验温度。试验的程序可以因不同的制造商而异,但应符合以下原则:

——记录相关的试验信息,包括:
- 试验地点;
- 试验时间;
- 试验人员;
- 螺杆泵型号(螺杆泵编号、定子序列号、转子序列号以及合成橡胶名称);
- 转速的最大值与最小值或额定转速(r/min);
- 介质温度;
- 泵的进口压力。

——在试验台上安装并固定螺杆泵;

——为了便于把转子装入定子并减少摩擦,应准备定子润滑剂;

——对定子进行润滑;

——记录转子的长度尺寸和直径,涂层或镀层厚度;

——选择与转子尺寸合适的试验台;

——开泵循环,使试验介质温度上升到试验所需的温度;

——先进行空载试验,以确定泵在零压头时的排量;

——开始加载试验;

——节流加载直至泵达到预定压力;

——记录不同设定点的流量、压力、功率、扭矩以及介质温度,直至达到预定压力,然后利用这些数值来计算泵的效率。

可以用一根专用的转子(为试验而设计)来做泵的试验,以考察温度和膨胀对定子的影响。试验温度(通常为30℃)一般与泵实际工作的温度不同,在这种情况下,只试验用户的定子,而用户的转子只需测量尺寸,热膨胀大小可以通过计算求得。

由于合成橡胶受到化学膨胀与热膨胀的影响,当泵置于某一特定井况中,其性能测试很可能会产生不同的结果(见6.5)。

5.5.2.2 校准

测试仪器仪表的精度应满足以下的规定,并记录数据:

压力 p	±2.5%
转速 N	±1%
流量 q	±2.5%
泵的输入功率 P_{req}	±1%

用于最终验收的设备应根据国际上和国家所认可的标准进行检定、控制、校准和调试。

5.5.2.3 验收标准

在(150±7)r/min的转速下,在零压差和最大压差时,流量和扭矩的测量值与制造商公布的泵的特性曲线值的误差应在±10%范围内。

5.6 设计更改

所有的设计更改都应以文件的形式来表达,并针对设计的有效性进行评审,以此来决定此更改是否为重大更改。一项重大更改一般定义为在预定的使用工况下,制造商做出的影响产品使用性能的改动。经过重大更改的设计将成为一项新的设计,并需要验证该项新设计的有效性。

5.7 性能测试参数

在出厂之前,每台泵都应依照6.5进行性能测试,数据精度和验收标准应分别按5.5.2.2和5.5.2.3中的规定。

6 对供应商与制造商的要求

6.1 文件和数据控制

供应商或制造商应建立和维护文件程序，以控制与本标准相关的所有文件和数据，这些文件和数据应根据具体的要求进行维护和说明，都应具有易读性，应妥善保存，随时可以恢复，防止破坏、磨损和丢失等。文件和数据可以以多种形式出现，如硬拷贝或电子媒介等，且便于用户查阅。

在最后一批生产后，所有设计验证和设计有效性文件及数据至少应保存两年。

6.2 用户文件

6.2.1 安装、操作及维护手册

螺杆泵应与标准设计的油田设备相兼容，可利用油田的标准作业方法来完成安装。泵的典型安装参见附录D中图D.1和图D.2。制造商所提供的使用手册应涵盖以下的详细内容：

——转子安装；

——定子安装；

——启动前检查；

——起动/停止；

——故障排除指南。

6.2.2 产品资料表

一个产品的资料表应当便于用户使用，其中至少应包含以下的信息：

——供应商或制造商名称、地址；

——生产装配号；

——产品名称；

——产品类型；

——产品特性。

6.3 产品标志

6.3.1 定子编号

每个定子在其外部都应有如下的永久性编号：

vvv/hh/eee

其中：

vvv——泵的排量，单位：mL/r；

hh——泵的最大额定压头，单位：MPa；

eee——橡胶的生产编号。

此编号应位于距定子上端不超过0.8 m的地方，以区分定子上端与转子限位器端。

6.3.2 转子编号

每个转子头部都应有如下的永久性编号：

vvv/hh

其中：

vvv——泵的排量，单位：mL/r；

hh——泵的最大额定压头，单位：MPa。

6.3.3 附加标志

生产厂家的名称和部件号应清晰的标于转子和定子之上，如有要求，其他信息诸如生产年月、单独或组合部件标志都应包括在内。

6.4 质量控制

制造商应具有形成文件的质量控制程序，其中包括产品验收标准。

6.5 性能测试

测试应遵循 5.5.2，数据精度和验收标准应分别遵循 5.5.2.2 和 5.5.2.3。由于合成橡胶受到化学膨胀和热膨胀的影响，当泵置于某一特定井况中，性能测试的结果可能与制造商公布的特性曲线的结果不一致。因为泵是过盈配合，可以使用内插法求得结果。考虑到这些参数，制造商应根据油田现场的实际经验或计算来证实外推法的有效性。

附　录　A
（资料性附录）
根据特性曲线选泵

根据特性曲线选泵的实例见表A.1。

表A.1　实例

转子编号	Z0101059-1
温度	30℃
定子外径	114.3 mm
转子外径	60 mm
泵上端油管的最小内径	76 mm
转子螺旋部分的长度	8.6 m
定子橡胶部分的长度	8.2 m
定子橡胶与转子限位器之间的距离	255 mm
定子螺纹规格	3½ in
转子螺纹规格	1¾ in 抽油杆螺纹
泵的试验转速	150 r/min
额定压头	8 MPa

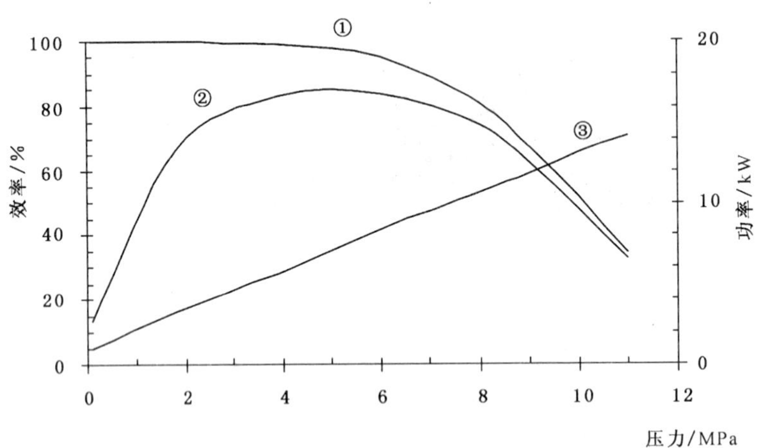

① 泵的容积效率曲线；
② 泵的总效率曲线；
③ 轴功率曲线。

图A.1　泵的特性曲线

附　录　B
（规范性附录）
螺杆泵试验报告数据表

螺杆泵试验报告数据表见表 B.1。

表 B.1

试验日期：　　年　　月　　日

订 单 号		客户名称	
泵 型 号		橡胶名称	
泵 编 号		定子编号	
试验介质		转子编号	
环境温度(℃)		转子涂层或镀层材料	

测试点序号	N r/min	p_1 MPa	p_2 MPa	q_v L/min	t ℃	M N·m	P_{req} kW	P_h kW	η_v %	η %
1										
2										
3										
4										
5										
6										
7										
8										
⋮										

责任者	试验者	试验负责人	检验员	检验单位
签字/日期				

q_c 泵吸、排端为零压差和某一设定转速时泵的流量，参见附录 E 中 E.3；

q_v 在一定压力和某一设定转速时，泵的实际流量，L/min；

N 泵的实测转速，r/min；

p_1 泵的进口压力，MPa；

p_2 泵的出口压力，MPa；

t 试验介质的实际温度，℃；

M 泵的输入扭矩，N·m；

P_{req} 泵的输入功率，kW；

P_h 泵的输出功率，kW；

η_v 容积效率，%：$(q_v/q_c)\times 100$；

η 泵的总效率，%：$(P_h/P_{req})\times 100$；

某一转速时，在不同的压力点进行测量，同样，在另一个转速时，重复以上的操作。

如果试验温度与现场温度不同，或者是当橡胶浸入油中发生膨胀，制造商应解释并调整试验的结果。

附 录 C
（资料性附录）
应用设计要求数据表

日期________________公司名称____________________合同号________________

电话________________传真或电子邮件______________井号________________

油田___________________________井的类型：□ 垂直井 □ 定向井 □ 斜井

射孔段深度：实际垂直深度________________m，实测________________m

泵挂深度：实际垂直深度__________________m，实测________________m

油管总长：实际垂直深度__________________m，实测________________m

液面距地表深度（实际垂直深度）：静液面：__________m，动液面：__________m

产液指数：__________m^3/(d·MPa)　井底压力：__________MPa

管线压力：__________MPa　套管压力：__________MPa

套管内径：__________mm　油管内径：__________mm

油管螺纹的类型与尺寸：________________________________

井口的连接形式与尺寸：________________________________

抽油杆类型：________________　外径：__________mm

接箍外径：__________mm　螺纹规格：________________

日产液量：__________m^3/d　计划日产液量：__________m^3/d

目前的产液状态：________________　含水率：__________%　固体含量：__________%

气油比：__________m^3/m^3　泡点压力：__________MPa　气体比重：__________

黏度：________________mPa·s 在______℃

API 油重度：__________　芳香烃的质量分数：__________%

液体的总比重：______　油：______　水：______

H_2S(体积分数)：_____%　pH 值：_____　CO_2(体积分数)：_____%　氯化物(质量分数)：_____%

泵的入口温度：______℃　井口温度：______℃　环境温度：______℃

石油设施电气设备安装区域划分：________________

原动机类型：□ 天然气发动机　□ 电动机

电压：__________V　频率：__________Hz

功率转换形式：□ 直接驱动　□ 液压

化学处理程序：□ 是　□ 否

如果经化学处理，请描述：____

____

____

注解：____

____

____

附 录 D
（资料性附录）
附 件

D.1 扭矩锚

扭矩锚用来防止泵在工作过程中由于定子和转子的过盈配合产生的扭矩而造成的定子或油管脱扣。

D.2 抽油杆柱扶正器

当抽油杆柱和油管柱可能发生磨损时，就要考虑使用减磨装置，如扶正器。但在转子和抽油杆柱的下端之间并不推荐使用扶正器。

扶正器的使用将引起一些约束因素，在计算总压力和系统所需功率的过程中，都应考虑这些因素。

D.3 油管旋转器

在泵工作的时候，油管旋转器使油管周期性的旋转，以减少因油管磨损出现的问题。

D.4 扭矩限制器

扭矩限制器是用来防止系统任何元件的损坏，典型的做法是将抽油杆柱上的应力限制在屈服极限以下。

D.5 泵防抽空控制器

泵防抽空控制器能监测泵的状态，当泵非正常运转时，它能控制原动机并防止泵的损坏。

D.6 压力控制器

压力计和压力传感器用来监测管线的压力，防止管线压力过高，从而保护系统。

D.7 井下单向阀

井下单向阀用来控制泵内液体的回流，安装在转子限位器下端。

D.8 变速控制器

变速控制器能比较简便的调节泵的转速，以使泵能适应不同的井况。

D.9 油管泄油器

当泵的入口安装井下单向阀或发生堵塞时，需要使用泄油器，在油井修理时泄掉油管内的井液。

D.10 杆柱剪切销

杆柱剪切销靠近转子安装，当偶尔发生转子无法从定子中拔出时，使抽油杆柱脱开转子。

D.11 气体分离器

气体分离器安装在泵的入口处，用于分离进入泵中液体内的自由气体。

D.12 驱动杆柱

驱动杆柱一般是指用来驱动泵的抽油杆柱，应考虑到驱动杆柱上的扭矩和轴向载荷的能力。轴向载荷和扭矩使驱动杆柱上产生应力。当估算其工作寿命时，应考虑驱动杆柱的锈蚀速率、腐蚀作用的期限和周期性应力等因素。

D.13 原动机

原动机的类型及其安装位置应符合有关标准和规范，可以使用以下类型的原动机：

——电动机；

——液压马达；

——内燃机。

D.14 驱动头

驱动头是利用实心或空心轴连接原动机和驱动杆柱的地面设备。

D.15 光杆卡瓦

光杆卡瓦是安装在驱动头顶部的部件，它可以为驱动杆柱提供支承，也可以提供支承并同时将扭矩传递到驱动杆柱。

D.16 锁紧卡瓦

锁紧卡瓦是固定在驱动头上的安全部件，其作用是防止驱动头的意外旋转。

D.17 实心轴驱动头

实心轴驱动头通过固定机构将动力传递给驱动杆柱。

D.18 空心轴驱动头

空心轴驱动头是通过光杆卡瓦而不是一个固定机构来传递动力驱动杆柱，它为光杆通过驱动头提供了一种方式，在抽油杆垂直运动时无须拆卸驱动头。

D.19 驱动头刹车

驱动头刹车是一种释放储存能量的装置，在紧急情况下，它用来限制或停止抽油杆的旋转。刹车可有以下几种类型：

——摩擦式刹车；

——液压刹车；

——电动刹车；

——手动刹车。

注：图例说明见图 D.1 和图 D.2。

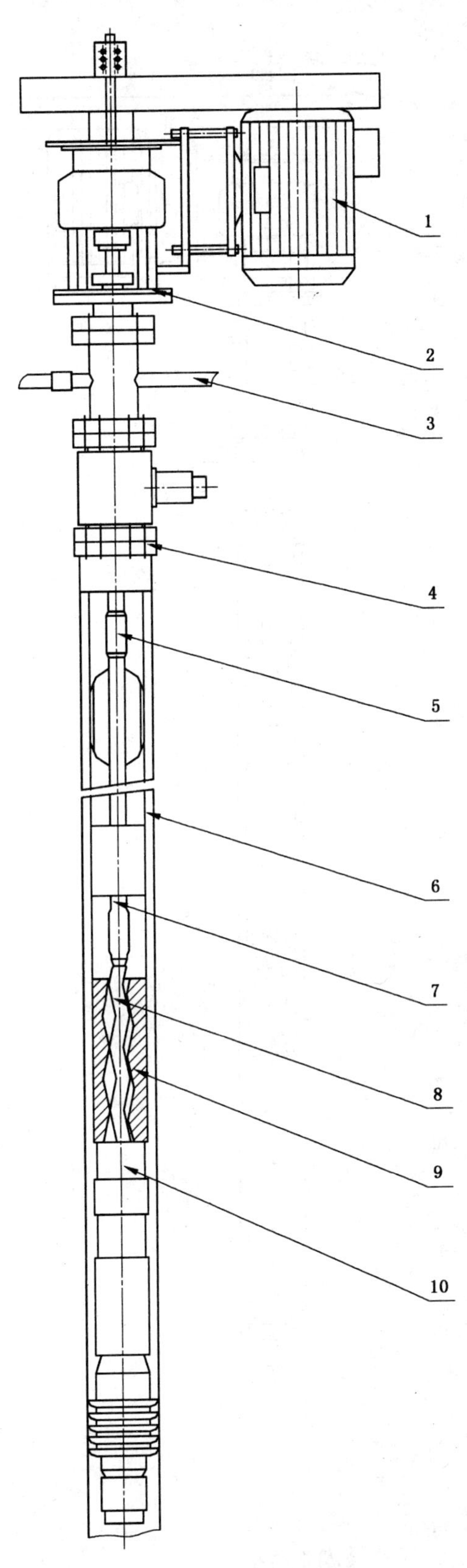

图中：

1——原动机；
2——驱动头；
3——出油管线；
4——井口；
5——抽油杆接箍；
6——油管；
7——驱动杆柱；
8——转子；
9——定子；
10——转子限位器。

图 D.1 标准设备

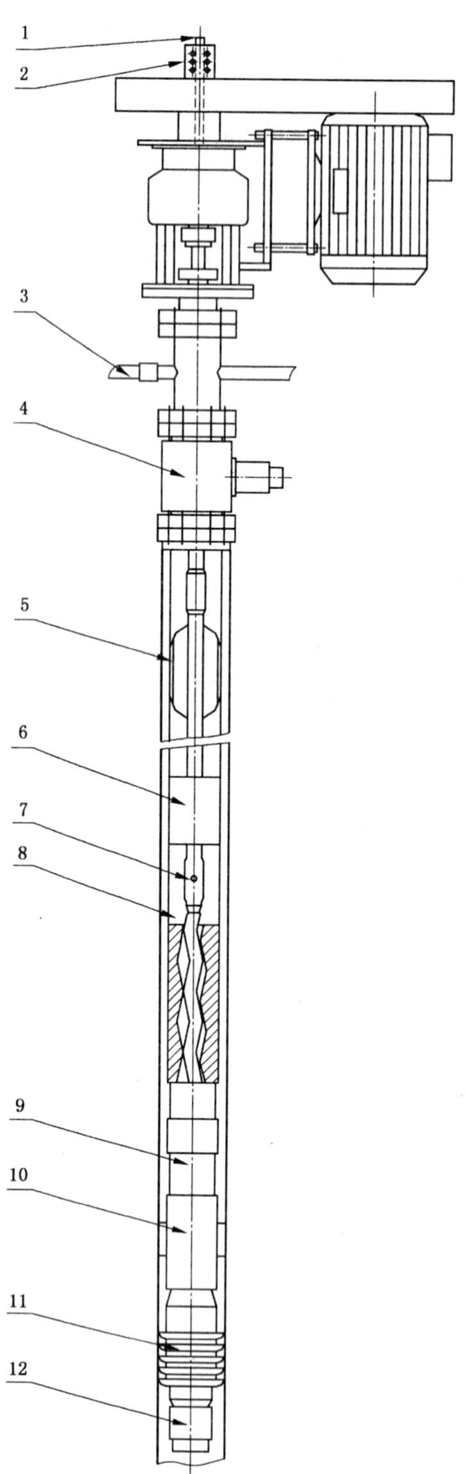

图中：

1——光杆；
2——卡瓦；
3——套管减压管线；
4——油管旋转器；
5——抽油杆扶正器；
6——油管泄油器；
7——驱动杆柱剪切销；
8——油管短节；
9——井下单向阀；
10——扭矩锚；
11——气体分离器；
12——尾管。

图 D.2 附加设备

附　录　E
（资料性附录）
设 计 方 法

E.1　几何形状（参见图 E.1 和图 E.2）

E.1.1　总述

螺杆泵的几何形状由两个参数来决定的，一个是转子的头数，另一个是定子的头数。例如：单头转子和双头定子的泵称为 1-2 泵。转子和定子是不同心的，因此，定子内转子的运动实际上是两种运动的合成：

——转子绕自身中心线沿某一方向的旋转运动；

——转子中心线绕定子中心线沿转子自转相反的方向旋转运动。

转子端面的运动轨迹限定在定子截面内。

E.1.2　直径和偏心距

E.1.2.1　泵（单头转子参见图 E.2）

直径和偏心距的名义尺寸定义如下（假设没有过盈）：

——单头转子的截面直径为小径 d_r；

——转子中心线与定子中心线之间的距离为偏心距 E；

——单头转子的螺旋线最大直径为大径 D_r（$D_r=d_r+2E$）；

——定子内双螺旋线宽度为 d_s（其中：$d_s=d_r$），长度为 D_s（其中：$D_s=d_r+4E$）。

E.1.2.2　多头转子泵（参见图 E.3）

多头转子泵的直径和偏心距可以通过 1-2 泵推导而来：

n_r——转子头数；

n_r+1——定子头数；

d_r——转子小径，即转子的内凹瓣正切圆直径；

D_r——转子大径，即转子的外凸瓣正切圆直径；

d_s——定子小径，即定子的内凸瓣正切圆直径；

D_s——定子大径，即定子的外凹瓣正切圆直径。

注：对于多头泵，转子与定子的小径是不同的，即：$d_r \neq d_s$。

E.1.3　导程长度

指转子或定子的导程长度，则：

P_r——转子导程长度；

P_s——定子导程长度；

对于一个 1-2 泵，有 $P_s=2P_r$。

对于任意泵，有：$P_s=[(n_r+1)/n_r]P_r$，此处 n_r 为转子头数。

E.1.4　密封腔

一个密封腔的长度为定子的一个导程，密封腔的数目通常按式 E.1 计算：

$$C = n_r[(H_s/P_r)-1] \qquad \text{(E.1)}$$

式中：

n_r——转子头数；

H_s——定子螺旋线的总长；

P_r——转子导程长度。

E.2 过盈

为了产生举升压力，在连续的密封腔内应该存在压差。这就需要转子和定子之间的配合具有一定的密封性，这种密封性可以通过在转子和定子之间存在一定的过盈而达到，从而在转子和定子之间形成若干条连续的密封线，由此又将产生摩擦和弹性变形，转子的旋转和泵工作所需要的扭矩应能克服这种摩擦和弹性变形。

E.3 排量

在泵吸、排端为零压差时，每转一周的排量为理论排量 V_c，它可以由 1-2 泵的计算公式得到：

$$V_c = 4E \cdot d_r \cdot P_s \qquad \cdots\cdots(E.2)$$

在泵吸、排端为零压差时，理论流量 q_c 与理论排量 V_c 和转速 N 成正比，即：

$$q_c = V_c \cdot N \qquad \cdots\cdots(E.3)$$

E.4 流量与漏失量

在压力不为零时，实际流量 q_v 等于理论流量 q_c 与漏失量 q_s 之差，即：

$$q_v = q_c - q_s \qquad \cdots\cdots(E.4)$$

漏失量 q_s是以下参数的函数：

——转子与定子之间的过盈；

——抽取液体的黏度；

——密封腔之间的压差；

——橡胶的物理特性；

——橡胶厚度；

——泵的几何尺寸。

注：漏失量被认为与转速无关。

E.5 额定压头

额定压头的单位为 MPa。

E.6 输入扭矩

输入扭矩 M 按式(E.5)计算如下：

$$M = \frac{k \cdot Q_c \cdot \Delta p}{N} \qquad \cdots\cdots(E.5)$$

式中：

M——输入扭矩，单位为牛[顿]米(N·m)；

Q_c——泵的日产液量，单位为立方米每天(m^3/d)；

Δp——泵的压差，单位为兆帕(MPa)；

N——泵每分钟的转数，单位为转每分(r/min)；

k——取值 110.6。

E.7 自由气体

自由气体占据了密封腔内一定的空间，这将会降低液体的排量。在实际中，当存在自由气体时，应尽量减少进入泵内气体的含量。因此，要注意以下几方面的问题：

——把泵下到泡点或射孔段以下；

——当要使环形截面的面积最大时，将尾管下到射孔段以下使用；

——使用井下气体分离器或灌注泵。

有时即使采用以上的措施，泵的入口处气液比仍然过高，从而使泵不能有效的冷却和润滑。井液的气油比和泡点可用来计算泵入口处的气液比。气液比的最大值可以视为以下参数的函数：

——泵的转速；

——过盈量；

——热扩散速率。

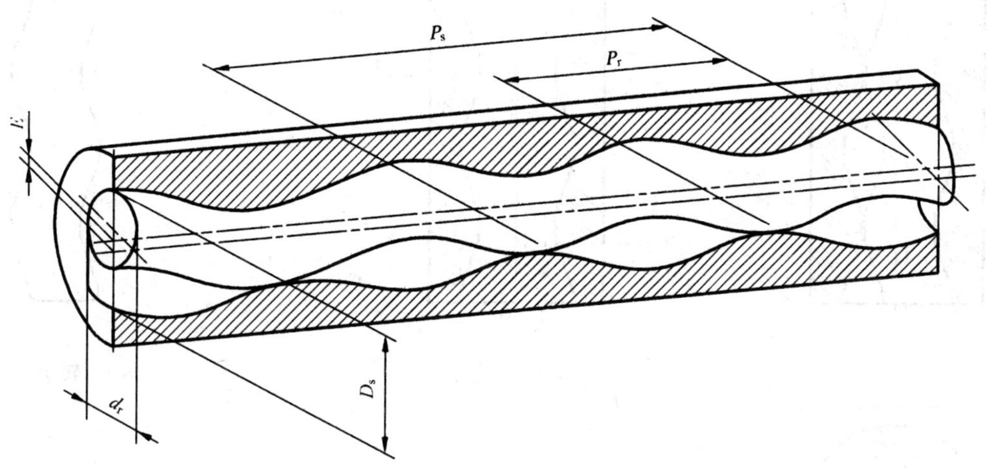

图中：

P_r——转子导程长度；

P_s——定子导程长度；

d_r——转子小径；

E——偏心距；

D_s——定子大径。

图 E.1 单螺杆抽油泵（定子与转子几何形状说明）

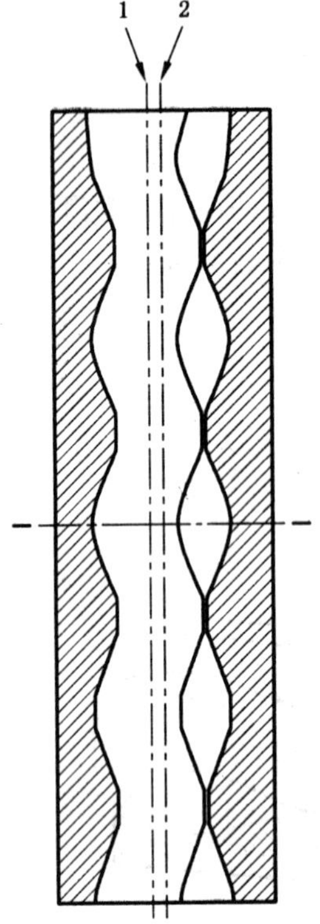

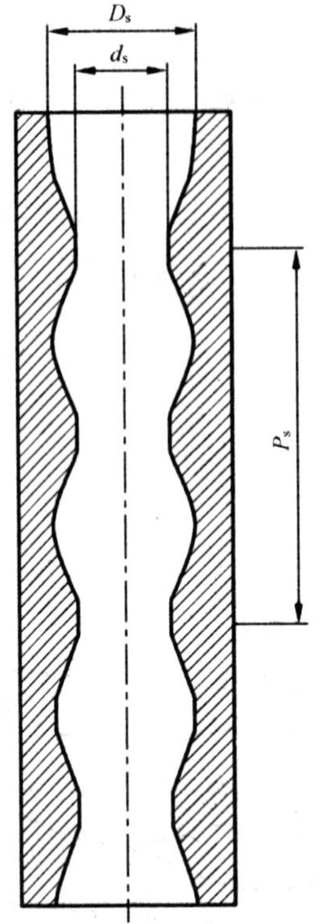

b） 定子

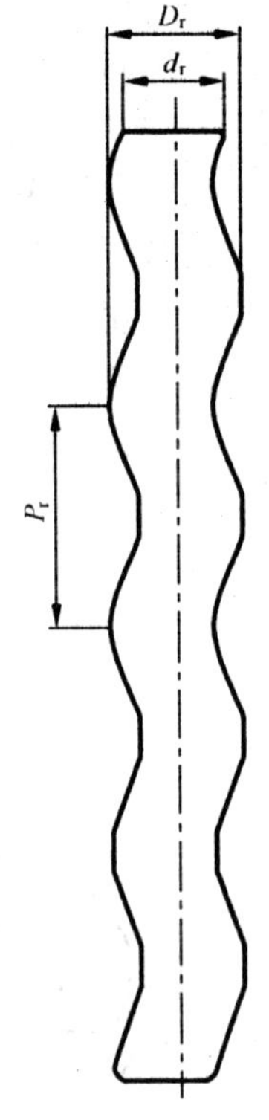

c） 转子

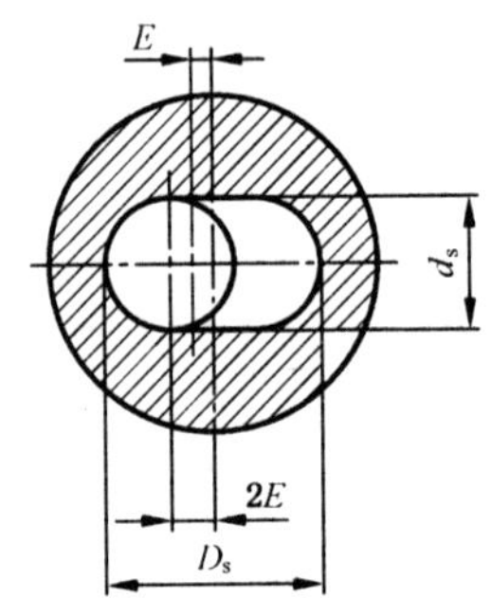

a） 泵的装配

图中：

1——转子中心线；

2——定子中心线；

P_r——转子导程长度；

P_s——定子导程长度；

d_r——转子小径；

d_s——定子小径；

E——偏心距；

D_r——转子大径；

D_s——定子大径。

图 E.2　1-2 泵

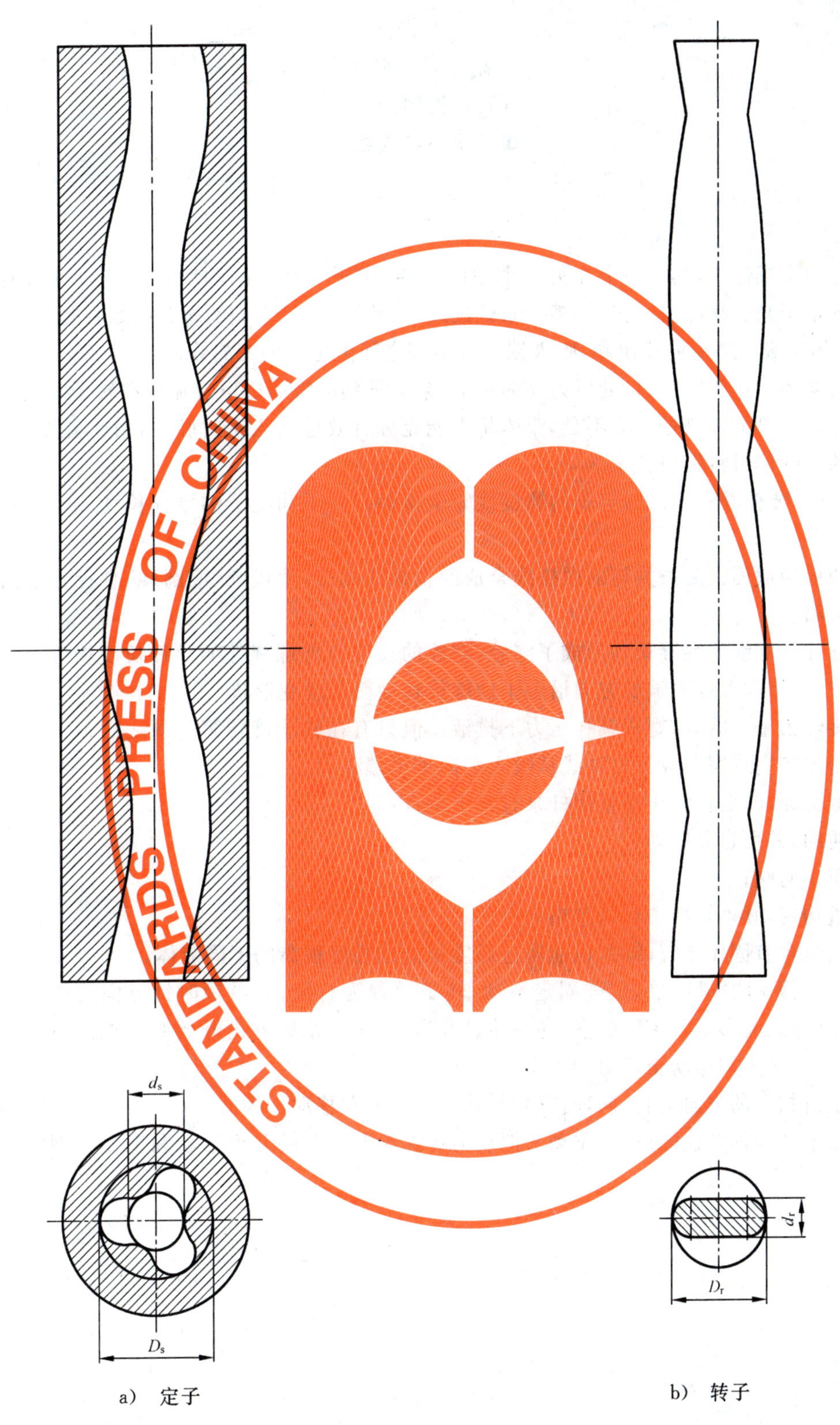

a） 定子

b） 转子

图中：

d_s——定子小径；

D_s——定子大径；

d_r——转子小径；

D_r——转子大径。

图 E.3 2-3 泵

附 录 F
（资料性附录）
螺杆泵系统描述

F.1 总述

螺杆泵有两个螺旋件，其中一个在另一个中间旋转，定子与转子的轴线相互平行且间隔一定的距离，外螺旋件（定子）比内螺旋件（转子）多一条螺旋线（或瓣）。不论它们的螺旋线数目是多少，它们的差值总为1。流体从吸入端流向排出端，吸入端与排出端之间由定长的密封线隔离。

为了提高泵的工作效率，入口处压力要为正值，泵应下到动液面以下。流体在转子和定子之间为泵提供润滑和冷却。泵的入口处压力不足，流体将不能充分有效地进入密封腔内，由于温度的连续升高，将导致定子的弹性体材料失效。

安装转子时，要使其螺旋线与定子的螺旋线完全接触。转子和定子的导程长度比等于它们的横截面瓣数之比。

螺旋副的横向截面由两条共轭的内摆线合成的轮廓线构成，生成圆（滚圆）的半径等于两个螺旋件纵轴之间的距离。

两个螺旋件轮廓线的螺旋运动形成了空腔，空腔的长度与外螺旋件的导程长度相等。当转子在定子中旋转时，空腔将向着排出端的方向沿定子做螺旋移动而不改变形状。

当转子旋转大于一圈时，螺杆泵在压力下排液。但只有在转子旋转第一圈之后，压力才会上升，这种运动导致密闭腔室顺序形成并沿轴线从吸入端向排出端移动。

基于以上的原理，旋转的正排量螺杆泵有以下特点：

——可逆的，并可自吸启动；

——无需单向阀；

——流量均匀，脉动与冲击可以忽略；

——当同时含有固体和气体时，也能输送黏度很低或黏度很高的不同流体。

如图F.1中所示的螺杆泵，定子固定不动，转子导程为右旋，并沿顺时针方向旋转。当转子旋转时，在两个螺旋件之间形成的密闭腔室，在左端是开启的，第一个腔室内开始减压充液，进入输送态，随后腔室封闭，并从吸入端移动至排出端。

如果转子沿相反的方向旋转，同理，密封腔就会从右向左移动。因此，泵的运动具有可逆性。

通过驱动轴及抽油杆柱的旋转，驱动头把动力传递给泵。泵的几何形状和工作原理的进一步说明参见附录E。

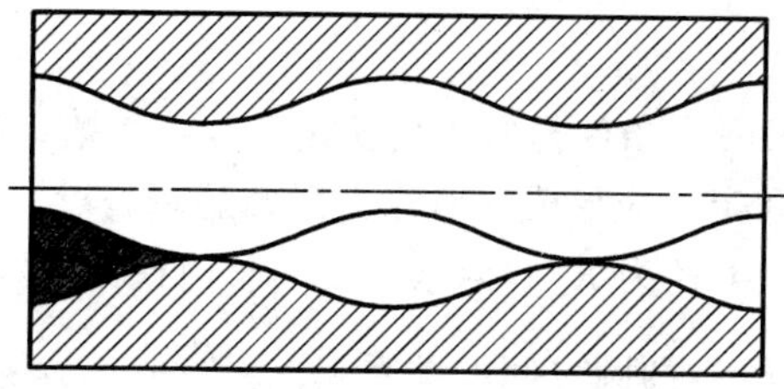
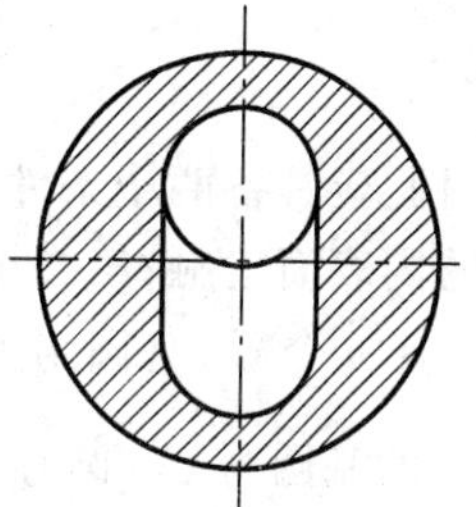

a） 转子中心线位于空腔的上方

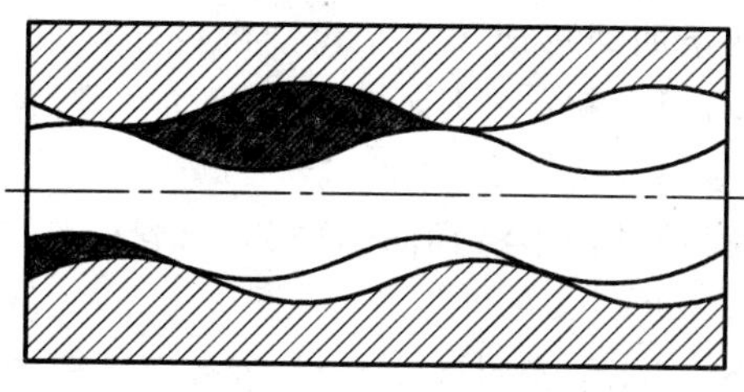
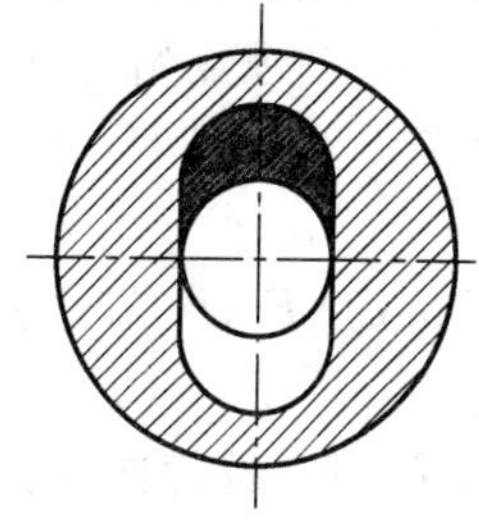

b） 转子旋转 90°后，它的中心线与定子中心线重合

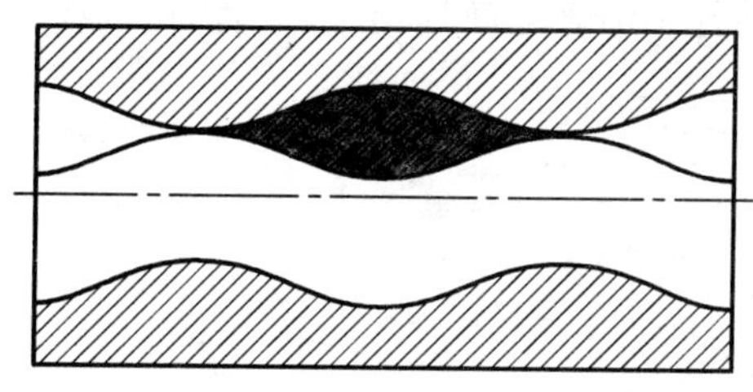
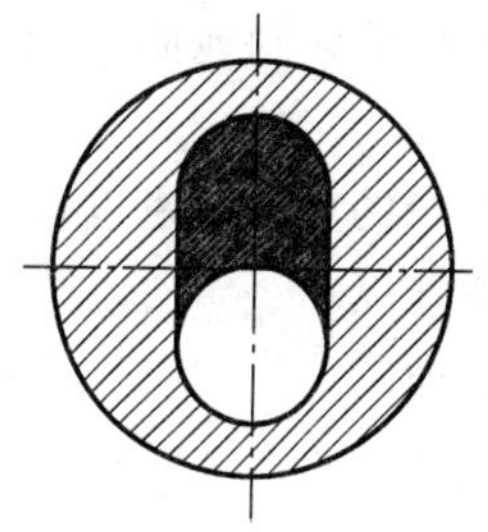

c） 转子旋转 180°后，它的中心线位于定子中心线的下方

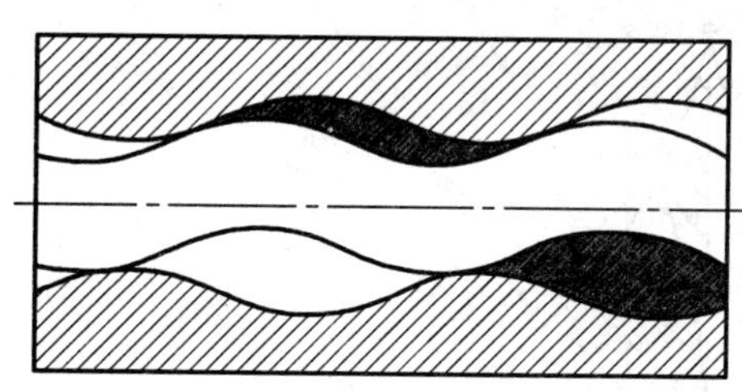
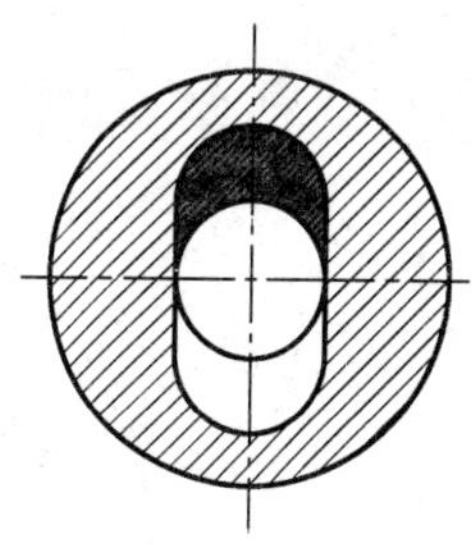

d） 转子旋转 270°后，它的中心线与定子中心线重合

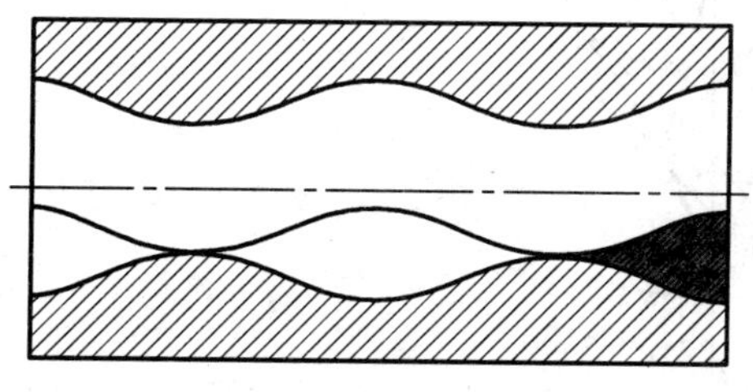
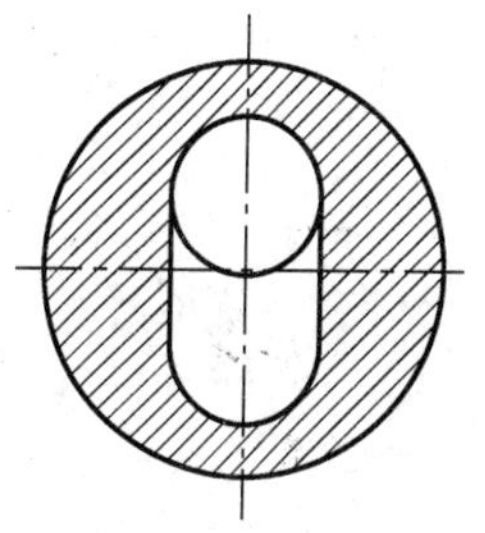

e） 转子旋转 360°后，一个循环结束，另一个循环开始

图 F.1 泵的工作原理

F.2 设计理论

要形成密封腔应具备两个条件(见图 F.2):第一个条件是转子要比定子少一个瓣,并且转子的每一个瓣应与定子的内表面接触;第二个条件是转子和定子应形成一对纵向的螺旋啮合副。

内摆线 H_1 有 n 个瓣,基圆为 C_1(圆心为 O_1,半径为 R_1),内摆线 H_1 与内摆线 H_2 相接触,H_2 有 $(n-1)$ 个瓣,H_2 的基圆为 C_2(圆心为 O_2,半径为 R_2),两圆之间的关系:$\frac{R_2}{R_1}=\frac{n-1}{n}$。两条内摆线互相啮合,其中一条包含在另一条之内。如果 H_1 固定不动,那么当 H_2 沿某一方向旋转时,它的中心 O_2 沿圆心为 O_1、半径为 O_1O_2 的圆向相反的方向运动,O_1O_2 即为螺杆泵的偏心距 E。

运动过程中,H_2 的顶点始终与 H_1 接触,这两条曲线形成了三个可变的密闭区域 S_1、S_2、S_3,它们的面积之和为常数。通常用 H_1、H_2 的外等距线 E_1、E_2 来分别表示定子、转子的外形轮廓,外等距圆 C 的直径为 D。

在某一相对位置,E_1、E_2 二个截面轮廓线在旋转过程中沿轴向螺旋移动,它们的导程之比等于相应的瓣数之比。

在两个螺旋副之间,螺旋曲线表面之间形成 S_1、S_2、S_3 密封腔,它的长度等于定子的导程。

为了达到泵的整体密封性,转子在定子中的啮合长度至少应等于定子的一个导程长度。泄漏往往发生在定子与转子形成的高压腔与低压腔的啮合线上。

如果要将固体输送到地面,应增大泵上方抽油杆和油管之间环形区域内液体的流速,因此,应考虑下列因素:

——固体颗粒的大小与密度;

——流体的速度;

——环形截面的面积。

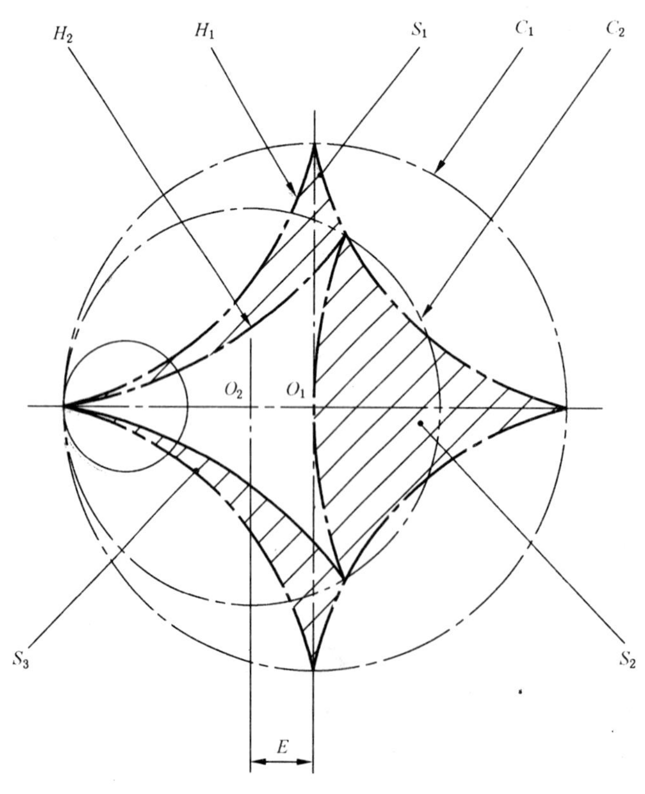

a) 内摆线 H_1、H_2

图 F.2 螺杆泵的理论几何形状

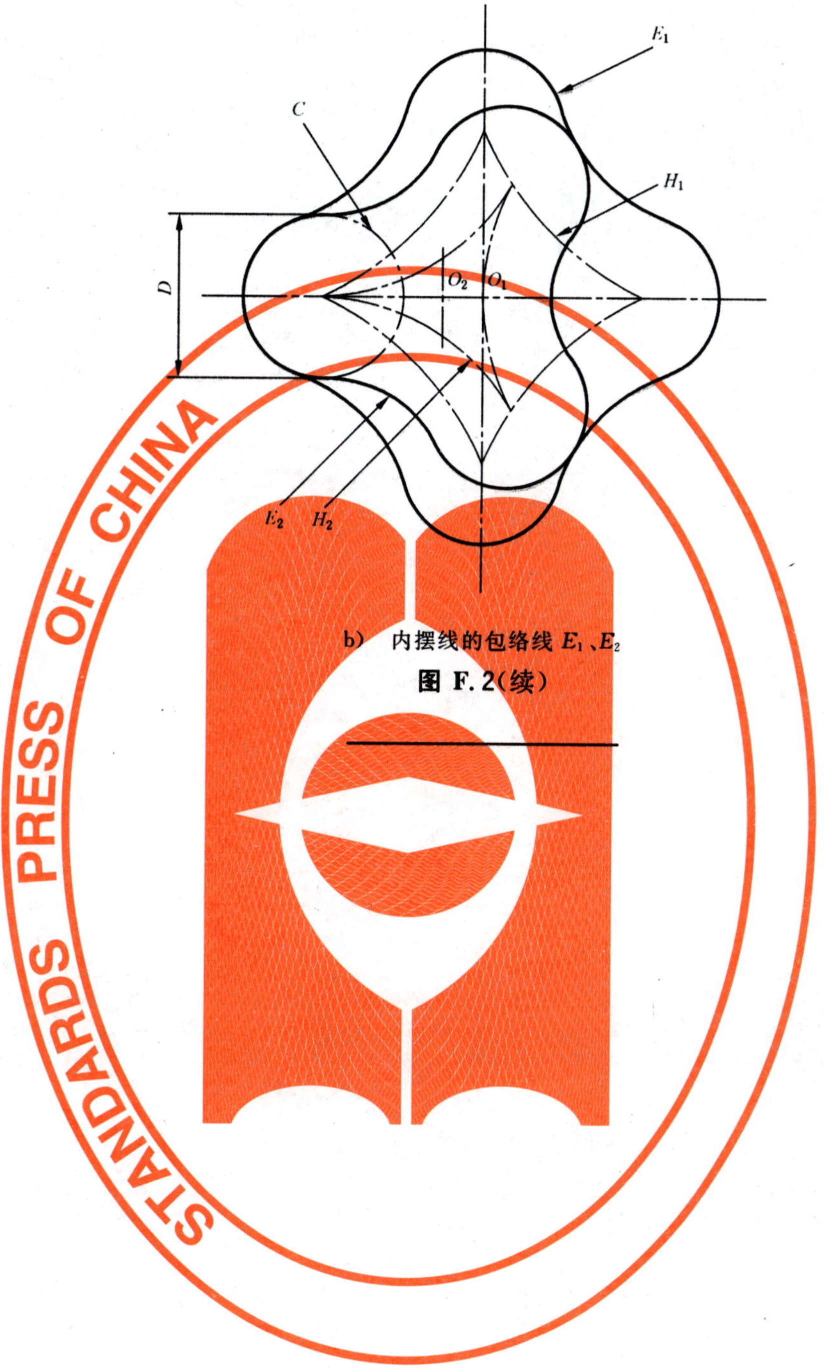

b) 内摆线的包络线 E_1、E_2

图 F.2(续)